船舶艤裝

大韓造船學會 編

東 明 社

선박의장

초판 발행 2000년 6월 25일
초판 12쇄 발행 2016년 1월 25일

지은이 대한조선학회
펴낸이 최국주
펴낸곳 동명사
출판등록 1950년 11월 1일(제1-76호)
주소 (우 413-756) 경기도 파주시 회동길 50(문발동)
전화 031-955-7200(대표)~2, 7203(편집부), 7204(물류)
팩스 031-955-7205
전자우편 webmaster@dmsbook.com
홈페이지 www.dmsbook.com

ISBN 978-89-411-0934-1 93530
값 30,000원

머 리 말

선박의장은 船舶用 艤裝과 관련된 사항을 소개코저 편찬하였다. 여기에는 계선·계류장치, 개구·폐쇄장치, 채광설비, 하역설비, 제관장치, 안전·방화 및 소방설비, 통풍 및 공기조화장치, 조타장치 및 항해장치, 기관의장, 전기의장 등을 포함하고 있다. 그러나 전기의장과 기관의장은 비교적 간략하게 다루었다.

이 책은 大韓造船學會의 圖書編纂委員會가 주관하여서 편찬하였다. 집필진은 전국의 대학교, 선박해양공학연구센터(KRISO), 한국선급(KR) 및 6대 조선소의 실무 기술인들로 구성이 되었다. 집필시에는 그 동안 변화가 된 법규 규제의 내용과 현장에서의 배치 개념에 입각한 현장감이 반영될 수 있도록 노력하였다. 이런 목적을 수행하기 위해서 각 장마다의 집필진은 학교와 산업 현장에 계신 분들을 한 팀으로 하여서 구성하였다. 따라서, 이 책은 대학의 교재로 사용될 수 있을 뿐만 아니라 산업 현장에서도 활용도가 높을 것으로 기대가 된다.

우리 나라 조선계의 발전을 위해서 이 책을 집필하고 편집하신 諸委員께 심심한 감사의 말씀을 드리고, 이 책의 편집에 대해 총책임을 맡으셨던 구종도 편집위원장께도 특별한 謝意의 말씀을 드린다. 아울러, 이 책의 출간에 지원을 아끼지 않은 동명사의 厚意에도 감사의 말씀을 드린다.

끝으로 집필과 편집을 맡아서 헌신적으로 도와 주신 분들을 소개하면 아래와 같다.

▶ 아 래 ◀

◇ **편집위원회**(성명 가나다순)

- 위원장 : 구종도(해군사관학교 교수)
- 간 사 : 이창억(울산과학대학 교수)
- 위 원 : 박명규(한국해양대학교 교수)
  송관형(충남대학교 교수)
  이근무(홍익대학교 교수)
  조철희(인하대학교 교수)
  함원국(울산대학교 교수)

◇ 집필위원회(*표는 章別 집필 책임위원이며, 위원의 순서는 성명 가나다순임)

제 1 장 : 송관형*(충남대학교 교수)
이갑순(한국선급 의장 팀장)
이종갑(선박해양공학연구센터 부장)

제 2 장 : 이근무*(홍익대학교 교수)
강성원(부산대학교 교수)

제 3 장 : 구종도*(해군사관학교 교수)
이갑순(한국선급 의장 팀장)

제 4 장 : 이창억*(울산과학대학 교수)
홍승원(현대미포주식회사 부장)

제 5 장 : 함원국*(울산대학교 교수)
김경환(삼성중공업주식회사 선장설계팀 선임)
양승홍(대우중공업주식회사 선장설계 2부장)
이윤식(현대중공업주식회사 상선계획부 차장)

제 6 장 : 조철희*(인하대학교 교수)
박제웅(조선대학교 교수)
천지훈(한라중공업주식회사 선장설계팀 부장)

제 7 장 : 박명규*(한국해양대학교 교수)
김동준(부경대학교 교수)
박규홍(한진중공업주식회사 선장설계 연구팀 차장)

2000 년 1 월 5 일

大韓造船學會 圖書編纂委員長 權寧中

차 례

제 3 장 개구 폐쇄 장치

제 4 장 하역 장치(荷役裝置)

제 5 장 제 관 장 치

제 6 장 안전설비, 방화 및 소방설비

제 7 장 조타 장치와 항해 장치

제 1 장

선박 의장(艤裝)의 개요

1.1 개 요

선박은 해상을 이동하는 구조물로써 거친 바다와 싸워야 한다. 여객을 승선시키고 화물을 적재하여 안전한 수송을 하기 위해서는 그 기능과 구조가 매우 복잡해진다. 즉, 선박은 부양성, 이동성 그리고 적재성의 세 가지 특성을 원활히 발휘할 수 있는 성능이 요구된다. 이런 복합화된 선박이 원활히 작동하여 소기의 목적을 달성하기 위해서는, 제반 장치와 설비가 완전히 비치되어야만 그 기능을 충분히 발휘할 수 있다.

선박은 선각 공사가 완성되었다고 해서 그것만으로는 선박으로서의 기능을 발휘할 수 없으므로, 그 기능에 대한 목적을 달성하기 위해서는 선각 이외의 제반 장치들이 필요하고, 그러한 것을 설치하는 것을 **의장**(equipment, outfit) **공사**라 한다.

선박의 의장은 선박의 다기능을 발휘하기 위한 모든 속구, 비품, 장식품, 소구 등 선체에 설치하여 선박 운항에 사용되는 모든 선용품으로 정의된다. 즉, **선박의 의장 공사**는 선각이 완성된 후, 인도되기까지 선체에 각종의 기기를 붙이는 것을 의미하고, **의장**이란 선박의 각종 장비를 선체에 설치하여 선박 운항에 필요한 모든 물품들을 뜻한다.

일반 상선에서는 선박 의장을 크게 선체 의장, 기관 의장 및 전기 의장의 세 분야로 나뉘고 있으며, 다시 선체 의장을 장치별로 세분화하면, 선박의 항해에 필요한 항해 장치 및 조타 장치, 선박을 정박하기 위한 계선 및 계류 장치, 화물을 싣고 내리는 하역 장치, 선박이 움직이기 위한 동력 전달 장치, 조난에 대비한 구명 장치, 화재에 대비한 소화와 방화 장치, 승객과 선원의 안락한 생활을 위한 채광, 통풍 그리고 냉난방 장치 등 제반 장치와 설비로 세분화되며, 그 종류와 규모는 선박의 크기, 종류 및 항로 등에 따라 다양하다.

또한 여객선, 특수선 및 특수 화물선 등에는 각각의 용도에 따라 특수한 설비가 더욱 요구된다. 모든 선박의 설비 및 장비에 대해서는 선박 안전법 및 동(同) 시행령 규칙, 선박 구명 설비 규정, 선박 설비 규정 그리고 SOLAS 법규 등에서 엄격하게 규정하고 있다.

선박의 건조는 1950년대 초까지는 선각 공사와 의장 공사로 확실하게 구분하여 선대에서 선각 공사가 끝나고 진수시킨 후에, 선박을 의장 안벽에 계류시켜 놓고 의장 공사를 해왔지만, 지금은 선대나 도크에서 선각 공사와 병행해서 대부분의 의장 공사를 선행하여 마치고 진수시킨 후에, 안벽에서 나머지 의장 공사를 완성하여 건조 공사가 끝난다.

1960년대부터 선박 건조 방식이 도배하듯이, 강판을 하나씩 붙여 나가는 건조 방식에서 블록식 건조법(block system)으로 바뀜에 따라, 블록 조립 및 탑재 중에 선각 블록에 의장품을 붙여 선각 의장을 하게 되었다.

일반적으로 의장품은 선박의 전체 가격의 70% 이상을 차지하고, 그 부품들의 종류가 무려 수천 여종에 이른다. 이로 인해, 조선 공업이 많은 관련 산업을 집대성시킨 종합 공업이라고 부르게 된 것도 의장품을 염두에 두고 나온 말이다. 다시 말하면, 선박은 조선 재료인 강재, 비철, 비금속, 목재, 강삭, 마삭, 범포, 시멘트, 타일, 유리, 고무 등 대단히 많은 재료와 수많은 기계와 기구를 취급하면서, 건조 공사가 다양한 공업 제품을 조립하여 선박이라는 하나의 제품을 만드는 작업이기 때문에, 조선 공업이 종합 공업이라고 불려지고 있다. 종합이란 의미는 단순히 이들 제품들을 끌어모아 조립(assembly)하는 것만을 말하는 것이 아니고 기본 도면에 준하여 정해진 건조 지침에 따라 건조한다는 뜻이다.

그리고 의장품은 조선소 자체에서 직접 제작하는 경우는 드물고, 대부분은 관련 의장품의 제작을 의뢰하여 전문 제작소에서 만든 것을 선박 건조 공사 기간 중 적절한 시기에 맞추어 필요한 장소에 설치하게 된다. 한편, 조선소 자체에서 직접 제작하는 일반적인 경우로는 선각 공사에서 쓰고 남은 잔재를 이용하여 제작하는 의장품이 대부분으로서, 맨홀 뚜껑과 해수 흡입 격자(sea chest grid) 및 각종 의장품 걸이(hanging piece) 등이 있다.

1.1.1 선박의 종류와 의장 관계

선박은 사용 목적에 따라 크게 상선, 어선, 군함 그 밖에 특수선으로 구분되고, 각각의 선박에서 요구도 달라서 설계의 개념과 설치되는 의장품에도 큰 차이가 있다.

선박은 사용 용도, 크기, 선체용 재료, 추진 동력에 따라 다종 다양한 종류로 분류가 되며, 선박의 각 부분에 설치된 의장품들이 기능적으로 우수한 효율성을 발휘하게끔 건조되어야 한다.

선박의 종류에 따라 그 기능들을 수행하기 위한 주기능별 의장 장치에는 일반적으로 다음과 같다.

① 여객선 : 거주 설비와 위생 설비(accom. & sanitary system)
② 화물선 : 화물의 하역 장치(cargo handling system)
③ 군함 : 화력 장치와 전자 조종 장치(electronic control system)
④ 감시선, 경비정 : 레이더 장치(radar system)
⑤ 어선 : 어로 장치(fishing equipment system)
⑥ 소방정 : 소방 설비 장치(fire fighting system)
⑦ 해양 관측선 : 해양 관측 장치(oceanic observation system)
⑧ 케이블 포설선 : 케이블 포설 장치(cable layer system)
⑨ 수중 탐사선 : 수중 음향 탐지 장치(sonar system)
⑩ 석유 시추선, 해저 탐사선 : 시추 설비(drilling system)
⑪ 준설선 : 준설 장치(dredger system)
⑫ 기중기선, 해상 작업선 : 중량물 하역 장치(heavy crane system)

1.1.2 의장설계

선박은 육상의 수송 체계와는 달리 망망 대해를 외부의 도움없이 스스로 항해하지 않으면 안 되는 특수 상황에서 운항을 해야 하므로, 무엇보다도 모든 의장품과 기기는 성능이 우수하고 신뢰성이 높아야 한다.

의장 설계는 선주와 합의가 된 기본 계획, 기술 시방서와 건조 선박이 입급(入級)된 선급 협회(ship classification society : KR, ABS, LR, NK, BV, DNV, GL… 등)에서 선박의 안전을 위해서 정해 놓은 각종 규정(regulation 또는 rule)들에 따라 이루어진다. 즉, "어떤 선박을 만들 것인가"에 주안점을 두면서 기본 설계 단계에서 작성한 시방서와 일반 배치도(G/A)를 기초로 해서, 해당 선급 협회의 승인을 받아 선박의 의장에 관해 세부 설계가 이루어진다.

이러한 세부 설계는 "선박을 어떻게 만들 것인가"에 주안점을 두고서, 각각의 의장의 설비와 장치들간의 관계를 고려하여 선각 구조의 부재와의 부착, 기관 배관, 전기 배선 등과 밀접한 관계를 갖고 있으므로, 각각의 장치의 배치에 대해서도 설계 초기에 서로가 충돌하거나 간섭을 받지 않도록 상호 관계를 충분히 고려하는 것이 가장 중요하다. 그리고 각각의 장치들간의 상호 간섭과 모순점을 해결하기 위해서는, 먼저 의장품들의 종합 배치도를 작성한 후 이에 준하여 각각의 의장품들을 배치하면서 상세도를 그려야만 한다.

오늘날 대부분의 의장품들은 조선 관련 생산 업체가 이것을 유닛(unit)으로 제작하여 조선소에 납품한다. 즉, 대부분의 의장품들은 외주를 통해 제작되므로, 조선소에서 의장 공사는 이들의 의장품을 적절한 장소에다 조립하거나 부착시켜서 기능을 발휘할 수 있는 플랜트(plant)로 완성시키는 역할을 하게 된다.

이러한 의장품들은 고장이 없어야 하고, 고장 발생시에는 즉시 수리가 간단히 이루어질 수 있게 되어야만 하는 한편, 설계자는 과거의 의장품들에 대한 고장의 내용과 발생 원인을 면밀히 조사를 하여 그 대책을 검토해서, 성능이 확실하면서 보수 관리에서 손이 덜 가는 의장품들을 개발할 수 있게 설계해야만 한다.

설계에 임해서는 메인터넌스 프리(maintenance free ; 설치 후 보수가 필요하지 않는 것을 말함)가 될 수 있게끔 기존의 선박들로부터 각종 운항 자료들을 되돌려 받을 수 있는 프리 백(free back) 시스템을 갖추게 되면, 그런 자료들을 기초로 해서 설계상의 미비점이나 약점을 개선시킨다.

의장품의 설계나 제작상의 좋고 나쁨은 직접 승조원과 여객의 생활 및 화물 취급의 편의상에 관련이 있으므로, 의장품들의 신뢰성에 따라 선박 전체에 대한 성능 평가를 하는 경우가 흔히 있는 반면에, 상선에 있어서는 수익에 직접적인 영향을 주므로, 제반 사항들에 관해서는 신중히 검토해야만 한다.

각종 의장품들의 설계시에 고려해야 할 사항으로는

1) 성능이 우수한 유사선의 설계도 참조　지금까지 건조가 된 선박 중 크기와 용도 및 종류가 비슷하면서 성능이 우수한 유사 선박의 의장품 도면들과 설계 개념을 새로운 선박의 설계시 참고한다.

2) 의장품의 설계, 제작, 부착, 재료 등에 관련된 법규의 숙지　국제 협약을 포함한 각국의 선급 규칙, SOLAS, 영국의 DOT, 독일의 SBG, 노르웨이의 SFD, 스웨덴 규칙, 미국의 USG 등의 의장품들에 대한 제반 규정들을 검토하여 새로운 선박의 의장품들이 이러한 규정들에 대해 적용을 받는 경우에, 각기 법규의 지시 사항과 검사에 합격해야만 한다.

3) 각종 의장품에 관한 전문 지식의 숙지　앞에서 언급했듯이 대부분의 의장품들은 조선소의 자체 공장에서는 제작하지 않는 반면에, 조선 관련 생산 업체로부터 납품된 의장품들이 해당 설계 도면에 따라서 해당 선박에 설치되기 위해서는 관련 의장품에 관한 전

문 지식을 가지고 있어야 한다.

4) 계약서, 시방서, 기본 도면의 준수　계약서와 시방서의 내용은 설계 초기에 면밀히 검토되어 선박의 인도 단계에서는 선주측의 이의가 없도록 되어야만 한다. 시방서와 기본 도면에 언급이 없는 의장품에 대해서는 선주의 요구로 추가 비용이 많이 소요될 경우에는 건조 원가가 상승하지 않도록 선주를 설득시키면서, 이 문제에 관해 충분히 협의하여 결정해야만 한다.

5) 의장품은 가급적 국산 자재로 선정　의장품 설계자는 지금까지 가졌던 타성과 틀에 박힌 설계 개념으로부터 벗어나 국내에서 개발이 가능한 품목들 중 경제성이 있으면서도, 성능면에서 국제적인 신용을 얻을 수 있는 의장품에 대해서는 적극적으로 지원하고 선주들에게 사용할 것을 권장해야만 한다.

외국의 선주들은 사용 실적이 그리 많지 않는 국산 항해 장비와 전자 장비 등에 대해서는, 신뢰성에 문제를 삼아서 사용을 꺼리는 경우가 자주 있었다. 이런 제품에 관해 국제 공인 기관으로부터 승인을 받은 사실이 있다면, 이런 정보를 외국 선주들에게 주지시키고 한국 선용품의 우수성을 소개해야만 한다.

아직도 국산화가 완전히 이루어지지 못한 항해 장비 등에 관해서는 국내 생산 업체로 하여금 이런 선용품의 개발을 생산할 수 있도록 협조하면서 독려해야만 한다. 의장품들에 대한 국산화는 조선 관련 산업의 발달을 이끌 수 있다.

그러므로 설계자는 각종 의장품에 대한 심오한 정보와 전문 지식을 쌓아 둠으로서, 의장품들이 고장이 없으면서 수리와 보수 및 유지가 간단한지를 알아본다.

6) 원가 의식을 가진 설계　의장품의 구입 비용이 선박의 총건조 원가에서 차지하는 비중은 선박의 종류에 따라 다소 차이는 있지만, 대체로 70% 내외이다. 설계자는 단순히 기술적인 면에만 국한시키지 말고, 회사에 대한 이익 창출이라는 경제 의식을 가지고 설계에 임해야 한다.

그리고 설계자는 원가 절감을 위한 새로운 공법의 개발, 생산성 향상을 위한 설계와 공작상 연구를 꾸준히 해야 한다. 즉, 설계자는 항상 경제적인 면을 염두에 두고 값싸고 성능이 좋은 의장품을 만들겠다는 마음가짐으로 시장 조사에도 게을리해서는 안 된다.

7) 발주한 의장품의 적절한 시기에 반입　대부분의 의장품이 외주에 의해 발주되어 제작이 되므로, 외주품의 주문은 공사의 진척 공정과 맞추어 적절한 시기에 조선소로 반입되어야 한다. 그래서 의장품의 납품 일자는 본선의 공정상 적절한지 늘 꼼꼼히 따져 보아야만 한다.

따라서, 설계자는 의장품 설계도와 제작 공정의 표준화 및 생력화에 최선의 노력과 기기의 신뢰성을 높이면서, 보수 점검이 쉽도록 해야 한다. 더욱이, 환경 파괴의 방지 대책에 대해서도 신중하게 배려하여 설계를 해야만 한다.

그 밖에 설계자는 정확한 설계를 하기 위해서 다음 사항에 유의하여야만 한다.

① 각 장치들간의 충돌, 간섭은 없는지

② 선각 구조 부재들과의 결합에는 이상이 없는지

③ 각종 배관의 배치와의 관계는 어떠한지

④ 전기 계통의 전선 배치와의 관계는 어떠한지

의장 설계 작업은 시방서에 기재된 사항들을 현실화하면서 선박의 기본적인 성능을 설계해 나가야 한다. 시방서에 들어있지 않거나 규칙의 적용이 명확하게 되어 있지 않는 경우에는 제반 법규, 선급 규칙, 관습 등을 따라야만 하고, 또한 필요에 따라서는 감독 관청, 선급 협회, 선주의 의견을 수용해야만 한다.

[1] 의장품의 표준화

종래의 의장품은 공사 현장에 끼워 맞추어 제작하였으나, 현재는 대부분의 의장품은 완성된 채로 적절한 곳에 설치하는 방법으로 변혁을 가져 왔다. 의장품은 도면에 맞추어 제작이 되므로, 선주의 요구 사항을 가능한 한 만족시키도록 의장 설계를 표준화함으로써 의장품을 기성화해서 생산성과 품질 향상 및 원가 절감을 기하고, 수리시에도 부품의 구입이 편리함과 동시에 호환성도 좋도록 설계되어야 한다.

한국의 표준화 규정은 한국 공업 규격(KS)이고, 미국은 ASTM이며, 독일은 DIN이고, 일본은 JIS이다. 또한, 조선소에서는 관련 조합이나 사내 규격으로 표준도가 만들어져 있기 때문에, 설계자는 설계 목적에 따라 그 규정을 선택하는 것이 일반적이지만, 표준 설계 편람에 따라 설계하는 경우도 많다.

선주측으로부터 특별한 주문이 나오면, 표준 공법과 부합이 되지 않는 내용들은 심도 있게 전문적으로 이 문제를 검토해야만 한다.

[2] 기술 시방서(示方書, specification)

계약서는 상거래로서의 약속인 데 비해 시방서는 기술적인 내용에 관해 도면과 문장으로 나타낸 선주와 조선소 사이의 약속이다.

시방서의 작성 과정은 조선소에서 작성하여 선주의 승인을 얻어서 결정되는 한편, 일반적으로 선주가 일정한 항목들을 일정한 양식에다 기입하여 작성하는 경우도 있다.

시방서의 구성은

① 선박의 주요 치수, 적용 법규, 시운전 등에 관한 일반 사항,

② 선박 구조, 각종 설비, 갑판 배관 등에 의한 선체와 주기, 축계, 보기, 기관 배관

등,

③ 그 밖에 기관과 발전, 배전, 동력, 조명 등에 전기,

④ 이 외에 자동 장치 및 특수 장치 등

으로 이루어지는데, 선박 의장에 관련된 시방서의 주요 요목은 다음과 같다.

① 선체(외부) 의장 : 계선 계류 장치, 교통 장치, 통풍 장치, 구명 장치, 소화 장치, 하역 장치 등

② 선체부 배관 : 연료류, 청수, 위생 해수, 빌지, 밸러스트, 오수, 측심, 배관 일반 등

③ 도장 및 방충 : 도장 요령, 표면 처리, 시멘트, 전기 방충 등

④ 거주구 의장 : 간이벽, 상, 천장, 갑판 피복, 방열, 가구 비품, 세탁실, 건조실, 창고, 식량용 창고 등

⑤ 갑판 기계 : 양묘기, 양화기, 계선기, 조타기, 냉동기, 예비품 등

⑥ 속구·비품 : 항해 계기, 신호기, 유등, 공구 등

좋은 시방서를 작성하기 위해서는 풍부한 경험과 꾸준한 정보 수집 및 연구가 요구된다.

시방서의 작성시 유의해야 할 점은 반드시 조선소에서 공식화가 된 표준 도면과 표준 시공법을 이용하는 한편, 의장품은 주로 관련 제조 업체를 통해서 구입해야 하므로, 주문 요령서를 시방서와 함께 상세히 작성한 후에 제조 업체에 발주해야만 한다.

[3] 선행 의장(先行艤裝, advanced outfitting)

선각 공사〔블록 건조 과정은 선대(slipway) 또는 건식 독(drydock)에서 이루어지므로, 여러 개의 블록을 탑재하여 선체의 바깥 모양을 만드는 과정을 의미함〕와 함께 관(pipe) 계통, 전선, 덕트(duct) 등의 의장품들이 적절한 곳에 설치되거나 부착이 되는 과정이 선행 의장(advanced outfitting)이다.

앞에서 언급했듯이, 종래의 의장 공사의 방법은 먼저 선각 공사를 거의 끝내고 선체를 진수시킨 후에 의장 안벽에서 의장 공사를 수행했으나, 오늘날에는 선각 공사 기간 중에도 의장품들을 적절한 곳에 설치하는 작업을 병행하고 있다. 즉, 이러한 선행 의장이란 선각을 완공시키기 전에 블록(block) 상태에 따라 의장품이나 단품(單品)을 설치하면서, 유닛화(unit 化)나 모듈 유닛화(module unit 化)를 시켜 미리 조립해 두었다가 설치하는 것을 일컫는다. 이러한 공법은 작업의 복잡함을 피하면서 공사 기간을 단축시킬 수 있는 장점도 있다. 그런데 근래의 선행 의장은 작업 범위가 넓어지면서 전체 의장 공사량 중의 80% 이상으로 확대되어 가고 있다.

현재에 실시되고 있는 의장 공정은 종래에 사용되었던 각 장치별 의장 시공 방법과는 다르게 의장품의 설치가 주로 구획에 따라 이루어지기 때문에, 작업 단위별의 공작도가 필요하게 되었다.

의장 공사 기간을 단축시키기 위해서는 가능한 한 의장 공사를 선대 공정과 조립 공정 내에 많이 포함시켜서 선행 의장의 비율을 높이는 것이 바람직하다.

선행 의장 공사를 하게 되면, 작업 환경의 개선이 이루어지면서 건조 기간의 단축과 건조비 절감의 효과도 생기게 되므로, 그것의 필요성은 다음과 같다.

① 블록 탑재 후 의장품의 반입 설치가 어려울 때

② 블록 탑재 후 의장품의 고소(高所) 작업이나 천장 작업일 때

③ 선내 작업시 다른 공사에 의해서 작업의 장애를 받을 때

선행 의장의 장점은 공사 기간을 단축시킬 수 있고 공수를 절감할 수 있으며, 의장품의 설치와 도장 공사를 쉽게 할 수 있고, 작업 능률을 향상시키며, 안전하게 작업을 할 수 있다는 것이다. 또한, 선행 의장이 이루어져야만 선내 작업의 혼잡을 피하면서 품질 향상과 공정의 합리화를 이룩할 수 있다.

선행 의장의 구체적인 실례를 들면, 선각 블록 조립 단계에는 블록에 붙일 수 있는 각종 기기의 받침(bed), 관(pipe), 덕트(duct), 관통 부품(piece), 스터드 볼트(stud bolt), 전선걸이(cable hanger), 목공 부품 등을 설치하면서 도장 공사도 행하고 있다. 또한, 갑판 상부 구조물(superstructure)에서도 수밀문, 각창, 환창, 전선관이나 케이블 포설, 천장 및 벽체 내장 등을 지상에서 시공하게 된다. 이와 같이 선행 의장이 이루어지려면 부착, 용접, 배관, 전기 의장, 철의장, 목의장, 기관 의장 등의 직종간의 짜임새 있는 연속 작업과 더불어 다기능화에 의한 직종 단순화가 전제되어야만 한다.

오늘날 선행 의장을 수행하기 위한 의장 방식에는 블록 의장, 유닛 의장, 구획 의장 등이 있다. 유닛 의장의 조립은 전체 의장의 25%(의장품 중량 또는 의장품 수를 기준) 정도이고, 블록 의장은 65% 정도이어서 전체 선행 의장률은 90% 정도까지 높아지는 경향이 있다.

(1) 블록 의장(block outfitting)

선각 블록의 조립 공정에서 블록에 의장품을 설치하는 작업과 용접 공사를 동시에 수행하는 공정이 블록 의장이다. 블록 의장을 하기 위해서는 의장 설계 단계부터 블록 의장의 범위를 정하면서, 블록 의장도와 제작도 및 주문 시방서 등을 작성하여 의장품의 주문, 집배재(集配材) 관리 및 의장품의 투입과 반입 등에 대하여 시기가 늦지 않도록 해야만 한다.

(2) 유닛 의장(unit outfitting)

선주의 요구를 충족시키면서 의장품의 성능 향상은 물론, 표준화를 시키는 방법으로서는 종래부터 유닛화가 추진되어 왔었다. **유닛화**란 주요한 기기를 핵으로 하면서 그 기능에 직접 관련된 주변 기기와 부품들을 끌어모아 하나의 집합체로 구성시키는 것이다.

유닛 의장은 블록 의장과는 달리 의장 공사를 선각 공사와 별개로 독립시켜서 의장 공사와 선각 공사가 중복되는 번잡함을 피하는 공정이다. 즉, 유닛 의장에는 우선 소규모의 펌프(pump), 모터(motor), 밸브(valve), 탱크(tank), 게이지(gauge), 압축기(compressor), 청정기(purifier) 등으로 구성되는 간단한 것으로부터 시작해서, 욕실, 화장실, 조타실, 배기관, 연돌 및 기관실의 상판 등을 완전히 유닛화시켜 필요한 위치에다 설치하고, 규모가 큰 것은 지상에서 조립해서 적당한 크기로 편리하게 분해와 운반을 해서 조립하는 방법 등이 있다.

(3) 구획 의장(compartment outfitting)

종래의 의장 공사는 여러 직종이 같은 시기에 동일한 장소에서 작업하는 것으로 비능률적이었지만, 최근에는 이런 점들을 개선하여 구획마다 다양한 직종의 의장 공사를 동시에 실시하는 구획 의장을 한다.

구획별로 각종의 의장 공사를 편성하는 것도 합리화의 기초이다. 구획 의장은 구획 의장 도면에 따라 작업을 수행하는데, 그 의장도에는 한 장의 도면상에 그 구획에 설치해야 하는 모든 의장품들이 표시되어 있다.

따라서, 구획 의장도에는 1개의 관과 1개의 전선까지도 도면상에 표시하고 있기 때문에, 더욱이 그것들은 도설(導設)할 위치에 대해서도 상세히 표시되어 있다.

1.2 선 체 의 장

선체 의장의 세부 사항에 대한 설계는 기본 설계에서 작성한 시방서와 기본 도면 등에 따라 그림 1·1과 같은 과정으로 선체 의장 설계가 완성된다.

선체 의장의 설계 목표는 사용이 간편하고, 최소의 중량과 성능 발휘가 최적이며, 내구성이 높도록 계획이 되어야 하고, 견고한 구조와 수리 및 보수가 용이하도록 배치를 하면서 설계가 되어야 한다. 또한, 속구 및 비품 등은 사용이 편리하고, 승조원들이 안락한 거주 환경과 작업에 능률적으로 적응되도록 계획되어야 하며, 선박의 운영과 성능이 균형이 되게 배치하여 정돈해야 하고, 특히 소형선에서는 무게 중심의 위치가 높아지지 않도록 세심한 주의를 하여야 한다.

선체 의장의 범위는 일반적으로 갑판 의장, 거주구 의장 및 도장으로 크게 3분야로 분류가

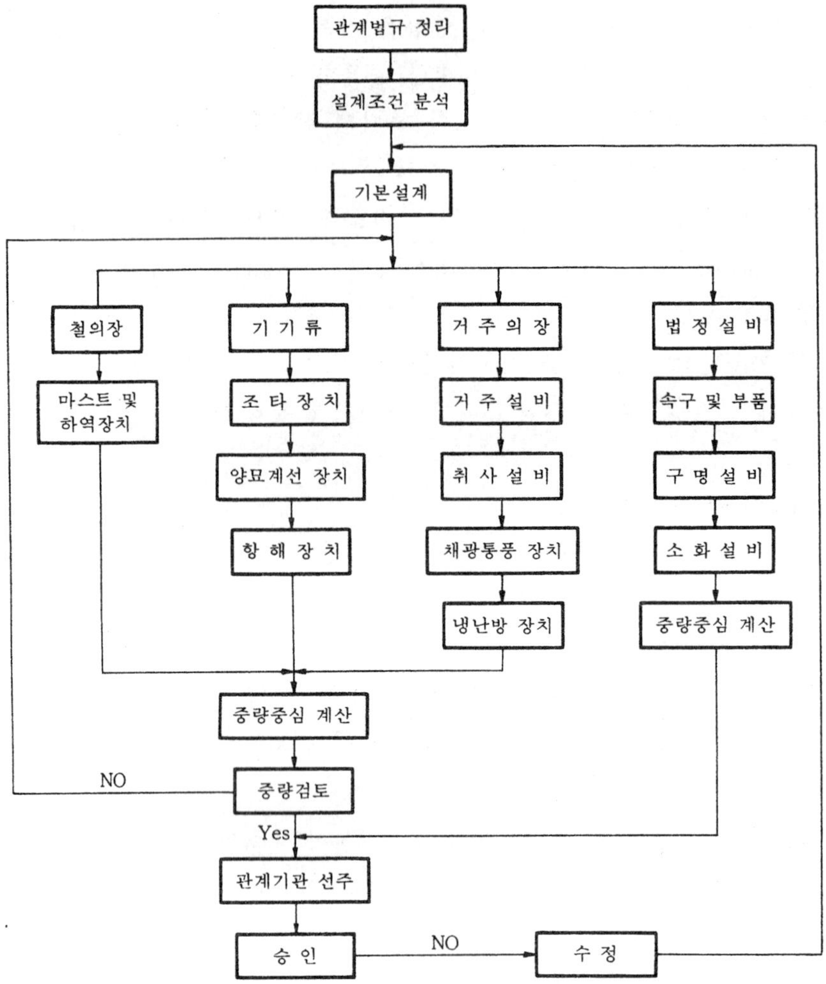

그림 1·1 선체 의장의 개략도

된다.

1.2.1 갑판의장

선박의 사용 목적에 따라 의장의 내용이 당연히 달라져야만 되겠지만, 일반적으로 갑판 의장은 계선 계류 장치, 개구 폐쇄 장치, 하역 설비, 제관 장치, 안전 설비, 방화 및 소방 설비, 조타 및 항해 장치 등의 제반 장치나 설비를 기본 계획에 맞게 구성해서 만들어 설치하는 것을 포함한다.

여기서는 대부분의 갑판 의장의 전반에 걸쳐 설명하고 있으며, 그 내용은 다음과 같다.

[1] 계선(묘박)과 계류 장치

선박을 일정한 해상에 앵커(anchor)를 투묘(投錨)해서 정박시키는 것이 계선(묘박, anchoring)이고, 부표나 안벽에 계류시켜 묶어 놓은 것이 계류(mooring)인데, 이렇게 하는데에 필요한 모든 설비와 장치를 **계선 계류 장치**라고 하고, 이들 장치에 관해서는 제 2 장에서 기술한다.

[2] 개구 폐쇄 장치

기존의 창구 덮개(hatch cover)는 목재로 만든 판을 하나씩 옮겨 열고 닫아야 하므로 개폐 시간이 많이 걸리면서 위험한 반면에, 오늘날은 강제 창구 덮개를 동력식으로 열고 닫으면서 개폐한다. 그리고 선내의 개구 폐쇄 장치들의 종류는 다양한데, 일반적으로 공인된 전문 제작 회사에서 만든 것을 구매해서 탑재하게 된다. 이들 장치에 관해서는 제 3 장에서 기술한다.

[3] 하역장치

선박의 속도가 아무리 빠르더라도 하역을 하는데 시간이 많이 걸린다면 선속이 빠르다는 의미가 없어지므로, 화물선에서는 이런 의미에서 하역 장치는 가장 중요한 장치이다.

데릭식(derrick style) 하역 장치는 구조가 간단하고 가격이 싸기 때문에, 종래의 일반 화물선에서 널리 사용되고 있는 하역 장치이다. 최근에는 붐(boom)과 데릭 포스트(derrick post)가 1 개의 유닛(unit)으로 되어 있는 갑판 크레인식(deck crane style)을 주로 사용하게 되면서 화물을 싣고 내리는 것이 편리해졌다.

하역 장치는 선박의 입용, 출용 항구의 시설과 화물의 종류에 따라 결정되는데, 이런 장치에 관해서는 제 4 장에서 기술한다.

[4] 제관장치

기관실 내의 각종 배관 부품과 부속품 등의 종류는 매우 다양하고 그 수가 대단히 많지만, 각각 이에 대하여는 KS 규격이나 사내 규격으로 표준도가 만들어져 있기 때문에, 설계자는 그것들의 목적에 따라 그들을 선택하는 것이 일반적이어서, 제관 장치의 설계시 표준 설계 편람을 통해 설계하는 경우도 많다.

기관실은 비교적 협소한 공간 안에 주기관을 비롯하여 주변에는 다수의 기기가 배치되고, 이것들이 상호 3 차원적인 배관을 통해 연결된 유기적인 구조로서, 그것의 기능과 조작성 및 보수성 등이 최대의 성능을 발휘할 수 있도록 설계가 최적인 상태로 유지되어야 한다.

기관 의장의 대부분은 관(pipe) 장치인데, 외국 선박인 경우에는 선주에 따라 외국 규정을 적용할 것을 요구하는 일도 종종 있다. 배관 장치는 각 나라마다 그 나라의 표준을 정하고 있는데, 적용 규정은 미국에서는 ASTM 규정이고 독일에서는 DIN 규정이며, 일본에서는 JIS 규정이고, 한국에서는 KS가 표준 규정으로 되어 있다.

선급에서는 사용 압력과 온도에 따라 사용할 수 있는 강관의 종류를 지정하고 있다. 이와 같은 사항들에 관해서는 제5장에서 기술한다.

[5] 안전 설비, 방화 및 소방 설비

방화 및 소방 설비에는 화재 발생의 방지, 화재 발생시 다른 구획으로 번지는 것을 방지하기 위한 방화 구조, 조기에 화재를 발견하여 경보가 울리는 화재 탐지 장치, 불을 끄는 소화 장치 등을 포함시켜 선박의 특성에 맞도록 법규로 제한하고 있다.

안전 설비에 관해서는 선급 협회 외에 각국의 관련 기관 및 국제 법규에 의해 규칙이 정해져 있으므로, 설계자는 이들 규정을 충실히 준수하면서 선원과 하역 작업자들의 안전 설비에 관해서도 대책을 세워야 한다. 이들 모든 사항에 관해서는 제6장에서 기술한다.

[6] 조타 및 항해 장치

선박을 좌우로 선회할 수 있도록 하는 모든 장치들이 **조타 장치**인데, 선박의 길이가 50 m 미만이고 최대 타축의 토크(torque)가 1 t · m 이하인 선박에 대해서는 수동식 조타 장치를 쓸 수 있는 반면에, 그 밖에 모든 선박은 동력식 조타 장치를 갖추도록 법규로 규정하고 있다.

선박이 항해 중 본선의 위치와 항로를 찾으면서 항해 중 안전을 확보하기 위해서는 각종 계기를 이용하는데, 이들 계기들을 통틀어 **항해 장치**(nautical instrument)라 한다. 이와 같은 장치에 관해서는 제7장에서 기술한다.

그 밖에 갑판 의장 장치로서는

① 채광 및 통풍 장치,
② 천막 및 건습 장치,
③ 구명 설비,
④ 방음과 방열 장치,
⑤ 창고 장치,
⑥ 공기 조화 냉난방 장치

등을 열거할 수 있다.

또한, 선박의 기능에 관해서는 다음과 같은 제반 장치와 설비들이 선박이라는 하나의 커다란 시스템 속에서 서로간에 간섭하고 견제하면서, 상호 보완을 하여 선박의 전반적인 성능들을 최적화시켜서 설계가 목적한대로 각각 장치와 설비에 주어진 기능을 충분히 발휘하게 함으로써 그것의 목적을 이루게 되고, 선박의 필요한 기능들을 수행하기 위한 시스템별로 이것들을 세분화하면, 일반적으로 다음과 같은 분류가 된다.

1.~19. hull system
20. hull outfitting, general
21. cargo handling & containment sys.
22. anchoring, mooring & towing sys.
23. opening & closing system
24. sun lighting system
25. traffic system
26. ventilation system
27. air conditioning system
28. life saving system
29. fire fighting system
30. painting & anti-corrosion sys.
31. mast
32. awning & canvas covering
33. davit & hoisting system
34. foundation
35. funnel & up-take system
36. marks
37. inventories
38. miscellaneous outfittings
39. reserved
40. hull outfitting, others
41. joiner works
42. insulation
43. deck covering
44. partition, lining & ceiling
45. door & window
46. furniture
47. grating, shelf & sparing
48. galley & laundry system
49. refrigerating chamber
50. machinery, general
51. main propulsion system
52. propeller & shaft
53. electric power system
54. auxiliary machinery & pump sys.
55. boiler system
56. portable tank
57. deck machinery
58. steering gear system
59. spare parts & inventory
60. piping, general
61. F.O pipe system
62. L.O pipe system
63. S.W pipe system
64. F.W pipe system
65. compressed & service air system
66. exhaust gas & mist pipe system
67. cargo oil pipe system
68. steam pipe system
69. hydraulic pipe system
70. penetration piece
71. CO_2 pipe system
72. scupper pipe system
73. bilge pipe system
74. ballast pipe system
75. sanitary pipe system
76. refrigerating coil pipe system
77. air vent & sounding pipe system
78. extension reach rods
79. reserved
80. electric, general
81. cable way
82. cabling
83. power equipment
84. lighting equipment
85. inter-communication equipment
86. radio & entertainment equipment
87. navigation equipment
88. automation equipment
89. connection & adjustment
90. reserved

1.2.2 거주구 의장

승객과 선원들이 자신들의 집과 같이 안락한 생활을 할 수 있도록 필요한 설비를 하는 것을 일컫는다. 즉, 이에 해당되는 장소나 비품으로는 침실, 화장실, 세면장, 욕실, 통로, 계단, 오락실, 사무실, 독서실, 조타실, 냉장고, 냉동 기계실 등이 있는데, 이들 의장에 관해서는 제 5 장에서 기술한다.

1.2.3 도장(Painting)

일반적으로 도료는 상온에서는 유동체이므로, 이것을 물체의 표면에 발라서 시간이 어느 정도 경과하면 건조가 되어 강한 도막을 형성하기 때문에, 선체를 보호함과 동시에 외관상의 장식과 청결을 목적으로 하는데, 그 용도를 요약하면 다음과 같다.

1) 방식(anti-corrosive) 도료가 해수와 공기를 절연(絶緣)하는 도막을 형성시켜 강재 및 목재의 부식의 촉진을 방지한다.

2) 방오(anti-fouling) 수선 하부의 선저에 독물을 용출시켜 수중 생물과 동물의 부착을 방지하여 운항 중 선체 저항의 증가를 막아 준다.

3) 장식 선체 각 부분을 적절한 색으로 도장하여 여객과 선원에게 즐거움을 주고 선체를 외관상 아름답게 한다.

4) 청결 철판이나 목재의 면을 매끄럽게 하고 쉽게 더럽혀지지 않도록 하여 선박의 청결을 유지한다.

선박은 해상으로 항해하기 때문에, 선박용 도료는 육상 구조물의 그것에 비해 매우 가혹한 조건하에서 상기의 역할을 담당하고 있다. 예를 들면, 수선 상부의 노출부는 물결의 튀김과 직사 광선으로 인한 건습의 상태가 되풀이되고, 수선 하부는 항상 해수에 잠겨 있어서 끊임없이 해수로 인한 부식 환경에 놓여 바닷물에 사는 동식물은 선저에 기생하려고 하며, 수선부에서는 직사 광선, 공기, 해수가 번갈아 되풀이되는 특이한 환경에 놓이게 됨에 따라, 이와 같은 가혹한 환경으로부터 선체를 보호하기 위해서는 도장이 필요하다.

도장 공사의 범위는 주로 도료를 칠하는 작업이지만, 시멘트 포장, 타일 깔기, 갑판 콤퍼지션(deck composition) 및 도장 전 표면 처리 작업까지를 포함한다.

최근에는 재도장을 위한 선박의 입거(docking) 기간이 길어지면서 운항 경제성이 향상되었고, 오랜 기간 동안 녹이 슬지 않는 방식 기술의 발달 때문에, 선체의 부식 여유를 감소시켜 보다 얇은 강판의 사용이 가능케 되면서 중량 경감의 효과를 가져옴에 따라,

도장의 중요성도 인식을 하게 되었다.

종래에는 아산화동을 첨가시킨 방오 도료(A/F)를 사용하여 선저에 기생하는 식물과 동물이 부착하는 것을 방지했으나, 해상 오염 문제가 대두되면서 앞으로는 아산화동의 사용이 제한을 받게 되자, 초음파 발진, 해수의 전기 분해에 의한 염소 이온의 방출, 특수한 막의 형성을 위한 도장, 방오제가 함유된 시트의 첨부 등과 같은 새로운 선저 오손 방지법이 사용될 것으로 예상된다.

1.3 기관의장

주기관, 축계 장치, 추진기, 기관 배관, 발전기, 보일러, 자동화 기기 및 기타 장치 등의 운전을 포함해서 기관실의 기계와 장치들의 조립, 설치, 조정 등을 처리하는 것을 총칭한 것이 **기관 의장**이다. 즉, 일반 배치도, 관련 도면, 기본 도면, 시방서 등에 나타난 기본 방침에 기초를 두면서 기관실의 배치, 조정, 운전 및 기관에 부속된 의장품들이 설치되는 것을 의미한다.

한편, 기관 의장은 현장의 작업 순서와 난이도를 고려해서 공사가 원활하도록 기관을 배치하면서, 주기관을 시발점으로 하여 각 기기의 성능이 충분히 발휘될 수 있도록 하기 위해서도 선각 구조 부분, 선체 의장, 전기 의장 등과 같은 다른 장치와의 관련 사항을 면밀히 검토해야만 한다.

기관 의장의 바람직한 설계 목표로는

① 사용이 간편해야 한다.

② 최소의 중량이어야 한다.

③ 성능 발휘가 최적이어야 한다.

④ 신뢰도가 높아야 한다.

⑤ 연료 절약형으로 설계되어야 한다.

⑥ 견고한 구조 및 수리가 용이하도록 배치되어야 한다.

성능면에 있어서 기기의 조작과 보수를 할 경우, 주변 환경을 신중히 고려해서 안전성, 조명, 교통, 환기, 방음 및 방진 등에 유의하여 선원들이 쾌적한 환경에서 지낼 수 있도록 해야 한다.

설계시 제반 구비 조건으로는

① 기본 성능의 만족,

② 기기의 특성 파악(최적 용량 등),

③ 중량, 규격 결정 및 규격품 신뢰성,
④ 진동 및 소음의 정도,
⑤ 적기 공급 계획,
⑥ 주기관 및 연결 보기 선정(연료 소비량 등),
⑦ 축계 및 추진기 선택,
⑧ 적용 법규 분석 및 선급 등의 관계 여부,
⑨ 기기의 배치 및 설치 방안 등의 검토,
⑩ 기기류 조종 방식(자동화, 생력화),
⑪ 보조 기기(발전기 및 기타 보기),
⑫ 배관 설치 및 밸브류 선정,
⑬ 독립 보기(펌프류, 보일러류, 냉동기류, 유압 기기 등)

등이고, 기관실 보조 의장 등 제반 조건을 분석해서 정리하면서 계획에 의해 배치를 해야 하고, 출입항시 및 하역 작업에 대해 세심한 주의를 해야 하며, 기기류의 조작과 초기 투자를 적게 해서 보수 및 유지비가 최저가 되도록 하면서 경제성을 함께 생각하여 설계해야 한다. 그리고 이들 의장에 관해서는 제 5 장에서 기술한다.

1.4 전 기 의 장

전기 의장이란 선박에서 조명 계통과 선내 동력 계통의 두 부분으로 대별되는데, 통신 장치, 레이더, 신호 장치, 항해용 기기, 전기 기기 등을 설치하면서 전선을 포설하고 결선하는 것 등이 이것의 범위에 속한다.

설계시 바람직한 목표로는

① 적정한 전원 판단,
② 취급과 보수 및 유지 용이,
③ 각종 조종 장치의 선택 및 능률적인 배치

등에 있다.

설계시 제반 구비 조건으로는

① 선박 성능의 만족,
② 각종 보기류의 특성 파악,
③ 특성에 맞는 조종 장치 선택,
④ 정도 법규 분석,

⑤ 선급 등의 관계 여부,

⑥ 각종 기기류의 용량 및 성능 검토

등으로서, 선박의 제한 조건에 따른 최적인 위치 판단과 진동 및 충격 등에 의한 기기류의 손상을 충분히 고려하면서 해상 조건에 적응(방수, 방적 등)이 되는 기기류의 선택과 배선 계통을 계획 설계하여야 한다.

전기 의장은 육상의 그것에 비해 내진성, 내염성 및 내습성을 갖춘 재료이어야 하므로, 안전하게 시공이 되도록 해야 한다. 그리고 이들 장치에 관해서는 제 2~7 장에서 기술한다.

1.5 각종 장치의 자동화

선박은 고대에는 인력과 풍력으로 추진되다가, 추진 기관이 발전되어 기계적인 동력으로 추진이 되면서부터 자동화가 시작되었다. 자동화는 사람과 기계가 어느 정도의 역할을 분담하는가에 따라 정도가 다르다.

자동화의 목적은 소위 3D라는 일들을 사람이 직접 하는 대신에 기계에게 일을 시켜 노동력을 줄여서 경비를 절감하는 한편, 인력에 의존할 때보다 더 정확하면서 안전하게 운전하게 하는 것인데, 예로서, 자동화 장치에는 이와 같은 장치들이 운전되고 있는 상태를 일정한 장소에서 감시를 하는 설비인 원격 조종(remote control) 장치와 중앙 집중식 조종 감시 장치들이 있다. 즉, 장비들 각각의 자동화 장치를 일정한 곳에 모아서 독립시키거나, 서로 연결시키면서 이렇게 혼합된 것을 주컴퓨터에다 연결해서 운용 상태를 종합적으로 처리하게 된다.

이와 같은 문제는 의장 설계에서 선박의 대형화, 전용화 및 고속화 등을 어떻게 구상시키느냐 하는 것이 핵심 사항이므로, 이러한 것들을 해결하려면 의장품의 자동화 등이 필수적으로 선결 문제라고 귀착이 된다.

의장품의 제작과 포장 등에 많은 공수가 투입되는 주된 작업에도 컴퓨터 수치 제어(computer numerical control : CNC)와 로봇화를 통한 공장 자동화(factory automation : FA)의 이용이 증가되고 있다.

선박의 자동화는 수송 효율을 극대화하고 에너지를 절약하며, 승조원을 감소시킴에 의해 운항 효율을 높이는 것이 그 목적으로서 신뢰도와 지능화에 역점을 둔 선박 개발을 위해서는 최적 자동 항해 장치, 입출항 자동화 장치 및 고장 예지 장치 등과 같은 무인화와 자동화가 된 장치로 바뀌어 가고 있다.

자동화의 예로서는 주기관의 속도를 일정하게 운전하는 방법, 주기관의 온도나 압력을 미리 지정된 값으로 일정하게 유지하는 방법, 탱크의 액면을 정해진 한도 내에서 유지하는 방법 등이 있다. 이 밖에도 화재 탐지와 소화 장치 등과 같이 선박의 안전을 도모하기 위한 자동화 장치도 있다.

자동화의 원리는 공기압, 유압, 광학, 전기 센서, 스트레인 게이지(strain gauge) 등을 이용해서 각 기계나 관련 장치들의 출력 정보를 분석하고 검토하여 이들 장치들을 조종하는 것이다.

향후, 선박 의장의 기술은 각종 선박들에 요구되는 각 기능에 관한 자동화를 어떻게 개발하면서 발전시켜 나가야 하는가에 초점을 맞추어야 한다.

1.5.1 컴퓨터를 이용한 자동화 방식

이 방식은 제어용 컴퓨터를 탑재해서 아날로그(analog)로 표시했던 많은 폐회로 제어를 할 뿐만 아니라, 기관의 효율 조정, 고장 예고 진단과 긴급 조치, 본선의 위치와 항법 계산, 자동 충돌 예방과 좌초 예방 등을 DDC(direct digital control)로 처리하고 있다.

1.5.2 기관실의 자동화

선내에서 가장 먼저 자동화가 이루어진 곳이 바로 기관실이다. 자동화는 제어와 감시 및 안전 장치의 세 부분으로 구성되면서, 자동 제어와 원격 제어로 대별된다. 자동 제어는 미리 정해진 순서에 따라 운전하는 것이고, 원격 제어는 멀리 떨어져서 격리된 장소에서 명령을 내려 원하는 상태로 운전하는 것이다.

컴퓨터에 의한 주기 운전의 자동화 방식에는 부분적인 폐회로 제어를 DDC로 행하는 방식과, 기관의 효율에 제어를 행하는 방식 및 직접 제어-자료 입력을 모두 자동적으로 행해서, 기관 운전에 필요한 최적 상태의 계산을 할 때 이에 따라 자동적으로 기기의 조작을 행하는 방식 등이 있다. 이 밖에도 각 기기의 상태를 정기적으로 검사하여 사고 발생을 예방하거나 긴급 조치를 수행하면서, 고장 예보의 진단도 자동적으로 할 수 있는 방법도 있다.

기관실의 무인 운전은 조타실에서 기관의 시동과 정지시키는 것은 물론, 기관실의 상황을 알 수 있게 행하는 것이다. 즉, 최근에는 기관실의 무인 운전이 보편화되면서 주기관(main engine)의 제어 장치와 기관실의 감시 장치를 조타실에 배치함으로, 기관실의 생력화가 이루어지고 있다.

1.5.3 하역 장치(Cargo handling system)의 자동화

하역이라 함은 선박에 화물을 적하(loading)하고 양륙(unloading)시키는 것을 의미하는데, 이 장치의 양부(良否)에 따라 화물의 항구 하역 속도(port speed)에 영향을 주기 때문에 상선의 수입에 직접적인 관계가 있다. 즉, 하역 시간이 길어지면, 선박의 운항 횟수가 감소하면서 항구 사용료와 안벽 사용료 등의 추가 비용이 증가된다.

하역 장치의 대표적인 것에는 갑판 크레인식과 데릭 붐식이 있다. 데릭 붐식 하역 장치는 구조가 간단하고 가격이 싸서 오래 전부터 사용되어 왔으나, 하역의 준비가 번잡하여 현재는 거의 사용하지 않는 대신에 갑판 크레인이 주로 사용된다. 갑판 크레인식은 붐과 포스트 및 조종 장치들이 일체식으로 되어 있는데, 크레인은 그 자체에 자동 장치가 설치되어 있어 한 사람의 힘으로도 조종이 가능한 반면에, 우수한 정치 능력(定置能力, spotting ability)도 갖고 있다.

유조선에서 액체 화물류의 하역은 기름 펌프로 기름을 흡입하거나 배출을 시키는 작업을 의미하는데, 하역의 조작에는 컴퓨터로서 이런 작업을 조종하는 완전 자동화 방식이 실용화되고 있다. 이와 같은 액체 화물의 하역 방법은 하역의 최적 제어, 하역 계통의 밸브의 개폐 조작, 최단 시간 하역을 위한 하역 장치의 감시 제어 및 각 기기의 정상 운전의 진단 등에 의해 실시된다.

그리고 벌크 화물선(bulk carrier)과 광물 운반선의 하역에는 벨트 컨베이어(belt conveyor), 버킷식 양륙기(bucket unloader), 활송 장치(chute) 및 각종 자동 양륙기(self unloader) 등의 자동화 하역 장치들이 사용되고 있다.

최근에는 컴퓨터로 조정하는 전자 제어 방식의 이용이 하역 장치의 자동화 등에 많이 채택되고 있다.

1.5.4 소화 장치의 자동화

최근 소화 장치와 내화 구조에 대한 국제 협약과 규정은 점차적으로 심하게 규제를 하고 있다. 화재를 탐지하는데는 각 구역의 공기를 채취(sampling)하여 연기가 있는지를 탐지하는 공기관식과 온도 상승을 탐지하는 온도식 등이 사용되고 있다.

화재 탐지 장치와 소화 장치는 컴퓨터에 연결되어 화재가 발생했을 경우에 소화 장치가 자동적으로 작동하게 되어 있으므로, 화재 탐지 장치와 소화 장치의 정확한 작동 여부를 정기적으로 점검하고 있다.

1.5.5 항해의 자동화

상선에서 초보적인 개별 제어 방식은 주기의 조속기(governor)에 자동 조종기를 설치하는 한편, 자동 조타 장치(autopilot system)가 개발된 후 집중 감시 방식인 조타실 조종식(bridge control style)의 자동화 장치를 사용하고 있다.

종래에는 선장을 비롯하여 항해에 종사하는 승조원들이 많이 승선해서 육분의(sextant)와 해도(sea chart)를 가지고서 해와 달 그리고 별자리를 보면서 본선의 위치를 파악하여 항해 방향을 결정하곤 했지만, 최근에는 육상의 통신소와 인공 위성을 이용한 DGPS (digital global positioning system) 항법이나 통신에 의해서 항해 중인 선박의 위치, 수심, 기상 조건, 장애물, 부근을 항해하는 다른 선박의 존재 등에 관한 여러 가지 정보를 본선에 정확히 제공하므로, 항해에 관련된 장비에 대한 생력화, 무인화 및 자동화에 기여하고 있다.

금후, 선박의 항해 기기의 신뢰도가 높아지면 승조원이 전혀 없는 선박의 무인 운항 기술의 실용화가 이루어질 날도 멀지 않았다.

1.6 국제 협약 및 제규정

선박이 항해 중 불의의 제반 해난 사고에 직면할지라도 안전해야만 하는데, 일단 사고가 발생하면 손상을 최소화하기 위해서는 선박에 적용할 엄격한 기준이 필요하다. 그래서 선박이 해상에서 처할 수 있는 최악의 경우를 가정하면서, 선박의 용도와 크기에 따라 안전한 항해가 가능하도록 최저 한도의 기준을 법규로 정해 놓고 있다.

각국의 국내 법규는 일반적으로 동일한 국제 협약을 기초로 해서 제정이 되었지만, 그 내용들이 각국의 국내 사정에 따라 조금씩 다르다. 따라서, 지금까지 건조 실적이 없는 국적의 선박을 건조할 경우에는 해당국의 관련 법규를 충분히 파악해야 한다.

1.6.1 국내법규

현재 우리 나라 정부에서는 선박의 안전을 도모하면서, 인명과 화물의 피해를 줄이기 위해 선박 안전법을 제정해서 선박의 구조와 설비를 갖추도록 규정을 하고 있다. 이러한 선박 안전법에는 일정 기준의 선체와 기관의 구조 및 설비를 갖추는데 엄격하게 제한을 하고 있으면서, 선박의 내항성과 인명의 안전에 대해서도 엄한 규정을 적용시키고 있다.

따라서, 의장 설계시 알아두어야 할 중요한 국내 법규로는 선박 안전법의 강선 구조 규정, 선박 구획 규정, 선박 설비 규정, 선박 구명 설비 규정, 선박 소방 설비 기준 및 방화 구조 규정 등이 있고, 이들 법규를 실행하는 데에 따라 부분적으로 규정을 정한 시행령이나 시행 규칙이 있으며, 이들 법규를 구체적으로 해석하거나 지침을 다룬 요강 등도 있다. 그러나 이와 같은 법규나 규정들은 새로운 법규의 발효, 오래된 법규의 개정 및 새로운 추가 사항들로 끊임없이 발전되므로, 조선 관련 협회나 조선 공업 협동 조합 등으로 하여금 조선소 등에 이러한 변경 사항을 홍보하도록 해야 한다.

1.6.2 외국규칙

건조하고자 하는 선박이 한국 국적선인 경우에는 국내 법규에 따르면 되지만, 수출선인 경우에는 선주의 요구에 따라 특정 국가의 법규를 만족하도록 해야 한다.

국제 조약의 협약문에서는 이런 사항을 너무 자세히 규정할 수가 없으므로, 실무적인 상세 규정은 각국 정부에 위임하고 있어 세부 사항에 관해서는 조약문의 해석상의 차이 때문에, 각국의 국내 법규가 반드시 서로 일치하지 않는다. 그러므로 설계자가 혼돈할 여지가 있어서 이런 문제에 관해서도 유의해야만 한다. 수출 선박에 대해 외국 규칙을 적용할 경우에 명심해야 할 사항은, 선박을 건조하고자 하는 해당 국적에 의해 그 나라의 국내 법규 및 내규에 만족하도록 설계하여야 한다.

선주에 의해 구명 설비나 소화 설비 등 SOLAS 법규에 관련이 있는 선용품에 대해서는, 그것의 사용에 관해 선주의 소속 정부 기구의 승인을 받아야만 한다는 사실에 대해 주의를 요한다. 따라서, 그와 같은 의장품이 국내에 없을 경우에는 수입을 해야 하므로, 해당 국가의 규칙에 대한 면밀한 고찰과 아울러 의장품의 생산 업자를 통해 의장품의 정보와 시장 조사를 해야 한다.

선주가 건조 선박의 선적을 타국으로 하면서 타국의 규칙을 부분적으로 적용할 것을 원할 경우에는, 그 정부의 승인을 받은 의장품을 사용할 것인가에 관한 여부를 선주나 선주측 감독과 미리 협의를 해두어야만, 차후에 선주와의 계약상의 마찰이 생기지 않는다.

오늘날 우리 나라에서 건조되고 있는 선박의 85% 이상이 외국 선박으로 그 선적이 다양하며, 적용되는 규칙도 가지각색이다. 그래서 우리 나라와 관계가 깊은 나라들 중에서도 영국, 미국, 노르웨이, 리베리아 및 서독의 규칙에 관해 간단히 살펴보기로 하자.

[1] 영국 규칙

우리 나라의 선박 안전법에 해당하는 영국 규칙은 상무부(Department Of Trade: DOT)

가 발간한 상선 규칙이 있는데, 이것이 DOT 규칙이다.

영국 국적을 가진 선박을 건조할 경우에는 이 규칙을 따라야 하고, 그 규칙에 관련된 기기(機器)와 장치들 중에서도 건조 중에 검사를 받을 필요가 있을 때는 LR 선급의 검사관 및 위임받은 대리인에 의해 도면 승인과 건조 검사를 받아야 한다.

[2] 미국 규칙

이 규칙은 일반적으로 연방 규정집(Code of Federal Regulation : CFR)에 포함되어 있는데, 미국 해사 보안청(United States Coast Guard : USCG)이 발간한 USCG 규정도 있다.

미국 국적의 선박을 건조하는 경우에는 규정된 도면을 USCG에 제출해서 승인을 받게 되면, 구명 장치와 소방 장치 등은 USCG가 승인한 제품의 사용을 의무화한 UL 딱지가 붙은 것을 설치해야만 한다. USCG에서 규정한 파이프와 밸브 및 플랜지 등은 ASTM(American Society for Testing and Materials : 미국 재료 시험 협회 규격)에 합격하거나 USCG의 규정에 의해 승인을 받은 것을 설치해야 한다.

미국 국적이 아닌 외국 선박도 미국의 항구에 출입하는 경우에는, 오수 처리 장치나 해양 오염 방지 대책에 관해서는 USCG의 규정을 준수해야 하므로, 의장 설계의 초기 단계에서는 미국 항구의 출입 여부를 선주와 사전 협의할 필요가 있다.

[3] 노르웨이 규칙

우리 나라의 선박 안전법과 같은 노르웨이 규칙은 그 나라의 해사 본부(Sjф Fartsdirektorated : SFD)에서 발간된 노르웨이의 선박 규정법인데, 이 규칙이 SFD의 규칙, NMD(The Maritime Directorate) 규칙, NSC(Norwegian Ship Control registration) 규칙으로 일컬어진다.

SFD의 규칙으로부터 도면에 승인을 받으려면, 필요한 도면을 SFD에다 제출해야만 하고, 이 규칙에 관련된 의장품들 중에서도 검사를 받을 필요가 있는 것은 SFD가 지명한 검사관에 의해 검사를 받아야만 한다. 또한, 이 규칙과 관련이 있는 신호, 선등, 소화 기구, 구명 기구, 무전기, 항해 계기 및 거주구 내장재 등도 SFD의 규정에 의해 승인을 받아야 한다.

[4] 리베리아 규칙(Liberian rule)

리베리아는 아프리카에 있는 작은 나라이지만, 세제상(稅制狀)의 우대 제도가 있어서 선박 회사들이 선박을 이 나라에 등록하는 것을 선호한다.

리베리아 규칙으로는 리베리아 해사법과 해사 규칙이 있다. 이들 규칙에서는 SOLAS에 관련된 소방 설비나 구명 설비 등의 의장품들은 외국 정부의 승인을 받으면 되므로,

리베리아 정부의 증서를 취득할 필요가 없지만, 그 밖의 관련 사항에 대해서는 리베리아 정부가 지정한 위탁 기관(선급)이 발행하는 증서를 받도록 규정이 되어 있다.

[5] 서독 규칙

서독 규칙은 해사 안전 위원회(Seeberufsgenossenshaft : SBG) 규칙이라고 일컫는데, 선박의 안전 설비의 전반에 걸쳐 검사와 승인의 업무를 맡고 있지만, SBG 는 순수한 정부 기관이 아니고 반관 반민(半官半民)의 조직이다. SBG 의 규칙은 선박의 설계와 재료 및 시공 등에 까다로운 조건을 제시하고 있기 때문에, 서독 국적의 실적선이 없을 경우에는 이 규칙에 관해 특별한 주의가 요망된다.

SBG 가 주관하고 있는 규칙들 중 중요한 것은 선박 안전법(Seeberufsgenossenshaft : SBG)과 재해 방지 규칙(Unfallverhütungsvorsch riften : UVV) 등이 있는데 이들 중 SSV 의 규칙은 SOLAS 의 규칙과 관련된 규정으로서 선내의 통행과 안전 설비 등에 관한 규칙이다.

정부 기관으로는 해사 안전 위원, 노동 감독국(Amt für Arbeits : AFA), 수로국(Deutsche Hydrographisches Institut : DHI), 선박 적량 측도(Bundesamat für Schiffsvermessung : BFS) 등이 있다.

1.6.3 국제조약

선박은 국제성이 강한 수송 수단으로서, 국제간의 중요한 사항에 대해서는 국가들간에 공통되는 규칙을 정하여 지킬 필요가 있다. 국제간의 협약이 발효되면, 그들 조약은 강제력을 띄게 되면서 가맹국들은 의무적으로 그 규정들을 준수해야 한다.

[1] SOLAS(해상 인명 안전 조약 : International Convention for the Safety of Life at Sea)

선박은 국제항을 왕래하는 운송체이므로, 승조원과 여객들의 생명과 안전을 위한 각종 설비들을 국제적으로 통일할 필요가 있다. 그런데 이 협약은 여러 번의 개정을 거쳐서 오늘날의 규정으로 제정이 되었는데, 그 주요 내용은 선박의 구획, 복원성, 기관 설비, 전기 설비, 방화와 화재에 대한 안전 설비, 소화 설비, 구명 설비, 무선 전신, 항해 안전 설비, 곡물 적재, 위험물 운송법 등에 의해 모든 선박의 안전에 관해 상세히 규정을 하고 있다.

[2] MARPOL(선박으로부터의 해상 오염 방지 : International Convention for the Prevention of Pollution of the Sea by Oil)

유조선의 수가 증가함에 따라 선박에서 배출이 되는 폐유나 운항 중에 충돌과 좌초 등에 대한 해난 사고로 인하여, 선박에서 흘러나오는 기름으로 인해 생기는 해상 오염을 방지할 목적으로 1945년에 최초로 이러한 국제 조약이 체결되었다. 그 주된 내용은 오물이나 기름을 해상으로 배출이 되었을 경우에 관한 제한과, 해난 사고로 인해 손상된 화물 탱크로부터 배출되는 기름의 양의 최소화를 위하여 화물유 탱크의 길이 및 용량 등에 관한 유조선의 구조에 대해 규정하고 있다.

제 2 장
계선장치

2.1 개 요

선박은 바다 위에 떠 있는 일종의 구조물이므로, 정박시에 조류나 바람 때문에 발생하는 해상과 기상에 의한 외력에 대해 충분히 견딜 수 있도록, 안전한 계선 장치를 필요로 한다. 선박이 표류하게 될 경우에 발생하는 피해의 크기를 고려한다면, 선박의 계선 장치는 장치들 중에서 가장 중요하다.

선박을 계선하는 방법에는 닻(anchor)과 닻 체인(anchor chain)에 의해서 해상에 정박하는 방법과 계선줄로 안벽이나 돌핀(dolphin ; 해상에 설치된 떠 있는 선착장)이나 부이(buoy)에 매는 방법이 있다.

전자는 선박이 임의의 수면에서 정해진 위치에 정박할 필요가 있는 경우에 사용되는 것으로서, 선체와 해저를 닻과 닻 체인 등으로 연결을 해서 조류와 바람 등에 기인된 선체의 이동을 방지하는 것이다. 후자는 직접 계선의 목적을 달성하는 것이 아니고, 안벽이나 부이에 계선줄(강제 로프나 섬유 로프)로 선박을 고정시키는 것이다. 즉, 이들 계선 용구와 안벽과는 먼저 계선줄로 연결시켜서 선체를 일정 위치에 고정시키는 것이다.

닻과 닻 체인은 선박을 계류시킬 때도 사용되기도 하고, 움직이고 있는 선박을 정지시키는 수단으로도 사용된다.

그림 2·1은 여러 가지 대표적인 계선 방법을 나타낸 것인데, 한쪽 현에서만 닻을 내려 정박시키는 것을 **단묘박**이라 하고, 양쪽 현에서 닻을 내려 정박시키는 것을 **쌍묘박**이라고 한다. 또한, 쌍묘박을 시킨 대형 선박은 조류와 바람 등으로 인해 선미 부분이 돌아가는 경우가 있으므로, 이런 경우에는 선미에도 선수에서 내린 닻보다는 작은 중간 닻

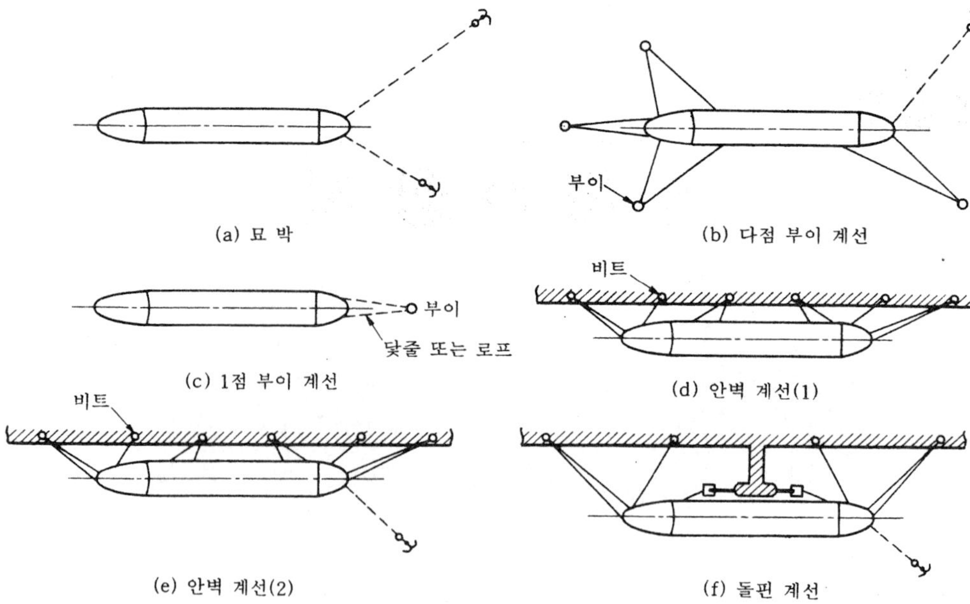

그림 2·1 각종 계선 방법

을 내려 선박의 회전을 방지한다.

닻을 내리는 경우는 다음 세 가지가 있다.

① 항만 내에 다른 선박이 있어 접안을 기다려야 할 때와, 검역을 받아야 할 경우 및 입항 수속이 완료되지 않았을 경우에는 닻을 내려 정박하고 기다려야 한다.

② 선박이 좌초되었을 때, 선박이 파도로 인해 좌우 또는 상하로 움직이면서, 선저 외판이 손상될 우려가 있을 경우에는 닻을 내려, 닻 체인을 팽팽하게 잡아당겨서 파도 때문에 움직이는 선박을 고정시켜서 선저 외판의 손상을 막는다.

③ 화물을 싣기 위해 내려야 할 경우나 장시간 휴식을 취한다든지, 간단한 수리를 할 경우에는 단묘박을 해서 선박을 안벽에 접안시키면서, 안벽으로부터 떨어지지 않게 갑판 위의 볼라드(bollard)에 로프의 끝을 감아 매고, 다른 로프의 끝은 갑판 현측에 있는 페어리더(fairleader)를 통해 안벽에 있는 비트(bitt)에 걸어 놓는다.

2.2 의 장 수

앞절과 같이 계선 장치는 가장 기본적이고 중요한 장치이므로, 각 선급 협회 규칙에서는 국제적으로 통일된 의장수에 따라, 닻의 종류와 수, 닻 체인의 종류와 크기 및 전체

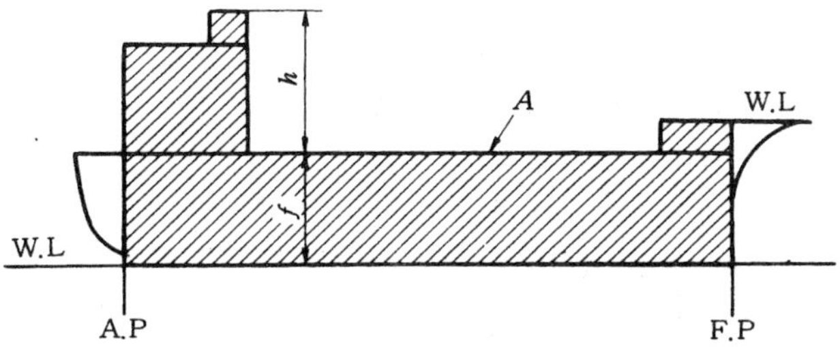

그림 2·2 의장수의 계산 방법

길이, 예인줄(tow line)과 계선줄의 절단 하중과 길이와 수 등을 규정하고 있다.

의장수(equipment number)는 다음 식으로부터 계산이 된다.

$$\text{E.N} = \Delta^{2/3} + 2Bh + 0.1A$$

여기서

① Δ : 하기 만재 흘수선에 대한 형 배수량(ton),

② B: 배의 폭(m),

③ h : $h = f + h'$ (m)

a) f: 선체 중앙의 선측에서 만재 흘수선으로부터 최상층 전통 갑판보의 선측에서의 상면까지의 수직 거리(m)

b) h' : 최상층 전통 갑판으로부터 폭이 $B/4$를 넘는 선루나 갑판실 중 가장 높게 위치한 곳까지의 높이(m)인데, 이 높이를 측정할 경우에는 현호(sheer)와 트림(trim)은 무시한다. 또, 폭이 $B/4$를 넘는 갑판실이 폭이 $B/4$를 넘지 않는 갑판실의 상부에 있을 경우에는, 폭이 $B/4$ 이하가 되는 갑판실의 높이는 계산하지 않는다.

④ A : $A = fL + \sum h''l$ (m^2)

a) $\sum h''l$: 최상층 전통 갑판보다 윗부분에 있는 폭이 $B/4$보다 넓고, 높이가 1.5 m 이상인 선루와 갑판실 또는 트렁크 등의 높이인 h''(m)와 길이인 l(m)을 곱한 것의 합이다. 다만, 선박의 길이인 L의 범위를 벗어난 경우에는 계산에 넣을 필요가 없다.

⑤ 위의 h와 A의 값을 계산할 경우에는 높이가 1.5 m보다 긴 스크린(screen)과 불워크(bulwark) 등은 갑판실이나 선루 부분으로 간주를 한다.

2.2.1 의장수의 계산 요령

[1] Δ와 f의 결정

Δ와 f의 값은 계획 하기 만재 흘수선에 대한 값으로 한다.

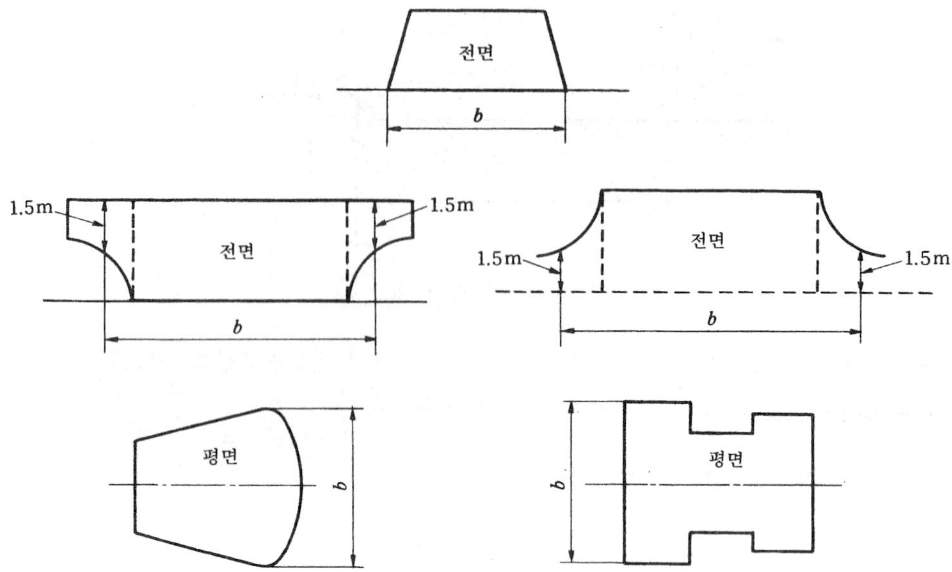

그림 2 · 3

[2] 산식 중 제 2 항(Bh)의 계산 범위

① $H=f+h'$에서 h'의 계산 대상은 다음과 같다.

a) 선루

b) 폭의 $B/4$를 초과하는 갑판실

c) 갑판실과 연속되는 높이가 1.5 m를 초과하는 스크린 또는 불워크로서, 합계의 폭이 $B/4$를 초과하는 경우(구조물의 폭의 측정 방법 참조)

② 위의 ①인 경우의 구조물은 갑판에 의하여 상하를 분리해서 취급을 하면서, 각층에서의 폭을 측정한다(구조물의 폭의 측정 방법 참조).

[3] 구조물의 폭의 측정 방법

① 1개의 층에서 연속하는 선루나 갑판실 등은 그 폭과 높이가 연속적으로 변화하는 경우나 불연속적으로 변화하는 경우, 모두를 1개의 구조물로서 취급하면서 그 폭은 그림 2 · 3 에서와 같이 최대 폭으로 한다.

② 1 개의 층에서 분리되어 있는 독립된 갑판실은 위의 ①인 경우와 같이, 폭을 구하여 계산의 가부를 결정한다(그림 2 · 4 참조).

[4] 구조물의 높이(h')의 측정 방법

① h'는 전체 중심선에서의 높이로서, 그림 2 · 5 에서와 같이 측정한다.

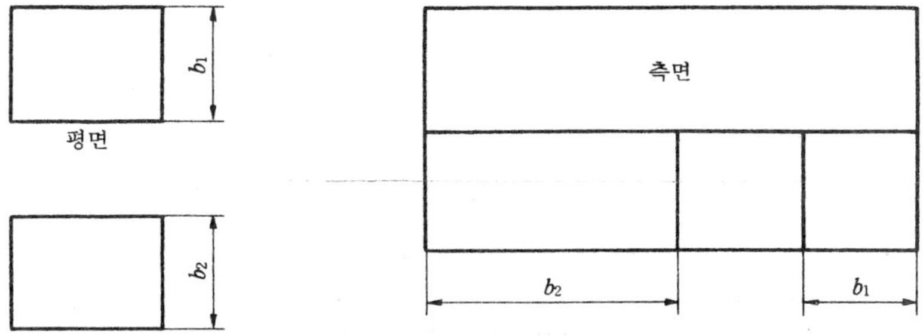

b_1, $b_2 < \frac{B}{4}$ 이면 $(b_1 + b_2)$에 관계없이 삽입하지 않음.

그림 2·4

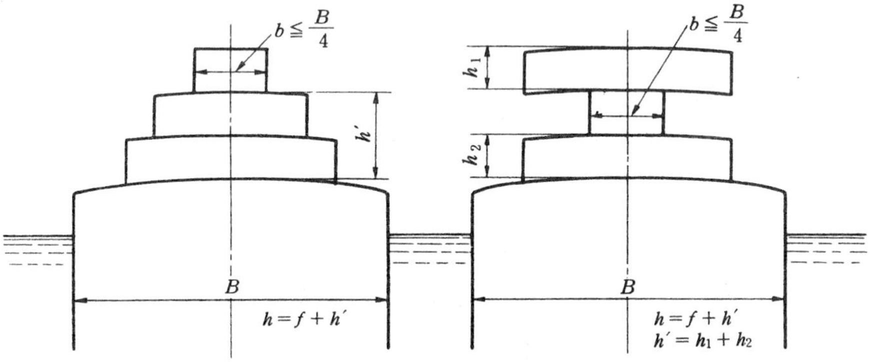

f는 선체 중앙 횡단면에서 측정

그림 2·5

② 분리된 구조물이 있을 경우에는 그것들의 각각의 h'를 산정하여, 그 값들 중 최대값을 택한다(그림 2·6 참조).

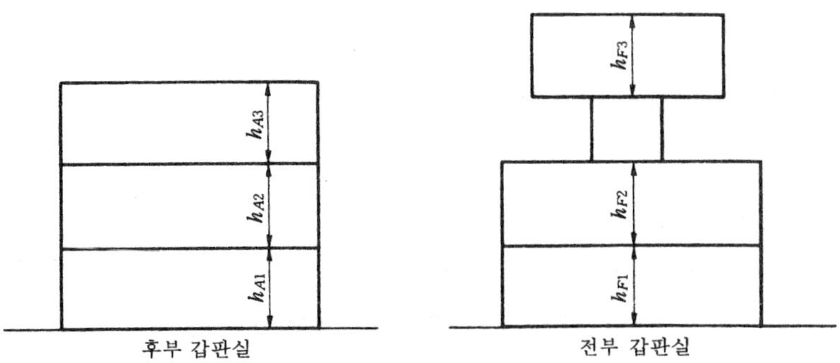

h'는 $h_{A1} + h_{A2} + h_{A3}$, $h_{F1} + h_{F2} + h_{F3}$ 중 큰 것

그림 2·6

③ 선박의 길이의 전후에 걸쳐서 갑판간의 높이가 변할 경우에는, h'는 선체 중심선의 종단면에서 최상층 전통 갑판으로부터 측정한 최대값을 택한다(그림 2·7 참조).

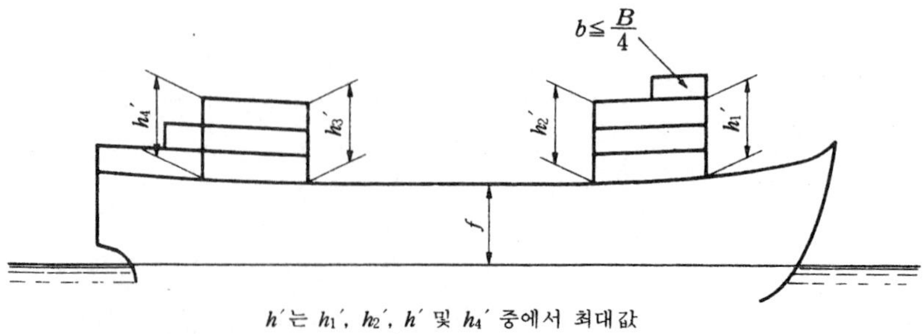

그림 2·7

[5] 산식들 중 제 3 항(0.1 A)의 계산 범위

① $A = fL + \sum h'' l$에서 $\sum h'' l$의 계산 대상은 다음과 같다.

a) 선루

b) 폭이 $B/4$를 초과하면서 높이가 1.5 m를 초과하는 갑판실과 트렁크

c) 선루나 폭이 $B/4$를 초과하는 갑판실과 연속이 되면서, 높이가 1.5 m를 초과하는 스크린과 불워크. 다만, 길이가 $B/2$ 이하인 갑판실, 트렁크, 스크린 및 불워크는 무시해도 좋다(길이의 측정은 구조물의 길이 측정 방법 참조).

[참고] 다음의 구조물은 $\sum h'' l$의 계산에서 제외해도 좋다.

a) 길이(L)의 전후의 외측 부분

b) 선루나 갑판실과 연속된 데릭 포스트(derrick post) 및 통풍통 등

c) 창구 코밍(hatch coaming)과 창구 덮개(hatch cover)

d) 연돌

e) 갑판 적하 화물

② 위의 ①인 경우의 구조물은 갑판에 의하여 상하로 분리된 것으로 취급을 하면서, 각층에서의 $\sum h'' l$을 계산한다.

[6] 구조물의 길이의 측정 방법

① 1개의 층에서 연속된 선루나 갑판실은 그것의 폭이나 높이가 불연속적으로 변화가 되는 경우에도, 1개의 선루나 갑판실로 취급을 한다. 길이는 최대인 개소의 것을 택한다. 다만, 높이가 변화하는 경우 정부(頂部)나 중간에서 높이가 1.5 m 이상인 갑판실이 있을 경우에는 그 갑판실 부분은 없는 것으로 취급을 한다. 그리고 l이 $B/2$ 이하인 경

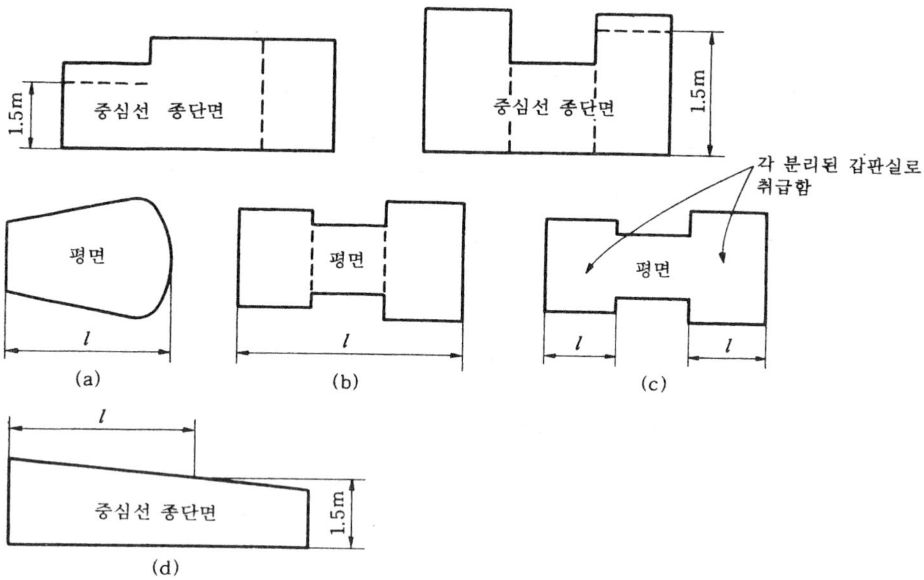

그림 2·8

우는 갑판상에 없는 것으로 취급을 한다(그림 2·8 참조).

② 선루나 갑판실과 불워크가 연결되었을 경우에는 위의 ①인 경우와 같은 방법으로 취급할 수 있지만, 단부의 R부는 무시할 수 있다(그림 2·9 참조).

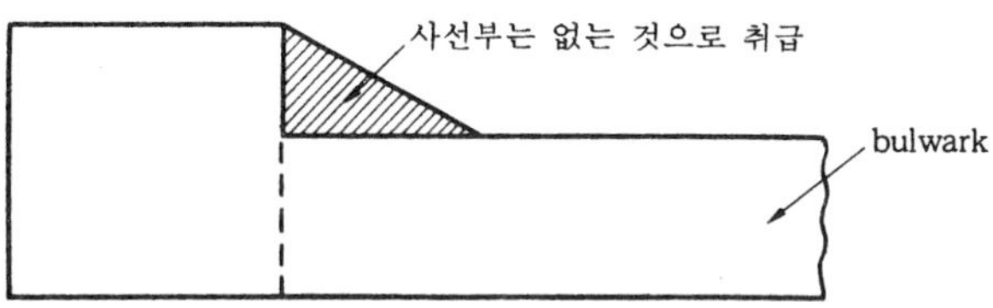

그림 2·9

[7] 구조물의 높이(h'')의 측정 방법

① 선루와 갑판실 등과 같이 선체 중심선상에 있는 구조물의 높이(h'')는 선체 중심선에서의 각 층의 갑판간의 높이로 한다.

② 선박의 전후에 걸쳐서 갑판간의 높이가 변하는 경우, h''는 그림 2·10의 방법에 의한다.

③ 선체 중심선에 있지 않는 구조물의 높이는 중심선측에서 측정한다.

[8] 구조물이 병렬로 배치된 경우

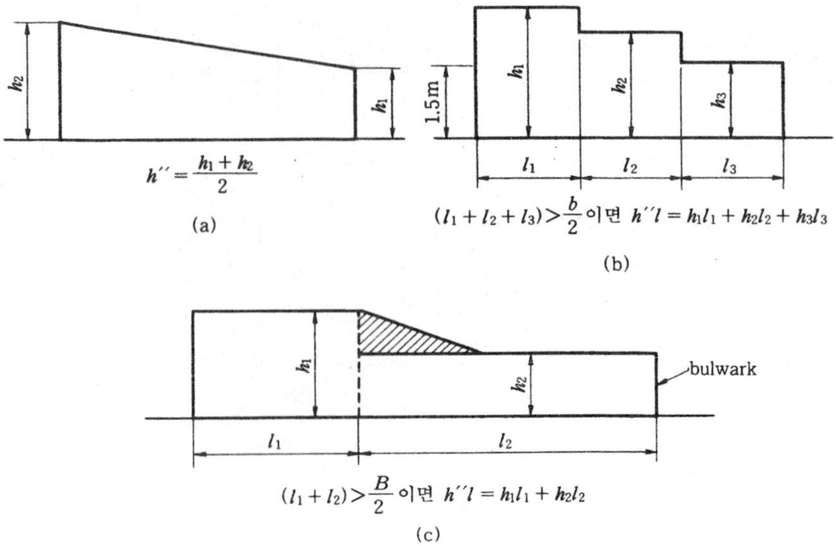

그림 2·10

① 선박의 상부 방향에 2개 이상의 갑판실이 병렬로 배치된 경우는, 선박의 길이 방향으로 투영이 된 면적을 $h''l$로 할 수 있다.

② 스크린이나 불워크의 경우도 위의 ①인 경우와 같은 방법으로 취급할 수 있다.

2.2.2 의장수의 계산

벌크 화물선(18,000 D.W.T bulk carrier)의 의장수 계산에 관해 실례를 들어서 계산해 보자. 선박의 주요 치수는 다음과 같다.

수선간장 (L_{PP})	146.00 m
수선장 (L_{WL})	150.30 m
형폭 (B_{MLD})	22.80 m
형 깊이 (D_{MLD})	12.50 m
흘수 (d)	9.14 m
건현 (f)	3.36 m
만재 배수량 (Δ)	23,760 kT(배수량 등곡 선도에서)

먼저, 수선간장(L_{PP})과 수선장(L_{WL})에 0.96을 곱한 값들 중에서 큰 값이 선박의 길이가 되므로, $0.96 \times L_{WL} = 0.96 \times 150.30 = 144.29$ m이다. 그런데 수선간장이 크므로, 그 길이를 이 선박의 길이로 간주한다.

의장수 계산을 위한 화물의 치수는 그림 2·11에서 보여 주고 있다.

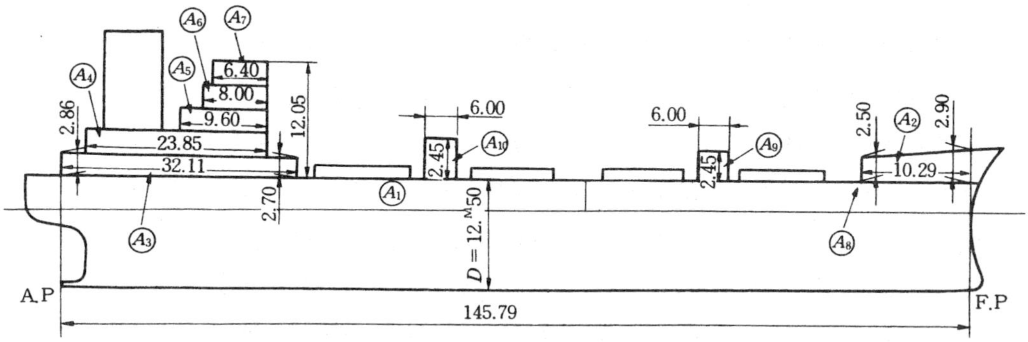

그림 2·11 화물선의 치수(단위 : m)

의장수(E.N)는 선급 협회 규칙에 의하면,

① $E.N = \Delta^{2/3} + 2Bh' + 0.1A$

$= 826.5 + 733.7 + 76.4 = 1636.6 \fallingdotseq 1637$

② $\Delta^{2/3} = (23,760\ \mathrm{kT})^{2/3} = 826.5$

③ $2Bh = 2 \times 22.8 \times 16.09 = 733.7$

$h = f + h'$

$f = 3.36$

$h' = A_3 + A_4 + A_5 + A_6 + A_7$

$= 2.78 + 2.50 + 2.50 + 2.50 + 2.45 = 12.73$

④ $A = fL + \sum(h'' \times l)$

A_1 :	fL	3.36	×	146.00 =	490.6
A_2 :	fcle. Dk.	2.70	×	10.29 =	27.8
A_3 :	UP. Dk.~poop Dk.	2.78	×	32.11 =	89.3
A_4 :	poop Dk.~boat Dk.	2.50	×	23.85 =	59.6
A_5 :	boat Dk.~Cap. Dk.	2.50	×	9.60 =	24.0
A_6 :	Cap. Dk.~Nav. Dk.	2.50	×	8.00 =	20.0
A_7 :	Nav.Dk.~Com. Dk.	2.45	×	6.40 =	15.7
A_8 :	bulwark	2.08	×	3.45 =	7.2
A_9 :	No. 1 mast house	2.45	×	6.00 =	14.7
A_{10} :	No. 2 mast house	2.45	×	6.00 =	14.7
A				=	763.6

2.2.3 의장수에 의한 의장품 결정

의장수가 1637이면 표 2·1의 의장 기호가 F_5로서 의장수가 1570~1670인 범위에 해당이 되어, 선수 닻은 4890 kg짜리 스톡리스 앵커 2개가 필요하고, 선수용 닻 체인은 스터드 체인인 2종으로서 체인의 지름이 62 mm이면서 길이는 550 m를 갖추어야만 한다. 선박을 예인할 때에 사용이 되는 예인줄(tow line)은 길이가 220 m이면서 절단 하중이 96,000 kg인데, 표 2·2에서 와이어 로프(wire rope)는 6호(구성 기호 6×37)로서 지름은 44 mm에 해당된다. 또, 무어링 로프는 길이가 190 m인 것이 5개 필요한데 절단 하중이 34,000 kg이므로, 표 2·2에서 와이어 로프는 4호(구성 기호 6×24)로서 지름이 28 mm인 것이 3개 필요하고, 표 2·3에서 나일론 로프인 경우에는 절단 하중이 34,000 kg에 해당되므로, 로프의 지름은 55 mm인 것이 필요하다.

이것을 정리하면 다음과 같다.

선수 닻(스톡리스 앵커)	4890 kg×2 개
선수 닻용 닻 체인(스터드 체인)	[제2종]; 지름 62 mm×길이 550 m
토 라인(와이어 로프)	[6 호(6×37)]; 지름 44 mm×길이 220 m×1 개
무어링 로프(와이어 로프)	[4 호(6×24)]; 지름 28 mm×길이 190 m×3 개
무어링 로프(나일론 로프)	지름 55 mm×길이 190 m×2 개

표 2·1 선급 협회 규칙에 의한 의장수와 앵커, 앵커 체인 등

의장기호	의장수		선수앵커		선수 앵커용 체인(스터드 체인)				토 라인			무어링 로프			
	넘고	이하	수	질량(스톡리스 앵커의 단량)(kg)	길이 (m)	지름 제1종 (mm)	지름 제2종 (mm)	지름 제3종 (mm)	길이 (m)	절단하중 SI 단위 (kN)	절단하중 공학 단위 (kg)	수	길이 (m)	절단하중 SI 단위 (kN)	절단하중 공학 단위 (kg)
B 3	205	240	2	660	302.5	26	22	20.5	180	• 129	13.200	4	120	↑ 64	6500
B 4	240	280	2	780	330	28	24	22	180	: 150	15.300	4	120	: 69	7000
B 5	280	320	2	900	357.5	30	26	24	180	: 174	17,700	4	140	: 74	7500
C 1	320	360	2	1020	357.5	32	28	24	180	↓ 207	21.100	4	140	• 78	8000
C 2	360	400	2	1140	385	34	30	26	180	↑ 224	22.800	4	140	: 88	9000
C 3	400	450	2	1290	385	36	32	28	180	: 250	25.500	4	140	: 98	10,000
C 4	450	500	2	1440	412.5	38	34	30	180	: 277	28.200	4	140	: 108	11,000
C 5	500	550	2	1590	412.5	40	34	30	190	: 306	31.200	4	160	: 123	12,500
D 1	550	600	2	1740	440	42	36	32	190	⊕338	34.500	4	160	: 132	13,500
D 2	600	660	2	1920	440	44	38	34	190	: 371	37.800	4	160	: 147	15,000
D 3	660	720	2	2100	440	46	40	36	190	: 406	41.400	4	160	: 157	16,000
D 4	720	780	2	2280	467.5	48	42	36	190	: 441	45.000	4	170	: 172	17,500
D 5	780	840	2	2460	467.5	50	44	38	190	↓ 480	48.900	4	170	: 186	19,000

E 1	840	910	2	2640	467.5	52	46	40	190	↑518	52.800	4	170	: 201	20.500
E 2	910	980	2	2850	495	54	48	42	190	: 559	57.000	4	170	↓216	22.000
E 3	980	1060	2	3060	495	56	50	44	200	: 603	61.500	4	180	↑230	23.550
E 4	1060	1140	2	3300	495	58	50	46	200	: 647	66.000	4	180	: 250	25.500
E 5	1140	1220	2	3540	522.5	60	52	46	200	: 691	70.500	4	180	: 270	27.500
F 1	1220	1300	2	3780	522.5	62	54	48	200	: 738	75.300	4	180	: 284	29.000
F 2	1300	1390	2	4050	522.5	64	56	50	200	: 786	80.100	4	180	: 309	31.500
F 3	1390	1480	2	4320	550	66	58	50	200	: 836	85.200	4	180	: 324	33.000
F 4	1480	1570	2	4590	550	68	60	52	220	• 888	90.600	5	190	: 324	33.000
F 5	1570	1670	2	4890	550	70	62	54	220	: 941	96.000	5	190	: 333	34.000
G 1	1670	1790	2	5250	577.5	73	64	56	220	: 1024	104.400	5	190	⊕353	36.000
G 2	1790	1930	2	5610	577.5	76	66	58	220	: 1190	113.100	5	190	: 378	38.500
G 3	1930	2080	2	6000	577.5	78	68	60	220	: 1168	119.100	5	190	: 402	41.000
G 4	2080	2230	2	6450	605	81	70	62	240	: 1259	128.400	5	200	: 422	43.000
G 5	2230	2380	2	6900	605	84	73	64	240	: 1356	138.300	5	200	: 451	46.000
H 1	2380	2530	2	7350	605	87	76	66	240	: 1453	148.200	5	200	: 480	49.000
H 2	2530	2700	2	7800	632.5	90	78	68	260	: 1471	150.000	6	200	↓480	49.000
H 3	2700	2870	2	8300	632.5	92	81	70	260	: 1471	150.000	6	200	↑490	50.000
H 4	2870	3040	2	8700	632.5	95	84	73	260	: 1471	150.000	6	200	: 500	51.000
H 5	3040	3210	2	9300	660	97	84	76	280	: 1471	150.000	6	200	: 520	53.000
J 1	3210	3400	2	9900	660	100	87	78	280	: 1471	150.000	6	200	: 554	56.500
J 2	3400	3600	2	10.500	660	102	90	78	280	: 1471	150.000	6	200	: 588	60.000
J 3	3600	3800	2	11.100	687.5	105	92	81	300	: 1471	150.000	6	200	: 618	63.000
J 4	3800	4000	2	11.700	687.5	107	95	84	300	: 1471	150.000	6	200	: 647	66.000
J 5	4000	4200	2	12.300	687.5	111	97	87	300	: 1471	150.000	7	200	: 647	66.000
K 1	4200	4400	2	12.900	715	114	100	87	300	: 1471	150.000	7	200	: 657	67.000
K 2	4400	4600	2	13.500	715	117	102	90	300	: 1471	150.000	7	200	: 667	68.000
K 3	4600	4800	2	14.100	715	120	105	92	300	: 1471	150.000	7	200	: 677	69.000
K 4	4800	5000	2	14.700	742.5	122	107	95	300	: 1471	150.000	7	200	◎686	70.000
K 5	5000	5200	2	15.400	742.5	124	111	97	300	: 1471	150.000	8	200	: 686	70.000
L 1	5200	5500	2	16.100	742.5	127	111	97	300	: 1471	150.000	8	200	: 696	71.000
L 2	5500	5800	2	16.900	742.5	130	114	100	300	: 1471	150.000	8	200	: 706	72.000
L 3	5800	6100	2	17.800	742.5	132	117	102	300	↓1471	150.000	9	200	: 706	72.000
L 4	6100	6500	2	18.800	742.5		120	107				9	200	: 716	73.000
L 5	6500	6900	2	20.000	770		124	111				9	200	: 726	74.000
M 1	6900	7400	2	21.500	770		127	114	*L*이 180 m를 넘는 선박에서는 토 라인을 생략할 수 있다.			10	200	: 726	74.000
M 2	7400	7900	2	23.000	770		132	117				11	200	: 726	74.000
M 3	7900	8400	2	24.500	770		137	122				11	200	: 735	75.000
M 4	8400	8900	2	26.000	770		142	127				12	200	: 735	75.000
M 5	8900	9400	2	27.500	770		147	132				13	200	: 735	75.000
N 1	9400	10.000	2	29.000	770		152	132				14	200	: 735	75.000
N 2	10.000	10.700	2	31.000	770			137				15	200	: 735	75.000
N 3	10.700	11.500	2	33.000	770			142				16	200	: 735	75.000
N 4	11.500	12.400	2	35.500	770			147				17	200	: 735	75.000
N 5	12.400	13.400	2	38.500	770			152				18	200	: 735	75.000
O 1	13.400	14.600	2	42.000	770			157				19	200	: 735	75.000
O 2	14.600	16.000	2	46.000	770			162				21	200	↓735	75.000

〔비고〕 1. 와이어 로프를 사용하는 경우 •표의 표시는 (6×12), ⊕표시는 (6×24), ◎표시는 (6×37)을 표준으로 한다.

2. 앵커 체인의 길이는 연결용 섀클을 포함하여도 좋다.

표 2·2 아연 도금이 된 강제 로프(1)

단면		 6×7(KS 1호)				 6×12(KS 2호)				 6×19(KS 3호)			
		구성 7 본선 6 가닥 꼬임 중심 섬유				구성 12 본선 6 가닥 꼬임 중심 및 strand 중심 섬유				구성 19 본선 6 가닥 꼬임 중심 섬유			
둘레 (in)	지름 (mm)	절단 하중 (t)	표준 중량 (kg/m)	strand 지름 (mm)	단면적 (mm²)	절단 하중 (t)	표준 중량 (kg/m)	strand 지름 (mm)	단면적 (mm²)	절단 하중 (t)	표준 중량 (kg/m)	strand 지름 (mm)	단면적 (mm²)
3/8	3.15	0.53	0.037	0.35	4.04								
1/2	4	0.85	0.059	0.44	6.38	0.53	0.044	0.27	4.12	0.81	0.058	0.27	6.5
5/8	5	1.34	0.093	0.55	9.97	0.83	0.068	0.33	6.16	1.27	0.091	0.33	9.72
3/4	6	1.92	0.133	0.67	14.1	1.20	0.008	0.40	9.04	1.82	0.131	0.40	14.3
25/32	6.3	2.12	0.147	0.70	16.2	1.32	0.108	0.42	9.97	2.01	0.144	0.42	15.8
1	8	3.42	0.237	0.88	2.55	2.13	0.175	0.53	15.9	3.24	0.233	0.53	25.1
1 1/8	9	4.33	0.300	1.00	33.0	2.70	0.221	0.60	20.3	4.11	0.295	0.60	32.2
1 1/4	10	5.34	0.371	1.10	39.9	3.33	0.273	0.67	25.4	5.07	0.364	0.67	40.2
1 3/8	11.2	6.70	0.465	1.24	50.7	4.18	0.343	0.75	31.8	6.36	0.457	0.75	50.53
1 1/2	12	7.69	0.534	1.31	56.6	(4.80)	(0.393)	(0.81)	(37.1)	(7.30)	(0.524)	(0.81)	(58.7)
1 3/16	12.5	8.34	0.579	1.39	63.7	5.20	0.427	0.84	39.9	7.92	0.569	0.84	63.1
1 3/4	14	10.5	0.727	1.54	78.2	6.53	0.535	0.93	48.9	9.93	0.713	0.93	77.4
2	16	13.7	0.95	1.78	104	8.52	0.699	1.07	64.7	13.0	0.932	1.07	102
2 1/4	18	17.3	1.20	2.00	132	10.8	0.885	1.20	81.4	16.4	1.18	1.20	129
2 1/2	20	21.4	1.48	2.20	160	13.3	1.09	1.33	100	20.3	1.46	1.33	158
2 3/4	22	25.9	1.79	2.41	191	16.1	1.32	1.47	122	24.5	1.76	1.47	193
2 25/32	22.4	26.8	1.86	2.48	203	16.7	1.37	1.50	127	25.4	1.83	1.50	201
3	24	30.8	(2.14)	(2.66)	(233)	(19.2)	(1.57)	(1.60)	(145)	(29.2)	(2.10)	(1.60)	(229)
3 1/8	25	33.4	2.32	2.78	255	20.8	1.71	1.68	160	31.7	2.28	1.68	253
3 1/4	26	36.1	(2.51)	(2.86)	(270)	(22.5)	(1.85)	(1.73)	(169)	(34.3)	(2.46)	(1.73)	(268)
3 1/2	28	41.9	2.91	3.12	321	26.1	2.14	1.88	200	39.7	2.85	1.88	316
3 3/4	30	48.1	3.34	3.30	359	30.0	2.46	2.00	226	45.6	3.28	2.00	358
3 28/32	31.5	53.0	3.68	3.50	404	33.0	2.71	2.11	252	50.3	3.61	2.11	398
4	32	54.7	(3.80)	(3.55)	(416)	(34.1)	(2.80)	(2.14)	(259)	(51.9)	(3.73)	(2.14)	(410)
4 5/32	33.5	59.9	4.16	3.70	451	37.4	3.06	2.24	284	56.9	4.08	2.24	449
4 1/4	34	61.7	(4.29)	(3.75)	(464)	38.5	3.16	(2.27)	291	58.6	(4.21)	(2.27)	(461)
4 13/32	35.5	67.3	4.67	3.93	509	42.0	3.44	2.37	317	63.9	4.59	2.37	503
4 1/2	36	69.2	(4.81)	(4.00)	(528)	43.2	3.54	(2.40)	(326)	65.7	(4.72)	(2.40)	(515)
4 22/32	37.5	75.1	5.21	4.16	571	46.8	3.84	2.51	356	71.3	5.12	2.51	564
4 3/4	38	77.1	5.35	4.22	587	48.1	3.94	2.55	368	73.2	(5.26)	(2.55)	(582)
5	40	85.5	5.93	4.40	638	53.3	4.37	2.66	400	81.1	5.82	2.66	633
5 1/4	42									89.4	6.42	2.82	712
5 1/4	42.5									91.5	6.57	2.86	732
5 1/2	44									98.1	7.05	2.94	774
5 9/16	45									103	7.37	3.03	822
5 3/4	46									107	7.70	3.07	843
5 7/8	47.5									114	8.21	3.16	894
6	48									117	8.39	3.21	922
6 1/4	50									127	9.10	3.35	1004
6 1/2	52												

〔주〕 (　)의 것은 이것 이외의 지름의 적용이 바람직함. under line 의 것은 KS 에 없지만 참고로서 표시함.

표 2·2 아연 도금이 된 강제 로프(2)

단면		 6×24(KS 4호) 구성 24 본선 6 가닥 꼬임 중심 및 strand 중심 섬유				 6×30(KS 5호) 구성 30 본선 6 가닥 꼬임 중심 및 strand 중심 섬유				 6×37(KS 6호) 구성 37 본선 6 가닥 꼬임 중심 섬유			
둘레 (in)	지름 (mm)	절단 하중 (t)	표준 중량 (kg/m)	strand 지름 (mm)	단면적 (mm^2)	절단 하중 (t)	표준 중량 (kg/m)	strand 지름 (mm)	단면적 (mm^2)	절단 하중 (t)	표준 중량 (kg/m)	strand 지름 (mm)	단면적 (mm^2)
25/32	6.3									1.98	0.143	0.30	15.7
1	8	2.97	0.212	0.45	22.9	2.68	0.198	0.38	20.4	3.19	0.230	0.38	25.2
1 1/8	9	3.75	0.269	0.51	29.4	3.39	0.251	0.43	26.1	4.04	0.291	0.43	32.2
1 1/4	10	4.64	0.332	0.56	35.4	4.19	0.310	0.47	31.2	4.99	0.359	0.47	38.5
1 3/4	11.2	5.82	0.416	0.63	44.9	5.26	0.388	0.53	39.7	6.26	0.451	0.53	49.0
1 1/2	12	(6.68)	(0.478)	(0.68)	(52.3)	6.03	0.446	(0.57)	(45.9)	(7.19)	(0.517)	(0.57)	(56.6)
1 9/16	12.5	7.25	0.519	0.71	57.0	6.55	0.484	0.60	50.9	7.80	0.561	0.60	62.7
1 3/4	14	9.09	0.651	0.78	68.8	8.21	0.607	0.66	61.6	9.81	0.704	0.66	75.9
2	16	11.9	0.850	0.90	91.6	10.7	0.793	0.76	81.6	12.8	0.920	0.76	101
2 1/4	18	15.0	1.08	1.01	115	13.6	1.00	0.85	102	16.2	1.16	0.85	126
2 1/2	20	18.5	1.33	1.12	142	16.7	1.24	0.94	125	19.9	1.44	0.94	154
2 3/4	22	22.5	1.61	1.24	174	20.3	1.50	1.04	153	24.2	1.74	1.04	188
2 25/32	22.4	23.3	1.67	1.26	179	21.0	1.55	1.06	159	25.0	1.80	1.06	196
3	24	(26.7)	(1.91)	(1.35)	(206)	24.1	1.79	(1.14)	(184)	(28.7)	(2.07)	(1.14)	(226)
3 1/8	25	29.0	2.08	1.41	225	26.2	1.94	1.19	200	31.2	2.25	1.19	247
3 1/4	26	(31.4)	(2.24)	(1.45)	(238)	28.3	2.09	(1.22)	(210)	(33.7)	(2.43)	(1.22)	(259)
3 1/2	28	36.4	2.60	1.58	282	32.8	2.43	1.33	250	39.0	2.82	1.33	308
3 3/4	30	41.8	2.99	1.68	319	37.6	2.79	1.41	280	44.8	3.23	1.41	346
3 28/32	31.5	46.0	3.29	1.78	358	41.6	3.07	1.50	310	49.5	3.57	1.50	392
4	32	(47.5)	(3.40)	(1.80)	(366)	42.9	3.17	(1.52)	(326)	(51.1)	(3.68)	(1.52)	(403)
4 5/32	33.5	52.1	3.73	1.88	400	47.0	3.47	1.58	353	56.0	4.03	1.58	435
4 1/4	34	53.6	3.84	1.91	412	48.4	3.58	1.61	366	57.7	4.16	1.61	452
4 21/32	35.5	58.5	4.18	2.00	452	52.8	3.90	1.68	399	62.9	4.53	1.68	492
4 1/2	36	60.1	4.30	2.02	461	54.3	4.02	1.70	408	64.7	4.67	1.70	504
4 22/32	37.5	65.2	4.67	2.11	503	58.9	4.35	1.78	448	70.2	5.05	1.78	552
4 3/4	38	67.0	4.79	2.14	518	60.5	4.47	1.80	458	72.1	5.20	1.80	565
5	40	74.2	5.31	2.24	567	67.0	4.95	1.88	499	79.7	5.75	1.88	616
5 1/4	42	81.8	5.85	2.37	635	73.9	5.47	2.00	565	88.0	6.36	2.00	697
5 1/4	42.5	83.8	6.00	2.40	651	75.7	5.59	2.03	582	90.1	6.49	2.03	718
5 1/2	44	89.8	6.43	2.48	695	81.1	6.00	2.08	611	96.6	6.98	2.08	754
5 9/16	45	94	6.72	2.55	735	84.8	6.27	2.14	647	101	7.28	2.14	798
5 3/4	46	98.2	7.02	2.59	758	88.7	6.56	2.18	672	106	7.62	2.18	828
5 7/8	47.5	105	7.49	2.66	800	94.5	6.99	2.24	709	113	8.11	2.24	874
6	48	107	7.65	2.70	824	96.5	7.14	2.27	728	115	8.30	2.27	898
6 1/4	50	117	8.30	2.82	899	104	7.74	2.37	794	125	8.98	2.37	979
6 1/2	52	125	8.98	2.94	977	113	8.38	2.48	869	135	9.74	2.48	1072
6 11/16	53	130	9.33	3.00	1017	118	8.70	2.51	890	140	10.1	2.51	1098
6 5/8	54	135	9.68	3.07	1065	122	9.04	2.59	948	146	10.5	2.59	1169
7	56	145	10.4	3.16	1129	131	9.71	2.66	1000	156	11.3	2.66	1233
7 1/8	58	156	11.18	3.30	1231	141	10.4	2.78	1092	168	12.1	2.78	1347
7 3/8	60	167	12.0	3.40	1307	150	11.1	2.86	1156	179	12.9	2.86	1425
7 5/8	62	178	12.76	3.50	1385	161	11.9	2.94	1221	192	13.8	2.94	1506
7 13/16	63	184	13.2	3.55	1425	166	12.3	2.99	1272	198	14.3	3.00	1568

〔주〕 (　　)의 것은 이것 이외의 지름의 적용이 바람직함. underline 의 것은 KS 에 없지만 참고로서 표시함.

표 2·3 합성 섬유 로프

꼬임	비 닐 론 (3가닥 꼬임, 땋은 꼬임)		멀티폴리프로필렌 (3가닥 꼬임, 땋은 꼬임)		스팬 폴리프로필렌 (3가닥 꼬임, 땋은 꼬임)		테트론(3가닥 꼬임)		폴리에틸렌 (3가닥 꼬임, 땋은 꼬임)		
중량 (kg/200m)	절단 하중 (t)	표준 중량 (kg/200m)	절단 하중 (t)	표준 중량 (kg/200m)	절단 하중 (t)	표준 중량 (kg/200m)	절단 하중 (t)	표준 중량 (kg/200m)	절단 하중 (t)	표준 중량 (kg/200m) 하이젝스	가네라이트
17.6			1.8	14.3	1.6	13.0	2.0	22.2	1.2	15.2	15
23.9			2.4	19.0	2.1	17.8	2.6	30.2	1.8	20.4	20
30.8			3.0	25.0	2.7	23.2	3.3	39.5	2.2	26.4	26
38.7			3.8	31.5	3.3	30.5	4.2	50.0	3.0	33.7	33
48.0	3.56	49	4.5	39.0	4.0	37.0	5.1	61.7	3.6	41.6	41
57.9	4.19	60	5.6	47.5	4.8	45.0	6.1	74.7	4.2	50.5	50
69.5	4.95	71	6.5	56.5	5.6	53.0	7.1	88.9	5.0	59.8	59.5
81.3	5.80	82	7.5	66.0	6.5	62.0	8.3	104	5.8	70.7	70
95.3	6.70	95	8.5	77.0	7.5	71.0	9.5	121	6.5	81.4	81
108.0	7.65	109	9.9	87.5	8.5	82.0	10.8	139	7.4	93.2	92
123.0	8.55	125	11.0	100	9.6	94.0	12.2	159	8.2	107	106
139.0	9.54	142	12.4	113	10.7	104	13.8	179	9.2	120	120
145.0	10.1	149	13.1	119			14.6	188			
155.0	10.6	156	13.7	126	11.9	117	15.4	201	10.4	135	135
174.0	11.7	175	15.1	141	13.1	131	17.2	223	11.5	150	150
191.0	12.9	192	16.7	156	14.4	144	19.0	247	12.5	166	165
213.0	14.0	209	18.5	171			21.0	272	13.5	183	182
244.0	15.8	240	20.0	196	18.0	180	24.0	313	15.5	209	208
302.0	19.1	295	25.5	243	21.8	221	29.0	386	19.0	258	257
367.0	22.7	353	30.0	293	26.0	272	34.0	467	22.0	314	312
438.0	26.2	427	35.5	349	30.6	320	39.0	555	26.0	373	370
513.0	30.0	511	41.0	410	35.5	376	44.0	652	30.0	440	437
596.0	34.5	585	47.0	476	40.7	439	49.0	756	35.0	509	505
686.0	39.0	674	53.5	546	46.2	506	54.0	868	40.0	583	580
777.0	44.0	767	60.5	621	52.1	575	60.0	988	45.0	663	660
			68.0	701	58.3	645					
			75.0	786	64.8	725					
			83.0	875	71.6	809					
			91.5	970	78.7	893					

2.3 계선용 의장품

2.3.1 닻과 닻 체인

[1] 닻(anchor)

KS 규격에서는 i) 스톡리스 앵커(stockless anchor ; 선박용), ii) 스톡 앵커(stock anchor ; 선박용 및 항만용), iii) 외갈퀴 스톡 앵커(항만용)의 3종이 규정되어 있다(그림 2·12 참조). 닻의 호칭 중량은 공기 중에서의 계산 중량을 말하는데, 특히 스톡 앵커에서는 스톡을 뺀 중량을 뜻한다. 현재 일반 상선에서는 통상적으로 선박의 크기에 관계없이 스톡리스 앵커를 쓰고 있다.

닻의 파지력은 예부터 닻의 공기 중 중량에 파지력 계수를 곱한 식으로 다음과 같이 표시된다.

$$H = \lambda W$$

여기서 H : 파지력,

W: 닻의 공기 중 중량,

λ : 파지력 계수

파지력 계수 λ의 값은 해저의 상태에 따라 크게 달라지는데, KS형인 닻에서는 3~4인 정도의 값밖에 기대할 수 없지만, 닻의 좋고 나쁨을 단순히 파지력으로서 평가를 하는 것은 옳지 않으므로, 힘이 걸렸을 때 닻 전체의 강도 등 전반적인 성능을 검토하여 평가해야만 한다.

스톡리스 앵커가 해저에 던져졌을 때, 어떤 상태로 떨어지더라도 체인을 통해서 끌면 인장력의 방향으로 회전을 하는데, 계속해서 끌면 크라운이 흙 위를 끌 때 갈퀴(arm)가 아래로 내리는 힘이 작용하면서, 닻이 끌릴수록 갈퀴가 점점 흙 속으로 깊게 박혀 큰 파지력을 발휘하게 된다. 그러나 더욱 세게 당기거나 당기는 방향이 바뀌면 양쪽 갈퀴가 분담하는 힘이 달라지게 되어, 한쪽 갈퀴가 올라오게 되면 닻 자루(anchor shaft)는 그대로 축을 반 바퀴 돌아, 양쪽 갈퀴가 위쪽을 향하는 자세가 되어 버린다.

일단, 그런 상태가 되면 크라운(crown)과 자루 사이에 낀 흙 때문에 갈퀴가 아래로 돌지 못하므로, 해저에 박히지 않은 채로 끌리게 된다. 악천후인 때 선박이 닻을 끌면서 밀려는 것은 대개 이와 같은 상황이라고 볼 수 있다. 그러므로, 선박에는 파지력이 충분한 여유가 있는 닻을 장비할 필요가 있다. 이 때 닻 체인도 큰 역할을 한다는 것을 잊어

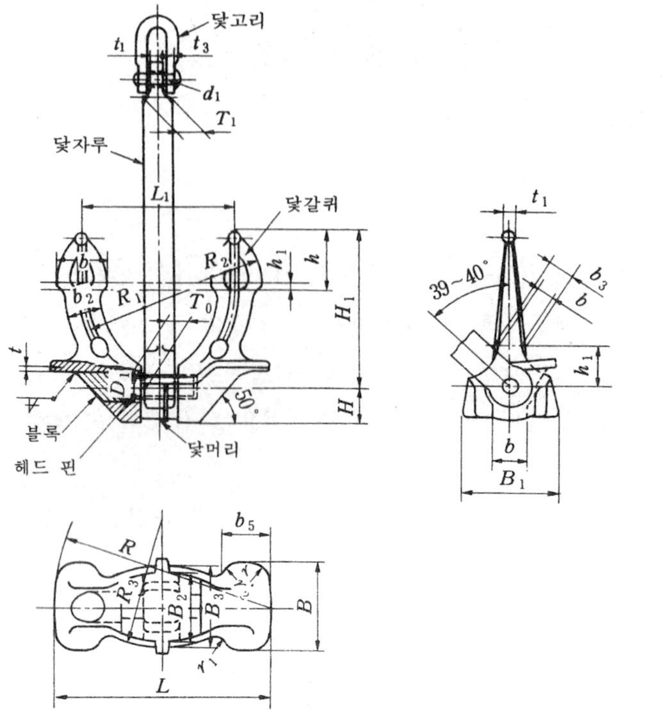

(a) 스톡리스 앵커

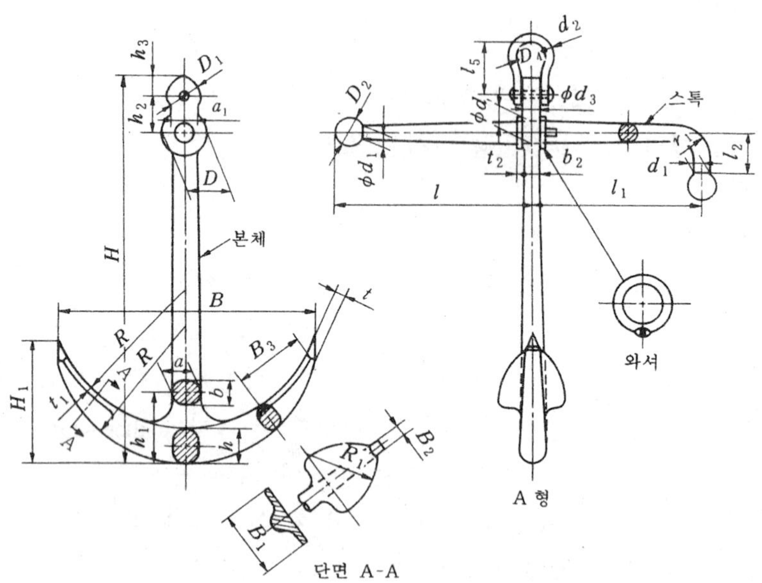

(b) 스톡 앵커

그림 2·12 KS형 앵커의 종류

서는 안 된다.

닻은 주강으로 만들어지므로, 선박용 닻에 대해서는 겉 모양 검사 이외에도 4 m 높이로부터의 낙하 시험과 갈퀴와 자루 사이에 규정된 인장 하중을 가하는 내력 시험을 하게 된다.

[2] 닻 체인(anchor chain)

닻 체인의 제조법으로는 단접, 주조 및 전기 용접의 세 가지 방법이 있는데, 현재 닻의 재료로는 주강제와 전기 용접제가 널리 쓰이고 있다.

닻 체인의 호칭 지름은 보통 고리(ring) 구성재의 지름 d로 표시하는데, 법규에는 치수 d를 기준으로 해서 체인과 관련 부품의 각부 치수들이 규정되어 있다(그림 2·14 참조). 한편, 스터드붙이인 경우에는 스터드를 고리에 용접하는 경우와 가열해서 조립하는 경우가 있는데, 가열해서 조립한 경우에는 열처리가 잘못 되면, 사용 중에 스터드가 흔들리기도 한다.

닻 체인의 길이는 27.5 m를 기준으로 할 경우, 그것을 **1 련**(cable length 또는 shakle length)이라 부른다. 1 련과 1 련 사이에는 섀클(shakle)에 의해 연결이 된다. 닻 체인의 연결에 쓰이는 섀클에는 연결용 섀클과 켄터 섀클(kenter shakle)이라 불리는 두 종류가 있다(그림 2·14 참조). 또, 1 련의 길이에는 섀클을 포함시켜도 좋다. 그리고 닻 체인끼리의 연결부는 섀클과 보통 고리가 직접 연결되면, 그들의 모양과 치수의 차 때문에 급격한 응력 변화가 생길 우려가 있으므로, 이것을 피하기 위해서는 그림 2·13 에 표시된 바와 같이, 고리의 치수를 조금씩 변화시키면서 섀클 → 단말 고리(end link) → 확대 고리(enlarged link)→보통 고리의 순으로 연결시킨다.

한편, 닻과 체인을 연결하는 방법도 위에 기술한 바와 비슷하지만, 이 경우에는 체인이 꼬이는 것을 막기 위하여, 흔히 스위블(swivel)이라 불리는 회전 이음쇠(그림 2·14 참조)를 사이에 넣어서 닻 고리 → 닻 섀클 → 단말 고리 → 스위블 → 확대 고리 → 보통 고리의 순으로 연결시킨다.

닻 체인의 한 끝에는 닻이 달려 있고, 다른 끝은 체인 로커(chain locker)의 바닥에 붙은 연결핀을 통해 선체 구조에 연결되어 있다. 또, 그 연결부는 위급할 경우 쉽게 끊어 버릴 수 있게 고안이 되어 있다.

닻 체인의 1 련에서의 고리의 수는 연결용 섀클을 사용하는 경우, 섀클이 양묘기(windlass)의 홈바퀴나 체인 제어기(chain controller)의 홈을 수평하게 지나갈 수 있게 홀수로 해야만 한다.

닻 체인에는 i) 스터드 없는 체인, ii) 제 1 종 체인, iii) 제 2 종 체인, iv) 제 3 종 체인

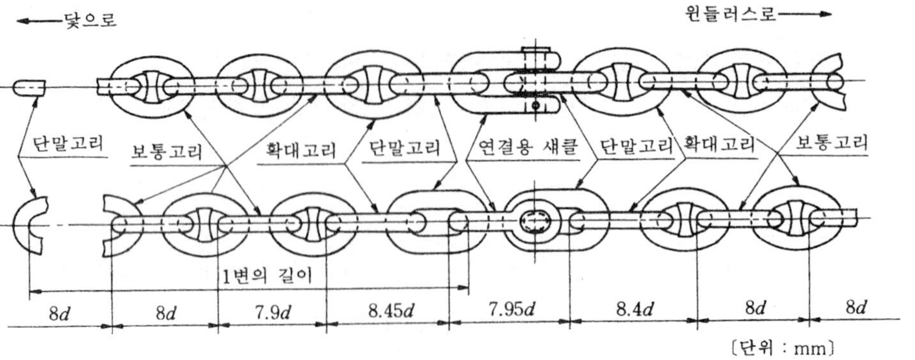

그림 2·13 스터드붙이 체인의 섀클에 의한 연결법

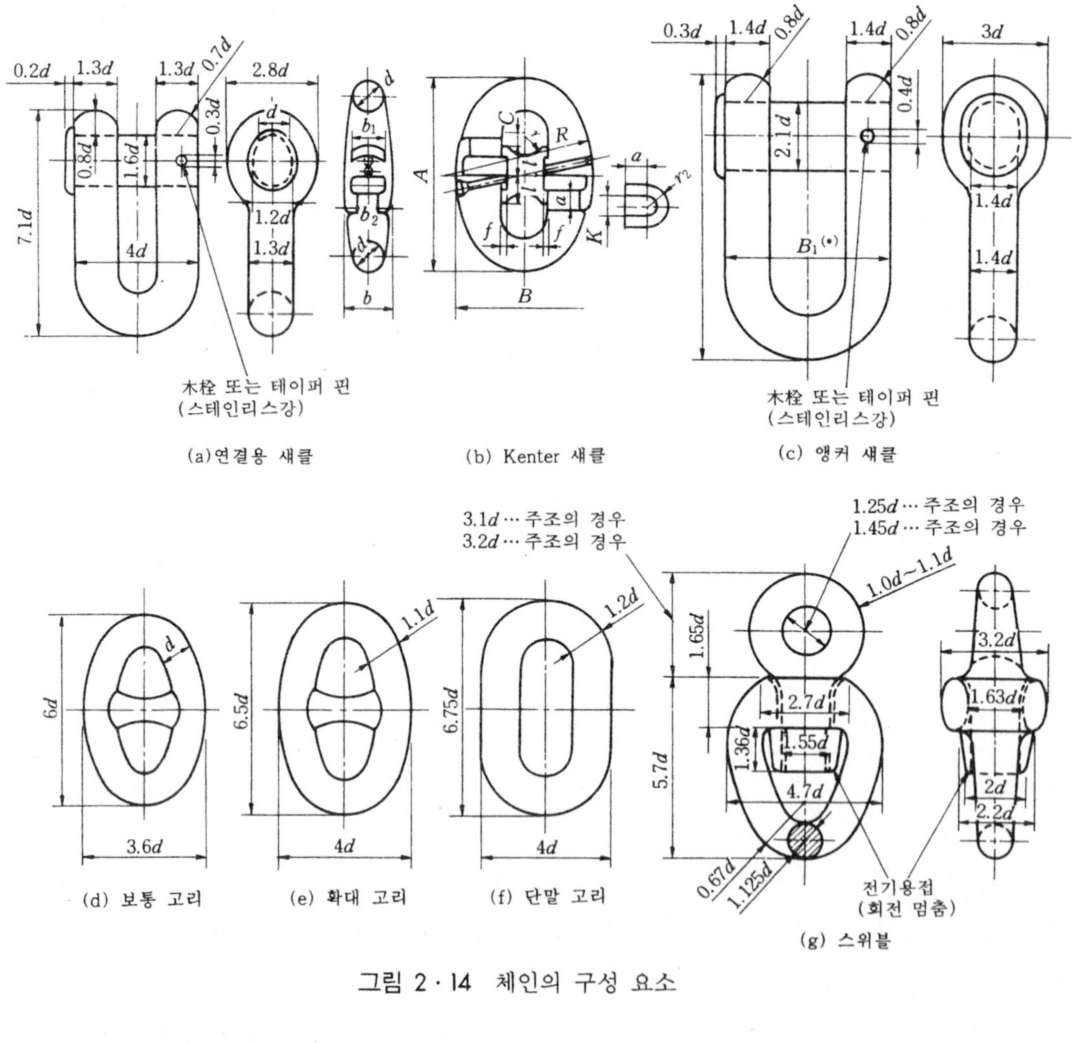

그림 2·14 체인의 구성 요소

등 네 가지의 종류가 있는데, ii), iii) 및 iv)는 모두 스터드붙이형이다. 이들 중 항양선에 사용되는 체인은 제2종과 제3종인데(표 2·1 참조), 제2종 체인은 인장 강도가 50 kg/m^2 인 소재로 만들어지고, 제3종 체인은 70 kg/mm^2 인 소재로 만들어지므로, 제3종 체인을 채택하면 인장력의 견지에서 호칭 지름을 감소시켜서 그 중량을 10~15%쯤 줄일 수 있다.

그런데 닻 체인이 가늘어지면, 당연히 양묘기의 역량이나 구조에 큰 영향을 미치면서 가격이 싸지므로, 최근의 항양선에서는 거의 모두가 제3종 체인을 채택하고 있다. 또, 닻 체인은 선박이 계류되었을 때, 해저에 길게 깔리면서 현수 곡선(catenary curve)의 모양으로 매달려, 선박이 받는 힘을 이것의 감쇠 에너지(damping energy)로 흡수하는 중요한 역할을 하면서 닻의 파지력을 돕고 있으므로, 너무 가볍게 만드는 것은 바람직하지 못하다.

2.3.2 계 선 줄

계선줄에는 강제 로프(wire rope)와 섬유 로프(fiber rope)의 두 종류가 있다. 그리고 계선줄은 앞에서 기술한 닻이나 닻 체인과 마찬가지로, 선급 협회의 법규의 의장수에 의해 요구되는 줄의 수와 한 줄당의 길이 및 파단 하중이 규정되어 있으므로, 최소한 그 규정을 만족해야만 한다. 그러나 실제로는 앞에서도 기술했던 바와 같이, 본선이 계류되었을 때 받을 외력을 계산해서 계선줄을 결정하는 경우가 많다.

계선줄로서 강제 로프와 섬유 로프들 중 어느 것을 쓸 것인가에 관해서는 규칙상에 정해져 있지 않으나, 일반적으로 강제 로프는 섬유 로프보다 강성이 크고 튼튼하지만 다루기가 힘이 드는 반면에, 섬유 로프는 강제 로프보다 늘어나기가 쉬우므로, 이를 테면 돌풍 등을 조우한 선박이 쉽게 움직이지 않아야 할 경우에는 강제 로프를 사용하고, 외해로부터의 너울 때문에 선박을 고정시킬 수 없는 경우에는 섬유 로프를 사용함으로써 로프가 절단되는 것을 방지할 수 있다. 선박을 계류할 때, 강제 로프와 섬유 로프를 동일 방향으로 혼용을 하면, 외력이 걸림에 따라 섬유 로프가 더 늘어나면서 강제 로프에 하중이 편중되어 끊어지기 쉬우므로, 그러한 혼용은 피해야만 한다.

한편, 유조선 등과 같이 휘발성인 위험 화물을 싣는 선박에서는 강제 로프와 계선 쇠붙이 사이의 마찰로 불꽃이 생기는 일이 있으므로, 섬유 로프를 사용하는 경우가 많다.

[1] 강제 로프(wire rope)

강제 로프는 그림 2·15에 나타낸 바와 같이, 몇 가닥이나 몇십 가닥의 강선을 일정한 규칙에 따라 꼬은 스트랜드(strand)를 심줄〔로프 유(油)를 충분히 먹인 섬유 밧줄〕 둘

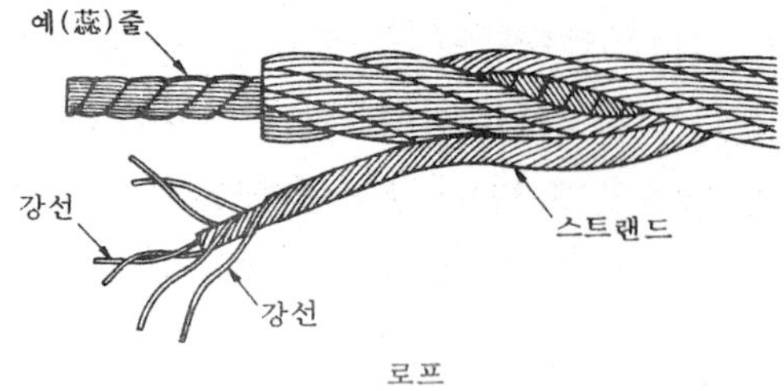

그림 2·15 강재 로프의 구성

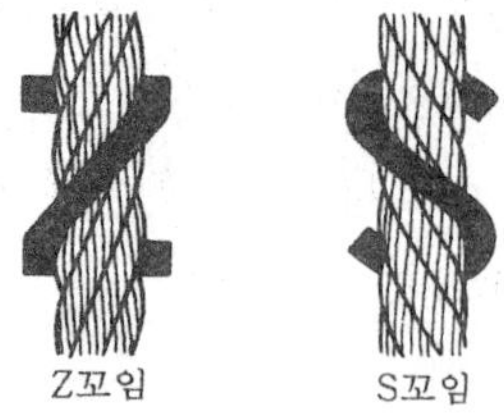

그림 2·16 Z꼬임과 S꼬임

레에 여러 줄(보통 6줄)을 배치해서 일정한 피치(pitch)로 꼬은 것이다.

강제 로프를 꼬는 방식에는 로프를 꼰 방향과 스트랜드를 꼰 방향이 반대로 되어 있는 보통 꼬임(ordinary lay)과, 같은 방향으로 되어 있는 랭식 꼬임(Lang's lay)의 두 가지가 있다. 그리고 꼬는 방향에 따라 KS에서는 그림 2·16에 표시된 바와 같이, Z꼬임과 S꼬임으로 구분하고 있다.

로프는 로프의 구성, 꼰방법과 방향, 도금의 종류, 사용된 로프류 종류, 종별(또는, 절단 하중), 지름, 길이 등이 규정상 지정되어야만 한다. 로프의 구성은 (스트랜드의 수)×(스트랜드 속의 소선의 수)로 표시된다. 즉, 6×19 라든가 6×24 등으로 표시가 된다. 도금은 주로 아연 도금인데, 용융 소선 속을 통과시키는 방식과 전기 도금 방식 등이 사용되고 있다. 그런데 스트랜드의 구성 소선의 수가 많아지면 그만큼 소선이 가늘어지므로 로프가 유연해져서 다루기가 쉬운 반면에, 부식에 약해지므로 선박용으로는 보통 6×24 나 6×37 이 흔히 사용되지만, 특히 해수에 잠기기 쉬운 계선줄에는 6×19 가 많이 사용되고 있다(표 2·2 참조).

계선줄은 강제 로프이든 섬유 로프이든간에 한 줄당 파단 하중이 클수록 줄의 수가 적어서 유리하지만, 줄다루기 작업에서 많은 인력이 요구되는 경우에는 작업성도 고려해야만 한다. 강제 로프에서는 파단 하중을 크게 하면 강도가 큰 소선을 사용해야 하지만, 흔히 선박용으로 사용되는 로프의 소선의 인장 강도는 150 kg/mm^2 정도인 반면에, 계선용 강제 로프의 지름은 38~40 mmφ 정도가 강도의 한계가 된다.

[2] 섬유 로프(fiber rope)

선박에 사용되는 섬유 로프는 예전에는 면로프(10 mmφ 이하)와 마닐라 로프(Manila rope)이었지만, 합성 섬유 로프가 개발되어 그것의 기계적인 성질이 우수함이 밝혀지면서, 현재는 거의 모두가 합성 섬유 로프로 바뀌고 있다.

현재, 합성 섬유에는 여러 가지의 종류가 있는데, 로프용으로 사용되는 원료는 나일론(nylon), 데플론(Teflon), 비닐론(vinylon), 비닐리덴(vinylidene), 염화비닐(vinyl chloride), 폴리에틸렌(polyethylene), 폴리프로필렌(polypropylene) 등이다(표 2·3 참조).

합성 섬유 로프는 종합적으로는 마닐라 로프에 비해 우수하지만, 신장량이 크면서 열에 약하다는 결점이 있다. 그리고 나일론 로프는 합성 섬유 로프 중에서 인장 강도가 가장 큰 대신에 비교적 신장량이 크다는 결점이 있는 반면에, 폴리프로필렌 로프는 물에 뜰 만큼 비중이 가벼워서 다루기가 쉽지만, 인장 강도는 나일론 로프보다 작다. 그 밖의 합성 섬유 로프는 대개 그것들의 중간 정도의 인장 강도를 가지면서, 거의 비슷한 성질을 가지고 있다. 그리고 합성 섬유 로프는 제조 회사에 따라 각각 독특한 상품명으로 시판이 되고 있는데, 그것들의 기계적 성질들은 조금씩 다르다.

나일론 로프는 앞에서 기술한 바와 같이 인장 강도는 높지만 늘어나기가 쉽고, 열에 약하기 때문에 하중이 걸렸을 때 계선용 쇠붙이와의 접촉 마찰로 인한 열이 발생하여 녹는 경우가 있으므로, 주의를 해야만 한다.

섬유 로프인 경우에도 이것이 너무 굵어지면 다루기가 어려워지므로, 특별한 경우 이외에는 75 mmφ 정도가 한계로 정해져 있지만, 일반적으로는 60~70 mmφ 정도의 것이 빈번히 사용되고 있다.

섬유 로프의 경우, 스트랜드를 꼬는 방식에는 두 가지가 있는데, 첫째는 3~4줄의 스트랜드를 같은 방향으로 굳게 모아 꼰 보통 꼬임 방식이고, 로프로서의 강도는 높지만 빳빳하기 때문에 다루기가 나쁘다는 결점도 있다. 또 하나는 8~16줄의 스트랜드를 좌우의 두 갈래로 나누어서 편직을 한 복합 꼬임 방식인데, 앞의 것에 비해 강도는 좀 못하지만, 유연하고 엉클림이 생기기 어렵다는 장점이 있다.

2.3.3 계선용(繫船用) 쇠붙이

[1] 체인 콤프레서(chain compressor)

이것은 선박이 닻을 던져서 정박했을 때, 체인에 걸리는 양묘기에 직접 전달되지 않도록 하면서, 닻을 감아올린 상태로 선박이 달릴 때, 닻이 떨어지는 것을 막기 위하여 닻의 체인을 누르는 장치로서, 양묘기와 호즈 파이프(hawse pipe)의 사이에 설치가 된다. 보통 이것은 주강제로 제작이 되는데 여러 가지의 형식의 것이 고안이 되어 실용화가 되고 있지만, 원리적으로는 모두 체인의 고리 하나를 홈에 끼워서 누름으로서, 체인이 못 지나가게 하는 역할을 한다(그림 2·17 참조).

항해 중에는 닻을 현측 외판에 밀착이 되도록 끌어올려 두지 않으면, 물결이 쳤을 경우에 끝이 외판에 손상을 입힐 우려가 있다. 그러므로, 닻을 끌어올린 상태에서는 닻 체인에 여유가 없도록, 체인 콤프레서의 위치를 신중히 결정해야 하는데, 일반적으로는

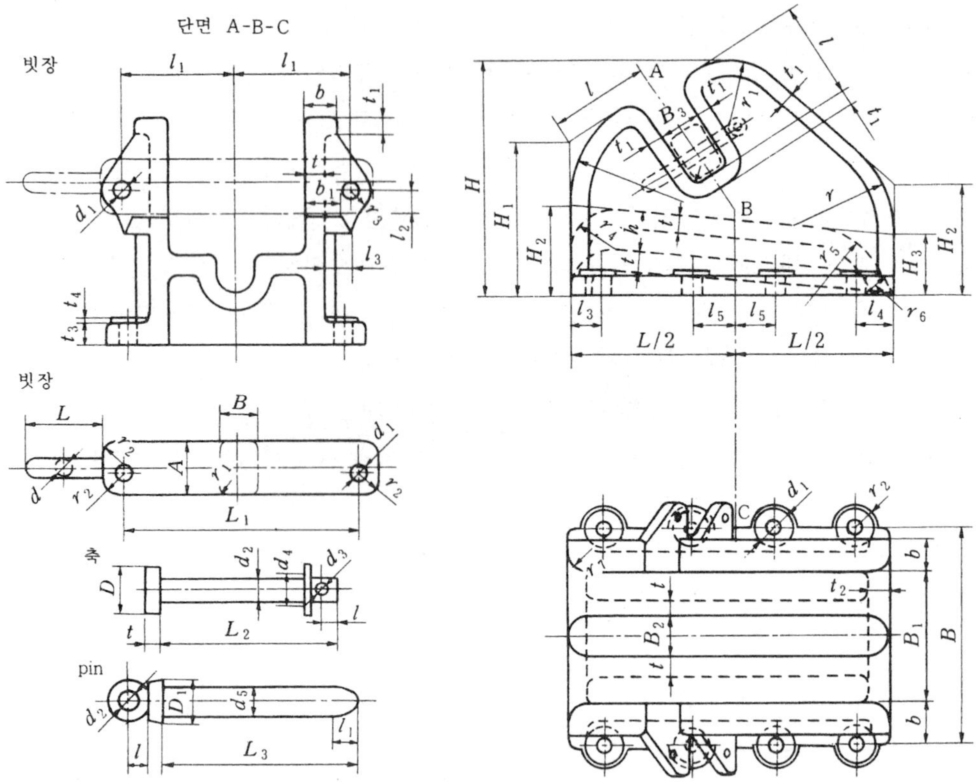

그림 2·17 체인 콤프레서

현장맞춤으로 설치를 하고 있다. 그러나 닻 체인도 사용 중에 조금 늘어나기도 하므로, 체인 콤프레서는 설치를 한 후에도 미소한 조정이 가능한 형식으로 하는 것이 좋다.

[2] 볼러드(bollard)와 비트(bitt)

이것은 계선줄을 일시적으로 매어 두는 말뚝과 같은 역할을 하는 것으로서, 예부터 계선시에 사용이 되어 왔다. 계선줄이 강제 로프이거나 섬유 로프이든간에 특별한 구별은 없다. 일반적으로 이것은 강판으로 제작이 되는데, 노천 갑판 위에 이것을 용접해서 고착을 한다.

계선줄은 볼러드에 8자를 그리면서 여러 번 감으면, 그 마찰력으로서 줄에 걸리는 인장력을 지탱하게 된다. 그리고 말뚝이 2개 있는 것이 볼러드이고, 1개 있는 것이 비트인데, 특별한 뜻은 없다(그림 2·18 참조).

비트들 중에는 크로스 비트도 있다. 한편, 계선줄은 빳빳하기 때문에 너무 작게 감기가 어렵지만, 그렇게 되면 줄이 상할 우려가 있으므로, 줄을 8자형으로 감을 수 있는 볼러드가 비트보다 바람직하다. 그러나 볼러드는 장소를 크게 차지한다는 결점이 있는 반

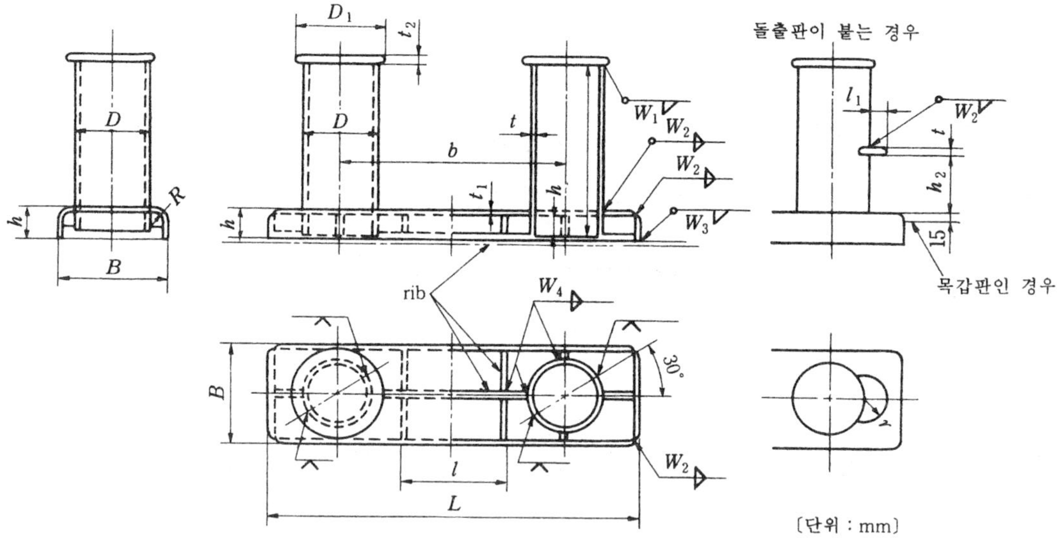

그림 2·18 볼 러 드

면에, 비트는 가는 계선줄을 매는 경우와 미리 끝에 고리를 만든 계선줄을 거는 경우에만 사용이 된다.

[3] 페어리더(fairleader)

이것은 볼러드와 더불어 예부터 사용되어 온 계선용 쇠붙이들 중 하나인데, 계선줄이 뱃전을 지나가는 곳에 설치가 된다. 특히, 강제 로프용과 섬유 로프용의 구별은 없지만, 이것에는 줄을 위로부터 끼울 수 있는 열린 형(open type)과 고리 모양으로 된 닫힌 형(closed type)의 두 종류가 있는데(그림 2·19 참조), 열린 형인 페어리더에는 롤러(roller)가 붙어 있는 것과 없는 것이 있다. 롤러가 있는 경우에는 줄의 손상이 적다는 장점은 있지만, 페어리더가 뱃전에 설치되어 항상 해수를 덮어 쓰기 때문에, 회전축의 부분에는 녹이 쓸기 쉽고, 윤활용 그리스(grease)도 햇볕의 직사 광선 때문에 녹아서 흘러내리므로 거의 쓸모가 없다. 또, 페인트를 칠했을 경우에는 잘못 해서 회전부에 칠이 묻어, 롤러가 잘 움직이지 않게 되는 경우가 많다.

최근의 페어리더는 강판제가 많으나, 롤러는 주강제로 제작한 경우도 있다. 간혹, 주강제 롤러도 있지만 이것이 닳았을 경우, 용접 살돋음 등의 보수가 안 되기 때문에 거의 사용되지 않고 있다.

열린 형 페어리더는 접안 계선시에 안벽이 본선보다 낮을 경우에 유효하지만, 안벽이 본선보다 높을 경우에는 계선줄이 위로 빠지게 되므로 쓸모가 없게 된다. 따라서, 그런 경우에는 닫힌 형 페어리더를 사용해야 하는데, 특히 파나마 운하에서는 갑문을 통과할

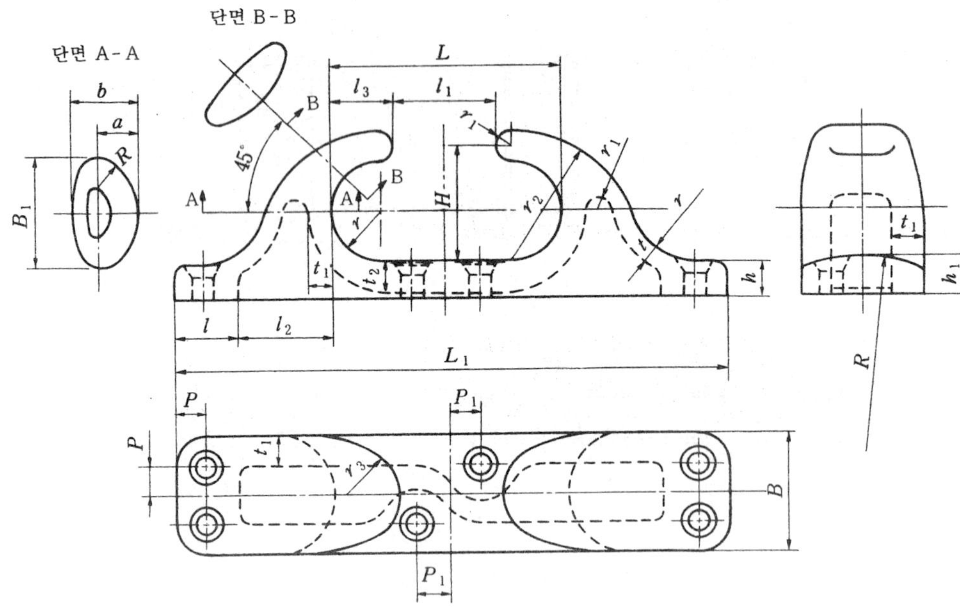

그림 2·19 페어리더

경우, 양쪽의 접안으로부터 전동차로 예인하는 관계로, 반드시 닫힌 형 페어리더를 요구하기 때문에, 그것을 파나마 페어리더(Panama fairleader) 또는 파나마 초크(Panama chock)라고도 부른다. 또한, 파나마 운하 규칙은 그 곳을 통과하는 선박에 대하여 페어리더의 크기와 배치에 대해 규정을 하고 있다. 닫힌 형 페어리더는 일반적으로 주강제로 제작이 되고, 이것을 직접 갑판 위의 대판에 용접하는 경우도 있는 반면에 불워크에 끼우는 경우도 있는데, 후자인 경우가 계류공(mooring pipe)이다(그림 2·20 참조).

대형선 등에서 계선줄이 굵어지는 경우에는 재래식인 닫힌 형 페어리더의 테두리의 곡률 반지름이 작기 때문에, 줄이 심하게 굽혀지면서 손상되기가 쉬운데, 그렇다고 그 곡률 반지름을 크게 하면, 이것이 대형이 되면서 중량이나 원가면에서 불리해지므로, 최근에는 유니버설 페어리더라 불리는 새로운 형식의 것이 사용되고 있다.

일반적으로 갑판상에서 계류 윈치(mooring winch)의 드럼(drum)이나 당김줄 드럼(warping drum)으로 줄을 감아 당길 때는, 줄이 닿는 곳에 롤러 등을 설치해야 하는 경우가 많다. 그리고 선루가 있는 화물선에서는 선루 갑판의 가장자리에서 줄이 갈리는 것을 막기 위해, 갑판 단위용 롤러를 붙이는 경우도 있다. 그러나 대형선에서는 계류 윈치 자체가 대형이므로, 드럼으로부터 나오는 줄의 높이 때문에, 줄잡이 롤러가 낮은 위치에 있게 되면 쓸모가 없게 된다. 그래서 줄잡이 롤러의 받침이 높게 설치가 되는 페더스털 롤러 페어리더(pedestal roller fairleader)나 높은 페어리더(high fairleader)라는 장치의 받침

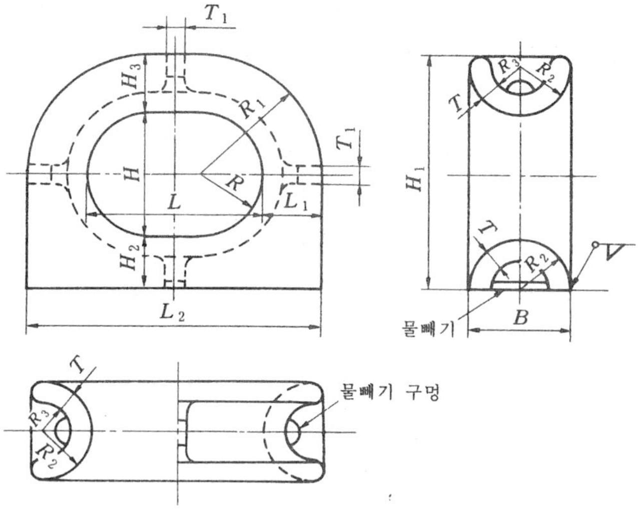

그림 2 · 20 닫힌 초크(closed chock)(원형)

은 대체로 강판으로 만들어지는데, 줄이 늘어졌을 때는 롤러로부터 벗어나지 않도록, 롤러의 바깥쪽에 뿔 모양의 줄잡이가 마련되어 있다.

2.3.4 양묘기(Windlass)와 계선 장치(Mooring winch)

계선용 갑판 기계들 중에서 주로 닻을 던지거나 끌어 올리는데에 사용되는 기계가 **양묘기**이고, 계선줄을 풀어서 내보내거나 감아들이는 기계가 **계류 윈치**(mooring winch)이다. 일반적으로 계류 윈치의 줄감기용 드럼은 수평으로 배치가 된다. 특히, 드럼의 축이 수직으로 배치된 경우로서 간이식인 캡스턴(capstan)과 같은 형식이 있는데, 이것은 소형선에만 빈번이 사용된다.

실제로 양묘기에도 줄감기용 드럼을 배치시켜 계선줄을 감아들일 수 있게 한 형식이 많은 반면에, 계류 윈치와 하역 윈치(cargo winch)를 겸용하는 경우도 있다. 이들 계선용 기계는 동력으로 기동, 전동 유압 또는 전동 등을 사용하는 경우가 보통인데, 소형 기계에서는 압축 공기 구동에 의한 동력을 사용하는 경우도 간혹 있지만, 힘이 약하고 효율이 나쁘므로, 일반적으로 이런 방법은 바람직하지 못하다.

유조선 등과 같이, 휘발성인 위험 화물을 싣는 선박에서는 불꽃이 생기면 위험하므로, 증기 구동식(기동식)에 의한 동력이 빈번히 사용되는 한편, 그 밖의 선박들에서는 전동 유압이나 전동식이 널리 사용되고 있다.

[1] 양 묘 기

중소형 선박에서는 양현에 호즈 파이프(hawse pipe)의 갑판 관통용 구멍을 서로 가깝게 배치할 수 있으므로, 양현에 닻의 체인 홈바퀴(chain drum)를 양묘기의 양쪽에 하나씩을 배치하여 구성시킬 수가 있다. 그러나 선박이 대형화가 되면, 양현의 호즈 파이프의 갑판 관통용 구멍이 서로 멀어지므로, 좌현 · 우현에 각각 1개의 홈바퀴와 1조의 구동기로 구성이 된 양묘기를 따로 설치한다. 그리고 2대의 양묘기는 축의 이음쇠로 연결이 되어 어느 한쪽의 구동기로서 어느 한쪽의 홈바퀴를 돌릴 수 있다.

또, 좀더 큰 대형선이 되면, 완전히 독립된 2대의 양묘기가 좌현 · 우현에 1대씩 설치가 되어야만 한다. KS에서는 이들 양묘기들을 각각 「보통형 양묘기」, 「연결형 양묘기」, 「편현형 양묘기」라 일컬으면서 표 2 · 4에 표시된 바와 같이 분류하고 있다. 이 표는 증기식의 경우의 것이지만, 전동식이나 전동 유압식의 경우의 것도 대동 소이하다. 한편, KS에서는 각 형식의 양묘기의 정격 하중, 감아 올리기 속도 및 과부하 하중을 각각 다음과 같이 규정하고 있다.

(1) 정격하중

1) 보통형 양묘기 2개의 주된 닻과 그들에 달린 각각 40 m인 닻 체인의 합계 중량의 1.35배

2) 연결형 양묘기 위와 같음

3) 편현형 양묘기 1개의 주된 닻과 그것에 달린 80 m인 닻 체인의 합계 중량의 1.35배

(2) 감아 올리기 속도

이것은 9 m/min을 표준으로 한다.

(3) 과부하 하중

이것은 감아 올리기 속도에는 관계없이 약 5분간 연속적으로 감아 올릴 수 있는 최대 하중으로서, 보통형과 연결형에서는 정격 하중의 120% 이상, 그리고 편현형에서는 150% 이상으로 규정이 되어 있다.

닻을 던질 경우에는 홈바퀴의 제동을 풀면 자동으로 낙하하게 되는데, 때로는 대단히 빠른 속도로 닻 체인이 끌려 나가게 되어 위험한 상태가 될 수 있다. 제동 장치로는 보통 밴드 브레이크(band brake)를 죄이는 마찰식이지만, 닻과 닻줄이 커짐에 따라 이 기구의 한계가 느껴지게 되었다. 최근에는 이와 같은 위험한 상태를 피하기 위해서 닻이 떨어질 경우에 홈바퀴가 어떤 회전수를 넘지 못하도록, 자동적으로 제어가 되는 장치가 개발되어 있다.

양묘기는 원래 닻을 끌어 올리기 위한 기계이지만, 계선용으로도 사용할 수 있도록 계선줄을 감아 당기는 드럼과 감아두는 드럼을 배치시키면서, 클러치(clutch)로 동력을 조

정할 수 있게 한 장치들도 많다.

[2] 계류윈치

이것은 계선용 줄을 감아들이기 위한 기계로서, 대형선에 사용되고 있는 것은 1개의 구동기에다 2~3개의 줄감기용 드럼을 배치해서 클러치로 변형시켜 조작할 수 있게 한 것들이 많다.

계선줄의 호칭 역량(하중×감기 속도)은 보통 감아두는 드럼에서 줄이 1층만 감겼을 때의 값으로 표시된다. 계류 윈치에서 가장 문제가 되는 것은 계선줄을 감아두는 드럼에다 가지런히 감을 수 있을가 하는 것, 즉 계류줄에 인장 하중이 걸렸을 때 줄이 먼저 감겨 있는 줄 사이로 파고 들어가기 때문에, 나중에 줄을 풀어 주려고 할 때는 드럼으로부터 풀어져 나오지 않는 경우도 생긴다는 것이다.

줄이 드럼에 가지런히 감길 수 있을가의 여부는 드럼의 축과 줄의 방향과의 관계로부터 결정이 되는데, 플리트각(fleet angle)인 θ가 너무 크면 가지런하게 감기지 않는다. 그래서 선박에서는 θ를 고려하여 계류줄을 배치해야만 하는데, θ의 값이 한쪽 3~4도까지는 허용이 되지만 7도 이상이 되면 롤러 등을 설치하여야 한다(그림 2·21 참조).

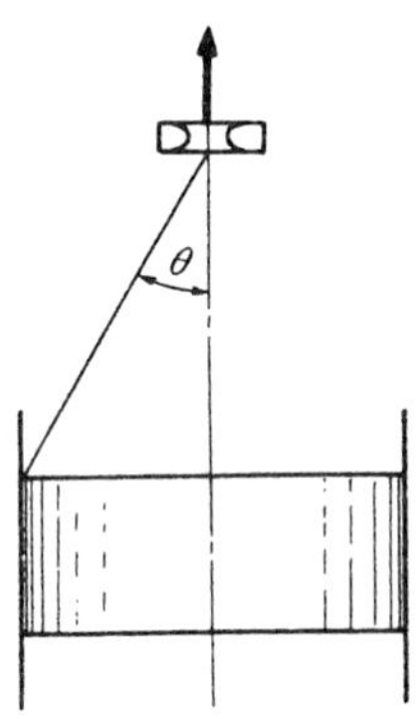

그림 2·21 플리트각(fleet angle)

한편, 선박이 계류할 때는 계류줄을 반드시 볼러드에 걸면서 줄감기용 드럼에 하중이 직접 걸리지 않도록 하고 있다. 그런데 최근에는 계류 작업의 인력을 줄이기 위해서 계류 윈치로서 선박을 끌어당긴 후에, 그대로 드럼에 브레이크를 걸어두는 경우도 많아졌다. 그러므로, 계류 중에 바람 등으로 선박이 밀리면서 계류줄에 큰 인장력이 걸리면, 그 힘이 줄감기용 드럼에 직접 전달이 되므로, 줄이 먼저 감겨 있는 줄 사이로 파고 들어가게 된다. 특히, 합성 섬유 로프는 인장력이 걸리면 쉽게 늘어나서 가늘어지므로, 감긴 줄 사이로 파고 들어가기 쉽다.

표 2·4 양묘기의 형식에 대한 분류

	대 구 분	중 구 분	
구동기(驅動機) 1기(一基)	보통형 윈들러스 (F) ordinary type anchor windlass	보통형 상판 일체형 (ordinary type) common-bed type	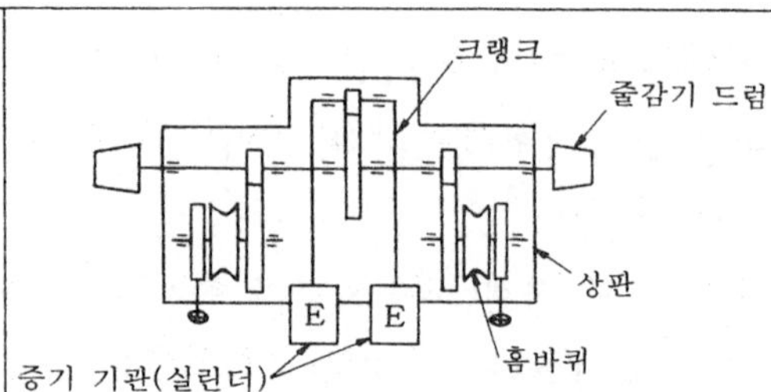
		보통형 상판 분할형 (ordinary type) separate-bed type	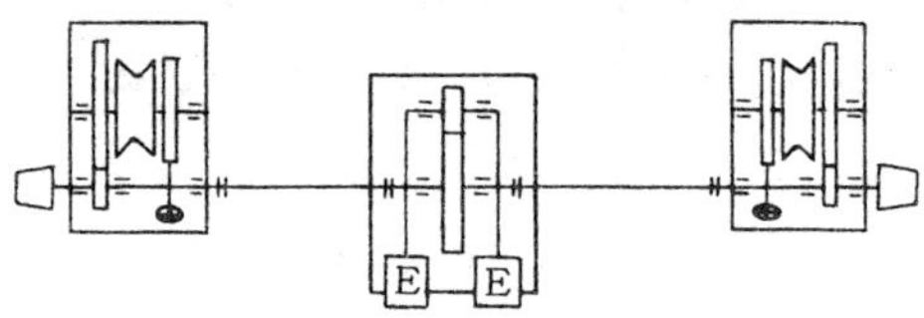
	편현형 윈들러스 (K) independent type anchor windlass	편현형(independent type)	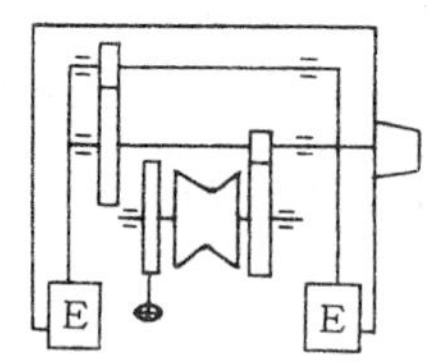
		계선기(繫船機) 붙이 편현형(片舷型)(combined mooring winch, independent type)	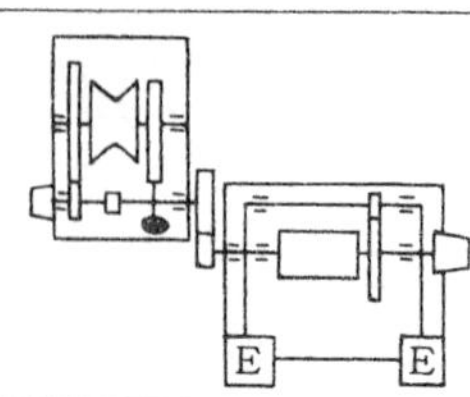
구동기(驅動機) 2기(二基)	연결형 윈들러스 (R) couple type anchor windlass	연결형(couple type)	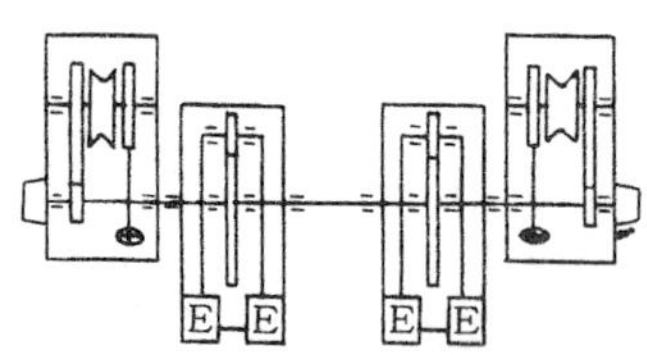
		계선기(繫船機) 붙이 연결형(combined mooring winch, couple type)	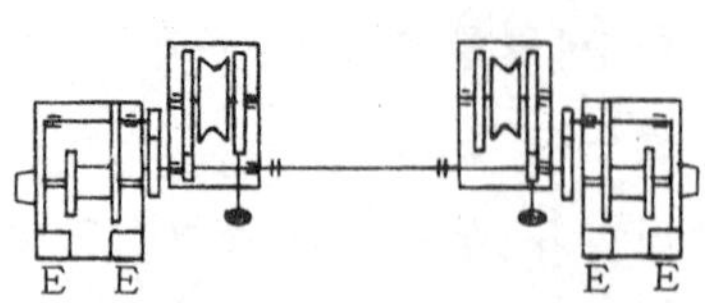 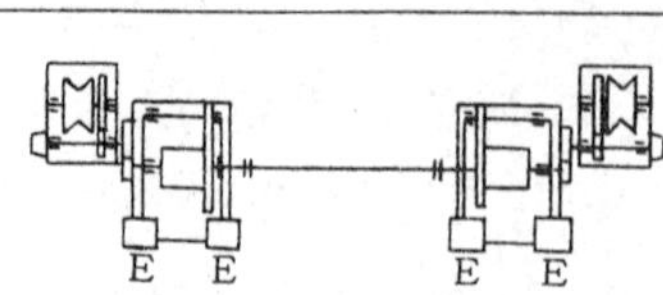

그 후에 외력이 사라지면 줄이 다시 원래의 길이로 되돌아오면서 굵어지므로, 무부하 상태에서 줄을 풀려고 해도 드럼으로부터 풀려 나오지 않는 경우도 생긴다. 이런 문제를 해결하는 한 방안으로는 줄감기용 드럼의 중간에 칸막이용 플랜지(flange)를 설치해서, 늘 사용하는 부분의 한쪽 칸에다 감아두는 방법도 있다. 그렇게 하면, 줄을 풀어준 상태에서는 드럼에 줄이 1층이나 2층 정도만 감겨 있게 되므로, 줄이 파고 들어가더라도 별 문제가 없다.

한편, 선박이 계류 중에 밀물과 썰물 등으로 인해 안벽과의 상대 위치가 달라질 경우에는 계류줄의 길이를 조정하지 않으면, 줄이 끊어지거나 틀어져서 선박이 안벽으로부터 멀어지기도 한다. 특히, 최근에는 하역 능률이 커지면서, 하역 중에 계류줄을 여러 차례 조정할 필요도 생기게 되었다.

그리고 감아들이는 속도는 정격 하중에서는 15~17 m/min이고, 무부하에서는 40~50 m/min인 것이 보통이다. 그러나 선박이 안벽을 떠날 때는 육상 비트에 걸려 있던 줄을 풀어준 뒤에, 그 줄을 빨리 감아들이지 않으면 줄이 프로펠러에 감길 우려가 있으므로, 감아들이는 속도가 60 m/min 이상이 되어야만 한다고 주장하는 사람도 있다.

2.3.5 계선 장치의 계획

[1] 닻 장 치

호즈 파이프, 양묘기, 체인 파이프 및 체인 로커(chain locker)의 위치는 서로가 관련이 있으므로, 그들을 함부로 배치할 수가 없다. 특히, 호즈 파이프는 닻을 격납시킬 때, 닻과 외판면과의 접촉 상태와도 밀접한 관계가 있으므로, 선수부의 외판 형상을 고려한 상세한 도면의 검토와 전산기에 의한 수치 계산을 행하거나, 모형 시험을 한 뒤에 이들의 배치를 결정하는 것이 보통이다. 여기서는 이들 배치의 초기 계획시에 주의해야 할 사항들에 관해 설명하기로 한다.

위에서 기술한 네 가지 장치들의 상대 위치는 서로 복잡하게 얽혀 있으므로, 먼저 무엇인가를 가정한 후에, 이들과의 관련을 고려해서 다음 장치들을 배치해 나가다가 못마땅한 일이 생기더라도, 최초의 가정을 수정하면서 같은 과정을 되풀이하는, 이른바 시행 오차법을 사용한다.

그것에 대한 요령은 다음과 같다.

① 먼저 기준선을 참고하면서 체인 로커의 위치와 형상을 가정한다. 그리고 체인 파이프는 격납이 되어 들어오는 체인의 뭉치가 체인 로커의 중앙에 들어오도록 이것의 천장의 가운데를 기준으로 한다는 원칙을 세운다.

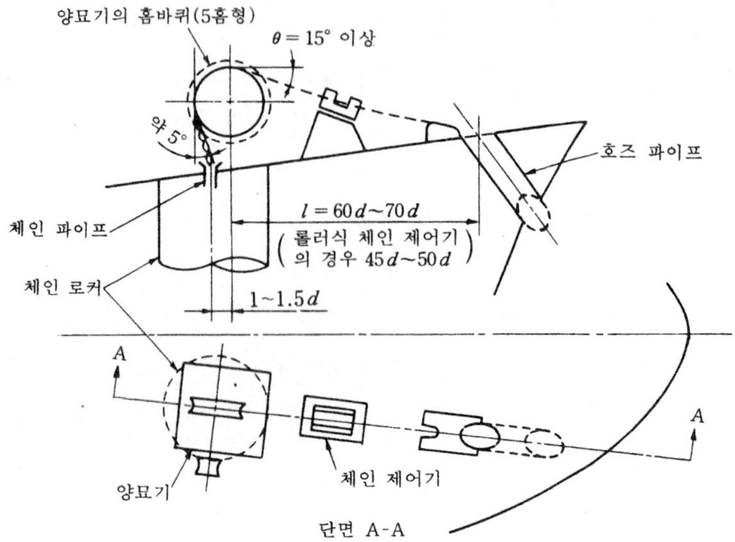

그림 2·22　양묘기, 체인 컨트롤 및 호즈 파이프의 위치

② 그림 2·22에 표시된 바와 같이, 양묘기는 체인 로커의 거의 바로 위에다 배치를 하면서, 체인 홈바퀴의 축의 중심을 체인 파이프의 중심보다 약 1.0~1.5 d(d는 체인의 지름)만큼 선수쪽으로 배치를 한다. 그리고 호즈 파이프의 노천 갑판 관통용 구멍을 홈바퀴의 중심으로부터 선수쪽으로 60~70 d(롤러식 체인 제어기를 쓰는 경우에는 45~50 d)만큼 떨어진 곳에 배치한다. 이 때 홈바퀴에서의 체인의 부각이 15도 이상이 되도록 하면서, 체인 파이프로 들어가는 곳에서는 연직 방향으로 확실히 걸리게 배려를 한다.

③ 호즈 파이프의 경사각 θ_1은 실각으로서 보통형 선수인 경우 35~45도로 하고, 구상 선수인 경우에는 40~50도로 잡는다. 그 이유는 닻을 던지거나 끌어 올릴 때, 구상 선수인 경우에는 닻이 벌브(bulb)에 닿을 염려가 있으므로, θ_1은 보통형 선수인 경우보다 바깥쪽으로 낼 필요가 있기 때문이다(그림 2·23 참조).

한편, 호즈 파이프의 갑판 평면각 θ_2는 25도 이하로 하는 반면에, 호즈 파이프와 외판과의 교각 θ_3는 55도 이하로 해야만 한다.

④ 호즈 파이프의 안지름은 닻 체인의 호칭 지름의 10배와 닻 자루의 밑부분 치수의 2배인 것들 중 큰 쪽을 취한다.

⑤ 호즈 파이프의 최소한의 필요 길이의 값을 구한다.

⑥ 닻을 던지거나 끌어 올릴 때의 선체와 닻 갈퀴의 끝 사이의 틈은 선체가 2% L_{PP} 만큼 트림을 하면서, 동시에 1도로 횡경사한 상태에서 닻을 매달고서 회전을 시켜도, 닻 갈퀴의 끝이 선체에 닿지 않도록 취해야만 한다. 즉, 위의 ①~⑥의 조건을 만족할

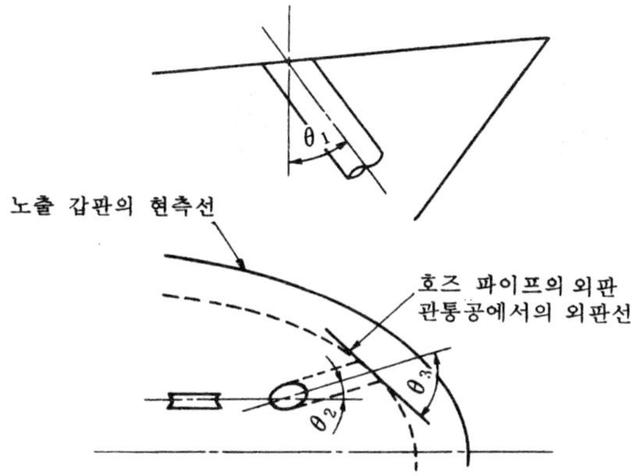

그림 2·23 호즈 파이프의 각도

수 있도록 닻 장치의 위치가 배치되어야만 한다.

[2] 계선장치

계선 장치는 다음의 순서에 의해 계획하면 된다.

① 계선시의 외력의 산정

② 계선줄의 종류와 줄의 수 및 배치의 결정

③ 계류 윈치의 종류, 역량, 대수, 줄감기용 드럼의 수 및 배치의 결정

④ 계선용 쇠붙이의 배치에 대한 결정

(1) 계선시의 외력의 산정

계선시의 외력은 바람과 조류가 주요인이 된다. 간혹, 외양으로부터의 물결의 영향을 받는 항구가 있는데, 그런 경우에는 물결이나 너울의 영향도 고려해야만 한다. 그러므로 그 선박의 예정 항로로부터 그와 같은 항구에 출입을 할 것인가를 확실히 확인을 해두어야만 한다. 그러나 일반적으로는 외양의 영향을 받는 항구는 드물므로, 바람과 조류에 관해서만 검토하면 된다.

(2) 계선줄의 결정

계선줄을 강제 로프로 하느냐 섬유 로프로 하느냐는 자유이지만, 선주측의 관습을 존중해서 이것을 결정해야만 한다. 다만, 같은 곳에 두 가지 종류의 줄을 혼용하면, 각각의 신장률이 다르기 때문에 바람직하지 못하다.

로프는 한 줄당 파단력이 크면 클수록 줄의 수를 줄일 수가 있기 때문에 유리하지만, 특수한 기계 장치를 마련하지 않는 한 현재의 작업 상태로 보아, 강제 로프는 38~40 mm φ인 것이, 그리고 섬유 로프는 약 75 mm φ인 것이 최대 한도라는 생각이 된다. 한편, 강도상의 안전 계수는 강제 로프에서는 2.5이고, 합성 섬유 로프에서는 3.8로 정하는

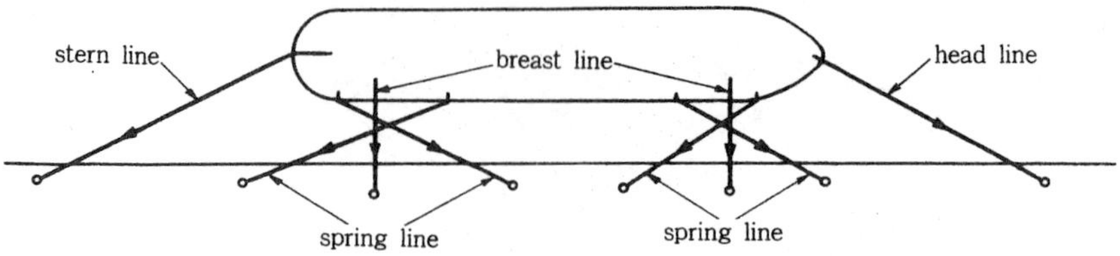

그림 2·24 계선줄을 매는 방법

것이 타당성이 있는 것으로 알려져 있다.

계선줄을 매는 방법에는 일반적으로 그림 2·24에 표시된 바와 같이 네 가지 종류가 있다. 여기서, 헤드 라인(head line)과 스턴 라인(stern line)은 계선 작업에서 제일 먼저 선수와 선미에 매어지는 줄로서 가장 중요한 라인(first line)인데, 이런 줄에는 대개 섬유 로프가 사용된다. 그리고 브레스트 라인(breast line)은 선박이 옆으로 움직이는 것을 방지하고, 스프링 라인(spring line)은 선박이 앞뒤로 움직이는 것을 방지한다.

유조선인 경우에는 하역 중에 선박이 앞뒤로 움직이게 되면; 파이프 라인의 연결 부분에 문제가 일어나므로, 그와 같은 움직임을 방지하기 위해서는 스프링 라인으로서 신장률이 낮은 강제 로프를 사용하는 경우들이 많다.

(3) 계류 윈치의 결정

일반적으로 유조선이나 광유 겸용선에서와 같이, 폭발성 가스가 발생할 수 있는 선박에서는 기동식 계류 윈치가 사용되는 반면에, 그 밖의 선박에서는 전동 유압식이나 전동식이 사용되는 경우들이 많다. 그리고 이것은 일반적으로 좌현·우현의 겸용으로 사용이 되는 반면에, 중앙부에서는 이것을 좌현측과 우현측으로 나누어 배치를 하고 있다.

계류 윈치의 배치에 관한 일반적인 사고 방식은 위에서 기술한 바와 같지만, 양묘기에도 줄감기용 드럼을 배치하여 계류 윈치로 사용하는 경우도 많다. 그리고 그것의 배치에 관해 상세한 것에 대해서는 예정 항로의 항만의 상태와 선주의 관습에 따라서도 크게 달라지므로, 선주와 미리 잘 협의해서 이것을 결정해야만 한다.

(4) 계선용 쇠붙이의 배치

현측의 쇠붙이로는 열린 형 페어리더가 많이 사용되는 반면에, 안벽이 본선보다 높을 것으로 예상이 되는 경우에는 유니버설 페어리더(universal fairleader)나 닫힌 형인 페어리더가 설치된다. 그리고 섬유 로프가 사용되는 곳에는 롤러붙이 페어리더가 설치되고, 강제 로프가 사용되는 곳에는 롤러가 없는 페어리더를 설치한다.

또, 파나마 운하(Panama canal)나 세인트로렌스 운하(St. Lawrence seaway)를 지나는 선박에는, 계선용 쇠붙이 종류와 그것들의 배치에 관해서 그들 운하가 요구하는 규칙을 따라야만 한다.

제 3 장

개구 폐쇄 장치

3.1 개 요

배의 개구(opening)는 크게 짐을 싣고 내리는 화물 출입구(cargo access), 사람이 드나드는 문(door), 배에 필요한 물건을 넣고 꺼내기 위한 창구(hatch), 닫힌 장소에 사람이 드나들기 위한 맨홀(manhole) 등으로 나뉠 수 있다. 이런 설비들에는 항해 중에 꼭 닫아야 하는 개구와 항상 열고 닫을 수 있는 개구가 있는데, 특히 폭로 갑판이나 현측 또는 선미의 화물 출입구는 배의 안전을 위하여 항해 중에 꼭 닫아야 한다. 그래서 국제 만재

표 3·1 1966년, 국제 만재 흘수선 조약에 규정된 개구부 문턱의 높이

항 목	위 치	개구부 문턱의 높이
폐위선루	폭로단에서 격벽 출입구	380 mm (15″)
창구 코밍(hatch coaming)	제 1 위치	600 mm (23½″)
	제 2 위치	450 mm (17½″)
기관실 윗벽 출입구	제 1 위치	600 mm (23½″)
	제 2 위치	380 mm (15″)
승강실의 출입구*2)	제 1 위치	600 mm (23½″)
	제 2 위치	380 mm (15″)

〔주〕 1) 제 1 위치(position 1)는 폭로 건현 갑판과 저선미루 갑판 및 전부 수선으로부터 선박 길이의 1/4 인 개소에서 전방에 위치한 폭로 선루 갑판상을 말한다.
제 2 위치(position 2)는 전부 수선으로부터 선박 길이의 1/4 보다 후방에 위치한 선루 갑판상을 말한다.
*2) 폭로 선루 갑판에서 개구나 건현 갑판상의 갑판실 개구로서 건현 갑판 아래의 장소나 폐위된 선루 내로 통하는 갑판실이나 승강실의 출입구를 말한다.

흘수선 협약에서는 표 3·1과 같이 개구의 용도와 위치에 따라 폐쇄 장치, 수밀 구조, 풍우밀 구조 또는 격벽 갑판에서 갑판면으로부터 그 개구부의 하연까지의 높이인 문턱의 높이(door sill height), 또는 창구 코밍(hatch coaming) 등을 자세하게 정하고 있다.

특히, 화물 출입구는 안전성뿐만 아니라 화물의 보호와 하역 능률에도 큰 영향을 미친다. 강제 창구 덮개(steel hatch cover)를 가진 배에서는 하역 작업을 수직으로 하고, 롤온/롤오프선(roll- on/roll-off vessel)은 짐을 수평으로 싣고 내리므로 이들 화물 출입구들의 구조와 방식은 전혀 다르다.

3.2 문

배의 문은 다음과 같이 폭로 갑판 아래의 수밀 격벽에 설치하는 강제 수밀문(steel water tight door), 거주구나 갑판실에서 폭로 갑판으로 나오는 곳에 설치되는 강제 풍우밀문(steel weather tight door), 거주구 안에 설치되는 비수밀문(nonwater tight door)이 있다. 국제 만재 흘수선 협약에서는 문을 배의 침수에 대한 안전면에서 수밀, 풍우밀, 비수밀로 구분하지만, 해상 인명 안전 조약에서는 문을 화재에 대한 안전성으로서 등급을 구분하면서 위험한 가스를 취급하는 곳에 가스 기밀문(gas tight door)을 설치한다.

3.2.1 강제 수밀문

수밀 격벽에는 문을 두지 않는 것이 바람직하지만, 일부 특수한 배에서는 화물창 사이에 격벽을 설치하여 하역을 편리하게 하고, 중앙 기관실선이나 기관실 뒤편에 화물창이 설치되어 있는 배에서는 축로(shaft tunnel)와 기관실을 나누는 그림 3·1과 같은 미닫이형 강제 수밀문(steel water tight sliding door)을 기관실 후단벽에 설치해야 한다. 이 문은 격벽과 똑같은 정도의 강도를 갖추어야 하며, 만재 흘수선 위의 갑판상에서 신속히 닫을

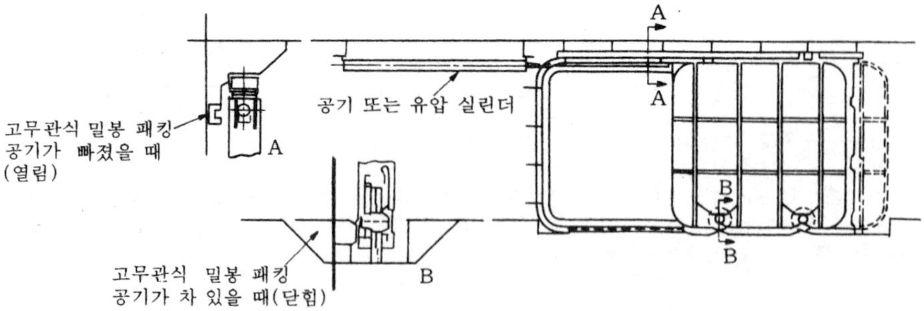

그림 3·1 격벽의 세로 미닫이 수밀문의 한 예

수 있어야 하고, 부근에 있는 사람이 알 수 있게 듣고 볼 수 있는 경보 장치를 갖추어야 한다.

그리고 여객선이나 군함에서는 여러 구획별로 수밀문을 설치하여 화재가 번지는 것을 막는 방화문으로도 사용하고 있고, 충돌이나 좌초시에 침수 구획을 최소화하는 방법으로도 사용된다. 여객선의 미닫이형 수밀문은 선교에서도 여닫을 수 있으면서 그것의 상태를 알 수 있도록 설치가 되어야 한다. 미닫이형 수밀문에는 그림 3·1과 같은 세로 미닫이형과 그림 3·2와 같은 가로 미닫이형이 있는데, 화물창 격벽에 설치되는 문은 반드시 수밀 구조로 해야 한다. 또, 미닫이문 외에도 이 문 대신에 경첩식 문을 사용하기도 한다.

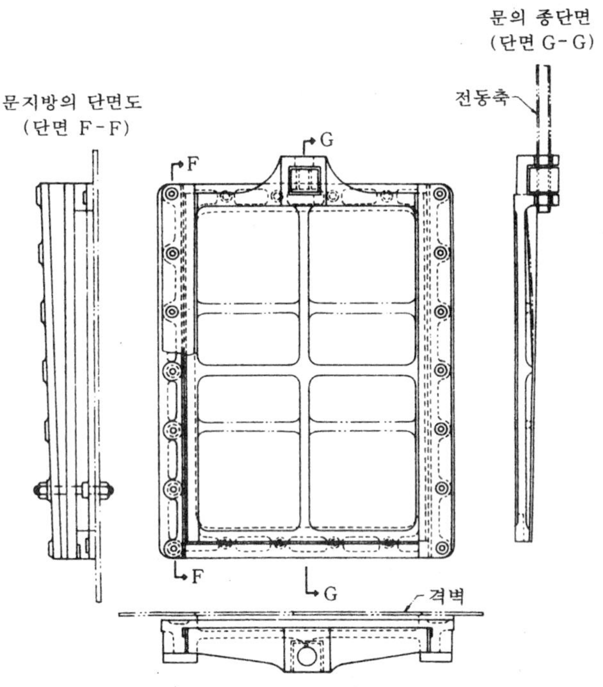

명　칭	재　료
문	FC 20
베어링 단면	BC 6
문지방	FC 20
문지방	FC 20 또는 SS 41 P
볼트 · 너트	SS 41
볼트 · 너트	SS 41
안내용 접시형 나사	황동판 황동판

치 수	세로틈새	가로틈새	문의 단위의 수	문의 개폐에 요하는 회전수
900	900	600	1	552
1000	1000	600	2	612
1200	1200	600	2	731

그림 3·2　가로 미닫이형 수밀문의 구조, 형상, 치수 및 재료의 한 예

3.2.2 풍우밀문

풍우밀문은 주로 강제, 합성 수지 및 나무로 만들어지는데, 선루나 갑판실에서 건현 갑판(대개 상갑판)으로 나오는 문은 강제 풍우밀문(steel weather tight door)이어야 한다. 그리고 그림 3·3과 같은 강제 풍수밀문에도 설치되는 위치에 따라 문의 강도와 죔쇠의 수가 다른 표 3·2와 같이 몇 가지 등급이 있는데, 강제 풍우밀문은 양쪽에서 열 수 있

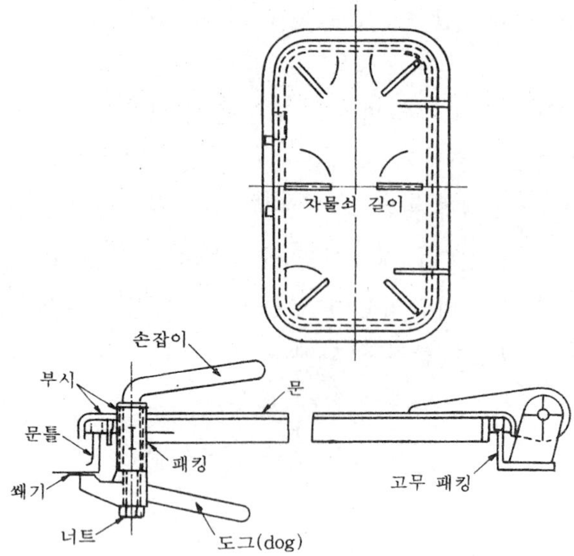

그림 3·3 강제 풍우밀문

표 3·2 판 두께와 보강재(stiffener)의 크기에 따른 문의 종류의 한 예

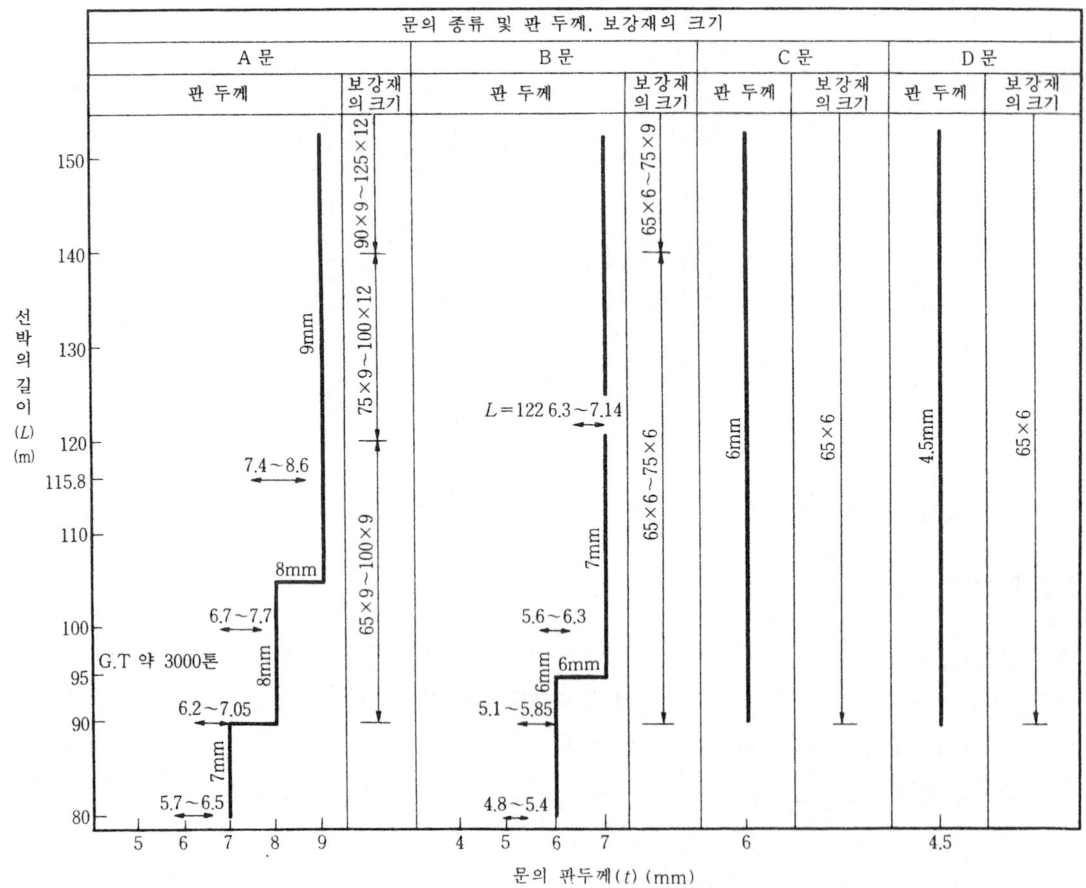

표 3·3 삼도형선(three islander)에서의 강제 풍우밀문의 적용 예

배의 종류		강제 풍우밀문의 설치 위치												
어선 이외의 배	어선	선수루 및 선교루 후단벽	선수루 후단벽	선미루 1 전단벽	선미루 2 전단벽	갑판실 1			갑판실 2			갑판실 3		
						전단벽	측벽	후단벽	전단벽	측벽	후단벽	전단벽	측벽	후단벽
근해 구역 이상을 항행하는 배	제3종 어선	C	A	B	A	B 또는 A	B	C	B	C	D	C	D	D

〔비고〕 1. 선미루 1은 전단벽이 부분적으로 보호된 선미루나 길이가 $0.4L$ 미만이면서 기관실 입구를 폐위하지 않는 선미루를 말한다.
2. 선미루 2는 길이가 $0.4L$ 이상이나 기관실 입구를 폐위시키지만 보호되지 않는 선미루를 말한다.
3. 갑판실 1은 건현 갑판상의 장대한 갑판을 말한다. 전단벽이 선미로부터 $0.4L$인 지점이나 그것보다 전방에 있을 경우는 A, 기타인 경우는 B로 한다.
4. 갑판실 2는 건현 갑판상의 갑판실에 제3항 이외의 갑판실이나 건현 갑판상의 승강구실을 말한다.
5. 갑판실 3은 선루 갑판 이상의 갑판상의 갑판실을 말한다.

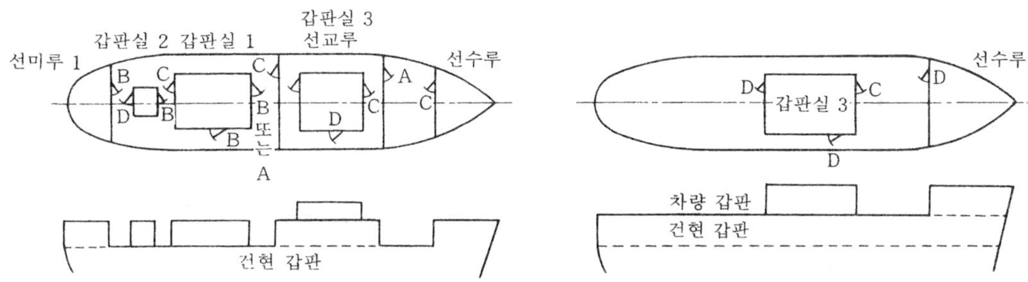

(A) 삼도형선 (B) 차량 갑판선

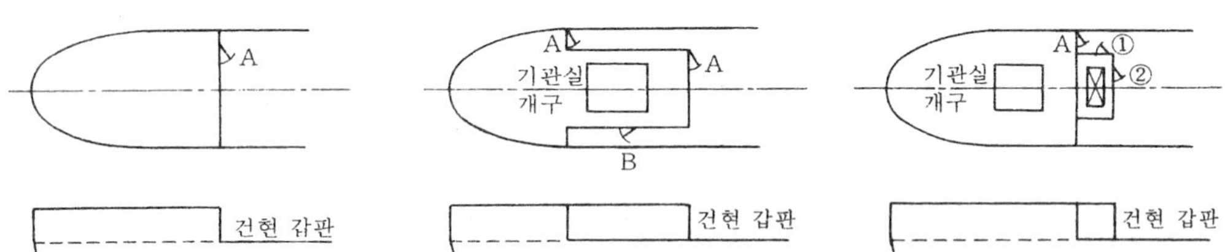

(a) (b) (c)

(C) 선미루 2

ⓐ 격벽의 강도	① 문	② 문
선수루 후단벽의 규정 치수 이상	B	B
선수루 후단 격벽의 규정 치수 미만	B	A

어야 한다.

이 문은 그림과 같이 문 둘레에 고무 패킹을 둘러서 죔쇠가 닿는 자리의 문틀에 쐐기 모양의 쇠붙이를 설치하여 죔쇠를 돌리면, 문이 문틀에 밀착되면서 문틀의 코밍이 문의

패킹을 눌러 풍우밀을 시키는 경첩형 문이다. 보다 위쪽 갑판의 거주실에서 밖으로 나오는 문은 합성 수지나 목제 풍우밀문을 배치하면서 둥근 창을 붙인다.

특히, 건현 갑판으로 나가는 강제 풍우밀문은 설치 위치에 따라 문턱의 높이(coaming)가 다르게 정해져 있다.

3.2.3 비수밀문

거주구에서 사용하는 문들은 비수밀문(nonwater tight door)으로서 선원실 거주구 안의 작은 창고, 화장실, 계단실(stair case)의 문들과 거주구에서 기관실로 들어가는 문이다. 선원실의 문이나 식당과 사무실 등의 문은 천장의 통풍구로부터 유입되는 냉방 · 난방 공기가 문을 통해 되돌아서 빠져나갈 수 있게 지붕창(louver)을 설치하고 있다.

문은 방화 구조에 따라 몇 가지 등급으로 나뉘어지는데 선원실의 문은 B 등급이고, 계단실의 문은 A-0 등급이며, 기관실 출입문은 A-60 등급으로서 자동 폐쇄 장치(self-closin device)를 설치해야만 한다. A-60 등급이란, 불길이 문의 반대편에 전달되어 발화점에 이르는 데 소요 시간이 60 분 걸린다는 뜻에서 붙여진 이름으로서 최상급의 방화 구조이다.

그리고 계단실의 문에는 전자석에 의해 열린 상태로 있다가 화재 경보와 함께 전자석이 자성을 잃으면서 자동 폐쇄 닫힘 장치로 닫히는 형식도 사용된다.

3.2.4 가스 기밀문

해로운 가스가 발생할 염려가 있는 곳에서는 가스 기밀문(gas tight door)을 설치해야 하는데, 이 문은 많이 사용되지는 않지만 축전지실(storage battery room)이나 LPG 선의 화물 가스 압축기 구동 전동기실의 문으로 사용된다.

3.2.5 기타의 강제문

선내에서 붙박이식인 냉장고나 작업실의 출입구의 문으로는 문 내부에 단열재를 넣은 강제 방열문이 사용된다. 또, 창고나 CO_2 봄베실(Bombe room) 및 작업실의 출입구는 환기나 전망을 좋게 하기 위해 금망(金網)을 설치한 문이나 천공 금속재(punched metal)로 제작된 문도 사용이 된다. 기관실 윗벽에 설치한 거주구와 기관실간의 출입구의 문은, 문을 폐쇄했을 경우 공기에 의해 널리 퍼지는 음을 차단하기 위해 고무 패킹으로 밀봉시킨 방음문이 사용된다. 그리고 기타 조타실, 냉동기실, 파워 유닛실(power unit room) 등 강벽으로 에워싸여진 기계실의 출입구 문에는 강제문이 사용된다.

3.3 화물 창구의 폐쇄 장치

항시 화물의 반출입을 목적으로 해서 갑판에 설치되는 개구부를 **창구**(hatch)라 하고, 그 개구부의 덮개를 **창구 덮개**(hatch cover)라고 한다. 그런데 폭로 갑판의 창구인 경우는 비바람과 넘쳐 오는 파도 때문에 물이 배 안에 들어오지 않게끔 창구에다 가로 방향으로 지름대를 걸치고, 지름대 사이에 널빤지를 깔면서 타폴린(tarpaulin)이란 방수천으로 덮어야 한다.

옛날의 창구 덮개는 닫고 여는 데 시간이 많이 걸리면서 위험했지만, 오늘날의 강제 창구 덮개는 기계 동력으로서 작동시켜 매우 편리해졌다.

건현 갑판상의 창구 코밍(hatch coaming)의 높이는 국제 만재 흘수선 협약에 규정된 600 mm 이상이지만, 독(dock)의 안전 기준에 의하면 최소 760 mm 이상인 풍우밀 구조로 설치해야 한다. 그리고 선급 규칙에 의하면 창구 덮개의 강도는 1.75 kg/m^{2}에도 견딜 수 있도록 요구되지만, 컨테이너선이나 원목 운반선과 같이 창구 덮개상에 짐을 싣기 위해서는 더욱 튼튼한 구조로 설치해야 한다.

3.3.1 강제 창구 덮개의 종류

강제 창구 덮개는 열고 닫는 작동 방법에 따라 분류하여 여러 가지 종류로 나눌 수 있는데, 화물과 배의 특성에 따라 적절한 창구 덮개를 택해야 한다.

[1] 싱글 풀형 창구 덮개(single pull type hatch cover)

싱글 풀형 창구 덮개는, 가장 일찍부터 널리 쓰여 온 창구 덮개로서 벌크 화물선(bulk carrier)이나 일반 화물선(general cargo ship)에 많이 설치되는데, 그 종류에는 전기나 유압 모터로 구동하는 형식과 하역 장치를 이용해서 강제 와이어 로프(wire rope)로 당기는

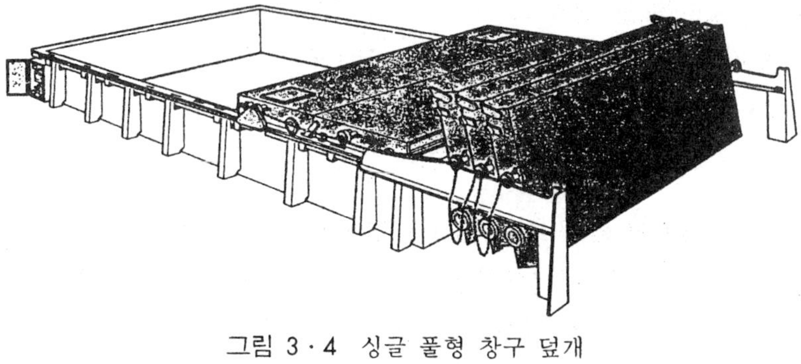

그림 3·4 싱글 풀형 창구 덮개

형식이 있다.

그림 3·4 와 같이 상자형의 창구 덮개는 레일(rail) 위를 굴러 창구 코밍의 끝부분에서 회전시켜 젖혀지게 되므로, 창구 코밍이 다른 것에 비해 높으므로 젖혀질 때 소음이 심한 것이 단점이다.

[2] 폴딩형 창구 덮개(folding type hatch cover)

폴딩형 창구 덮개는 그림 3·5 와 같이 유압 실린더나 배의 하역 장치를 이용해서 몇 개로 분리되어 구성된 창구 덮개의 판들을 접는 형식인데, 그 종류에는 앞과 뒤쪽으로 나누어 접는 형식과 한쪽으로만 접는 형식이 있다. 이러한 형식들은 접힐 경우 짝을 이루므로, 판의 수는 짝수로 되어 있는데, 화물창 안의 중간 갑판용 창구 덮개로도 사용이 되기도 한다. 그런데 이런 형식에는 종종 배의 옆방향으로 열고 닫는 형도 있다. 이것의 장점으로는 작동이 빠르고 조용하며, 그리고 접힌 상태에서 이것이 창구 상부에 격납되므로 차지하는 공간이 작다.

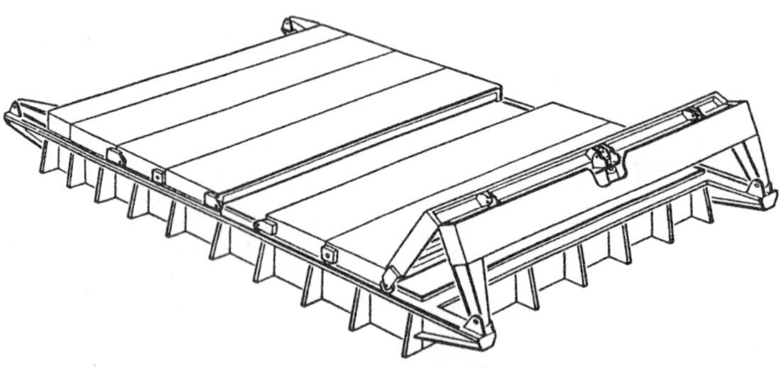

그림 3·5 폴딩형 창구 덮개

[3] 폰툰형 창구 덮개(pontoon type hatch cover)

폰툰형 창구 덮개는 그림 3·6 과 같이 작동 부분이 없어서 갑판 크레인(deck crane)이나 육상 크레인으로 이것을 들어 올리는 가장 간단한 형식인데, 나뉜 부분이 없이 한 몸체로 구성이 되어 튼튼하기 때문에 창구 덮개상에다 화물을 싣는 컨테이너선(container ship)이나 다목적 화물선(multi-purpose cargo ship)에 많이 사용된다. 그리고 이것은 다른 형식에 비해 창구가 작은 것이 특징이다.

[4] 사이드 엔드 롤링형 창구 덮개(side/end rolling type hatch cover)

사이드 엔드 롤링형 창구 덮개 형식에는, 2 개로 분리된 창구 덮개가 앞뒤로 열리는 형식인 엔드 롤링형 창구 덮개와 그림 3·7 과 같이 양옆으로 열리는 형식인 사이드 롤링

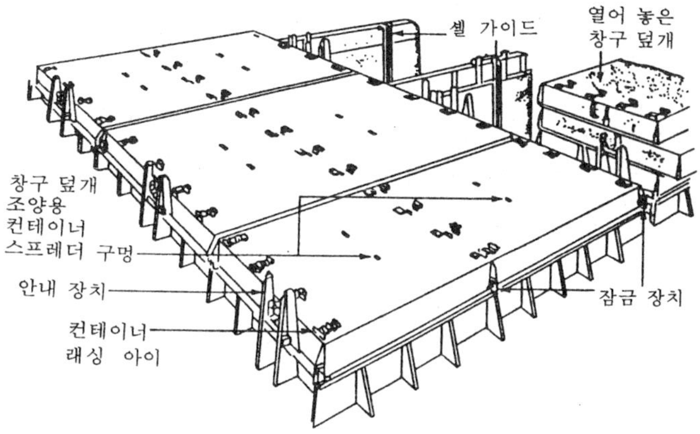

그림 3·6 폰툰 창구 덮개(컨테이너선)

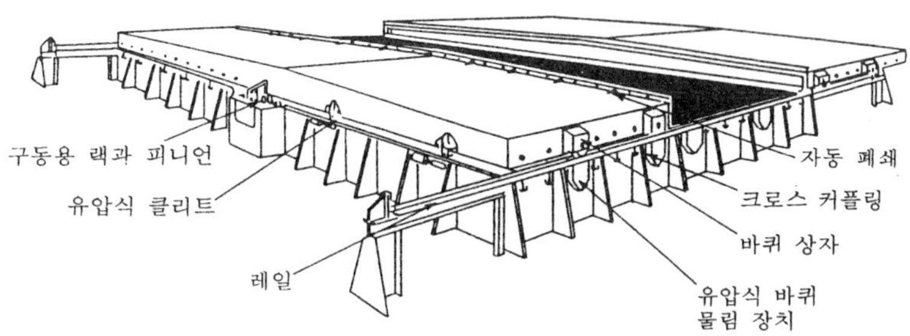

그림 3·7 사이드 롤링 창구 덮개

형 창구 덮개가 있는데, 주로 대형인 벌크 화물선이나 광석 벌크 원유 겸용선(ore/bulk/oil carrier : OBO) 등에 사용이 된다. 그리고 사이드 롤링형 창구의 폭은 배의 폭의 절반을 넘을 수 없는 것이 특징이다.

[5] 피기 백형 창구 덮개(piggy back type hatch cover)

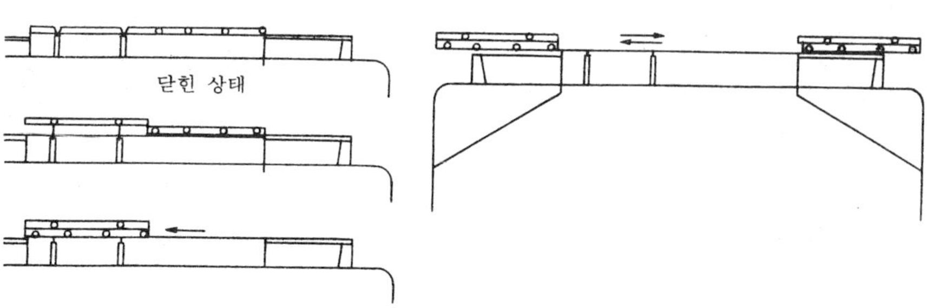

그림 3·8 피기 백형 창구 덮개

피기 백형 창구 덮개는 그림 3·8 과 같이 바깥쪽의 창구 덮개가 들어 올려지면 안쪽의 창구 덮개가 그 아래로 굴러 들어가면서 겹치는 형식인데, 컨테이너선이나 다목적 화물선의 상갑판에 있는 창구 덮개나 바닥이 평평해야 하는 중간 갑판의 창구 덮개로 사용된다. 그리고 이것은 냉동 화물선(refrigerated carrier, refrigerated ship, freezing carrier)에서 보냉과 기밀을 필요로 하는 중간 갑판의 창구 덮개로도 많이 채택이 되고 있다.

[6] 미끄럼형 창구 덮개(sliding type hatch cover)

미끄럼형 창구 덮개는 풍우밀이 필요하지는 않으면서, 지게차가 작업하기 좋도록 평평한 중간 갑판이나 공기가 잘 통할 필요가 있는 냉동선의 중간 갑판의 창구 덮개로 적합하다. 폭로 갑판의 창구 덮개와 같이 클리트(cleat)가 없고 그리고 다른 창구 덮개와 달라서 미끄럼 이동을 이용한 형식이므로, 바퀴가 없는 대신에 전동기로 작동되는 맨 앞의 인도용 창구 덮개로 서로 연결시켜 창구 덮개의 판을 이끌어서 작업하게 된다. 그러므로 이것은 열리는 정도와 위치를 마음대로 정할 수 있다는 장점이 있다.

3.3.2 강제 창구 덮개의 주요 부분

[1] 실링(sealing)

실링은 그림 3·9 와 같이 창구 덮개의 주변 아래의 가장자리에 합성 고무 패킹(packing)을 붙여서 창구 코밍상에 패킹이 제자리를 찾을 수 있게끔 세로로 강봉이나 띠 모양인 압축봉(compression bar)을 설치하여, 창구 덮개가 제자리에 놓이게 되어 패킹을 누르면서 풍우밀이 되게 하는 장치이다. 폰툰형 창구 덮개를 제외한 여러 개의 판으로 분리된 창구 덮개에서도 판과 판 사이에 비슷한 패킹과 압축봉을 붙여서 풍우밀이 되게 한다.

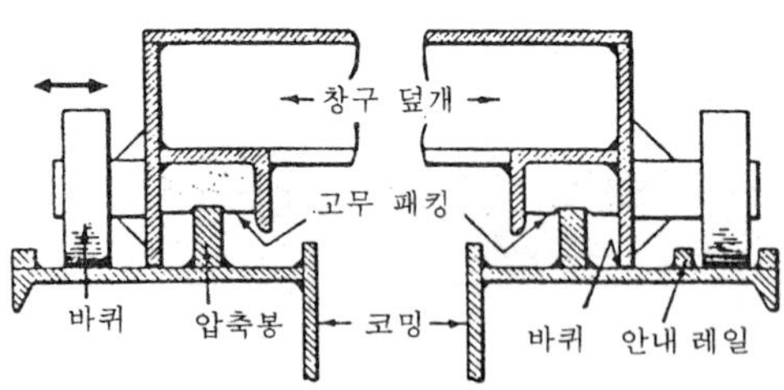

그림 3·9 실 링

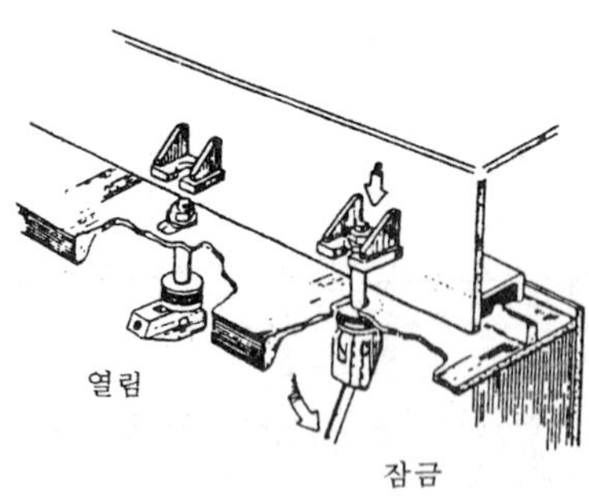

그림 3·10 클리트(수동)

[2] 클리트(cleat)

클리트는 항해 중 배의 흔들림 때문에 창구 덮개가 움직이거나 이탈되는 것을 막기 위해 그 둘레에 여러 개를 설치하여 고정시키는 역할을 한다.

클리트의 종류는 하나하나를 수동으로 잠가 주는 형식과 유압 실린더를 이용해서 이들을 잠그는 자동식이 있는데, 여러 판으로 구성된 창구 덮개에는 각 판 사이를 똑같은 방법으로 고정시키고 있다. 그리고 그림 3·10에서는 수동식 클리트를 나타내고 있지만, 신속하게 잠글 수 있는 클리트를 보여 주고 있다.

[3] 바퀴와 레일

그림 3·11과 같이 창구 덮개는 레일의 높이만큼 들어 올려지면서 바퀴가 레일상을 굴러 열리게 된다. 창구 덮개가 닫혀 있을 경우, 클리트가 풀려 있더라도 바퀴가 있는 부분의 레일은 아래로 내려앉아 구르지 못하므로, 유압 실린더로서 레일과 같은 높이만큼 올려 주어야 작동이 된다. 그리고 창구 덮개가 정확한 위치에서 닫히도록 하기 위해서는 안내용 의장품이 사용된다.

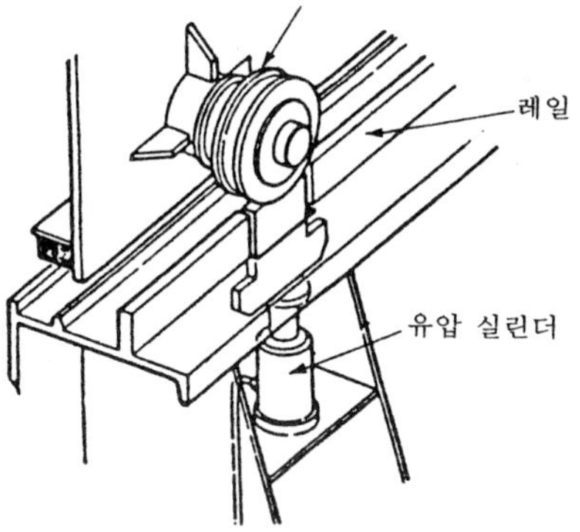

그림 3·11 바퀴와 레일

3.4 그 밖의 출입구

3.4.1 롤온/롤오프선(Roll-on/Roll-off vessel)의 개구 폐쇄 장치

배의 하역 속도는 수직 방향의 하역에 비해 빠른데, 이 장치는 차량이나 장비를 신속하게 수송하거나 상륙시킬 목적으로 사용된 것이 그것의 시초이다. 상선에서 롤온/롤오프선 외에도 자동차 운반선, 철도 연락선, 자동차 페리선 등은 수평 방향으로 짐을 싣고 내리는 배이다.

롤온/롤오프선의 주요 화물은 주로 차량, 컨테이너, 펠릿(pellet) 화물 등인데, 컨테이너와 펠릿 화물은 지게차나 트레일러(trailer)에 실어 부두 전용 견인차로서 배에 싣거나 내린다. 또, 항해 거리가 짧은 항로에서는 트럭(truck)이 짐을 실은 채 배에 실려 도착 항구에서 목적지를 향하는 수도 있다. 이러한 배의 화물 출입문은 흘수선에 가깝고, 화물창은 화물들이 움직이는 데 불편함이 없도록 공간이 터져 있기 때문에, 화물 출입구의 수밀성은 매우 중요한 과제이다.

수평 방향으로 하역하는 배에서 가장 중요한 문제는 화물 출입구와 짝을 이루고 있는 램프 웨이(ramp way)이다.

[1] 램프 웨이

램프 웨이는 배의 출입구와 부두를 잇는 다리인데 램프(ramp)라고 부른다. 램프는 아래쪽이 배의 갑판에 경첩 구조로서 연결되어 있어서 유압이나 전동기 구동 윈치의 작동에 의해 감아 올리고 내린다.

램프의 종류에는 설치되는 위치에 따라 그림 3·12 와 3·13 과 같은 선미용 램프, 선수용 램프 및 현측용 램프가 있는데, 배는 항로나 화물의 종류에 따라 선수 램프나 현측 램프를 설치한다. 예를 들면, 자동차 도선(car ferry)은 선수 램프와 선미 램프를, 그리고 자동차 운반선(car carrier)은 현측 램프를 갖추는 것이 보통이지만, 선미와 선수에 램프가 있을 경우, 차량이 배 안에서 방향을 바꾸지 않으면서 한쪽 방향으로만 하역의 흐름이 이루어지므로 하역 시간이 절약된다. 그리고 육상과 배를 잇는 램프를 설치한 배에서는 배 안의 갑판과 갑판 사이를 잇는 비탈길이 내부 램프(internal ramp)이다.

(1) 선미 램프(stern ramp)

배에서 중심선과 직각으로 설치된 이것은 현측과 선미를 맬 수가 있도록 배와 직각을 이룬 부두를 필요로 하게 된다. 그래서 이런 선미 램프는 길이가 짧아 선미의 수밀문을

그림 3·12 경사 선미 램프

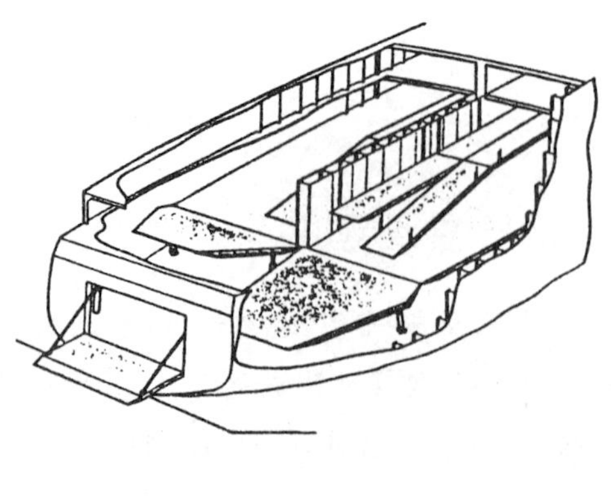

그림 3·13 선미와 내부 램프

겸하는 역할도 한다. 램프 주변의 압축봉이 램프를 닫게 되면 선미 출입구의 가장자리에 붙여진 고무 패킹을 누르면서 수밀이 되어 클리트와 윈치로 닫히게 된다.

부두가 일정치 않는 롤온/롤오프선에서는 일반적으로 일직선 부두에 댈 경우를 고려하면, 배의 중심선과 30~45도 각도로 설치된 램프와 회전 가능한 램프도 사용이 된다. 그리고 배가 부두에 닿기 위해서는 램프의 길이는 커져야 한다.

그러므로 램프를 올려서 닫을 경우, 바람의 영향이나 시야가 가리는 것을 피하면서 배의 안정성을 좋게 하기 위해 중간을 접도록 하는 구조로 해야만 한다. 이런 형의 선미 램프가 설치된 배에서는 따로 수밀 선미문을 설치하는 경우도 있다.

램프의 길이는 부두의 높이 및 밀물과 썰물의 영향 등을 고려하여 차량이 오르고 내릴 수 있는 기울기(1/8~1/10) 정도로 배치하면서 램프의 바닥이 미끄럽지 않게끔 하고, 짐을 실은 차량이 여유를 가지고 지날 수 있게 해야만 한다. 배가 기울 때나 차량이 올라올 경우에는 램프가 부두에 닿는 부분이 무리가 생기지 않게끔 끝부분을 마치 발과 발가락처럼 여러 개의 조각으로 나뉘어 힘을 고르게 받도록 해야만 한다.

(2) 선수 램프(bow ramp)

선수 램프는 그림 3·14 와 같이 선미 램프와 비슷한 구조이지만, 선수는 배가 전진할 경우 물과 맞부딪치게 되므로 수밀에 가장 조심해야 하는 장소이다. 램프의 밖에는 수밀 선수문을 설치하는데, 그 종류에는 배의 선형에 맞는 유선형 외판을 들어 올리고 내리는 형식과 선수 외판이 대문처럼 열리는 수밀문으로 된 형식이 있다.

3.4.2 현 측 문

현측문은 그림 3·15 와 같이 롤온/롤오프선의 현측 램프(side ramp)의 문과는 다르게 일반 화물과 펠릿(pellet) 화물을 운반하는 배에서만 볼 수 있는데, 보통 상갑판과 바로

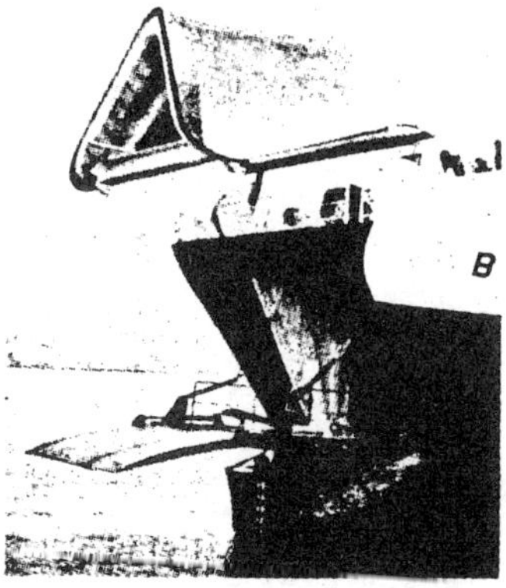

그림 3·14 선수 램프

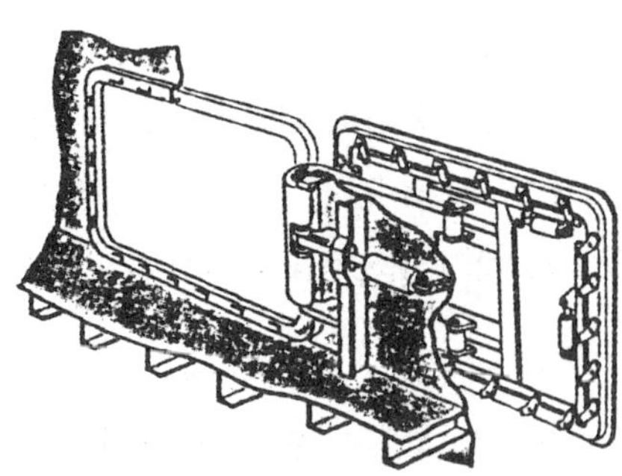

그림 3·15 현 측 문

아래 갑판 사이의 외판의 일부에 설치된 수밀문으로서, 지게차가 드나들 수가 있어 하역시에도 이용되고 있다. 그리고 현측 하역 장치가 설치된 배에서는 현측 외판과 상갑판이 함께 열리는 특수한 형식도 있는데, 주로 이것은 종이나 펄프 등 펠릿을 운반하는 배에 설치되고 있다.

3.4.3 그 밖의 소형 창구 덮개

[1] 트리밍 창구(trimming hatch)

곡물 등 벌크 화물을 창내에다 탑재할 경우, 갑판의 구조 부재 때문에 갑판 바로 아래쪽은 무효 공간(dead space)이 되기가 쉽지만, 벌크 화물 탑재시 복원성이란 점에서는 가능한 한 이런 공간이 생기지 않도록 균일하게 적하(shipment)를 해야만 한다. 이 때문에 제 2 갑판 등 중갑판이 설치된 화물선에서는 중갑판의 모서리분에 그림 3·16 과 같이 몇 개 정도로 작은 개구를 설치하여 이 곳으로 벌크 화물이 흘러 들어가게끔 함으로서, 창내에 화물이 균등하게 실려서 화물의 평균화(trimming)을 이루게 하는데, 이런 개구가 **트리밍 창구**이다.

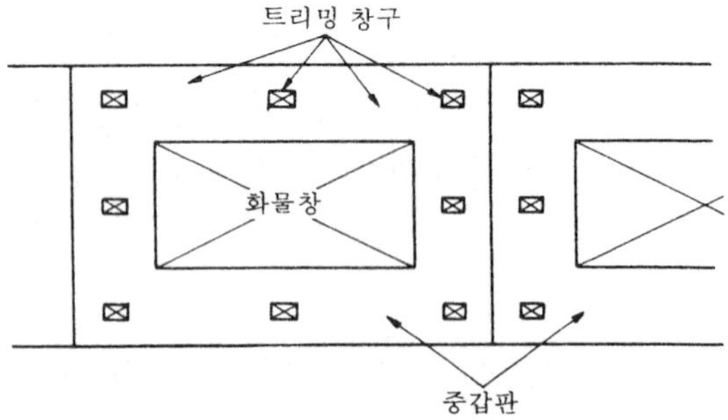

그림 3·16 트리밍 창구의 한 예

트리밍 창구의 치수는 한 변을 500~1000 mm 정도로 작게 하면서 여기에 금속제 그물망을 설치하여 추락 사고에 대한 방지 대책도 고려해야만 한다. 그리고 트리밍 해치는 벌크 화물을 싣지 않을 경우 개구부를 폐쇄하는 쪽이 좋다고 판단될 때에 트리밍 창구 덮개(trimming hatch cover)라는 힌지식(hinge style) 강제 덮개로 개구를 폐쇄한다.

[2] 관찰 창구(inspection hatch)

화물 창구 덮개의 개폐를 크게 함과 동시에 항해 중 화물 보호라는 견지로부터 덮개를 회전시키면 개폐할 수가 없기 때문에, 창구 덮개를 폐쇄시킨대로 상갑판으로부터 창내까지 용이하게 접근할 수 있도록 관찰 창구(inspection hatch)라는 작은 개구와 여기에 강제 덮개를 설치한다. 관찰 창구는 그 성격상 통상 화물창의 전후 격벽을 따라 각 1개씩 배치하면서 합하여 2개를 설치하는데, 수직 사다리로 창의 저부까지 용이하게 접근할 수 있게 구성되어 있다.

그림 3·17에는 관찰 창구의 배치에 대한 한 예를 나타낸 것인데, 그 치수는 500~600 mm^2로 통상 한 사람이 통과할 수가 있는 크기이고, 그림 3·18에는 관찰 창구의 한 예를 표시해 두었다.

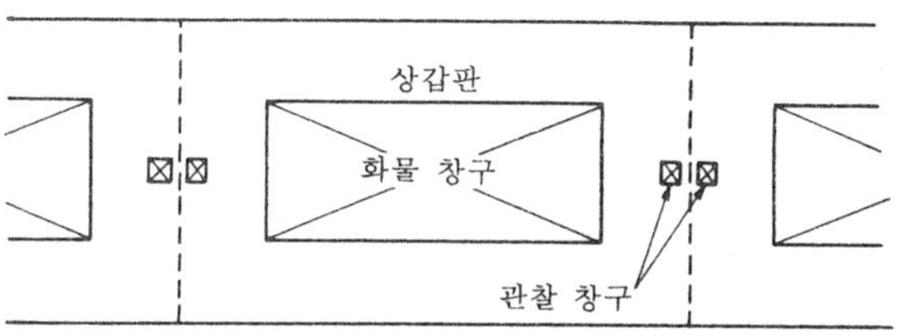

그림 3·17 관찰 창구의 한 예

그림 3·18 관찰 창구의 한 실제 예

[3] 양식 적하용 창구(provision hatch)

배 자체용 양식 창고나 냉장고에 식량품을 실을 경우, 크레인이나 호이스트(hoist)로 직접 갑판상에서 싣는 것은 상당히 능률적이므로, 이들 식량 창고나 냉장고 근처에는 화물 처리를 위한 공간을 설치함과 동시에 바로 위쪽에는 개구부를 설치하면서 그 상부에다 호이스트를 배치하는 것이 일반적이다. 이와 같은 개구부가 **양식 적하용 창구**(provision hatch)인데, 그것의 치수는 가지각색이어서 일률적으로 말할 수가 없지만, 대체로 한 변을 1000~1500 mm 정도로 한 창구가 많다.

[4] 유밀 창구(oil tight hatch)

탱커(tanker)의 화물유 탱크(tank)에 설치된 창구는 탱크 내의 관찰용으로도 사용이 된다. 화물유 탱크는 항해 중 적하로부터 가스가 발생하면 내압이 걸리는 외에도, 만재시 야간의 바깥 공기가 차가워지면 탱크 내가 음(−)의 압력으로 떨어진다. 더구나, 적하물이 기름의 성질을 갖는 동시에 그것의 가스가 폭발성을 갖고 있다는 점으로부터 표 3·4와 같은 치수를 갖는 유밀 창구(oil tight hatch)는 소형으로서, 강도면에서도 융통성이

표 3·4 유밀 창구 덮개의 치수

종 류	지 름(mm)
A 형(나사봉 개폐식)	760
	910
	1220
B 형(수평 개폐식)	760
	910
	1220
C 형(hinge 개폐식)	610
	760

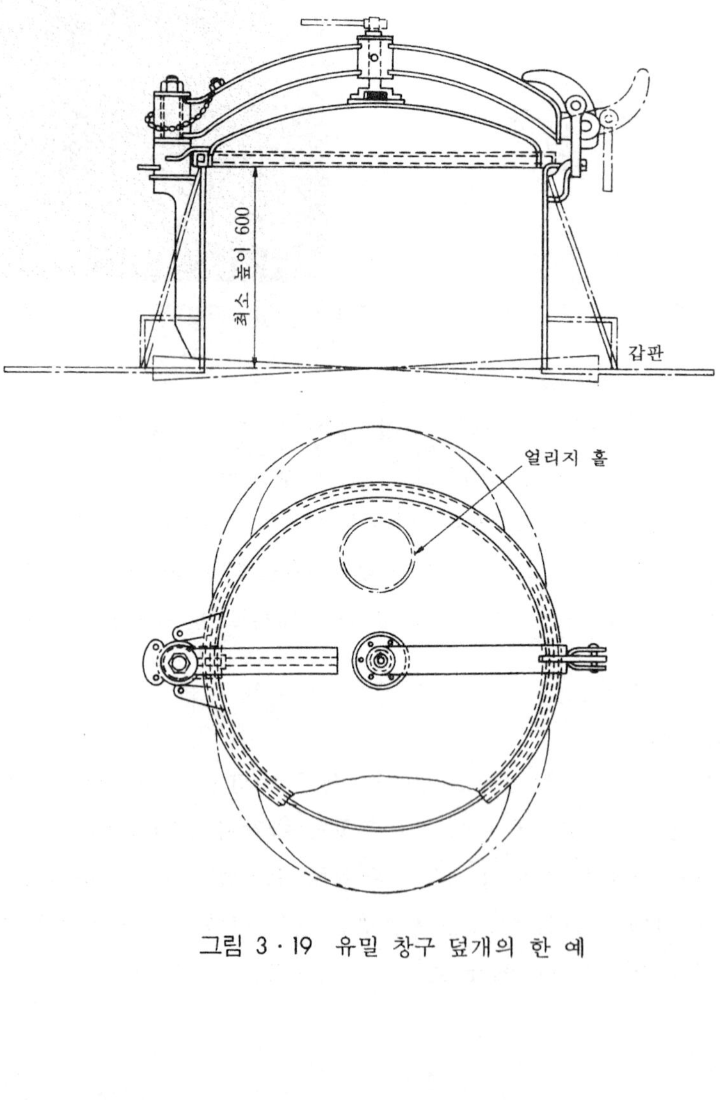

그림 3·19 유밀 창구 덮개의 한 예

그림 3 · 20 유밀 창구 덮개와 공기관

없을 정도로 견고한 완전 밀폐식으로 설치되는 것이 요구되고 있다.

또, 창구는 닫은 채로 탱크 내의 액면을 알기 위해 검척을 한다든지 채취(sampling)할 필요가 있기 때문에 그림 3 · 19 와 그림 3 · 20 과 같이 창구 덮개의 일부에다 작은 창문과 같은 얼리지 홀(ullage hole)을 설치하고 있다. 유밀 창구는 상갑판으로부터 화물유 탱크로의 출입구이므로 그 곳을 사람이 자유롭게 통과할 수 있어야 하며, 더욱이 탱크 내에 대한 수리를 고려해서 밸브(valve) 등 어느 정도의 의장품에 대한 수리와 반입을 할 수 있게끔 하는 것이 바람직하다.

[5] 맨홀(manhole) 및 맨홀 뚜껑(manhole cover)

수밀 탱크나 유밀 탱크에는 내부 점검용으로서 맨홀(manhole)이라는 구멍을 설치하면서 여기에 수밀이나 유밀 구조인 뚜껑(맨홀 뚜껑)을 설치한다. 맨홀 뚜껑은 일반적으로 볼트와 너트로 죄는 구조로 되어 있고, 맨홀에는 그림 3 · 21 과 같이 코밍을 붙인 형과 코밍을 붙이지 않은 평형의 두 종류가 있는데, 이들을 각각 A 형과 B 형이라고 칭한다. 코밍을 붙인 형은 일반적으로 ① 빌지(bilge)가 괴는 장소, ② 설치부가 곡면인 개소, ③ 방열 계획이 된 개소에만 사용을 하고 그 이외의 장소에는 평면형을 사용한다.

또, 측벽붙임 맨홀은 뚜껑 분해시 위험이 수반되므로 가능한 한 이런 종류를 설치하는 것은 피하는 편이 좋지만, 오히려 측벽에다 이것을 설치할 경우에는 맨홀 뚜껑을 힌지붙임으로 하는 쪽이 편의상 좋으므로, 힌지식은 구조상 코밍형으로 설치되고 있다. 그리고 죔용 볼트와 너트는 녹이 슬어서 엉겨 붙기가 쉬우므로, 그것의 사용 빈도를 감안해서 가능한 한 녹이 슬지 않는 재료를 택할 필요가 있다. 이런 경우에는 볼트와 너트의

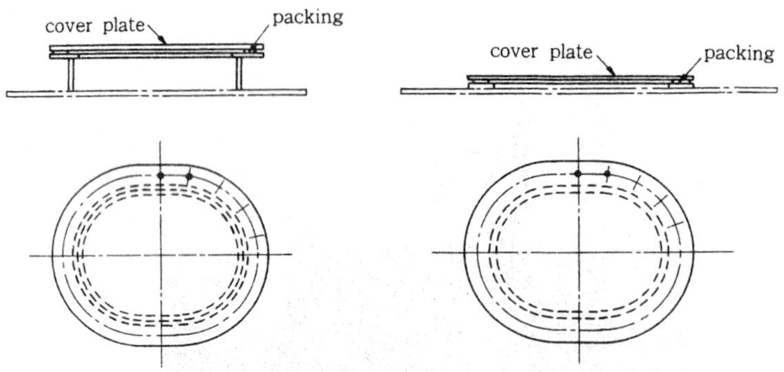

(a) coaming 붙인 형의 한 예 (b) 평형의 한 예

부 품 명 칭	재 료
cover	SS 41 또는 SM 41
coaming 또는 washer	SS 41 또는 SM 41
gasket	내유성 gum 또는 내노화성 gum
육각 bolt 또는 깊이 끼우는 bolt	봉강 또는 SUS 27
육각 너트	봉 강

그림 3·21 맨 홀

재질을 다르게 해서 경도의 차이를 두지 않으면, 힘 있는대로 돌릴 때 나사부가 달아 풀어지지 않으므로, 일반적으로 여기에는 SUS 304 인 볼트와 SS 인 너트가 사용된다. 맨홀은 이중저 등과 같이 선체 구조를 이용한 큰 탱크에서는 가능한 한 전후부에다 각 1 개씩, 즉 합하여 2 개를 떨어져 있게 해서 설치하지만, 작은 탱크에서는 1 개만을 설치한다.

[6] 기 타

선수와 선미의 갑판장(boatswain)의 창고(store)와 바로 위쪽의 폭로 갑판간에는 와이어로프(wire rope)나 호저(hawser)를 반입하기 위해 설치를 한 로프 창구(rope hatch)와 기관실이나 펌프실의 부품 출입용 창구 및 보일러실이나 기관실용 공기 도입용 공기창(air hatch) 등과 같이, 설치 장소나 용도에 따라 여러 가지의 명칭을 갖는 창구가 있지만, 어느 것이나 대동소이하다.

표 3·5 에 표시된 바와 같이 각종 형식이 표준화가 되고 있는데, 그들 중 풍우밀형 구조를 그림 3·22 에 표시해 두었다. 또, 탱커나 광유 겸용선에서는 기름에 오염된 탱크 내를 세정하기 위해 세정수로서 세척시키는 세정기를 사용하고 있는데, 특히 운반식 소형 세정기를 상갑판으로부터 탱크 내로 매달기 위해서는 상갑판에다 수많은 개구부를

설치해야 한다. 이 개구부의 치수는 보통 300~450 mmØ로서, 여기에는 통상 볼트와 너트로서 죄는 뚜껑을 설치하게 되는데, 이것이 **클리닝 홀**(cleaning hole)이고 일명 **버터워스 홀**(butterworth hole)이라고 일컫는다.

또, 클리닝 홀은 세정기의 환기(gas free)용 입구로 사용이 되면서 슬러지(sludge)를 올리는 개구로도 사용이 된다. 더욱이, 클리닝 홀은 탱크 내의 공사용 발판의 반출입용으

표 3·5 박용 강제 소형 창구 덮개의 치수

호칭 번호	cover의 크기 $L \times B$	coming 내의 지름의 크기 $L_1 \times B_1$	cover 두께 (mm)		나비형 죔용 쇠붙이				계 산 중 량	
					풍우밀		비수밀			
	mm	mm	풍우밀	비수밀	나사의 호 칭	수	나사의 호 칭	수	풍우밀	비수밀
50×50	560×560	500×500	6	4.5	M 16	5	M 16	1	18.2	12.2
55×50	610×560	550×500	6	4.5	M 16	5	M 16	1	19.7	13.1
55×55	610×610	550×550	6	4.5	M 16	5	M 16	1	21.8	14.3
60×50	660×560	600×500	6	4.5	M 16	5	M 16	1	21.4	14.2
60×55	660×610	600×550	6	4.5	M 16	5	M 16	1	22.9	15.4
60×60	660×660	600×600	6	6	M 20	6	M 20	1	24.4	21.9
70×70	760×760	700×700	※6	6	M 20	6	M 20	1	38.0	29.2
80×80	860×860	800×800	※6	※6	M 20	6	M 20	1	47.7	39.0
100×100	1060×1060	1000×1000	※6	—	M 22	10	—	—	76.5	—
120×120	1260×1260	1200×1200	※6	—	M 22	10	—	—	106	—

〔비고〕 1. ※표는 스티프너 붙임인 것을 나타낸다.
2. 호칭 번호는 coaming내 지름의 크기를 나타낸다.
3. 계산 중량에는 부속 쇠붙이 및 gasket의 중량을 포함하지 않는다.

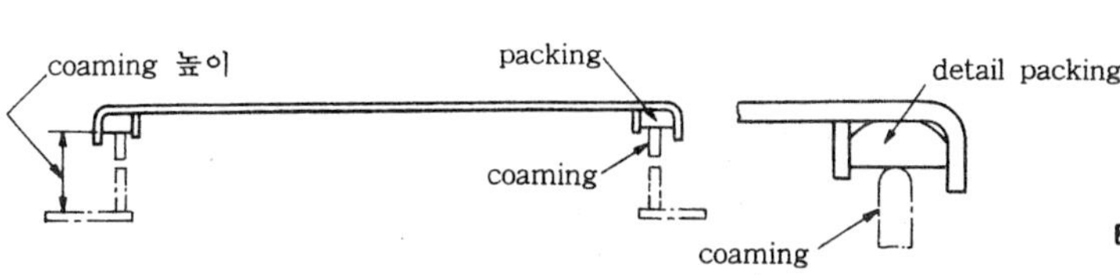

부 품 명 칭	재 료
cover	SS 41
gasket 막음	강 판
gasket	내노화성 합성 gum 또는 피막 sponge gum
stiffener	SS 41

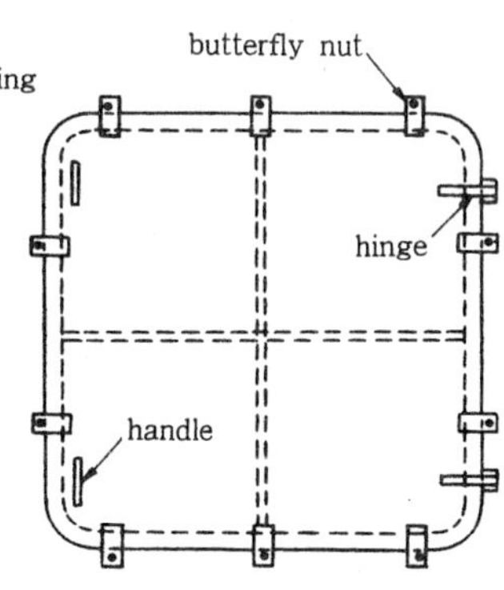

그림 3·22 박용 강제 소형 창구 덮개의 풍우밀의 한 예

로도 많이 이용되기 때문에 각 횡부재의 간격마다, 즉 센터 탱크에는 좌우 각 1개씩 설치하며, 합해서 2개가 설치되고 현측 탱크(wing tank)에는 각 1개씩 설치된다.

3.5 채광설비

배의 채광 방법에는 자연 채광(natural lighting)과 인공 조명(artificial lighting)이 있는데, 이들을 합쳐서 **채광 설비**라고 한다. 채광 설비는 주로 거실과 기관실에 배치되는데, 이러한 설비를 상당히 크게 설치하는 것은 배의 강도와 안전성 때문에 곤란하다. 그러나 최근에는 배에다 인공 조명을 배치하는 것이 불완전하다는 사실이 입증되면서 통풍 장치도 주로 창에만 의존케 되어, 창이 통풍 설비들 중 중요한 역할을 하기에 이르렀다.

그리고 거주구도 상층 갑판에 배치되면서 적절한 크기와 모양을 갖춘 창을 배에 설치함으로, 거주구의 자연 채광 상태가 매우 양호해졌는데, 상갑판 아래와 선루에다 배치할 창은 배의 안전을 고려해서 구조와 재료 및 배치에 관한 현행 법규 때문에 제한을 받게 되었다.

3.5.1 자연채광

표 3·6 원형창의 종류와 급별

<table>
<tr><th>항 목</th><th colspan="5">강화 유리 두께(1) mm</th><th rowspan="2">유리틀의
형식 및 기호</th><th rowspan="2">안덮개의
형식 및 기호</th><th rowspan="2">비막이의
유무 및 기호</th></tr>
<tr><th>지름 (mm) / 급 별</th><th>200</th><th>250</th><th>300</th><th>350</th><th>400</th></tr>
<tr><td rowspan="2">A</td><td>12</td><td>15</td><td>15</td><td>–</td><td>–</td><td>고정식(F)</td><td rowspan="4">힌지(H)</td><td rowspan="4"></td></tr>
<tr><td>–</td><td>15</td><td>15</td><td>–</td><td>–</td><td>힌지식
위로 열기(U)</td></tr>
<tr><td rowspan="2">B</td><td>10</td><td>12</td><td>12</td><td>–</td><td>–</td><td>고정식(F)</td></tr>
<tr><td>10</td><td>12</td><td>12</td><td>15</td><td>15</td><td>오른쪽으로 열기(R)
왼쪽으로 열기(L)</td></tr>
<tr><td rowspan="2">C</td><td>10</td><td>10</td><td>10</td><td>12</td><td>12</td><td>고정식(F)</td><td rowspan="2">힌지식(H)
또는
분해식(P)</td><td rowspan="4">없음(W)</td></tr>
<tr><td>10</td><td>10</td><td>10</td><td>12</td><td>12</td><td rowspan="3">힌지식
오른쪽으로 열기(R)
왼쪽으로 열기(L)</td></tr>
<tr><td>D</td><td>10</td><td>10</td><td>10</td><td>10</td><td>10</td><td rowspan="2">안덮개 없음
(N)</td></tr>
<tr><td>E</td><td>8</td><td>8</td><td>8</td><td>10</td><td>10</td></tr>
</table>

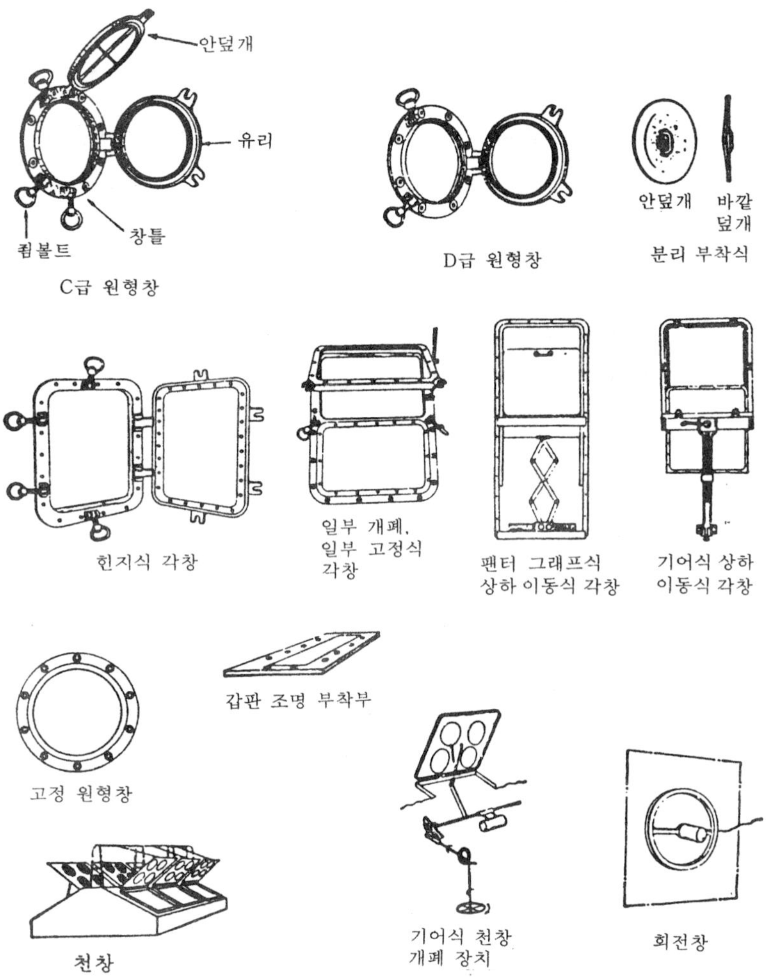

그림 3·23 각종 창과 천창의 예

배에서는 창을 설치할 수 있는 장소에 창을, 그리고 창을 설치할 수 없는 장소에는 천창을 설치함으로서 주로 자연 채광을 택하고 있다.

일반적으로, 자연 채광 방식에는 그림 3·23과 같이 원형창(side scuttle)과 각창(square window) 및 천창(sky-light) 등이 있다. 그러나 이들 중에 원형창이 가장 많이 사용되고 있기 때문에 표 3·6과 같이 법규에 의해 그것의 기준이 정해져 있다.

그런데 조타실 주위에는 전망을 좋게 하기 위해 폭이 넓은 각창을 배치하는데, 특히 그것의 전면에는 밝은 편광창(tinted polarized window)이나 한랭지용 가열창(heated window)을 설치하는 경우도 있고, 그리고 우천시 유리에 붙은 물방울을 제거하면서 항해의 편의를 도모하기 위해 창유리를 전동기에 의해 고속으로 회전시키는 회전창(clear view screen)을 설치하기도 한다.

[1] 원 형 창

그림 3·24 와 같은 원형창은 배의 종류와 설치 위치에 따라 선박 안전법 시행 규칙, 선박 구획 규정, 만재 흘수선 규정과 현장 시험 규정 및 선급 협회 규칙에 의해 원형창의 형식과 구조를 규정하고 있는데, 이들 규정에서는 원형창을 표 3·6 과 같이 A 급~E 급인 등급으로 구분을 하고 있으며, 사용한 재료에 관해서는 표 3·7 에 표시해 두었다. 이들 중 A 급~C 급은 수밀 구조상 중요한 위치에만 설치해야 하므로, 국제 만재 흘수선 조약에 의해 그 설치 위치가 규정되어 있다. 또, D 급과 E 급은 비교적 상부의 안전한 개소에 설치하는 원형창으로서, SOLAS 에서는 이런 종류에 관해서 명기하지 않고 있다.

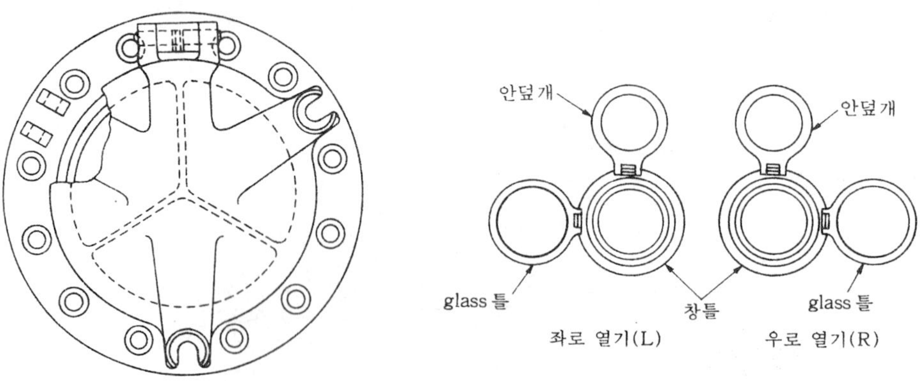

그림 3·24 원형창의 한 예

표 3·7 박용 원형창의 사용 재료의 예

급별	창틀 및 유리틀	안 덮 개	겉 덮 개	hinge pin 및 죔볼트
A	BC 3 또는 SC 41	BC 3 또는 SC 41	SS 41	NBsB
B	BC 3 또는 FCMB 28	FCMB 28	강 판	BsBF
C	BC 3 또는 FCMB 28	FCMB 28	강판 또는 주철품	BsBF
D	BC 3 또는 FCMB 28	FC 15 또는 SS 41 (분해식인 경우)	강판 또는 주철품	BsBF
E	BC 3 또는 FCMB 28	FC 15 또는 SS 41 (분해식인 경우)	강판 또는 주철품	BsBF

〔비고〕 철 또는 강을 사용한 때는 아연 도금을 행해야 한다.

이들 표준을 배에 적용한 예는 표 3·8 과 그림 3·25 에 표시해 두었다. A 급~C 급

원형창은 필요에 따라 잠금 장치를 설치하는 것이 요구되는데, 그 이유는 수밀과 밀접한 관계가 있는 중요한 개소에 이것을 설치해야 하기 때문에, 만일 죔장치에 고장이 난다거나 수면하에서 저절로 개방이 된다든지 하는 경우를 피하기 위해서는 항시 이것을 잠그도록 책임자가 잠금 장치를 보관하게끔 배려할 필요가 있다. 특히, A급과 B급은 내부 덮개를 설치해야 하지만(C급은 필요에 따라 내부 덮개를 비치한다), D급과 E급은 내부 덮개가 없어도 된다.

표 3·8 원형창의 적용 예

<table>
<tr><th rowspan="3">항해 구역</th><th rowspan="3">원형창 설치위치</th><th rowspan="3">1)</th><th rowspan="3">건현갑판하의 선측</th><th rowspan="3">폐위된 선루 (제1층)</th><th rowspan="3">폐위된 선루 (제2층)</th><th colspan="5">갑 판 실</th></tr>
<tr><th colspan="3">건현 갑판상(제1층)</th><th rowspan="2">선루 갑판상 (제2층)</th><th rowspan="2">제3층 이상</th></tr>
<tr><th>내부에 건현 갑판하의 장소를 통해 폐쇄되지 않은 개구를 갖고 있을 것</th><th>내부에 폐쇄되지 않은 개구를 갖지 않을 것
길이 또는 폭이 배의 폭의 1/2을 초과할 것</th><th>내부에 폐쇄되지 않은 개구를 갖지 않을 것
길이 또는 폭이 배의 폭의 1/2 이하일 것</th></tr>
<tr><td rowspan="3">근해구역을 항해하는 선박</td><td>전단벽</td><td rowspan="3">A</td><td rowspan="3">B</td><td rowspan="3">C</td><td>D</td><td>C</td><td>C</td><td>D</td><td>D</td><td>E</td></tr>
<tr><td>측벽</td><td>D</td><td>C</td><td>C[3)]</td><td>D</td><td>E</td><td>E</td></tr>
<tr><td>후단벽</td><td>E</td><td>D[2)]</td><td>D</td><td>D</td><td>E</td><td>E</td></tr>
</table>

〔주〕 1) 특히 수밀, 기밀이 요구되는 장소에 설치된 원형창에 관해서는 A급을 사용한다.
2) A형 배의 갑판실에서 기관실 입구를 폐위한 것의 후단벽 붙임인 것은 C급으로 해야만 한다.
3) 선측에 파랑의 충격을 완화하는 것과 같은 구조인 경우는 D급으로 해도 된다.

〔비고〕 1. 원형창의 하연을 선측으로부터 건현 갑판에 평행한 선을 기준으로 하여, 그것의 최하단이 최고 만재 흘수선의 상방에서 배의 폭의 0.025배 또는 50 mm 중 어느 쪽인가 큰 거리에 있는 것보다 하방의 위치에 설치하는 것은 안 된다.

2. "폐쇄된 개구"라는 것은 다음의 조건 이상을 비치한 개구를 말한다.

개구의 종류	강제 연재의 높이	윗 벽	문	덮 개 판
승강구		단단할 것	단단하게 해서 내외 양측보다 폐쇄 정착시킬 수 있을 것	–
기관실구	229 mm	강 제	강제로 해서 내외 양측보다 폐쇄 정착시킬 수 있을 것	–
창 구		–	–	강제 창구 덮개(비수밀) 또는 목제 덮개 tarpaulin 1매

3. 국제 항해에 종사하는 여객선에서는 원형창은 그 위치보다 다음과 같이 고정 또는 잠금 장치를 붙이지 않으면 안 된다. 단, 단기 국제 항해에 종사하는 여객선에서는 이것이 적당하게 고려된다.
① 갑판간에 있어서는 어딘가에서 배의 폭의 25/1000의 거리에서 최저인 값을 갖고, 선측에 있어서는 격벽갑판에 평행하게 그은 선의 하방에 위치할 경우, 그 갑판 사이의 원형창은 전부 고정식인 것으로 해야만 한다.
② 전항의 원형창을 제외하고 하연이 한계선의 하방에 있는 원형창은 전부 시건을 붙여야만 한다.

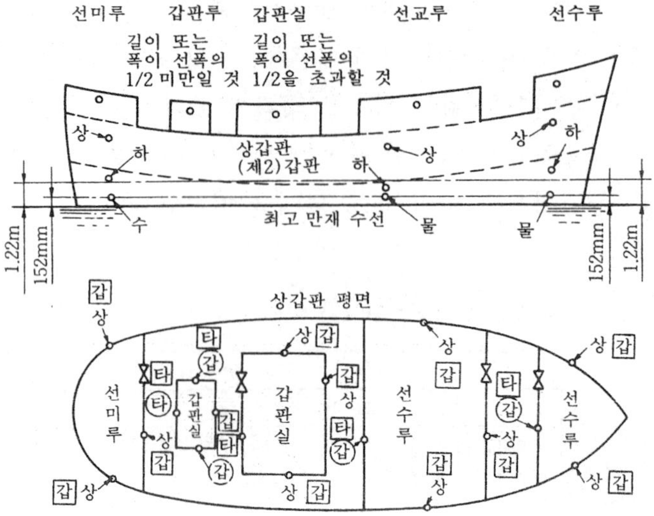

1. 폐쇄 장치의 효력이 2급 폐쇄 장치의 효력과 동등 이상인 경우에는, 각각 수선부, 하부 선측, 상부 선측, 갑판실, 기타의 부분에 설치할 원형창을 표시한다.
2. 폐쇄 장치의 효력이 2급 폐쇄 장치의 효력에 미치지 않은 경우에는, 각각 수선부, 하부 선측, 상부 선측, 갑판실, 기타의 부분에 설치할 원형창을 표시한다.

그림 3·25 원형창의 적용의 예

표 3·9 알루미늄 합금제인 원형창의 종류

지름(mm) / 유리의 종류 / 급 별	유리의 두께(mm)								유리틀의 형식 및 기호	안덮개의 형식 및 기호
	200		250		300		350			
	보통	경질	보통	경질	보통	경질	보통	경질		
C 10	15		20	10	20	10	—	—	hinge 식	hinge 식(H)
D 10	12		15	10	15	10	20	10	우로 연다(R)	분해식(P) 또는
E —	10		10	—	10	—	12	—	좌로 연다(L)	안덮개 없음(N)

표 3·10 알루미늄 합금제 원형창의 사용 재료

창틀 및 유리틀	안 덮 개	겉 덮 개	hinge pin 및 죔용 볼트
FAIAC 1 또는 FAIAC 2	FAIAC 1 또는 FAIAC 2	CAIP 1, CAIP 2 또는 FAIAC 1, FAIAC 2	A2B1 또는 A2B2

〔비고〕 1. hinge pin 및 죔볼트는 실제로 인장 강도가 30 kg/mm^2이고, 신장이 12% 이상으로 제작된 FAIAC 2 에서는 별지장이 없다.
2. D급 및 E급에 사용하는 분해식 내부 덮개는 AIP 1 또는 AIP 2 에서도 별지장이 없다.

원형창의 틀과 덮개는 청동제나 알루미늄 합금제로 제작하는데, 최근에는 표 3·9와

표 3·10과 같이 알루미늄 합금제를 사용하는 것이 일반적인 경향이면서, 설치하는 원형창의 수는 보통 실당 1~2개로 하지만 공실은 그 넓이에 따라 3~4개 정도를 설치하는 것이 표준화되어 있다. 다만, 창고, 전지실, 도료 창고, 건조실, 조타기실과 통풍실(fan room) 및 자이로컴퍼스실(gyrocompass room)은 특히 선주가 요구를 하지 않는 한 창을 설치하지 않는 쪽이 편리하지만, 만일 설치할 것을 요구하는 장소일지라도 선수루 외판이나 기타 선루의 앞쪽 벽에 설치된 문에는 안전상 창을 설치해서는 안 된다. 최근 항양선에서는 공기 조화 장치(air conditioning system)를 설치하는 것이 상식화되고 있지만, 가령 공기 조화 장치를 장비하지 않는 경우에는 이것 대신에 개폐식인 각각의 창(원형창, 각창)에 방충용 망을 지급해서 설치하도록 해야만 한다.

[2] 각창(square window)

객실, 식당, 휴게실과 상급 사관실 및 승조원실에 설치되는 그림 3·26과 같은 이들 각창은 채광을 위한 목적과 장식에도 큰 의미를 갖기 때문에, 그 형식에도 원형창과 같이 일정하지가 않고 여러 가지 종류가 있다. 이들을 재료에 따라 분류하면 목제와 금속제가 있고, 금속제에는 얇은 강판제와 포금제(구리 90%와 주석 10%인 합금제) 및 경합금제가 사용되며, 이들 각창의 수밀성은 창틀에 설치되어 있는 나비형 나사나 클립으로 유지되고 있다.

그리고 앞에서 언급한 원형창에서 D급과 E급에 상당하는 개소는 각창을 사용해도 된다. 각창은 채광 면적을 넓힐 수가 있으면서 외관상 보기가 좋게 할 수 있다는 장점은 있지만, 원형창보다는 가격이 비싸다. 표 3·11에는 이들 각창들을 구분해 두었는데,

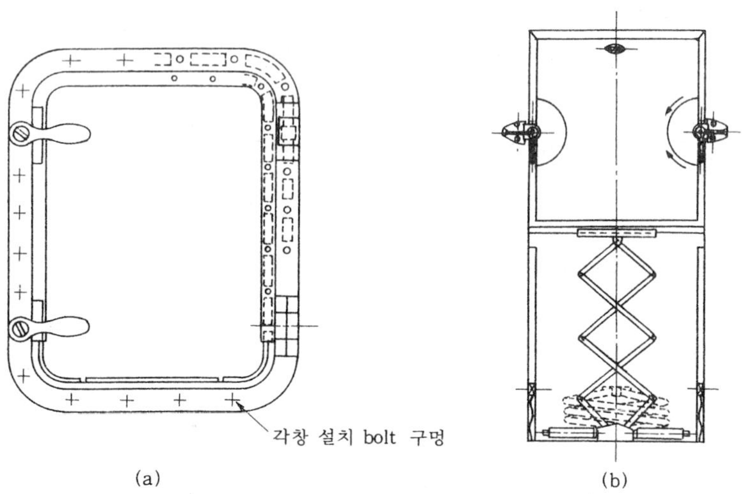

그림 3·26 각창의 한 예

표 3 · 11 각창의 종류

번 호	창틀의 재료	급별	창의 크기(mm)	glass틀의 개폐방식
3040	청동제(BC) 또는 알루미늄 합금제(AC)	D	300×400	우측 안쪽 열기(R) 또는 좌측 안쪽 열기(L)
3550		E	350×500	
4055		E	400×550	
4560		E	450×600	

최근 항양선(sea going vessel)에서는 대형 각창들을 이용하는 경우가 많아졌다. 그리고 유리 창틀(glass holder)의 개폐 방식이나 폐쇄시에 죄는 방법에도 여러 가지의 형식이 연구되고 있다.

특히, 조타실이나 해도실에 설치되는 각창은 가능한 한 채광 면적이 넓은 형식을 채용해서 전망을 좋게 하는 것이 일반적인 경향이다. 각창은 내부 덮개와 외부 덮개를 설치하지 않는 반면에 창틀의 재료로는 청동제나 알루미늄 합금제를 사용하지만, 보통 알루미늄제를 사용하는 것이 일반적이다. 그리고 각창의 수는 단순히 개구부의 면적비만을 고려한다면, 원형창 1.5개에 대해 각창을 1개 정도로 하는 것이 좋지만, 이것의 수는 거주구의 등급(grade)에 따라 일정치가 않다.

그러나 배의 조타실과 해도실만은 각창을 대폭적으로 채용함으로서 조선자(steerer)에게 전망을 좋게 해주고 있는데, 특히 조타실 전면에 있는 일부의 창틀에는 강우시 전망를 좋게 하기 위해 윈도 와이퍼(window wiper)나 회전창(clear view screen)을 설치하기도 한다. 그런데 회전창은 각창의 유리 일부가 원형 회전식 유리로 설치되면서 소형 모터로 회전시켜 원심력으로 물방울을 날려보냄에 의해, 우천이나 파랑으로 인한 물보라가 심할 경우일지라도 시계가 방해되지 않게끔 한 형식이다. 또, 조타실 전면의 창은 파의 물보라를 맞기가 쉽기 때문에 건조한 상태에서 염분이 창에 부착되면 전망이 현저하게 나빠지므로, 최근 배에서는 외현부 창 위에다 속이 빈 살수용 파이프를 돌려 창유리의 외면을 청수로써 이를 세정할 수 있도록 제작이 되고 있다.

[3] 천창(sky-light)과 공기창(air hatch)

천창에는 채광만을 목적으로 한 형식과 통풍을 겸한 형식이 있는데, 채광만을 목적으로 한 형식은 덮개를 설치하지 않고 고정 원형창이나 각창을 상부 구조물에 그림 3 · 28과 그림 3 · 29와 같이 끼워 넣어도 된다. 여객선의 식당과 휴게실의 천창은 실내 장식이란 점을 고려하여 유리의 색과 종류 및 형상을 결정할 필요가 있다. 채광을 함과 동시에 통풍을 시키기 위해서 배치되는 천창은 기관실의 정부, 선내의 통로, 욕실 및 주방의 레인지(range) 위쪽과 같이 열기나 증기를 발생시키는 구획에만 설치되는데, 그 위치와

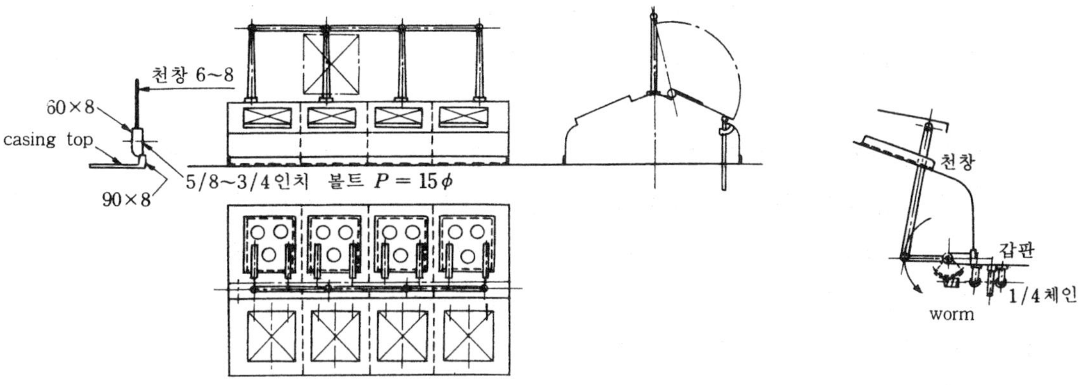

그림 3·27 기계실 천창의 한 예

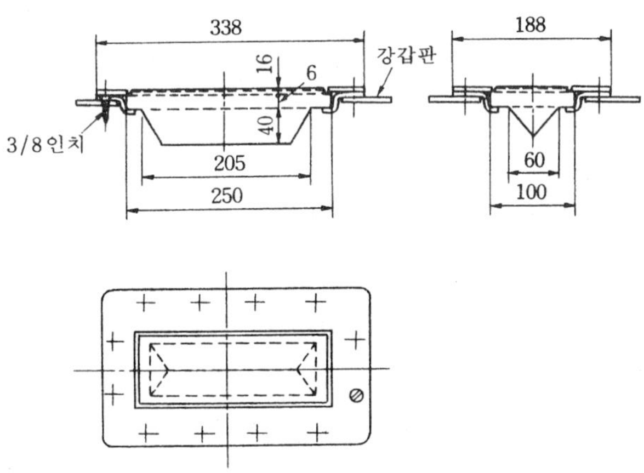

그림 3·28 강갑판에 붙인 채광용 창

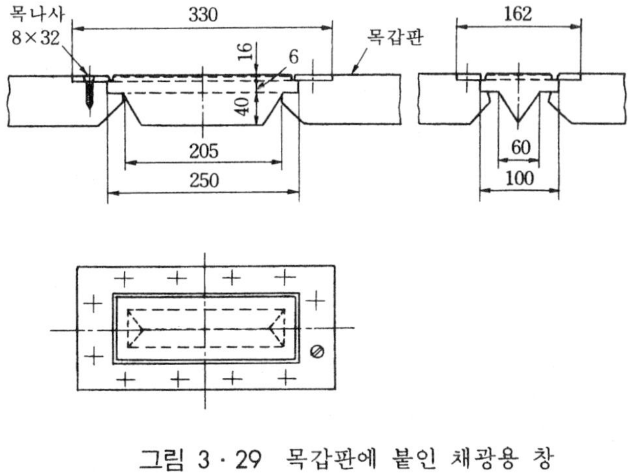

그림 3·29 목갑판에 붙인 채광용 창

크기는 열기나 증기를 발생시킬 수 있는 이들 구획에서의 위치를 충분히 고려하면서, 구조상 허용되는 한도 내에서 그것의 크기를 결정하여 그 바로 위에 설치하는 것이 바람직하다.

이와 같은 종류의 천창은 통상 갑판상 코밍 상면에 유리 두께가 약 10 mm인 원형이나 각형인 채광용 창에 덮개를 배치하여 설치하는데, 천창을 배치한 구획의 폐쇄 장치에 따른 덮개의 수밀 정도와 코밍의 높이에 관해서는 만재 흘수선 규정에 규정되어 있다. 즉, 코밍의 경사는 25 도로 하는 것이 적당하지만, 상부에 갑판을 갖는 천창은 코밍의 경사를 45도 정도까지로 하면서 채광용 창의 유리에 보호봉을 배치할 필요가 있다.

그리고 천창은 고정된 유리를 끼운 덮개를 힌지 업(hinge up)할 수 있게끔 구성함으로서, 그림 3 · 27 의 기관실 등과 같이 작업 공간으로도 활용할 수 있게 개폐 조작이 가능케 되어 있다. 그러나 최근 대형선에서는 기관실의 깊이가 깊기 때문에 기관실용 천창은 본래의 창으로서의 효과를 거의 기대할 수가 없다는 점과, 고정 유리 주변의 패킹이 노화가 되었을 때 비가 새기 쉽다는 점 등으로 인해서 천창의 고정 유리창을 폐지케 되었는데 이것이 공기창(air hatch)이다.

일반적으로 천창과 공기창은 다음과 같은 결점이 있기 때문에 가능하면 배치하지 않는 쪽이 낫다.

① 개폐 장치의 설비와 그것을 보수하는데 비용과 시간이 많이 든다.

② 연월이 지나면 패킹부의 노화로 비가 새기 쉽다.

③ 댐퍼(damper) 등 적당한 대책을 계획해 놓지 않는다면 폐쇄시 사람이 틈에 끼일 수 있어 위험하다.

그러나 천창이나 공기창은 상부 공간에 괴는 열기를 배기하려는 목적에 대해서 효과가 있는 장치이므로, 가령 이것을 폐지하는 경우에는 그것에 상당하는 대책을 마련하지 않는다면 기관실이나 주방 내의 온도가 상승하여 문제가 발생한다. 그리고 원형창이나 천창을 설치할 수가 없는 경우에는 갑판 채광용 창을 별도로 설치해야 하겠지만, 채광 효과가 비교적 미흡하고 갑판에 홈(slot)을 생기게 하므로, 부득이한 경우 이외에는 설치하지 않는 쪽이 좋다. 현재로는 어선 등을 제외하고는 그다지 사용하지 않는다.

3.5.2 인공조명

배 안의 대부분의 인공 조명은 전기에 의한 조명이므로, 그 전원은 기관실 내의 발전기에만 의존하게 된다. 전기 설비로는 규정상 전원은 260 볼트이어야 하고, 인화점이 60 도 이하인 기름 운반선에서는 120 볼트 이하가 되어야만 한다. 그리고 조명등은 백열등

(incandescent lamp)과 형광등(fluorescent lamp) 등이 사용되지만, 최근에는 형광등의 사용 범위가 확대되면서 조리실용에는 살균등을, 또 유조선의 펌프실의 고정등에는 방폭등을 각각 설치함과 더불어, 야간 하역용과 교통용 하역등(cargo light), 투광기, 방수형 손등도 사용된다.

제 4 장

하역 장치(荷役裝置)

4.1 개 요

화물선에서의 하역 장치는 중요한 장치들 중의 하나이다. 여기서는 일반 화물선의 데릭에 따른 하역 장치를 주로 다루기로 하고, 기타 하역 장치에 대한 개요를 간단히 기술하는 것으로 한다. 배에 화물을 싣거나 내리는 작업을 **하역**이라고 하며, 하역 작업을 위한 장치를 **하역 장치**(cargo gear)라고 한다. 화물의 운반을 목적으로 하는 선박에서는 매우 중요한 장치의 하나가 된다. 즉, 선박의 운항을 효과적으로 하기 위해서는 빠른 속력을 가지는 것도 중요하지만, 하역 능력을 높일 수 있도록 화물의 종류에 알맞은 장치를 갖추어 하역 시간을 단축시키고, 작업량을 줄이는 것이 필요하다.

따라서, 화물을 선박에 싣고 내리는 것은 직접 운송에 관계되는 중요한 작업이다. 선박이 아무리 빨리 목적지에 도착한다고 해도 하역에 걸리는 시간이 길어진다면, 운송 횟수도 줄어들 뿐만 아니라 비싼 항구 사용료 및 임금을 지불해야 하므로 운송 효율면에서 좋지 않다.

최근에는 화물의 종류나 크기가 다양해짐에 따라 하역 장치도 여러 가지로 발전되고 있는데, 이 장치는 선박이 드나드는 항구의 시설과, 싣는 화물의 종류에 따라 달라진다.

화물선의 하역 장치는 데릭 붐을 이용한 하역 장치와 갑판 크레인이다. 데릭 붐 하역 장치는 과거부터 오늘날까지 많이 쓰이고 있는데, 이 방식은 설치비가 싸고 가벼운 물건을 다루기가 좋다. 그러나 하역 준비에 많은 시간과 노력이 드는 단점이 있다.

최근에는 이러한 단점을 줄이기 위해서 갑판 크레인을 설치한 선박이 건조되고 있다. 이러한 하역 방법은 화물을 원하는 위치에 쉽게 놓을 수 있으면서 하역 준비 작업량이 적다는 장점이 있지만, 설치비가 많이 들면서 조작이 어려운 점이 있으므로, 전용 선박에 많이 활용되고 있다.

그런데 이러한 선박용 크레인은 보통 지브식(jib style) 크레인과 갑판 크레인(deck crane)으로 구성이 되지만, 시멘트·석탄·곡물 등을 운반하는 선박에는 컨베이어(conveyor) 장치와 같은 특수한 하역 장치를 갖춘 경우도 있다.

그림 4·1에는 양하역 장치에 대한 배치도인데, 마스트 장치에 대한 중요한 부속 속구들과 명칭을 나타내었다. 마스트를 선체의 전부, 후부에 설치할 경우에는 전부의 것을 **포어 마스트**(fore mast), 그리고 후부의 것을 **주마스트**(main mast)라고 한다.

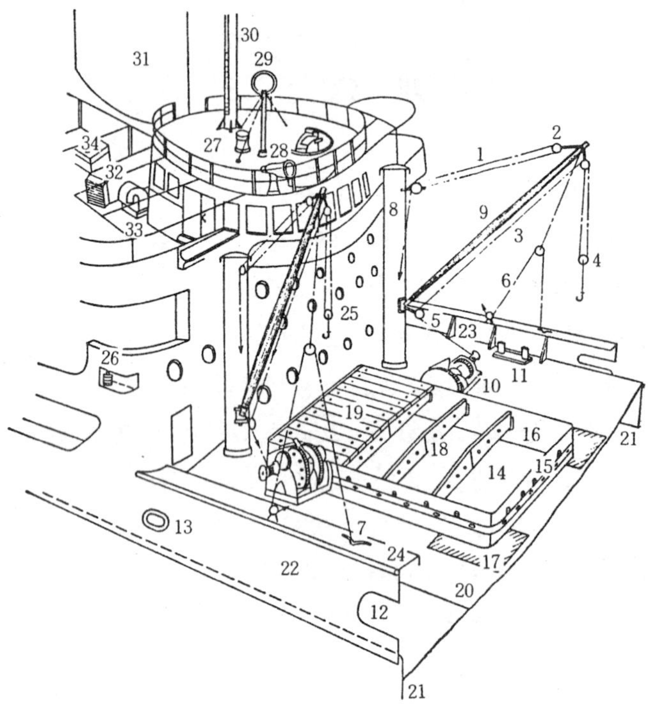

1. topping lift	13. mooring pipe	25. bridge front
2. topping lift block	14. hatch	26. side light
3. cargo fall	15. end coaming	27. round bridge top
4. cargo fall block	16. side coaming	28. loud speaker
5. leading block	17. corner doubling	29. loop antenna
6. guy tackle	18. hatch beam	30. radar mast
7. cleat for guy	19. hatch board	31. funnel
8. derrick post	20. upper deck	32. duct of mechanical ventilation
9. derrick boom	21. sheer strake	33. goose neck ventilator
10. cargo winch	22. bulwark plate	34. gear box
11. bollard	23. bulwark stay	
12. freeing port	24. hand rail	

그림 4·1 하역 의장 배치도

4.1.1 하역방법

일반 화물선에서 이용하는 데릭 하역 장치에는 하중이 3톤, 5톤, 10톤, 15톤 정도인 것이 가장 많고, 목재 하역 등에서는 25~30톤인 것을 요구하는 경우도 있다. 특히, 중량물을 하역하기 위한 장치가 중량물 데릭(heavy derrick)인데, 일본에서는 현재 최대 하중이 600톤인 것까지 건조가 되고 있다. 또, 권삭용 윈치(양화기)에는 유압식과 전동식 및 기동식 세 종류가 있는데, 현재에는 유압식을 가장 많이 사용하며, 그 다음으로는 전동식을 사용하고 있다. 또, 기동식은 탱커를 제외하고는 새로이 건조되는 일반 화물선에서 거의 사용하지 않는다.

그림 4·2와 그림 4·3에서는 선회식으로서, 매다는 하중이 5톤용 데릭의 장치를 표시한 것이다. 그림에서 알 수 있는 바와 같이 데릭 하역 장치는 다수의 활차(block)와 로프류로서 구성되면서, 그의 역할에 따라 독특한 명칭이 붙여져 있다. 화물을 올리고 내리는데는 윈치가 사용되고, 그리고 감아서 되돌리는 삭이 하역 와이어 로프(cargo fall)인데 주로 강제 로프가 사용된다. 또, 붐을 고정시키거나 선회를 시키기 위한 로프가 가이(guy)인데, 이것은 강제 로프나 섬유 로프 어느 것이든지 사용할 수 있지만, 데릭 붐을 고정하는 하역 방식인 경우에는 인력에 의해 취급하기가 용이한 섬유 로프를 사용한다.

또한, 데릭 붐은 포스트로 지지를 하고 붐의 앙각(仰角)을 변화시키는 로프가 토핑 리프트(topping lift)인데, 강제 로프를 주로 사용한다. 그리고 1개의 활차와 로프로 구성시킨 것이 태클(tackle)이고, 특히 가이에 사용되는 로프가 스윙 가이 태클(swing guy tackle)이며, 활차(block)와 붐(boom) 사이의 로프를 **가이 펜던트**(guy pendent)라고 한다. 그런데 가이 펜던트가 스윙 가이 태클의 상하에 설치를 할 경우가 각각 상부 가이 펜던트(over guy pendent)와 하부 가이 펜던트(lower guy pendent)라고 부르기도 한다.

캥거식(Kanga style) 하역 장치에서는 2개의 붐 톱(boom top) 사이에 뻗은 로프를 **스팬 가이**(span guy)라고 하는데, 강제 로프가 사용된다. 그리고 데릭 포스트(derrick post)는 일반적으로 단면이 원형이나 장방형인 강판제로 제작이 되면서, 화물창용 통풍통을 겸용해서 정부(頂部)에 통풍통용 속구를 설치하기도 한다. 또, 하역 장치용 속구 이외에는 그것의 손질을 하기 위해 접근하기가 쉽도록 수직 사다리나 가이드 레일(guide rail) 등을 설치하는데, 야간에는 갑판상의 조명용으로 하역등(cargo lighter)도 설치한다.

최근 화물선에서는 토핑 리프트(topping lift)의 끝단을 토핑 윈치(topping winch)로서 계지(繫止)를 하지만, 탱커 등 토핑 리프트의 조작 횟수가 적은 경우에는 데릭 포스트의 기저부에 혼 클리트(horn cleat)를 설치한다. 그리고 좌현, 우현에 1대인 데릭 포스트는 각기 독립적으로 갑판상에 설치하는 경우도 있다.

또, 문형 데릭 포스트는 운항할 때에 방해가 되는 결점이 있지만 포스트의 강도상 유리하면서, 항해등을 선체 중심선의 상방에 설치해야 하는 의장품을 설치하는데 편리한 점이 있다.

[1] 선회식 하역 방법(swinging method)

그림 4·2는 5톤용 데릭들 중 선회식으로 하역을 할 경우의 측면도를 나타낸 것인데, 이 방식에서 스윙 가이용(swing guy用) 로프의 배치를 나타낸 평면도가 그림 4·3이다. 이 그림에서 가이 Ⓐ를 윈치로 감으면서 그 분량만큼 가이 Ⓑ가 되돌려지면, 붐은 좌현쪽으로 회전을 하게 된다. 붐이 소정의 위치까지 선회가 되었을 때, 선회를 정지시킨 후 가이 Ⓐ와 가이 Ⓑ를 그대로 두고 하역줄(cargo fall)을 윈치로 감으면서 되돌리면, 화물을 소정의 위치에 세트(set)시킬 수 있다.

그리고 반지름 방향의 위치 변경은 그림 4·2의 토핑 리프트로 가감을 시키면 되는데, 5톤이나 10톤용 선회식 하역에서는 토핑 리프트가 붐에 화물을 매달기 전에 위치를 조정하여, 선회 중에는 그 이상의 조정이 없도록 한 것이다. 그러나 15톤 이상인 하중일 경우에는 일단 화물을 내리치게 되면 끌어들이는 작업이 용이하지 않으므로, 화물을 매단 상태에서 토핑 리프트를 조정해야 한다. 따라서, 이럴 때에는 작업을 위해 4대의 양화기를 사용해야만 한다. 그런데 선회식 하역은 붐을 선회시키는데에 필요 이상의 에너지를 필요로 하면서 사이클(cycle)을 지나치게 빠르게 할 수도 없는 한편 좌우의 가이를

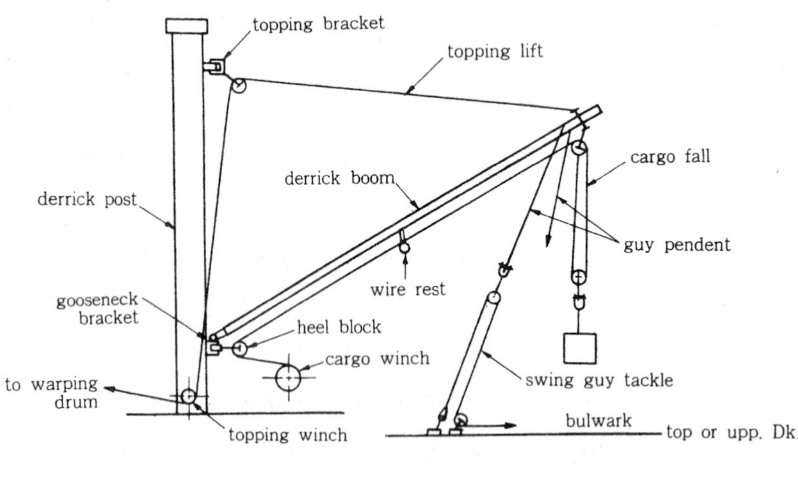

그림 4·2 선회식 하역 방법(측면도)

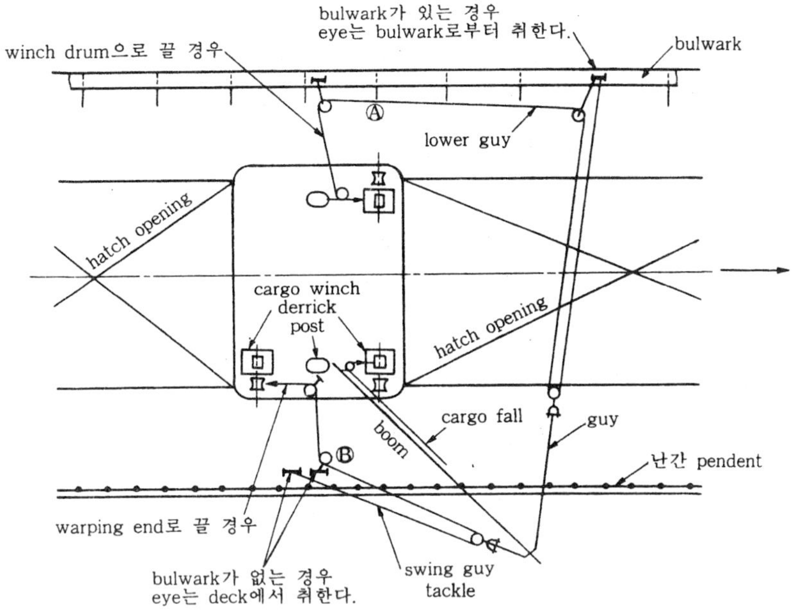

그림 4·3 선회식 하역 방법(평면도)

동조시켜야만 하므로, 조작을 하는데에도 숙련이 필요하다.

하지만, 소형 화물선에서는 데릭 포스트의 간격이 적으므로, 특별히 포스트를 높게 하는 대신에 선체 중심선상에 주마스트(main mast)를 설치하면서 그 상부에 아우트리거(outrigger)를 설치하고, 그리고 양단에는 토핑 브래킷(topping bracket)을 설치함으로써 데릭 포스트를 짧게 하는 방식을 취하는 경우도 있다. 목재를 탑재하는 선박이나 소형선에서는 일반적으로 상기와 같은 데릭 하역 방법이 사용된다.

그러므로 선회식은 비교적 중량물 하역에만 사용되는 반면에, 일반적으로 경량 화물의 하역으로는 또 다른 방법을 사용한다. 그런데 선회식 하역은 붐이 1개인 단독 하역이므로, 한쪽 붐으로 하역을 하고 있을 때에는 다른 현의 붐은 휴식 상태에 놓이기 때문에, 가이의 조작에 방해가 되지 않게끔 격납을 시켜야만 한다.

[2] 분동식 하역 방법(counter-weight method)

이 방법은 앞의 선회식 하역을 변형시킨 것이다. 선회식 하역은 붐을 1개만을 사용하기 때문에 좌우의 가이를 어느 쪽이든 윈치로 인도하는 반면에, 분동식 하역은 붐을 2개 사용하지만 그 중 1개는 하역 때문에 반대쪽의 외현으로 진출(振出)이 되어 있어 가이로 고정이 된다. 한편, 하역하는 붐의 가이는 한쪽의 윈치에, 그리고 다른 쪽은 진출이 된 붐의 끝단의 활차를 경유시켜 적절한 분동(分銅, counter weight)을 매다는데, 분

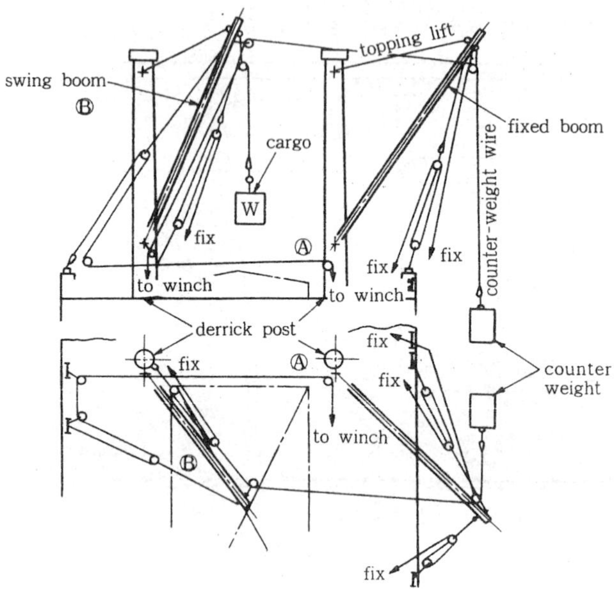

그림 4·4 분동식 하역 방법

동식은 일반적으로 250~500 kg 정도인 하역에 가장 적합하다.

그림 4·4는 분동식 하역에서 로프를 취하는 요령을 나타내었는데, 가이 Ⓐ를 윈치로 감아들이거나 풀어내면서 붐 Ⓑ를 선회시킬 수가 있기 때문에, 소정의 위치에 하역줄을 조정하면 된다. 이런 방식은 반드시 소형선에만 사용이 되므로, 대형선의 하역에는 잘 사용되지 않는다.

[3] 캥거식 하역 방법(burtoning method)

이 방식은 그림 4·5에 표시된 것과 같이 2개의 붐을 각기 소정의 위치에 고정을 시켜 화물을 로프로 조작하면서 이동시키는 방법으로서, 붐하역에서는 가장 효율이 좋으면서 하역 속도도 빠르지만, 중량물의 하역 방법으로는 적당하지가 않다. 그러나 실제에서 단위 하중이 3톤 미만인 것의 하역이 많으므로, 이 방식이 데릭 하역의 주류를 이루고 있다.

캥거식 하역은 선주가 5톤용을 요구하는 경우도 있지만 일반적으로는 3톤용 정도이다. 그런데 10톤용 붐일지라도 캥거식 하역에서는 이러한 작은 하중에만 사용이 된다. 또, 캥거식 하역은 한쪽 붐의 끝단을 현외의 화물 위치의 바로 위쪽까지 밖으로 매달고, 다른 쪽의 붐의 끝단은 선내의 화물 위치의 바로 위쪽에 표시된 바와 같이 고정을 시킨다.

각각의 데릭 붐의 하역줄은 Ⓐ에서 연결이 되므로, 한쪽 방향의 하역줄을 감으면서 다른 쪽의 하역줄을 늦추어서 화물을 이동시킨다. 그리고 그림 4·5의 프리벤터 가이

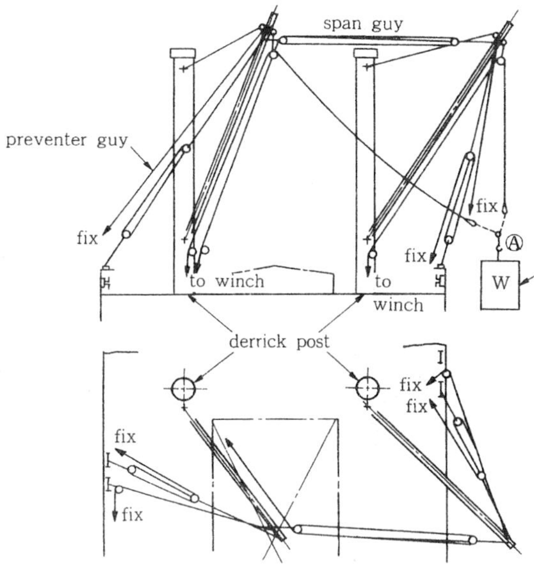

그림 4·5 캥거식 하역 방법

(preventer guy)는 하역할 때에 데릭 붐에 작용하는 힘을 좌우 방향으로 분산시켜서 데릭 붐의 안정을 유지시키는 역할을 한다.

4.1.2 하역장치

하역 장치에는 데릭(derrick)과 지브식(jib style) 갑판 크레인(deck crane) 및 갠트리 크레인(gantry crane)의 3종류가 있는데, 특수선의 예를 들면, 시멘트와 석탄 등을 운반하는 선박에는 특수 하역 장치인 컨베이어(conveyor) 등도 있다.

최근에 하역 장치로는 그림 4·6과 같이 데릭 붐(derrick boom)과 데릭 포스트(derrick post)가 가장 많이 사용되는 반면에, 가장 오랜된 것으로는 양화기(winch)가 배치되기 때문에 하역 로프와 하역 훅(hook) 등이 설치되면서, 데릭 테이블(derrick table)과 아우트리거(outrigger) 등으로 구성이 된 하역 장치도 있다.

일반 화물 및 포장 화물에는 이 장치를 사용하는 것이 매우 편리하지만, 대형 창구에서는 장대한 데릭 붐을 필요로 하면서 항해 중에 거의 필요가 없는 제반 설비 때문에, 창내에서의 화물의 조작(trimming)을 하는 것이 불편하다는 것이 단점이다.

데릭 장치에 의한 하역 방법에는 스윙식(swing style) 하역 방법, 맞당김식(union purchase style) 하역 방법 및 분동권식(counter weight style) 하역 방법의 3종류가 있는데, 그림 4·7과 같이 데릭에 의한 3종류의 하역법을 총괄해서 **컨벤셔널**(conventional) **하역법**이라고 한다.

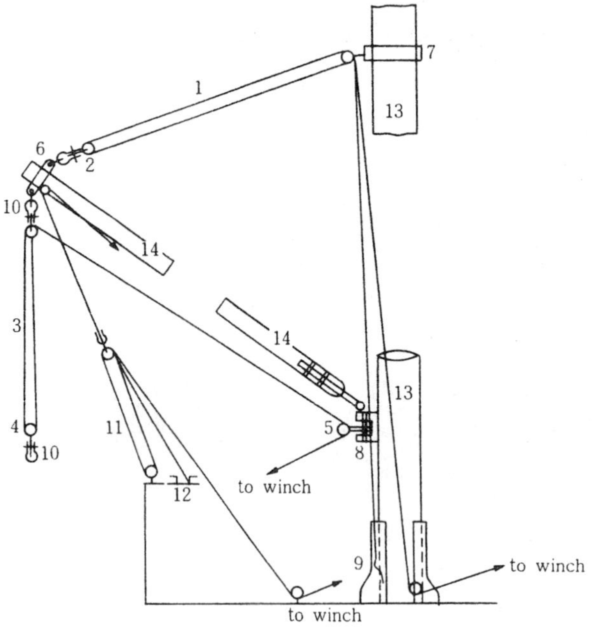

1. topping lift
2. topping lift용 pulley
3. cargo fall
4. cargo fall용 pulley
5. guide pulley
6. derrick band
7. derrick post band
8. gooseneck bracket
9. horn cleat
10. cargo fall shackle
11. guy tackle
12. guy용 cleat
13. ventilator post
14. derrick boom

그림 4·6 하역 붐 및 속구의 명칭도

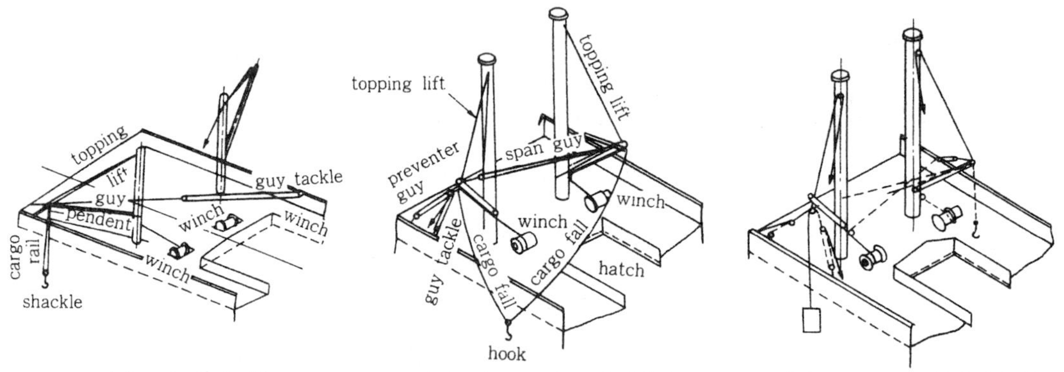

(a) swing식 하역법 (b) union purchase식 하역법 (c) counter weight식 하역법

그림 4·7 conventional 하역 방법

4.1.3 크레인을 사용하는 방법

하역 능률의 향상을 위하여 시도된 것이 크레인 방법이다. 그런데 갑판 크레인은 선회가 자유로이 제어될 수 있으므로 그 작동 반지름 내의 임의의 위치에서 화물을 내릴 수 있을 정도로, 이들의 기구와 로프류가 하나의 유닛(unit)으로 총괄되어 있기 때문에, 하역 준비 작업과 보수란 점에서도 능률적인데, 이미 유럽의 화물선에서는 이 방법에 관해

상당히 많은 실적을 지니고 있다.

갑판 크레인을 이용하는 하역법이 점차 증가하면서 데릭 하역법과 교체가 되고 있다. 그 이유로는 다음과 같은 장점이 있기 때문이다.

① 화물이 최대와 최소의 선회 반지름 사이에 있다면, 어디에 있을지라도 취급할 수가 있다. 이것이 갑판 크레인의 스포팅(spotting) 능력을 100%로 발휘할 수 있는 이유이다.

② 크레인의 준비와 수납 작업시 시간이 거의 걸리지 않는다.

③ 크레인은 그것의 최대 하중까지 로프류를 바꾸지 않고도 취급할 수가 있으면서, 경하중에서 중하중으로 전환 스위치(change over switch)로서 전환시킬 수 있다.

④ 크레인은 그것의 최대 하중까지 안전하게 취급할 수 있다.

선상에 갑판 크레인을 설치할 경우에는 다음의 4종류의 하역법을 고려할 수가 있다.

[1] 선체 중심선에 고정시킨 크레인

선체 중심선에 고정시킨 크레인은 가장 간단하면서 염가로 설치할 수가 있다. 그러나 선박의 폭이 지나치게 커질 때에는 현측으로부터 보통 요구가 되는 14도인 아우트리치(outreach)를 취하면, 크레인 지브의 길이가 상당히 길어진다.

그리고 지브가 긴 크레인은 창구의 길이 등으로 인해서 데릭의 맞당김식보다 작업 갑판으로 넓은 공간을 필요로 하고 있다. 또, 짧은 창구의 양단에 크레인을 설치하면, 크레인 지브의 두부가 충돌할 위험이 발생하고, 현측으로 스윙하는 경우에는 현내로 흔들어 넣는 때와 같이 끌어넣는 거리가 커지면서 불편하다.

[2] 좌현, 우현으로 이동하는 크레인

이 식은 크레인에 대차(貸借)를 붙여 하역을 하는 경우에 선창(hold)으로 화물을 이동시키면서 하역하는 방법이다. 그런데 이 방법의 장점은 요구되는 아우트리치에 맞는 짧은 크레인 지브를 설치할 수 있으면서 크레인을 안벽과 창구의 쌍방에 관해 하역을 하기가 좋은 위치로 이동해 준다는 것이다. 그래서 이 때문에 이것을 끌어넣지 않으면서 스윙만으로도 안벽에서 선창이 요구하는 이동 위치로 실을 수가 있다는 것이다.

[3] 좌현, 우현에 고정시킨 크레인

이것은 좌현, 우현으로 이동하는 크레인과 똑같은 장점을 살리기 위해서 좌현, 우현에 크레인을 고정시켜서 배치하는 방법인데, 창구의 길이를 될 수 있는대로 크게 함으로써 창구의 스포팅 능력을 아주 유효하게 활용하는 방법이라고 할 수 있다.

앞에서 설명한 두 가지 종류의 크레인에 비해 크레인의 대수는 2배가 되지만, 한쪽 현은 안벽에, 그리고 다른 쪽 현은 바지(barge)와 인접을 시켜서 양현에서의 하역을 행할 수 있게 한 것이다.

[4] 선박의 전후 방향으로 이동하는 크레인

이 형식은 창구의 덮개상에 크레인을 설치해서 창구 코밍에 따라 화물을 매달아 이동하는 것이다. 이러한 배치를 한 크레인은 전후 방향으로 이동을 할 수 있으므로, 1대의 크레인이 취급할 수 있는 안벽과 선내에서 쌍방의 하역 범위들이 증가하게 된다. 그러나 그것의 설치비가 비싸다는 것이 단점이다.

일반적으로 크레인의 배치 방법은 선박의 주요 치수와 창구의 배치 및 취급 중량 등에 의해서 결정이 되는데, 취급 중량에 의하면 모든 창구에서 발생하는 최악의 사태를 고려해서 10~15톤인 크레인까지를 배치할 필요가 없다. 그런데 이 식에서 취급하는 화물의 중량의 대부분이 3톤 이하이므로, 이처럼 큰 능력을 갖춘 크레인이 설치되면 경하 중량인 경우에는 능률이 나빠져서 오히려 불리하게 된다.

그러므로 10~15톤인 능력이 필요할 경우에는 데릭을 설치하는 것이 좋을 것이다. 그런데 데릭의 개량형인 여러 방법이나 갑판 크레인 방법들 중 어떤 것이 잡화 하역에 가장 적합한가, 또는 종래의 데릭 방법과 비교를 해서 어느 정도의 효과를 올릴 수 있겠는가를 비교한다는 것은 지극히 곤란한 문제이다.

이미, 앞항에서 하역의 여러 가지 방법에 관해 비교와 검토를 해보았는데, 그것이 일반적인 비교는 될 수 있지만 실제로 사용할 경우에는 비교를 하는데에 복잡한 요소가 있기 때문에 그것의 우열을 결정한다는 것은 상당히 어려운 문제이다. 그러나 이들의 문제점들 중에 하나가 화물의 모양이다.

일반적으로 갑판 크레인과 같은 스윙식 하역은 1슬링(sling)인 화물(荷物)의 중량이 크면 클수록 하역 능률이 큰 반면에, 맞당김식 하역은 경량인 경우에만 우수하다. 따라서, 수송하는 화물의 종류가 왕복항일 경우 개략적으로 비슷하다면 그들의 화물 모양도 같기 때문에, 어떤 경우이든간에 같은 하역 방식을 채용해야만 한다. 그런데 적하는 물론, 계절과 수급 상황 등에 따라 변하므로, 출항시에는 밑짐(base cargo)인 약간의 강재 이외에는 대부분이 일반 잡화로서 비교적 경량인 화물이 많은 반면에, 귀항시에는 일반 화물보다도 비교적 중량이 큰 화물이 대부분인 것이 일반적이다.

그런데, 현재 한국인 경우에는 육상의 수송 형태로 보아서 일반 잡화의 화물 형식으로는, 기껏해야 화물 깔판식(pallet style)으로 총괄하는 정도이므로, 1슬링의 중량도 경량이면서 왕복항에서의 화물 종류와 중량의 차이 때문에, 하역 장치를 선택하는 것을 어렵게 하고 있다. 물론, 장치의 선택은 경제성과 다른 장치와의 관련 등을 검토해야 할 점이 많지만, 이런 문제들은 종합적으로 판단해서 결정해야만 한다.

4.1.4 갠트리 크레인을 사용하는 방법

그림 4·8과 같이 갠트리(gantry) 크레인을 사용하는 방법은, 컨테이너(container)와 묶음으로 된 목재 및 신문 용지(news print)와 같은 큰 유닛 등의 화물을 취급하는데에 가장 적당하다. 그리고 이것을 설치할 때에는 모든 상부 구조물을 선미로 옮김에 의해 선박의 전길이에 걸쳐 이동할 수 있게 하는 것이 좋다.

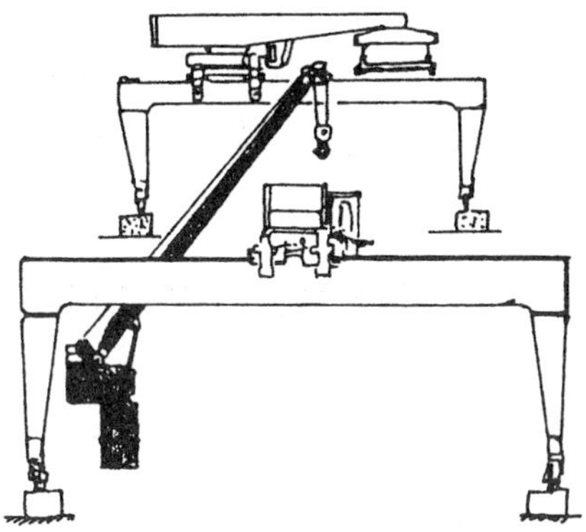

그림 4·8 갠트리 크레인

4.1.5 컨베이어 장치에 의한 방법

산적 화물을 탑재하거나 양육할 경우에는 데릭 붐식 하역 장치를 사용하면 작업 능률이 떨어진다. 그러므로 하역의 작업 능률 등을 더 높이기 위해서는 특수 장치가 필요하면서 화물로 하여금 끊임없이 창내나 육상으로 유입하거나 유출시킬 수 있는 장치를 계획해서 설치해야만 한다. 그리고 시멘트와 석탄 등을 운반하는 선박에서는 반드시 이러한 장치가 필요한데, 그 장치가 컨베이어 장치이다. 또, 때에 따라서는 육상 하역 장치를 설치해서 그것의 장점을 이용하는 경우도 있다.

그런데 근래에 이르러서는 선박의 자동화가 급속하게 이루어짐과 동시에, 각 분야에 걸쳐서도 자동화가 개발이 되어 실용화가 이루어지고 있다.

상선의 목적은 말할 필요도 없이, 어떤 상품을 해상을 통해 수송을 할 경우에 주어진 조건의 범위 내에서 가장 경제적으로 그 목적을 수행하기 위해 선박의 자동화와 더불어 전용선화가 이루어져서, 어떤 특정 화물을 가장 합리적이면서 경제적으로 운반할 수 있게 선박을 설계할 때, 자동화에 의한 하역 능률을 한층 더 높이고 있다. 그래서 선박의 운항상 가장 중요한 역할을 하고 있는 하역 작업은, 이와 같은 전용선화와 더불어 각각의 화물 적치장에 가장 적합한 하역 설치가 장치되게 하였다. 이처럼 전용선의 하역 장치의 합리화와 자동화는 취급 화물의 종류를 단일 제품이나 많은 종류의 제품으로 한정을 시키므로, 비교적 용이하게 하역을 실현할 수가 있는 반면애, 실제에서도 정도의 차이는 있지만 실용화가 되고 있다.

그러나 전용선화가 진행이 되고 있더라도 현재 해상 수송 중인 모든 화물들을 각각 전용 선박으로 운반시키는 것이 실제로 불가능하므로, 이른바 잡화라는 화물의 하역은 여전히 문제점으로 남는다.

따라서, 하역 장치를 전용선에 적응시키기 위해서는 특수 화물에 대해 개발이 된 하역 장치에 관해서는 설명을 생략하기로 하는 반면에, 일반 잡화 화물선에 적용되고 있는 데릭 붐식 하역 장치에 관해서만 상세히 설명하기로 한다.

4.2 데릭식 하역 장치

그림 4·9와 그림 4·10 및 그림 4·11과 같은 데릭식 하역 장치를 설치할 경우에는, 다음과 같은 상관 관계를 검토해야 하는데, 이는

① 하역 방법,

② 하역할 경우의 최대 하중,

③ 데릭 포스트의 위치와 높이,

④ 붐의 길이,

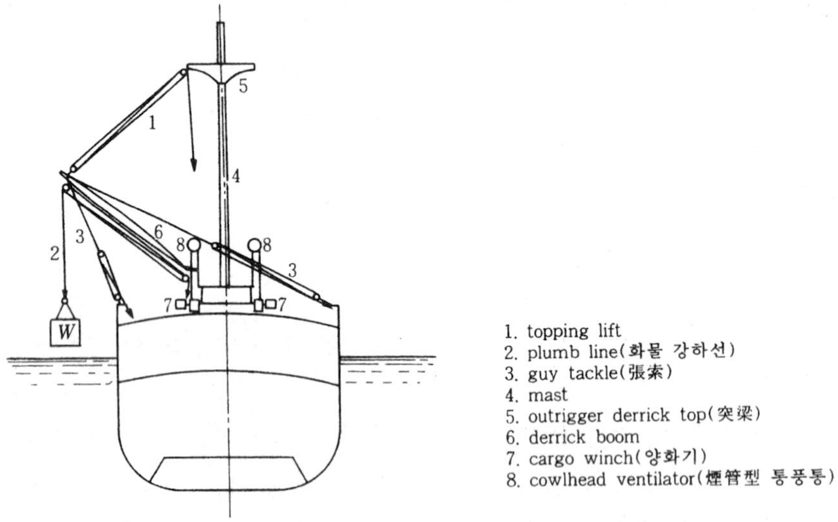

그림 4·9 연통형 데릭 포스트와 붐의 조립 명칭도

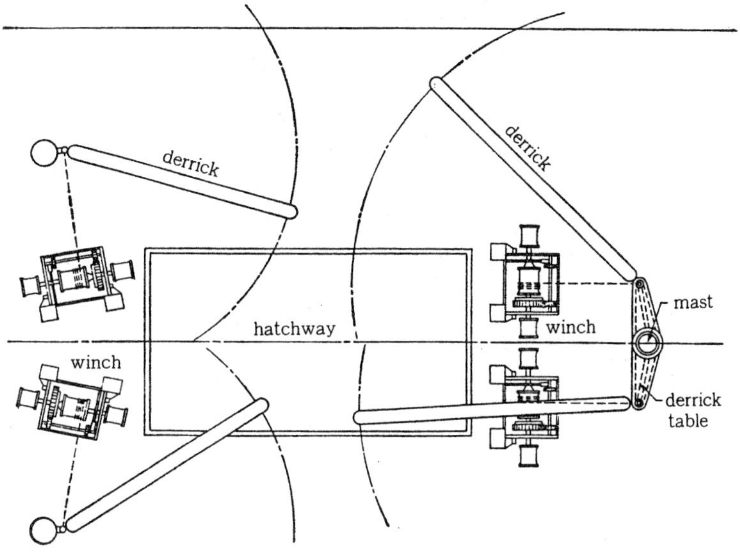

그림 4·10 갠트리 붐에 대한 양화 장치의 배치도

⑤ 구스넥(gooseneck) 속구의 설치 위치 및 하역용 속구와 윈치 드럼과의 상관 관계,

⑥ 창구 덮개의 격납 장소,

⑦ 창구의 구멍의 크기,

⑧ 창구 코밍의 높이

등 다수의 요소가 서로 관련이 되어 있으므로, 이 장치의 설치는 전반적인 상관 관계가 이루어져 있는 조화 상태에서 결정되어야만 한다.

데릭식 하역 장치는 일반 화물선의 하역 장치로는 가장 일반적인 것이다. 그 이유는 기구가 간단하면서 장치 전반에 대한 가격도 싸지만, 실제로는 로프류나 활차의 설치와 분해 및 기타 장치 등의 유지(maintenance)와 같은 하역 준비와 작업의 형편상 많은 노력이 필요하다.

데릭은 1개인 포스트(post), 1개의 붐(boom), 로프와 권삭용인 2~3대의 양화기(cargo winch) 및 기타의 활차(block) 등, 모든 속구를 포함해서 구성시킨 것이 1조이다.

최근에 잡화의 하역에는 대부분 데릭과 윈치를 사용하는 맞당김식(union purchase method) 하역법을 채용하고 있다. 그런데 선박의 화물 하역법이 현저히 변화를 하고 있는 현재에도, 수십년 전부터 사용이 되어 왔던 맞당김식 하역법이 사용되고 있다는 사실은, 이 방법이 잡화 하역에 얼마나 적합한 것인가를 입증해 주고 있다.

그러나 이 하역법은 하역 속도가 빠르고 설치 비용이 저렴하며, 조작이 간단하다는 것 등인 이점이 있는 반면에, 화물이 수평면으로 이동을 할 때에는 2개의 데릭 붐의 끝단을

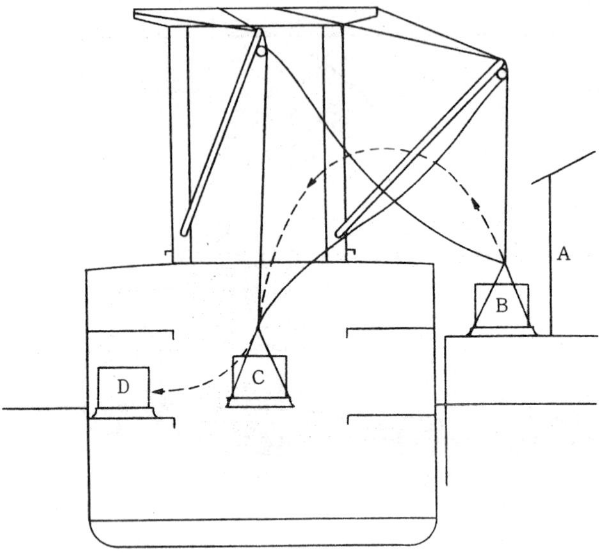

그림 4·11 일반 화물선의 양하역 모드

연결시키면서 이동이 직선상에서만 한정되기 때문에 스포팅 능력(spotting ability)이 저하되는 어려운 점이 있는데, 이러한 단점으로 인해 안벽으로부터 창내까지의 화물 가동 속도를 높이더라도, 창내에서의 화물의 조작 시간이 증가되면서 전체의 하역 능률이 떨어지게 된다.

잡화에 대한 맞당김식 하역에서 이론적인 하역 사이클의 시간은 실제 하역에서 계측된 시간과 비교를 해보면 실제 하역 시간의 약 50% 정도인데, 그 때 윈치가 작동되고 있는 시간은 계측된 하역 사이클 시간의 약 30% 정도가 된다. 이와 같은 사실은 실제 하역에서 창내나 안벽에서 화물을 선별하는데에 시간이 많이 걸리거나, 단순하게 윈치의 속도만을 높여서 하역 능률을 향상시킬 수 없다는 것을 나타내고 있다.

4.2.1 데릭 붐

데릭 붐은 목제(木製)나 강제(鋼製)인데, 목제 데릭 붐은 과거에 소용량용으로 많이 사용이 되었지만 현재에는 거의 사용이 되지 않는다. 강제인 경우에는 갑판을 용접으로 고착시키거나 인발 강관(引拔鋼管)을 사용한다.

데릭 붐의 길이를 결정할 때에는 이것을 설치한 선박이 가장 많이 취급할 것으로 예상이 되는 적재 화물이나, 주요 기항지의 화물의 적하 장치의 유무에 따라 영향을 받는 경우가 많다.

일반적으로 데릭 붐의 길이는 하역 상태에서 아우트리치(outreach)가 3.5 m나 5 m인데,

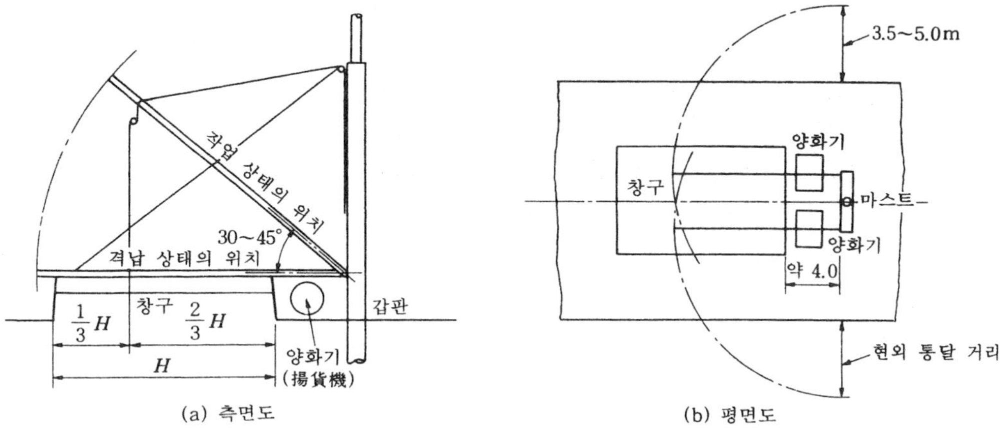

그림 4 · 12 데릭 붐과 창구와의 관계

소형선에서는 2.5 m 정도이다. 그리고 창구와의 관계는 그림 4 · 12 와 같이 하역 상태에서 창구 길이의 3분의 2 이상인 길이를 갖도록 해야만 한다.

또한, 하역 상태에서 데릭과 붐이 평행선과 이루는 각도는 45도 정도가 최적인 상태인데, 데릭 붐의 길이를 짧게 할 목적으로 30도 정도까지 낮추는 일도 있다. 그러므로 강도상 될 수 있는대로 45도인 경사각을 유지하도록 해야 한다. 그런데 일반 잡화 화물을 취급하는 일반 화물선에서는 반드시 이러한 제한 조건을 지켜야만 한다.

특히, 큰 아우트리치가 요구되면서 창구의 전후 양단에 데릭을 설치할 경우에는, 창구의 중앙에서 쌍방의 데릭 붐이 교차가 되어 작업이 불가능하게 될 때도 있다. 그러므로 이러한 경우에는 평행선과 이루는 각도를 60 도 정도로 하면서 양단의 데릭 붐들의 간격이 최소 한도 1.5 m를 유지할 수 있게 붐의 길이를 결정해야만 한다.

그래서 데릭 붐들이 길어지는 것은 하역시에 중량물을 현외로 멀리 매달면, 복원성에 나쁜 영향을 주어서 하역시에 선박의 횡경사를 현저하게 증가시킨다. 이러한 위험은 흘수가 얕을수록 커지는데, 데릭 붐에 최대 중량인 하중을 매어단 경우에도 일정 한도의 경사가 요구되기 때문에, 동시에 선체의 안전과 안정성이 위협을 받게 된다. 그래서 데릭 붐에 관해서는 강판제인 데릭 붐과 소하중용(小荷重用) 데릭 붐으로 구별을 해서 한국 공업 규격에 따르는 사용 하중에 의해 그 치수가 정해진다.

4.2.2 데릭 붐 부속 속구(Derrick fitting)

데릭 붐의 부속 속구로는 붐의 끝단 가까이에 화물 훅과 토핑 리프트(topping lift) 부착용 속구 및 가이(guy) 부착용 속구 등이 있고, 그리고 데릭의 대 가까이에는 구스넥(gooseneck)이 설치되고 있는데, 목제 데릭 붐에는 철제인 밴드가 부착된다. 또, 머리부

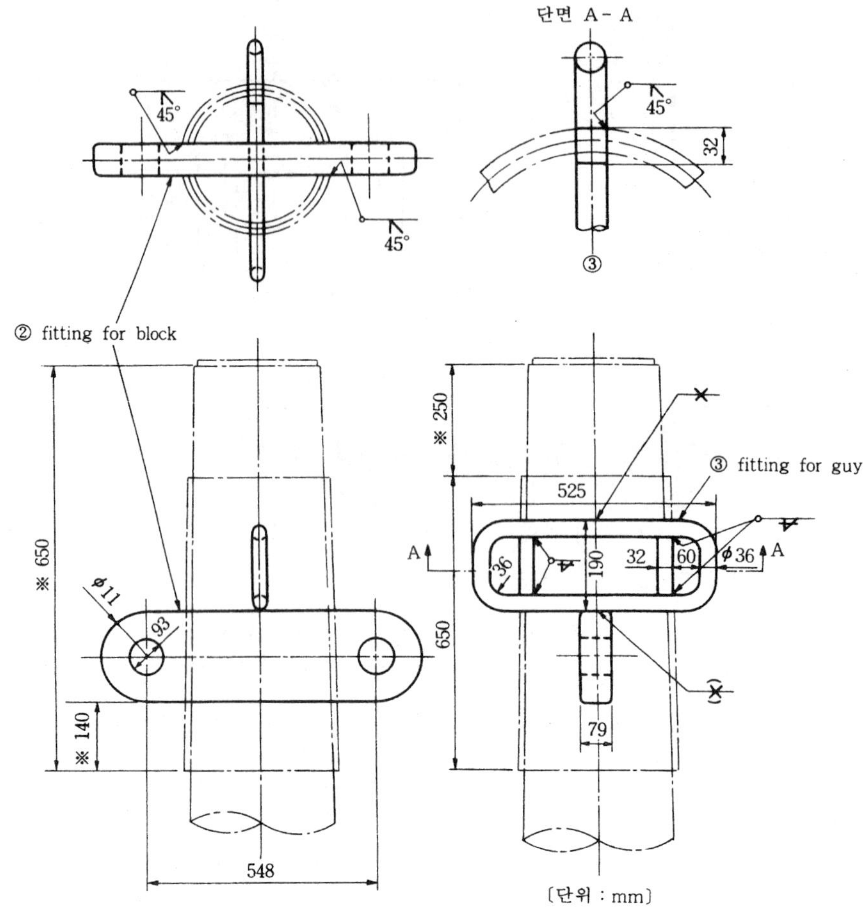

그림 4·13 15톤용의 붐의 정부의 속구

의 끝단 가까이에 부착이 되는 속구로는 그림 4·13과 같이 그것의 주변에 4개의 돌기물(突起物)이 설치되고, 여기에 섀클(shackle)을 연결하여 각각 하역 훅과 토핑 리프트용 활차 등이 설치되는데, 이런 속구들은 데릭 붐에 용접해서 설치하는 것이 일반적이다.

그리고 데릭 붐의 고정단에 설치되는 그림 4·14와 같은 힐 아이(기저부 속구)는 데릭 붐과 용접을 해서 튼튼하게 연결시킨 기다란 강편(鋼片)인데, 그 끝단에는 데릭의 소켓에 적당한 핀을 끼워서 연결하게 된다. 데릭 붐은 힐 아이를 중심으로 해서 회전 운동을 하게 되므로, 이 속구는 상하 좌우의 어떤 방향의 운동에도 지장이 없도록 그림 4·14와 같이 설치해야만 한다.

[1] 데릭 붐 및 붐 레스트(derrick boom & boom rest)

데릭 붐은 정박을 해서 하역을 할 때에만 사용이 되는데, 다른 경우에는 전혀 사용이

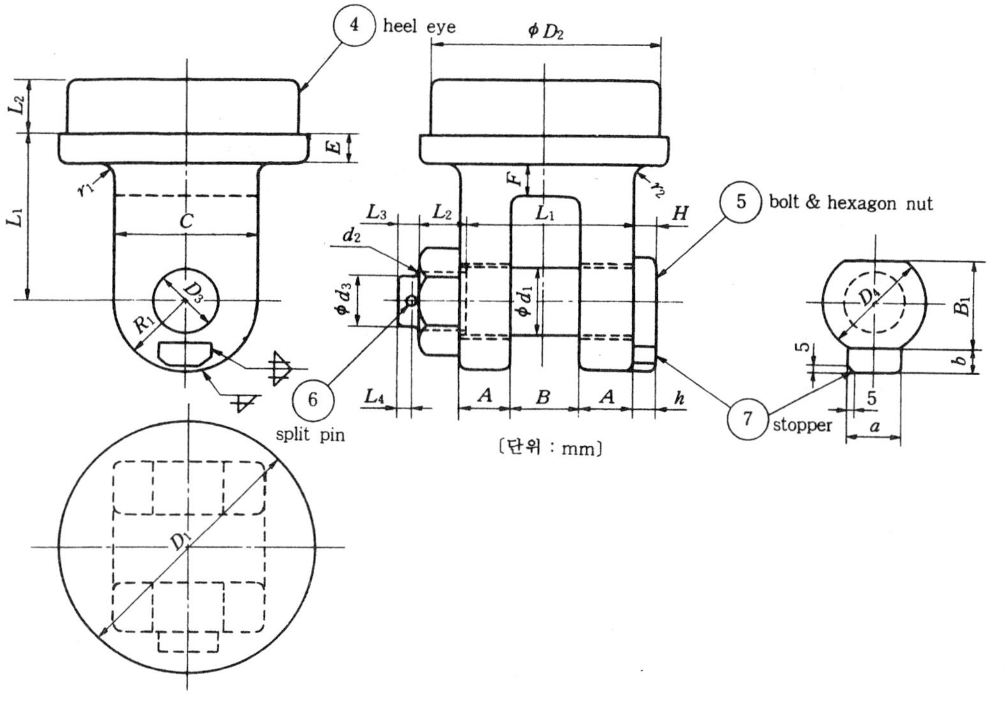

그림 4 · 14 힐 아이(heel eye)

되지 않는다. 따라서, 적당한 격납 방법을 강구해서 데릭 붐을 안정시키면서 행해 중 파랑 등에 의한 충격을 받을지라도, 이동되지 않게 고정시키는 것이 필요하다.

데릭 붐에서는 그림 4 · 15 와 같은 본체를 강판 용접제로 할 때 활차를 연결하기 위해 속구를 정부에 설치하고, 그리고 붐자체를 데릭 포스트에 설치하기 위해 힐 피스(heel piece)를 기저부에 설치한다. 또한, 하역 중 와이어가 중간부에서 아래로 드리워지는 것을 방지하기 위해 로프 가드(rope guard)를 설치하는데, 이 가드가 와이어 레스트(wire rest) 또는 로프 레스트(rope rest)이다. 붐은 굽힘 응력이 큰 중앙부에서 단면의 지름을 크게 할 때, 전단부 · 후단부에 지름을 어느 정도로 작게 한 방추형상으로 배치한다.

또한, 붐은 항해 중에 방해가 되지 않게끔 상갑판에 설치된 속구에 수평하게 놓으면서 정부를 고박(固縛)시킨다. 그리고 그림 4 · 16 에서 붐을 받쳐 주는 속구가 붐 레스트(boom rest)인데, 그것을 링(ring)으로 누르면서 나비 너트(butterfly nut)로 죄는 형식으로 구성되어 있다.

항해 중에는 붐에 설치된 활차와 와이어류를 풀어 놓는 것이 원칙인데, 보통 격납시키는 법은 이것을 창구의 상부의 옆쪽으로 놓으면서, 그것의 전단을 창구단에 설치가 되

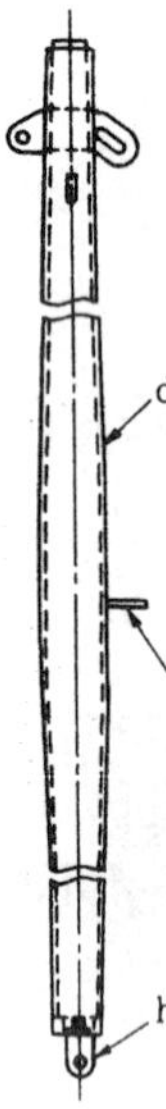

그림 4·15 데릭 붐

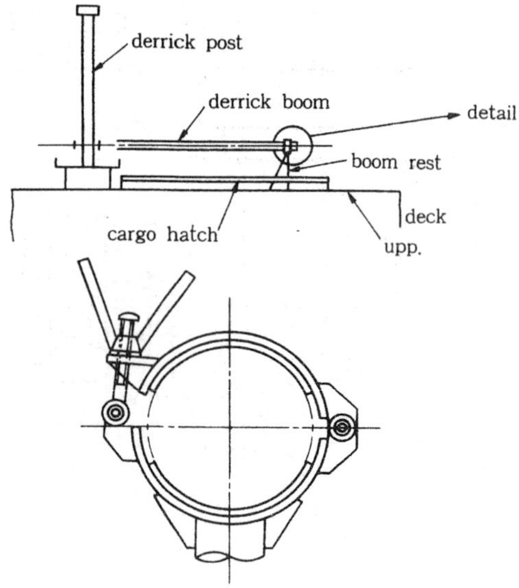

그림 4·16 붐 레스트와 속구

목제나 강제인 레스트로서 지지해서, 마닐라 로프나 밴드(band)로 적당하게 결박을 하는 방법을 취한다. 만약, 데릭 붐이 장대(長大)해서 창구의 전길이보다 길 때에는 창구 덮개와 붐 사이를 통행할 수 있도록 높은 레스트를 설치해야만 한다. 그리고 때로는 붐 레스트의 형상을 변화시켜서 선루의 단벽에 고정하는 경우도 있다.

[2] 토핑 브래킷(topping bracket)

이것은 그림 4·17 과 그림 4·18 과 같이 데릭 포스트의 정부 근처에 토핑 와이어의 도활차와 같이 설치된다. 그리고 포스트 기저부에는 구스넥 브래킷(gooseneck bracket)을 수직 상방으로 설치하는 것이 표준이지만, 일반적으로 데릭 포스트는 상방으로 갈수록 끝이 가늘어지므로, 빈틈이 없게 하면서 토핑 브래킷보다 구스넥 브래킷을 앞으로 돌

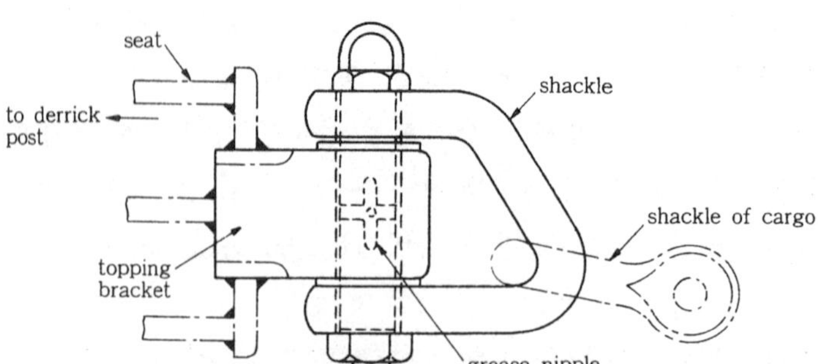

그림 4·17 토핑 브래킷(1) (붐의 정부가 토핑 브래킷보다 하방에 있을 때)

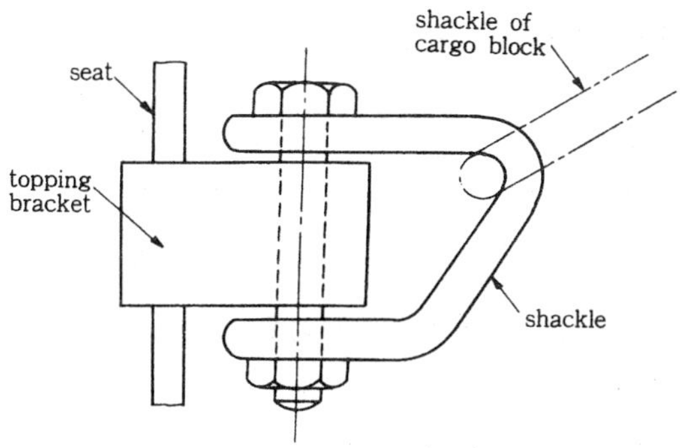

그림 4·18 토핑 브래킷(2) (붐의 정부가 토핑 브래킷보다 상방에 있을 때)

출시킬 수 있게 그림 4·17과 같이 대(seat)를 설치한다.

일반적으로 섀클의 형상은 그림 4·17과 같은 형상이 많이 사용되지만, 만일 데릭 포스트의 높이에 비해 붐이 길 때에는 토핑 와이어가 상방으로 끌리기 때문에, 섀클은 역으로 위쪽이 크면서 아래쪽이 작은 형인 그림 4·18과 같은 것이 사용된다.

[3] 구스넥 브래킷(gooseneck bracket)

이것은 붐의 기저부에 설치되면서 하역 와이어의 도활차를 설치하는 역할을 맡는 한편, 그림 4·19와 같은 구조로 되어 있다. 그러나 앞에서 설명한 바와 같이 토핑 브래킷과는 다르기 때문에, 직접적으로 데릭 포스트에 용접해서 고정한다.

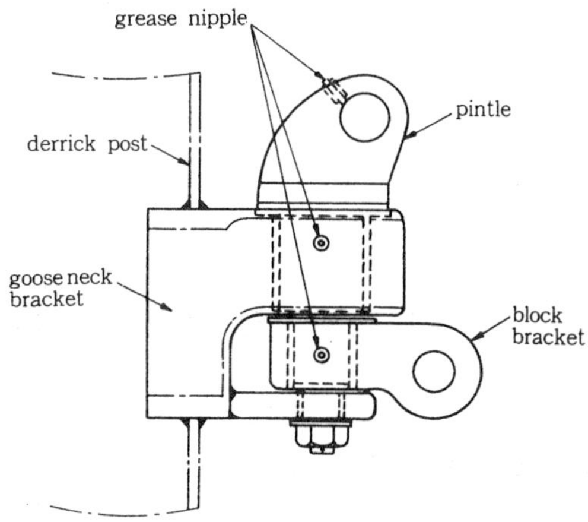

그림 4·19 구스넥 브래킷

4.2.3 마스트용 하역 속구(Mast fitting)

데릭 붐을 직접 마스트에 설치할 경우에는 소켓(socket)과 클리트(cleat) 및 토핑 리프트용 도활차(導滑車)가 부착이 된 속구를 설치하게 된다. 구스넥용 소켓과 하역용 로프의 도활차를 부착할 경우에는, 속구의 일부에 작은 구멍을 설치하여 여기에 섀클을 부착할 수 있도록 한다. 그런데 이 도활차는 밴드(band)를 구부려서 사용하거나 소켓에 부리 형상인 속구를 붙여 일정한 위치로부터 아래로 내려가지 않도록 한다.

그리고 마스트와의 부착 부분에는 돌기를 붙여 이른바 스파이더 밴드(spider band)로 삭구(索具)를 취급하는데 편리하게 하고 있다. 여기에서 주의를 해야 할 점은 소켓 내의 핀은 항상 연직선상에 설치해서, 어떠한 경우라도 이것을 경사시키는 일은 피해야만 한다. 만약, 경사가 졌을 때는 핀과 소켓 내면의 접촉이 균일하지 않게 되면, 그로 인해 불균일한 마찰의 발생으로 마모가 생기면서 불의의 위험을 초래할 염려가 있다.

구스넥의 핀과 소켓을 옳바르게 배치하기 위해서는 마스트의 표면은 항상 수직으로 유지해야 하는데, 마스트의 지름이 점차적으로 변화할 경우에는 적어도 갑판면으로부터 이 소켓의 부착 위치까지는 똑같은 지름을 유지하도록 해야만 한다. 다음에는 데릭 붐의 조작용 로프의 끝단을 잡아매기 위해, 적당한 로프용 고정 장치를 설치하면서 클리트의 일종인 혼 클리트(horn cleat)를 사용하는데, 이 클리트는 2개가 1조가 되어 마스트의 하부의 상하 방향으로 서로 짝을 지게 설치해서 로프의 끝단을 고박시킨다.

그리고 마스트의 상부에는 토핑 리프트용 로프의 도활차가 부착되는 데에 필요한 아이 플레이트(eye plate)가 설치된다. 아이 플레이트는 토핑 리프트에 걸리는 인장 하중에 충분히 견딜 수 있어야 하기 때문에, 그것을 고착시키는데에 특별한 주의가 필요하다. 만약, 필요할 경우에는 마스트판의 안쪽에 이것을 고착시키면서 아이만 외측으로 돌출시키는 경우도 있다.

4.2.4 데릭 테이블(Derrick table) 및 아우트리거(Outrigger)

원칙으로는 마스트나 데릭 포스트에는 데릭 붐을 2개나 그 이상을 설치해서는 안 되므로, 선체 중심선상에 1개가 배치된다. 그러나 선박의 폭이 증가함에 따라 데릭 붐 1개를 선체 중심선에 설치하는 것만으로는 하역의 속도를 높일 수가 없기 때문에, 또 장대한 데릭 붐이 요구가 됨에 의해 하역 능률이 떨어지게 된다.

이런 문제점을 해결하기 위해서는 선체 중심선보다 각 현에 데릭 붐을 1개씩 설치하게 된다. 그런데 데릭 붐과 양화기와의 관계를 살펴보면, 하역용 로프의 조작 효율을 최고로 발휘하기 위해서는, 하역용 로프의 도활차와 양화기의 드럼과의 중심이 선체 중심선과 병행한 직선상에 있어야만 한다.

만약, 부득이하게 양화기를 마스트나 데릭 포스트를 중심으로 해서 방사상(放射狀)으로 배치하는 경우일지라도, 될 수 있는대로 이 원칙에 따라 이것을 설치해야만 한다. 이렇게 되면 데릭 붐의 배치가 영향을 받아서 그 위치가 선체 중심선상를 벗어나므로, 구스넥을 기준으로 해서 데릭 테이블을 설치하고, 그리고 토핑 리프트와 기타의 로프를 부착해야 하는 위치에 아우트리거를 설치하게 된다.

[1] 데릭 테이블(derrick table)

이것은 그림 4·20에 표시된 바와 같이 강판이나 형재로서 견고하게 조립되는데 그 정부가 수평면이므로, 구스넥받이인 소켓과 가이용인 링 플레이트(ring plate) 등이 고착된다. 이 구스넥 소켓은 흔히 갑판까지 연장이 되는 경우가 있는데, 이것은 데릭 테이블의 정판상에 과대한 하중이 걸리는 것을 방지하기 위함이다.

그리고 단독으로 데릭 테이블을 설치할 경우에는 그 하부에서의 작업을 편리하게 하기 위해서 갑판상의 높이를 적어도 2.3m 이상으로 해야만 한다.

[2] 아우트리거(outrigger)

이것은 그림 4·21과 같은데, 여기에는 각각 필요한 속구들이 설치된다. 아우트리거는 강판과 형강으로 구성되는데, 그 위치는 데릭 붐 장치에서 상당히 중요한 관계를 갖는다. 즉, 데릭 붐의 강도 계산에서는 데릭 붐에 걸리는 압축 하중의 크기가 토핑 리프트용 로프와 수평선이 이루는 각에 따라 변한다.

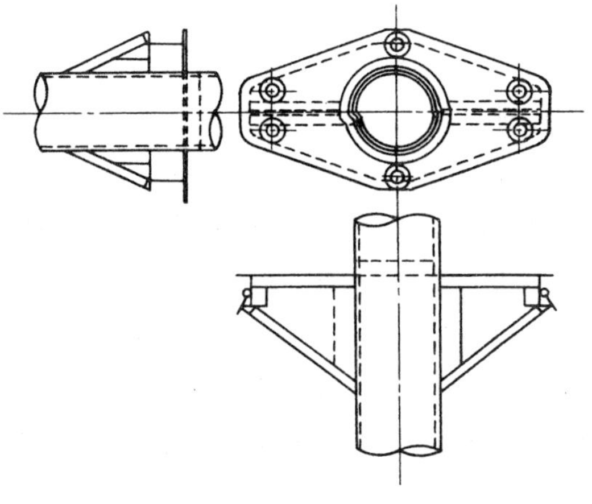

그림 4·20 데릭 테이블의 구조

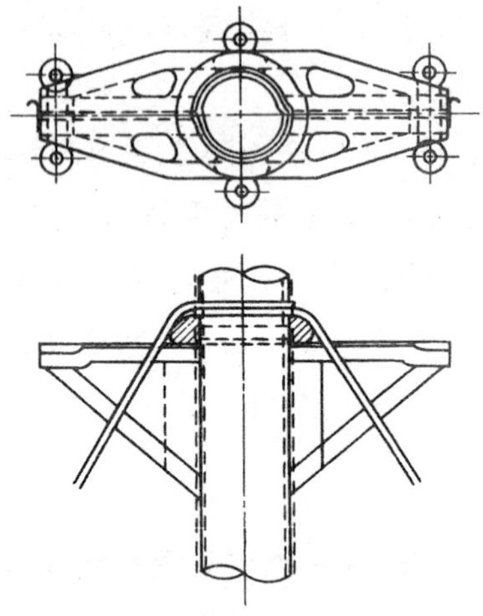

그림 4·21 아우트리거의 구조

따라서, 아우트리거의 위치가 지나치게 낮을 때에는 데릭 붐의 치수는 커지게 된다. 그러므로 이것의 배치는 데릭 붐의 조작을 고려하면서 적절하게 결정을 할 필요가 있다.

토핑 리프트용 도활차의 위치는 데릭 테이블상의 구스넥의 위치와 같은 연직선상에 배치하는 것이 최적인데, 그렇게 하는 경우에는 아우트리거의 치수가 커지면서 하역을 할 경우에 마스트가 심한 진동을 발생시켜 하역에 악영향을 주기 때문에, 보통 이것의 폭을 약간 감소시키는 것이 좋다. 토핑 리프트의 부착용이나 지삭(支索)의 부착용인 아이 플레이트는 아우트리거의 특수 구조와 같이 특이한 형상을 갖는 것들이 많다. 그리고 대형인 아우트리거를 설치하는 경우, 그 윗면에 난간주(欄干柱)를 설치하는 경우도 있다.

4.2.5 하 역 훅

이것은 하역 장치의 주체를 이루면서 가장 중요한 부분을 구성하고 있으므로, 그것의 설계 제작과 설치시에 신중하게 행하지 않으면 안 된다.

하역훅의 강도를 고려하는 경우에는 상부의 섀클이나 활동 부분에 연결이 되는 나사의 부분을 포함한 수직 방향의 부분과 훅의 주체를 구성하는 만곡 부분으로 나누어서 고려하는 것이 편리하므로, 실제의 강도 계산에서도 이와 같은 방법이 채택되고 있다.

하역훅의 치수에 관해서는 극히 일반적인 경우로서, 훅의 치수비를 하중의 표준에 의한 한국 공업 규격으로 정해져 있다. 그러므로 하역훅에 있어서도 KS 규격품을 채택하는 것이 편리한데, 여기서는 A 형(스위블붙이)과 B 형(섀클붙이)인 2종에 관해 규정이 되어 있다.

일반적으로 한국 공업 규격에서 정하는 하역훅은 그것의 형상을 나타내는 것으로서,

〔단위 : mm〕

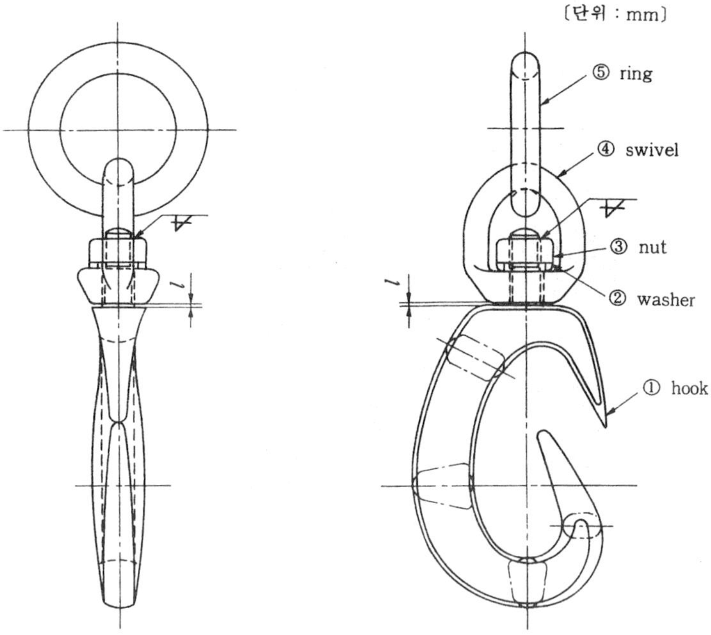

그림 4·22 A형 하역훅의 조립도

하역용 로프나 하역용 체인의 이탈을 방지하면서, 다른 로프류가 훅에 걸리는 것을 피하기 위해 안정 장치가 설치가 된 것을 사용해야 한다. 더욱이, 큰 하중을 취급할 때에는 쌍갈고리 훅을 사용하는 경우도 있다. 그리고 그림 4·22와 같은 형인 하역훅은 상부에 전환(轉環)을 부착하여 훅의 방향을 자유롭게 한 것인데, 이런 경우에는 전환의 하면과 하역훅의 상면의 접촉에 관해 주의해야 하지만, 만약 이러한 접촉이 불완전한 경우에는 회전축에 굴곡 모멘트가 발생하여 그것의 강도를 감소시키게 된다. 또, 그림 4·23에는 B형인 하역훅의 조립도를 나타내고 있다.

한편, 여러 가지의 특수한 용도에 사용이 되는 하역훅으로는 그림 4·24~4·28에 나타낸 바와 같은 보통 하역훅(barrel hook), 포장 화물용 하역훅(bale hook), 상자 적재용 하역훅(case hook)과, 목재 전용 하역훅(lumber hook) 및 철제용 하역훅(rail hook) 등이 있는데, 그것들은 각각의 용도에 따라서 다른 형상을 가지고 있다. 그리고 화물을 적재하는 데에 편리하도록 하기 위해서 하역용 보호망(cargo net)이나 하역용 체인붙이인 하역 슬링(cargo sling) 등이 사용되는 경우가 있다.

그런데 하역용 보호망은 그림 4·29에 나타낸 바와 같이 6 mm와 8 mm 및 9 mm 정도의 굵기를 갖는 체인으로 구성되면서 그물눈은 대략 180 mm 정도이고, 그물의 크기는 2.5~3.0 m인 것이 많다.

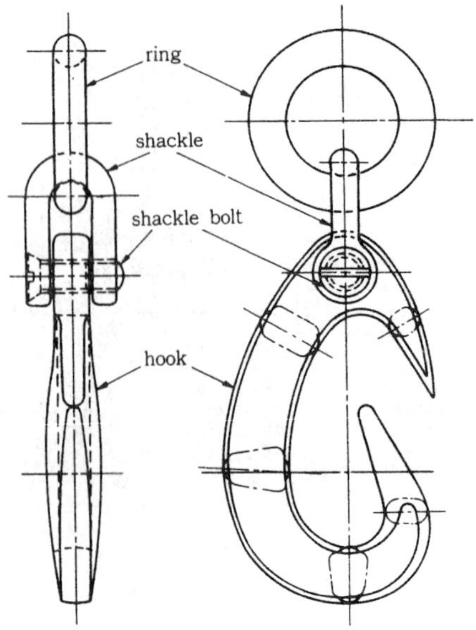

그림 4 · 23 B형 하역훅의 조립도

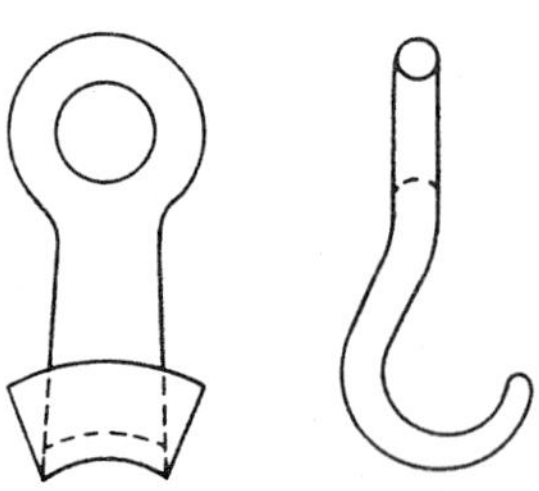

그림 4 · 24 보통 하역훅

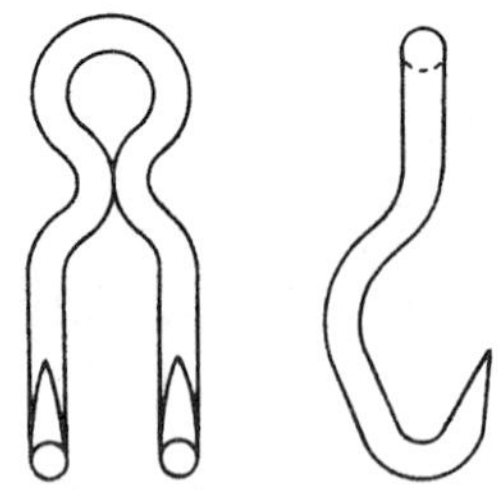

그림 4 · 25 포장 화물용 하역훅

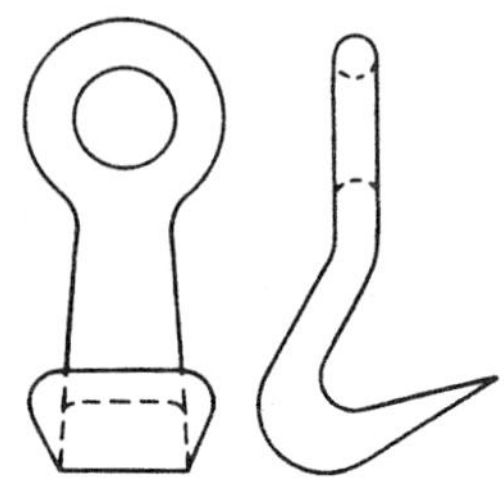

그림 4 · 26 상자 적재용 하역훅

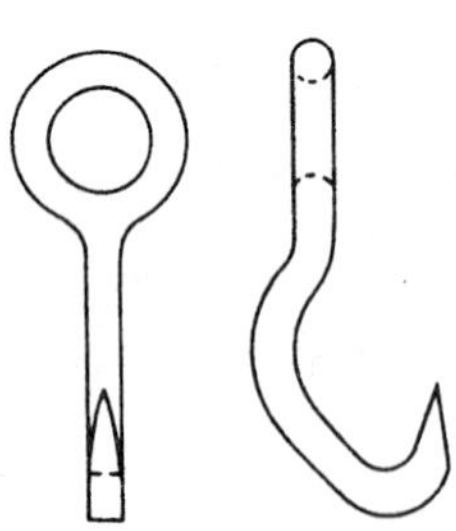

그림 4 · 27 목재 전용 하역훅

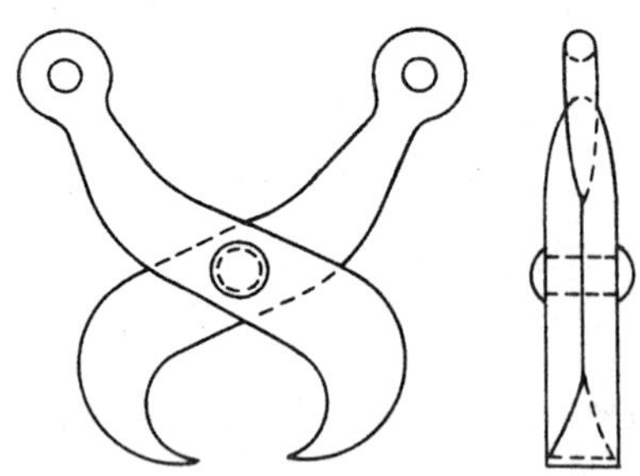

그림 4 · 28 철제용 하역훅

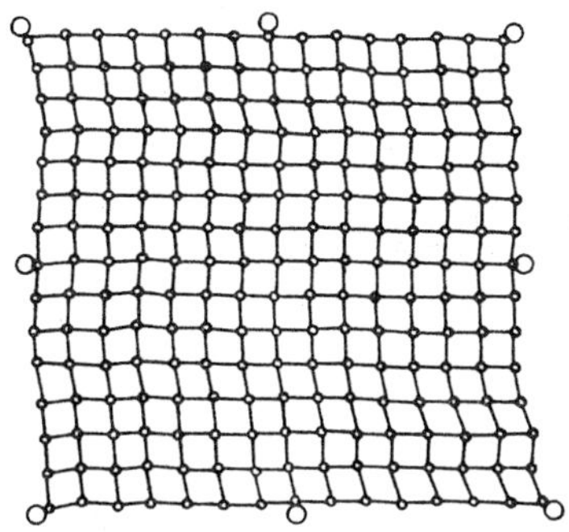

그림 4·29 하역용 보호망

4.2.6 양화장치

이 절에서는 일반적인 양화 장치의 기준이 되는 작동 방법인 스윙식 방법과 맞당김식 방법에 대해 간단히 설명하기로 한다.

① 토핑 리프트(topping lift): 전체 붐의 수와 같은 수량(맞당김식과 겸용할 수 있다)

② 하역줄(cargo fall): 동시에 스윙이 가능한 붐의 수와 같은 수량

③ 가이(guy): 스윙용 하역줄의 수와 같은 수의 붐을 정격으로서 스윙을 시키는 데에 필요한 수량

④ 맞당김식 하역줄: 붐의 전체 수와 같은 수량

⑤ 맞당김식용 가이: 붐의 전체 수와 같은 수량(스윙용과 겸용할 수 있다)

⑥ 스팬 가이(span guy): 갱(gang)의 전체 수와 같은 수량

⑦ 프리벤터 가이(preventer guy): 붐의 전체 수와 같은 수량

이들 하역 속구에 대한 활차의 조립 방법은 표 4·1과 같다.

[1] 로프와 활차

하역시에는 다수의 로프와 그림 4·30~4·32 까지와 같은 활차를 필요로 하고 있는데, 특히, 데릭 하역을 행할 경우에는 이들 로프나 활차는 선상에서 하역을 할 때마다 준비를 해야 하고, 하역 후의 상황에 따라서는 그대로 내버려 두어야만 하기 때문에 많은 수고를 필요로 하는 작업이다.

베킷(becket)이란 그림 4·30 과 같은 활차에 로프를 연결시키기 위한 금구(金具)로서, 베킷이 붙은 활차는 강로프의 끝단에 이것을 붙인 것을 뜻한다. 그리고 활차에서 로프를 가드하는 것이 시브인데, 선박에서는 홈에 관해 최대 지름(즉, 바깥 지름)을 갖도록 하면서 시브(sheave)에서 이것을 호칭하는 지름으로 간주한다. 그래서 활차는 내장이 된

표 4·1 로프와 활차의 조립 방법

	하 중(t)	1	2	3		5		10		15	
topping lift	wire rope(mm)	φ16(6×24)	φ16(6×24)	φ20(6×24)	φ26(6×24)	φ20(6×24)	φ34(6×24)	φ24(6×24)	φ34(6×24)	φ24(6×24)	φ32(6×24)
	활 차(mm)	φ280	φ280	φ340	φ410	φ340	φ460	φ410	φ460	φ410	φ460
	짝 짓 기	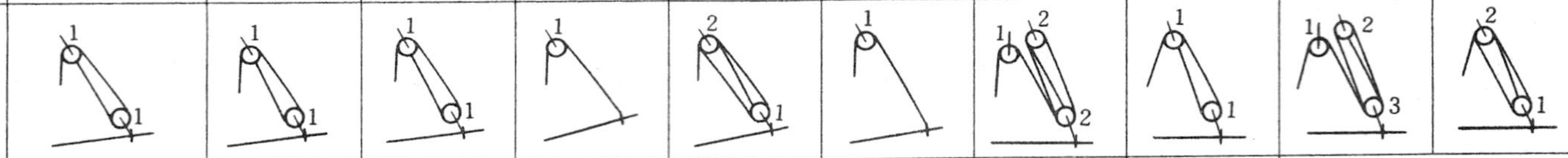									
cargo fall	wire rope(mm)	φ12(6×24)	φ16(6×24)	φ20(6×24)		φ20(6×24)		φ20(6×24)	φ24(6×24)	φ24(6×24)	
	활 차(mm)	φ210	φ280	φ340		φ310		φ340	φ410	φ410	
	짝 짓 기	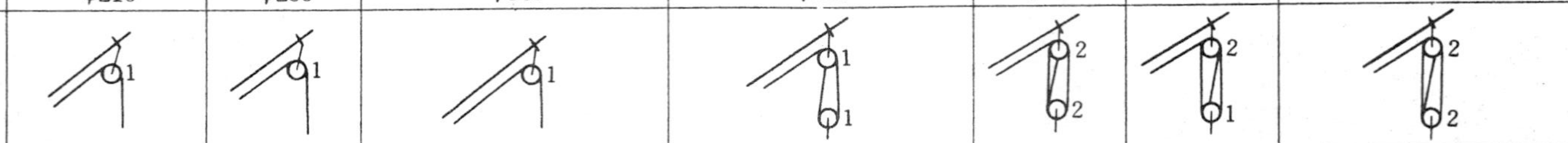									
guy wire pendㄷnt rope (mm)		φ14~16(6×24)	φ16(6×24)	φ20(6×24)		φ20(6×24)		φ20~22(6×24)		φ24(6×24)	
guy tackle	Manila rope(mm)	φ16	φ20	φ22		φ22~24	—	φ24	—	—	
	wire rope(mm)	—	—	—		—	φ16(6×24)	×	φ16(6×24)	φ16(6×24)	
	활 차(mm)	목제 180	목제 200	목제 220		목제 220 또는 240	강제 φ280	목제 240	강제 φ280	강제 φ280	
guy 짝짓기		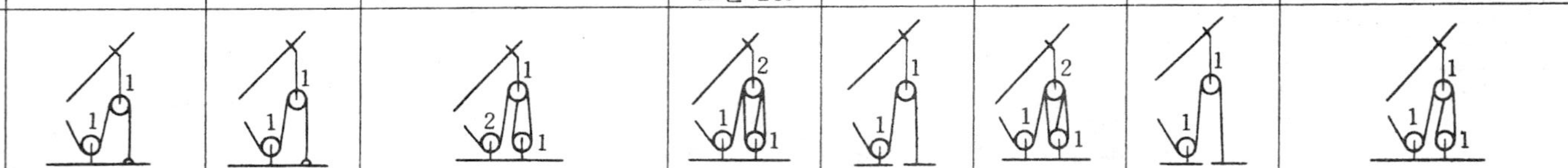									
span guy 및 preventer guy(mm)		3톤 정도의 유니언 퍼처스 하역에 사용하는 때의 예…preventer guy : 강제 φ20 wire rope 삭 : φ24 Manila rope 또는 φ14 wire rope 활차 : 목제 240 또는 강제 φ240						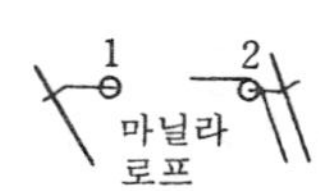 마닐라 로프		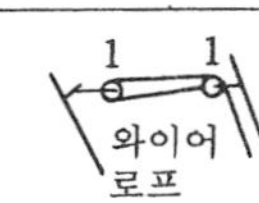 와이어 로프	

〔주〕 1. 상표는 KS 선박용 강판제 derrick boom을 참고한 것이다. 또한, 활차(KS)에서는 강제 φ410은 폐지되어 있다. 또, wire rope(KS)에서는 강제 φ22, 강제 φ34의 것은 기제되어 있지 않다.
2. Manila rope는 동등의 강도를 가지는 섬유삭으로 대신하여도 된다.
3. swing용 guy에 대해서는 LR(cop)에 규정이 있다.

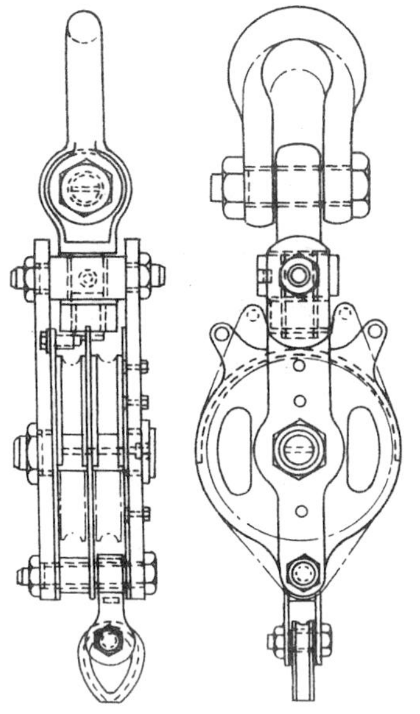

그림 4 · 30 하역용 강제 활차
〔베킷(becket)붙음〕

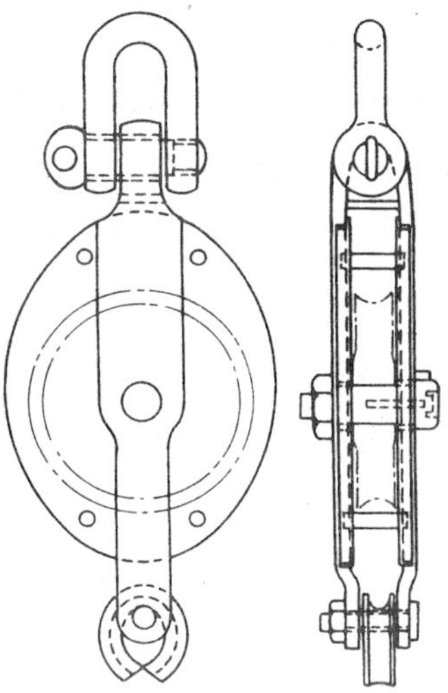

그림 4 · 31 섬유 로프용 강제 활차

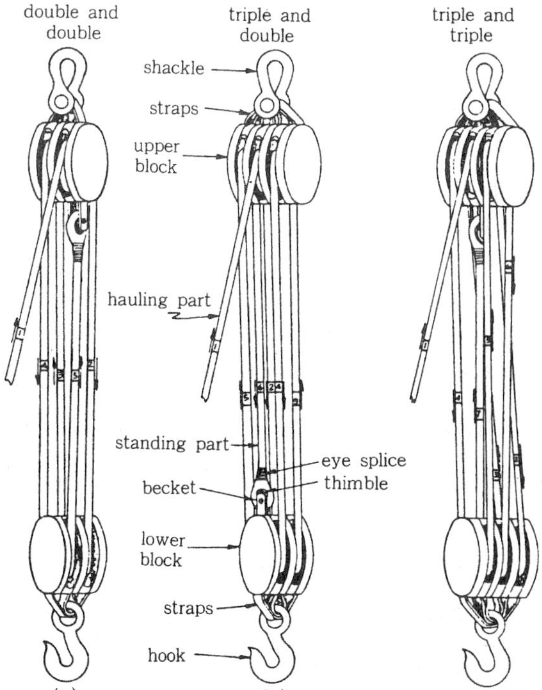

그림 4 · 32 로프와 활차의 조립도

시브의 지름으로 나타낸다.

보통 활차는 한 번 로프가 통과하게 되면, 도중에서 활차로부터 로프를 떼어낼 수는 없는데, 이것을 가능하게 하는 활차도 있다. 이와 같이 작동 도중에 활차로부터 벗어남을 자유롭게 하는 활차가 **개폐식 활차**(snatch block)인데, 이것은 시브가 1 개라는 것이 특징이면서 일체형이 아니므로, 강도상 지나치게 장력이 걸리는 로프에는 사용할 수가 없다.

그리고 강로프는 너무 작은 시브를 통과하게 되면 수명이 짧아지는 반면에, 반대로 시브를 크게 하면 활차의 단가가 높아지게 된다. 또, 시브용 베어링에는 평면(plain) 베어링과 롤러 베어링 방법 등이 있다.

그런데 링 플레이트 방식은 마찰 계수가 작지만 가격이 비싸므로 하역줄용으로는 롤러 베어링을 사용하고 있는데, 기타 고정줄(standing wire)과 같이 그다지 빈번하게 사용되지 않는 활차류에는 평면 베어링이 사용되는 것이 일반적이다.

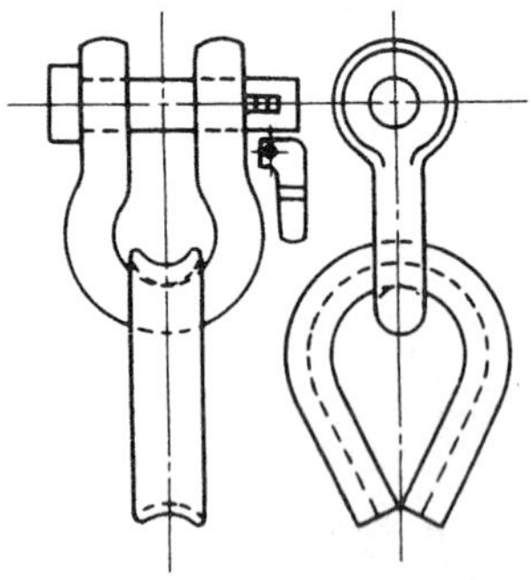

그림 4 · 33 심블(thimble)과 섀클(shackle)의 부착

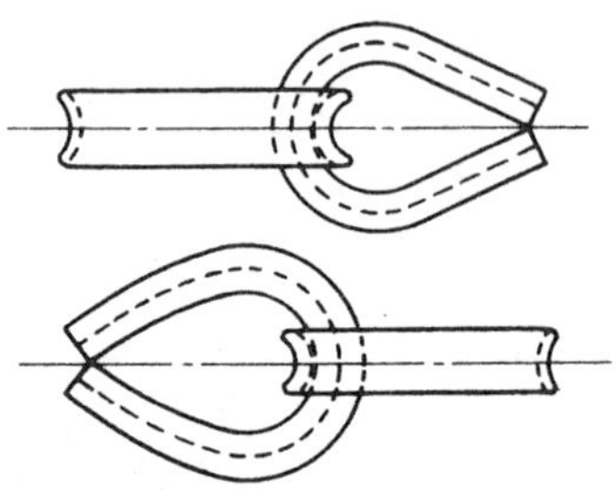

그림 4 · 34 심블 상호의 부착

[2] 기타 주요한 속구

(1) 아이 플레이트(eye plate)

이것은 그림 4 · 35 와 그림 4 · 36 과 같이 여러 가지의 형상이 있는데, 어느 것이나 갑판상에 용접을 해서 그림 4 · 33 과 그림 4 · 34 처럼 로프의 끝단과 섀클 및 활차 등을 구조물에 고정시킬 때에만 사용되는데, 통상 아연 도금을 한다.

(2) 링 플레이트(ring plate)

이것은 그림 4 · 37 과 같은 링의 형상으로서 설치가 된 속구가 링 플레이트인데, 아이 플레이트와 똑같이 로프의 끝단과 섀클 및 활차 등의 구조물에 고정시킬 때에 사용하고, 아연 도금이 되어 있다. 그러나 링 플레이트는 사용이 되지 않을 경우, 아이 플레이트보다 하역시에 지장을 주지 않는 것이 특징이지만, 아이 플레이트와는 사용상 엄밀한 차이

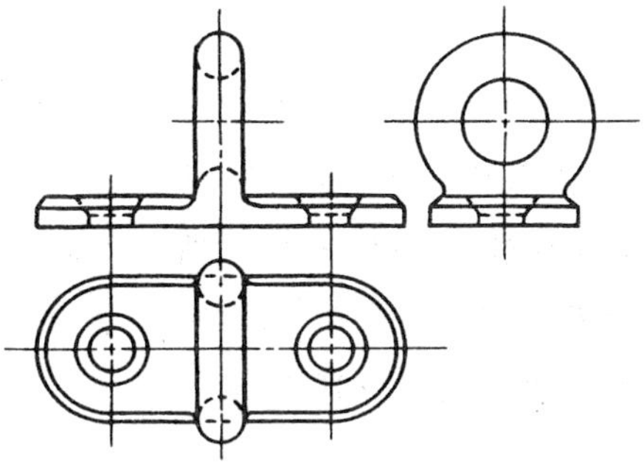

그림 4·35 아이 플레이트(1)

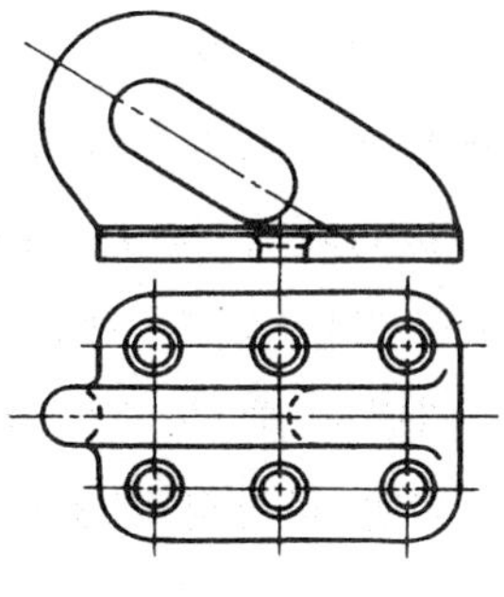

그림 4·36 아이 플레이트(2)

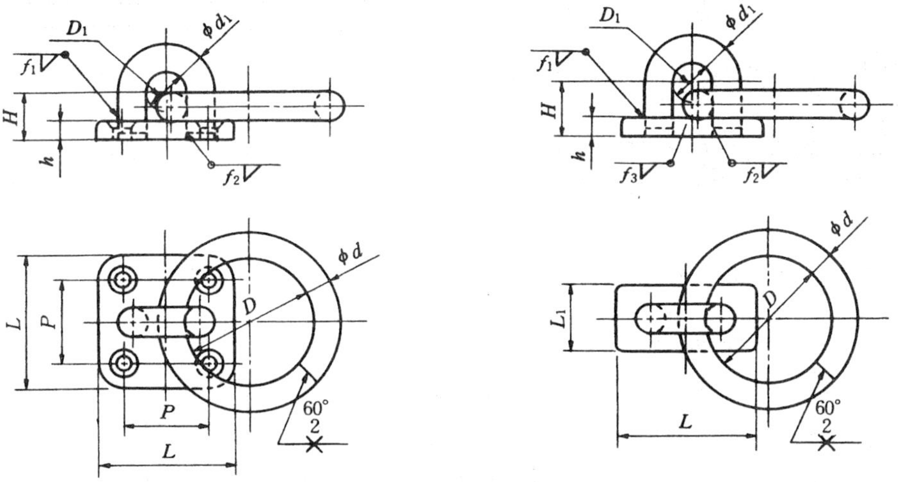

그림 4·37 각종 링 플레이트

가 없기 때문에 사례별에 따라(case by case) 이것이 사용된다.

그런데 목제판으로 된 갑판에 사용할 때에는 이것을 목갑판에 파묻어서 설치하면, 사용하지 않을 때에 이것이 있는지 없는지를 거의 느끼지 못하는 이점이 있는데, 이와 같은 링 플레이트를 **강하식 링 플레이트**(sunken ring plate)라고 한다.

(3) 클리트류

탱커의 호스(hose)를 매달기 위해서는 붐의 토핑 리프트(topping lift)를 고박하기 위해 데릭 포스트에 설치가 되는 각형인 클리트(cleat)를 설치하는데, 이와 같은 속구가 혼 클리트(horn cleat)이다. 그리고 하역 가이의 로프용으로는 어느 정도 소형인 클리트가 사용되는데, 이것이 가이 클리트(guy cleat)이면서 현측의 불워크(bulwark)의 톱 레일(top rail) 위에 설치가 된다.

그런데 가이 클리트에 걸리는 하중은 별로 크지 않으므로, 특별히 클리트대는 설치를 하지 않으면서, 직접 각형 쇠붙이로서 톱 레일상에 용접으로 설치한다.

(4) 로프를 죄는 금구(金具)

이것은 하역의 로프에만 국한하지 않고 선박에 있는 로프를 꽉 죄는 금구로서, 리깅 나사(rigging screw)와 턴 버클(turn buckle)이 일반적으로 사용되고 있다.

그림 4·38 과 그림 4·39 에는 리깅 나사의 상태를 표시해 두었는데, 리깅 나사는 나사봉을 회전시키면서 꽉 죈 후에 되돌려 고정시키는 반면에, 턴 버클은 같은 모양으로서 외각을 회전시키면 나사의 작용으로 인해 긴밀하게 죄는 역할을 한다.

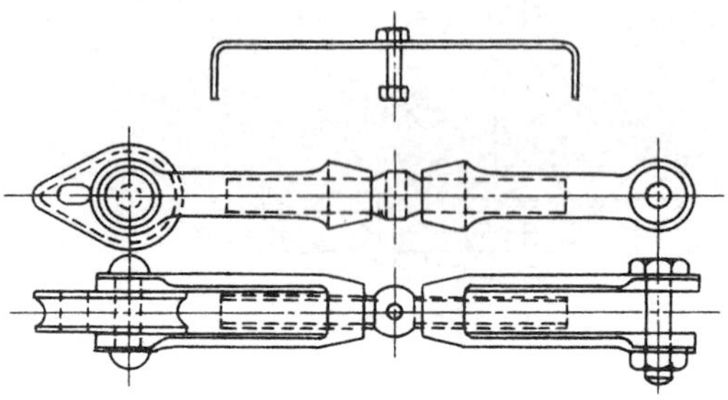

그림 4·38 리깅 나사(1)

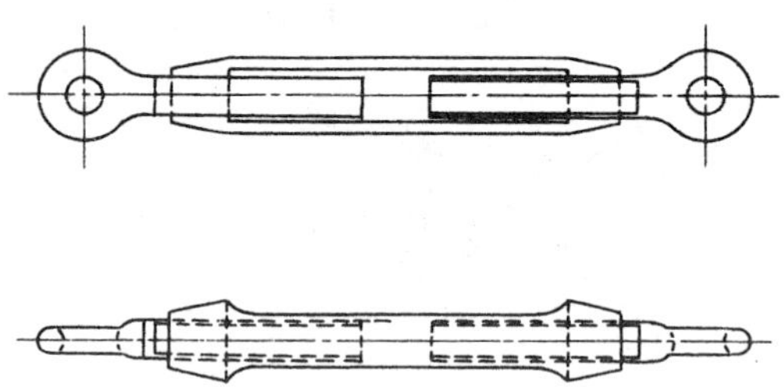

그림 4·39 리깅 나사(2)

(5) 체인 스토퍼(chain stopper)

이것은 계류용 로프나 하역용 로프를 설치할 때에 사용이 된다. 마스트 스테이(stay)와 같이 고정이 된 로프는 별도로 하지만, 계류용 로프나 하역용 로프는 간단하게 떼어낼 수가 있게끔 할 필요가 있으므로, 로프의 끝에 체인을 연결하면서 말단에는 섀클의 핀을 끼워 갑판상의 아이를 통과시켜서 고정이 되게 한다.

4.3 갑판 크레인

앞절에서 설명한 데릭 장치는 기구가 간단하면서 비교적 가격이 싸기 때문에, 옛날부터 선박의 하역 장치로서 주로 사용이 되어 왔지만, 하역 횟수마다 붐의 세트나 삭구와 활차류의 설치 및 횟수 등 작동 준비와 하역 후의 상태에 관해 손질을 가해야 한다는 것이 문제점이다. 그런데 데릭 장치는 능률이 좋은 하역을 기대할 수가 없고, 장치를 설치하는데는 많은 공간이 필요하며, 윈치의 조작 때문에 폭로 갑판상에서의 환경이 좋지 않다.

그리고 실제 하역을 할 경우에는 붐의 앙각을 빈번하게 변화를 시킨다는 것도 불가능하므로(캥거식 하역에서는 2개인 붐의 위치가 고정되어 있으므로 붐의 앙각이 변하게 되면 가이의 와이어를 조정해야만 한다), 스포팅(spotting)을 충분히 행할 수가 없는데에 문제가 많다. 그러나 갑판 크레인은 이러한 하역의 결점을 개선하기 위해서 고안이 된 장치로서, 기계 부분은 콤팩트(compact)하게 격납하면서 선회와 권상 및 권하의 모든 동작을 폐위가 된 운전실 내에서 완만하고 용이하게 제어를 행할 수 있는 편리함이 있다. 그리고 갑판 크레인은 하역이 끝나더라도 삭구류가 설치된 채로 암(arm)을 레스트(rest)해 놓음으로서, 선원의 노력을 절감시킬 수 있기 때문에 유용하다〔하역 자체는 하역부(stevedore)와 항만의 하역 업자들이 행하지만, 하역 준비와 그 후의 상태에 대한 처리는 승조원이 행한다〕.

또, 갑판 크레인은 크레인 자체를 정비한 후에 선상에 설치를 하므로, 데릭 장치와 비교하면 조선소에서의 의장 공사가 적어진다는 특징이 있는데, 가격이 비싸다는 점과 크레인 장치 자체의 자중이 무겁다는 결점이 있다.

그림 4·40은 현재 실용화되고 있는 유압식 갑판 크레인의 외형과 치수 및 주요 요목을 표시하고 있는데, 유압은 최고가 175 kg/cm^{2}이면서, 상용인 경우에는 150 kg/cm^{2}로 계획이 되어 있다. 갑판 크레인은 정비가 된 기계 장치이기 때문에 장치로서의 안전 대책도 충분하게 고려가 되어야 하고, 훅(hook)의 상한 위치나 앙각의 위치에 대한 한계 스위치(limit switch)를 설치함으로써 조작상에서 예측할 수 없는 사고에 대한 방지도 하고 있다.

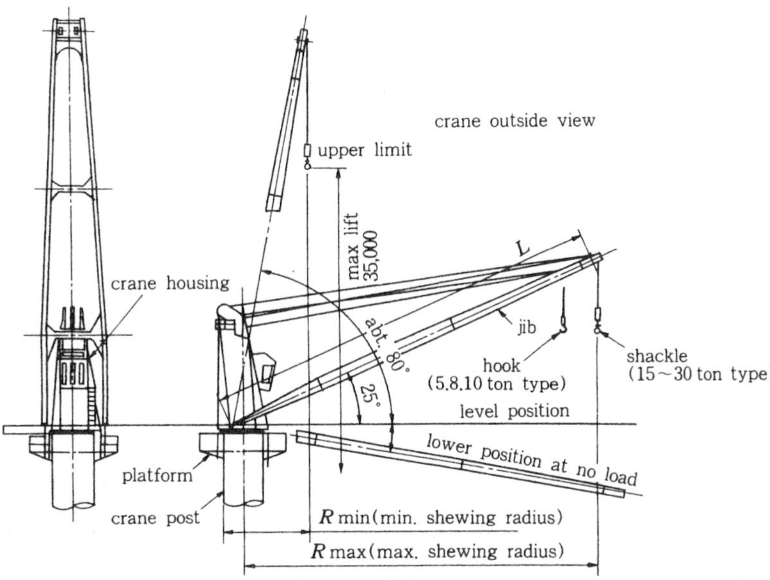

그림 4·40 유압식 갑판 크레인

그리고 중량물을 하역할 경우에는 양쪽의 크레인으로서 하역할 수 있도록 한 형식도 있는데, 이것은 양용 갑판 크레인(double deck crane)으로서 이것으로 하역을 할 때에 어느 쪽이든지 한쪽 크레인이 주크레인(master crane)이 되고, 다른 쪽이 종속(slave) 크레인이 되면서 일체의 제어 기능을 주크레인이 담당하여, 2대의 크레인을 원만하게 제어하게 된다.

양용 갑판 크레인은 단식(single)보다는 가격이 비싸기 때문에, 그것의 절충안으로서 화물 창구의 전후에 2대의 단식 갑판 크레인을 서로 마주보게 설치해서, 한쪽을 주크레인이 되게 하고 다른 쪽을 종속 크레인이 되게 하면서 주크레인으로 원만하게 하역을 제어할 수 있게 한 방식이 있는데, 이것을 **조합식 갑판 크레인**(combination deck crane)이라 한다. 또, 갑판 크레인에 부대 설비를 설치하면 버킷(bucket) 하역이나 마그넷(magnet) 하역도 행할 수 있기 때문에, 하역에서 많은 용도에 적용이 된다.

그런데 일반적으로 데릭 붐식 하역에서는 부정기선인 경우에는 1개의 창구에 대해 1갱(gang)인 하역 장치가 필요하겠지만, 갑판 크레인은 선회도 하기 때문에 전후에 있는 창구들도 담당할 수가 있어서 데릭 붐식 하역보다 자유도가 크다. 그러나 선박에서 갑판 크레인을 채용할 수가 있을 것인가, 데릭 붐식 하역 장치를 채용할 것인가는 여러 측면에서 검토가 되어야 하겠지만, 현재의 상태에서 정격 용량인 10톤 정도를 분기점으로 하면서 15톤 이상인 경우, 하역 능률과 가격 및 취급 등 전반적인 상황을 비교할 때 갑판 크레인쪽이 유리하다.

4.4 목재 하역 장치

일반적으로 목재는 그 자체의 비중이 물보다 가볍기 때문에 선박에 탑재를 하면 예비부력을 주게 되는 결과가 되므로, 선창 내에 적재할 뿐만 아니라, 어떤 제한도 없이 갑판상에 탑재하는 것은 허용이 되고 있다. 그러나 원목(log)인 경우에는 1개당 수톤이 되면서 선박의 성능에 영향을 주는 중량물도 있어서, 그것을 취급하는 과정에서 불안정하게 됨과 동시에 항해 중에 선박의 동요로 인해서 이동을 시작하면 매우 위험해지므로, 원목을 고박시키는데는 특수한 장치를 설치하는 것을 고려해야만 한다.

특히, 목재 수출국인 캐나다에서는 목재 적하에 관한 캐나다의 정부 규칙(regulation for the loading and cargo of timber deck cargo)과 이 외에도 seaboard shipping company limited (Vancouver)의 requirements for conventional packaged lumber carriers 라는 규정이 있어서, 목재를 운반하는 선박들은 이 규정을 적용하는 협회에 가입하여 철저하게 요구

사항을 시행한다는 것이, 캐나다로 향하는 목재 운반선들의 운용 조건이므로 주의를 해야만 한다.

4.4.1 하역장치

원목은 하역 단위(lot)의 취급 중량이 20~25톤이므로 보통 하역 장치로 매어다는 하중이 25~30톤 정도인 것이 요구되면서 단위 중량도 크기 때문에, 스포팅하는데도 용이한 것이 필요하다. 그래서 하역 장치로서 원목의 적하와 양하를 함과 동시에, 하역할 때에는 위험(원목은 넘어지기가 쉽다)이 따를 수 있기 때문에 편현 하역을 하게 된다.

그리고 경우에 따라서는 일반 잡화보다도 긴 아우트리치(outreach)가 요구되는 경우도 많으므로, 최근 목재 전용선에는 1개의 장대한 데릭 붐식 하역 장치를 사용하고 있다.

원목의 하역은 뗏목 등과 같이 해면상에 띄운 상태로부터 현측까지 원목을 운반해서 해상으로부터 선내로 실은 경우와, 트레일러(trailer)로서 안벽까지 원목을 운반한 것을 싣은 경우가 있다. 그런데 하역 도중에 래싱(lashing) 상태로부터 빠져 버린 원목은 갑판상이나 선창내로 떨어지면서 선체나 의장품을 손상시키는 경우가 많으므로, 창구의 아래에 배치된 창내 탱크의 정부(tank top)는 두께가 75 mm 정도인 선저 내장판(bottom ceiling)을 시공하면서 탱크 정부의 판 두께도 증가시켜야만 한다

그리고 기타 파이프류도 가능한 한 하역 작업이나 탑재시킬 목재에 방해가 되지 않는 위치로 도설을 하면서, 보호 커버로 적절하게 이것을 보호해야만 한다. 또, 창내로 원목을 끌어넣는 작업을 행할 때에도 늑골(frame)이나 브래킷(bracket)을 파손시키는 경우가 많으므로, 창내의 네 모서리에는 평강(平鋼) 등으로서 늑골이나 브래킷의 상면을 스파링(sparring)해서 스캐터(scatter)가 될 수 있도록 고려할 필요가 있다.

4.4.2 래싱(Lashing) 장치

원목을 래싱하기 위해서는 창내와 상갑판상에 여러 개의 아이 플레이트를 설치하는데, 그 요령이 그림 4·41에 표시되어 있다. 그리고 아이 플레이트를 설치하는 갑판 아래에는 특별한 보강을 해주어야 한다. 그래서 원목은 창내와 갑판상의 아이 플레이트를 이용해서 와이어로 결박을 시키고, 하역 윈치로서 죄면서 동요로 인한 목재의 이동을 방지할 수가 있다.

원목을 갑판상에 적재할 경우에는 건현 갑판이나 선루 갑판의 폭로부에 목재를 실으면서 와이어와 체인으로 래싱을 한다. 이러한 경우에는 규정 조건인 국제 만재 흘수선 조약을 만족해야만 목재 건현을 얻을 수 있으므로, 일반 선박보다 목재 운반선이 유리하게 된다.

그리고 갑판상에 목재를 적재할 경우에는 목재가 낙하하는 것을 방지하기 위해서, 불

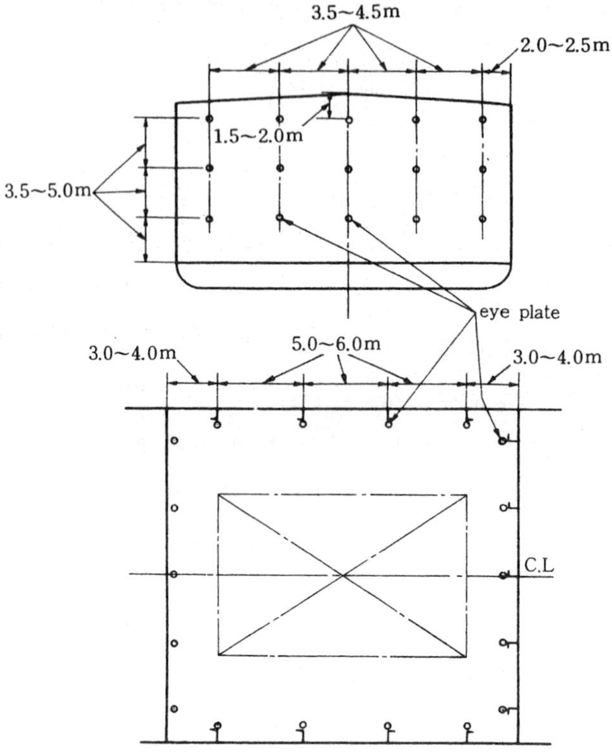

그림 4 · 41 화물창 내의 목재 탑재용 래싱 장치

워크(bulwark)의 내측에 3 m 이내인 간격마다 목제나 강제로 된 강력한 지주(stanchion)를 세운다. 이를 위해서는 불워크에 그림 4 · 42 와 같은 지주의 지지용 속구를 설치함과 동시에, 일반적인 경우보다 한층 더 보강을 해주어야만 하는데, 지주의 위치에 윈치의 플랫폼이 있는 경우에는 그 양측에다 지주를 설치해야만 한다.

그림 4 · 43 에 표시된 바와 같은 래싱은 와이어로 중간층은 2층 정도로 결박시키면서, 그 위는 최상층으로 해서 와이어나 체인으로 고박을 시킨다. 그러나 그림 4 · 43 에 표시된 것은 고박 장치의 한 예이지만, 상층을 체인으로 고박을 시키는 경우에는 갑판붙임용 아이 플레이트의 수가 와이어 죄임식인 경우보다 약 배 정도가 필요하므로 주의를 해야만 한다. 그 이유는 윈치로 죄이기 위해서 어떤 경우라도 와이어에 의한 죄임 부분이 필요하기 때문이다.

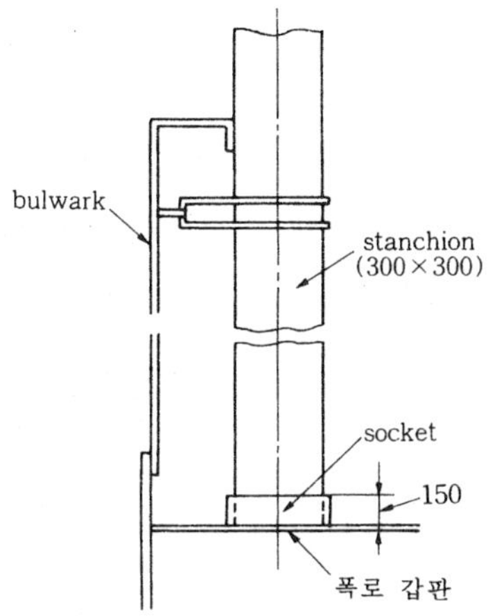

그림 4 · 42 갑판상의 목재 탑재용 지주

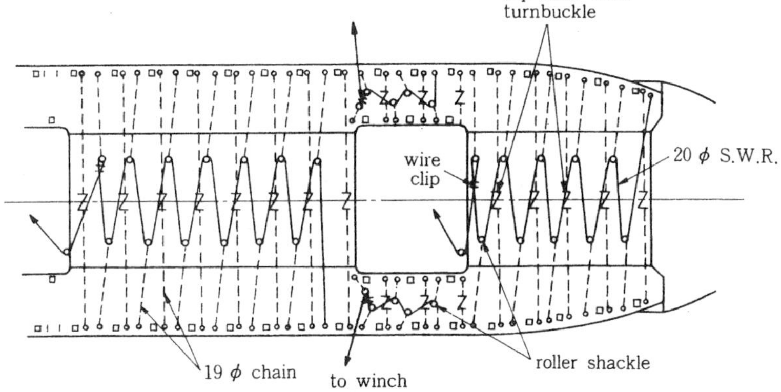

그림 4 · 43 와이어와 체인의 고박 방법

4.5 컨테이너의 하역 장치

컨테이너(container)는 컨테이너 전용선이나 일반 화물선에 의해 수송이 된다. 컨테이너 전용선으로는 리프트 온(lift on)/리프트오프선과 롤온(roll-on)/롤오프선 및 바지 캐리어(barge carrier) 등이 있는데, 여기서는 리프트 온/리프트오프선의 컨테이너선과 일반 화물선에 컨테이너를 싣는 하역 장치에 관해서 그 개요를 간단히 설명하기로 한다.

4.5.1 컨테이너의 개요

컨테이너는 각종 화물을 어떤 일정한 크기의 단위로서 정리해서 해상과 육상으로 수송을 하기 위해 만들어진 상자인데, 컨테이너의 규격, 치수와 강도 및 구조에 관해서는 ISO(International Organization Standardization)에서 표 4·2 와 같이 정하고 있다.

표 4·2 컨테이너의 치수와 중량

형 식	높 이		폭		길 이		최대 총중량 (kg)
	mm	ft·in	mm	ft·in	mm	ft·in	
1A	2438	8′	2438	8′	12,192	40′	30,480
1AA	2591	8′~6″	2438	8′	12,192	40′	30,480
1B	2438	8′	2438	8′	9152	29′~11 1/4″	25,400
1C	2438	8′	2438	8′	6058	19′~10 1/2″	20,320
1CC	2591	8′~6″	2438	8′	6058	19′~10 1/2″	20,320
1D	2438	8′	2438	8′	2991	9′~9 3/4″	10,160

〔주〕 최대 총중량은 컨테이너를 허용할 수 있는 최대 중량(컨테이너 본체와 화물 중량의 합계)이다.

현재 선박용 컨테이너로 사용하고 있는 것은 1A, 1AA, 1B, 1C, 1CC, 1D 인 치수에 의해 여섯 가지의 컨테이너로 구분할 수 있다. 그리고 컨테이너는 최대 총중량을 6 단계로 구별하고 있으면서 사용 목적에 따라 그림 4·44 와 같이 여러 종류가 있는데, 그것들 중 중요한 것을 열거하면 다음과 같다.

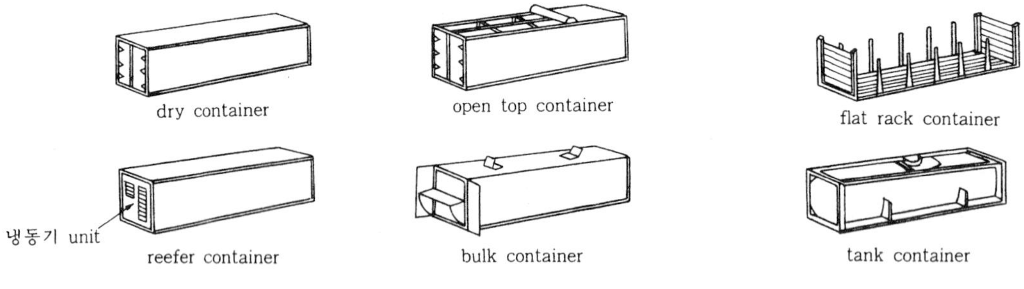

그림 4·44 컨테이너의 종류

[1] 드라이 컨테이너(dry container)

이것은 일반 잡화용 컨테이너로서 가장 표준적인 형인데, 주로 알루미늄 합금제로 만들어진 것들이 많다.

[2] 냉동 컨테이너(reefer container)

이것은 냉동 화물을 수송하기 위한 컨테이너로서, 끝단에는 냉동기 유닛을 설치해서 컨테이너의 내측을 방열시키고 있다. 냉동기는 공랭과 수냉의 겸용으로서, 상갑판상에 탑재가 되는 경우에는 공랭식을 사용한다. 그런데 냉동 컨테이너의 수가 많아서 창내에 탑재를 할 경우에는 수냉식으로 하기도 한다. 이 때문에 창내에는 냉각수용 관을 배관해서 냉각수 관으로부터 각 컨테이너의 냉동기 유닛에 고무 호스(gum hose)로 급수를 할 수 있게끔 되어 있다.

그리고 상갑판과 창내의 적당한 장소에는 전원 플러그(plug)을 배치하면서, 캡타이어(captyre)로서 각 냉동 컨테이너에 급전을 시킨다. 또, 창내의 냉동 컨테이너의 수가 대단히 많은 경우에는 기관실에 냉동기 유닛을 설치하면서, 창내에는 차가운 바람을 공급하는 덕트도 배치하여 컨테이너와의 사이를 유연성(flexible) 덕트로 연결시키는, 소위 개별 냉각 방법인 장치식 냉동 컨테이너를 사용하는 경우도 많다.

[3] 플랫 래크 컨테이너(flat rack container)

이것은 천장과 측벽이 없는 컨테이너로서, 측면과 상방으로부터의 하역도 가능하면서 컨테이너로는 적재할 수가 없는 강재와, 관 등의 길이가 긴 화물이나 중량물 등의 운반용으로도 사용이 되고 있다.

[4] 무개형 컨테이너(open top container)

이것은 천장이 캔버스(canvas) 등으로 구성되어 있어, 떼어내는 것도 가능하면서 중량물을 위쪽으로부터 크레인에 매달아서 물품을 출납시키기도 한다.

[5] 벌크 컨테이너(bulk container)

이것은 곡물류와 사료 및 화학 약품 등 산적 화물용 컨테이너로서 화물을 실을 때에, 천장에 설치된 맨홀(manhole)로부터 행하는 반면에 양하는 저부에 설치된 호퍼(hopper)나 끝부분의 문을 열어서 하역을 행하기도 한다.

[6] 탱크 컨테이너(tank container)

이것은 액체 상태인 식품이나 화학 제품 등을 산적해서 수송을 하는데에 사용이 되는 컨테이너인데, 이 외에도 자동화 수송용인 래크 컨테이너(rack container)와 동물 수송용인 펜 컨테이너(pen container) 및 드라이 컨테이너의 내부의 방열만을 목적으로 해서 정밀 기계 수송에 사용되는 방열 컨테이너(insulated container) 등이 있다. 그림 4·44에는 각종 컨테이너의 개략 형상을 표시했다.

4.5.2 리프트 온/리프트오프식 컨테이너선의 창내의 하역 장치

리프트 온/리프트오프식 컨테이너선의 창내에는 컨테이너 하역시 가드(guard) 역할을 겸하면서 130~150 mm 정도인 등변 산형강을 설치한다. 이것이 셀 가드(cell guard)인데, 셀 가드로 세세하게 칸막이를 한 컨테이너의 창이 셀룰러 선창(cellular hold)이다.

컨테이너선에 탑재된 컨테이너는 격납 장소가 정해져 있어, 하역의 편의를 제공하기 위해 격납 장소에 번호를 붙이고 있다. 그리고 이 번호는 선박의 전후 방향〔이것을 행(bay)이라 한다〕과 횡방향〔이것을 열(row)이라 한다〕 및 상하 방향〔이것을 단(tire)이라 한다〕의 위치 표시를 나타낸다. 또, 셀 가드는 일반적으로 고정식이기 때문에 20′ 컨테이너용 격납 장소에는 40′ 컨테이너가 적재될 수가 없어, 20′와 40′인 어느 쪽의 컨테이너라도 싣기 위해서는 셀 가드의 일부를 떼어내는 식으로 만든 경우도 있다.

컨테이너의 하중은 네 모서리를 통해 집중적으로 이중저에 전달이 되므로, 이중저의 이 부분은 특별히 보강을 해둘 필요가 있다. 그리고 셀 가드를 설치할 때에는 정도가 나쁘면 컨테이너를 격납할 수가 없으므로, 여기에서는 정밀도의 정도가 매우 중요하다. 컨테이너의 강도는 상하의 컨테이너가 그림 4·45에 표시된 바와 같이 약간 어긋나게 포개져도 지장이 없게끔 설계를 하고 있다. 따라서, 셀 가드와 컨테이너 사이의 틈새는 이런 범위 내에서 허용이 되고 있는데, 일반적으로 틈새는 길이 방향에서 편측 18 mm이고, 횡방향에서는 편측 13 mm 정도로 계획을 하고 있다.

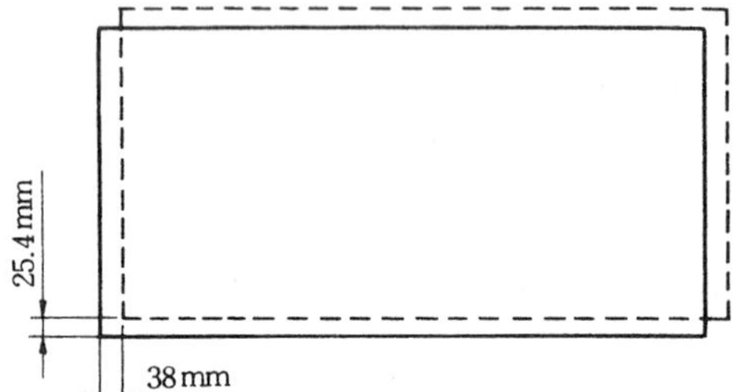

그림 4·45 컨테이너의 탑재 허용 한도

이와 같이 컨테이너와 셀 가드의 간격에는 치수의 틈새가 작기 때문에 컨테이너를 탑재할 경우에 하역 작업을 보다 쉽게 하기 위하여 셀 가드의 상부를 외측으로 열 수가 있는 형상으로 하고 있는데, 이런 부분이 엔트리 가드(entry guard)이다. 또, 이중저의 상면과 컨테이너의 네 모서리가 접촉하는 개소가 동일 평면상에 없으면 컨테이너의 수납 상태가 나빠지므로, 컨테이너의 네 모서리의 하단에 있는 이중저 상면을 20 mm 정도인 강판으로 용접해서 수평 정도를 조정한다.

4.5.3 폭로부 컨테이너의 고박(固縛) 장치

폭로부 갑판이나 창구 덮개상의 컨테이너는 1~4 단인 범위 내에서 적재를 하게 되므로, 선박의 동요나 풍압 등으로 인해서 컨테이너가 전도(轉倒)가 되지 않게끔 할 필요가 있다. 그래서 컨테이너선의 창내에는 앞에서 설명한 바와 같이 셀 가드로 컨테이너의 측면을 지지하고 있으므로, 컨테이너의 고박이 특별히 필요하지 않다. 그러나 폭로부에는 셀 가드를 설치하지 않으므로, 각종 고박 장치(lashing equipment)로서 컨테이너를 고정시킬 필요가 있다.

그런데 컨테이너의 고박 장치에는 여러 가지의 방식이 있지만, 현재 널리 사용되는 것은 그림 4·46 과 같은 로드(rod) 방법이다. 그리고 고박용 속구는 컨테이너의 모서리에 설치되는 모서리 속구(corner fitting)와 같이 컨테이너들 상호간을 연결한다든지 선체에 컨테이너를 고박시키기도 한다.

모서리용 속구는 그림 4·46 에 표시된 바와 같이 각 면에 구멍을 뚫어서 여기에 고박용 속구의 일부를 결박시키게 되는데, 그림 4·46 에 표시가 된 로드식 고박 장치에는 다음과 같은 속구가 사용된다.

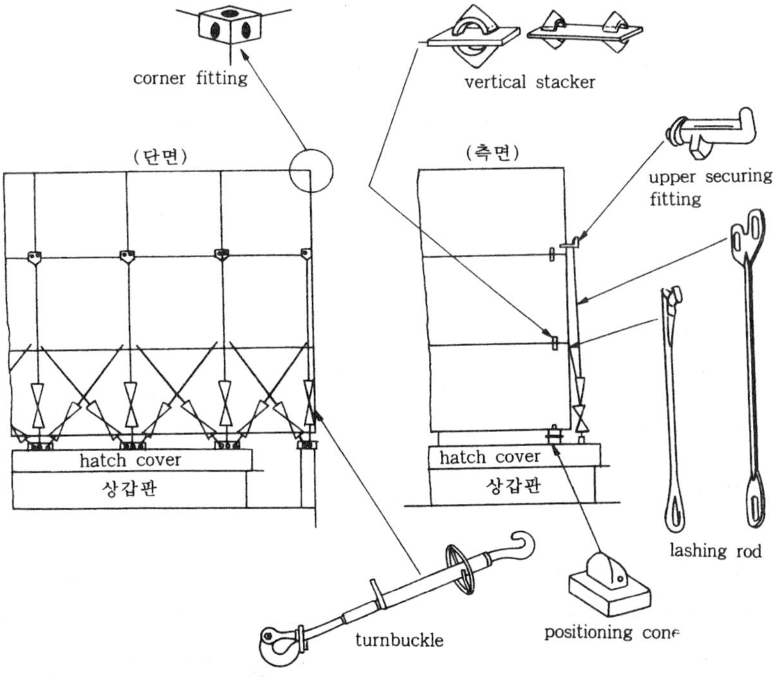

그림 4·46 갑판 폭로부의 컨테이너 고박 장치

[1] 래싱 로드(lashing rod)

이것은 고장력강을 사용한 환봉(丸棒)으로서, 창구 덮개상에서 조종하면서 2단째나 3단째인 컨테이너의 하부 속구에 결박이 된다. 이런 경우에는 3단째인 컨테이너의 모서리용 속구에 상부 보호용 속구(upper securing fitting)로서 결박하면서, 여기에 래싱 로드의 끝단을 끼워 넣는다. 더구나, 컨테이너가 1단 적재인 경우에는 포지셔닝 콘(positioning cone)만으로 고박을 하기 때문에 래싱을 사용하지 않는 것이 일반적이다.

[2] 턴버클(turnbuckle)

이것은 래싱 로드의 죄임용 속구이다. 그리고 일반적으로 리깅 나사 (rigging screw)도 사용이 된다.

[3] 포지셔닝 콘(positioning cone)

이것은 창구 덮개나 갑판상에 컨테이너를 고정하기 위한 속구인데, 볼록형 속구에 핀으로 체결시킨 것이 로크식(lock style)인 반면에, 레버를 움직이면 볼록형 속구가 모서리용 속구를 회전시키면서 고정하는 트위스트형(twist form) 로크식 등도 있다.

일반적으로 창구 덮개상에는 20′와 40′인 어느 쪽의 컨테이너라도 적재할 수가 있어야만 하므로, 포지셔닝 콘은 일부 분해식으로 설치할 필요가 있다.

[4] 버티컬 스태커(vertical stacker)

이것은 각형 강판의 양면에 볼록형 속구를 설치한 것으로서, 상하 방향의 컨테이너 사이에 이것을 삽입시키면, 컨테이너의 이동이 방지가 된다. 그런데 그림 4·47에서 연직 스태커는 모서리용 속구에 볼록형인 속구를 삽입시킨 것이지만, 포지셔닝 콘과 같이 트위스트형 로크식도 있는데, 이런 형식의 속구를 사용할 때에는 래싱 로드를 일부 생략하는 경우도 있다.

[5] 상부 보호용 속구(upper securing fitting)

이것은 모서리용 속구를 관통해서 방향을 변화시키면서 고정시키는 속구로서, 주로 래싱의 끝단을 결박하는 데에 사용된다.

4.5.4 일반 화물선의 컨테이너의 고박 장치

최근에 건조되고 있는 일반 화물선은 거의 모두가 컨테이너의 탑재 효율이 좋도록 설계되고 있다. 그런데 일반 화물선은 1층이나 2층 중갑판을 설치하면서 컨테이너 이외로 여러 가지의 화물을 탑재하기 때문에, 창내에 셀 가드를 설치하지 않는 것이 보통이다.

그러나 분해식에는 셀 가드를 설치한 예도 있다.

셀 가드가 없는 창내에는 컨테이너를 적재하는데, 이것을 고박시키는 방법은 컨테이너선의 폭로부인 경우와 마찬가지로 각종 고박용 속구가 사용된다. 그리고 그림 4·47에 표시된 것은 일반 화물선이 컨테이너를 탑재할 경우에 사용이 되는 고박 장치인데, 중갑판의 창구 덮개를 열어둔 상태에서 컨테이너를 창구의 개폐 공간에 쌓아 올리면서, 앞항에서 설명한 바와 같은 속구로 고박을 시킨다.

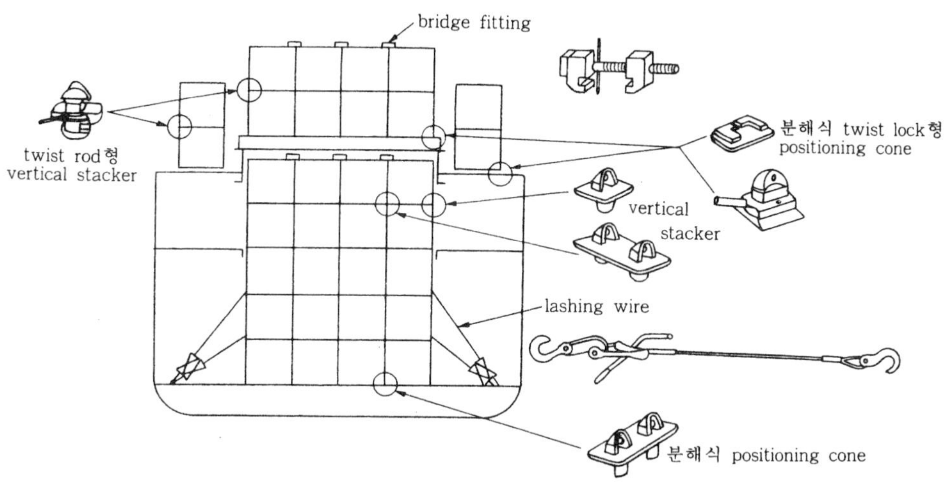

그림 4·47 일반 화물선의 컨테이너 고박 장치

또, 일반 화물선인 경우 중갑판의 창구 덮개에도 고박용 속구를 설치하게끔 해놓는데, 컨테이너의 고박 방법으로는 앞항에서 설명한 로드식 대신에 와이어에 의한 고박 방법이 일반적으로 사용되고 있다.

한편, 일반 화물선의 창내 하역에는 포크(fork) 리프트를 사용하는 경우가 많으므로, 포지셔닝 콘의 볼록형 속구들이 포크 리프트가 주행하는데에 방해가 되지 않게끔 분해식으로 해놓는 것도 필요하다. 그리고 창구 덮개가 컨테이너선인 경우에는 상자식(pontoon style) 대신에 싱글 풀(single pull)처럼 같이 접어 개는 방법을 사용하는데, 포지셔닝 콘을 밀어내더라도 덮개의 격납시 방해가 되지 않으므로, 이것을 분해식으로 할 필요가 있다.

그러나 로드식은 좌우의 컨테이너를 결합시키는 방법으로서 그림 4·46에 나타낸 바와 같지만, 와이어식인 경우에는 그림 4·47에 나타낸 바와 같이 브리지 속구식(bridge fitting style)이 사용된다.

제 5 장

제 관 장 치

5.1 제관 장치 일반

선박 의장 부문들 중에서 관의장이 차지하는 비중이 매우 커서, 초대형급 유조선(very large crude carrier : VLCC)일 경우는 거의 10,000개의 부품이 넘는다. 따라서, 선박 건조 중 선행 의장 공사의 대부분을 차지하는 것도 배관 의장 공사이고, 이 공사의 성패가 선박 건조의 공기 단축에 크게 좌우한다고 생각해도 무리는 아니다.

선박에는 정박과 항해, 화물의 선적과 양육, 선원의 선상 생활과 안전을 위한 많은 기기들이 설치되어 있고, 이것들의 원활한 작동을 위해서는 인체의 혈관과도 같은 선체 내의 각종 유체의 흐름을 관이라는 매체를 통해, 각종 기기 등을 상호 연결시켜 선박의 기능을 발휘하게 되는 것이다. 그런데 주로 이러한 관계통은 기관실을 기점으로 해서 선내의 필요한 여러 곳으로 뻗어 나가고 있지만, 선내의 최대한 공간을 확보하기 위해서는 이것을 갑판 하부의 한쪽에다 밀집시키고 있다. 또, 이런 배관은 작동과 보수 등의 완벽한 성능이 유지될 수 있도록 제작, 설치와 검사 및 시운전이 선박 계통별로 행해지는데, 이러한 과정이 선박에서 배관의 주요 공정이다.

특히, 본 제 5 장에서는 제관 장치의 기본적인 사항만을 언급하고, 기관과 전기 의장의 개략적인 부분을 후술하고자 한다.

5.1.1 배관재료

선박에서 취급하게 되는 유체의 종류 및 화학 성분, 사용 온도, 사용 압력, 그리고 설치 장소 등에 따라서 배관 재료는 여러 가지의 제한을 받게 된다. 그리고 관재, 피스,

밸브류, 조인트 피스, 관고정용 피스, 볼트 및 너트 등과 같은 속구(fitting)류도 선급 협회 규정에 따라 제한을 받는다.

[1] 관의 재료

선박의 제관 장치에 사용하는 관의 재료는 대부분이 배관용 탄소 강관(SGP), 압력 배관용 탄소 강관(STPG), 배관용 아크 용접 탄소 강관(STPY), 고온용 탄소 강관(STPT) 및 내식, 내산, 내알칼리성 배관용 합금 강관(STPA) 등이 있고, 관 두께가 20 mm 전후인 큰 지름(400φ)인 관의 재료로는 주강관(鑄鋼管)이 사용되는 경우도 있다. 그리고 내식과 내열용 재료로는 스테인리스 강관과 동관 및 동합금관 등이 사용되기도 하지만, 여기서는 용접성이 우수한 탄소 강관을 주로 언급하기로 한다.

또, 표 5·1~5·5에는 각종 강관의 화학적 원소 성분과 기계적 성질 및 내압(耐壓)을 나타내었고, 표 5·6과 표 5·7은 강관의 치수 및 비중량과 배관용 아크 용접 탄소 강관의 치수를 표시했으며, 표 5·8은 용접 이음매 없는(seamless) 강관의 치수를 표시해 두었다.

[2] 피스(piece)류

배관 작업시에 관의 굽힘 반지름이 어느 한계점 이하일 경우와 지관(branch pipe)이 분기되거나 격벽이나 갑판을 관통해야 할 때 및 관의 지름을 변화시켜야 할 경우 등과 같은, 이러한 경우의 접합부에 사용되는 속구가 피스류이다. 여기에는 밴드(band) 피스(L자형의 관 ; elbow), 티(tee ; Y형) 피스, 관통 피스, 디스턴스(distance) 피스, 리듀서(reducer) 및 엔드 캡(end cap) 등이 있는데, 이러한 부분은 유체와의 이상 접촉이 일어

표 5·1 배관용 탄소 강관(SGP)

종 류	화학성분(%)		인장강도 (kg/mm²)	신 율(%)		내압력(耐壓力) (kg/cm²)	비 고
	P	S		종	횡		
SGP	≤0.050	≤0.050	≥30	≥30	≥25	≥25	

표 5·2 압력 배관용 탄소 강관(STPG)

종류	기호	화학성분(%)		인장 강도 (kg/mm²)	항복점 (kg/mm²)	신율(%)		내 압 력 (kg/cm²)	비 고
		C	Mn			종	횡		
2종	STPG 38	≤0.25	0.30~0.90	≥38	≥22	≥28	≥23	sched.40 : ≥50 sched.80 : ≥70	Si≤0.35% P≤0.040% S≤0.040% 신율은 4호 시험편 이상의 값
3종	STPG 42	≤0.30	0.30~1.00	≥42	≥25	≥24	≥19		

표 5 · 3 고압 배관용 탄소 강관(STS)

종류	기호	화학성분(%)		인장 강도 (kg/mm^2)	항복점 (kg/mm^2)	신율(%)		내압력(耐壓力) (kg/cm^2)	비 고
		C	Mn			종	횡		
1종	STS 35	0.08~0.18	0.30~0.60	≥35	≥18	≥30	≥25	주문서의 지정 수압 이상	Si 0.10~0.35% P≤0.035% S≤0.035% Cu≤0.20% 신율은 4호 시험편 이상의 값
2종	STS 38	≤0.25	0.30~0.90	≥38	≥22	≥28	≥23		
3종	STS 42	≤0.30	0.30~1.00	≥42	≥25	≥24	≥19		
4종	STS 49	≤0.33	0.30~1.00	≥49	≥28	≥22	≥17		

표 5 · 4 고온 배관용 탄소 강관(STPT)

종류	기호	화학성분(%)		인장 강도 (kg/mm^2)	항복점 (kg/mm^2)	신율(%)		내 압 력 (kg/cm^2)	비 고
		C	Mn			종	횡		
2종	STPT 38	≤0.25	0.30~0.90	≥38	≥22	≥28	≥23	주문서의 지정 수압 이상	Si 0.10~0.35% P≤0.035% S≤0.035% Cu ≤0.20% 신율은 4 호 시험편 이상의 값
3종	STPT 42	≤0.30	0.30~1.00	≥42	≥25	≥24	≥19		
4종	STPT 49	≤0.33	0.30~1.00	≥49	≥28	≥22	≥17		

표 5 · 5 저온 배관용 강관(STPL)

종류	기호	화학성분(%)							인장 강도 (kg/mm^2)	항복점 (kg/mm^2)	신율(%)		내 압 력 (kg/cm^2)	충격시험 온도(℃)
		C	Mn	Si	P	S	Ni	Cu			종	횡		
1종	STPL 39	≤ 0.25	≤ 1.35	≤ 0.35	≤ 0.035	≤ 0.035		≤ 0.20	≥39	≥21	≥30	≥22	≥50 지정되어 있을 경우 ≥ 지정 압력	−45
2종	STPL 46	≤ 0.18	0.30~ 0.60	0.10~ 0.35	≤ 0.030	≤ 0.030	3.20~ 3.80		≥46	≥25	≥24	≥16		−100

표 5 · 6 강관의 치수 및 비중량(SGP)

호칭 지름		바깥 지름 (mm)	호 칭 원 주							
			SGP		sched. 40		sched. 80		sched. 160	
A (mm)	B (in)		원주 (mm)	중량 (kg/m)	원주 (mm)	중량 (kg/m)	원주 (mm)	중량 (kg/m)	원주 (mm)	중량 (kg/m)
6	1/8	10.5	2.0	0.419	1.777	0.369	2.4	0.479		
8	1/4	13.8	2.3	0.652	2.2	0.629	3.0	0.799		
10	3/8	17.3	2.3	0.851	2.3	0.851	3.2	1.11		
15	1/2	21.7	2.8	1.31	2.8	1.31	3.7	1.64	4.7	1.97
20	3/4	27.2	2.8	1.68	2.9	1.74	3.9	2.24	5.5	2.94
25	1	34.0	3.2	2.43	3.4	2.57	4.5	3.27	6.4	4.36

32	1 1/4	42.7	3.5	3.38	3.6	3.47	4.9	4.57	6.4	5.73
40	1 1/2	48.6	3.5	3.89	3.7	4.10	5.1	5.47	7.1	7.27
50	2	60.5	3.8	5.31	3.9	5.44	5.5	7.46	8.7	11.1
65	2 1/2	76.3	4.2	7.47	5.2	9.12	7.0	12.0	9.5	15.6
80	3	89.1	4.2	8.79	5.5	11.3	7.6	15.3	11.1	21.4
90	3 1/2	101.6	4.2	10.1	5.7	13.5	8.1	18.7	12.7	27.8
100	4	114.3	4.5	12.2	6.0	16.0	8.6	22.4	13.5	33.6
125	5	139.8	4.5	15.0	6.6	21.7	9.5	30.5	15.9	48.6
150	6	165.2	5.0	19.8	7.1	27.7	11.0	41.8	18.2	66.0
200	8	216.3	5.8	30.1	8.2	42.1	12.7	63.8	23.0	110
250	10	267.4	6.6	42.4	9.3	59.2	15.1	93.9	28.6	168
300	12	318.5	6.9	53.0	10.3	78.3	17.4	129	33.3	234
350	14	355.6	7.9	67.7	11.1	94.3	19.0	158	35.7	282
400	16	406.4	7.9	77.6	12.7	123	21.4	203	40.5	365
450	18	457.2	7.9	87.5	14.3	156	23.8	254	45.2	459
500	20	508.0	7.9	97.4	15.1	184	26.2	311	50.0	565

표 5·7 배관용 아크 용접 탄소 강관(STPY)

종 류	화학성분(%)		인장 강도	신율(%)	내압력	비 고
	P	S	(kg/mm²)	종	(kg/cm²)	
STPY	≤0.050	≤0.050	≥41	≥18	≥25	신율은 15호 시험편 이상의 값

호칭 지름		원주 (mm)	6.0	6.4	7.1	7.9	8.7	9.5	10.3	11.1	11.9	12.7	13.1	15.1	15.9
A (mm)	B (in)	바깥지름 (mm)	중량(kg/m)												
350	14	355.6	51.75	55.1		67.7									
400	16	406.4	9.2	63.1		77.6									
450	18	457.2	66.8	71.1		87.5									
500	20	508.0	74.3	79.2		97.4	107	117							
550	22	558.8	81.8	87.2		107		129				171			
600	24	609.6	89.3	95.2	106	117		141	152			187			
650	26	660.4	96.8	103	114	127				178		203			
700	28	711.2	104	111	123	137					205	219			
750	30	762.0		119	132	147					220	235			
800	32	812.8		127	141	157					235	250			
850	34	863.6		135	150	167		200				266			
900	36	914.4		143		177	195					282			
1000	40	1016.0					216		255						
1100	44	1117.6							281	303					
1200	48	1219.2								331	354				
1350	54	1371.6									399	426	439		
1500	60	1524.0										473	488	562	
1600	64	1625.6										505	521	600	631
1800	72	1828.8											587	675	711
2000	80	2032.0												751	790

표 5·8 용접 이음매 없는 강관의 치수

nominal pipe size	outside dia.		nminal wall thickness									nominal pipe size
			sched. 40		standard weight	sched. 80		extra strong	sched. 160		double extra	
	in	mm	in	mm	in	in	mm	in	in	mm	in	
3/8	0.675	17.15	0.091	2.31	0.091	0.126	3.20	0.126				3/8
1/2	0.840	21.34	0.109	2.77	0.109	0.147	3.73	0.147	0.187	4.75	0.294	1/2
3/4	1.050	26.67	0.113	2.87	0.113	0.154	3.91	0.154	0.219	5.55	0.308	3/4
1	1.315	33.40	0.133	3.38	0.133	0.179	4.55	0.179	0.250	6.35	0.358	1
1 1/4	1.660	42.16	0.140	3.56	0.140	0.191	4.85	0.191	0.250	6.35	0.382	1 1/4
1 1/2	1.900	48.26	0.145	3.68	0.145	0.200	5.08	0.200	0.281	7.14	0.400	1 1/2
2	2.375	60.33	0.154	3.91	0.154	0.218	5.54	0.218	0.344	8.74	0.436	2
2 1/2	2.875	73.03	0.203	5.16	0.203	0.276	7.01	0.276	0.375	9.53	0.552	2 1/2
3	3.500	88.90	0.216	5.49	0.216	0.300	7.62	0.300	0.438	11.13	0.600	3
3 1/2	4.000	101.60	0.226	5.74	0.226	0.318	8.08	0.318				3 1/2
4	4.500	114.30	0.237	6.02	0.237	0.337	8.56	0.337	0.531	13.49	0.674	4
5	5.563	141.30	0.258	6.55	0.258	0.375	9.53	0.375	0.625	15.88	0.750	5
6	6.625	168.28	0.280	7.11	0.280	0.432	10.97	0.432	0.719	18.25	0.864	6
8	8.625	219.08	0.322	8.18	0.322	0.500	12.70	0.500	0.906	23.01	0.875	8
10	10.750	273.05	0.365	9.27	0.365	0.594	15.09	0.500	1.125	28.58	1.00	10
12	12.750	323.85	0.406	10.31	0.375	0.688	17.48	0.500	1.312	33.32	1.00	12
14	14.000	355.60	0.428	11.13	0.375	0.750	19.05	0.500	1.406	35.71		14
16	16.000	406.40	0.500	12.70	0.375	0.844	21.44	0.500	1.594	40.49		16
18	18.000	457.20	0.562	14.27	0.375	0.938	23.83	0.500	1.781	45.24		18
20	20.000	508.00	0.594	15.09	0.375	1.031	26.19	0.500	1.969	50.01		20
22	22.000	558.8			0.375	1.125	28.58	0.500	2.125	53.98		22
24	24.000	609.60	0.688	17.48	0.375	1.219	30.95	0.500	2.244	59.54		24

나는 부분으로서 부식이 심하기 때문에, 관재보다 두께가 두꺼운 것을 사용해야 한다. 각종 피스류는 그림 5·1에 표시해 두었다.

[3] 관 이 음

박용 배관에서는 관의 지름에 따라 여러 가지 이음의 형태가 사용된다. 또, 취급되는 유체의 압력과 온도 및 선박의 운동 때문에 필요한 관계(管系)의 신축(伸縮) 등을 고려해야 한다. 신축 굽힘관, 각종 신축 이음쇠 및 피스류, 관과 관의 맞대기 용접이음, 슬리브(sleeve) 용접이음, 관계의 취급과 수리 및 보수를 고려한 각종 플랜지 이음과 소구경관의 유니언(union) 이음 및 압축 공기나 스팀 등의 고압관용 특수 플랜지(flange) 이음 등, 그림 5·2와 같은 여러 가지가 있다. 이들 중 플랜지 이음이 가장 널리 사용되고 있다.

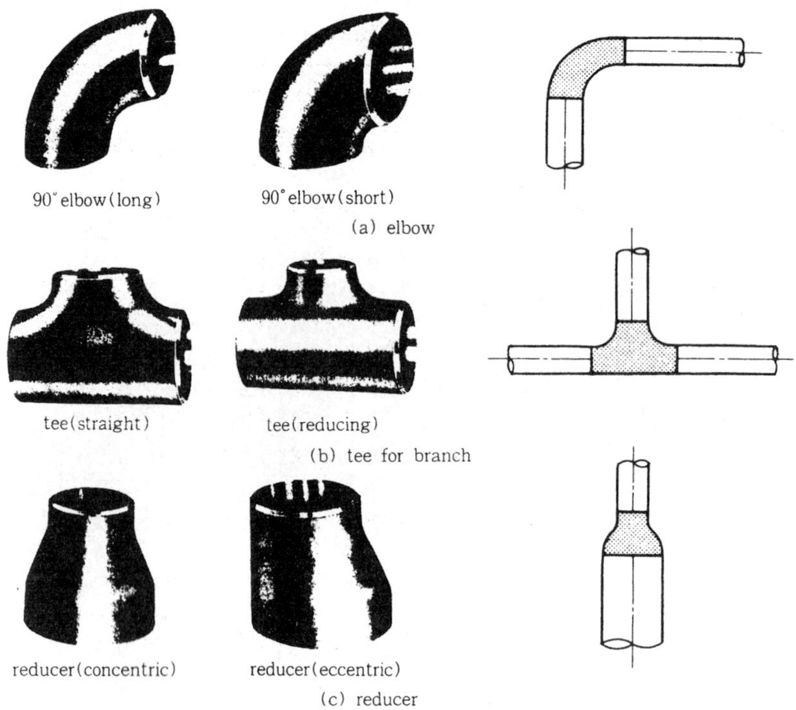

그림 5·1 각종 피스류

[4] 관의 도설(導設)

관의 도설은 관의 지름에 따라 앵글(angle)로 만든 받침대〔받침쇠와 플랫 바(flat bar)로 만든 밴드(band)나 유볼트(U bolt)로서 한 조를 이름〕를 늑골(flame), 빔(beam), 늑판(floor) 또는 스티프너(stiffener)에 견고하게 설치해야만 하고, 늑판을 관통해야 할 때는 슬리브를, 그리고 격벽을 관통할 때는 관통 피스를 사용해야만 한다. 이 때 관의 부식과 파손을 고려하면 그것의 두께는 격벽의 두께 이상이 되어야만 한다. 각종 받침대는 그림 5·3에 표시해 두었다.

[5] 밸 브 류

밸브는 관내의 유체의 흐름을 제어하는 수단으로 사용이 된다. 그리고 가장 많이 쓰이는 것으로는 구형(globe) 밸브, 게이트(gate) 밸브〔조리개(throttle) 밸브〕, 구형 앵글 밸브, 역지 밸브 및 버터플라이(butterfly) 밸브 등이 있으므로, 설계시에는 용도와 특성 등에서 가장 적합한 것을 선택해야만 한다. 또, 밸브의 종류에는 주강, 주철, 구리계 합금 및 스테인리스강 제품 등이 있는데, 기본적인 밸브의 형상을 그림 5·4에 표시해 두었다.

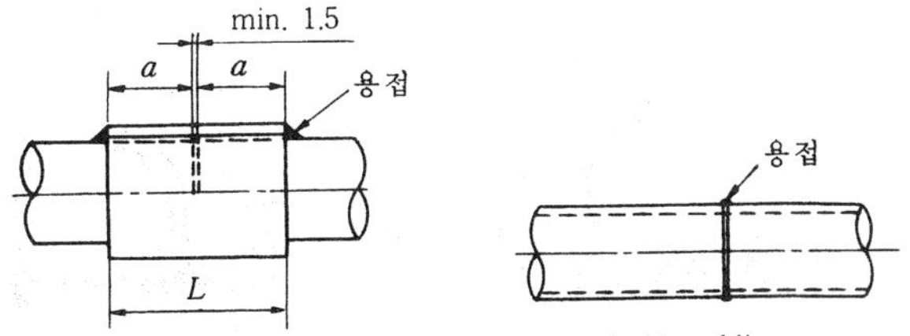

welding sleeve butt welding

(a) 용접 관이음(맞대기 또는 슬리브)

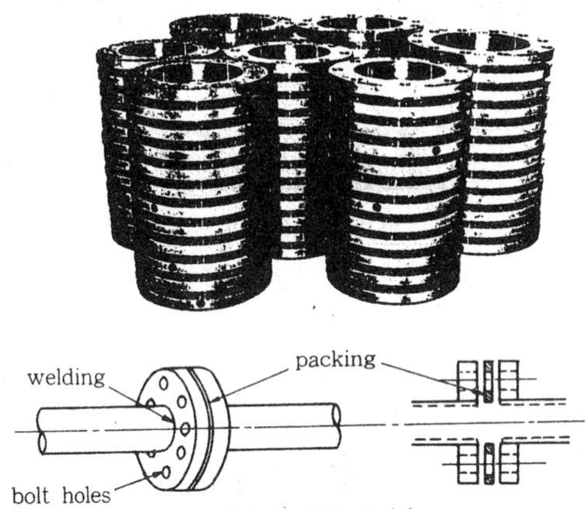

(b) 플랜지 관이음

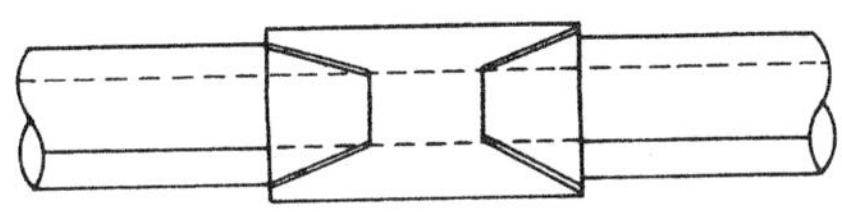

(c) 스크루 이음(주로 수도관 이음으로 사용됨)

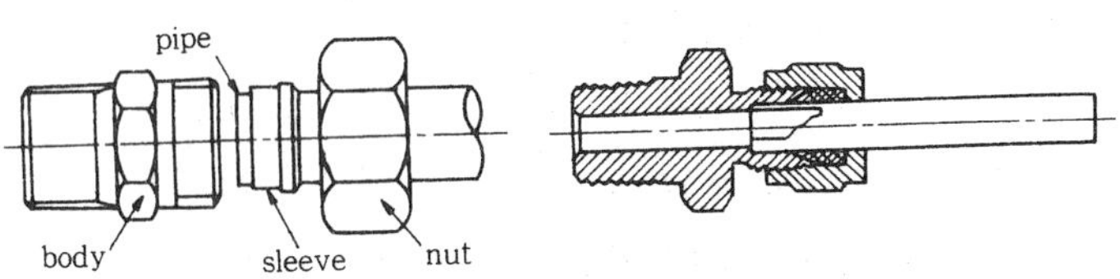

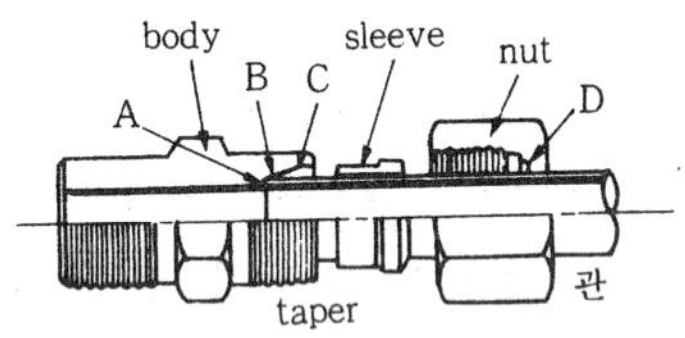

쐐기(wedge) 형상으로 nut가 taper(斜面)진 암테두리(female)에 강력히 박히도록 밀어주면 관과 body가 타이트하게 결합된다.

(d) 맞물림(bite) 관이음

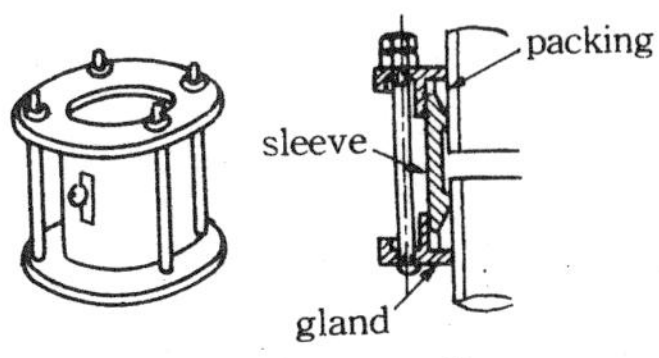

sliding expansion coupling

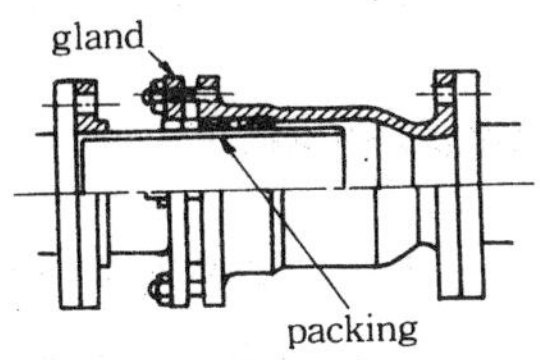

sleeve type sliding expansion coupling

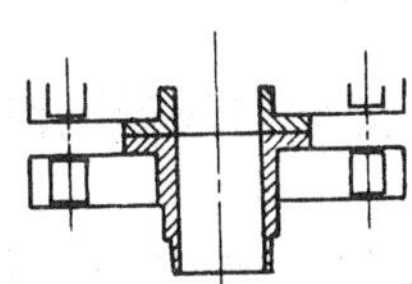

같이 생긴 것을 위에서 반대쪽으로 마주 보게 붙여서 볼트로 조임.

composite flange

(e) 신축 관이음

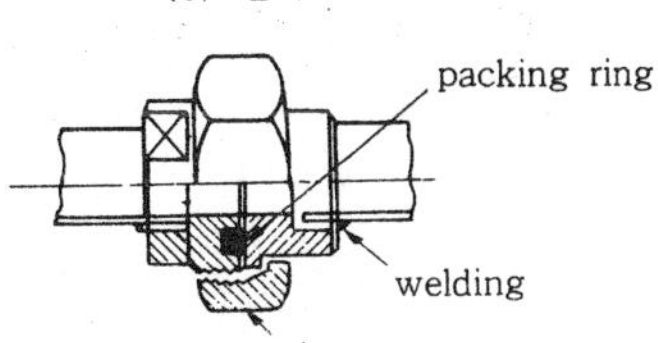

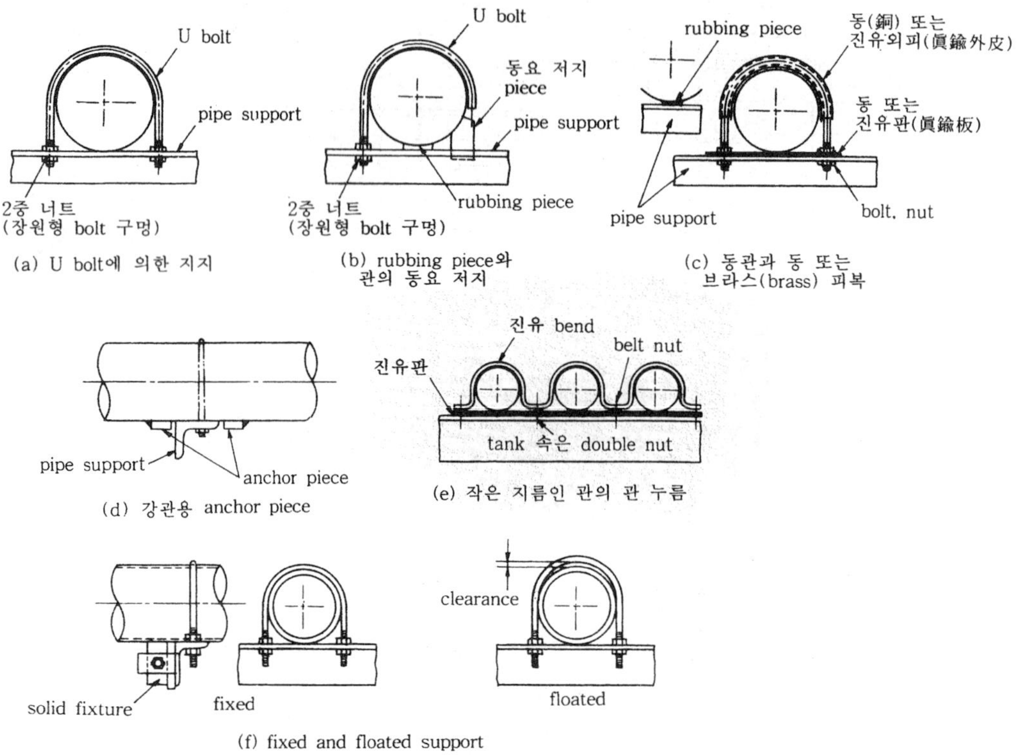

그림 5·3 각종 받침대

[6] 펌 프 류

관계(pumping system)에 사용되는 펌프는 유량(flux)과 양정(揚程, vomiting volume)에 따라 적절히 선택되어야 한다. 유량을 위주로 할 경우에는 주로 원심 펌프를, 그리고 유량보다 양정을 위주로 할 경우 플런저(plunger) 펌프를, 또 유량과 양정을 필요로 할 경우에는 기어(gear) 펌프나 스크루 펌프 등을 사용하는 반면, 액체 화물을 취급하는 탱커(tanker)나 밸러스트용(ballast 用) 펌프는 주로 원심 펌프가 사용된다.

그림 5·5는 유량과 전양정(全揚程)과의 관계를 표시한 것이다.

5.1.2 선박의 펌핑 장치(Pumping system)

선박의 항해, 하역 및 정박 등의 기능을 원활하게 발휘하는 데에 필요한 선내의 각종 기기의 작동과 선원의 안전한 선상(船上) 생활을 위해서는, 여러 가지의 관장치가 필요하다. 그런데 이들 관장치는

① 선내의 밸러스트 탱크에 주수, 배수를 위한 밸러스트용 관계(管系),

② 빌지를 배출하기 위한 빌지 관계,

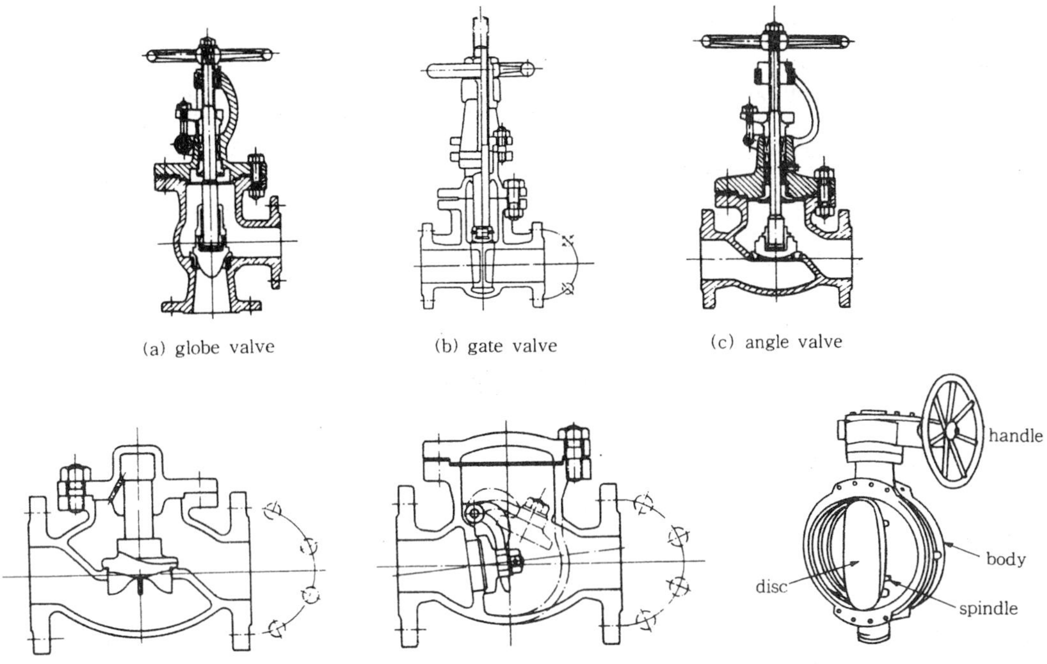

(a) globe valve (b) gate valve (c) angle valve

(d) swing형 및 lift형 역지 밸브 (e) butterfly valve

그림 5·4 각종 밸브류

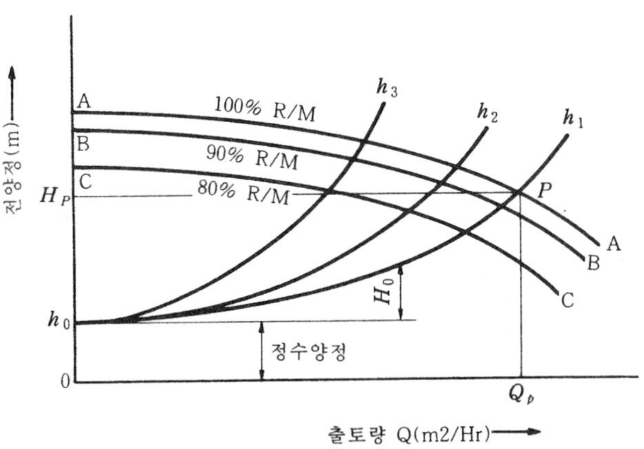

그림 5·5 유량과 전양정과의 관계

③ 연료의 수급과 이송을 위한 연료유용 관계,

④ 승조원의 위생과 식수 및 용수를 위한 청수, 해수의 급수 및 배수용 관계,

⑤ 선내의 생활 하수와 오수 처리를 위한 오수용 관계,

⑥ 소화와 갑판 세정용 관계,

⑦ 유압 시설을 위한 유압용 관계,

⑧ 액체 화물을 위한 화물유 관계

등이다. 그리고 이러한 펌핑 장치에서 유체의 적절한 이송용 펌프는 물론, 필요한 각종 밸브류와 이들의 원격 조정(remote control)을 위한 시설 및 감시 장치 등으로 구성이 된다. 이 밖에도 측심관, 공기 배출관, 배수관(scupper tube), 연료유 가열관, 냉방용·난방용 관계 및 압축 공기관 등도 있다.

5.2 선박의 배관 장치

5.2.1 **밸러스트 장치**(Ballast system)

항해 중에는 물론, 정박과 하역 중에도 선체의 복원성을 유지하고, 공선(空船) 항해시는 경제적인 항해를 하기 위해 배수량을 적게 하며, 흘수(draft)를 얕게 해서 선박의 속력을 증가시키는 것이 바람직하다. 그러나 밸러스팅을 하지 않아 흘수를 너무 얕게 하면 프로펠러나 타(rudder)가 수면에 노출되므로, 프로펠러 효율과 타의 효율이 저하되면서 선체 진동과 슬래밍(slamming) 및 프로펠러의 헛돔(propeller racing) 등의 원인이 된다. 그러나 과도한 밸러스팅(선저부)은 GM의 증가로 인해 롤링(rolling) 주기가 짧아지고, 승선자에게 불쾌감을 줄 수 있다.

또, 선미 기관선인 경우 경하 상태에서 밸러스트(ballast)를 적재하지 않으면, 선수의 선저가 수면상에 돌출되면서 과도한 선미 트림(aft trim)이 되어 항해하기가 어려워진다. 그래서 파랑이나 적하로 인한 과대한 굽힘 모멘트(bending moment)와 과대한 전단력 및 공진을 방지하기 위한 항만의 수심, 적재기(loader)의 높이에 따른 흘수와 트림(trim) 및 GM의 값 등을 신속히 확보하기 위해, 선내의 적당한 장소에 밸러스트 탱크(water ballast tank)를 배치하면서 주수와 배수를 한다. 해수로서 탱크에 주수하는 것을 **밸러스팅**(ballasting), 그리고 배수하는 것을 **디밸러스팅**(deballasting)이라고 한다.

즉, 밸러스트의 목적을 종합하면 다음과 같다.

① 각종 상황에 따른 적절한 배수량과 흘수 및 트림의 확보

② 적절한 GM을 갖게 하여 적절한 복원력을 확보

③ 과대한 굽힘 모멘트와 과대한 전단력의 경감

④ 선체 진동의 감소

그런데 일반 배치와 건조 시방서가 결정되면, 밸러스트 탱크의 용도를 확인한 후에 밸러스트관을 설계한다. 특히, 설계시에는 통상 항해(normal ballast voyage)에 사용되는

상용 탱크와 악천후 항해(heavy ballast voyage)에만 사용하는 비상용 탱크로 구분을 하고, 일반적으로 사용하는 탱크의 밸러스팅/디밸러스팅을 기준으로 해서 펌프의 용량(pump capacity)과 관의 지름(pipe diameter)을 결정한다.

[1] 밸러스트 장치의 설계 과정(ballast system design procedure)

주수, 배수 시간은 밸러스트 장치의 설계에 가장 중요한 영향을 미치는, 본선의 기본 성능들 중의 하나이다. 보통 주수, 배수 시간은 본선의 취항 예정인 항구의 항만 하역 능력과 하역 시간 및 제한 흘수 등에 따라 결정되는데, 실제로는 본선의 취항 항로의 불확정 등으로 인해 선주의 의향에 따라 결정되는 경우가 대부분이므로, 설계자는 선주의 의향을 충분히 파악해야만 한다.

밸러스트 장치의 설계 순서는 대략 다음과 같다.

① 밸러스트 탱크의 배치와 용적 및 용도의 확인

② 예정 주수·배수 시간의 확인

③ 밸러스트 펌프의 용량과 대수의 결정

④ 스트리핑 장치(stripping system)의 설치 필요 유무 확인

⑤ 밸러스트관의 크기와 재질의 결정

⑥ 적용 밸브(valve)의 형식과 재질의 결정

⑦ 관의 신축 이음쇠(expansion joint)의 설치 방법의 결정

⑧ 배관의 시험

⑨ 계통도의 작성

(1) 밸러스트 펌프(ballast pump)의 설정

주수, 배수 시간과 가장 관계가 깊은 것은 펌프의 용량이다. 주수, 배수 시간이 결정되면 밸러스트의 계산 결과에 따라 펌프 용량이 결정된다.

$$\text{펌프 총용량} = \frac{\text{총밸러스트의 양(겸용 탱크 밸러스트의 양을 포함)}}{T} \times \frac{1}{K} \qquad (5 \cdot 1)$$

여기서 K는 0.8~0.9이다.

총밸러스트의 양에는 펌프를 거치지 않고 선외로 단독 배수가 되는 밸러스트의 양〔거널 탱크(top side tank)〕은 포함되지 않는다. 그리고 탱커(tanker)인 경우, 클린 밸러스트(clean ballast)도 포함되지 않는다. 그러나 수두(water head)는 배관 장치와 관의 크기에 따라 달라지므로, 반드시 이것을 확인해야 한다. 특히, 요구된 NPSH(net positive suction head)의 결정은 펌프의 설치 높이, 관의 크기 및 관의 설치 예상 형상 등과 함께 고려해야 하는 중요한 요소로서, 펌프의 가격에도 큰 영향을 미치므로 자세히

검토를 한 후에 결정을 해야만 한다.

상기 K의 값은 심수조가 많아서 그것의 배수 초기에는 중력을 이용해야 하지만, 펌프의 바이패스 라인(bypass line)을 통해 디밸러스팅을 행하는 선박인 경우에는 값이 커진다. 따라서, 일반적으로 벌크 화물선(bulk carrier)의 K의 값은 탱커나 광석 운반선(ore carrier)의 K의 값보다 작아진다.

그런데 펌프의 총양정은 그 선박의 L(길이), D(깊이), d(흘수)에 따라 결정이 된다.

$$총양정 = 실양정 + 배관\ 저항 + 여유(m)$$

여기서 여유는 실양정의 10% 정도이다.

(2) 잔유 펌프(stripping pump) 또는 잔수 이덕터(water stripping eductor)

디밸러스팅의 총시간에 크게 영향을 미치는 것은 잔유의 처리 능력이다. 즉, 주밸러스트 펌프(main ballast pump)의 용량이 충분한데도 불구하고 잔유의 처리 능력이 작기 때문에, 드레인(drain)의 배수에 장시간이 소요되는 경우가 때때로 발생한다. 그러므로 대형선인 경우에는 어떤 종류의 것이더라도 반드시 잔유의 장치가 필요하다. 그리고 디밸러스팅의 말기의 드레인의 양이 총밸러스트의 양의 3%인 경우, 이것을 잔유 펌프나 이덕터로 디밸러스팅을 하는데, 이 때 소요되는 시간 T는 식 (5·2)로 표시된다.

$$T = \frac{1.97\,V}{Q_1} + \frac{0.03}{Q_2} \tag{5·2}$$

식 (5·1)에서

$$T = \frac{V}{Q_1} \times \frac{1}{K} \tag{5·3}$$

여기서 V : 밸러스트의 총량

Q_1 : 주밸러스트의 총용량

Q_2 : 잔유의 총용량

식 (5·2)와 식 (5·3)에서

$$Q_2 = \frac{0.03}{1/K - 0.97} Q_1 \tag{5·4}$$

드레인의 양이 5%인 경우,

$$Q_2 = \frac{0.05}{1/K - 0.97} Q_1 \tag{5·5}$$

여기서

$$K=0.8\sim0.9$$

(3) 밸러스트 관계통의 설치

탱커의 경우에는 밸러스트 관계통이 비교적 간단하지만, 일반 화물선과 겸용선에서는 밸러스트관의 도설 장소와 밸브의 작동 장치(operating system) 등과 연관되어 계통이 결정된다. 관계통으로는 매니폴드 장치(manifold system), 주관계 장치(main line system) 및 링식 관계 장치(ring main system) 등이 많이 사용되지만 자유 유량 장치(free flow system)가 이용되는 경우도 있다. 그리고 적용 밸브에 대해서는 건조 시방서에 언급이 되겠지만, 일반적으로 구경이 작은 관(약 80A 이하)에 대해서는 구형 밸브(globe valve)를 적용하고, 큰 구경관(약 100A 이상)에 대해서는 나비형 밸브(butterfly valve)를 적용하고 있다.

밸브의 작동 방식도 건조 시방서에 따라 탱크 내부나 관의 덕트 용골(pipe duct keel)의 내부에 있는 밸러스트 흡입 밸브(ballast suction valve)와 펌프 배출측(pump discharge side)에 있는 밸브는 유압 구동으로 원격 제어를 하고, 그 밖의 밸브는 수동으로 제어하는 것이 보통인데, 그것의 한 예를 그림 5·6에 표시해 두었다.

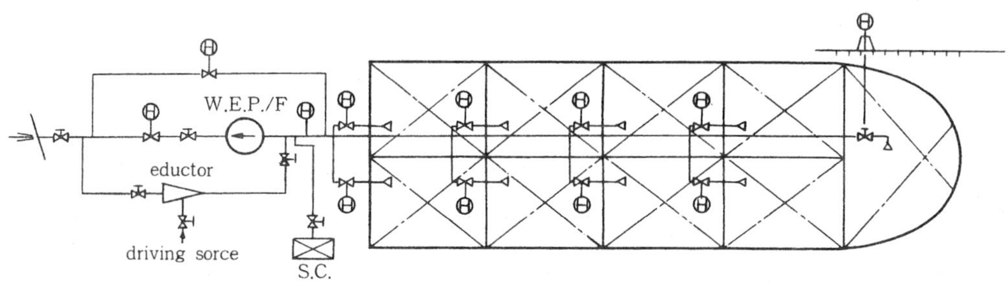

그림 5·6 밸러스트 관계통의 한 예

특히, 원격 제어 밸브(remote control valve)는 비상시를 대비해야만 한다. 그리고 선수 탱크용(F. P tank用) 밸브는 선수 탱크 내의 선수 격벽(collision bulkhead)상에 설치해야 하고, 이 밸브는 건현 갑판(free board deck)의 상부에서 조작할 수 있어야 하며, 이 밸브의 대부분이 큰 구경이므로, 현재는 밸브의 조작상의 어려움 때문에 선수 확대(stem extension) 대신에 국부적인 유압 제어 장치(local hydraulic control system)를 적용하고 있다.

선수 탱크용 밸브의 설치와 관련해서 이 밸브가 항시 접근이 가능한 곳에 설치된다면,

선수 탱크 내부가 아닌 선수 격벽의 후부에 설치할 수도 있다(단, 화물창 내에는 제외). 일반적으로 밸브의 재질에 대해서는 건조 시방서에 언급되어 있으므로 이것을 참조해야 한다.

[2] 관의 지름과 재료의 설정

관의 크기의 결정에 있어서 기본적인 조건이 되는 것은, 몇 개의 밸러스트 탱크로 동시에 주수, 배수를 할 것인가 하는 점이다. 즉, 2개의 탱크를 동시에 주수, 배수를 하도록 한다면, 주관의 단면적에 대해서 이를 양분해서 이것에 맞는 지관의 크기를 $A \leq 2a$ (A=주관 단면적, a=지관 단면적)로 정하도록 한다. 그리고 일반적으로 2개의 탱크를 동시에 주수, 배수할 수 있도록 정한다. 관의 크기는 보통 디밸러스팅시의 관의 마찰 손실(pipe friction loss)의 계산으로서 결정을 하는데, 특히, 주관계(main line)에서의 유속은 1 m/sec 이상 3 m/sec 미만인 경우를 고려하는 한편, 펌프의 NPSH 도 고려해야만 한다.

$$Q = A \times V$$

여기서 Q : 펌프의 용량

A : 파이프 내의 단면적

V : 유속

단, 거널 탱크 등과 같이 흘수선상에 있는 탱크에서는 밸러스팅 상태시에 마찰 손실이 더 커지는 경우가 있으므로 주의를 요한다.

디밸러스팅시 각 관계에 대한 유량을 디밸러스팅의 조건에 따라 적절히 분배하고, 유속이 2~3 m/sec 이내가 되도록 관의 크기를 가정한다. 그 다음에 관의 마찰 손실에 대한 계산을 행하여 유효 NPSH 값보다 큰 값을 선정해야만 한다. 그리고 관의 두께는 표 5·9와 같은 선급 규정에 따른다.

특히, 선주의 요구에 따라 관의 수명을 연장시킬 목적으로서 강관 대신에 GRP(glass fiber reinforced plastic)관을 사용하는 경우도 있다. GRP 관은 선박에서 그림 5·7과 같이 사용이 되고 있다.

표 5·9 관의 두께

설치위치 \ 선급	DNV	LR
F.O tank 관통 파이프	PT 4, table A 2	—
shipside pipe	PT 3, CH 2, SEC 11 K 105	PT 3, CH 12, SEC 4.2.5
cargo oil tank 관통 파이프	12.5 mm	16.0 mm

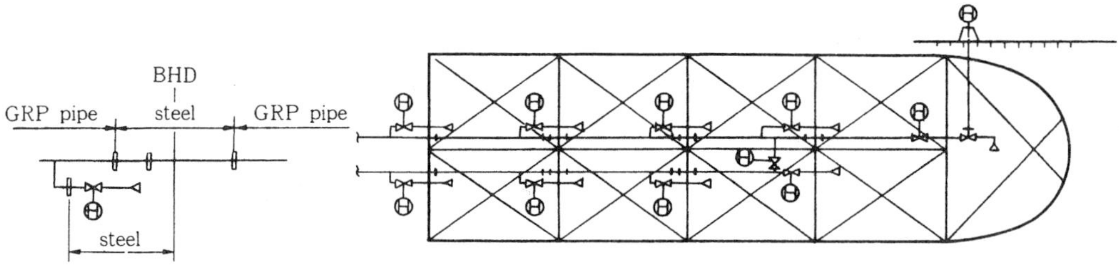

그림 5·7 선박에서의 GRP 관의 적용의 한 예

선박의 새깅(sagging)과 호깅(hogging)에 따른 관의 신축으로 인한 관계의 파손을 방지하기 위해서는 일반적으로 드레서형 신축 커플링(dresser type expansion coupling)을 사용하고, 밸러스트관이 밸러스트 탱크나 빈 공간 등 이외의 다른 화물을 싣는 구획을 지나는 경우에는, 드레서형 커플링을 사용하지 않고 관을 굽히(bending)는 방법을 적용한다.

[3] 밸러스트 관계통도

이 절에서는 선박의 밸러스트 관계통도에 관해서 설명을 한다. 여기서는 편의상 밸러스트관을 기관실의 외부 도표(diagram)와 펌프 주위의 도표의 두 부분으로 구분하지만, 실제로 이것을 배치할 때는 양자를 분리하지 않고 적당히 조합을 해서 그 선박의 용도 및 구조에 알맞도록 선정을 해야만 한다.

(1) 기관실 외부(탱크부)의 도표 장치(diagram system)

1) 매니폴드 장치(manifold system)　기관실 내에는 그림 5·8과 같이 밸러스트관을 배치하는 데, 매니폴드 사이를 주관계로 접속을 한 후 매니폴드와 각 탱크들 사이를 분기 관계(branch line)로 연결함으로서, 주관계가 짧고 분기 관계가 긴 것을 특징으로 하고 있다.

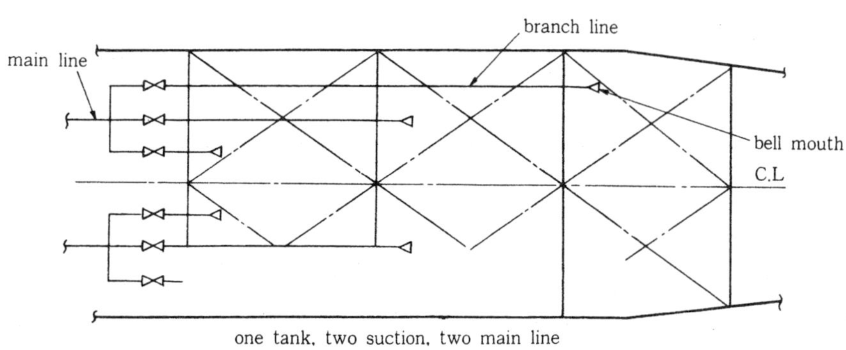

그림 5·8 매니폴드 장치

2) 주관계 장치(main line system)(대상 탱크 ; 2중저 탱크, 디프 탱크, 거널 탱크) 이것은 현재 탱커의 하유관이나 전용선의 밸러스트관에 널리 사용되고 있는 방식으로서, 그림 5·9와 같이 선박의 길이 방향에 주관계를 나타낸 것인데, 여기에서 분기하여 밸브와 흡입구를 설치한 것으로, 일반적으로 스핀들(spindle)을 조작하거나 유압 구동으로 이 장치를 조절한다.

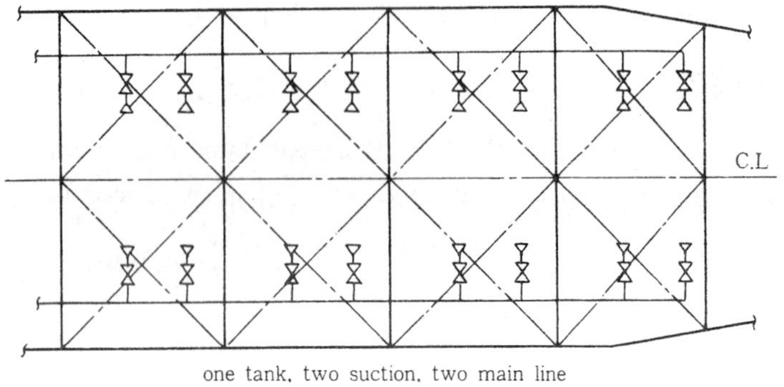

그림 5·9 주관계 장치의 한 예

3) 링식 관계 장치(ring main system) 이 장치에 관해서는 그림 5·10을 참고하면 된다.

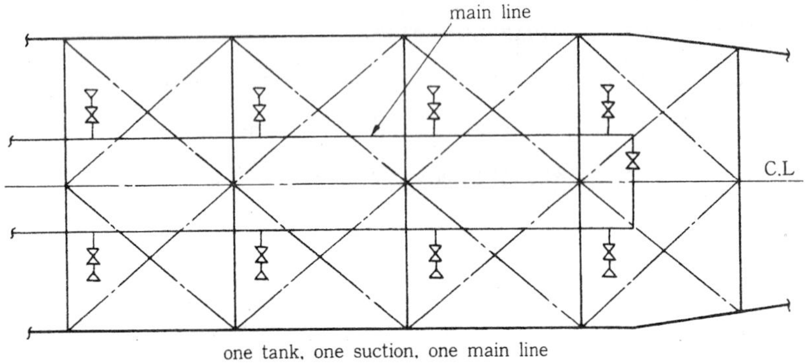

그림 5·10 링식 관계 장치의 한 예

4) 덕트 용골(duct keel)과 세미 덕트 용골(semi duct keel) 이것은 최근에 광석과 벌크 운반선에서 채용이 되고 있는 방식으로서, 2중저(D/B)에 덕트 용골을 그림 5·11과 같이 설치해서 이 속을 밸러스트의 주관계를 통하게 한 장치이다. 덕트 내의 관은 링식 관계 장치나 주관계 장치의 방식으로 배치되는데, 배관 자체는 새로운 것이 아니다.

덕트가 선박의 길이 방향의 일부에만 설치한 것을 **세미 덕트 용골 장치**라 한다.

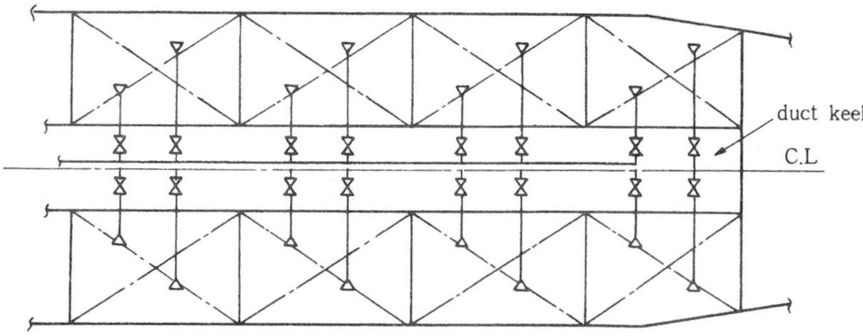

duct keel system

그림 5·11 덕트 용골 장치의 한 예

5) 자유 유동(free flow)과 반자유 유동(semi free flow) 장치 이 형식은 현재 선박에서 거의 사용되지 않는 장치이다.

6) 관덕트(pipe duct)와 세미 관덕트(semi pipe duct) 장치 이것은 그림 5·12와 같은 자유 유동 방식과 주관계 장치를 조합한 것으로서, 자유 유동 장치의 결점을 보완한 시스템이다. 그러나 흡입 밸브는 위치 때문에 자유 유동 장치와 같이 탱크의 최저부에 둘 수가 없으므로, 잔유가 생길 가능성이 있다. 이에 대비하여 그림 5·11과 같은 덕트가 스트리핑 관계에 설치되고 있다.

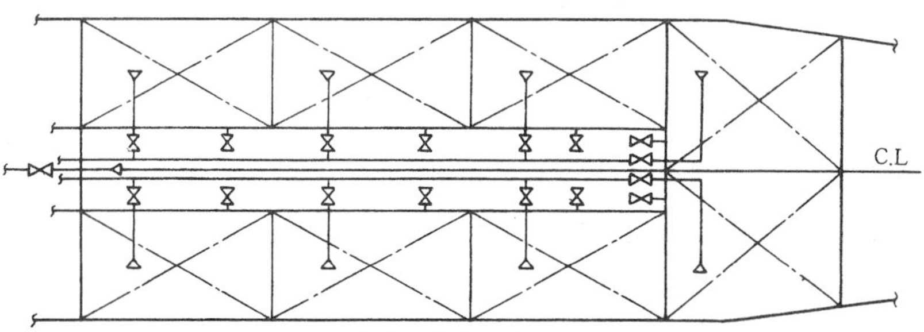

semi pipe duct system

그림 5·12 반파이프 덕트 시스템의 한 예

7) 거널 탱크의 밸러스팅(top side tank)/디밸러스팅 방식 그림 5·13과 같은 배관 방식에는 밸러스팅/디밸러스팅을 같은 관계로 수행하는 가역형과 각각의 배관 장치로 구성되는 비가역형으로 분리할 수 있는데, 일부 배관 장치(piping system)의 특징을 살펴보면 다음과 같다.

① A-1도 : 밸러스팅/디밸러스팅이 가능한 가역형으로서, 그 자체는 주관계와 링식 관계 장치로 되어 있다.

② B-2도 : 이것은 비가역형으로서 A-1에 밸브를 설치한 것이다.

(2) 스트리핑 장치(stripping system)의 필요 유무의 확인

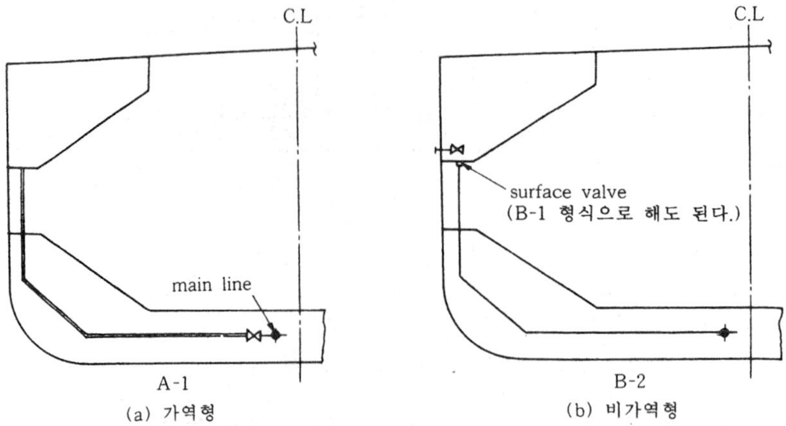

그림 5 · 13 거널 탱크용 밸러스팅/디밸러스팅의 한 예

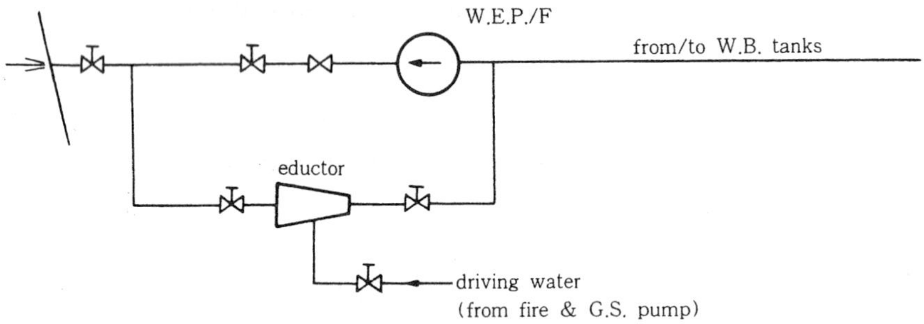

그림 5 · 14 스트리핑 시스템의 한 예

배수 시간에 영향을 크게 미치는 것이 스트리핑의 능력이다. 즉, 밸러스트 펌프의 능력은 충분한데도 불구하고 스트리핑 장치가 없거나 용량이 적기 때문에, 잔수의 배수에 장시간이 소요되는 경우가 있다. 그러므로 선박에서는 어떤 종류의 것이든간에 스트리핑 장치가 설치되는 것이 일반적이다. 그리고 스트리핑 방식에는 스트리핑 펌프나 스트리핑 이덕터(stripping eductor) 등이 있는데, 밸러스트 물을 스트리핑할 경우에는 그림 5 · 14 와 같이 이덕터를 사용하는 것이 일반적이다. 그리고 관계통으로는 스트리핑 흡입용 주관계를 별도로 설치하는 경우도 있지만, 보통 밸러스트 펌프의 흡입용 주관계와 겸용으로 사용하고 있다.

[4] 펌프 계통의 선도

1) 펌프로 주수를 하거나 배수를 할 목적에 사용할 경우 이런 경우는 그림 5 · 15 를 참고한다.

2) 주수, 배수를 하는 경우 이런 경우는 그림 5 · 16 을 참고하면 된다.

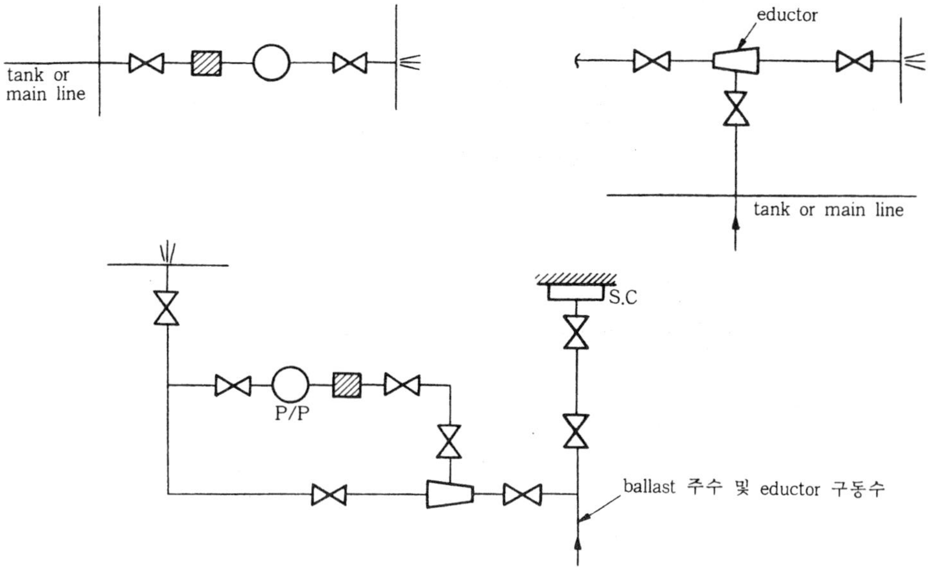

그림 5·15

[5] 파이프 계통의 배치

흡입관(suction pipe)은 그림 5·17 과 같이 될 수 있는 한 짧게 하고, 펌프의 구경보다 가는 관은 절대로 사용해서는 안 된다. 그리고 이것의 굽힘부가 작도록 직선으로 배치하고 흡입관은 높게 배치해서는 안 된다. 또, 밸러스트관이 F.O 탱크를 통과하거나 C.O 탱크를 통과할 때에는 두께가 두꺼운(예 : DNV 12.5 mm, Lloyds 16 mm 이상) 관을 사용하도록 법규에서 규정하고 있고, 그 밖의 연결부(connection) 등에 관해서도 법규로 규정하고 있다.

5.2.2 빌지 장치(Bilge system)

이 장치는 선박의 각종 요인으로 인해 발생되는 오수, 즉 선박에 장치된 각종 기기와 관계 등으로부터 발생되는 드레인(drain)과 각종 스웨트(sweat) 및 누수 등으로 인한 빌지(bilge)를 선외로 배출하면서, 특히 불의의 충돌이나 좌초 등에 의한 침수나 풍랑 때문에 선내에 들어온 해수를 배수하는 장치이므로, 선박의 안전 유지를 위해 매우 중요하다. 그리고 빌지 펌프의 용량과 대수 및 빌지관의 지름 등은 각국의 선급이나 자국의 관계관청 등에서 엄격히 규정을 하고 있다.

여기서는 거주구(accommodation space)와 기관실 공간(E/R space)을 제외하면서 배수를 할 필요성이 있는 구획의 빌지 장치에 관하여 설명하고자 한다.

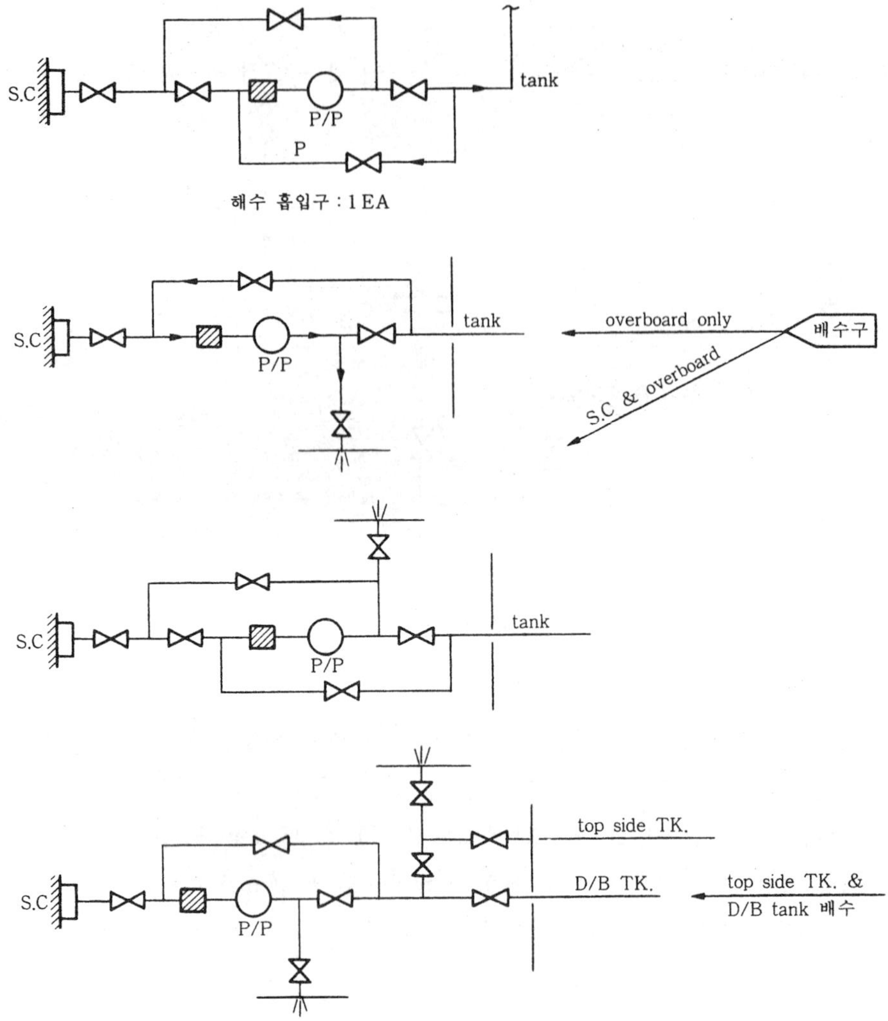

그림 5 · 16

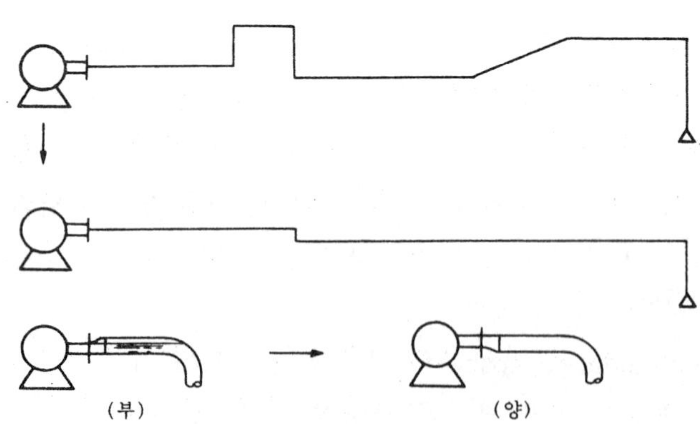

그림 5 · 17 파이프 계통 배치의 양부(良否)의 한 예

[1] 구획별 빌지 배관 장치

(1) 화물창의 빌지 배관 장치

이 장치는 화물창(cargo hold) 내에 설치된 빌지 웰(bilge well)에 고인 오수를 기관실의 빌지 펌프를 통해 흡입 제거하는 것으로서, 2중저 내를 통과하는 빌지 흡입관은 물이 바다로부터(충돌과 좌초의 요인으로 인하여) 또는 밸러스트 탱크로부터(빌지관의 손상으로 인하여) 화물 구역과 기관 구역에, 그리고 1개의 구획실로부터 다른 구획실에 유입을 막기 위해 화물창측의 빌지 웰의 내부에 체크 밸브(non return valve)를 설치한다. 배수 방식으로는 밸러스트 장치와 거의 비슷하게 개별 장치(individual system)와 주관계 장치(main line system) 등이 이용되고 있다.

1) 개별 장치(individual system)　이것은 그림 5 · 18 과 같이 관덕트(pipe duct)가 없는 경우에 가장 일반적으로 채택되는 장치로서, 각 구획(compartment)간의 격리가 완벽해서 사고에 의한 상호간의 유입을 막을 수 있으나, 2중저를 통과하는 관들이 많아지면서 배관하기가 어려워 현장에서의 공수가 많이 투입된다.

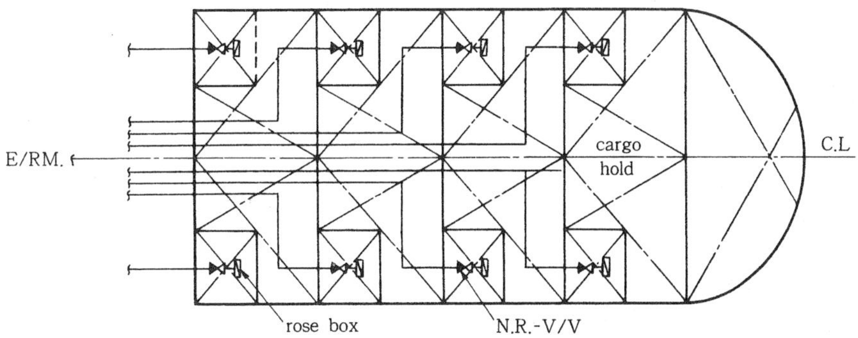

그림 5 · 18 개별 시스템용 빌지 파이핑 시스템

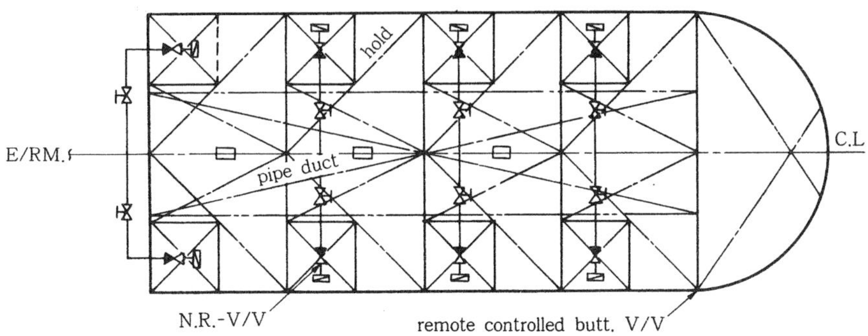

그림 5 · 19 주관계 시스템용 빌지 파이핑 선도(원격 제어형은 시방서에 따름)

2) 주관계(main line) 장치 이것은 그림 5·19와 같이 관턱트가 있는 선창 빌지(hold bilge)의 배수 방식에는 유리하지만, 자재비〔원격 제어 밸브(remote control valve)〕가 개별 장치에 비해 전체적으로 2배 가량 소요되고, 밸브 제어 장치가 추가된다. 주빌지관의 크기는 법규에 따른다.

3) 화물창 빌지관의 2중저 관통〔손상 복원력(damage stability)을 고려해야 한다〕 빌지 배관에 관한 각국의 규칙으로는

① KR : 2중저 탱크의 관통 불가. 단, 화물창측의 개구단에서 체크 밸브(check valve)에 쉽게 접근할 수 있는 장소로부터 폐쇄할 수 있는 정지 밸브(stop valve)를 설치하면 가능하다.

② LR : 2중저 탱크의 관통 불가. 단, 관의 두께를 두껍게 해서 탱크 내에 패킹 누르개형(gland type)이 아닌 신축 루프형(expansion loop)을 설치한 후에, 탱크가 받는 동일한 압력으로 시험을 할 경우에 가능함.

③ DNV : 2중저 탱크의 관통 불가. 단, 관의 두께를 두껍게 하는 경우에 가능하다.

④ ABS : 2중저를 관통하는 경우에는 빌지관의 개방단(open end)에 체크형 밸브를 설치한다.

(2) 덕트 용골의 빌지 장치

1) 관의 지름

① 길이≤60 m : 50 mm까지 허용

② 길이 > 60 m : 60 mm 이상

③ LR : part 5, chapter 13, sec. 5.6

2) 터널(tunnel) 길이가 33 m 이상인 덕트 용골에는 전후 방향으로 각각 1개인 빌지용 흡입관이 필요하다.

3) 선수 펌프실(forward. pump room)이 덕트 용골과 동일 구역으로 되어 있으면서 그 길이가 33 m을 넘을 경우에는 펌프실에 1개를, 그리고 덕트 용골의 최후부에 1개를 설치해도 된다.

4) 빌지 흡입용 관계(bilge suction line)가 1개인 경우 :

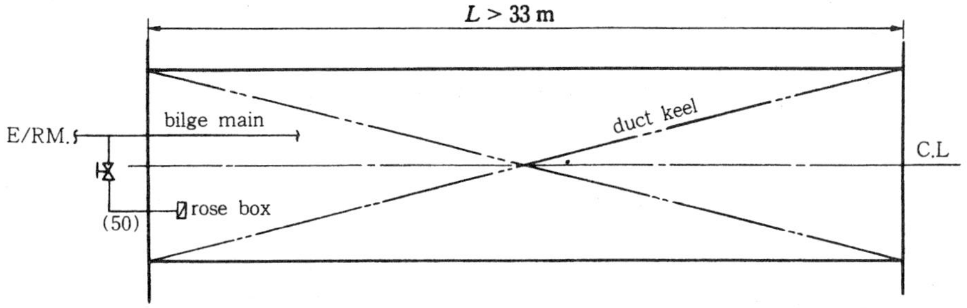

그림 5 · 20

5) 빌지 흡입용 관계가 2개인 경우 :

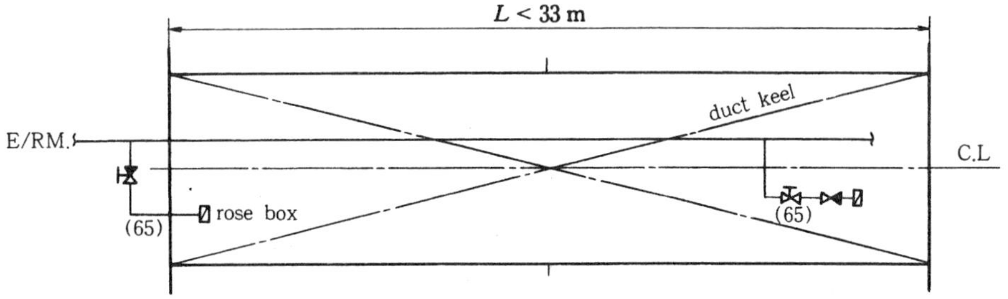

그림 5 · 21

6) 선수 펌프실이 덕트 용골과 동일 구역으로 되어 있는 경우 :

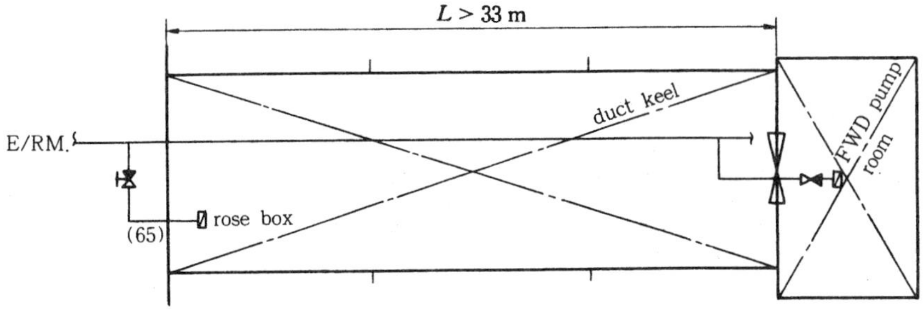

그림 5 · 22

(3) 체인 로커(chain locker)와 보슨 창고(boatswain, bosun store)의 빌지 장치

이 시스템은 그림 5 · 23과 같이 배치가 되었을 경우, 다음과 같은 사항에 대해 주의를 요한다.

① 관의 배치는 통행에 지장이 없도록 한다.

② 빌지 해트(bilge hat)는 가급적 초기에 선체 구조화를 함으로서 빌지 해트의 하부의 용접 상태를 좋게 한다.

③ 중형선, 소형선에서 체인 로커의 빌지 웰(chain locker bilge well)이 좌현과 우현이 같은 공간일 경우에는 흡입관을 1개만 설치하도록 한다.

④ "H"의 치수는 최대가 5 m(이 때의 수량 : abt. 5 m^3/h)이어야 하는데, 체인 로커의 깊이가 규정대로 되어 있지 않은 경우에는 이덕터를 체인 로커의 하부에 설치한다.

⑤ 토출 관계(discharge line)는 호저 파이프(hawse pipe)를 통해 선외로 배출시켜는 것도 가능하다.

⑥ 선수루 갑판(forecastle deck)이 있으면서 보슨(bosun) 창고의 공간이 협소할 경우에는, 빌지 해트를 설치하지 않고 드레인 플러그(drain plug)를 설치하여 이를 대신할 수 있다.

⑦ 페인트실(paint room)과 목공실(carpenter store)에는 드레인 플러그를 설치한다.

⑧ GL 선급 규칙을 적용할 경우, 선박에서는 이덕터의 작동 라인(eductor driving line)의 정지 밸브(stop valve)의 근처에 방화 시스템(fire system)을 완전히 차단하기 위한 임시용 호스, 또는 스풀 피스의 연결부(temporary hose or spool piece connection)를 설치해야 한다(기타 엄격한 관계 관청의 적용선에서는 필히 검토할 것).

(4) 조타기실(steering gear room)의 빌지 장치

① 지름은 38 mm(NK는 65 mm 이하) 이상이 되어야 하고, 기관실에 접근이 용이한 장

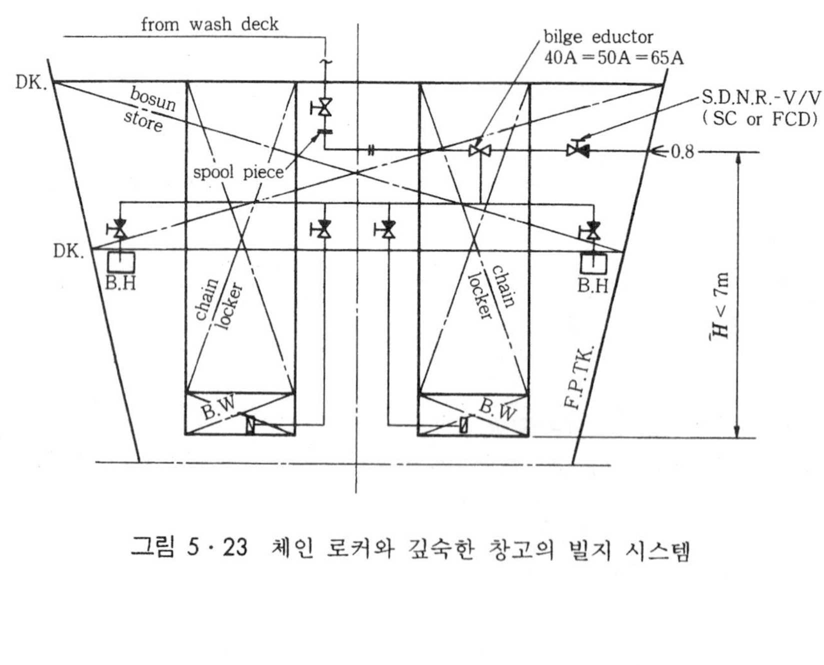

그림 5·23 체인 로커와 깊숙한 창고의 빌지 시스템

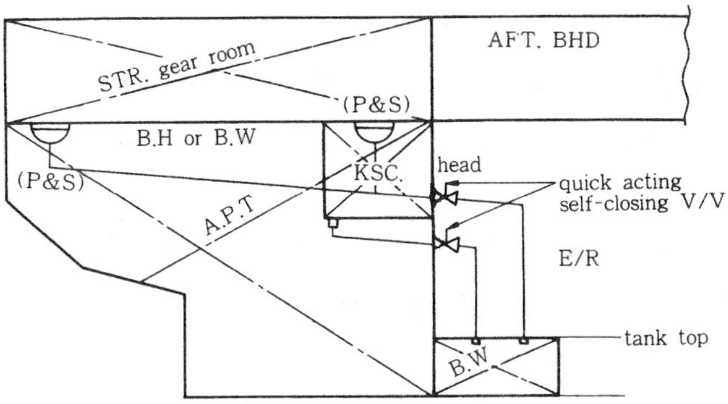

그림 5·24 후부단용 빌지 시스템

소에는 자동 폐쇄 드레인 밸브(self closing drain valve)를 설치한다.

② 선미 피크 탱크(aft. peak tank)의 내부관은 KR〔#160(40A, 50A)과 #80(65A)〕 규정의 적용을 받는다. 그리고 다른 선급에서는 또 다른 규정(#80)을 적용시켜 용접 커플링(welding joint)을 설치한다.

③ 비상 방화 펌프실(emergency fire pump room)이 선미단(aft. end)에 설치되어서 조타실 갑판(steering gear room deck)의 액면(level)과 상이할 경우, 빌지 관계는 역류를 방지하기 위해 단독으로 설비한다.

(5) 바우 스러스터실(bow thruster room)의 장치

① 그림 5·25와 같이 바우 스러스터실과 빈 공간이 별개의 구획으로 구분이 되어 있는 경우에는, 바우 스러스터실에 여과기를 설치한다.

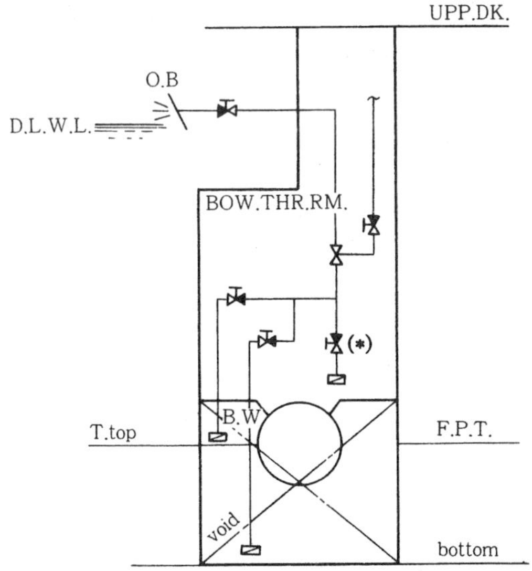

그림 5·25 바우 스러스터실의 빌지

② 그림과 같이 바우 스러스터 터널에 의해서 빌지의 선수, 선미의 유동이 방해가 되는 경우, (※)표가 붙은 곳에 밸브를 추가로 설치토록 한다.

③ (※)표가 붙은 곳에는 가능한 한 밸브가 추가로 설치되지 않도록 선각 구조의 모양을 고려한다.

④ 이덕터는 40×50×65 인 것을 사용하고, 전수두(total head)는 적절하게 산정을 한다.

⑤ 선외 배출 밸브(overboard discharge valve)의 재료는 SC(탄소강 주강), FCD(구상 흑연 주철)를 사용해야만 한다.

(6) IMDG 화물을 화물 컨테이너(freight container)로서 화물창에 적재하는 경우의 빌지 장치

1) SOLAS 83 chapter II-2, reg 54.2.5 사항 　가연성이나 중독성 액체(flammable or toxic liquid)를 화물창에 적재하기 위한 선박에서는, 기관 구역 외의 배관이나 펌프를 통해 실수로 펌핑이 되지 않도록 그림 5·26과 같은 설계가 되어야 한다.

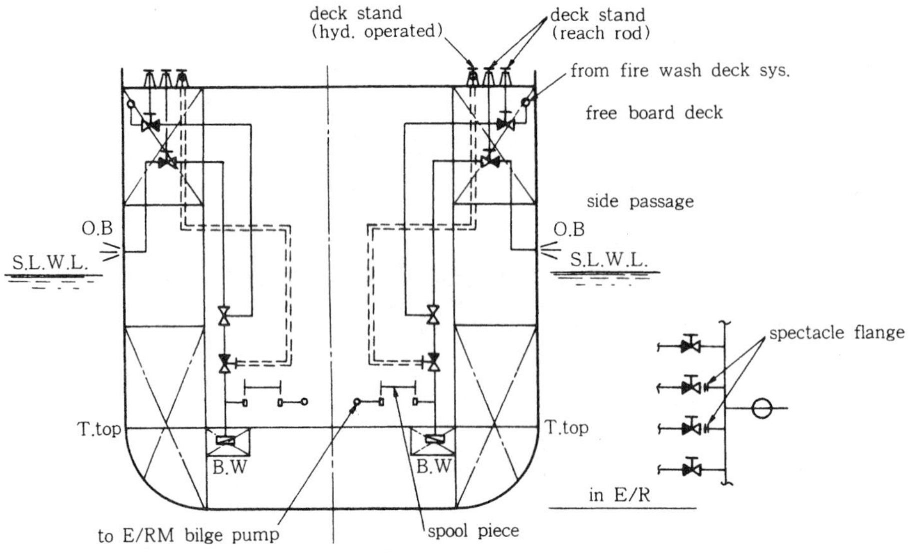

그림 5·26

2) 이덕터의 능력 :

① 분기 빌지 관계의 지름에 관한 계산식인 식 (5·6)과 식 (5·7)에서 "C" 대신에 화물창의 길이 "L"을 대입하여 빌지관의 지름을 계산한다.

② $Q=5.66db\times 10.3\,\mathrm{m^3/h}$(K.R)

3) 주의사항 :

① 이덕터의 전수두를 결정할 때, 압력 손실(pressure loss)을 검사할 것

② 이덕터 2~3개를 설치하는 경우에는, 1개의 B/W에서 전이덕터가 작동이 가능토록 배치할 것

③ 방화 펌프의 용량을 검사할 것

④ 빌지 배출 밸브는 화물창을 제외한 접근이 용이한 장소에 설치할 것〔(KR) mat'l; SC 또는 FCD〕.

⑤ 이덕터의 작동수의 정지 밸브는 중독성이나 가연성 가스의 유입을 방지하기 위하여 체크 밸브를 설치한다(ABS)

⑥ IMDG가 적재되는 화물창의 빌지관은 기관실에 쌍플랜지(spectacle flange)로서 설치할 것(ABS)

⑦ 상기 ⑥인 경우에는 중독성이나 가연성 가스의 탐지기를 빌지 제어 장소와 기관 제어실에 설치토록 할 것(ABS)

⑧ 상기 ⑦의 장치의 형성이 불가능할 경우에는, IMDG가 적재되는 화물창에서 스풀피스(spool piece)로 관계를 절단시킬 것(ABS)

⑨ 이덕터나 전용 펌프로서 화물창의 빌지를 배출하는 경우에는, 기관실로 유도되는 빌지 관계을 제거하도록 선주와 사전에 협의할 것

4) 유첨된 IMDG(4.6)를 참조할 것

(7) 가침창(floodable hold)의 빌지 장치

광석/석탄(ore/coal), 기름(oil) 및 밸러스트를 교대로 싣는 화물창이나 화물을 실을 예정인 디프 탱크(deep tank)에는 기름 밸러스트와 빌지 관계를 설치하지만, 라인을 블랭킹(blanking)할 수 있는 쌍플랜지나 스풀 피스를 그림 5·27과 같이 설치한다. 그러나 기름을 적재하는 경우에는 특별한 고려가 필요하다.

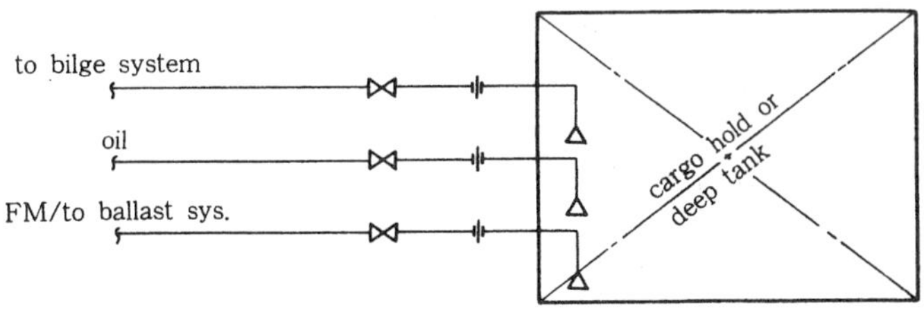

그림 5·27

(8) 화물창들간의 스툴 공간(stool space)

① 별도의 드레인 관계를 설치하지 않는다.

② 드레인 플러그로써 화물창으로 배출한다.

③ 드레인 플러그나 드레인 구멍(drain hole)에 의해 빌지 웰로 배출한다.

④ 덕트 용골이 있는 선박은 덕트 용골의 정부에 구멍을 시공해서 덕트 용골로 드레인 시킨다.

[2] 빌지관의 지름과 능력

(1) 빌지관의 지름

1) 주관의 지름:

$$dm \geq 1.68\sqrt{L}\,(B+D) + 25\,\mathrm{mm} \tag{5·6}$$

2) 빌지 지관(branch bilge pipe):

$$db \geq 2.15\sqrt{C(B+D)} + 25\,\mathrm{mm} \tag{5·7}$$

$$db \geq 2.16\sqrt{C(B+D)} + 25\,\mathrm{mm}:\ \mathrm{ABS\ only} \tag{5·8}$$

여기서 dm: 빌지 주관의 지름(mm),
db : 빌지 지관의 지름(mm),
L : 선박의 길이(m),
B : 폭(m),
D : 깊이(m),
C : 구획실의 길이(m)

(2) 빌지 펌프의 능력

1) LR 빌지 주관의 속도는 122 m/min으로 택한다.

$$\mathrm{GL}:\ Q = AV = \frac{\pi}{4} \times \left(\frac{d}{1000}\right)2 \times \frac{122}{60} \times 3600\,\mathrm{m^3/h}$$

$$= 5.66\,dm^2 \times 10^{-3}\,\mathrm{m^3/h}$$

2) KR, ABS 빌지 주관의 속도는 2 m/sec로 택한다.

$$Q = 5.66\,dm^2 \times 10^{-3}\,\mathrm{m^3/h}$$

(3) 빌지 웰(bilge well)의 용량 및 수량

1) 용량 :

LR, GL, DNV	0.15 m³ 이상. 단, 소구획일 경우 적당한 용적의 빌지 해트로 대치 가능
KR, NK, ABS	0.17 m³ 이상. 단, 소구획일 경우 적당한 용적의 빌지 해트로 대치 가능

2) 수량 :

KR, NK	화물창 1개이고 그 길이가 33 m를 넘을 경우, 전후 양현에 각 1개를 설치함
LR	화물창 1개이고 그 길이가 30 m를 넘을 경우, 전후 양현에 각 1개를 설치함
GL	화물창 길이가 30 m를 넘을 경우, 전후 양현에 각 1개를 설치함

5.2.3 선박 소방 설비(Fire fighting system)

화재, 즉 연소는 세 가지 조건이 만족될 때만 발생한다. 그들 중 어느 하나가 만족되지 않으면 연소는 중단되어 소화가 이루어진다. 연소의 세 가지 조건은 연소가 되기 위한 물질과 발화점 이상의 온도, 그리고 16% 이상인 산소 공급이 필수적이다. 그러므로 소화는 이러한 세 가지 조건이 이루어지지 않도록 하는 것이다.

특히, 선박에서 화재가 발생했을 경우에는 육상 설비의 경우와는 다르게 다른 곳으로부터 지원을 받기 어려우므로, 선박 자체가 이와 관련된 소화 장치를 보유하여야만 한다. 이와 관련해서 선박 화재로부터 승무원과 화물 및 선체를 보호하기 위해서는 각종 법규나 규칙이 제정되면서, 각 항목에 걸쳐 엄격한 조건을 제시하고 있다. 선박의 용적의 한계로 인해서 소화 설비의 크기도 제한되므로, 좋은 성능을 가진 소화 장치가 설치되어야 함과 동시에 승무원들이 그것의 조작에 관해 충분히 숙련이 되어 있어야만 한다.

현재 선박에는 각종 소화 장치가 설치되어 있는데, 초기에 소화할 목적인 이동식 소화기들도 육상용 장치의 경우와 마찬가지로 필요하다. 그리고 선박의 주위에는 해수가 얼마든지 있지만, 소화를 하기 위해 선박에다 무제한으로 주수가 된다면, 선박이 가라앉을 위험도 생기면서 해수에 의한 적재 화물의 손상도 커질 것이므로, 이런 문제에 대해 주의를 해야만 한다.

한편, 화재를 조기에 발견하는 것은 화재의 확대를 방지하는 최상의 수단이므로, 화재 경보 장치와 화재 탐재 장치도 방화 장치로서 중요하다. 또한, 탱커와 같이 위험 화물을 싣는 선박에서는 화물창 내의 가연성/폭발성 가스의 농도가 가능 농도 이하로 유지되도록 불활성 가스로 채우고, 화재의 발생 가능성을 적극적으로 배제하는 방화 장치도 배치해야만 한다. 만일, 불행하게 화재가 발생해서 조기 소화에 실패하였을 경우, 예를 들어 기름이 만재가 된 유조선이었다면 대화재로 발전할 가능성이 크다. 이러한 경우를 대비해서 초기의 소화 목적인 이동식 소화기 외에도 고정식 포말 소화 장치(foam fire extinguishing system) 등이 설치되어야만 한다. 또, 선박 자체의 소화 장치로서 완전 소화를 시키는 것을 기대하기가 어려우므로, 소방정이나 비행기 등의 지원을 요청하는 경우도 있다.

그러므로 항구나 접안 시설이 있는 곳에는 소화전 등을 준비하는 것이 보통이다. 그리고 일반적으로 물소화 장치는 어떤 종류의 선박에도 설치가 된다. 또, 그 밖의 소화 장치는 선박의 종류나 대상 구획에 따라 별개의 것을 설치하게 되는데, 이를테면, 유조선에서는 선박의 전구역에 물소화 장치를 설치하는 것은 물론, 화물 구역의 상갑판에는 포말 소화 장치를 설치하고, 기관실과 펌프실에는 탄산 가스 소화 장치 등이 설치되며, 선주측의 요구에 따라서는 화물창에도 탄산 가스 소화 장치가 설치되는 경우가 있다. 이것과 관련해서 소화 활동을 돕기 위해서는, 소방복과 도끼 등의 소방원용 장치도 함께 준비해 두어야 한다.

[1] 물소화 장치

모든 선박은 항해 중 안전을 위해서 소화 장치을 갖추어야만 한다. 따라서, 이 절에서는 소화 장치에 관련된 법규에 관한 소개와 관련 배관 계통도(piping diagram)의 작성 요령에 관해 설명을 하고자 한다. 특히, 어떤 선박일지라도 물소화 장치는 필연적인 것이므로, 여기서는 물소화 장치에 관련된 법규와 규정을 다루는데, 이들 법규에는 국제법인 SOLAS를 모체로 해서 다음과 같은 각국의 지역적인 법규가 있다.

① SOLAS

② 선급 : DNV, LR, BV, KR, ABS, ETC(여기에는 DNV와 LR만 언급키로 한다)

③ 기관 : USCG, NMD, DOT, SMA, ETC(여기서는 USCG만 언급키로 한다)

(1) SOLAS 11장 2절

1) 소화 펌프의 용량(SOLAS 규정 4-2항):

① 여객선 : 동력 빌지 펌프가 빌지의 배수를 위해 사용되는 경우에는, 규정 용량의 2/3 이상이어야 한다.

② 화물선 : 비상 펌프를 제외하고는 동일 치수인 여객선의 각각의 빌지 펌프가 빌지의 배수를 위해서 사용되는 경우에는, 요구되는 양의 3/4이어야 한다. 단, 총펌프의 용량은 이 $180\ m^3/h$를 넘지 않아도 된다.

참고 여객선의 빌지 펌프의 용량 산출 : 빌지 주관에는 최소한 3개의 동력 펌프가 연결되어야 하고, 그들 중 1개는 주기관으로 구동시킬 수 있어야만 한다. 그리고 각 동력 빌지 펌프는 물을 매초 2 m/sec 이상인 속도로 빌지 주관 속을 통과시킬 수 있는 것이 적합하다.

$$\text{빌지 주관} \cdots\cdots d = 25 + 1.68\sqrt{L(B+D)} \qquad (5 \cdot 9)$$

여기서 d : 빌지 주관의 안지름(mm),

L : 선박의 길이(m),

B : 선박의 폭(m),

D : 선박의 격벽 갑판까지의 형 깊이(m)

비상 펌프를 제외하고 요구되는 각 소화 펌프의 용량은, 소화 펌프에 대해 요구되는 전용량을 요구하는 펌프의 최소 개수로 나눈 값의 80% 이상이어야 한다. 즉, 각 방화 펌프의 용량은

$$0.8 \times \frac{\text{total req. capacity}}{\text{number of fire pump}} \qquad (5 \cdot 10)$$

인데, 여하한 경우에도 25 m^3/h 이상으로서 2개 이상의 물줄기를 사출할 수 있는 것이라야 한다.

2) 소화 펌프의 수량 :

① 총톤수가 4000톤 이상인 여객선 : 최소한 3대

② 총톤수가 4000톤 미만인 여객선과 총톤수가 1000톤 이상인 화물선 : 최소한 2대

③ 총톤수가 1000톤 미만인 화물선 : 주관청이 인정하는 대수

3) 위생 펌프, 밸러스트 펌프와 빌지 펌프 및 잡용 펌프 통상 이것들은 기름 펌프로 사용되지 않는 조건이지만, 임시로 연료유 이송이나 연료유를 송출하기 위해 사용되는 경우에는 적당한 교환 장치를 설치하면, 소화 펌프로 인정될 수 있다.

4) 해수 연결관과 소화 펌프 및 동력원 :

① 총톤수가 1000톤 이상인 여객선에서는 어떤 한 구획실의 화재로 인해서, 모든 소화 펌프의 작동이 가능할 것

② 총톤수가 2000톤 이상인 화물선에서는 어떤 한 구획실의 화재로 인해서, 모든 소화 펌프의 작동이 불능이 될 우려가 있는 경우에는 주관청이 인정하는 2개의 물줄기를 사출할 수 있으면서, 독립 구동에 의한 고정식 비상 펌프로 구성시킨 대체 장비를 설치해야만 한다.

5) 고정식 비상 펌프 :

① 펌프의 용량은 소화 펌프의 전용량의 40% 이상으로서 25 m^3/h 이상이어야 한다.

② 위의 ①의 용량을 방출할 경우에는, 소화 주관의 지름과 요구되는 최소 압력이 SOLAS의 7. 2. 1. 7의 요구에 준해야 한다.

③ 디젤 동력원 : 온도가 섭씨 0℃까지 내려가는 추운 분위기에서는 쉽게 수동으로 시동할 수 있어야 하고, 그리고 경우에 따라서는 주관청이 인정하는 가열 장치를 설치해야만 한다. 그러나 수동에 의한 시동이 불가능할 경우에는 주관청이 인정하는 30분 이내

에서 6회를 시동하지만, 최초 10분 이내에 2회를 시동시킬 수 있는 수동에 의한 수단도 준비해 두어야 한다. 연료유는 최대 부하가 3시간 동안에 가동이 가능한 양이어야 하고, 예비 연료는 주기관실에서도 이용이 가능해야 하며, 펌프가 추가되더라도 15시간 동안 최대 부하로 통할 수가 있어야 한다.

④ 비상 소화 펌프와 그 동력원이 있는 공간의 통풍은 기관 구역과는 별도로 배치해야 하고, 비상 소화와 펌프실 및 기관실은 직접적인 통풍이 불가능하지만, 격벽이 있는 제어실에서 요구하는 것과 같은 동등한 방화 구조를 해야만 한다.

6) 정기적으로 무인 기관실을 갖는 화물선이나 1인 당직식인 화물선　선교나 소화 제어실(fire station)에서 원격 조작을 하고, 주소화 펌프들 중 1개를 가동하든지, 주소화 펌프들 중 한 펌프로서 항구적으로 가압을 시켜 신속히 물을 뿌릴 수 있어야 한다. 그리고 탱커에서는 선미루 전방에서 보호 구역과 40 m를 초과하지 않는 간격으로, 갑판상의 각 소화 주관에다 차단 밸브를 설치해야만 한다.

7) 소화 주관의 지름 및 소화 주관 내의 압력(SOLAS 규정 4-4항)

① 소화 주관의 지름 : 소화 주관은 동시에 작동하는 2개의 소화 펌프가 요구하는 최대의 송수량을 효과적으로 이송하는데에 충분한 것이어야 한다. 화물선인 경우에는 140 m^3/h로서 송수하면 된다.

② 소화전에서 요구되는 최소 압력 : 2개의 소화 펌프의 최대의 송수량 조건에 의해 인접한 소화전 2개를 사용할 경우, 다음과 같은 압력을 유지해야만 한다.

a) 여객선 :

1. 총톤수가 4000톤 이상인 경우 : 0.4 N/mm^2
2. 총톤수가 1000톤 이상이고 4000톤인 경우 : 0.3 N/mm^2
3. 총톤수가 1000톤 이상인 경우 : 주관청이 인정하는 것

b) 화물선

1. 총톤수가 6000톤 이상인 경우 : 0.27 N/mm^2
2. 총톤수가 1000톤 이상이고 6000톤인 경우 : 0.25 N/mm^2
3. 총톤수가 1000톤 미만인 경우 : 주관청이 인정하는 것

그러나 이 압력은 소화 호스를 효과적으로 제어할 수 있는 압력이어야만 한다.

8) 소화전의 수와 위치(SOLAS 규정 4-5항)　별개의 소화전으로부터 최소한 두 줄기에 의한 살수(그들 중 한 줄기는 단일 호스에 의함)가 운항 중에 선객과 선원이 접근할 수 있는 선박에서는, 어떤 장소와 공백 상태인 화물 구역 또는 어떤 장소 및 롤온/롤오프의 화물 구역이나 특수하게 분류가 되는 장소의 어떤 부분에도 도달할 수가 있어야 한다.

그리고 상기의 화물 구역과 특수 분류 장소에 대해서는 단일 호스로부터 두 줄기로 살수할 수 있어야 한다.

또 여객선인 경우에는 모든 수밀문과 수직인 구역 격벽들의 모든 문을 폐쇄한 경우일지라도, 상기의 조건을 만족해야만 한다.

9) 소화 주관과 소화전(SOLAS 규정 4-6항)

① 소화 주관과 소화전은 보호 구역을 제외하고는 열로 인해 손상을 받는 재료를 사용해서는 안 되고, 동시에 동결도 방지해야만 한다.

② 갑판 화물을 실을 경우에는 기계적인 손상(mechanical damage)에 대해 조심해야만 한다.

③ 각 소화전은 1개의 소화 호스와 노즐을 설치하는 경우를 제외하고는, 호스 커플링과 노즐은 각각 교환할 수 있어야만 한다.

④ 각 소화전에는 1개의 밸브를 배치해야만 한다.

⑤ 주소화 펌프가 있는 기관실 부분의 소화 주관과 잔여 소화 주관을 분리시키는 밸브는 기관실의 외측에 설치되어야 한다. 그리고 소화 주관은 차단 밸브를 폐쇄한 경우에도 기관 구역 밖의 소화전이 그 곳의 소화 주관을 통해 해당 구역의 소화 펌프로 급수가 되게 배치해야만 한다.

10) 소화 호스(SOLAS 규정 4-7항)

① 소화 호스는 주관청이 승인한 것을 배치하고, 그것의 최대 길이는 주관청이 인정하는 길이어야 하며, 썩지 않는 재료로 제작되어야 함과 동시에 1개의 노즐과 호스 커플링도 반드시 배치해야만 한다. 그리고 소화 호스는 필요한 부속구 또는 도구와 더불어 소화전이나 송수용 연결 전의 근처로서 눈에 잘 띄는 위치에 두어, 즉시 사용할 수 있도록 비치해야만 한다. 36명을 초과하는 여객을 운송하는 여객선인 경우, 또는 여객선의 내부의 소화 호스는 항상 소화전에다 접속을 시켜 두어야만 한다.

② 호스의 수와 지름은 주관청이 인정하는 것이어야 한다.

③ 여객선에서는 각 소화전에 최소한 1개의 소화 호스를 준비해야 하고, 이들 소화 호스는 소화 목적으로만 사용이 되어야 한다.

④ 총톤수가 1000톤 이상인 화물선에 소화 호스의 수는 선박 길이의 30 m당 1개와 예비용인 1개를 비치해야 하고, 여하한 경우에도 그것의 총수는 5개 이상이 되어야만 하며, 이 숫자에는 기관실 및 보일러실의 소화 호스의 수는 포함되지 않는다.

⑤ 총톤수가 1000톤 미만인 화물선에서 소화 호스의 수는 주관청이 정해준 기준에 따라야 한다.

11) 노즐(SOLAS 규정 4-8항)

① 표준 치수 : 12 mm, 16 mm, 19 mm

② 거주 구역은 구경이 12 mm 이상인 노즐을 쓸 필요가 없다.

③ 모든 노즐은 2중 목적형(살수/분무)이어야만 한다.

(2) DNV 강선부(steel ships part) (DNV 규정의 4장 6절 2항)

여기에서는 화물선에 대한 요구를 주기준으로 한다.

1) 소화용 펌프(fire pumps)

① 소화용 펌프의 능력 :

a) 여객선인 경우, 소화 펌프들의 용량은 빌지 펌핑을 할 때, 빌지 펌프가 처리하는 용량의 2/3 이상이어야만 한다.

b) 화물선인 경우, 소화 펌프들의 용량은 어떤 비상 펌프와는 달리 DNV 규정의 1장 4절 a의 200항으로부터 독립된 빌지 펌프가 각각 처리토록 요구되는 용량의 3/4 이상이어야 하고, 소화 펌프들의 총요구량은 180 m^3/hour를 초과할 필요가 없다.

c) 소방 펌프들 각각의 용량은 어떤 비상 펌프와는 달리 이들 펌프들이 요구하는 최소 개수로 나눈 총요구 용량의 80% 보다는 적지 않아야 하지만, 어떤 경우라도 25 m^3/hour 이상으로서, 적어도 두 줄기가 요구하는 물분사를 이송해서 전달할 수 있어야 한다. 그리고 이들의 소화 펌프들은 요구한 조건으로부터 물소화 장치(fire main system)에도 공급할 수 있어야 한다. 또, 요구한 펌프들의 최소 개수보다도 많이 설치가 된 곳에서는, 추가된 펌프들의 용량을 특별히 고려해야만 한다.

② 소화용 펌프의 배치와 수 :

a) 총톤수가 4000톤 이상인 여객선에서는, 적어도 3개의 독립적으로 작동이 가능한 소화 펌프들을 설치해야만 하고, 총톤수가 4000톤 미만인 여객선에서는 적어도 2개를 설치해야만 한다.

b) 총톤수가 1000톤 이상인 화물선에서는 적어도 독립적으로 작동되는 2개의 소화 펌프를 설치해야만 한다.

c) 위생용(sanitary), 밸러스트용과 빌지용 및 일반 서비스용 펌프들은 기름을 펌프하는데 통상적으로 사용되지 않지만, 만약 기름 연료를 임시로 이송과 펌핑을 하더라도 적당한 전환 장치만을 부착한다면 소화 펌프들로 허락받을 수 있다.

d) 총톤수가 1000톤 이상인 여객선의 어떤 한 구획에서 불이 났을 경우, 모든 소화 펌프들이 소화 활동을 할 수 없게 배치해서는 안 된다.

e) 총톤수가 1000톤 이상인 화물선의 어느 한 구획에서 화재로 인해 모든 펌프들의 작동이 불가능할 경우, 두 줄기로도 충분한 물분사를 공급할 수 있도록 독립적으로 작동하

는 비상 펌프로 대체 수단이 있어야만 한다.

f) 일반 서비스용과 빌지용 및 밸러스트용 등과 같은 다른 펌프들이 기관실에 설치된 화물선에서는, 이들 펌프들 중 최소한 하나는 DNV 규정 b항 11의 (c) 및 b항 21의 (b)에서 요구하는 용량과 압력을 갖추고, 방화 주관에 물을 공급할 수 있도록 배치하여야 한다.

g) 총톤수가 1000톤 이상인 여객선에서는 적어도 효과적인 한 줄기의 물분사가 내부에 위치한 어떤 소화전(hydrant)으로부터 즉시 이용될 수 있게 하고, 그리고 요구된 소화 펌프들 중 하나는 자동 시동에 의해 연속적으로 물을 공급하도록 배치되어야 한다.

h) 주기적으로 사람들이 머무르지 않거나, 단지 한 사람만을 요구하는 기관실을 가지는 화물선에서는, 항해 선교(navigating bridge)와 방화 제어 장치(만약 있다면)로부터 원격으로 시동이 되는 주방화 펌프들 중 하나는 원격 시동에 의하거나, 주방화 펌프들 중 하나에 의한 물소화 장치(fire main system)의 항구적인 압력의 부과 상태에서 알맞은 압력으로 물소화 장치로부터 즉시 물을 이송할 수 있도록 이런 장치를 설치해야만 한다.

i) 펌프들이 물공급용 관과 소화전 및 호스의 설계 압력을 초과시킬 수가 있다면, 안전밸브(relief valve)를 모든 소화 펌프들과 연계시켜 제공해야만 한다. 그리고 이들 밸브는 물소화 장치의 어느 부분에서도 과도한 압력을 방지하기 위해서 적절하게 배치와 조절을 해야 한다.

j) 원심 소화 펌프(centrifugal fire pumps)가 사용된다면 체크 밸브를 펌프에 부착해야만 한다.

k) 탱커에서는 화재나 폭발시에 물소화 장치로 완전한 보호를 하기 위해서, 40 m 이하인 간격으로 탱크 갑판상과 선미루의 앞쪽으로 보호된 위치에다 전열 밸브(isolation valve)를 소화 주관에 부착한다.

③ 비상용 소방 펌프(emergency fire pump) :

a) 비상용 소방 펌프가 DNV 규정 b항 12)의 (e)에 따라 요구가 된다면, 소화 펌프와 이의 동력원은 주소화 펌프가 있는 곳 이외의 장소에 배치되어야 한다. 또한, 해수의 흡입용 및 이송용 관은 견고한 주강품(steel casting)에 둘러싸인 짧은 관을 제외하고는 주소화 펌프가 있는 곳 이외의 장소에 배치하여야만 한다. 만약, 해수 흡입구(sea chest)가 주소화 펌프가 있는 곳에 있다면, 해수 흡입 밸브는 펌프의 가까운 곳에서 작동될 수 있어야만 한다.

b) 펌프의 용량은 DNV 규정 b항의 1에서 요구한 소화 펌프의 총용량의 40% 이상이

어야 하는데, 어떤 경우라도 25 m/hour 이상은 되어야 한다.

c) 비상용 소방 펌프가 요구된 물의 양을 이송할 경우, 어떤 소화전에서의 압력은 총톤수가 4000 톤 이상인 여객선에서는 0.3 N/mm^2(3.1 bar)이고, 6000 톤 이상인 화물선에서는 0.27 N/mm^2(2.7 bar) 이상이어야 한다.

d) 비상용 소방 펌프가 전동 모터로 작동이 될 경우, 동력이 주소화 펌프들에 공급하는 것과는 다른 동력원을 통해 제공되어야 하고, 관련된 전기 케이블은 주소화 펌프들이 배치된 구역을 통과하지 않아야 한다. 그리고 이 동력원은 주소화 펌프와 주동력원이 배치된 곳 이외의 장소에 있으면서, DNV 규정의 16절 a항의 300에 있는 제어 장소(control station)에 상당하는 절연이 되어야만 한다.

e) 수선 아래의 적당한 깊이에 설치를 하지 않은 비상용 소방 펌프들은 자기 점화식(self- priming type)으로 해야만 한다. 그리고 펌프의 흡입시의 전수두와 흡입의 순수한 양(+)의 수두는 운항 중에 처해질 수 있는 경사(list), 트림(trim), 횡요(roll) 및 종요(pitch)의 모든 조건하에서도 요구 성능을 얻을 수 있게끔 고려되어야 한다. 그리고 운항 조건은 선박 자체의 추진을 위한 최소 흘수에 기초를 둔다.

f) 소화 펌프들이 있는 장소의 경계는 DNV 규정 16절 a항의 300에서 제어 장소에 관해 요구한 것에도 상당하면서, 구조적으로는 화재로부터 보호될 수 있는 표준으로서 절연되도록 한다.

g) 기관실과 비상용 소방 펌프 및 펌프의 동력원이 있는 장소들 사이도 직접 통행을 하는 것은 허용되지 않는다. 그리고 이것이 현실적으로 불가능하게 될 때 2개의 문들 각각이 자동 폐쇄 기밀 강제문(self closing gas tight steel door)에 의한 에어 로크(air lock)의 통행과, 그리고 기관실과 비상 소방 펌프가 있는 곳으로부터 좀 떨어진 장소에서는 그것의 작동은 가능하다. 그러나 이들 장소에서 화재가 발생했을 경우 방해를 받지 않으려면 수밀문(watertight door)를 통한 통행은 허용이 되고 있다. 그러나 이러한 경우에는 비상용 소방 펌프와 이것의 동력원이 설치된 장소로 보조용 통행 수단이 반드시 제공되어야 한다.

h) 비상용 소방 펌프의 원동기(prime mover)가 위치한 실에는 비상 동력원으로 조명이 되어야 하고 통풍도 잘 되어야 한다. 만일, 그 실이 기계적으로 통풍이 되면 동력원은 비상 동력원으로 공급이 되어야 한다. 또한, 기관실의 화재로 인한 연기가 이 장소로 들어오거나 스며들 가능성에 관한 문제는, 가능한 한 미리 이런 문제를 배제시켜야 한다.

i) 만일, 주소화 펌프가 있는 장소를 보호하기 위해서 마련이 된 어떤 고정식 소화 장치에 물이 필요하다면, 비상용 소방 펌프의 용량은 비상용 소화 주관(fire main)에 동시

에 물을 공급하는데에 충분해야만 한다.

j) 비상용 소방 펌프는 경우별의 승인을 전제로 했기 때문에, 적당한 다른 용도로도 사용할 수 있다.

k) 비상용 소방 펌프의 설치가 완전한가에 관해서는 4 시간 동안의 작동 시험(running test)을 실시해야만 한다. 이 시험은 만재 시운전(full load trial) 상태이어야 하고, 소화 주관에서의 수압도 검사가 되어야 한다.

2) 물분배 장치(water distribution system)

① 소화 주관에 있어서의 지름과 압력 :

a) 소화 주관과 서비스관의 지름은 동시에 작동이 되는 2 개의 소화 펌프들로부터 최대 요구 토출량을 효과적으로 분배하는데에 충분해야 한다. 단, 화물선인 경우, 지름은 140 m^3/hour인 토출량에 충분하면 된다.

b) DNV 규정의 b항 21에서 명시하고 있는 물의 양은 어떤 소화전으로서 DNV 규정의 b항의 25에서 명시하고 있는 노즐을 통해 동시에 이송을 하는 2 개의 소화 펌프와 더불어, 표 5·10 과 같은 최소 압력은 모든 소화전에서 유지되어야 한다.

표 5·10 소화전의 압력

passenger ship :	
4000 tons gross tonnage & upwards	0.31 N/mm^3(3.1 bar)
1000 tons gross tonnage and upwards under 4000 tons gross tonnage	0.27 N/mm^3(2.7 bar)
under 1000 gross tonnage	a pressure sufficient to produce a 12 m jet throw
cargo ship :	
6000 tons gross tonnage & upwards	0.27 N/mm^3(2.7 bar)
1000 tons gross tonnage & upwards but under 6000 tons gross tonnage	0.25 N/mm^3 (2.5 bar)
under 1000 gross tonnage	a pressure sufficient to produce a 12 m jet throw

어떤 소화전에서의 최대 압력은 모든 소화 호스의 효과적인 통제를 실증할 수 있는 압력을 초과해서는 안 된다.

② 소화전의 수와 위치 : 소화전의 수와 위치는 동일한 소화전으로부터 방출이 되지 않으면서, 최소한 두 줄기의 물분사(이들 중 하나는 호스 1 개의 길이어야 함)가 선박이 항해 중일 경우, 여객이나 선원들이 쉽게 접근이 가능한 어느 장소와 어느 비어 있는 화

물창(cargo space)의 임의의 부분 및 어느 통로의 화물창(RO/RO cargo space)이나 특수한 장소(special category space ; 단, 이 경우도 각각 호스 1개의 길이로부터)까지 도달할 수 있어야 한다. 또한, 이와 같은 소화전은 보호 구역의 통로 근처에 배치되어야만 한다.

③ 관과 소화전 :

a) 열에 약한 재질은 보호가 되지 않는 한, 소화 주관과 소화전에 사용되지 않아야 한다. 그리고 관과 소화전은 소화 호스가 쉽게 연결이 될 수 있는 장소에 있어야만 한다. 또, 파이프와 소화전의 배치는 가능한 한 동결을 피해야 한다. 갑판 화물(deck cargo)을 수송하는 선박에서 소화전의 위치는 항상 쉽게 접근할 수 있어야 하고, 관은 갑판 화물과 같은 것에 대한 손상의 위험을 피할 수 있도록 실용적으로 배치되어야 한다.

만약, 하나의 호스와 노즐이 선내의 각 소화전에 제공되지 않는다면, 호스 커플링과 노즐은 반드시 완전한 호환성이 있어야 한다.

b) 밸브는 소화전 펌프들의 작동 중 어느 소화 호스라도 떼어낼 수 있게 하고, 각 소화 호스에 송수될 수가 있도록 설치가 되어야 한다.

c) 주소화 펌프나 펌프들을 포함한 기관실 내부의 소화 주관을 잔여 소화 주관으로부터 분리하기 위한 절연 밸브(isolating valves)는, 쉽게 접근할 수 있도록 기관실의 바깥에서 유지할 수 있는 곳에 설치해야만 한다. 그리고 소화 주관은 절연 밸브가 닫혔을 때, 위에서 언급된 기관실 내의 소화전을 제외한 선상의 모든 소화전이 이 기관실에 들어가지 않는 관과 이 장소 내에 위치하지 않는 소화 펌프로서 물과 더불어 제공될 수 있게 배치되어야 한다. 길이가 짧은 비상용 소화 펌프의 흡입과 배출에 관한 관계(piping system)는 견고한 강제 케이싱의 내에 이 관계를 둘러쌈으로써 소화 주관의 완전함이 유지된다는 조건 때문에, 외부에 배치하는 것이 불가능한 경우라도 필요한 곳에서는 기관실을 관통할 수 있다.

d) 관벽의 두께는 DNV의 규정 6A절 표 A에, 그리고 재질은 DNV 2부 제2장 1절에 일치해야만 한다.

e) 소화를 위한 모든 송수관(water pipe)은 동결에 의한 손상을 피하기 위해서 배수(draining)를 위한 수단으로 제공되어야 한다.

④ 소화 호스(fire hoses) :

a) 소화 호스는 승인된 부패가 되지 않는 재료로 제작되어야 하고, 사용이 되도록 요구가 되는 장소까지 한 줄기의 물을 분사할 수 있을 정도로 길이가 길어야만 하는데, 최대의 길이는 18m를 넘지 않는 것이 일반적이다. 그리고 각 호스는 노즐과 필요한 커플링이 다같이 제공되어야 한다. 이 절에서는 소화 호스로 명시가 된 호스들이 필요한

속구(fitting) 및 공구(tool)와 더불어서 급수전(water service hydrant)이나 연결 부위의 근처로서 눈에 잘 띄는 위치에 사용할 준비가 되게 보존되어야만 한다.

b) 총톤수가 1000 톤 이상인 화물선에서는 요구되는 소화 호스의 수가 매 30 m마다 1 개인데, 여분으로 1 개가 더 있어야만 한다. 그러나 총합계는 5 개를 초과해야 한다. 그런데 이 수에는 기관실이나 보일러실 내에서 요구하는 호스들이 포함되지 않는다. 그렇지만 필요하게 되면, 항해 선박의 무역의 특성(nature of trade)과 선박의 형식을 고려해서 충분한 수의 호스들이 항상 유용하게 접근 가능하게 보장되게끔 배치할 때 호스의 수가 증가될 것이다.

⑤ 노즐(nozzles) :

a) 표준 노즐의 크기는 12 mm, 16 mm 및 19 mm인데, 가능한 한 같은 크기이어야 한다.

b) 거주구와 서비스 장소에는 12 mm 보다 더 큰 크기를 사용해서는 안 된다.

c) 기관실과 그것의 바깥 장소(exterior locations)에는 19 mm 이상인 노즐을 사용 불필요한 조건하에서, 노즐의 크기는 가장 작은 펌프로부터 DNV의 b항의 21의 (b)에 언급이 된 압력에서, 2 개의 제트(jet)로부터 가능한 한 최대의 배출을 얻을 수 있는 노즐이어야만 한다.

d) 모든 노즐은 잠금 장치를 갖춘 승인된 2 중 목적형〔dual-purpose type(spray/jet type)〕이어야만 한다.

⑥ 국제적인 육상 연결구(international shore connection) :

a) 최소한 2 개의 국제적인 육상 연결구는 개스킷(gaskets)과 볼트 및 8 개인 와셔(eight washers)와 함께 선상에 준비해서 보관이 되어야 한다.

b) 설비(facilities)는 선박의 어느 측면에서도 이러한 연결구(connection)가 사용될 수 있게끔 유용해야만 한다.

c) 국제적인 육상 연결구는 다음과 같다.

바깥 지름 : 178 mm

안지름 : 64 mm

볼트의 지름(bolt circle diameter) : 132 mm

구멍(hole) : 19 mm의 지름인 4 개의 구멍과 플랜지의 원주 등을 따른 간격 홈

플랜지(flange) 두께 : 최소 14.5 mm

볼트의 수(bolts) : 4 개인데, 각은 지름이 16 mm 이고 길이가 50 mm임

d) 연결부는 강재나 다른 적당한 재료로 제작되면서, 1.0 N/mm^2(10 bar)인 제공압으로

설계되어야 한다. 플랜지의 한 면은 평면(flat face)이지만, 다른 면은 선박의 소화전과 호스에 적합한 커플링에 의해 항구적으로 설치되어야 한다. 연결구는 1.0 N/mm^{2}에 적당한 재질로 된 개스킷과, 길이 50 mm이고 지름이 16 mm인 볼트 4개 및 8개의 와셔와 더불어 선상에 보존되어야 한다.

⑦ 다른 소화 시스템에서의 펌프의 배치(pump arrangement for other fire systems) : 이 장에서 요구되는 다른 소화 장치용의 물공급을 위해 요구되는 펌프들, 그리고 이들의 동력원과 통제 장치는 그러한 장치에 의해 보호가 되는 구역들이나 그 구역의 밖에 설치되어야 하고, 그 구역이나 보호가 된 구역들 내에서 화재가 발생하면, 그러한 장치들은 작동이 불능되지 않도록 배치되어야 한다.

(3) 로이드(Lloyd)

소화 펌프의 능력은 Lloyd 규정의 6부 제4장을 기준으로 한다.

1) 일반(general) :

① 12-2항에 준한 소화 펌프의 설치

② 5부 13장 6항에 의한 빌지 펌프의 용량의 2/3 이상

③ 화물선에서는 180 m^3/h를 넘을 필요가 없다.

2) 소화 펌프 :

① 위생, 밸러스트, 빌지나 일반 서비스 펌프 : 이것들은 항시 물과 기름을 이송하지만, 적절한 전환 장치가 있는 펌프들은 소화 펌프로 인정될 수 있어야 한다.

② 빙하 지역에서 항해하는 선박은 Lloyd 규정 5부 9장 1~2항에서 요구하는 소화 펌프용 해수 흡입 밸브와 제거 장치를 설치해야만 한다.

③ 비상용 소방 펌프를 제외하고는 소화 펌프로 지정이 된 펌프는, 필요한 전용량을 요구하는 소화 펌프의 수로 나눈 값의 80%인 용량을 가지면서, 최소 2개의 물분사(water jet)에 필요한 물을 공급할 수 있어야 한다. 그리고 한 펌프의 부족분은 다른 펌프로서 채울 수 있다.

④ 요구하는 것보다 많은 펌프가 설치되어 있다면, 그 용량은 특별히 고려해야만 한다.

⑤ 만약, 펌프의 압력이 소화전과 호스의 설계 압력을 넘을 염려가 있으면, 안전 밸브를 설치해야만 한다.

3) 소화 주관 :

① 소화 주관의 지름은 $d=\frac{L}{1.2}+25\,\text{mm}$보다 작아서는 안 된다. 단, 화물선에서 d의 값은 125 mm 이상 대신에 50 mm 이상이어야 한다.

② 100 톤 이상인 화물선의 소화 주관은, 가능한 한 기관실 밖에 배치하면서 절연 밸브를 설치해야만 한다.

③ 기관실이 선박의 중앙에 배치되더라도, 절연 밸브는 선박의 양끝의 소화전을 동시에, 또는 별개로 사용할 수 있게 소화 주관에 설치해야만 한다.

④ 절연 밸브는 보호가 되는 지역 전방에서 40 m를 넘지 않게 해야만 한다. 단, 갑판용 거품식(deck foam) 장치와 연결되었을 때는, 각각의 발포기(water/foam monitor)를 바로 앞에다 설치해야만 한다.

⑤ 물막이 갑판선(wash deck line)이 Lloyd 규정의 4장 3절을 만족하면 소화 주관으로 사용할 수도 있다.

⑥ 모든 소화용 급수관에는 드레인 밸브를 설치해야만 한다.

4) 소화 주관에서의 압력 　화물선에서는 다음과 같은 특성을 갖는다.

① 총톤수가 6000 톤 이상인 경우 : 2.8 bar

② 총톤수가 1000~6000 톤인 경우 : 2.8 bar

③ 총톤수가 1000 톤 이하인 경우 : Lloyd 규정의 4장 8절에 요구되는 물분사를 할 수 있는 압력

5) 노즐 :

① 기본 노즐의 지름 : 12 mm, 16 mm 및 19 mm

② 거주구 등은 12 mm를 넘을 필요가 없다.

③ 기관실과 그것의 외부에서도 19 mm를 넘을 필요가 없다.

④ 기관실 그리고 기름이 있거나 오염이 우려되는 지역은 2중 목적형 노즐을 사용한다.

⑤ 어떤 노즐이라도 분사는 최소 12 m가 되어야 한다.

⑥ 탱커와 다목적선의 화물 갑판용 노즐은 Lloyd 규정의 14장 9절에 그리고 화학 제품선(chemical tanker)은 Lloyd 규정의 15장 8절에 준해야만 한다.

(4) USCG CFR(46) : 소화 주관 시스템

1) 소화 펌프 : 펌프 압력은 최소한 3.5 bar 이상이어야 하고, 가장 높은 곳에 2 개의 소화전에 연결이 된 노즐이 이상없이 작동되어야 한다.

2) 소화 펌프 구성 요소와 관련 장비(fire pump component and associated equipment) :

① 안전 밸브 설치(소화 주관에는 안전 밸브가 부착이 됨)

② 펌프의 배출측에는 압력 게이지를 설치

③ 소화 펌프는 다른 용도로 사용해도 되지만, 반드시 1 개의 펌프는 항상 소방용으로

사용될 수 있어야 한다. 갑판 물막이(deck washing)용을 제외하고 다른 용도로 사용할 경우에는, 차단 밸브(shut off valve)가 펌프 근처의 매니폴드에 설치되어야 한다. 만일, 소화 펌프가 ①의 압력을 초과하면 배출용 매니폴드로부터 좀 떨어진 조종 장소(handling station)에 배치하면서, ②에 추가해서 압력 게이지를 하나 더 설치해야만 한다.

3) 소화 주관의 능력(fire main capacity) 소화 주관의 크기는 2개의 소화 펌프를 동시에 작동시킬 경우, 최대 유량을 유효하게 수용할 수 있는 것이라야 한다.

4) 소화 펌프와 관련 장비의 위치(location of fire pumps and associated equipment) 각 소화 펌프는 소화 펌프와 부스터 펌프(booster pump)에 대한 동력과 제어 및 해수 연락구(sea connection)가 설치된 장소에서의 화재 발생시, 소화 펌프 유닛의 모든 요소의 작동이 불능 상태가 되지 않도록 배치해야만 한다. 그러나 만약 이것이 불가능할 때는 최소한 펌프가 배치된 한 곳에다 가스식 소화 장치(gas type extinguishing system)가 펌프의 동력과 제어를 보호하기 위해 설치되어야 한다.

5) 소방 소화전과 관련 장비(fire hydrant and associated equipment) :

① 물소화 장치는 각각 접근이 가능한 장소에 최소한 2개의 물분무 펌프(water spray)가 물을 뿜을 수 있도록 충분한 소화전을 설치해야만 한다.

② 주기관실에서는 가연성 물질을 적재하기가 힘든 축 앨리(shaft alley)를 제외한 모든 장소에, 각기 다른 출구(outlet)에서 나오는 물분무용 호스 1개 이상을 사용치 않고도 필요한 곳에 닿을 수 있도록 설치해야만 한다.

③ 소방 소화전은 각각 최소한 1개 이상의 스패너(spanner)와 호스꾸리기/감개(hose pack/ reel)를 설치해야만 한다.

④ 소방 소화전의 출구의 방향이 수평 방향보다 위쪽으로 향해서는 안 된다.

6) 소화 호스와 관련 장비(fire hose and associated equipment) :

① 물소화 장치의 소화 호스의 길이 :

a) 1-1/2″나 2-1/2″인 공칭 호스 크기이어야 한다.

b) 50′인 공칭 호스 길이어야 한다.

② 소화 호스의 커플링은

a) 황동(brass)과 청동(bronze)이나 그와 동등한 정도로 부식에 견딜 수 있는 재질이어야 한다.

b) 1-1/2″"인 호스에는 인치당 국가적인 기본인 소화 호스의 커플링 스레드(thread)가 9이어야 한다.

c) 1/2″인 호스에는 인치당 7-12 NSFC 스레드이어야 한다.

③ 노즐은 USCG의 규정 162.027에 적용되면서 승인된 형(approved type)인 고형의 흐름(solid stream)과 물분무의 조합식(combination)이어야 한다.

④ USCG의 규정 182.027에 적용을 받는 저속인 분무에 적합한 소방 소화전의 제공이 요구되는 곳은 다음과 같다.

a) 기름용 보일러(oil fire boiler)와 내연 기관(internal combustion machinery) 및 기름 연료용 유닛(oil fuel unit)이 있는 기관실

b) 헬리콥터 갑판(helicopter deck)

7) 국제적인 육상 연결구(international shore connection)　물소화 장치의 국제적인 육상 연결구는

① USCG의 규정을 162.034를 만족하는 국제적인 육상 연결구를 적어도 1개 이상 설치해야만 한다.

② 각 연결구에는 차단 밸브나 체크 밸브를 설치해야만 한다.

③ 유닛의 양쪽에는 연결구의 사용이 유용하도록 설비를 해야만 한다.

참고 1. 노천 갑판(weather deck)상의 포말과 소화전(foam and fire hydrant)의 배치의 기준: 거주 설비의 앞쪽 단벽(accommodation front wall)을 기준으로 해서 선수쪽에 설치가 되는 소방 소화전의 배치 기준은, 호스의 길이에다 분사 길이를 합해서 이 값을 반지름으로 하는 원을 그려 어떠한 부분도 커버(cover)될 수 있도록 표 5·11을 참조해야만 한다. 단, 포말 소화전인 경우는 발포기로 커버가 안 되는 스크린 구역(screened area)을 커버하도록 요구를 하고 있는데, 소방 소화전과 동일하게 적용을 하더라도 관련 규정을 만족하므로, 표 5·11를 참조해서 배치해야만 한다.

표 5·11

선 종	hydrant 배치 기준	비 고
VLCC & over 150 K	main line에서 분기하여 좌현, 우현으로 starboard로 배치한다.	
150 K & below tanker	main line에서 분기하여 직접 hydrant에 배치한다(1 set).	main passage pipe height 1800 mm 이상의 경우 적용하되, 통상 선주 공급품인 gas freeing fan 사용에 지장이 없도록 배치한다.
bulk/container	각 hold port side 혹은 우측에 zigzag 형태로 배치한다(1 set). 단, foam hydrant의 경우 center에 배치한다.	IMDG class 1,2를 loading 하거나, 특별 요구 사항(선주) 등은 별도로 반영한다.

참고 2. 참고로 법규와 규정상 요구가 되는 호스의 길이와 분사 길이는 표 5·12와 같다.

표 5·12

	max. hose length	jet. length	
SOLAS	max. length shall be to the satisfaction of the administration		
ABS	22.86 M(75 FT)		
USCG	50 FT		
LR	18 FT	12 M	rule requirement
DNV	18 FT	12 M	confirmed by telex
BV	20 M		
NK	20 M		
KR	18 M		
IACS		12 M	

[2] 포말 소화 장치(foam fire extinguishing system)

여기서는 여러 가지의 소화 장치와 방화 장치들 중 주로 기름 화재에 적용이 되는 고정식 포말 소화 장치에 대해 기술하고자 한다. 이 장치는 포말 용액과 물을 일정 비율로 혼합하여 그 혼합액의 포말을 기계적으로 연소면에 분사시키고, 공기를 차단하여 산소 공급을 막으면서 거품의 냉각 효과를 이용해 소화하는 방식인데, 기름 화재를 대상으로 한 장치이다.

과거부터 기관실과 펌프실에는 이 장치를 채용해 왔다. 그러나 최근에는 가스 소화 장치의 개발과 이러한 포말 소화 장치의 개발과 함께 포말의 사용 후에 생기는 각종 기기의 손상을 방지하기 위해, 기관실과 펌프실에서는 특별한 요구 사항이 없는 한, 포말 소화 장치를 사용하지 않는 대신 탄산 가스 소화 장치 등이 주로 사용되고 있다. 그러나 유조선이나 화학 제품 운반선 등의 화물창과 상갑판에는 의무적으로 이 장치를 설치해야 한다.

(1) 포말의 성질상 분류

포말에는 공기 거품(air foam)과 화학 거품(chemical foam)이 있다. 그리고 발포기(water/ foam monitor)는 적절한 혼합비로 포말을 공기와 혼합시키면서 정화해 포말액을 만든다. 이 포말액이 물에 희석이 되어 관내에서 자동적으로 거품을 발생시키는데, 이것이 공기 거품으로서 기계적인 포말이다. 특히, 이것은 가연성 액체에 의한 화재에 매우 효과적이다. 또, 황산 알루미늄 용액과 함께 중탄산 나트륨을 함유한 수용액의 작용으로 생성이 되는 포말은, 특성과 저장 문제 때문에 현재로는 이것이 선박에 채용되지 않고 있으므로, 여기서는 설명을 하지 않기로 한다.

공기 거품식은 화학 거품식보다 포말 소화 장치의 작동시 조작이 간단하고, 이것을 작동시킬 때는 특별한 숙련이나 기술이 필요하지 않으며, 불과 기름에 견디는 시간이 화학 거품식보다도 우수하다.

(2) 발생하는 포말의 배율에 따른 분류

1) 저팽창식 포말 소화 장치(low expansion foam fire extinguishing system) 이 장치는 해수와 포말의 용액을 프로포셔너(proportioner)로서 일정한 비율로 혼합을 해서, 그 혼합액이 방출구인 발포기에 통과할 때 공기를 흡입/교반(suction/agitation)하면서, 공기를 핵으로 한 소정의 압력에 의해 공기 거품을 발생시키는 것이다. 그리고 이 장치를 구성하는 방식에는 단선(single line) 방식과 링 밀폐식 본선(closed ring main line) 방식이 있는데, 특히 DNV 선급의 F-AMC에 적용을 받는 선박은 링밀폐식 주라인 방식을 채택하면서 포말액 펌프와 프로포셔너 등도 각각 2개씩 준비해 설치를 해야만 한다.

① 종류 :

a) 압력 비례식 장치(pressure proportioning system) : 이것은 그림 5·28과 같이 포말액의 탱크 상부에 프로포셔너를 배치해서, 소화 펌프로부터 압력수들 중 그 일부를 포말액의 탱크 내에 압입시켜 탱크 내의 내압을 일정하게 유지함과 동시에, 프로포셔너의 이덕터(eductor)의 작용으로 발생되는 압력의 차이 때문에 탱크로부터의 원액을 흡입해서 일정 비율의 혼합액을 만드는 방식이다.

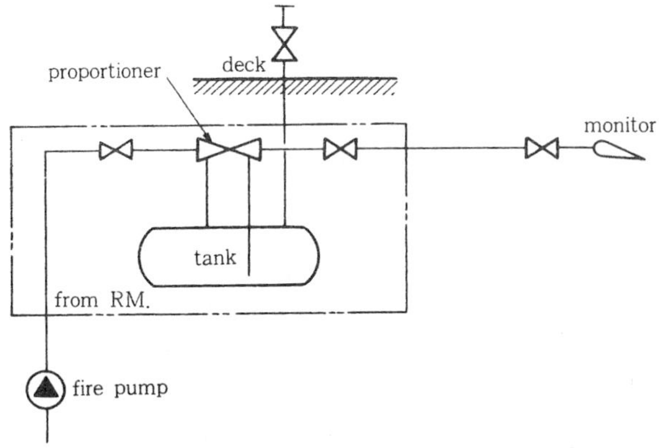

그림 5·28 압력 비례식 포말 소화 장치

b) 측압력 비례식 장치(pressure side proportioning system) : 이것은 그림 5·29와 같이 소방 펌프로부터의 송수 압력을 이용해서 다이어프램 밸브(diaphragm valve)를

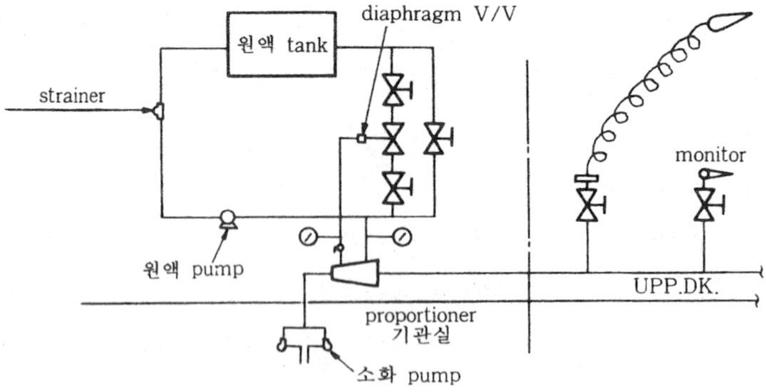

그림 5·29 측압력 비례식 포말 소화 장치

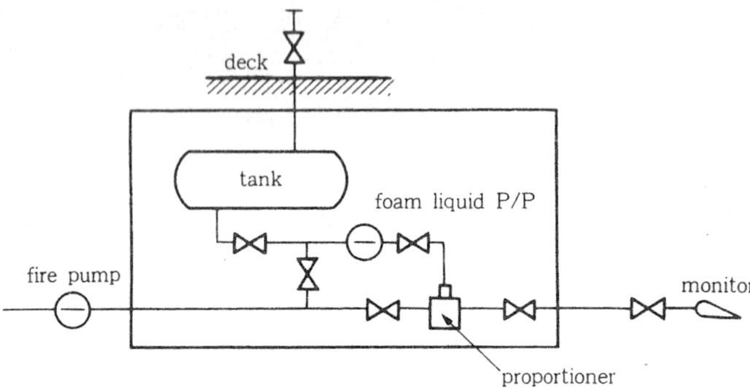

그림 5·30 포말액의 펌핑 장치

작동시켜 원액의 유량을 조정하는 방식으로서, 배관 내의 물과 포말 원액의 압력과 유량이 변화하더라도 항상 혼합비를 일정하게 유지하도록 되어 있다. 즉, 송부 압력(P_1)이 다이어프램 밸브의 상부에, 포말의 원액의 압력(P_2)을 하부에 설치함으로서, $P_1 > P_2$ 가 되면 밸브가 닫히고, 반대인 경우에는 열려서 자동적으로 균형을 이루면서 거품 원액을 혼합시키는 방식이다.

c) 포말액의 펌핑 장치(foam liquid pumping system) : 이것은 그림 5·30 과 같이 현재 가장 널리 쓰이는 방식이다. 즉, 해수와 포말의 용액을 독립 배관을 통해 각각의 소방 펌프와 포말액의 펌프로서 프로포셔너로 보내서 이 곳에서 해수와 포말 원액이 일정 비율로 혼합되고, 이 혼합액이 발포기로부터 발사가 되는 방식이다.

② 공기 거품액(air foam liquid) : 이것은 크게 프로테인 염기형(protein base type)과 알코올 저항형(alcohol resistance type)으로 구분된다.

a) 프로테인 염기형 공기 거품액 : 이것은 가수 분해가 잘 되는 단백질과 포말의 안정을 위한 배합물 및 빙점 진정제와 방부제 등으로서, 안정된 단백질형 액체를 생성시키기

위해 조심스럽게 배합한 것이다. 그런데 원유와 가솔린 등에 포함이 되어 있는 탄화 수소형 가연성 액체의 화재에 적용을 시킬 때에 강력한 거품막을 형성하는 이 형식은, 내화성이 우수하면서 유동성도 좋다. 그리고 이것의 원액 혼합비는 농도가 3%, 5%, 6%인 것이 있는데, 이것은 주로 선박에 쓰인다.

b) 알코올 저항형 공기 거품액 : 이것은 화학 제품 운반선의 화물 구역용으로 개발이 되었는데. 탄화 수소와 이온화가 된 용제를 함유한 화재의 소화용으로 적합하다. 그래서 가수 분해가 잘 되는 단백질의 구성은 안정제와 이온화 용제에 유효한 특수 첨가제를 포함시켰다.

③ 거품액의 용량의 결정 :

a) 일반 유조선의 경우 : 거품 용제(foam solution)의 공급률은 다음의 것들 중 가장 큰 것보다 작아서는 안 된다.

1. 화물창 구역의 갑판 면적(선박의 최대폭×화물창 길이의 총 길이)을 m^2당 0.6 l/min 으로 분사가 가능한 양

2. 수평 단면적이 가장 큰 한 탱크의 수평 단면적을 m^2당 6 l/min 으로 분사가 가능한 양

3. 용량이 가장 큰 발포기에 의해 분사할 수 있는 면적을 m^2당 3 l/min 으로 분사가 가능한 양〔면적은 발포기의 전방의 면적을 나타내는데, 이 때 발포기의 용량 1250 l/min 보다 작아서는 안 된다. 한편, 불활성 가스 장치(inert gas system)가 설비되어 있는 경우, 거품액은 최소한 20분을 사용할 수 있는 용량이어야 한다. 특히, DNV 선급의 F-AMC의 적용을 받는 선박인 경우, 최소한 30분간을 사용할 수 있는 거품액이 준비되어야만 한다〕

4. 화물창 구역의 면적(선박의 최대폭×화물창 구역의 총 길이)을 m^2당 2 l/min 으로 분사가 가능한 양

5. 수평 단면적이 가장 큰 한 탱크의 수평 단면적을 m 당 20 l/min 으로 분사가 가능한 양

6. 용량이 가장 큰 발포기로 분사할 수 있는 면적을 m^2당 10 l/min 으로 분사가 가능한 양(면적은 발포기의 전방의 면적을 나타내는데. 이 때 발포기의 용량이 1250 l/min 보다 작아서는 안 되고, 이 때 거품액도 최소한 30분 동안은 사용할 수 있는 충분한 양이 준비되어야만 한다)

④ 발포기(water/foam monitor) : 이것은 프로포셔너로부터 거품액과 해수를 일정한 비율로 혼합시켜서 관내를 지나면서 포말액을 만들어, 최종적으로 이것을 소화 목적지

에다 분사를 한다. 이것은 선박에 주어지는 주위의 기상과 해수의 어떤 악조건에서도 견디어낼 수 있는 재질로서 견고하게 제작되어야만 한다.

a) 용량 : 이것의 용량은 일반적으로 USCG 규정 4부 4장 1절에서 결정된 거품 액량의 최소한 50%에 상당해야만 하고, 그리고 발포기에 의해 보호가 되는 갑판 면적의 m^2 당 최소한 매분 3 l 이상이어야 하며, 또 매분 1250 l 이상이어야만 한다.

b) 수량 및 위치 : 발포기로부터 전방 구역의 가장 먼 곳까지의 거리인 무풍 상태에는, 발포기의 방출 거리의 75%에 상당하는 거리 이상이어야 하고, 그리고 화물창 갑판 구역의 전역과 파손이 되어 있는 화물창 내에 포말을 방출할 수 있는 능력도 가지고 있어야 한다. 한 대의 발포기와 하나의 유동성이 있는 휴대식 거품 노즐(mobile foam plicator)을 연결할 수 있는 소방 소화전·밸브가 선미루 전단(poop front)의 좌현과 우현에, 그리고 화물창 지역의 상갑판과 접해 있는 거주구 지역의 좌현과 우현에 각각 배치되어 있어야 한다. 또, 각 발포기의 바로 앞에 있으면서 접근이 가능한 곳에는, 이들 소화용 포말의 주계통도가 파손이 될 경우를 대비해 절연 밸브를 설치해야만 한다.

특히, DNV 선급의 F-AMC에 적용을 받는 선박인 경우, 이들 절연 밸브가 위치한 곳에서는 신축 이음쇠(expansion joint)의 설치가 요구되고 있고, 이 발포기는 수직 방향에서 360도로 자유로운 움직임이 가능해야 하며, 어느 위치에서도 고정할 수 있는 로킹(locking) 장치가 준비되어 있어야 하고, 이 발포기에서의 최소 압력인 7.5 bar에서는 최소한 40 m인 배출 거리를 갖추어야 한다. 그리고 선미루 전단의 좌현, 우현에 설치가 되는 2개의 발포기와 이들 발포기용 물/포말의 공급 밸브는 선교루나 이들 발포기로서 커버를 할 수 있는 구역으로서, 잘 보이면서 보호가 되는 구역에서도 원격 조정을 할 수 있어야 하는데, 이 원격 조정은 발포기를 수평/수직 방향으로도 움직이게 할 수가 있어야만 한다.

⑤ 거품 방사기(portable foam applicator) : 이것은 발포기에 추가가 된 고정식 발포기(fixed foam monitor)로서 커버할 수 없는 곳의 포말 소화전 밸브(foam hydrant valve)에 연결하여 소화하는 장치이다.

a) 구성 : 이 장치는 보통 1개의 조립식 분기관과 1개인 2D가 50 mm이면서 길이가 15 m인 호스로 구성이 된다. 그리고 이들은 어떠한 박스(box)에 내장이 되어야 하지만, 이 박스의 설치에 대한 요구 사항은 없다. 단지 DNV 선급의 F-AMC에서는 이 박스의 배치를 요구하고 있는 반면에, 휴대식 거품 장치(portable foam equipment)도 1개의 거품 노즐(foam nozzle)과 3개인 2D가 50 mm이면서 길이가 15 m인 호스 및 화물창 내의 소화를 목적으로 한 거품을 분사할 수 있는 1개의 팽창 살수관(extension spray pipe)으로

구성되어야 한다고 요구하고 있다. 그러나 확장 살수관 길이의 관계(2 m 정도가 됨) 때문에 이 박스의 외부에 이것을 설치하는 것이 허용되지만, 박스의 바로 옆이나 눈에 잘 띄는 곳에다 이것을 배치시켜야만 한다(DNV 규정 6부 4장 4절 4D항의 200).

b) 용량 및 수량 : 이것은 400 l/min보다 작아서는 안 되면서, 발사 거리는 무풍 상태에서는 15 m 이상이어야만 한다.

휴대식 거품 장치의 수량은 4개 이상이어야 하는데, 특히 DNV 선급의 F-AMC에서는 선박의 재화 중량 톤수(D/W)에 따라 다음과 같은 수량을 요구하고 있다.

1. 재화 중량이 10,000톤 이하인 경우 : 2 세트(set)
2. 재화 중량이 10,000~100,000 톤인 경우: 4 세트(set)

⑥ 거품 소화전 밸브(foam hydrant valve) : 이것은 거품 방사기를 거품 계통도와 연결시키는 데에 필요한 밸브로서, 소화를 할 수가 없는 곳, 즉 화물창의 내부라든지 전동기(motor)로부터 멀리 떨어져 있는 구석진 곳 등의 소화를 목적으로 사용된다. 그리고 발포기의 수량과 위치에서도 언급을 했듯이, 이들 밸브들은 선미루 전단의 좌현 · 우현에, 그리고 화물창 지역의 상갑판과 접한 거주구 지역의 좌현 · 우현에 설치되어야 한다.

또, 이것은 발포기로서 소화를 할 수 없는 곳의 소화를 목적으로 사용이 되는 휴대식 거품 장치를 연결시켜 주는 밸브이기 때문에, 충분한 수량의 밸브가 설치되어야 한다. 즉, 보통의 선박에서는 30 m 간격으로 1 개씩 설치하는데, 특히, DNV 선급의 F-AMC가 적용되는 선박은, 거품 주관이 폐쇄링식 주관(closed ring main)이므로, 각각의 주관에는 최대 15 m 간격으로 하여 거품 소화전 밸브를 설치해야 하고, 또 거품 주관이 물-소방 주관(water-fire main line)과 겸용이나 단독으로 사용될 때는 이들 밸브가 재화 중량이 100,000 톤 이상인 경우, 6 세트를 선측에서 최대 20 m를 초과하지 않는 범위 내에 배치한다.

⑦ 승인(approval) : 이것에 대해 특별히 요구를 하고 있는 규칙은 없는데, 단지 DNV 선급의 F-AMC 가 적용되는 선박인 경우, 거품 장치의 모든 장비, 즉 포말 원액(foam liquid)은 물론 포말 원액 탱크, 펌프, 발포기, 프로포셔너, 거품 노즐, 확장 살수관 및 호스에 대해 그 선급의 승인을 획득할 것을 요구하고 있다.

(3) 고팽창식 포말 소화 장치(high expansion foam extinguishing system)

이 장치는 그림 5 · 31 에서 보는 바와 같이 포말 원액 탱크로부터 포말 원액 펌프로서 일정량의 포말 원액을 해수관에 공급을 해서 해수와 혼합을 시킨다. 그리고 그 혼합액을 일정한 압력(약 1~1.5 kg/cm^2)으로 노즐로부터 금망(metal net)에 분사함과 동시에, 확산판으로서 균일 풍량의 공기를 송풍기(fan)로 보내어서 균일한 크기인 기포로 금망을 통과시켜 다량으로 발생시킨다.

이와 같이 해서 만들어진 기포는 도관(duct)을 통해 소화 대상인 구획으로 보내어진다. 그런데 원액의 혼합비는 1.5~2.0%이지만, 발포율은 800~1000배가 된다. 따라서, 이것은 기포가 3차원적인 대상 구획에 확산되는 양의 효과와 증기의 효과 및 냉각 효과를 이용하는 소화 장치로서, 기관실과 펌프실 등에 적용이 된다.

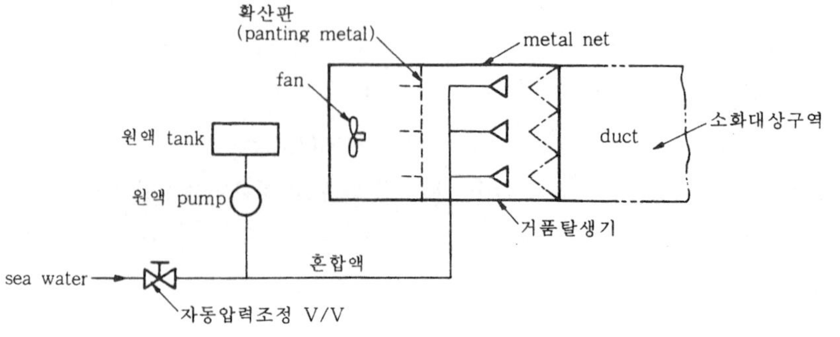

그림 5·31 고팽창식 포말 소화 장치

1) 특징 :

① 이것은 고체인 가열물이나 유류의 화재에 적합하다. 특히, 다른 방법으로서는 소화가 곤란한 경우, 예를 들면 고무 타이어와 같이 탄소분이 포함된 물질을 다량으로 높게 쌓여진 곳의 화재에도 유효하다.

② 어느 정도의 전도성을 갖기 때문에 고전압의 전기 화재에는 적합하지 않다.

③ 소화 방법은 구획의 한구석으로부터 불어 넣음으로 해서 장애물과는 무관하게 소화를 할 수 있다.

④ 격벽이 없는 평면적인 소화에는 적합하지 않다(상갑판).

⑤ 인체에 무해하다. 그런데 긴급한 경우에는 열이나 연기로부터 보호를 하는데에도 도움이 된다.

⑥ 불이 확산되어 가는 앞쪽의 장소를 예냉시킬 수 있지만, 한 점으로 집중을 시킬 수가 없다.

⑦ 포말이 나가는 속도가 늦다.

⑧ 원액을 장기간 보존하더라도 변질이 되지 않는다.

⑨ 포말에 악취가 없고 청소가 간단하다.

2) 용량의 결정 이것의 용량 결정은 표 5·13을 참고하면 된다.

표 5 · 13

DNV	LLOYD
• 가장, 큰 실의 최대 수평 면적을 1 m/min으로써 충만시킬 수 있을 것 • 구획 전체를 주갑판 수준까지 10분 이내로 충만시킬 수 있을 것	• 가장, 큰 실을 적어도 1 m/min으로써 충만시킬 수 있을 것 • 가장, 큰 실의 용적의 5배인 용적을 커버할 수 있는 양

3) 배치와 배관시의 주의점 그것의 배치와 배관을 하는 경우에는 다음과 같은 사항을 고려해야 한다.

① 거품 발생기(foam generator)와 그것의 부속 기기만의 설치를 위해서는 거품 발생기 실을 배치해야만 한다.

② 거품 발생기 실의 격벽과 갑판은 A-60 절연재로서 보호가 되어야만 한다.

③ 거품 발생기는 빙점 이하로 내려가지 않도록 적절한 가열 장치(heating system)가 있어야 한다.

④ 거품 발생기 실은 실내의 압력 규정값 이상으로 올라가지 않도록 별도의 기계적인 환풍 장치가 배치되어야 한다.

⑤ 기관실 바닥에 격자(grating) 등과 같은 장애물은 가능한 제거해야만 한다. 즉, 기포가 10 mm 정도인 지름을 갖기 때문에 격자 등에 통과하는 것이 쉽지 않다.

4) 승인 거품 발생기 포말 원액은 승인을 얻어야 한다.

[3] CO_2 소화 장치

그림 5 · 32 와 같이 CO_2 가스를 소화 목적으로 사용할 경우, 그것의 특징은 여러 가지가 있는데, 주된 특성은 질식 작용과 냉각 작용의 두 가지이다. 질식 작용에 의한 소화란, 불연성 가스인 CO_2 가스를 불어 넣음으로서 해당 구획 내의 공기 중의 산소 농도를 연소의 한계 이하로 떨어뜨리는 방식(통상, 공기 중에는 약 21%의 산소가 존재하지만, 산소가 15~16 % 이하가 되면 연소를 계속할 수 없게 된다)이다. 그리고 냉각 작용에 의한 소화란, CO_2 가스가 방출 후에는 즉시 기화하지만, 고압 실린더 내에 저장이 된 CO_2 가스는 방출 속도가 빠르고 방출시 팽창률이 높으므로, 그 기화열과 단열 팽창에 따라 주위의 온도를 급격히 저하시키는 방식이다.

즉, CO_2 가스에 의한 소화는 소화 작용으로 인한 기기류와 그 구획을 적시거나 더럽힐 염려가 없고, 소화시 물을 옮기지 않는 기기류의 재사용이 통풍 환기로서 쉽게 할 수가 있다. 그리고 부식성을 갖지 않으면서 일반적으로 화학 작용을 일으키지 않으므로, 장시간 방치하여도 부식이나 화학 분해를 일으킬 염려가 없다는 등의 이점이 있다. 또,

CO_2 가스는 상온과 상압에서 냄새, 색깔과 조연성 및 가연성이 전혀 없는 기체로서, 그것의 물리 정수는 다음과 같다.

① 분자식과 분자량 …… CO_2, 44.01 g/g. mol

② 공기에 의한 비중 …… 1.519~1.530

③ 비중량 …… 1.9768 kg/m^3(0℃ 1 기압)

④ 증발 잠열 …… 71.8 kcal/kg(−25 ℃)

56.3 kcal/kg(+30 ℃)

11.9 kcal/kg(+30 ℃)

(1) 규 정

선박의 CO_2 가스의 소화 설비에 관해 각 규정을 적용할 경우에는, 앞에서 말한 규정들 외에도 여러 가지의 규정이 있으므로, 이것들을 만족해야만 한다.

1) SOLAS :

① CO_2 가스의 양은 1 kg을 0.56 m^{3}로 해서 계산해야 한다.

② 기관실에 대해 사용할 경우, 고정이 된 배관 장치는 가스의 85 %를 2분 이내에 방출할 수 있어야만 한다.

2) KG와 JG :

① 탄산 가스를 방출할 화물 구역이 여객의 거주 구역으로 사용이 되는 경우, 여객의 거주 구역으로 사용이 될 동안에는 해당 장소에 대해 탄산 가스의 방출을 정지할 수 있을 것

② 탄산 가스의 용기는 탄산 가스를 방출할 장소 이외에 서로 쉽게 접근할 수 있는 장소(충돌 격벽의 전방을 제외함)로, 온도가 55 ℃를 넘을 염려가 없는 장소에 배치하면서 뒤집힘과 굴러 떨어짐 및 충돌 등의 위험성이 없고, 그리고 재충전과 점검을 할 경우, 분리와 설치가 쉬울 것

표 5·14

max. quantity of CO_2 required (pounds)	min. pipe size (inches)	max. quantity of CO_2 required (pounds)	min. pipe size
100 225 300 600 1000 2450	1/2 (15A) 3/4 (20A) 1 (25A) 1 1/4 (32A) 1 1/2 (40A) 2 (50A)	2500 4450 7100 10,450 1500	2 1/2 (65A) 3 (80A) 3 1/2 4 (100A) 4 1/2

3) USCG :

① 화물창에서의 지관의 지름은 3/4″(20A)보다 작아서는 안 된다.

② 각 구획에서의 대상 배관은 표 5 · 14 와 같이 계획을 해야 한다.

③ 관재는 3/4″ 이하나 sch. 40, 1″ 이상 또는 sch. 80 으로 해야만 한다.

④ 관과 밸브 및 의장(fittings)의 파괴 압력은 6000 PSI 이상이어야만 한다.

⑤ 안전 장치는 2400~2800 PSI에서 작동이 되도록 설치해야만 한다.

⑥ 노즐의 전면적은 탄산 가스 실린더의 개구부 면적의 전면적 혹은 공급관의 면적들 중 어느 작은 쪽의 35~85 %이어야만 한다.

참고 실린더의 개구 면적은 0.0022 $inch^2$으로 계산한다.

⑦ 탄산 가스 실린더는 ICC(regulation of interstate commerce commission)의 규격에 합격한 것이어야 한다.

⑧ 시동용 실린더는 2개 이하이어서는 안 된다.

⑨ 관의 연결은 ANSI 규칙에 따라 테이퍼관 나사(taper pipe thread)에 의한 방식으로 한다. 부득이 해서 용접을 한 경우는, 용접을 한 후 300 psi(210 kg/cm^2)의 수압 시험을 시행하면서 내면, 외면에 아연 도금을 한 것을 사용해야만 한다.

⑩ 탄산 가스의 양이 300 Lbs를 넘을 경우에는, 방출을 하기 전에 적어도 20초 동안 경보를 울려야 하고, 경보 장치는 탄산 가스용 이외의 동력원에 의존을 해서는 안 되며, 300 Lbs 이하인 장소에서도 연직 배기관(vertical escape)인 것은 똑같은 계획대로 시행해야만 한다.

⑪ 기관실 등의 환기 장치는 탄산 가스의 방출과 함께 자동적으로 정지가 요구된다.

4) ABS :

① 미국의 선급 협회에서는 USCG에 원칙적으로 합격한 것을 요구한다.

② 미국 국적을 갖지 않은 선박은, 선적을 둔 정부 기관의 규칙에 따르는 것을 원칙으로 한다.

5) DOT :

① 탄산 가스 실린더는 영국의 기준 시방서에 의해 다음과 같은 세 가지의 규정들 중, 어느 것에 합격한 것이어야만 한다.

a) BS 401/1931

b) BS 1287/1946

c) BS 1288/1946

② 안전 봉판은 2600~2800 psi(182~200 kg/cm^2) 이상에서 파괴된 것을 사용해야만 한다.

③ 실린더의 격납고의 온도가 140 °F(60 ℃)를 넘어서는 안 된다.

④ 관과 기타 탄산 가스의 압력을 받는 매니폴드 밸브 등은, 1800 psi(126 kg/cm^2)인 수압 시험에 합격한 것이어야 한다.

⑤ 기관실 등을 일체 개방할 경우, 경보 장치는 전기식을 사용해야만 한다. 그리고 공기나 탄산 가스에 의한 경보 장치는 허용되지 않는다. 또, 탱커의 펌프실과 그와 유사한 구획용의 것은 방폭형이면서 DOT 가 승인한 형식의 것을 사용해야만 한다.

⑥ 일체, 개방 구획의 제어 장소에 있는 탄산 가스 방출용인 경보 장치에 대한 운동 방식은, 승인된 형식인 문스위치 형식이어야만 한다.

⑦ 탄산 가스 실린더의 밸브에서 매니폴드의 체크 밸브까지의 접속은, 유연성 루프(flexible loop)가 허용되지 않는 대신에 동관 루프를 사용해야만 한다.

⑧ 기관실 등에 CO_2를 배출할 때는 공기가 들어가거나 CO_2 가스가 나갈 수 있는 모든 개구를 폐쇄시킬 수 있는 장치를 준비해야 한다.

⑨ 선창용 CO_2의 관은 가능한 한 기관실을 거치지 않는 편이 좋은데, 만약 불가피하게 기관실을 통과할 때는 다음의 조건을 만족해야만 한다.

a) 기관실 내의 CO_2 의 관에 대해 122 바(bar)로서 시험을 해야만 한다.

b) 검사원에 의한 표본 시험(sample test)이 만족되어야만 한다.

6) LR :

① 선적국의 주관청에 의해 승인이 된 것은 LR 에 합격한 것으로 인정이 된다.

② 일부 고정용 가스 소화 설비에서 제어의 의미는 쉽게 접근을 하면서 편리하게 운용할 수 있을 뿐만 아니라, 보호 장소(protected space) 안에서의 연소 때문에 차단을 하기가 곤란한 작은 구역 안에서도 그룹화할 수 있다. 그리고 각각의 위치에서도 사람의 안전에 유념하여 명확한 지시를 해야만 한다.

7) DNV :

① 가연 물질을 운반하고자 하는 선박의 화물창은 고정식 소화 장치로서 방화에 대비해야 한다.

② CO_2의 병은 적어도 환기의 회수가 8 회/hr 이상으로서 분리된 강제 통풍 장치를 갖는, 독립이 된 실내에다 설치를 해야만 한다. CO_2의 실은 상갑판상이나 그 위에다 설치를 해야만 하고, 폭로 갑판으로부터는 직접 접근할 수 있어야 한다. 또, 거주구 내에 설치가 되는 경우는 거주구로부터 기밀(gas tight) 격벽을 갖추어야 한다.

③ 실린더의 배열은 3 열까지도 할 수 있지만(standard 2열), 배치에 관한 상세 규칙을 따라야만 한다.

표 5 · 15 CO_2 관 강관의 최소 두께

외측 지름(mm)	cylinder-main v/v	main v/v-nozzle
21.3~26.9	3.2	2.6
30.0~48.3	4.0	3.2
51.0~60.3	4.5	3.6
63.5~76.1	5.0	3.6
82.5~88.9	5.6	4.0
101.6	6.3	4.0
108.0~114.3	7.1	4.5
127.0	8.0	4.5
133.0~139.7	8.0	5.0
152.4~168.3	8.8	5.6

④ CO_2 실련더는 DNV 에 의해 승인이 된 것이어야 한다. 그리고 내용량은 45 kg 이상인 것은 인정되지 않는다.

⑤ CO_2 실린더에서 매니폴드까지는 승인이 된 형식의 고압 유연성 호스를 배치하는데, 그 두께는 최소한 표 5 · 15 에 표시된 두께 이상이어야만 한다.

관재는 DNV 의 규격재이어야 하고, 이 구간의 연결은 모두 강재를 사용해야 한다.

⑥ 실린더 밸브와 매니폴드간의 접속은 정상적으로 승인이 된 형인 고압 유연성 호스로 구성되어야만 한다.

⑦ 관은 내면, 외면에 아연 도금을 하는데, 관의 안지름은 다음과 같다.

a) 화물창으로의 주관 …… 19 mm 이상,
지관 …… 13 mm 이상

b) 기관실로의 배관 : 표 5 · 16 을 참조하면 된다.

표 5 · 16

CO_2량(kg)	관 안지름(mm)	CO_2량(kg)	관 안지름(mm)
45	13	2000	76
100	19	3250	89
135	25	4750	101
275	32	6800	114
450	38	9500	127
1100	50	15,250	152

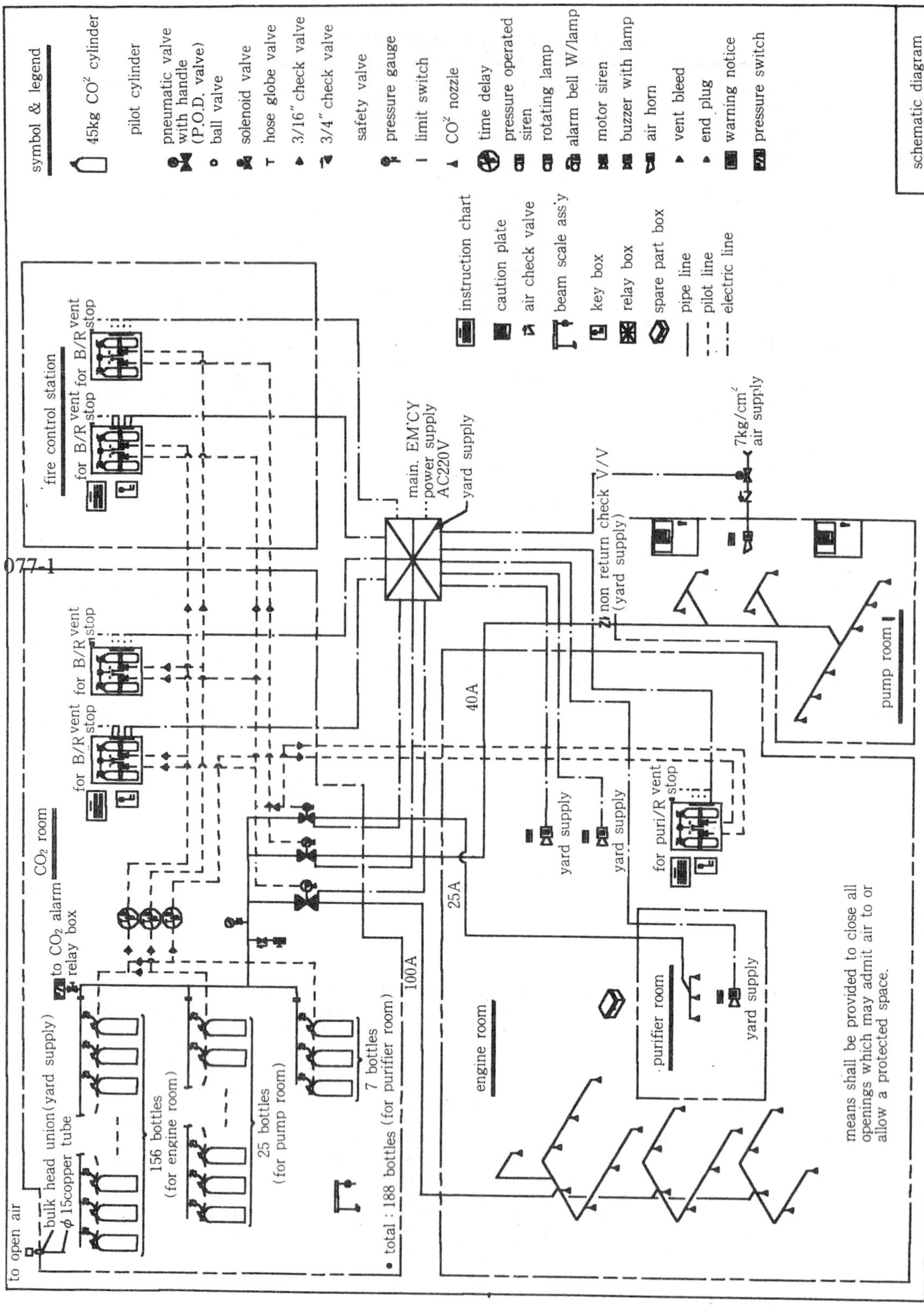

그림 5·32 CO_2 소화 장치의 개략도

⑧ 기관실과 보일러실의 외부에 설치가 된 관은, 부식에 대비해서 관의 내부를 도금해야만 한다.

⑨ 기관실과 보일러실의 노즐의 단면적의 합은, 실린더 밸브의 단면적의 합인 50~83%이어야 한다.

⑩ 기관실이나 펌프실 등에서 CO_2를 방출할 경우, 늑판(floor)의 아래쪽에서 방출량의 10%가 방출되도록 고려해야 한다.

[4] 불활성 가스 장치(inert gas system : IGS)

불활성 가스 장치의 사용 목적은 방폭과 소화에 있다. 특히, 가연성 액체를 취급하는 선박인 경우, 화재를 진압하는 것은 폭발의 위험이 있다. 즉, 탱크의 폭발은 석유 가스와 공기(산소)가 어떤 비율로 혼합되어 생기는 폭발성 혼합 가스로 인해 발생한다. 그런데 이것을 예방하는데는 폭발성 혼합 가스가 생기지 않도록 하든지, 또는 그 위험 가스가 발생한 경우, 거기에 발화 에너지를 전하는 발화원을 모두 제거할 필요가 있다.

그러나 탱커의 운행 상태는 만재/양육(full loading/unloading) 등의 여러 상태가 있는데, 액체를 퍼낸 조건에서도 탱크의 내부가 청소되기 전에는 기름이 잔류된 상태와 청소 작업을 하고 있는 중일 때의 상태 등이 있다. 이러한 상태들 중 그 대부분의 상태는 폭발성 혼합 가스의 발생을 억제시킬 수 없으므로, 폭발성 혼합 가스를 만들지 않기 위해서 공기 중의 산소량을 억제할 수밖에 없다. 가연성 가스나 증기의 위험성의 정도는 폭발의 한계, 발화의 한계, 자동 발화의 온도, 연소의 속도, 폭발(detonation)의 유도 거리, 연소열 등의 수치값으로 판정이 된다. 여기서는 원유 수송선인 경우, 불활성 가스의 사용 시기가 그림 5·33 과 같은 운용 사이클을 통해 결정이 된다.

그리고 화물유 탱크는 사람이 들어가는 경우를 제외하고는 화학 작용을 일으키지 않는 상태로 해두는 것이 일반적이다. 그런데 운항 중의 사용 시기에 관한 구체적인 사항은, 양육 · 항해 중 탱크 클리닝의 상태의 3 단계로 구별한다.

1) 양육을 할 때　양육을 하기 전에 화물유 탱크의 상부의 공간이 불활성 가스로 충만이 되어 있는 경우나 없는 경우, 원유의 가스(crude oil gas)인 탄화 수소 가스의 농도가 지나치게 짙을 정도로 가득 차 있을 때는 폭발의 가능성이 없다. 즉, 그림 5·34 의 점 C 가 불활성 가스로 충만해 있는 경우와 없는 경우이다. 그런데 양육을 시작하면, 화물유의 액면이 내려감에 따라 탱크의 외부로부터 공기가 유입되므로, 화물유 탱크의 상부의 공간에는 불활성 가스에 관계없이 폭발의 한계 내에 이르게 된다. 즉, 상부 공간에 불활성 가스가 있는 경우는 B-A 선상의, 그리고 없는 경우는 C-A 선상의 상태로 있으므로, 어쨌든 폭발의 범위 내에 들어간다. 그래서 이것을 방지하기 위해서는 항시 적당

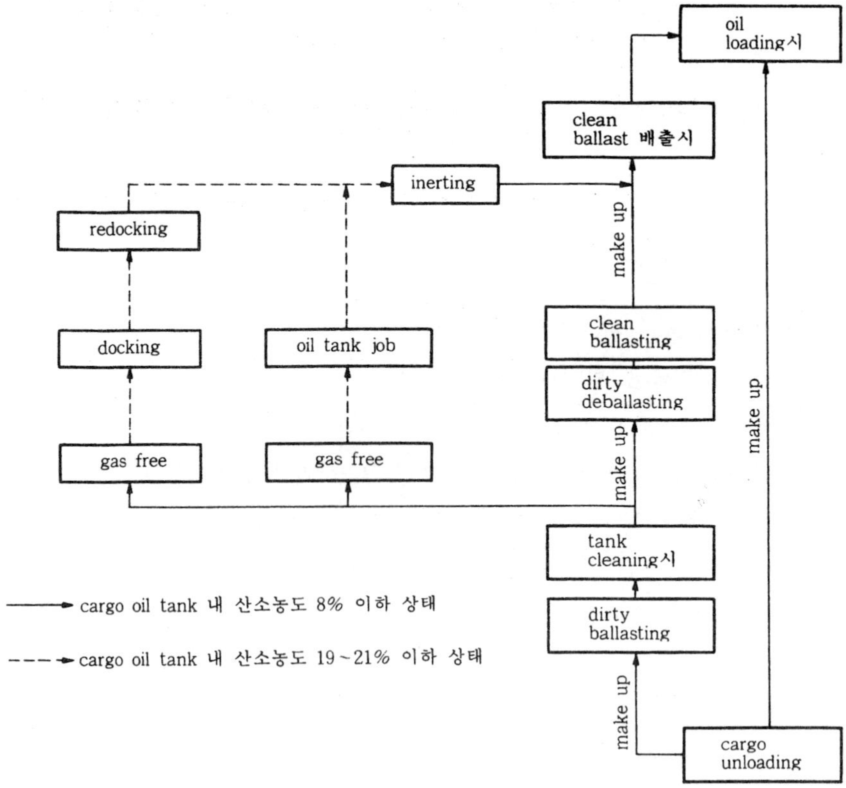

그림 5·33 불활성 가스의 운용 사이클

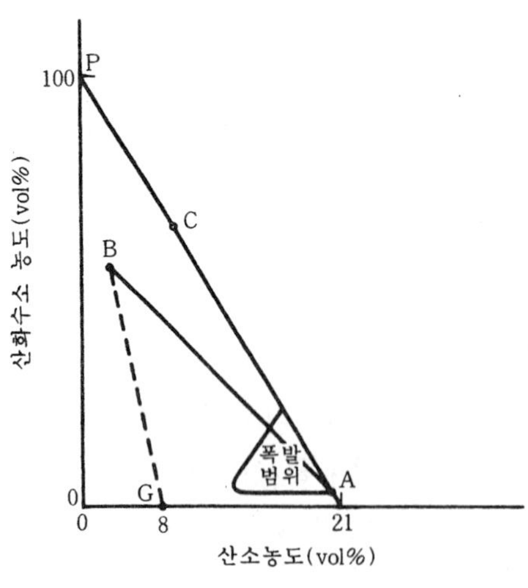

그림 5·34 원유 양육시

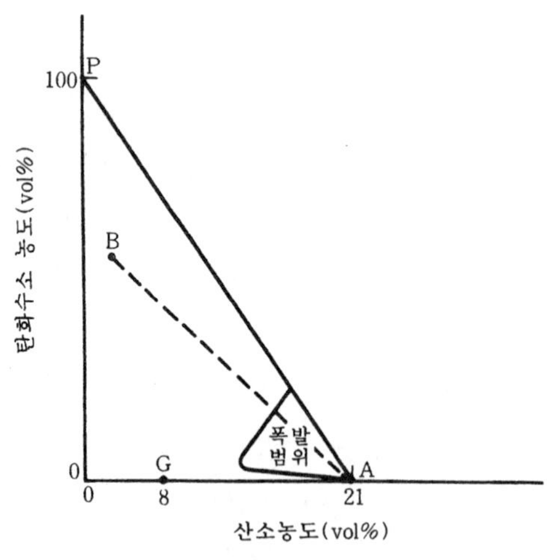

그림 5·35 탱크의 청소시

한 양의 불활성 가스로 화학 작용이 일어나지 않게 탱크 내에 공기 유입을 막음과 동시에, 탱크 내의 공간이 불활성 가스로 가득 찬 상태가 되도록 하는 것이 필요하다.

보통 불활성 가스 송풍기(inert gas blower)의 용량은 화물유 펌프 정격 용량의 125% 이상이므로, 운전 중에는 항시 화물유 탱크의 내압력이 가압 상태로 되게 유지하여 공기의 유입을 방지할 수 있어야 한다.

2) 항해 중 화물유 탱크가 불활성 가스로 충만되어도 항해 중의 내압과 외압의 차이 때문에 브리더 밸브(breather valve)로 통해 외기압이 유입될 때, 산소 농도를 높여 폭발 범위 내에 이르게 된다. 이런 현상을 방지할 목적으로 항해 중의 화학 작용을 일으키지 않게끔 산소 농도를 8% 이하로 유지하는 방법을 **포장법**(maker up) 또는 **보충법**(topping up)이라 한다.

3) 탱크를 청소할 때 살수(spray water)로 인해 의장품이 떨어져서 불꽃이 발생되면 발화하는 경우가 있다. 또, 탱크를 청소할 때, 청소용 물을 펌프로 흡입하면 탱크 내의 가스도 함께 흡입이 되므로, 외부로부터 공기가 유입되면서 산소 농도가 그림 5·35 와 같이 높아지기 때문에, 산소 규정 농도가 8% 이하로 떨어지도록 불활성 가스를 계속 주입해야만 한다.

4) 그 밖의 방법 밸러스트, 디밸러스트와 화물유 적재 및 가스가 없는 경우에 어쨌든 산소의 규정 농도가 8% 이하가 될 수 있게 유지해야 하고, 가스가 없을 때에는 탄화수소 가스의 농도가 4% 이하인 상태로 해서 깨끗한 공기(clean air)로 바꾸어야 한다.

(1) 연도 가스(flug gas)와 불활성 가스의 화학적 성질

1) 연소 가스의 구성 :

① 완전히 연소해서 발생하는 CO_2와 SO_2 및 H_2O,

② 공급이 된 공기 중의 과잉의 O_2와 N_2,

③ 연료가 함유하고 있는 N_2와 CO_2 및 H_2O,

④ 불완전 연소일 경우의 C 와 CO 및 H_2 C_nH_m

등이 있다.

2) 연소 가스의 수치 계산 표준 연료유 "C"유(bunker "C" oil)는 다음과 같이 구성이 된다.

① C(탄소) …… 87.75(중량 %)

② H(수분) …… 10.50(중량 %)

③ S(황) …… 1.20(중량 %)

④ N(질소) …… 0.15(중량 %)

⑤ O(산소) …… 0.40(중량 %)

표 5·17 inert gas 장치 제조 회사가 표시한 flue gas/inert gas 성분

inert gas 장치 maker / 성 분	I 회사		F 회사		G 회사		H TK		비 고
	flue gas	inert gas	flue gas	inert gas	flue gas	inert gas	flue gas	inert gas	신선 공기
탄산(CO_2)	13.1	13.8	13.5	14.0			13.5	13.5	0.03
아황산 가스	0.2	0.02	0.3	0.03	0.3	0.02	0.3	0.03	–
산소(O_2)	1.8	1.9	4.2	4.3			3.0	3.0	20.99
질소(N_2)	74.4	78.6	77.0	79.6	77.0	77.0	78.2		78.03
수증기(H_2O)	10.5	5.6	5.0	2.0	5.0	0.024	5.0		–
아르곤(A)	–	–	–	–	–	–	–	–	0.94
기타(분진 등)	–	–	150 mg/Nm^3	15 kg/Nm^3	200 mg/Nm^3	30 mg/Nm^3	250 mg/Nm^3	8 mg/Nm^3	0.01
비 중	1.304 mg/Nm^3	1.326 kg/Nm^3	1.338 kg/Nm^3	1.349 kg/Nm^3	1.323 mg/Nm^3	–	1.334 kg/Nm^3	–	1.293 kg/Nm^3

〔주〕 ① 특기한 수치 단위는 용적 %이다.
② 비중은 이론 계산에 의해 산출이 된 값인데, 성분 %의 범위인 값은 그것의 평균값을 의미한다.
③ 연소 가스의 **황산화물** : 불활성 가스 중에는 **황화합물**이 포함되어 있다. 그 양은 적지만, **황산화물**은 배관의 부식에 대해 큰 원인이 된다.

⑥ HO(수분) …… – (중량 %)

불활성 가스의 성분은 사용되는 연료에 따라 좌우되는데, 보일러의 연소에서의 배기 가스를 불활성 가스 장치의 스크러버(scrubber)를 통과시킴으로써 결정이 된다. 그리고 표 5·17에는 불활성 가스의 성분을 나타내고 있다.

SO_2의 일부는 관내에서 산화가 되면서 SO_3가 된다. 이 SO_3는 H_2O와 화합을 해서 황산(H_2SO_4)을 형성한다.

$$SO_3 + H_2O = H_2SO_4$$

또, 불활성 가스는 유해 물질로서 그을음을 포함하고 있기 때문에 송풍기와 밸브 등의 원활한 작동을 방해하기도 하고, 크기가 작은 관을 막는 경우도 있으므로 설계시 유의해야 한다.

(2) 구 성

1) 기본 구성 요소와 흐름의 도표 :

① 흐름 : 보일러에서 발생한 배기 가스는 연도(uptake)를 통해 배출이 되는데, 연도의 도중의 그 일부분을 불활성 가스 장치로 사용한다. 연도에서 스크러버에 이르는 배관의 도중에는 연료 밸브(up take valve)가 있지만, 이 부분은 항시 고온과 접촉을 하므

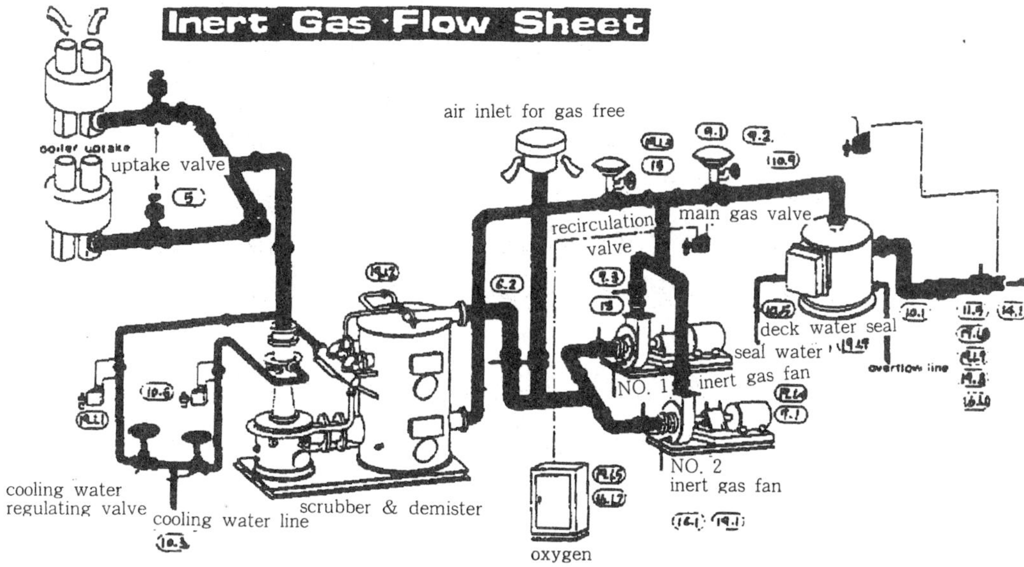

⬭ 내의 숫자는 IMO 조문의 번호를 표시하고 있다.

그림 5·36 불활성 가스의 흐름의 계략도

로, 밸브는 원격 제어로서 개폐를 한다.

장치를 사용하지 않을 때에는 연도로부터 배기 가스가 침입해서 연도 밸브 시트(valve seat)에 그을음이 부착하게 되면, 밸브의 개폐시에 지장을 초래하면서 누출(leak)의 원인이 되는 등의 사고를 미연에 방지하기 위해, 공기/스팀에 의한 그을음의 제거 장치를 설치해야 한다. 스크러버 장치에서 나온 불활성 가스는 디미스터(demister)를 지나 송풍기에 흡입이 되어 화물유 탱크로 보내진다. 그리고 디미스터에서 송풍기의 용량은 100%인 것이 1대, 그리고 50%인 것이 1대 등 여러 가지의 경우가 있다. 그런데, 송풍기의 배출에서 잉여 가스를 스크러버로서 되돌리는 장치를 설치하는데 이것이 **재순환 계통도**(recirculation line)이다. 이 배관은 송풍기의 서징(surging)과 과열 및 스크러버를 통과하는 가스의 양을 일정한 값 이상으로 유지시키기 위해 필요하다. 송풍기에서 나온 불활성 가스는 통풍 조절용 제어 밸브와 갑판용 물봉쇄 체크 밸브 등의 역류 방지 장치를 통해 탱크로 보내진다.

2) 1983년 해상 인명 안전 조약 발췌(1983 amendments to SOLAS 1974) :

① 제 62 규칙인 고정식 불활성 가스 장치 :

a) 고정식 불활성 가스 장치는 다음과 같은 기능을 갖출 것(2)

1. 연소를 유지할 수 없는 수준까지 각 화물유 탱크의 공간의 산소 농도가 감소되도록, 탱크의 공간을 불활성화시킬 것(2,1)

2. 화물유 탱크의 모든 부분의 공간이 항구나 해상에서 항시 산소 농도가 8%를 초과하지 않도록 하면서, 항구나 해상에서 항시 정규 압력을 유지할 것(2,2)

3. 선박이 통상 조업 중, 공기를 탱크에 공급할 필요가 생기지 않도록 할 것(2,3)

4. 그 후의 가스 제거 작업을 통해서, 어떠한 경우에도 탱크 내에 가연성 분위기가 생성되지 않도록 화물유 탱크에서 탄화 수소 가스를 제거할 것(2,4)

b) 고정식 불활성 가스 장치는 체적 단위로서 선박의 최대 배출 용량의 능력에 관해, 적어도 125%에 상당하는 공급률에 의해 불활성 가스를 화물유 탱크에 공급할 수 있게끔 할 것(3,1)

c) 고정식 불활성 가스 장치는 불활성 가스의 공급 주관에서 임의의 유량으로 체적상 5% 이하인 산소를 함유하는 불활성 가스를, 화물유 탱크에 공급할 수 있어야 할 것(3,2)

d) 연도 가스의 절연 밸브는 보일러의 연도와 연도 가스의 스크러버간의 불활성 가스의 공급 주관에 설치를 하는데, 이 밸브는 기밀이 되어야 하고 밸브 자리는 그을음을 제거하기 위한 예방 조치를 강구해야 할 것(5)

e) 불활성 가스의 송풍기에 계속으로 이어지는 물의 양은, 최소화를 시키기 위해서 필터(filters)나 그것에 상당하는 장치를 설치할 것(6,2)

f) 최소한 2대 이상인 송풍기가 설치될 것(7,1)

g) 각 송풍기의 흡입과 배출용 연결구에는 적당한 차단 장치를 설치하고, 화물유의 양육 전에는 고정식 불활성 가스 장치의 기능을 안정시키기 위한 장치를 설치해야 하며, 송풍기가 가스 제거용으로 사용이 될 경우, 공기 흡입구(air intake)에는 블랭킹(blanking) 장치를 설치할 것(7,3)

h) 가스 조정 밸브(gas regulating valve)는 불활성 가스의 공급 주관에 설치되는데, 화물유 탱크로의 불활성 가스의 유입은 자동적으로 조정이 되게 해야만 할 것(7,4)

i) 가스 조정 밸브는 불활성 가스의 공급 주관을 통과하면서 가장 앞쪽에 있는 가스 안전 장소의 선수 격벽에 배치하도록 할 것(9,2)

j) 기관실의 연돌이나 가스 안전 장소에서 탄화 수소 증기(hydrocarbon vapour)가 역류하는 것을 방지하기 위해서는, 적어도 2개의 체크 장치[그 중 하나는 물 봉쇄식(water seal style)으로 한다]를 불활성 가스의 공급 주관에 설치할 것(10,1)

k) j)에서 말하는 물봉쇄는 2개의 독립된 펌프들에서 공급이 되게 하고, 각 펌프는 항시 충분한 급수를 유지토록 할 것(10,3)

l) 물봉쇄는 동결(freezing)로부터 보호가 될 것(10,5)

m) 관련이 되는 통수관(water supply tube)과 드레인관 및 각각 통기(venting)가 되

거나 가스 안전 장소에 유도되는 압력 감지관(pressure-sensing pipe)에는 물의 루프 장치(water loop)나 기타 승인이 된 장치를 갖출 것(10,6)

n) 적극적으로 폐쇄를 시키는 수단을 가지는 밸브와 가스 조정 밸브와의 사이의 배관에서 앞의 밸브가 폐쇄가 된 경우, 안전을 위한 방법으로는 이 부분의 관을 통과시킬 수 있는 설비를 할 것(10,9)

o) 불활성 가스의 주관은 외부의 불활성 가스 공급관에 연결시킬 수 있는 적절한 장치를 설치할 것(11,5)

p) 화물유 탱크들을 보호하기 위해서는 하나 또는 그 이상의 압력-진공 브레이킹 장치(pressure-vacuum breaking devices)를 불활성 가스 장치에 설치할 것(14,1)

q) 불활성 가스 송풍기의 작동 중에는 항시 송풍기의 배출 측면에 불활성 가스의 온도와 압력을 계속적으로 표시하는 장치를 설치할 것(15)

r) 불활성 가스가 공급되고 있을 때에는, 다음과 같은 사항들이 연속적으로 표시가 되면서 영구적으로 기록을 하는 장치를 설치할 것(16,1)

1. 송풍기의 체크 장치의 앞쪽에서의 불활성 가스의 공급 주관의 압력(16,1,1)
2. 송풍기의 배출측에서의 불활성 가스의 공급 주관의 가스의 산소 농도(16,1,2)

s) 다음과 같은 사항들이 표시되어, 보고 들을 수 있는 위급 신호를 설치할 것(19,1)

1. 스크러버에 공급되는 물의 압력이 낮을 때와 물의 유량이 적을 때
2. 스크러버 내의 물의 높이가 높을 때(19,1,2)
3. 불활성 가스의 온도가 높을 때(19,1,3)
4. 불활성 가스의 송풍기가 고장이 났을 때(19,1,4)
5. 산소 함유량이 체적의 8%를 초과할 때(19,1,5)
6. 가스 조정 밸브를 위한 자동 제어 장치와 표시 장치에 대한 동력 공급원이 고장났을 경우(19,1,6)
7. 물봉쇄 내의 물의 높이가 낮을 때(19,1,7)
8. 불활성 가스 공급 주관 내의 불활성 가스의 압력이 수면계(water gauge)로 100 mm 미만인 때(19,1,8)
9. 불활성 가스 공급 주관 내의 불활성 가스의 압력이 높을 때(19,1,9)

t) 8.에서 요구되는 경보 장치로서 독립이 된 가청 경보(audible alarm) 장치가 화물펌프의 자동 정지로 불활성 가스의 주관 내의 설정이 된 저압계의 값에 도달할 때 작동이 될 것(18,8)

3) 주요 구성 기기의 구조와 종류 :

① 스크러버〔연도 가스의 냉각과 클리닝(cleaning)〕: 이것은 아황산 가스의 제거와 그을음의 제거 및 온도를 내리는 작용을 하는데, 그 종류는 다음과 같다.

a) 평판 칼럼식(plate column style)과 평판 타워식(plate tower style)

b) 팩트 타워식(packed tower style)

c) 사이클론식 스크러버(cyclone style scrubber)

d) 벤투리식 스크러버(venturi style scrubber)

e) 살수 타워(spray tower)와 살수 체임버식(spray chamber style)

② 물방울 제거기(demister) : 이것은 물방울의 제거 장치로서, 물방울을 제거하는 방법은 다음과 같은 것이 있다.

a) 흡착성 물질에 의한 흡수(석유 제품 운반선과 같이 저습도 불활성 가스가 요구되는 곳에 사용)

b) 필터에 의한 물방울 흡착(탱커에서 많이 사용)

c) 원심력을 이용하는 방법

d) 유속의 저하를 이용하는 방법

e) 차단 플레이트(plate)를 이용하는 방법

③ 원심력식(centrifugal type)인 송풍기의 용량은 50%×2대인 경우와 100%×2대인 경우 및 100% 1대, 50% 1대인 경우 등이 있다.

a) 각 선급이 요구하는 용량 : 화물유의 펌프의 용량과 최소 마진(margin)의 합의 25%

④ 갑판의 물봉쇄 장치 :

a) 작동 원리와 구조 : 이것은 화물유 탱크 내의 위험한 가스의 체크 장치로서, 봉쇄된 물을 채운 탱크에 수직으로 가스관을 설치해서 송풍기의 정지 중에 화물유 탱크로부터 배압(back pressure)이 있을 때는, 봉쇄된 물관으로 밀어 올리면 수두(water head)를 유지하면서 배압과의 수두를 평형하게 이루게 된다.

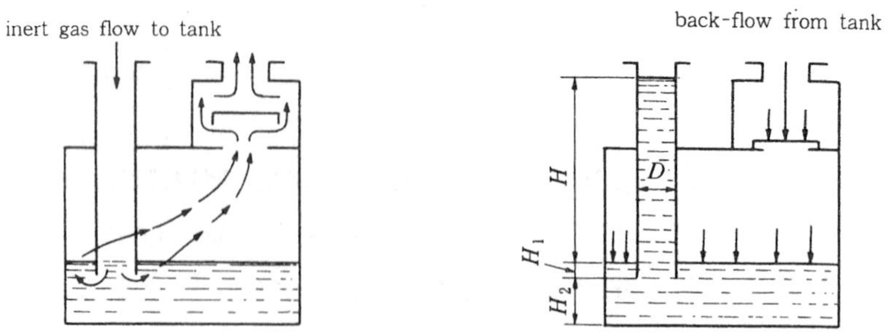

그림 5・37

b) 종류 :

1. 체크 밸브를 갖춘 습식(wet) : 그림 5·37 를 참조하면 된다.

2. 체크 밸브를 갖춘 준건식(semi dry) : 그림 5·38 을 참조하면 된다.

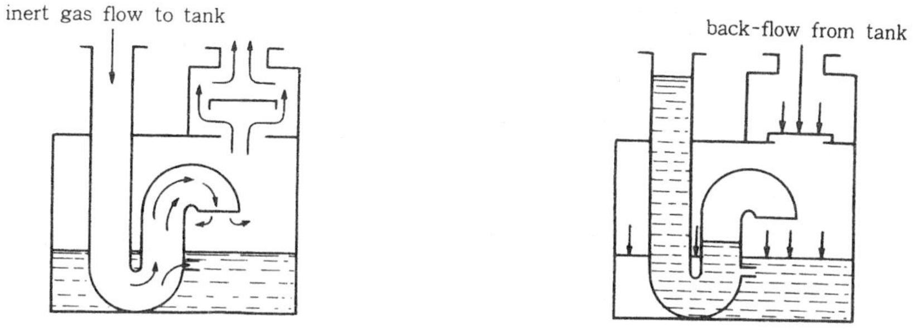

그림 5·38

3. 체크 밸브를 갖춘 건식(dry) : 그림 5·39 를 참조하면 된다.

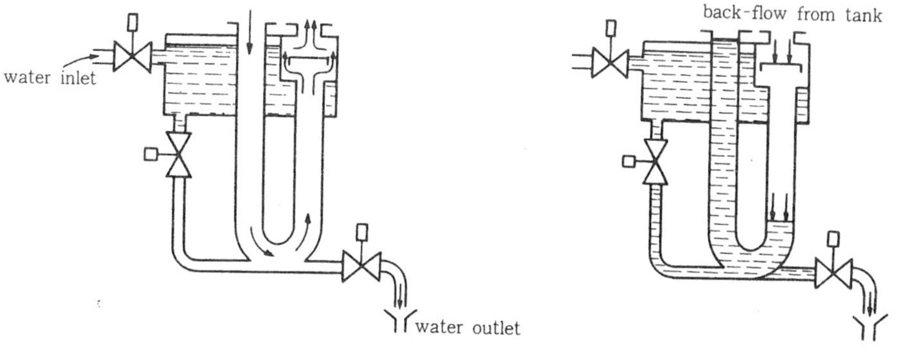

그림 5·39

4. 계산의 초기 : 즉, 그림 5·39와 같이 배압이 걸리면, 다음의 조건에서 평형을 이룬다.

$$P = He$$

여기서 P : 배압(back pressure) (kg/cm^2),

H : 물기둥(water column) (cm),

e : 물기둥의 중량(seal water gravity) (kg/cm^3)

따라서, 봉쇄물의 용량은 가스 공급관 내에서 유효한 봉쇄 높이(seal height)로 할 정도인 용량이 필요하다. 즉,

$$Q = \frac{\pi}{4} D^2 \times H + A \times H_1 \ (\mathrm{m}^3)$$

여기서 Q : 봉쇄물의 용량(m^3),

D : 가스 공급관의 지름(m),

h : 봉쇄 높이(m),

H_1 : 가스 공급관과 봉쇄 탱크의 저부간의 공간 거리(m),

H_2 : 피칭(piching)과 롤링(rolling) (m),

A : 봉쇄 탱크의 면적(m^2)

또한, 봉쇄 높이(h)로서는 P/V 브레이커의 브리더 밸브(braker or breather valve)의 정압(setting pressure)을 초과해서는 안 된다.

5. P/V 브레이커의 브리더 밸브 : 이것은 탱크의 프리벤팅(tank preventing)용이다.

6. 산소 농도 분석계(oxygen analyzer) : 연소 가스(bunker "C" oil 기준)의 구성 비율은 다음과 같다.

$$C=87.75\%,\ H=10.5\%,\ S=1.2\%,\ N=0.15\%,\ D_2=0.04\%$$

(3) 불활성 가스 장치의 설계 기준

1) 장비의 용량 :

① 설 계 조 건 :

a) 불활성 가스 장치의 설계에 필요한 설계 조건은 표 5·18 과 같다. 실제적으로는

표 5·18 불활성 가스 장치의 설계 조건

item	turbine ship	diesel ship	remarks
flue gas temperature	200~250℃*1)	430℃	economizer가 장착된 boiler
	250~300℃		economizer와 air heater가 장착된 boiler
	300~400℃		air heater가 장착된 boiler
sea water temp.	32~35℃		sea water temp.가 낮을수록 SO_2 제거율이 높은
scrubber outlet temp.	37~40℃		sea water temp. +5℃를 기준으로 한다
blower outlet temp.	57~60℃		blower motor 또는 turbine 마력에도 관계되나 scrubber outlet temp +20℃
cooling efficiency	$\dfrac{\text{flue gas temp.-scrubber outlet temp.}\times 100}{\text{flue gas temp.}}$		
탈 황 률	90% 이상(inlet density SO_2 0.3% 이상인 경우)		일반적으로 flue gas 속의 SO_2 함유량에 있어서의 %를 말한다.
제 진 율	90% 이상*2)		
제 적 률	99%		

〔주〕 *1) 스크러버 입구에서의 분진량 및 입자의 크기에 제한이 있다(예를 들면, inlet 에서의 분진량 250 mg/Nm³, 입자의 크기 100 μ 이상 등)

*2) 표 5·17을 참고할 것

150 ℃ 정도의 연도 가스도 있기 때문에 제작사에서는 주문 시방서에 의해 설계 조건을 200 ℃로 한다.

b) 보일러의 배기 가스에 대하여 : 보일러의 배기 가스의 흡입 방법은 주보일러와 보조 보일러의 각각에 따라 다르기 때문에, 연료 가스의 온도도 달라진다.

1. 주보일러인 경우 : 그림 5 · 40을 참조하면 된다.

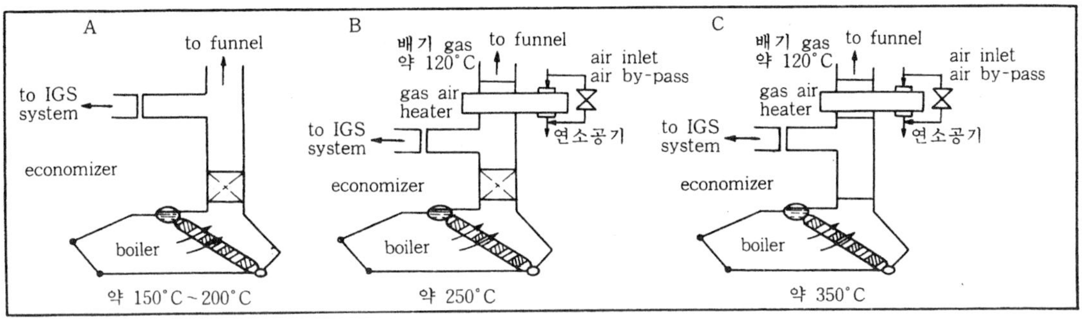

그림 5 · 40

2. 보조 보일러인 경우 : 보조 보일러에는 절약 장치나 가스의 공기 가열기 등을 설치하지 않는 경우가 보통이지만, 연도 가스의 온도는 약 400 ℃ 정도이다.

디젤선인 경우, 이 보일러는 주로 화물유 펌프용 터빈의 사용 증기를 생성하는 목적으로 설치되는 일이 많아, 화물유 펌프를 사용하지 않을 때 화학 작용을 일으키지 않도록 하는데, 이 경우 보일러의 배기 가스를 얻기 위해서는 인위적으로 부하를 걸어야 한다.

2) 각 기기의 용량 :

① 송풍기의 조건 : 이 조건은 표 5 · 19를 참조하면 된다.

표 5 · 19

기 기 명 칭	요 목 결 정 기 준	비 고
scrubber 용량(C. S)	QTC×1.25	–
main blower 용량(C. F)		main blower 2대인 경우는 1/2
aux. blower 용량(CAF)	QTC×1.25×1/2*	* 는 한 예로서 기재한 것
demister(CD)	QTC×1.25	–
냉각수 pump 용량(C. P)	C.F(blower 용량)의 flue gas (150~400 ℃)에서 소정의, 탈황율을 확보하기 위해 필요로 하는 water cap	냉각용 water cap은 탈황용 water cap에 비해 소량이므로 탈황용 water cap으로 결정

〔주〕 QTC=cargo oil pump의 total 정규용량(동시 구동률을 의미함)
(예 : cargo oil pump 4000 m^3/hr×4 대=16,000/hr=QTC)

표 5・20

기 기 명 칭	정 압 또 는 양 정
main blower	scrubber 압력 손실+demister 압력 손실 *①+deck water seal 압력 손실 *② +piping 손실+tank 유지압 *③
aux. blower	main blower 와 같다. 단, 기기 압력 손실 및 piping 손실 압력은 풍량 감소에 의해 main fan에 비해 적게 된다. *④
sea water pump	pump 에서 scrubber 까지 정수두+scrubber 소요압+piping 손실 압력

〔주〕 송풍기(fan)의 정압은 0 ℃ 60 % relative humidity 의 공기, 또는 scrubber outlet 의 불활성 가스(40 ℃ 100 % R.H) 둘 중 큰 쪽을 택해 계산할 것

② 송풍기의 정압과 냉각수 펌프의 양정 : 이 조건은 표 5・20 을 참조하기 바란다.

a) 물방울 제거기는 기기의 제작사에 따라 표 5・21 과 같은 스크러버에 불활성 가스를 유입시키는 경우도 있는데, 이 때의 스크러버 압력 손실은 물방울 제거기의 압력 손실을 합해서 계산할 것

b) 갑판의 물봉쇄용 주위의 주관(main pipe)상의 주밸브와 체크 밸브의 압력 손실을 산출할 것

c) 화물유 탱크의 유지압은 70 mmAq 이상으로 할 것

d) 50 % 용량인 송풍기 2 대의 방식인 경우 정압은 같지만, 주송풍기의 100 %인 용량과 보조 송풍기의 용량 50 %나 30 %를 합한 방식인 경우, 보조 송풍기의 정압은 다음과 같다.

1. 스크러버+물방울 제거기+갑판의 물봉쇄+배관의 압력 손실+탱크 유지 압력

2. 보충시 최대 압력(보통 700~800 mmAq) 이상인 정압을 유지하는데는, 주송풍기의 압력이 1350 mmAq인 정도에 대해 보조 송풍기의 압력이 900 mmAq인 정도가 좋다.

3) 탈황과 세정 및 세척 : 아황산 가스(SO_2)와 고형물이 많은 연도 가스를 스크러버로 냉각하거나 청소를 함에 따라, 연소 가스 내의 SO_2는 물과 화합하여 희류산이 되면서 배수관에 의해 선박 측면으로 배출되고, 이 때 고형물도 같이 씻기어진다.

4) 치환 : 그림 5・41 과 같이 일반적으로 탱커의 가스 치환(inerting 또는 gas freeing)

표 5・21 scrubber에 의한 inert gas의 한 예

조 성(성분)	flue gas cap(%)	inert gas cap(%)
탄 산(CO_2)	13.50 %	13.50 %
이산화유황(SO_2)	0.30 %	0.03 %
산 소(O_2)	4.20 %	4.30 %
질 소(N_2)	77.00 %	79.60 %
수 분(H_2O)	5.00 %	2.00 %
고 형 물	150 mmg/m^3	15 mmg/m^3

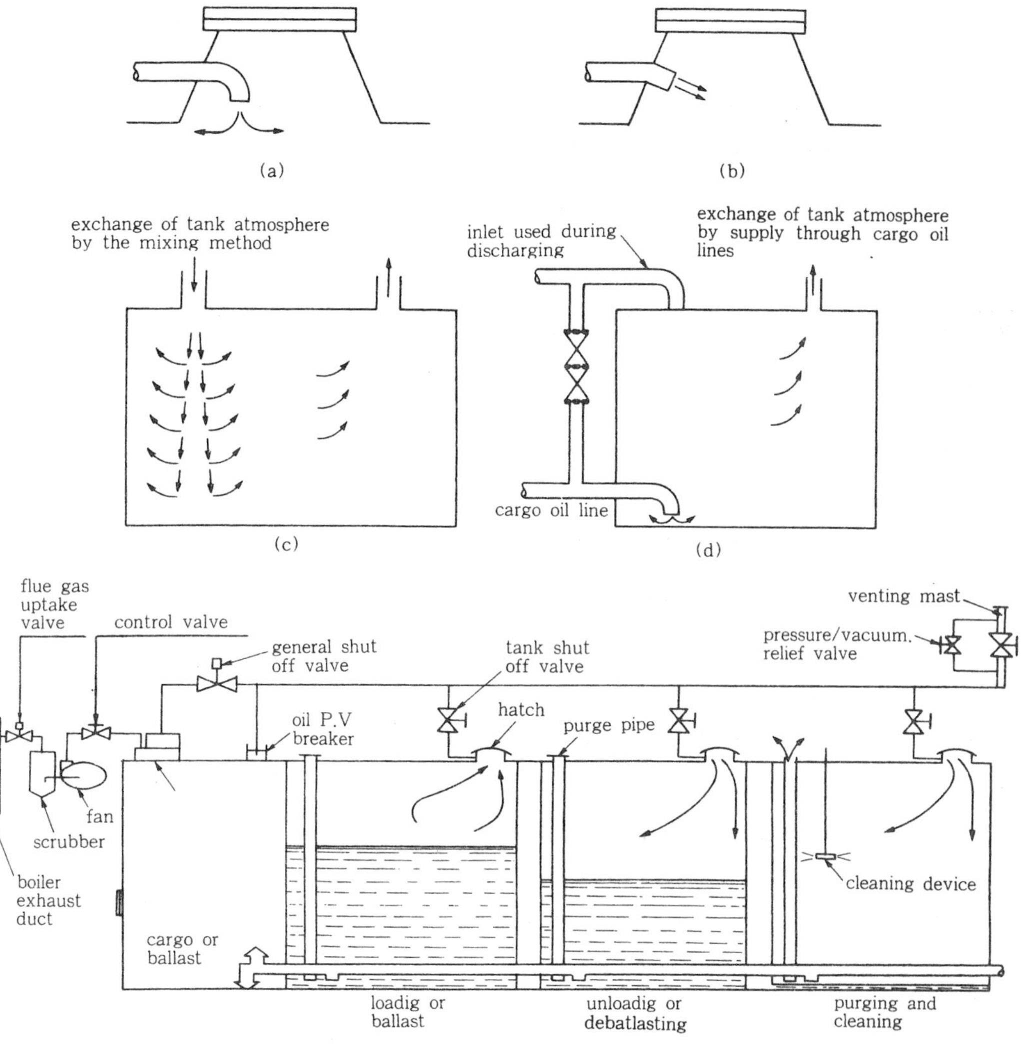

그림 5·41 치환 방법에 적절한 출구의 배치 예

은 화물유 탱크 내에 불활성 가스나 신선한 공기를 공급함으로써 이루어진다.

치환의 형태를 분류하면 다음과 같은 세 가지의 방법이 있다.

① 혼합식 희석(dilution) : 기체의 운동에 의한 난류의 확산

② 밀어내기식 치환(piston displacement) : 비중차와 압력에 의한 치환

③ 기체의 분자 운동에 의한 확산

(4) 배관 계통도(piping diagram)

1) 불활성 가스의 배관 계통도의 한 예 그림 5·42는 유조선의 불활성 가스 장치인 주요한 작동의 계통도의 한 예를 표시한 것이다[일반적인 벤팅 마스트(venting mast)를

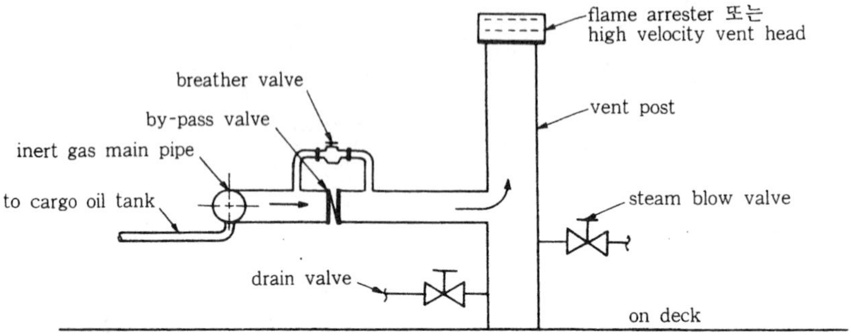

IOTTSG(international oil tanker/terminal safety guide)에서 참조함

그림 5·42

이용한 저속 흡입 가스식 방법].

① 갑판 면적의 설계 조건 :

a) 불활성화 적용 구역 : 화물유 탱크와 더티 밸러스트 탱크(dirty ballast tank)와 클린 밸러스트 탱크(clean ballast tank)

b) 드레인이 고이지 않는 배관 : 갑판의 물봉쇄에서 배출이 된 물이 고이지 않도록 주관을 지관보다 높게 하여 선체 중심선 부근에 설치토록 하고, 지관은 캠버(camber)와 높이가 같도록 경사지게 하고 선미 트림도 고려해야 한다.

c) 통기관(vent pipe) : 집중 통기 방식임

d) 가스 프링(gas freeing) : 신선한 공기를 탱크의 정부에서 공급을 하여 사람이 출입을 하기 위해 실시한다.

e) 탱크의 개구 위치 : 통기관과 공용 배관일 경우에는 탱크의 전부이어야 하고, 불활성 가스관 전용(독립 통기 장치)인 경우에는 탱크의 후부이어야 한다.

1. 통기관으로서의 위치 : 화물유 탱크의 가장 앞부분의 가장 높은 위치가 되어야만 한다.

2. 가스 프리(gas free)로서의 위치 : 퍼지(purge)와 독립이 된 통기 구멍에서 떨어진 위치가 적합하다.

3. 관에 기름의 유입 방지로서의 위치 : 탱크의 전부(종요를 고려할 경우, 탱크의 중간)가 적합하다.

② 실(室)의 면적의 설계 조건 :

a) 보일러와의 관계 : 불활성시에는 항시 주보일러나 보조 보일러가 가동되어야 한다.

b) 불활성 가스의 발생 : 연도 밸브(uptake valve)로부터 연도 가스를 송풍기로 흡입하는 과정에서 스크러버에 의해 탈황과 제진 및 냉각을 함으로써 얻어진다.

c) 가연성 가스의 안정 구역의 유입 방지 : 이런 경우의 압력 송풍기로 흡입을 하지

않을 때에는 500 mmAq 정도이고, 갑판 구역의 압력은 브리더 밸브의 정압인 1400 mmAq 정도이다.

송풍기가 정지하면 갑판 구역의 가스가 보일러와 안전 구역에 유입이 될 우려가 있다. 이것을 방지하기 위해서는 체크 밸브, 정지 밸브, 갑판의 물봉쇄 및 송풍기 정지시의 자동 정지 밸브 등을 작동시키면 된다.

d) 신선한 공기의 공급 : 이것은 탱크의 가스 프리를 위해 송풍기를 작동시키면 되는데, 이동식 팬(portable fan)에 비해 승조원의 노동을 감소시킬 수 있다.

e) 연료에서 스크러버까지의 계통도 : 이 배관에서 주의를 해야 할 것은 그림 5 · 43 과 같이 스크러버 내의 해수가 보일러의 연도나 송풍기에 유입되지 않도록 스크러버로부터 가능한 한 연직으로 배치해야만 한다.

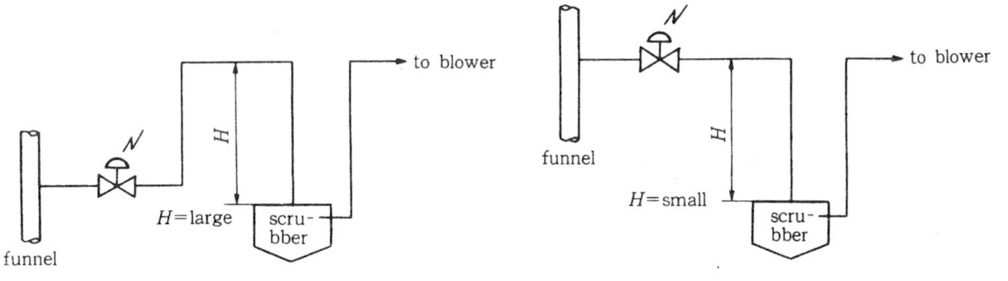

그림 5 · 43

f) 신선한 공기의 흡입 계통도(fresh air intake line) : 이것은 그림 5 · 44 와 같이 송풍기와 송풍기의 흡입 밸브(blower inlet valve) 사이의 흡입관에서 분기하고, IGS 운전 중에 본 계통도로 공기가 들어오지 않도록 밸브나 막음 플랜지(blind flange)를 설치한다. 또, 가능한

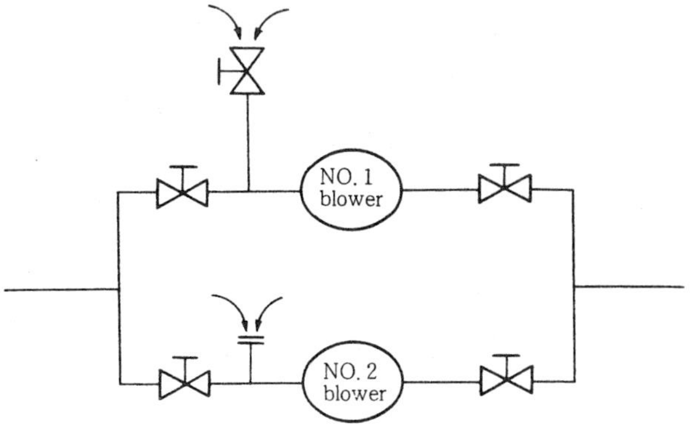

그림 5 · 44

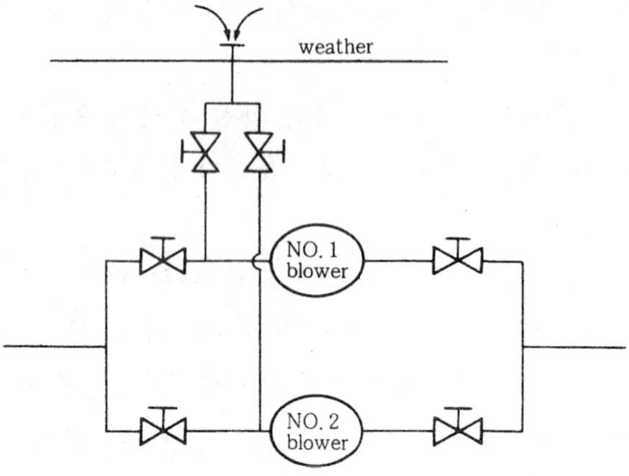

그림 5·45

한 블랭킹(blanking)의 유무가 조타실(wheel house)과 화물유 제어 장소(cargo control room) 및 기관 제어실(engine control room)에서 확인할 수 있도록 제한 스위치(limit switch)를 설치하는 경우가 많다.

그리고 가스 프리의 작업 중에는 본계통도에서 신선한 공기가 통하도록 연결을 한다(스크러버와 물방울 제거기를 통과시키지 않음). 그러므로, 송풍기는 최대 부하을 받게 되지만, 송풍기의 특성에 따라서는 과부하(overload)가 걸리지 않도록 오리피스(orifice)를 설치할 필요가 있다.

또, 송풍기가 설치가 된 구역에서의 환기는 불평형을 이룰 우려가 있으므로, 실(room) 이외의 구역으로부터 신선한 공기를 흡입한다.

g) 송풍기에서 갑판 구역까지의 계통도 : 이 계통도는 비위험 구역에 장치하는 송풍기와 위험 구역으로서, 갑판 구역의 가스 배관을 연결시킨다.

정지 밸브와 체크 밸브 및 갑판의 물봉쇄는 갑판의 가장 뒷부분에, 그리고 자동 차단 밸브는 안전 구역과 위험 구역 사이의 격벽 가까이에 설치해야 한다. 또, 일반적으로 자동 차단 밸브와 재순환 밸브(recirculating valve)나 송풍기의 출구 밸브(outlet valve)는 겸용이 된다.

2) 밸브/의장(fittings)

① 밸브류 :

a) 보일러 연도(uptake) 밸브 : 이것은 연돌(funnel)과 불활성 가스 장치와 연결하거나 차단을 할 경우에 사용됨

b) 송풍기의 입구와 출구 밸브 : 이것은 주로 가스 프리 등과 같이 신선한 공기의 흡입

을 하기 위해 물방울의 제거기와 송풍기를 차단하거나, 송풍기 2대 중 1대만을 사용할 때에 사용됨

c) 재순환 밸브 : 이것은 송풍기의 출구 밸브와 갑판의 물봉쇄의 주관에 설치해서 불활성 중에 화물유 탱크의 압력을 일정하게 하기 위해 사용되고, 시동/정지시 급격한 부하 변동을 방지하기 위해서도 유량 조정용으로 사용됨

d) 체크 밸브(non-return valve)

e) 불활성 가스의 주밸브

② 의장류 :

a) 압력 진공용 브레이커(pressure vacuum breaker) : 이것은 그림 5·46과 같이 작동이 되면서, 압력은 다음 식과 같이 변한다.

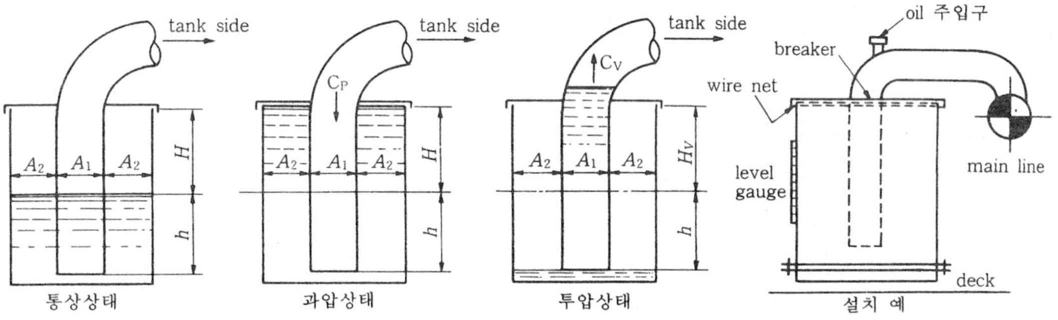

그림 5·46

$$H+h=C_p \cdots\cdots 1, \qquad H_v+h \cdots\cdots 3,$$

$$A_1 h=A_2 H \cdots\cdots 2, \qquad A_1 H_v=A_2 h \cdots\cdots 4$$

$$Ht=Hp+Hl+Hb$$

여기서 Ht : 화물유 탱크의 허용 압력(m),

Hp : 불활성 가스의 계통도의 압력 손실(m) (straight),

Hl : 불활성 가스의 계통도의 압력 손실(m) (bending),

Hb : P/V 브레이커(braker)의 압력 손실(m)

b) 신축 이음쇠(expansion joint) : 불활성 가스 계통도는 일반관과 같이 드레서형(dresser type)이 사용되는데, 연도 가스의 계통도는 300℃ 정도인 높은 온도가 작용하므로 주름통형(bellows style)이 사용되기도 한다.

③ 장비 도용관(equipment utility pipe) : 이것은 표 5·22와 그림 5·47과 같이 배치

하는 것이 적절하다.

(5) 조종 장치(control system)

1) **불활성 가스의 조종 장치의 종류 :**

① 인명과 선박의 안전을 위한 것

② 기기의 보호를 위한 것

③ 장치의 원활한 운전과 그 성능의 유지를 목적으로 한 것

④ 기타 무인화와 집중 감시를 위한 것

a) 불활성 가스의 운전 제어에는 갑판부에서 하는 경우와 기관부에서 행하는 경우가 있다. 그런데 불활성 가스의 제어 패널(panel)은 전자인 경우 화물유 제어실에 설치가 되고, 후자인 경우 기관 제어실에 설치가 된다. 그리고 각 기기의 경보 제어의 위치는 일반적으로 화물유 제어실에 불활성 가스의 주제어 패널이 설치돼 있기 때문에, 기관 제어실과 조타실에다 경보와 지시 패널로서 설치가 되는 경우가 많다.

표 5·22

equip	accessory	목 적	remark
scrubber	sea water pipe	cooling, seal 탈황, 탈진	전용 펌프
	fresh water pipe	cleaning	
	drain pipe	–	
demister	drain pipe	–	–
blower	fresh water pipe	blower cleaning	–
	drain pipe	–	
deck water	sea water fresh water	seal	2개의 독립된 펌프
	steam pipe	sea water freezing 방지	–
	drain pipe	–	
O_2 analyser	sea water	ejector driving water	겸용 펌프
	drain pipe	–	–
	O_2 sampling pipe	–	
etc. valve. pipe	comp. air pipe	cleaning	–
	steam pipe	–	

[주] deck water seal drain pipe는 독립되게 ship side discharge 되어야 하며, E/R 혹은 가스 안전 구역(gas safety area)을 통과해서는 안 된다.

· 불활성 가스 장치내 가스와 대기압을 차단하기 위함

· discharge water capacity의 안정을 위함(흘수의 변화에 따른 배압 방지)

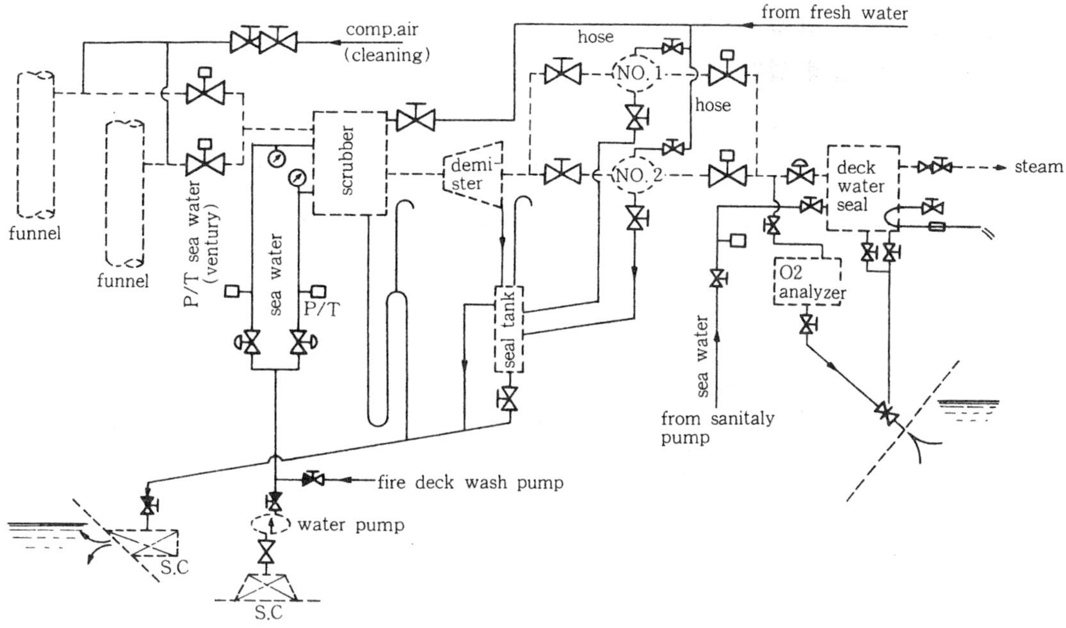

그림 5 · 47

b) 다음에 열거하는 경보용 전원은, 불활성 가스의 제어 전원이 끊어진 상태에서도 경보가 울릴 수 있게 별도의 전원을 설치해 두는 것이 보통이다. 즉, 그것은 다음과 같다.

1. 갑판의 물봉쇄의 해수 높이가 비정상적으로 저하한 경우
2. 갑판의 주압력이 비정상적으로 저하인 경우
3. 갑판의 주압력이 비정상적으로 상승인 경우

(6) 관의 재료(pipe material)

1) 연도 가스의 계통도(flume gas line) 이것은 보일러의 연로로부터 스크러버에 이르는 배관으로서, 장치의 운전 중에는 높은 온도의 연도 가스가 흐른다. 이에 따라, 관의 재료로는 강제관이 많이 사용되는데, 관의 내부는 연도 가스 속의 SO_2 때문에 부식이 발생하기가 쉽다.

또, 의장류로는 신축 이음쇠와 쌍플랜지(spectacle flange) 등이 있는데, 신축 이음쇠는 일반적으로 주름통형이 사용되고, 그리고 주름형의 재질은 스테인리스강(stainless steel)이 사용된다.

2) 불활성 가스의 계통도(inert gas line) 스크러버에서 탈황과 제진이 된 가스는 소량의 그을음과 아황산 가스가 포함되면서 상대 습도가 100%가 되므로, 관의 내부가 축출이 된 상태여서 부식이 발생되기가 쉽다. 그래서 부식을 방지하기 위한 방법으로는 타르에폭시 코팅(tar epoxy coating)이 사용된다. 그런데 에폭시 도료가 기타의 일반 도료와

본질적으로 다른 점은, 도료 과정에서 중합 반응 때문에 상당히 강인하면서 약품에 대해 강한 저항력에 의한 활성 결합을 하는데, 이는 강한 접착력을 발휘함으로서 뛰어난 도장 효과가 있다. 그러나 결점으로는 어려운 도장 방법으로 인해서 중합 반응에 따른 융합 때문에, 수증기가 방출이 되면서 바늘 구멍(pin hole)이 발생하게 되고, 또 여러 번 도장을 해야 하기 때문에 그 때마다 엄밀한 습기 방지 대책을 해야 하는 등의 기술이 필요하다. 또한, 가격도 비싸다.

타르 에폭시는 상기의 에폭시의 결점을 보완한 것으로서, 타르가 굳을 경우에는 타르에 대한 용재를 방출시켜서 수증기의 유출과 타르에 의한 바늘 구멍을 막지만, 작업성은 나쁘고 가격이 비교적 염가이므로, 내식성을 필요로 하는 곳에만 사용된다.

3) 재순환 계통도(recirculation line) 이 계통도는 불활성 가스의 계통도와 같고, 관의 재질도 같은 재료를 사용하고 있다.

4) 드레인의 계통도(drain line) 불활성 가스 장치들 중에서 특히 주의를 해야 하는 계통도가 드레인 계통도이다. 그런데 스크러버의 드레인은 연도 가스를 탈황과 세정을 한 후의 드레인인데, 황산이 포함되어 있다. 그리고 물방울 제거기의 드레인은 불활성 가스에서 물방울을 주성분으로 한 희류산이면서, 이따끔 그을음을 포함하기도 한다. 또, 송풍기의 드레인은 주로 송풍기의 청소 작업시에 배출되기 때문에 산(acid)과 그을음을 포함한다.

한편, 갑판의 물봉쇄의 드레인인 해수는 가스의 통풍 중에 가스 속에 아황산 가스를 용해시키면서 희류산을 포함한다. 이와 같이 드레인 계통도는 약간의 황산을 포함하게 되므로 부식의 영향을 받게 되는데, 이것을 막기 위해서는 스테인리스 강관을 사용하고 있다. 또, 부식을 지연시킬 뿐 근본적으로 해결책이 나오지 아니하므로 라이닝관(lining pipe)도 사용되고 있다.

① 고무 라이닝(rubber lining) : 경질인 고무는 내산과 내알칼리성을 가지므로, 라이닝의 재료로 사용이 된다. 여기에는 주로 천연 고무와 합성 고무 및 염화 비닐 시트(vinyl sheet) 등이 사용되는데, 고무 라이닝의 두께는 보통 3~12 mm 이어서 불활성 가스의 배관에 3 mm 전후인 것이 사용된다. 그리고 사용 온도는 65~100 ℃이다.

② 플라스틱 라이닝(plastic lining) : 라이닝에 적합한 플라스틱에는 페놀 수지와 폴리에틸렌 염화 비닐 등인데, 폴리에틸렌 라이닝(polyethylene lining)은 내약품성이 크기 때문에 이용이 증가하는 추세에 있다. 그리고 라이닝에는 열분사 장치를 이용해서 압축 공기로서 이 용융 수지를 금속면에 분사시키는 방법과, 관의 내부에 폴리에틸렌의 분말을 넣어 관의 외부로부터 고온으로 가열하면서 관을 회전시킴과 더불어 용융케 해서 관

의 내부에 용착시키는 방법이 있는데, 그것의 두께는 1~2mm 정도이다.

5) 해수 공급 계통도(sea water supply line) : 이 계통도에서는 해수에 강한 재질을 사용해야 한다는 사실은 두말할 나위도 없는데, 종래에는 강판에 아연 도금을 한 것이 많이 사용되었다. 그러나 최근에는 이 계통도에서 부식이 심하므로, 고무 라이닝의 두께를 증가시키면서 아연 도금을 한 관이 주로 사용되고 있다. 그리고 여기에 사용되는 의장에는 여과기(strainer) 등이 있는데, 주철이나 아연 도금을 한 것이 많이 사용된다.

5.2.4 탱크의 가열 장치(Tank heating system)

점성이 높은 기름(fuel oil이나 crude oil 등)의 펌핑(pumping)을 돕기 위해서는 기름의 점성을 낮출 필요가 있다. 즉, 가열 코일(heating coil)로 기름의 온도를 높여서 펌핑에 적합한 수준으로 점성을 낮추어 준다. 가열 매개체로는 증기(steam)와 열방출 기름(thermal oil)이 있는데, 그것들의 장점은 다음과 같다.

1) 증기 :

① 온도 조절이 용이하고, 균일한 온도를 유지할 수 있다.

② 다량의 열을 손쉽게 전달할 수 있다.

③ 제어가 용이하고, 설치비가 적게 든다.

④ 운전비가 저렴하다.

2) 열방출 기름 :

① 관계의 부식이 거의 발생하지 않는다.

② 낮은 온도에서도 결빙 우려가 없다.

③ 기름의 특성상 국부적인 곳에 고압(high pressure)이 걸리지 않는다.

[1] 증기 발생 장치(steam generating plant)

보조 보일러는 정박시, 하역시, 입항시 · 출항시 및 탱크 클리닝(tank cleaning) 때에 작동을 시키고, 배기 가스 보일러(exhaust gas boiler)는 정상 운항시에 작동시키는데, 정상 운항일 경우에도 배기 가스 보일러의 용량이 부족할 경우, 그 부족분을 채우기 위해서 보조 보일러를 작동시킨다.

[2] 증기에 대하여

1) 물을 가열하면 대기압하에서는 물이 100℃에서 증발을 하기 시작하는데, 계속 열을 가하더라도 물 전부가 증발할 때까지 온도는 거의 변하지 않는다. 그리고 증기를 열매체로 사용할 수 있는 요소는 포화 온도와 잠열(물이 증발하여 증기가 발생되는데, 더 이상 가열해도 온도가 상승되지 않으면 계속적으로 유지가 되어, 열은 계속적으로 가해지게

된다. 이 부분의 열이 잠열이다) 때문이고, 실제로 현열(포화 온도와 물의 온도)에 비해서 잠열 부분이 4~5배의 열을 더 갖고 있기 때문에, 공정상에서 이 잠열을 이용하게 된다.

2) 증기의 질의 개선 :

① 건도의 향상 :

a) 가수 분리기의 사용

b) 효과적인 드레인의 처리〔물의 해머(hammer) 현상의 방지〕

c) 강압에 의한 방법

② 공기의 제거〔에어 벤트 밸브(air vent valve) 설치〕

[3] 증기 트랩(steam trap)의 종류

(1) 서보 다이나믹 트랩(servo-dynamic trap), 디스크 트랩(disc trap)

a) 서보 다이나믹 트랩의 작동 원리 :

① 초기에 그림 5·48과 같이 스팀(steam)이 공급됨에 따라, 송유관(pipeline)을 지나면서 생긴 차가운 응축수와 증기는 트랩에 도달해서 디스크를 들어 올리면서 출구로 나간다.

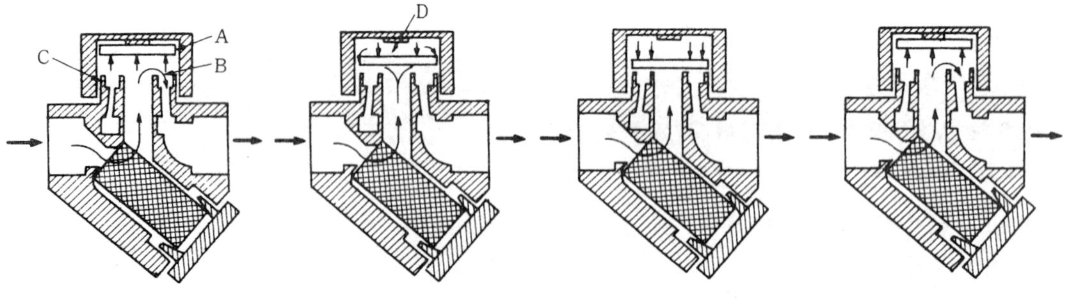

그림 5·48

② 증기 장치가 정상적으로 가동이 되면 응축수와 증기의 온도가 상승되는데, 일부의 응축수는 재증발되면서 디스크를 누르는 한편, 디스크의 밑부분에서는 증기의 응축과 속도가 감소되면서 다시 열리게 된다.

③, ④ 결국, 통로는 디스크 때문에 닫히면서 역효과(재증발 증기의 응축과 속도 감소)로 인하여 다시 열리게 된다.

(2) 압력 평형식 트랩〔벨로스 트랩(bellows trap)〕

그림 5·49와 같은 벨로스 내에는 휘발성 액체(알코올+물)가 봉입이 되어 트랩 내부의 온도 증가에 따라 휘발성 액체가 증발함에 기인해서, 벨로스 내부의 압력이 상승됨에

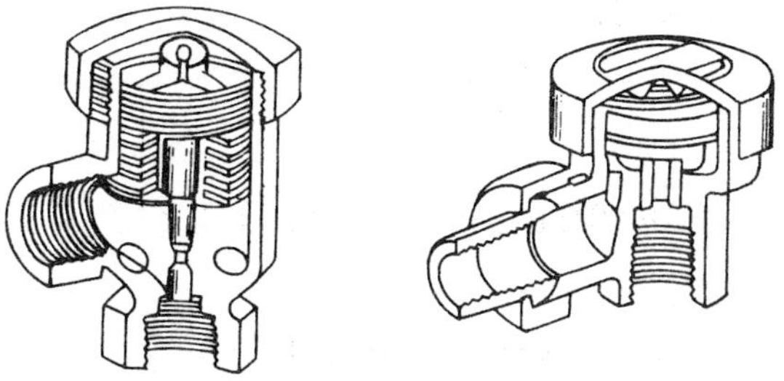

그림 5·49

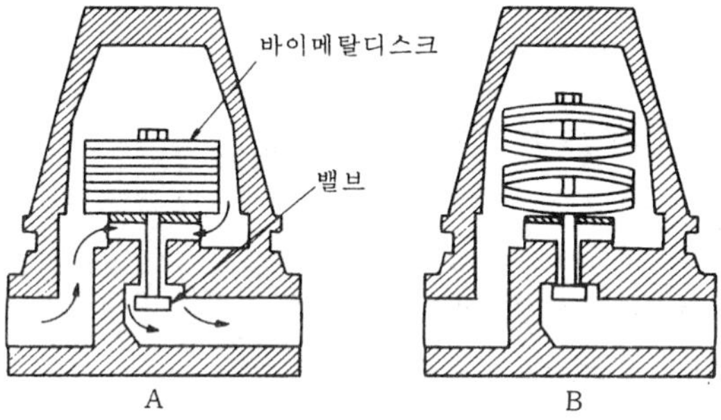

그림 5·50

따라 벨로스가 팽창되면서 밸브가 닫힌다.

(3) 바이메탈식 트랩(bimetal type trap)

그림 5·50과 같이 트랩 내부에는 열팽창 계수가 다른 2개의 금속이 접합된 바이메탈이 있는데, 트랩 내부의 온도 변화로 인해서 바이메탈이 구부려지거나 펴지면서 밸브를 여닫게 된다.

(4) 플로트 트랩(float trap)

이것은 그림 5·51과 같이 볼(ball) 형태의 플로트가 연결되어 있어서 응축수가 모이게 되면, 자동 배출이 되는 형식이다.

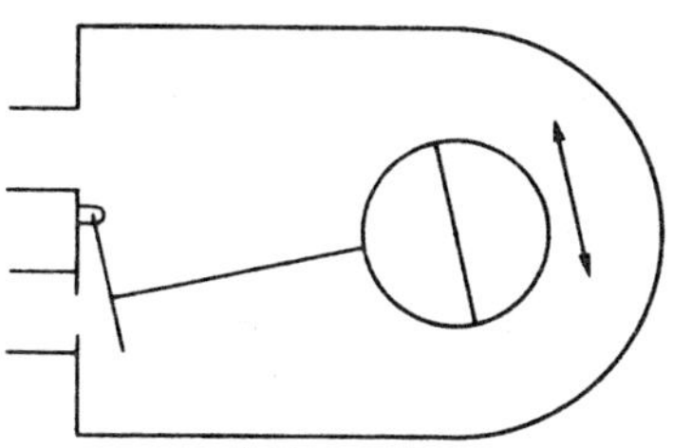

그림 5·51

[4] 가열 코일(heating coil)의 설계 순서

① 가열 코일(heating coil)을 설계할 때는 가열 코일을 통해 얻고자 하는 열량에 대한 계산이 되어야 한다.

② 열량 계산으로부터 가열 면적(heating surface)의 계산을 하여, 이 가열 면적에 알맞도록 관의 지름과 가열 코일의 길이를 정한다.

③ 여기서 얻어진 코일의 길이를 탱크의 형상이나 유효 길이에 의한 적당한 길이로 나누어서 탱크의 내부에 배열한다.

[5] 가열 코일의 계산 과정

1) 손실 열량(Q_1)의 계산 :

$$Q_1 = A \times Kn \times (Ta - Tc)\ (\text{kcal/h})$$

여기서 A : 표면적(m^3),

Kn : 열전도율(heat transfer coefficient : kcal/m^2 · h · ℃),

Ta : 평균 상승 온도(℃),

Tc : 주위의 최저 온도(℃)

2) 상승 가열(heating up)의 열량(Qh) 계산 　기름의 유지 온도가 t_1 에서 최고 온도인 t_2로 상승 가열을 시킬 때의 필요한 열량 계산은 다음 식으로 행한다.

$$Qh = \frac{V \times G \times C \times (t_1 \times t_2)}{H}\ (\text{kcal/h})$$

여기서 V : 탱크의 체적(98%)(m^3),

G : 비중량(kg/m^2),

C : 기름의 비열(kcal/kg · ℃),

t_1 : 주위의 최저 온도(℃),

t_2 : 최고 온도(℃),

H : 상승 가열시키는데에 요하는 시간(hour)

3) 가열 면적(heating surface) (As)의 계산 :

$$As = \frac{\text{손실 열량}(Ql) + \text{heating up 열량}(Qh)}{Kt + \Delta t}$$

여기서 Kt : 가열 코일의 열관류율(kcal/m^2 · h · ℃),

Δt : 대수의 평균 온도(℃)

4) 가열 코일의 열관류율 Kt의 계산 :

$$Kt=\frac{1}{\frac{1}{\alpha_1}+\frac{1}{\alpha_0}+\frac{f}{\lambda}} \quad (\mathrm{kcal/m^2 \cdot h \cdot ℃})$$

여기서 α_1 : 증기로부터 코일의 내부 표면으로의 열전도율(kcal/m^2 · h · ℃),

α_0 : 코일 외부 표면으로부터 기름으로의 열전도율(kcal/m^2 · h · ℃),

f : 코일의 두께,

λ : 코일 자체의 열전도율(kcal/m^2 · h · ℃)

위의 계산식으로부터 정확한 Kt의 값을 이론적으로 구한다는 것은 거의 불가능하므로, 표 5 · 23 과 같이 조선 설계 편람에서 정하는 값으로 한다.

표 5 · 23

재 질	steel	Al-brass	cast iron with pin
Kt	100	100	90

5) 대수의 평균 온도(Δt) 이 값은 그림 5 · 52 와 다음 식에 의해 구해진다.

$$\Delta T=\frac{\Delta t_1-\Delta t_2}{\ln(\Delta t_1/\Delta t_2)}$$

여기서 I : 증기의 입구 온도,

II : 가열이 되기 전 기름의 온도,

IV : 가열 기름의 온도

6) 가열 코일의 길이 계산 앞에서 계산이 된 전열면으로부터 가열 코일의 길이가 구해진다. 즉, 관의 지름은 보통 25~50A 사이의 값으로 결정이 되는데, 이것은 다음 식으로 구할 수 있다.

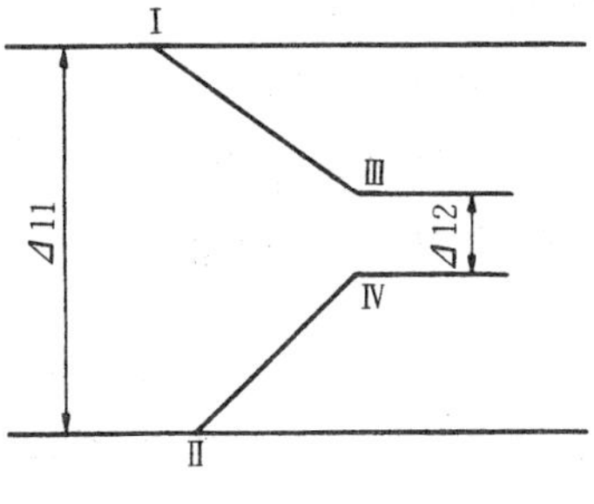

그림 5 · 52

$$Q \times Vs = AV$$

$\frac{\pi \times d^2}{4} \times V$에서 요약하면 $d^2 = \frac{354 \times Q \times Vs}{V}$ 에서는

$$\therefore \; d = \sqrt{\frac{354 \times Q \times Vs}{V}}$$

여기서 Q : 필요한 증기의 양($Q\varepsilon + Qh$) (kg/h),

Vs : 증기의 비체적(m^3/kg),

V : 증기의 속도(절대 속도 35 m/s)(m/sec)

여기서 구한 그림 5·53과 같은 코일의 지름을 이용해서 코일의 길이를 구하면 된다.

$$L = \frac{As}{\pi \times d}$$

여기서 A : 가열면(m^2),

D : 코일의 평균 지름(m) = (O.D+I.D)/2,

d : $\frac{\text{O.D+I.D}}{2}$ (m)

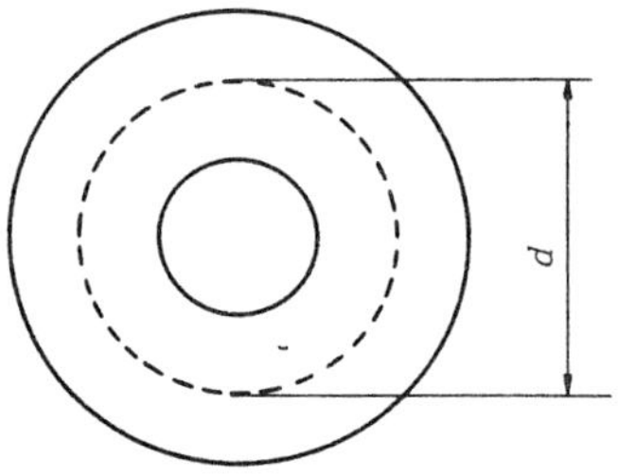

그림 5·53

윗식으로 계산이 된 가열 코일의 길이를 유효한 길이로 간주한다. 즉, 가열 코일의 루프당 길이를 짧게 하면, 가열 장치의 제작시 코일의 입구와 출구의 관이 2중, 3중으로 들게 되고, 길게 하면 증기가 보유하고 있는 열량이 가열 코일의 내부에서 모두 사용이 되지 않고 밖으로 방출이 되어 열손실을 가져온다.

7) 조선 설계 편람 가열 코일의 유효 길이를 구하는 식을 알아보면 다음과 같다.

$$L = d\frac{l}{2}\left[\{1-(P_2/P_1)^2\} \times \frac{g \cdot P_1 \cdot d_1^2 \cdot (i_1 - i_2)^2}{Ks^2 \cdot d_2^2 \cdot (\theta s\theta s - \theta o)^2 \cdot \nu_1 \cdot \lambda m}\right]^{1/3}$$

여기서 L : 코일 지름당 유효 한계의 길이(m),

d_1 : 코일의 안지름(m),

d_2 : 코일의 바깥 지름(m),

P_1 : 스팀 입구에서의 압력(kg/m^2 abs),

P_2 : 증기 출구에서의 압력(kg/m^2 abs),

g : 중력 가속도(1.271×10)(m^2/h),

i_1 : 입구에서의 증기의 엔탈피(kcal/kg),

i_2 : 출구에서의 증기의 엔탈피(kcal/kg),

Ks : 코일의 열관류율(kcal/m^2 · h · ℃),

Θs : 증기의 산술 평균 온도(℃),

Θo : 가열 전의 기름의 온도(℃),

λm : 평균 마찰 계수(0.05),

ν_1 : 입구에서의 증기의 비체적(m^3/kg)

그러나, 가장 효율적인 코일의 길이는 코일의 지름과 그때 그때의 주변의 조건에 따라 다르므로, 지금까지의 경험값에 의해 길이가 조율된다.

[6] 가열 코일의 설계시의 기본 자료

(1) 열관류율 K(kcal/m^2 · h · ℃)

계산 과정에서 가장 핵심적인 요소인 K값의 미소한 차이가 계산 결과에 막대한 영향을 미치므로, K의 값을 결정하는데에 신중히 고려하여야 한다. 특히, 화물유의 탱커인 경우에는 가열 코일의 제작 회사가 정하는 값에 의해 K의 값을 정하는 경우가 많기 때문에, K의 값에 대해서는 초기 계약시에 확정값을 알아두는 것이 좋다. 그러면 설계 편람에서 정한 K의 값은 표 5 · 24와 같다.

표 5 · 24

구 분	위 치	K	TEMP.(℃)
해수와 접하는 부분	ship side	15	5
	double bottom	4	5
대기와 접하는 부분	ship side	15	2
	WPP. DK	5	2
선내 각부의 물과 접하는 부분	W. B. T etc.	15	5
선내 각부의 공기와 접하는 부분	void space etc.	4	5

(2) 기타의 기준값

그 밖의 K의 값의 기준값은 표 5·25와 같다.

표 5·25

참고값 / oil 종류	oil 온도		oil 성질		가열시간 (h)
	가열 전 온도 (℃)	가열 후 온도 (℃)	비열 C (kcal/kg·℃)	비중량 (kg/m^3)	
fuel oil	5	35	0.45	900	48

5.2.5 갑판의 배수구 장치(Deck scupper system)

선박의 폭로갑판(open deck)상에 고이는 배수(排水), 파도에 의한 해수 및 강우에 의한 빗물 등을 갑판으로부터 선외로 배출시키기 위해서 배수구를 만드는데, 그것을 배치하는데는 아래의 사항을 고려해야만 한다.

① 갑판 면적과 물이 흐르는 방향 및 갑판의 위치

② 트림과 경사의 상태

③ 좁은 장소 또는 국소적으로 물이 고이는 장소

④ 기관실에 물이 고이는 장소

⑤ 캠버에 의한 현호의 최저점과 관계없이 물이 고이는 장소

⑥ 하층의 배수구와 인접한 장소

그리고 갑판을 구획별로 살펴보면 다음과 같다.

[1] 폭로 갑판부

(1) 선미 갑판

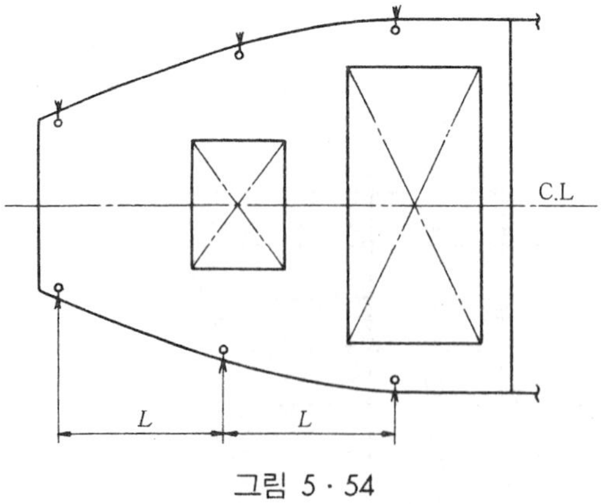

그림 5·54

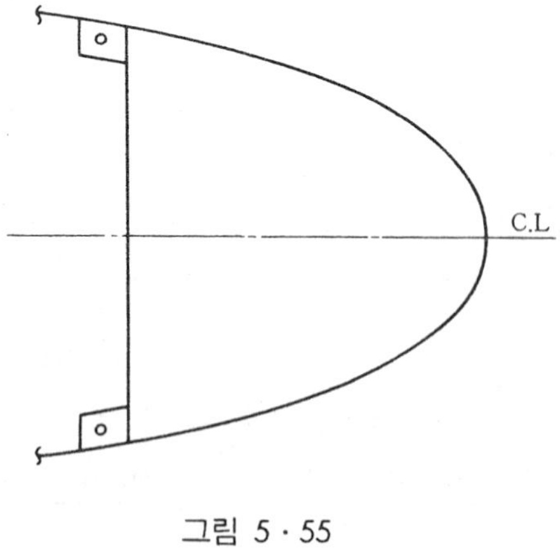

그림 5·55

그림 5·54 와 같이 배수구와 배수구 사이의 간격인 L은 보통 등간격으로 하는 것이 원칙이지만, 거주구의 노출 갑판의 배수와 선박의 트림으로 인하여 다른 구획에서 보다 더 많은 배수구들이 고이기 쉬운 곳에 설치되는데, 일반적으로는 배수구를 15 m의 간격으로 설치하는 것이 바람직하다.

(2) 선수루 갑판

배수구는 그림 5·55 와 같은 트림과 관련시켜 갑판 끝단에 설치를 하면 된다.

(3) 중앙부의 원형 거늘(mid ship round gunwale) 부분

그림 5·56 과 같이 드레인 배수구(drain gutter)를 설치하여 배수시키고, 그 밖에 원형 거늘이 아닌 경우에는 약 25~30 m의 간격으로 배수구를 설치하면 된다. 또, 배수관(scupper pipe)은 가능한 한 배수구의 바(bar)의 끝단부에 설치하는 것이 좋다. 그러나 배수구 사이의 간격은 통상 건조 시방서상에 명기가 되어 있어, 설계시 시방서의 요구사항에 따라 결정하는 것이 관례이다.

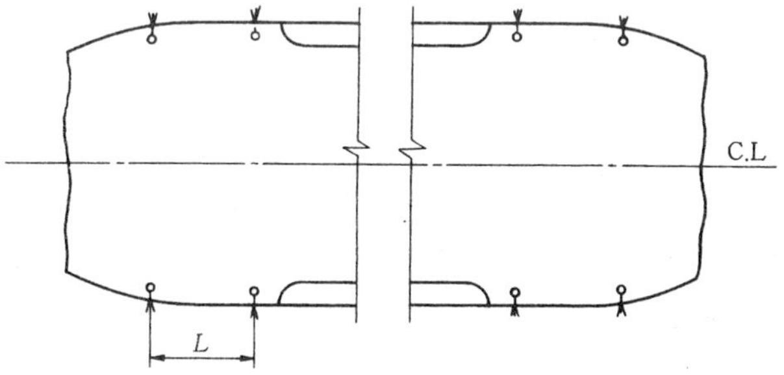

그림 5·56

[2] 관의 시방의 사양 결정

(1) 재질 및 두께

1) 거주 구역(accommodation area)　여기에는 보통 배수관을 사용하지만, 경우에 따라서는 P. V. C 의 관을 쓸 수도 있다.

2) 주갑판 구역(main deck area)　여기의 배수구는 통상 밸러스트 탱크 내부에 설치가 되므로, 부식을 고려해서 두께를 결정해야 한다. 통상 스케줄(schedule) 80 이상인 두께를 갖는 강관(STPG 370)이 사용된다.

(2) 관의 지름(pipe diameter)

1) 관의 지름을 결정하는 기준은 관을 통과하는 최대 유량과 관에 할당된 갑판의 면적에 따른다. 그리고 최대 유량은 100 mm/h인 강우량을 기준으로 가정해서 설계를 한다.

2) 그림 5·57 은 관의 크기별 표준 유속과 강우량을 100 mm/h로 삼았을 때, 관의 크

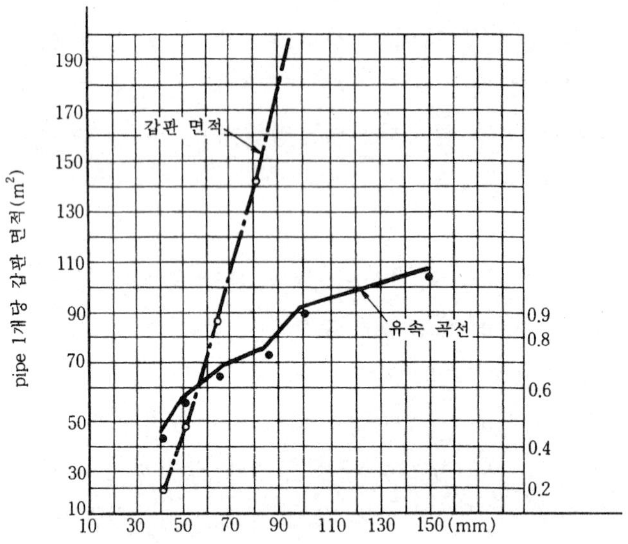

그림 5 · 57

기에 따르는 1개의 배수구가 커버할 수 있는 갑판 면적을 나타내고 있다.

① 1개의 배수구로 통과할 수가 있는 유량 :

$$Q=(\pi D^2/4)\times V(V: \text{표준 유속})$$

② 1개의 배수구가 커버할 수 있는 면적을 실제의 배치에서 계산를 해서 비교해 볼 것

③ 선체 트림을 고려하여 선미쪽에는 배수구와 배수구 사이의 간격을 10~15 m로, 그리고 선수쪽에는 20~30 m의 간격으로 한다.

(3) 관의 표면 처리(treatment)

통상관은 아연 도금(galvanizing)을 하고 있지만, 연료유 탱크를 통과하는 관에 대해서는 아연 도금이나 도료를 칠하지 않는다.

[3] 관의 배치에 관한 고려 사항

1) 관의 배치　다음에 열거한 의장품들의 설치 위치나 취급 장소를 피하도록 해야만 한다.

① 선측 사다리(accommodation ladder)

② 선명(ship name)

③ 수선명(water line name)

④ 흘수 조사용 스텝(step)

⑤ 구명정의 진수 구역(life boat launching area)

⑥ 외판의 심(seam)의 부위

2) 관은 가급적 화물창을 통과시키지 말 것 불가피하게 통과시킬 때는 관의 보호(pipe protection)를 고려하면서, 수선 아래로 사전에 배출을 할 때 선급으로부터 상세 배치에 관해 승인을 받아야 한다.

3) 드레인 플러그(drain plug) 하부 구조가 배수관을 설치하는 데에 부적당하거나 드레인이 다량으로 나오지 않는 장소 및 드레인이 약간 고여도 지장이 없는 장소에 드레인 플러그를 설치한다.

장소의 예 :

① 보슨 창고(bosun store)와 갑판 창고(deck store)

② 하부 구조로 탱크나 화물창 등에 배수관을 설치해도 누수의 점검시에 문제가 많은 장소〔청수 탱크와 음료용 청수 탱크(potable fresh water tank) 내에는 배수관을 통과시키지 않는다〕

③ 넘침관(over flow pipe)용 기름 코밍(oil coaming)과 갑판 기계 등의 기름 코밍 및 그림 5·58 과 같은 갑판 기계인 경우에는, 그 주위에 드레인 배수구를 설치하여 그것에 배수로를 연결해서 배수를 시키는 방법도 있다.

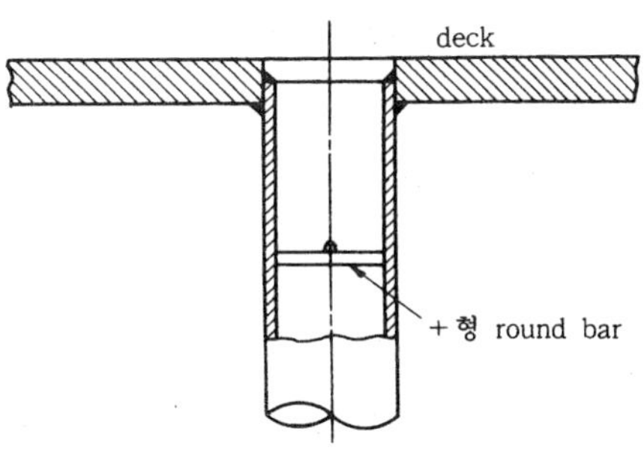

그림 5·58

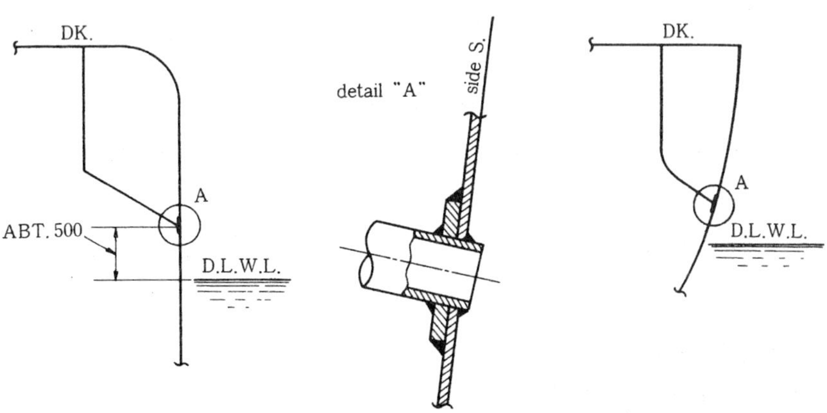

그림 5·59

4) 배수구(scupper pipe)의 갑판 관통 방법　그림 5·58 은 갑판에 배수구를 관통시킨 예를 표시하고 있다.

5) 선외 배출 방법　선미와 같이 외판의 형상이 원형인 경우에는, 그림 5·59 와 같이 배수구를 수선까지 내릴 필요가 없다.

6) 상부 구조나 선수루 갑판(forecastle deck)의 배수구 장치(scupper system)　이 장치는 그림 5·60 과 같이 설치하면 된다.

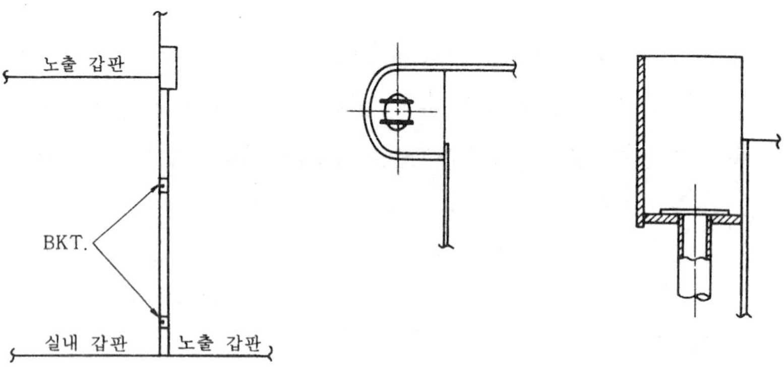

그림 5·60

5.2.6 공기/측심 장치(Air/sounding system)

[1] 공기관(air pipe)

이것은 밀폐된 구획(compartment)에 자연 통풍이나 탱크에 공기를 채우거나 흡입할 때 원활한 공기의 유입과 유출을 도모하기 위한 것이다. 그리고 이것을 제작하는데에 사용이 된 강재나 승인된 재료(approved material : plastic GRP류 등)를 쓸 수 있지만, 특별한 언급이 없는 한 강관을 사용하는 것을 원칙으로 한다.

(1) 설계시 고려할 사항

1) 탱크나 밀폐 구역의 길이가 폭이 7 m를 넘을 때는 공기관을 2개 이상으로 한다.

2) 공기관의 전체의 단면적(가장, 두꺼운 관의 기준)이 주입관(filling pipe)의 단면적에 대해 최소 1.25 배가 되도록 한다.

3) 기타 건식 구역(dry-space)의 공기관은 안지름이 최소한 50 mm 이상이어야 한다. 다만, DNV 선박인 경우에는 공기관 내의 최대 액체의 속도를 4 m/sec로 규제하고 있지만, 축로(shaft tunnel)나 관로(pipe tunnel)에 공기관을 설치할 때는 안지름(internal diameter)이 75mm인 것을 요구하고 있다.

그리고 공기관이 하나일 경우에는 주입관의 겸용은 허용되지 않으므로, 공기관을 측심관(sounding pipe)으로 겸용할 수 없도록 규정되어 있다.

4) 선체부의 모든 공기관은 건현 갑판과 격벽 갑판의 상부에서 끝나는 부분이 되도록 설치를 해야만 한다.

5) 제 2 의 소방 펌프와 화물유 및 W. B 펌프용 해수 흡입구(sea chest)에도 공기관을 요구하고 있는가를 시방서에서 검토하고, 이것의 필요 유무를 확인해야 한다. 그리고 필요시는 거위목형 에어 벤트(gooseneck type air vent)를 준비하고, 공기관의 밑부분에 주철(cast steel)이나 FCD의 실체 재료(body material)로 제작이 된 정지 밸브를 설치한다.

6) 벌크 화물선(bulk carrier)에 가침창(floodable hold)이 있을 때는, 해당 선창에서 특별한 요구가 없는 한 창구식(hatch type) 에어 벤트나 루버 벤트(louver vent)를 설치해야 한다.

7) 벌크 화물선의 G/A를 검토할 때, 좀 낮은 스툴 구역(stool space)과 덕트 용골(duct keel)이 일반적인 구역(common space)이 되도록 덕트 용골의 정부에 영구 홀(permanent hole)을 설치해야 한다.

8) 타 트렁크(rudder trunk)에는 거위목형 에어 벤트를 설치해야 한다.

① 60 K DWT 이하인 경우 : 65 A N. B

② 60~110 K DWT 인 경우 : 80 A N. B

③ 110 K DWT 이상인 경우(VLCC/ULCC 는 제외함) : 100 A N. B

④ VLCC/ULCC : 125 A N. B

9) 공기관의 헤드형(head type)은 형상형(form type)이나 주조형(casting type)인 것이 사용되는데, 그것은 다음과 같다.

① 유조선의 모든 에어 벤트에는 이동식 플레임 스크린(removable type flame screen fire mesh)을 설치하고 있다.

② 벌크 화물선에서는 기름 탱크와 청수 탱크 및 코퍼댐(cofferdam)용, 에어 벤트에는 소방 그물식 스테인리스 스틸(SUS) 플레임 스크린(fire mesh type SUS flame screen)을 설치하고 있다.

10) 상부의 스툴 구역에 대한 밀착 구역에는 에어 벤트를 설치해야 한다.

(2) 측심관(sounding pipe)

이것은 항상 쉽게 접근할 수 없는 탱크류와 빌지 구역 등에서 유체의 깊이를 재기 위한 것이다.

[2] 설계시에 고려해야 할 사항

표 5·26

class	contents		
	EXT. DIA.(D) (mm)	for structural tank (mm)	through ballast and fuel oil tank(mm)
LR(air/sounding pipe)	38~44.5	4.5	6.3
	48.3	4.5	6.3
	51~63.5	4.5	6.3
	70	4.5	6.3
	76.1~82.5	4.5	6.3
	88.9~108	4.5	7.1
	114.3~127	4.5	8.0
	133~139.7	4.5	8.0
	152.4~168.2	4.5	8.8
	177.8	5.0	8.8
	193.7	5.4	8.8
	219.1	5.9	8.8
	224.5~273	6.3	8.8
	298.5~368	6.3	8.8
	406.4~457.2	6.3	8.8
DNV	≤ 80	6.0	
	≥ 165	8.5	
KR(air pipe)	≤ 168.3	4.5	
	177.8	5.0	
BV(air pipe)	193.7	5.4	
	219.1	5.9	
	≥ 224.5	6.3	

① 일반 물탱크(water tank) 및 빌지 구역 등에 관해서는 특별한 언급이 없는 한 40A를 원칙으로 설치하고, 기름 탱크에 관해서는 특별한 경우 65A를 설치할 수도 있다.

② 측심관은 격벽 갑판 위에서 단말(terminate)이 되도록 하지만, 기관실이나 터널(tunnel) 등과 같이 선체 구조상 불가능할 때는 짧은 측심관을 설치할 수 있으므로, 항상 접근 가능한 플랫폼(platform) 위에서 단말이 되도록 한다.

③ 선미관의 냉각수 탱크에는 측심관 대신에 액면용 콕(leveling cock)을 기관실쪽에 설치하는 것을 원칙으로 한다.

④ 청수 탱크에는 측심관 대신에 액면계(glass level gauge)를 기관실쪽에 설치하는 것을 원칙으로 한다.

⑤ 측심관은 최소한 안지름이 32 mm이면서, 냉동 구역(refrigerated space)을 통과할 때는 LR/KR/NK 에서 최소한 65 mm인 반면, BV 에서는 최소 60 mm로 하고 있다. 그리고 DNV 인 경우 F.O 탱크에 관해서 최소한 50 mm를 요구하고 있다.

⑥ 엘보(elbow) 측심관은 경우에 따라 사용이 가능하지만, 이 때 엘보로 대형 압력계관(heavy gauge pipe)이 사용되면 여객선에서는 이것을 사용할 수 없다.

⑦ 측심관의 밑에는 선체의 손상을 방지하기 위해 두께가 15 mm인 스트라이킹 플레이트 (striking plate)를 설치한다.

⑧ 벌크 화물선에 가침창이 있을 때 밸러스트 저장소(ballast well)에 측심관을 설치하면, 상갑판 위에서는 단말이 되도록 해야 한다.

⑨ 측심 헤드(sounding head)는 일반적으로 갑판 고정식(deck stand type)을 사용하고, 선창의 빌지 저장소용은 상갑판의 통로(passage) 등을 고려하여 평면식(flush type)이나 갑판 고정식을 사용한다.

⑩ 측심관의 재질은 원칙적으로 강관을 사용한다.

[3] 공기관과 측심관의 두께에 대한 선급별의 요구 사항

선급별로 이들 관에 대한 요구 사항은 표 5·26 에 표시해 두었다.

그러나 ABS 에서 공기관의 크기인 F.W.T 에는 최소한 38 mm로 하고, W.B.T 에는 최소한 51 mm로 하며, 기름 탱크에는 최소한 63 mm를 요구하고 있다.

5.2.7 밸브의 원격 제어 장치(Valve remote control system)

선박에 적용이 되는 각종 장치의 자동화는 선박의 유지와 운항을 위한 운용비(operating cost)를 줄일 수 있다는 장점 때문에 선주측으로부터 많은 호응을 받고 있는데, 특히, 선박의 전구역에 있는 밸브들에 대한 중앙 집중식 원격 제어 장치(centralized remote control system)의 채택은 매우 타당성이 있으므로, 실제로 오늘날 건조 중인 거의 모든 선박의 갑판 장치에 이것의 적용이 일반화되고 있다. 이와 같이 갑판 장치에서의 원격 제어에 대한 정확한 자료와 관련 자료들이 부족하고 정리가 되어 있지 않아, 불필요한 인력 낭비와 실질적인 업무에 불편을 겪고 있는 실정이다.

여기서는 유압 장치(hydraulic system)를 중심으로 하여 관련 규정이나 장치를 조사한다.

[1] 장치(system)의 개요

동력원에 따라 밸브의 원격 제어 장치는 i) 유압 장치(hydraulic system), ii) 전기 장치(electric system), iii) 공기 장치(pneumatic system) 등으로 구분할 수 있다. 일반적으로 선박인 경우에는 작동기/실린더(actuator/cylinder)의 크기를 줄일 수 있게 고압용 유압 장치를 채택하고 있다. 그리고 유압 장치인 경우에도 흐름 제어 밸브(flow control valve)의 운전 방법에 따라 순유압 장치와 전기 유압 장치로 나눌 수 있고, 다시 밸브의 작동 방식에 따라 다음과 같이 구분된다.

① 단동 1개의 계통도 장치〔single acting(spring return) one line system〕

② 쌍동 2개의 계통도 장치(double acting two line system)

③ 쌍동 일반의 계통도 장치(double acting common line system)

(1) 순유압 장치

이 장치는 밸브 작동기의 작동을 위한 유압 출력 유닛(hydraulic power unit)으로부터 토출된 가압 기름을 제어반(control console)상에 위치한 파일럿 밸브(pilot valve)를 이용해서 직접 제어를 하는 형식을 말한다. 즉, 이 장치는 유압용 배관을 제어반까지 연결시켜서 장치를 구성해야 하므로, 배관 작업이 상당히 증가되는 단점은 있지만, 제어 장치의 가격이 저렴하다는 장점도 있다.

1) 단동 1개의 계통도 장치 그림 5·61과 같이 제어 밸브의 운전 스위치를 넣으면 출력 유닛에서 유압용 펌프를 통해 토출이 되는 60~120 바(bar)인 작동유(hydraulic oil)가 P 계통도를 통해 작동기의 한쪽으로 유입되면 밸브가 열리고, 다시 제어 밸브의 운전 스위치를 폐쇄하면 작동기 스프링의 힘에 의해 작동기 내의 작동유는 T 계통을 통해 유압 출력 유닛(hydraulic power unit)으로 돌아가면서 밸브는 닫히게 된다. 이 때, T 계통도 상에는 압력이 걸리지 않는다.

2) 쌍동 2개의 계통도 장치 그림 5·62와 같이 제어 밸브의 운전 스위치를 넣으면 유

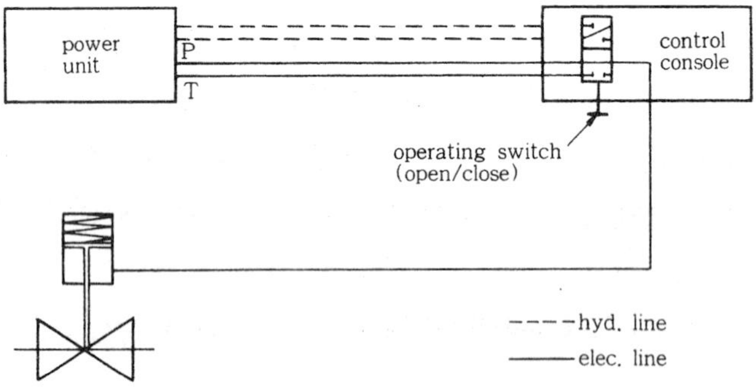

그림 5·61 single acting one line system

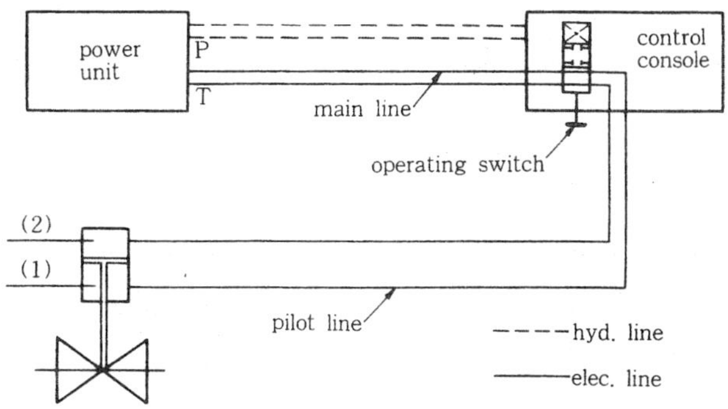

그림 5·62 double acting two line system

압 출력 유닛으로부터 가압이 된 기름이 P 계통을 통해 밸브 작동기의 (1)에 유입이 되면서 밸브가 열리는데, 이 때 작동기 (2)에서는 작동기 내의 압력이 걸려 있지 않은 작동유가 T 계통을 통해 유압 출력 유닛으로 돌아간다. 그리고 밸브를 폐쇄시킬 때에는 운전 스위치를 조작해서 작동기의 동작을 반대로 하면 밸브가 닫혀진다.

3) 쌍동 일반의 계통도 장치 그림 5·63 과 같이 제어반상에서 제어 밸브를 열면 쌍동 계통도 장치에서는 가압된 작동유가 P 계통를 통해 작동기 (1)에 유입되어 밸브를 열게 되는데, 이 때 작동기의 (2)에 있던 작동유는 일반 계통으로 빠져 나가게 된다. 그리고 이와는 반대로 밸브를 폐쇄시킬 때에는 일반 계통도로부터 가압된 기름이 (2)에 유입되면서 밸브를 닫고, (1)의 작동유는 T 계통도를 통해 유압 출력 유닛으로 되돌아간다.

일반 계통도 장치에서는 일반 계통도상에 유압 출력 유닛으로부터 토출 압력 장치의 작동 압력(system working pressure)의 1/2 정도 압력이 걸리는데, T 계통도상에는 압력이 걸리지 않는다.

(2) 전기 유압 장치

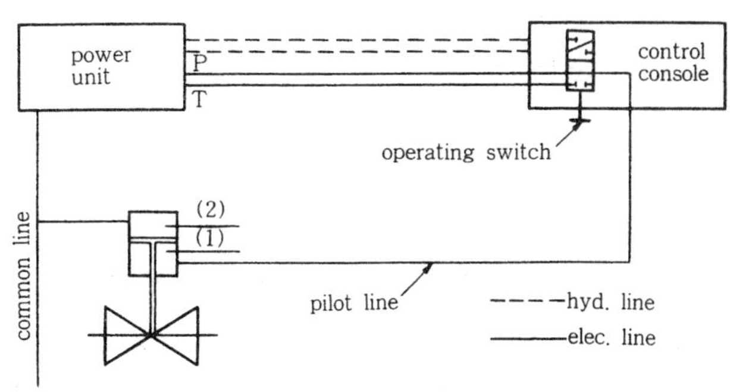

그림 5·63 double acting common line system

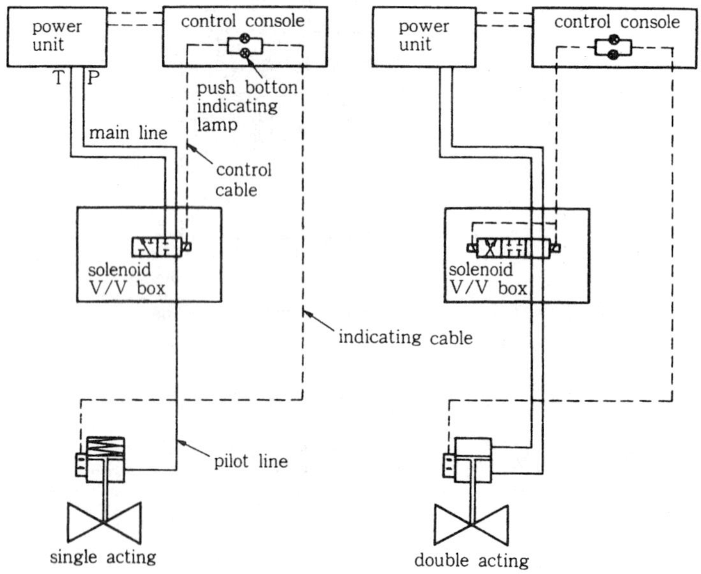

그림 5 · 64 electro hydr. system

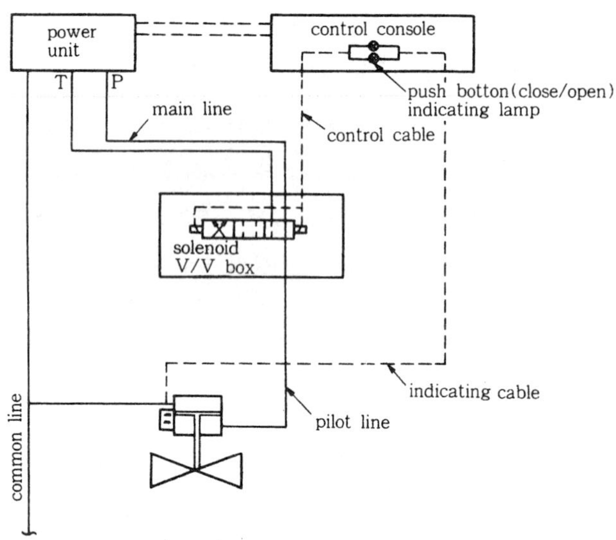

그림 5 · 65

그림 5 · 64, 그림 5 · 65 와 같은 이 장치의 작동 원리는 지금까지 소개를 한 순유압 장치의 경우와 똑같다고 볼 수 있지만, 단지 열고/닫음(open/close)의 지시를 위한 제어 밸브의 운전을 솔레노이드 밸브(solenoid valve)를 이용한 전기적인 방법으로 실행이 된다는 점에서 다르다.

그리고 그 종류에는 다음과 같은 세 가지가 있다.

① 단동 1개의 계통도 장치

② 쌍동 2개의 계통도 장치

③ 쌍동 일반의 계통도 장치

(3) 장치의 구성

밸브의 원격 제어 장치는 유압 출력 유닛의 작동기와 제어반 및 위치 지시 기구(position indication device) 등의 주장비와 다심관(multi-core tube) 등의 유도관(leading pipe)으로 구성된다.

1) 제어 방식 밸브의 원격 제어 장치의 제어 형식은 1개의 계통도나 2개의 계통도로 구성이 된 순유압 제어나 전기 유압 제어 및 공기-전기 제어로 나뉘어진다.

2) 유압 출력 유닛 이것은 장치의 동력원으로 유압 펌프를 통해 일정 압력을 가지는 작동유를 토출해서 장치에 공급한다. 그래서 간단한 수동 출력 유닛(manual power unit)에서부터 무인 기관실인 지역을 커버하기 위한 경보 장치를 갖춘 전자동 유닛까지를 포함해서, 장치의 특성에 따라 적당한 유닛의 선택이 가능하다.

일반적인 유압 출력 유닛의 구성은 다음과 같다.

① 유압 출력 탱크

② 전동기를 갖춘 유압 펌프

③ 주전력 스위치

④ 유압 출력용 압력계

⑤ 작동유의 저액면용 경보 장치

⑥ 작동유의 저압력용 경보 장치

⑦ 어큐뮬레이터(accumulator)

⑧ 시각(視覺) 액면계와 경보 장치(visual-level gauge and alarm) 및 조정 요소들(regula ting components)

⑨ 기타

3) 작동기 이것은 원격 제어가 되는 밸브의 스핀들(spindle)에 설치돼 있으면서 유압 출력 상자(hydraulic power pack)로부터 공급이 되는, 가압된 작동유에 의해 내부의 래크(rack)와 피니언(pinion)이 스러스터(thruster)를 받으므로, 이 힘에 의해 밸브의 스핀들을 회전시켜 밸브의 적절한 개폐를 가능하게 한다. 그리고 작동 방식에 따라 i) 쌍동형과 ii) 단동형(spring return)이 있다.

일반적으로 작동기의 선정은 설치가 되는 밸브의 종류와 장치의 작동 압력 및 토크 등에 따라 각 장치의 제작사별로 독특한 시방을 가지고 있지만, 장치의 구성상에는 큰 차

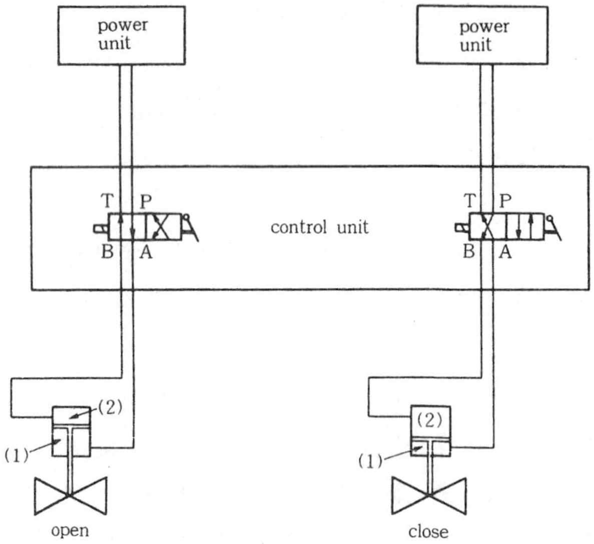

그림 5·66

이가 없다.

① 쌍동형 : 이미 앞에서도 언급이 되었지만, 작동기에 압력 계통도와 추종 계통도(return line)가 걸리게 되는데, 이 때 제어 밸브의 개폐 위치(open/close)에 따라 작동기의 어느 한쪽에 있던 가압된 기름은 제어 밸브의 작동을 끝낸 후에도 추종 계통도를 통해 유압용 기름의 저장 탱크로 되먹임(feedback)한다.

그림 5·66은 수동 쌍동 제어 형식을 나타내고 있는데, 보통 P계통도에는 유압 펌프로부터 토출이 된 60~120 바(bar)인 압력을 갖는 작동유가 걸려 있고, T계통도에는 압력

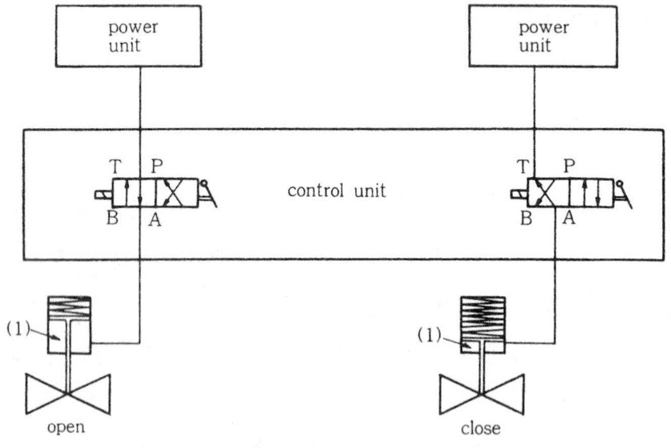

그림 5·67

이 걸리지 않는다.

윗그림에서 회로의 구성을 살펴보면 밸브가 열릴 때는 P→A→(1)인 과정으로 이루어지고, 닫힐 때에는 P→B→(2)인 과정으로 이루어진다.

② 단동형 : 그림 5·67 과 같이 유압 출력 상자로부터 토출된 고압의 작동유가 P 계통도를 통해 작동기 (1)에 유입되면서 밸브가 열린다. 그리고 역으로 밸브를 닫고자 할 때에는 스프링의 힘으로 밸브가 닫히면서 작동기 (1)의 기름은 T 계통도를 통해 저장 탱크로 되돌아가게 된다.

4) 위치 지시 기구 제어반/패널상에서 임의의 밸브의 개폐 위치(open/close)를 체크하기 위한 방법은, 일반적으로 밸브의 열림/닫힘을 나타내는 지시등으로 표시가 된다. 그러나 밸러스트 펌프의 배출면이나 화물유 장치와 같은 특수한 경우에는, 밸브의 이동에 의한 완전한 지시를 하기 위해 조종반이나 패널상에서 감시를 할 수 있어야만 한다.

현재 장치의 제작자들이 사용하고 있는 밸브의 위치 지시 방법을 대별해 보면.

① 직접 개폐 위치 지시기(direct open/closed position indicator),

② 간접 개폐 위치 지시기(indirect open/closed position indicator),

③ 직접 연속법(direct continuous)

등이 있다.

5) 조종반 이것은 선박의 구역에 산재되어 있는 각종 밸브류나 원격 제어가 되는 장치들에 대한 제어와 감시를 할 수 있는 조종대인데, 그 구성은 대략 다음과 같다.

① 밸브 개폐 노브/누름단추(valve open/close knob/push-button)

② 밸브 개폐 지시등(valve open/close indication lamp)

③ 밸브 원격 시동/정지 누름단추(pump remote start/stop push-button)

④ 펌프 압력계(pump pressure gauge)

⑤ 장치의 모의 선도(system mimic diagram)

⑥ 명찰(name plate)

⑦ 기타

그리고 원격 제어 장치가 되는 장치의 측정 기기(measuring appliances)는 그 형태에 따라 피아노형(piano type)과 자동 고정식(self-standing type)이 있는데, 제어실 내부 구역의 보수 등을 고려해서 선정하도록 해야 한다.

6) 어큐뮬레이터 이것은 유압 원격 제어 장치에서 고압/저압의 한계가 자동 제어에 의해, 펌프의 간헐적인 작동, 펌프가 시동/정지을 할 때 제어 캐비닛(control cabinet)에서의 분배 원리(distribution elements)가, 조정이 될 때와 장치 내에서의 수격 작용을

감소시키는 것이 필요할 때 및 동력이 끊겼을 경우 주장치의 손상시 밸브들이 비상 운전을 할 수 있게 설치된다. 그리고 그것의 전용적은 어큐뮬레이터가 설치될 장소의 크기와 어큐뮬레이터가 실행할 기능에 따라 결정이 되는데, 압력 회로(pressure circuit)에 평행하게 설치를 해야만 한다.

각 장치의 제작사별로 어큐뮬레이터의 형식에는 다소 차이가 있는데, 그것에 관해서는 다음에서 설명하기로 한다.

① 병식(bottle type) : 이 형식은 그림 5·68 과 같이 일반적으로 많이 채택이 되고 있는 장치로서, 일정한 용적의 봄베(Bombe)의 내부에 고무 부낭(rubber bladder)을 설치한 것인데, 출력 상자 속에 이것을 내장하는 것이 가능하기 때문에, 전체적으로는 공간을 절약할 수 있다.

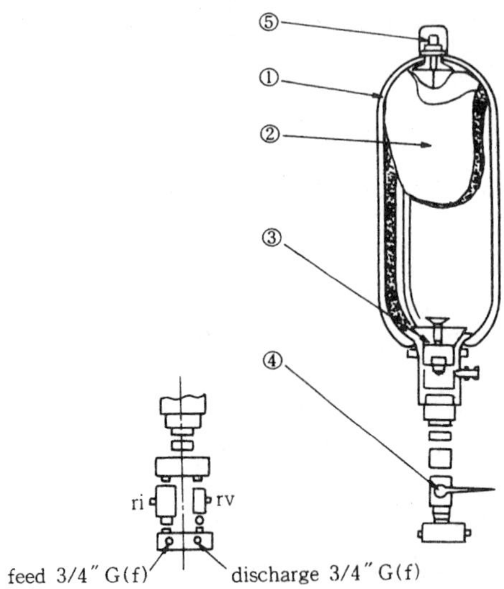

The oliopneumatic accumulator consists of :
- 1 forged bottle (1) in special high resistance steel.
- 1 PERBUNAN synthetic rubber bladder (2).
- 1 safety clapper-valve (3).
- 1 connection block (4) comprising a discharge valve rv and an isolating valve ri.
- 1 bladder-inflating valve (5).

그림 5·68

② 어큐뮬레이터의 작동 원리 : 그림 5·69 의 (a)와 같이 병 내의 고무 부낭에 P_0의 압력으로 질소 가스(nitrogen gas)를 채워 놓은 후에, 그림 5·69 의 (b)에서와 같이 작동유의 압력인 P_1이 P_0보다 클 경우, 어큐뮬레이터의 속으로 작동유가 유입이 된다. 이때 어큐뮬레이터 속에 가압이 된 작동유가 채워지면 질소 부낭은 변형을 하게 되면서 부낭 내의 가스 용적이 장치의 압력(system pressure)인 P_e의 변화 때문에 감소하게 된다. 그리고, 만약 장치의 압력이 가장 낮은 압력으로 떨어지면(정전시 등) 어큐뮬레이터 내의 작동유가 부낭을 팽창시키면서 어큐뮬레이터 내에 저장되어 있는 기름이 되돌아가기 때문에 비상시에도 사용이 가능하게 된다.

부낭 내의 초기 팽창 압력(inflating pressure)을 P_0로 유입시킬 때에는 어큐뮬레이터의 전

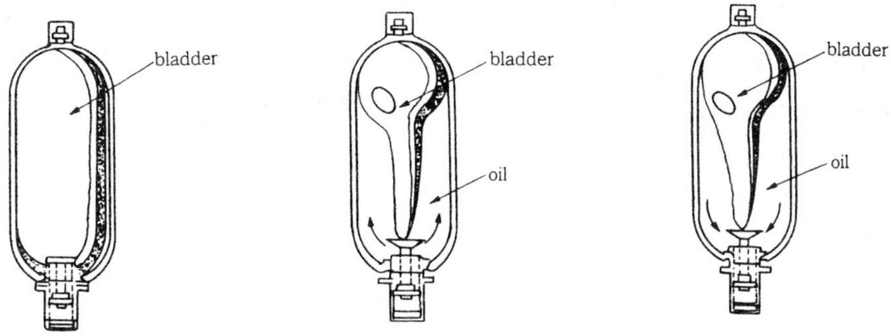

(a) Bladder preinilated with nitrogen (b) Working pressure into the accumulator (c) The oil restored by the accumulator

그림 5 · 69

부에 있는 부낭 밸브로 행하면서, 팽창계(inflating gauge)로서 유입 압력인 P_0를 조정한다. 이 때 팽창 압력인 P_0는 장치의 최대 작용 압력(system max. service pressure)인 P_e의 1/4 정도 범위 내이거나, 장치의 최소 압력(minimum system pressure)의 9/10 범위 내가 되도록 해야만 한다.

7) 비상 동작 세트(emergency operating set) 이것은 장치를 구성하고 있는 관련 의장(equ ipment)들의 고장(breakdown)이 일어날 경우나 장치의 정전(system failure) 때에 손쉽게 빠른 방법으로 장치를 보전할 수 있는 장치인데, 일반적으로 유압 수동식 펌프 유닛 등에 의한 이동식 세트(portable set)로 구성되어 있다.

8) 유량 조정기(flow regulator) 이것은 밸브의 운전 시간의 조정을 가능하게 해주는 기기(appliance)로서, 추종 계통도상에 밸브 제어 분전판(valve control distributor base plate)과 함께 일체를 이루고 있다. 일반적으로 유압 도표상에는 다음과 같은 기호

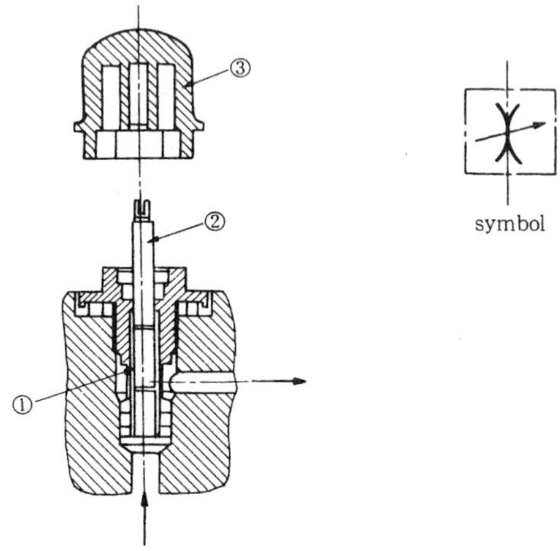

그림 5 · 70

(symbol)로써 표시하고, 그 작동은 그림 5·70 과 같이 조정 스크루(regulation screw)② 의 바닥으로 유입된 유체가 측면의 유량 조정 오리피스(flow regulator orifice)를 통해 추종 회로(return circuit)로 나가면서 스로틀(throttle)을 하게 된다.

그것의 조정은 조정 스크루를 잡고 있는 보호 마개③를 제거하면서 조정 스크루의 조절에 의해 이루어지는데, 이 때 시계 방향으로 돌리면 밸브의 운전 시간을 증가시키는 반면에, 반시계 방향으로 돌리면 운전 시간을 감소시키게 된다.

9) 제어 밸브　이것은 장치에서 유량을 제어하는 것으로서 i) 수동식(manual operated type)과 ii) 솔레노이드식(solenoid type)이 있는데, 일반적으로는 스풀식(spool type)인 밸브를 채택하고 있다. 그런데 그것들의 종류에는 그림 5·69 와 그림 5·70 과 같은 수동식이나 솔레노이드식에서 다음과 같이 여섯 가지가 있다.

① 수동식 제어 밸브 :

a) 두 위치에서 세 방향인 스프링식(2 position-3 way with spring type)

b) 두 위치에서 세 방향인 스프링이 없는 식(2 position-3 way without spring type)

c) 두 위치에서 네 방향인 스프링식(2 position-4 way with spring type)

d) 두 위치에서 네 방향인 스프링이 없는 식(2 position-4 way without spring type)

e) 세 위치에서 네 방향인 스프링식(3 position-4 way with spring type)

f) 세 위치에서 네 방향인 스프링이 없는 식(3 position-4 way without spring type)

② 솔레노이드식 제어 밸브

a) 두 위치에서 세 방향인 스프링식(2 position-3 way with spring type)

b) 두 위치에서 세 방향인 스프링이 없는 식(2 position-3 way without spring type)

c) 두 위치에서 네 방향인 스프링식(2 position-4 way with spring type)

d) 두 위치에서 네 방향인 스프링이 없는 식(2 position-4 way without spring type)

e) 세 위치에서 네 방향인 스프링식(3 position-4 way with spring type)

f) 세 위치에서 네 방향인 스프링이 없는 식(3 position-4 way without spring type)

유압 장치를 구성하는 유량을 제어하는 밸브들에 대한 JIS 상의 기호는 표 5·27 과 표 5·28과 같다.

1. 수동식 제어 밸브 : 여기에는 표 5·27과 같은 표시법이 있다.

표 5·27

type No.	description	item	중 립	수 동 동작 중	조작 중 손을 뺀 상태	비 고
1	2 position -3 way	with spring	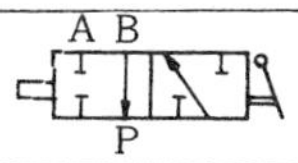	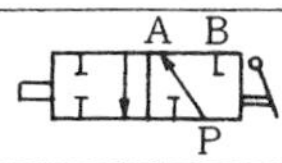	좌와 동	
		without spring	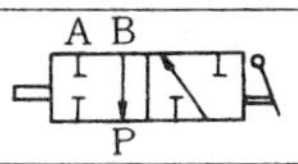	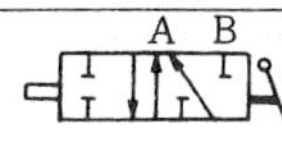	우와 동	
2	2 position -4 way	with spring	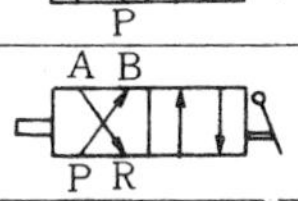	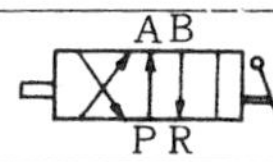	좌오 동	
		without spring	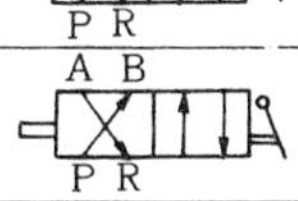		우와 동	
3	3 position -4 way	with spring	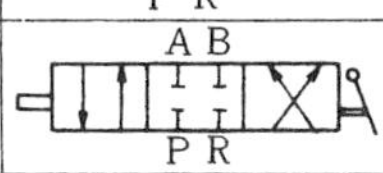	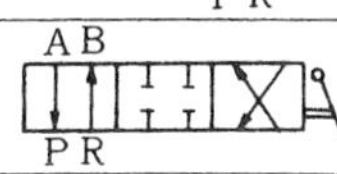	좌와 동	intermediate close/stop
		without spring		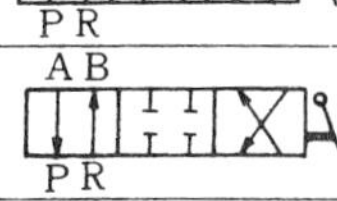	우와 동	intermediate close/stop

2. 솔레노이드식 제어 밸브 : 여기에는 표 5·28과 같은 표시법이 있다.

표 5·28

type No	description	item	중 립	solenoid 조 작	조작을 그쳤을 때	비 고
1	2 position -3 way	with spring	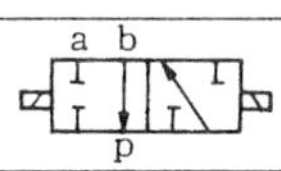	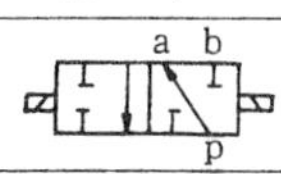	좌와 동	
		without spring	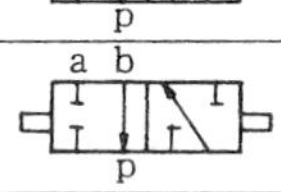	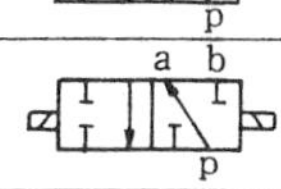	우와 동	
2	2 position -4 way	with spring	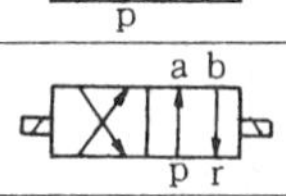	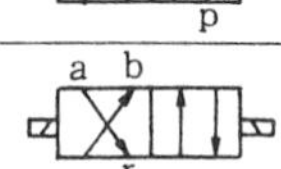	좌와 동	
		without spring	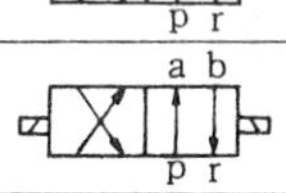	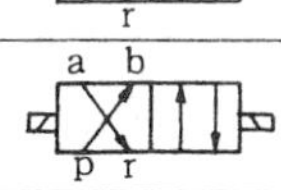	우와 동	
3	3 position -4 way	with spring	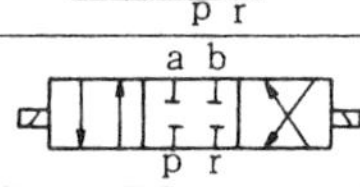	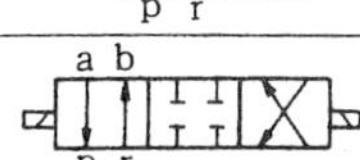	좌와 동	intermediate close/stop
		without spring	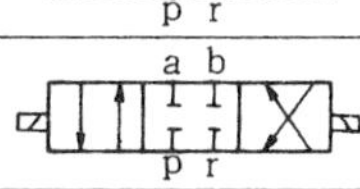	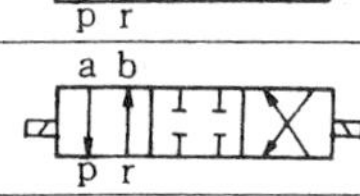	우와 동	intermediate close/stop

10) 모의 도표(mimic diagram) 선박에서 원격 제어가 되는 밸브가 설치된 각 장치들 중 장치의 임계 운전이 요구되는 경우에는, 제어반/패널상에서 장치의 운전 상태를 감시하면서 제어할 수 있어야만 한다. 따라서, 제어 위치상의 적당한 부위에 장치의 상태

에 따른 도표를 개략도로 제작해서 부착할 때, 이러한 점들을 만족하게 된다.

보통 모의 도표상에는 장치의 밸브 개폐 위치의 지시나 제어 노브/누름단추 등과 같은 장치의 제어를 위한 기기가 부착된다.

11) 제어 계통도 이것은 장치를 구성하는 파일럿 계통도(pilot line)로서, 솔레노이드 밸브 캐비닛/제어 밸브 캐비닛으로부터 밸브의 작동기까지 이르는 제어 계통인데, 장치의 특성에 따라 다중관(multi tube)이나 이음매 없는 스테인리스 강관(seamless stainless steel tube)을 사용하고 있다.

① 다중관(multi-tube) : 이것은 그림 5·71과 같이 야드(yard)인 경우에는 2심(core)과 4심 및6심이 기본으로 채택되어 사용되고 있다. 그런데 재질면에서는 내화(non-flamed) P. V. C로 제작이 된 SUS 304 ERW가 사용되고 있다.

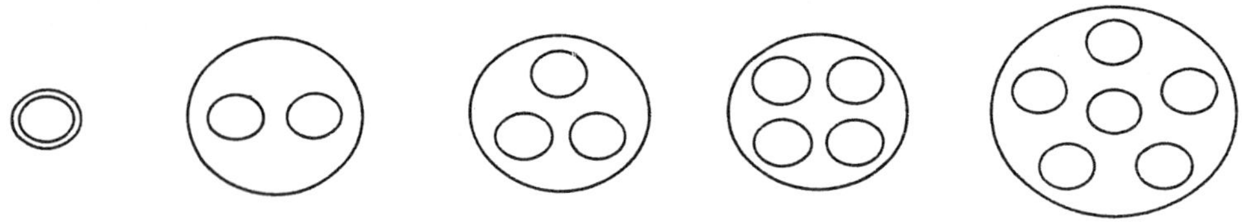

(a) 1 core (b) 2 core (c) 3 core (d) 4 core (e) 6 core

그림 5·71

5.2.8 화물 유관 장치(Cargo pipe system)

이것은 유조선(oil tanker), 화학 제품 탱커(chemical tanker) 및 LPG선/LNG선 등의 액체 화물 운반선에서 액체 화물의 적재와 양육 작업용으로 설치되는 장치로서, 화물유 펌프와 관련 유관 및 밸브 등으로 구성된다. 장치의 종류는 재래식 펌프 장치(conventional pumping system)와 독립형 펌프 장치(independent pumping system)로 대별될 수가 있는데, 화물의 종류와 운송 화물의 용량 및 화물 운송의 제조건에 따라 결정이 된다. 이 절에서는 그것들 각각에 관해 간략하게 설명하기로 한다.

[1] 화물유 배관(cargo piping)

(1) 재래형 펌핑장치(conventional pumping system)

그림 5·72와 같이 기관실과 화물유 탱크의 구역 사이에다 화물유 펌프실의 구역을 확보해서 펌프는 펌프실(P/R)에 설치하고, 원동기는 기관실(E/R)에 설치하면서 서로간을 축으로 연결하여 펌프를 구동시키는 방법인데, 독립형 펌프 장치가 개발되기 이전에는 모두 이런 방식을 채용했었다. 현재에도 화물유의 분리(cargo segregation)가 보통 단순한 원유(crude oil) 탱커나 석유 제품유 탱커인 경우에는 이 방식을 채택하고 있다.

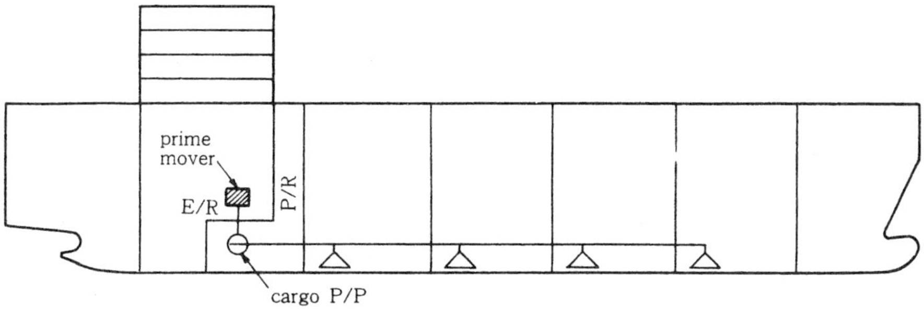

그림 5·72

(2) 독립형 펌핑 장치(independent pumping system)

이것은 그림 5·73과 같이 각 화물유 탱크마다 독립된 잠수식(deepwell type)이나 수중식(submerged type) 화물유 펌프를 설치한 형식이다. 이 장치는 노르웨이의 Frank Mohn사에 의해 처음으로 개발이 되어 현재 널리 사용되고 있는데, 초기 투자비가 비싸다는 단점이 있는 반면에, 다음과 같은 장점이 있다.

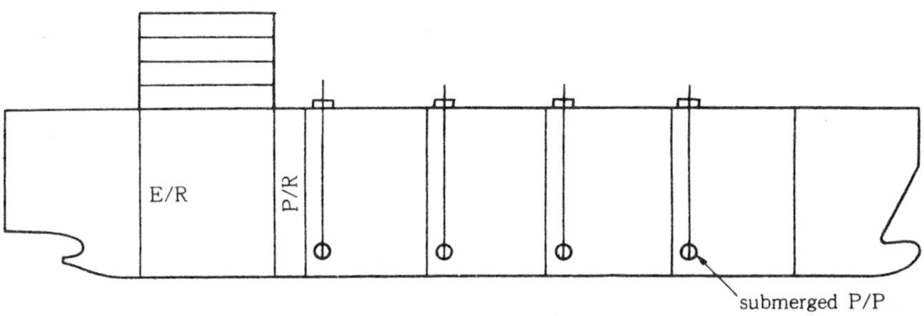

그림 5·73

① 화물유 펌프실이 필요없게 됨에 따라 그것에 상당하는 만큼의 화물유 탱크의 용적을 추가로 확보할 수 있다.

② 화물유 탱크의 개수만큼의 분리벽(segregation)을 확보할 수 있다.

③ 거의 완벽한 잔수 처리(stripping)의 능력을 확보할 수 있다.

④ 화물유 탱크의 내부와 펌프실 내부의 배관 작업이 불필요하다.

⑤ 높은 증기압이 필요한 화물의 처리 능력이 탁월하다.

[2] 장치의 설계(system design)

(1) 외판의 시방(shell digest)에 관한 요구 사항

화물유 장치의 설계에 대한 기본 조건들은 화물유의 적재와 하역에 대한 항구의 제조건 등을 고려하여 선주가 지정해 주는 것이 보통이지만, 만약 선주로부터의 요구 사항이 없을 경우

에는 외판의 시방에 따라 설계를 하게 되는데, 그 기본 내용들은 다음과 같다. 그리고 다음의 조건들은 원유와 석유 제품유에만 적용되지만, 화학 제품이나 LPG/LNG의 화물에는 적용되지 않는다.

1) 적재/하역 및 분리(loading/discharging and segregation) :

① 4등급인 화물도 적재와 양육을 할 수 있어야 한다.

② 각 탱크의 용량은 각 분리 용량이 10% 단계까지 할당이 될 수 있게끔, 즉 70/10/10/10%에서 20/20/20/30%의 분배가 될 수 있게 정해야 한다.

③ 탱크와 관계통도의 배치는 최소한 2등급인 화물을 동시에 적재와 양육을 할 수 있게끔 설계해야만 한다.

2) 화물유의 하역(cargo discharge) :

① 화물유의 하역(cargo discharging) 중에는 매니폴드에서 항상 10바(bar)의 압력을 유지해야만 한다.

② 매니폴드 4개를 통해서 시간당 총하역 화물의 1/12이 하역되어야 한다.

③ 잔유 처리와 마무리(cow) 시간을 포함해서 원유 탱커는 24시간 이내, 그리고 석유 제품유 탱커는 18시간 이내에 하역 완료가 되어야 한다.

(2) 화물유 펌프의 수두(MWC)와 대수 및 용량

매니폴드의 압력(10 C bar)과 선박의 깊이(D) 및 펌프의 하역면에서의 손실 수두(보통 5 MWC 기준)의 총화가 화물유 펌프의 수두이고, 대수와 용량은 외판에 관한 요구 사항에 따라 결정되는데, 용량의 결정시 잔유 처리의 시간은 원유 탱커가 4시간, 그리고 석유 제품유 탱커는 2시간 걸린다고 보면 된다.

(3) 펌프 형식의 결정

펌프의 형식에는 원칙적으로 연직형(vertical), 원심형(centrifugal), 단단계형(single stage), 쌍흡입형(double suction) 및 쌍와류형(double volute type) 등이 있고, 그것의 케이싱의 재질은 청동(bronze)이나 Ai-Al 청동으로서 기계적인 봉인(mechanical seal)을 해야 한다.

1) 증기압 영향　화물의 증기압이 너무 높으면 일반 원심 펌프로 처리하기가 불가능하므로, 독립형 펌프를 사용하든가 기존의 재래형 펌프를 사용하려면 펌프의 (NPSH)av를 높일 수 있도록 흡입관의 구경을 크게 하면서, 불활성 가스의 압력을 높여 탱크의 내부 액면에 작용하는 정압을 높여야만 한다.

2) 비중의 영향　비중은 총수두와 동력에 직접적인 영향을 주고 있는 인자이면서, 선박의 주요 치수와 선각의 치수와도 관련이 있으므로, 관련 부서와 긴밀한 협의가 요구된다. 원유의 중질유는 0.99이고 경질유는 0.768 정도이지만, 아스팔트(asphalt)는 1.5까

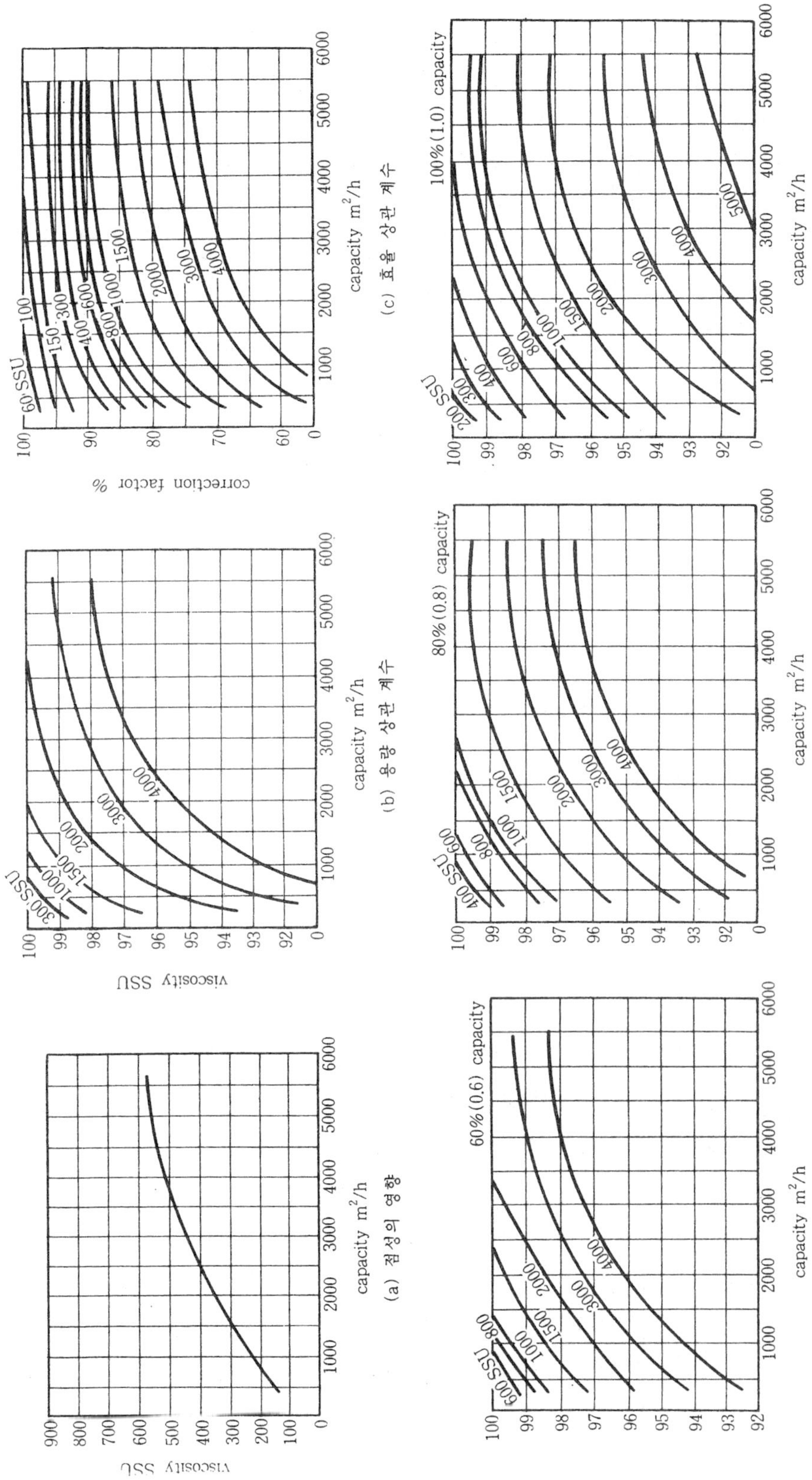

(a) 점성의 영향

(b) 용량 상관 계수

(c) 효율 상관 계수

(d) 수두 상관 계수

그림 5·74

지이고 당밀(molasses)은 1.3~1.49이며, 가성 소다(caustic soda)는 50% 용액인 경우에 1.53이므로, 물보다 무거운 비중을 가진 화물이 상당히 많다.

3) 점성의 영향 펌핑이 될 유체의 점성이나 유동에 대한 저항이 원심 펌프의 성능에 지대한 영향을 주므로, 점성이 높은 화물을 적재하고자 할 때는 반드시 그 영향의 정도를 점검하는데, 그것이 펌프의 성능에 큰 영향을 준다면 펌프를 스크루형으로 교체해야만 한다. 그리고 그림 5·74에서 (a)는 점성이 원심 펌프 성능에 어느 정도의 영향을 주고 있는지를 보여 주고 있는데, 지정된 용량에서 점성이 제한 곡선을 넘게 되면 용량 수두와 효율이 변환되어야만 하므로, 그것의 정도는 그림 5·74의 (b)와 (c) 및 (d)에 표시해 두었다.

(4) 원동기(prime mover)

원동기로는 주로 증기 터빈과 디젤 엔진 및 전기 모터가 주로 사용되는데(재래형인 경우), 원유나 정유 운반선에서는 스팀 터빈을 사용하는 것을 원칙으로 한다. 그러나 화물유의 가열 장치가 없는 경우에는 보일러의 용량과 불활성 가스 장치 등을 복합적으로 고려하면서 경제성을 따져 이것을 결정해야만 한다.

또, 수중식 펌프인 경우에는 유압 모터를 원동기에 설치하는 것이 보통이다.

$$\text{펌프의 필요 동력} = \frac{Q \times H \times S}{367 \times \eta}$$

여기서 Q : 용량(m^3/hr),

S : 비중,

367 : 상수,

H : 총수두(m),

η : 효율

축동력 = 펌프의 필요 동력×1.1

표 5·29는 해수에 대한 용량과 총수두가 3000 $m^3/Q \times 120$ MWC인 펌프로서 점성과 비중이 각각 400 SSU이고, 0.86인 원유와 2000 SSU이고, 0.9인 원유를 펌핑할 때 그림 5·74를 기초로 해서 용량, 총수두와 효율 및 동력을 계산한 예이다.

1) 증기 터빈 :

① 증기 터빈의 선정 : 스팀 터빈은 충격 터빈(impulse turbine)의 숫자에 따라서 1단 터빈(single stage turbine ; 그림 5·75)과 3단 터빈(three stage turbine ; 그림 5·76)이 있는데, 3단 터빈은 1단 터빈에 비해 증기를 20% 정도로 적게 소비하므로, 보일러의 용량이 작아서 경제적이다. 그리고 3단 터빈을 사용할 것인가는 기준에 따르면 되므

표 5·29

liquid		sea water	crude oil	crude oil			
viscosity SSU			400	2000			
specific gravity		1.025	0.86	0.9			
capacity %		100	100	60	80	100	120
capacity	factor %	100	100	99.6	99.6	99.6	99.6
	correction m^3/h	3000	3000	1793	2390	2988	3586
head	factor %	100	100	99.2	98	96.3	94.4
	correction m	120	120	140	131	115.6	92
eff.	factor %	100	93	79	79	79	79
	correction %	85	79	57	64	67	64
shaft horsepower kW		1181	1066	1078	1198	1262	1262

로, 1 단 터빈들 중 R×3인 형 대신에 RVR 형(three stage turbine)을 사용하는 경우가 많다.

② 증기 소비량의 산출 : 1 단 터빈(turbine)에 필요한 증기의 양은 그림 5·75 에 의해서 산출이 되고, 3 단 터빈인 경우는 1 단 터빈에 필요한 양의 80 % 정도가 될 것으로 추정한다. 그리고 증기 소비량의 산출시에 흡입 증기 압력(inlet steam pressure)은 15 kg/cm^2인 포화 증기(saturated steam)로 하고 배출 증기(exhaust steam)의 압력은 540 mm Hg로 한다.

③ 디젤 엔진과 기어(gear) : 디젤 엔진에 필요한 동력은 앞에서 언급한 바와 같다. 그리고 펌프에 필요한 RPM 과 디젤 엔진의 RPM 은 대부분의 경우에 서로 다르기 때문에 중간에 감속 기어〔reduction gear ; 경우에 따라서는 증속기(step-up gear)〕를 설치해야만 하고, 디젤 엔진이 발전기(generator)용으로도 사용이 될 경우에는 클러치(clutch)를 설치해야만 한다.

(5) 화물유 펌프용 잔유 처리/시동 장치(stripping/priming system for cargo pump)

① 독립형 : 이것은 별도의 장치가 필요하지 않다.

② 재래형(conventional centrifugal pump) : 진공 잔유 처리 장치(vacuum stripping system)가 모든 펌프에 설치된다.

(6) 휘발유관

1) 계통도의 지름

① 일반 화물용 : 배출면에서는 4~4.5 m/sec이고, 흡입면에서는 3.0 m/sec인 유속을 근거로 해서 결정해야만 한다.

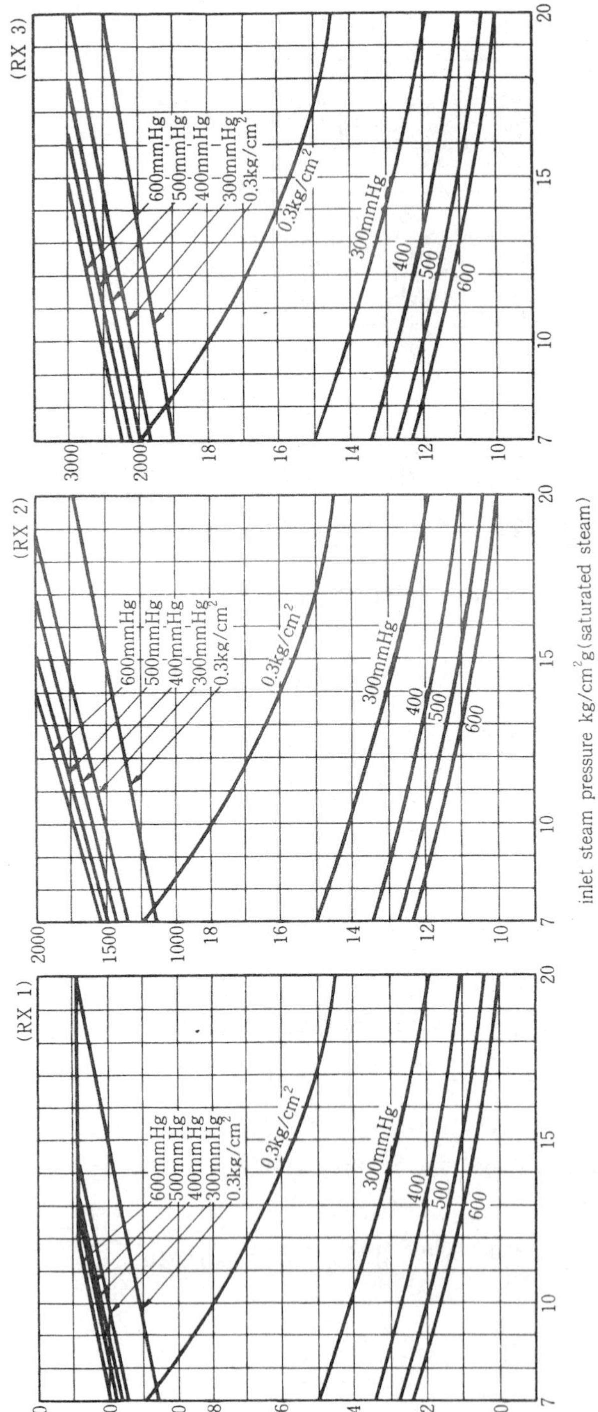
(RX 1)
(RX 2)
(RX 3)
600mmHg
500mmHg
400mmHg
300mmHg
0.3kg/cm²
400
500
600
max. turbine output kW
estimated steam consumption
inlet steam pressure kg/cm²g(saturated steam)

그림 5·75

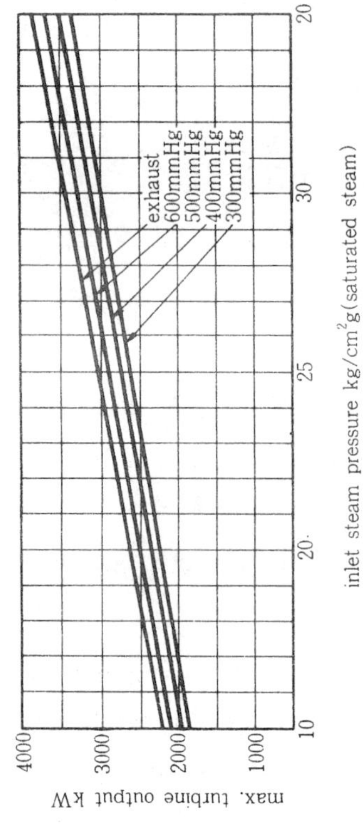
exhaust
600mmHg
500mmHg
400mmHg
300mmHg
max. turbine output kW
inlet steam pressure kg/cm²g(saturated steam)

그림 5·76

② 증기압이나 점도가 높은 경우 : 관련 인자들을 분석하면서 계산을 하여 결정해야 하지만, 일반적으로는 흡입면에서는 1.5~2.0 m/sec를, 그리고 배출면에서는 3.0 m/sec를 기준으로 해서 결정한다.

2) 관의 재질과 두께 : 일반적으로는 STPG 38 E를 사용하는데, 탱크의 내부에는 sch. 80을, 그리고 외부에는 sch. 40을 사용한다.

3) 관의 코팅(coating) :

① 석유 제품유 탱커의 코팅은 순수한 에폭시로 한다.

② 원유 탱커의 코팅은 타르 에폭시로 한다.

③ 그 밖의 경우에는 적재 화물유의 특성에 따라 결정한다.

4) 밸브 :

① 형식 : 나비형 웨이퍼(wafer) (선측용은 플랜지를 사용함)

② 압력의 등급(rating) :

a) 배출면 : 16 kg/cm^2

b) 흡입면 : 10 kg/cm^2

③ 재질(body) : FC와 SC(선측과 매니폴드)

④ 실(seal)의 재질 :

a) 원유 탱커 : NBR

b) 석유 제품유 탱커 : 최적인 재질

⑤ 기타 특수한 화물의 운송시에는, 특히 밸브의 본체와 실(seal)의 재질 선택을 할 때에 주의를 해야만 한다.

(7) 화물유의 잔유 처리 펌프(cargo oil stripping pump)

이것은 탱크의 클리닝 펌프와 겸용으로 사용이 되는 것이 보통이지만, 대부분은 증기식 왕복동형인 펌프가 사용된다. 그러나 보일러의 용량이 적을 때에는 전기 모터식인 쌍스크루 펌프를 사용한다.

1) 용량 이 양은 동시에 작동이 되는 탱크의 클리닝 기계 장치의 총합계의 1.25배가 되어야 한다.

2) 수두 화물유 펌프의 수두와 동일하다.

5.2.9 원유의 세정 장치(Crude oil washing system)

원유(crude oil)를 운송하는 탱커의 화물창 내부, 특히 바닥과 수평 부위에는 원유 속에 함유되어 있는 왁스(wax/asphalt) 성분의 침전물이 남게 된다. 그런데 이 침전물을 제거하기 위해서 과거에는 해수로 탱크의 내부를 세척했었다. 그러나 최근에는 뜨거운 물로 이것을 세척하여 큰 효과를 얻었는데, 세척한 해수를 해상으로 유출시킴에 따라 해상 오염의 직접적인 원인이 되므로, 탱크 내부의 세척을 해수로 하지 않는 대신에 원유로써 수행하는 세정 방법이 개발되었다. 그러므로, MARPOL 73/78 에서는 20,000 DWT 이상인 신조 원유 운반선에 카우 장치(cow system)를 의무적으로 갖추게 하고 있다.

원유는 고압 제트(jet)로서 그 침전물을 용해시킴에 의해 적재시의 상태로 회복시킬 수 있는 특성이 있다. 이 특성을 이용해서, 펌프로 8~12 바(bar)인 압력을 얻은 원유가 세정기(washing machine)의 노즐을 통과함에 의해, 원유가 고압 제트로서 벽면을 분사시키면 침전물이 용해되어 탱크의 바닥에 흘러 내리게 한 후, 잔유 처리 펌프나 이젝터로 제거를 해서 탱크의 내부를 세척한다.

[1] 이 방법의 적용에 따른 장점, 단점

(1) 장 점

① 해상 기름 오염 억제 : 이것은 IMO 의 요구 사항의 근본 동기가 된다.

② 화물유의 정돈에 대한 개선 : 250 K인 탱커에서 원유 카우(cow)를 이행할 경우, 기름의 찌꺼기(residue)가 1000~2000 톤에서 300~500 톤으로 감소되었는데, 정돈(out turn)된 1000 ton의 개선은 약 250,000 USD인 화물을 더 적재할 수가 있다는 사실을 의미한다.

③ 화물유 탱크 내부의 부식이 감소된다.

④ 입거(dry docking)에 의한 시간과 경비가 절감된다.

⑤ 효과적인 세척을 할 수 있다.

(2) 단 점

① 해수에 의한 세정에 비해 초기 투자비가 비싸다.

② 화물유의 하역 시간은 20~50%가 길어진다.

③ 화물유의 하역 시간 중 작업 부하(work load)가 증가한다.

④ 관련 장치의 유지와 보수가 필요하다.

[2] 장치의 분류와 개요

(1) 세정용 기름(washing oil)의 공급 방법에 의한 분류

1) 화물유 주관으로부터의 추출식(bleed off from cargo main) 이것은 그림 5·77 과 같이 별도의 카우 펌프(cow pump)와 관의 설치없이도 화물유 주관을 통해 세정용 기름을 공급하는 방식인데, 장치의 설비는 간단하지만 화물유의 하역 중에 카우를 행할 경우에 화물유의 배출 압력이 카우에 부적절하면[약, 8 바(bar) 미만], 매니폴드 밸브를 조리개(throttling)로서 카우에 적합한 압력이 될 때까지 화물유의 배출 압력을 증가시키게 되

므로, 하역 시간의 연장이 불가피하다.

2) 분리 펌프(separate pump) 그림 5·78과 같이 카우용으로 지정이 된 별도의 펌프와 관이 설치되는 경우로서, 추출 방식에서의 단점을 보완한 것이다.

(2) 세정기의 형식(washing machine type)에 의한 분류

1) 단동 노즐식 세정기(single nozzle machine) 그림 5·79와 같이 분사 노즐이 1개 달린 세정기로서, 세정 패턴(washing pattern)을 사전에 지정할 수 있는 프로그래밍식

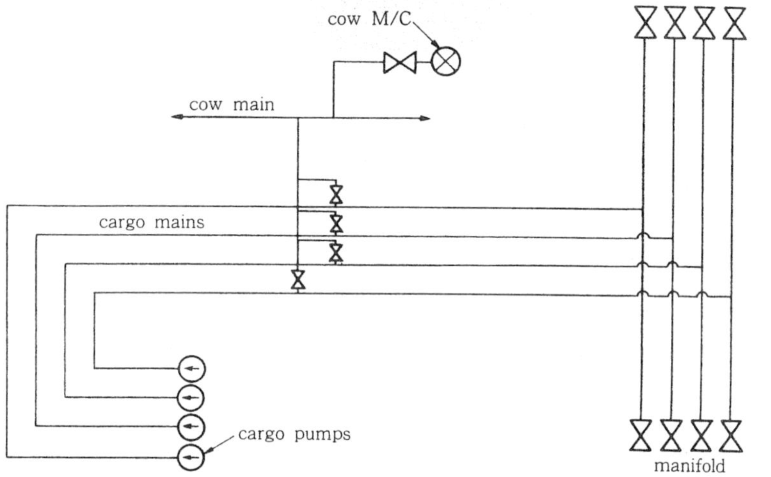

그림 5·77

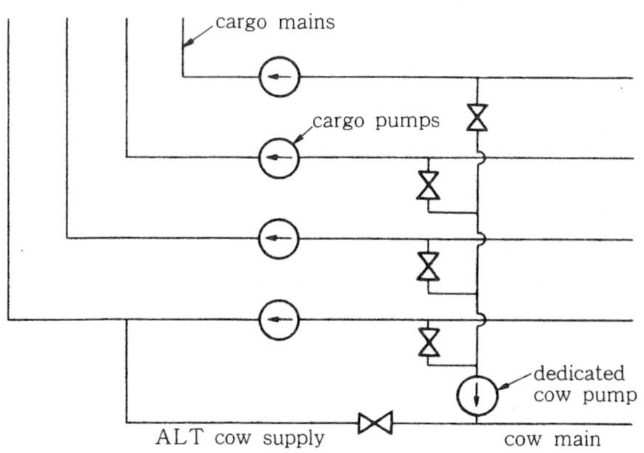

그림 5·78

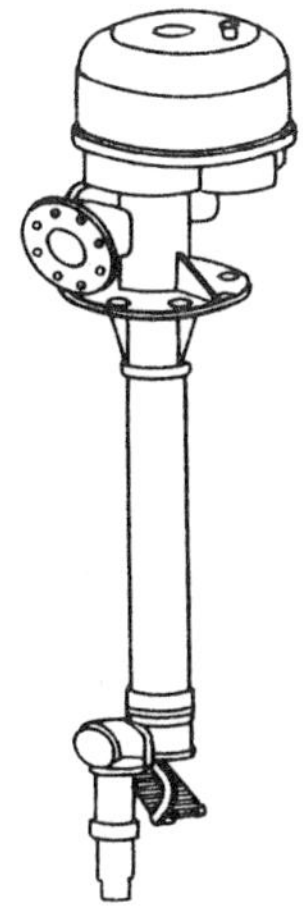

그림 5·79 single nozzle machine

그림 5 · 80 multiple nozzle machine

(programming type)이 많이 사용된다. 즉, 탱크의 정부(top)와 중앙부 및 밑바닥의 세정이 필요에 따라 선택되어 행해진다.

2)다동 노즐식 세정기(multiple nozzle machine) 그림 5 · 80 과 같이 노즐이 2개나 그 이상이 달린 세정기로서 비프로그래밍식 사용이 되는 것이 보통인데, 단동 노즐식에 비해 클리닝의 효과가 떨어지는 단점이 있지만 구조가 단순하여 가볍고, 작동이 단순할 뿐만 아니라 가격이 저렴하다는 장점이 있다.

(3) 카우 절차(cow procedure)에 의한 분류

1) 폐쇄 사이클 장치 그림 5 · 81 과 같이 슬롭 탱크(slop tank)에 저장이 된 일정량의 세정용 기름(washing oil)을 원유 세정기(cow machine)와 잔유 처리용 이젝터(stripping ejector)의 작동용 기름(driving oil)으로 공급하여 세정기로서 세척을 하면서, 탱크의 밑바닥에 고인 기름을 잔유 처리용 이덕터(eductor)로 잔유 처리를 해서 다시 슬롭 탱크에 보내면, 일정량의 원유로서 다른 어떤 한 탱크에 관해 카우를 계속적으로 수행할 수 있게 설계가 된 장치이다.

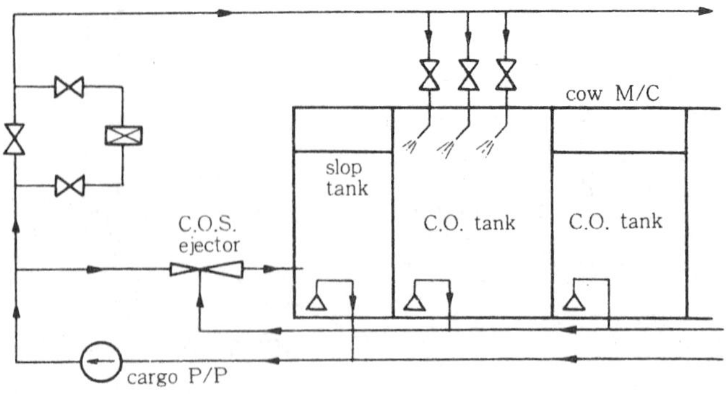

그림 5 · 81

그런데 카우는 마지막으로 행해진 탱크의 밑바닥을 세정할 때 주로 활용이 된다.

2) 반폐쇄 사이클 장치(semi closed cycle system) 그림 5·82 와 같이 폐쇄 사이클 장치와 동일한 배관 장치이지만, 화물유 펌프가 화물유의 하역에 종사함과 동시에 카우를 행하는 경우에 적절한 장치이다.

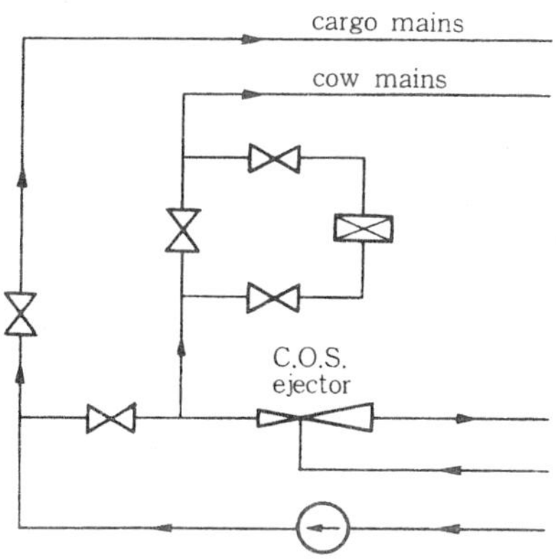

그림 5·82

3) 개방 사이클 장치(open cycle system) 그림 5·83 과 같이 카우용으로 지정된 독립적인 펌프 2대가 설치되는 경우에 적절한 장치로서, 펌프 1대는 세정용 기름의 공급용으로 사용되고, 다른 한 대는 잔유 처리용으로 사용되기 때문에, 화물유 장치와는 완전 독립이 된 카우 장치의 기능을 가질 수 있다.

[3] 카우 장치의 설계(cow system design)

IMO의 요구사항에 부합되면서 효과적인 카우 장치를 설계할 때에, 중요한 몇 가지 점을 소개하면 다음과 같다.

(1) 세정기(washing machine)의 개수/음영 도표(shadow diagram)

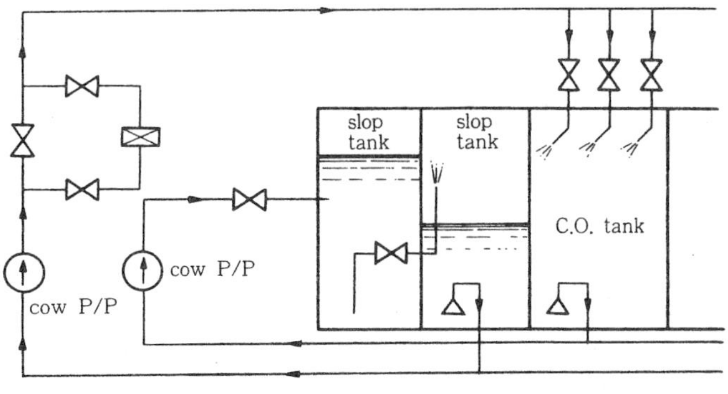

그림 5·83

IMO의 시방서에 의해 세정기의 개수와 위치는 탱크의 내부 구조를 고려해서 세정이 되지 않는 부위, 즉 세정기의 노즐로부터 제트가 직접적으로 영향을 미치지 않는 부위(shadow area)를 수평 부위의 경우 10%, 그리고 수직 부위의 경우에는 15%를 초과하지 않게 정해야만 한다.

음영 부위는 그림 5·84와 같이 음영의 분석(shadow analysis)으로 결정하는데, 큰 구성 부재(large structural member)만을 분석에 포함시킨다.

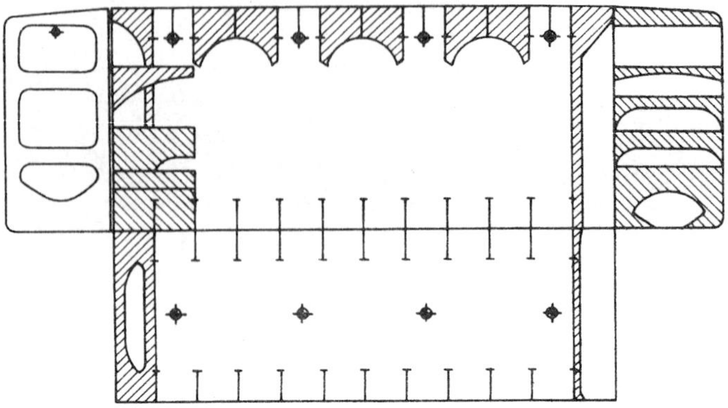

그림 5·84

(2) 배수(draining)

원유 세정기로 고도의 제트에 의해 용해가 된 기름이 선저의 흡입용 벨 마우스(bell mouth) 주위로 배수가 되게, 선각 부재에다 충분한 크기인 드레인 구멍(drain hole)을 설치함으로써 카우 장치가 효과적으로 배수되도록 한다. 특히, 종통재(stringer) 구조와 선저 부위의 횡방향 부재에서도 드레인 구멍을 뚫을 경우에는 신경을 써야 한다.

(3) 카우의 주계통의 지름(cow main line diameter)

현측 탱크 (wing tank) 2개가 동시에 카우를 한다는 가정하에서 정해지는 것이 보통인데, 카우의 주계통도의 유속은 4~5 m/sec를 기준으로 하고 있다.

(4) 잔유 처리 장치(stripping system)

효과적인 선저의 세정을 위해서는 잔유 처리 용량이 중요하다. IMO에서는 동시에 카우를 행할 때, 카우 세정기들의 용량 합계에 대해 1.25배에 해당하는 잔유 처리의 용량을 요구하고 있다.

[4] 장치의 운전(system operation)의 관점

카우 장치의 설계가 완벽하더라도 운전이 만족스럽지 않으면, 최적의 세척 효과를 얻을 수 없다.

(1) 카우의 계획(cow planing)과 선원의 자질

IMO 의 시방서에서는 카우의 운전을 책임지는 선원에 대한 자격을 명시해 두고 있는데, 카우의 임무를 행할 수 있으면서 유조선의 승선 경험이 1년 이상 경력이 있든가, IMO 에서 규정하고 있는 카우에 관한 훈련 과정을 수료한 사람이어야 한다.

(2) 프로그래밍(programming)/운전(operation)

비프로그래밍 세정기인 경우에는 세정 패턴이 1단(single stage)이지만, 프로그래밍 세정기인 경우에는 세정 패턴이 카우 조건에 따라 어떻게 프로그래밍이 되느냐가 카우 시간과 작업 부하에 영향을 미친다. 즉, 화물유의 하역 중에 카우를 할 경우에는, 2단이나 3단으로 프로그램을 짜서 카우를 함으로써 시간을 절약할 수 있는데, 항해 중 카우를 할 경우 1단으로 하면 작업 부하(load)를 절약할 수 있다.

[5] 카우의 운전과 의장에 대한 사용법(cow operations and equipment manual)

IMO 에서는 카우 장치가 설비된 유조선에 이것의 사용법을 비치하고, 사용법에 명시되어야 하는 최소한의 내용들을 규정해 놓았는데, 그 내용들은 다음과 같다. 그리고 이 사용법은 선박이 인도되기 전에 조선소에서 작성해서 해당 관청으로부터 예비 승인을 받아야 하고, 선박 인도가 된 후에는 실제의 항해 조건에서 해당 관청 검사관의 입회하에 사용법이 만족스럽게 실시되면, 그 결과값을 사용법에 기입해서 최종 승인을 받도록 되어 있다.

(1) 개정 시방서의 본문(text of the revised specification)

IMO 의 결의(resolution)인 A 497(XII)은 카우 장치에 대한 설계와 운전 및 조종에 대한 IMO 의 시방서가 명시되어 있다.

(2) 카우 장치의 관련 도면(cow system drawing)

① 화물유/카우관 장치도

② S.B.T 의 구획도

③ 수동 디핑(dipping)과 액면계의 용액 구명의 배치도

④ 불활성 가스의 장치도

⑤ 밸러스트관 장치도

⑥ 탱크의 클리닝기의 배치도

(3) 카우 장치와 장비에 대한 설명

① 카우와 관련 장치에 대한 일반적인 설명

② 탱크의 클리닝기의 형식과 시방

③ 탱크의 클리닝기의 검사 방법

④ 카우의 최소 압력

⑤ 화물유 탱크 내부의 최대 O_2의 양

⑥ 탱크의 세정기의 사용 사이클의 기간

(4) 기름의 누출에 대한 방지책과 대책

사고에 의한 기름 누출시의 해양 오염을 막기 위한 방지책과 처리방식 등이 명시되어 있다.

(5) 불활성 가스의 사용법과 조절법

카우를 실시하고 있는 중, 불활성 가스의 사용법과 O_2의 함량 측정법 등이 명시되어야 한다.

(6) 정전기(electrostatic)의 위험에 대한 예방책

이것은 건원유(dry crude oil)의 사용법을 명시하고 있다.

(7) 직원들의 요구 사항(personnel requirement)

이것은 카우에 종사하는 선원의 자격을 명시한다.

(8) 연락(communication) 방법

여기서는 갑판상에서 카우에 종사하는 사람과 화물유 제어실에서 펌프와 원격 제어 밸브를 조작하는 사람들 사이의 연락 방법에 대해 명시하고 있다.

(9) 카우에 부적절한 원유

카우를 실시할 경우 카우용 원유에 관해 명시하고 있다.

(10) 카우 장치의 검사표

여기서는 카우 장치의 준비 단계에서 수행 중과 수행 후에 장치에 대한 검사표를 명시하게 된다.

(11) 카우장치에 대한 승인 방법과 프로그램

① 동시에 카우를 수행할 때 최소한의 탱크의 수

② 각 탱크의 세정 방법, 즉 1단식이나 다단식

③ 동시에 작동이 되는 세정기의 대수

④ 카우의 압력과 압력을 유지하는 방법

⑤ 카우의 수행 시간

⑥ 탱크의 세정 순서

⑦ 세정의 완료 단계와 배수 단계에서의 최소 트림

⑧ 배수와 잔유 처리의 시작 단계

(12) 특유의 원유의 세정 장치(typical crude oil washing system)

여기서는 (11)에 언급이 된 승인 방법과 프로그램으로서, 실제로 카우가 수행되는 과

정들 중 한 경우의 예를 들어서 설명하고 있다. 보통 화물유의 하역시 카우를 행하는 경우, 항해 중 카우를 행하는 경우와 단등급(single grade)인 화물을 적재한 경우 및 다등급(multi grade)인 화물을 적재한 경우에 관해 4~5개의 특유한 예를 들어 프로그램을 작성해 둔다.

(13) 화물유 탱크의 배수 방법

여기서는 화물유 탱크의 배수 방법과 선저의 건조 조건을 확인하는 방법 및 배수시의 최소한의 트림 등을 명시하고 있다.

(14) 화물유 펌프와 계통도의 배수 방법과 절차

여기서는 화물유 탱크에서 배수를 한 후, 화물유 펌프와 관련 계통으로 배수를 시키는 방법에 대해 명시를 하고 있다.

(15) 밸러스팅에 대한 특유한 과정과 탄화 수소 가스의 방출 방지법

여기서는 밸러스팅의 일반적인 경우를 제외한 특수한 밸러스팅의 과정을 명시하면서 인명에 영향을 주는 탄화수소 가스의 발생시 이것의 방출에 대한 대책을 기술하고 있다.

(16) Marpol 73/78 Annex I. REG. 9에 관한 적합 절차

여기서는 동서거(東西距) 밸러스트(departure ballast)의 배출법, 항해 중 슬롭 탱크의 동서거 밸러스트의 배출법과, 항해 중 슬롭 탱크의 이수(decanting) 방법 및 탱크의 계통도에 대한 물세정의 절차 등을 명시하고 있다.

(17) 카우의 장비 검사와 보수

여기서는 카우 장치의 관련 장비에 관한 선내(on-board)의 검사 방법과 기간 및 보수 방법에 관해 명시를 하고 있다.

5.2.10 화물유 탱크의 벤트 장치(Cargo tank vent system)

이것은 수증기의 압력이 대기압 이하이면서, 인화점이 60℃ 이하인 석유 제품유(petroleum products)와 원유 및 화학 제품인 액체를 운반하는 탱커나, 혼합 화물 운반선(combination carriers)에 다음과 같은 이유로 인해 설치가 된다.

① 항해 중 화물유 탱크 내부의 열변화(온도 변화)에 의해서 발생되는 과도한 압력이나 수증기를 방지하기 위하여

② 화물유의 적재/하역이나 밸러스팅시에 발생하는 과도한 압력, 또는 진공을 방지하기 위하여

③ 가스 프링용으로

[1] 화물유 탱크의 통풍(ventilation)

(1) 정 의

① 고속 통기 밸브(high velocity vent valve) : 화물유 탱크 내부의 압력을 미리 정한 제한 범위 이내에서 유지하도록 설계가 된 밸브로서, 30 m/sec 이상인 속도로 수직 상방으로 배출이 가능한 밸브이다.

② 압력 진공 안전 밸브(pressure vacuum relief valve) : 화물유 탱크 내부의 압력을 미리 정한 제한 범위 이내에서 유지하도록 설계가 된 밸브이다.

③ 불꽃막이(flame arrester) : 화염의 침입을 방지하는 기구이다.

④ 화염 방지막(flame screen) : 제한되지 않은 화염의 침입을 방지하기 위한 와이어망(wire mesh)인 기구이다.

화염 방지망은 진공 흡입과 가스 프링(freeing)용으로 사용되는 화물유 탱크 구역의 모든 입구에 설치되어야 하는데, 기계적인 손상을 입지 않는 형이어야 한다.

[2] 통기 장치(vent system)의 기능

이 장치는 화물유 탱크 내부 압력(pressure of vacuum)이 설계가 된 탱크의 압력을 초과하지 않도록 하는 역할을 하면서, 다음과 같은 중요한 기능을 갖는다.

(1) 브리딩(breathing)의 기능

① 항해 중 화물유 탱크 내부의 열팽창(온도 변화) 때문에 소량의 수증기와 공기 및 불활성 가스의 혼합 가스가 P/V와 밸브를 통과하여 출입하는 기능을 말한다.

② 열브리딩 계통도(thermal breathing line) : 이것은 시간당 약 2℃ 정도인 온도 변화를 한다고 가정하더라도 큰 무리가 없는데, 가열 코일이 있는 탱크는 시간당 상승 온도를 고려해야만 한다. 그러므로, $\frac{PV}{T}=\frac{T_1V_1}{T_1}$ 식으로부터 $P=P_1$, $\frac{V}{T}=\frac{V_1}{T_1}$ 이 되고, $V_1=(V+\varDelta V)$이므로, $\frac{V}{T}=\frac{(V+\varDelta V)}{T_1}$ 와 $\frac{V}{273}=\frac{(V+\varDelta V)}{273+t℃}$ 에서 $(V+\varDelta V)=\frac{V(273+t℃)}{273}$ 가 되어 $\varDelta V=\frac{V(273+\varDelta t℃)}{273}-V=V\left(\frac{\varDelta t℃}{273}\right)$ m^3/hr이 된다.

그래서 상기의 가스가 충분히 배출/흡입이 될 수 있는 양인 P/V와 밸브의 크기는 제작자와 협의를 해서 결정해야만 한다.

(2) 통기(venting)의 기능

화물유의 적재와 하역시나 밸러스팅시에 창구 덮개가 닫힌 상태에서도 대용량의 수증기와 공기 및 불활성 가스 등의 혼합 가스가, 진공 안전 밸브를 통과하면서 출입하는 기능을 갖는다.

[3] 통기 장치(venting system)의 종류

(1) 개방 탱크식 통기 장치(open tank venting)

이것은 인화점이 60℃ 이상이면서 질식성이 없는 화물에만 적용되는데, 작동시에는 화물유 탱크 내부와 외부에서의 마찰 손실이나 화염 방지망에 의한 마찰 저항을 제외하고는 화물류의 수증기의 자유로운 흐름을 허용하는 장치이다.

(2) 제어 탱크식 통기 장치(controlled tank venting)

이것은 탱크 내의 압력을 조절하기 위해 진공 안전 밸브나 고속 통기가 설치된 장치로서, 통상 탱커에 적용된다. 그리고 이 장치는 각 탱크로부터 개별적인 통기로 구성되거나, 화물유의 분리를 고려해서 압력면은 하나의 일반적인 관모음(common header) 또는 몇 개의 관모음에 연결된다.

[4] 통상적인 탱크 환경의 조정 순서(sequence)

이것에 관해서는 그림 5·85 에 표시해 두었다.

[5] 전형적인 배치(typical arrangement)

(1) 탱크의 통기용과 불활성 가스의 분배용 배관 배치

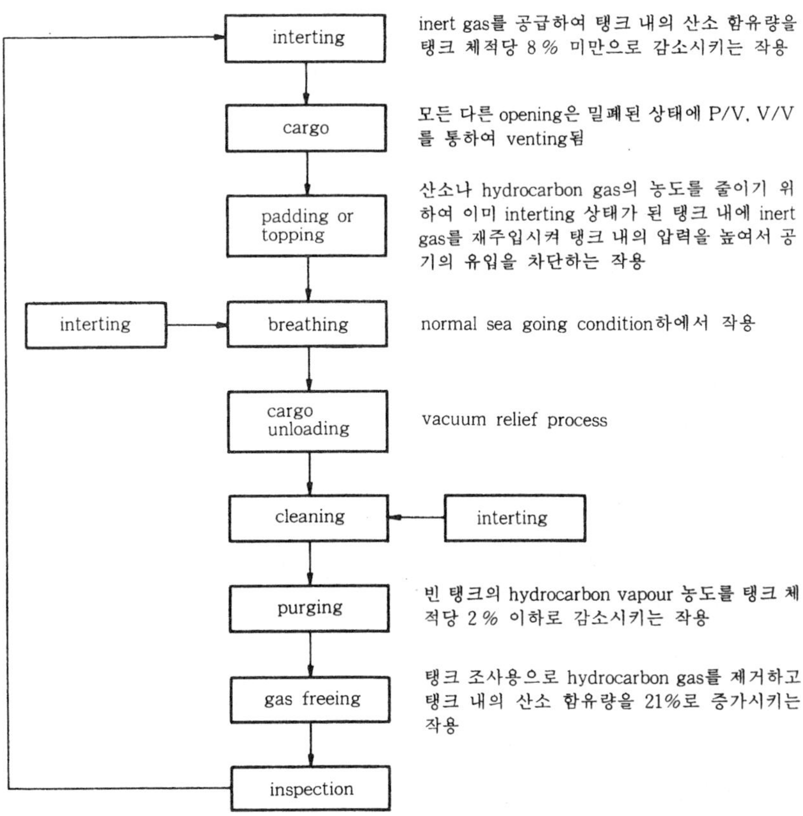

그림 5·85

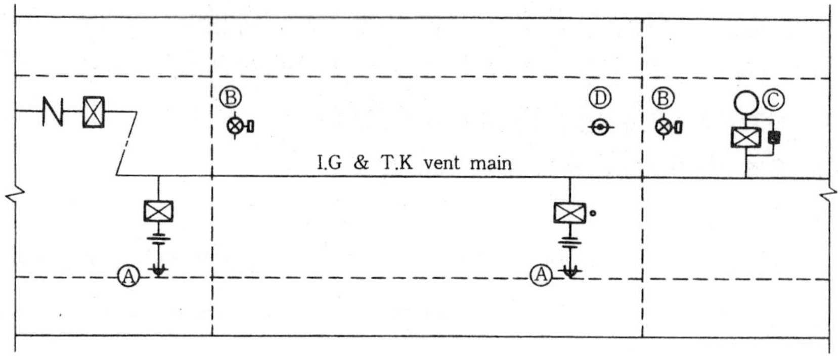

그림 5 · 86

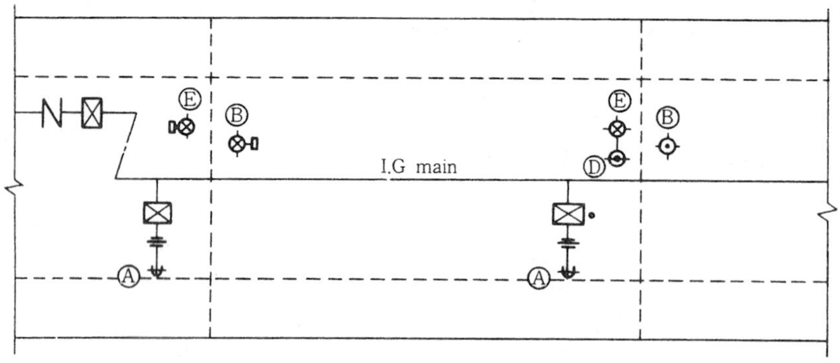

그림 5 · 87

1) 불활성 가스의 배관과 결합된 탱크의 통기 장치　이 장치는 그림 5 · 86 또는 그림 5 · 87 과 같이 다음과 같은 속구로서 구성된다.

① 탱크에서의 분기 연결구

② 불활성 가스와 연관된 정화 장소(purge stand)

③ 탱크의 통기용 라이저(riser)

④ 불활성 가스 장치용 압력/진공 브레이커(breaker)

2) 전용량식의 통기의 3 차적인 방법용

3) 불활성 가스의 배관으로 분리된 통기 장치　이 장치는 그림 5 · 88 과 같이 다음과 같은 속구들로서 구성된다.

①~④ 1)에 관한 내용과 같음

⑤ 전용량식의 통기의 2 차적인 방법

⑥ 탱크 내의 열변화용 브리더 밸브

⑦ 밸브용 로킹 장치(locking device)

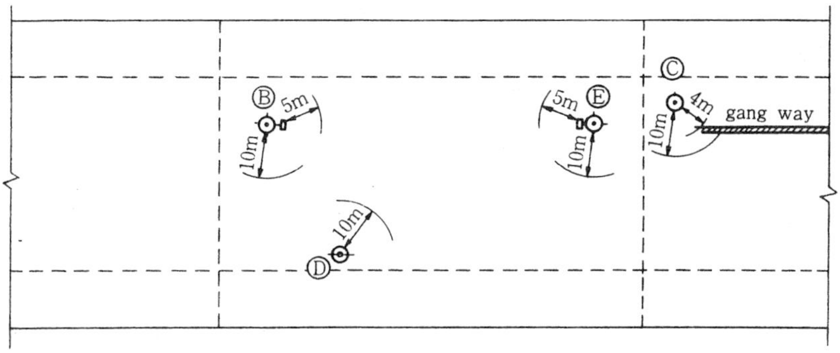

그림 5 · 88

(2) 통기와 정화 장소 및 의장의 배치에 대한 제한

① 각각의 거리/속도는 최소의 요구 사항을 표시한다.

② 가스의 배출 개구와 점화원(ignition source)간에 요구된 최소의 수평 거리가 계획 방법상의 4 m를 제외한 5 m/10 m로 한다.

③ 2 m/6 m는 그림 5 · 89 와 같이 수평 거리가 4 m인 범위 내에서, 가스 배출 개구 또는 갑판이나 현문(gang way)간에서 최소의 높이이다.

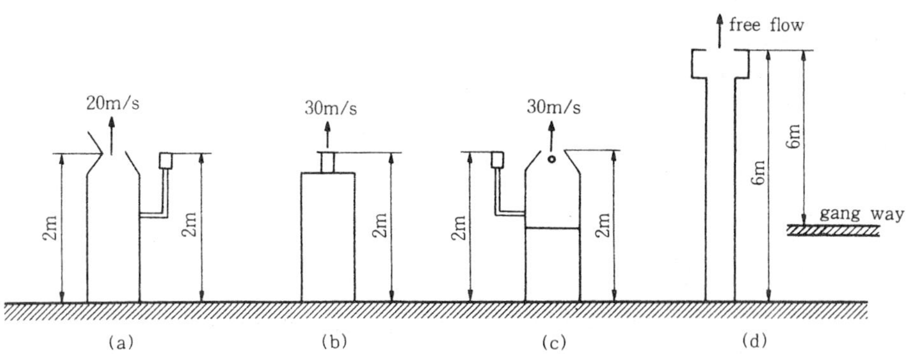

그림 5 · 89 상갑판의 측면도

5.2.11 화물유의 감시 장비(Cargo monitering equipment)

탱커로 운반되는 화물들이 액체라는 특수성 때문에 탱커에는 화물유의 적재, 이동과 보관 및 하역 상태를 측정과 감시할 수 있는 화물유의 감시 장비들이 설치된다. 이 장비는 운반 화물유의 종류에 따라 매우 다양하게 구성되는데, 선박의 자동화/무인화에도 이것이 매우 중요한 역할을 하게 된다.

특히, 종류의 다양성에 따라 선급에서 요구하는 형태는 여러 가지로 한정되기 때문에, 장치를 결정하기 이전에 화물유의 리스트를 검토하여 취급할 화물들에 적합한 형태의 장치를 선택하는 것이 필수적이라 하겠다.

화물유의 감시를 위한 장비로는 다음과 같은 장치들이 있다.

[1] 용어의 정의

1) 화물유의 감시 장비　화물유의 적재, 이동과 보관 및 하역 상태를 측정과 더불어 감시를 한다.

2) 화물유의 액면 측정 장치　화물유 탱크 내에 있는 화물유의 양을 측정한다.

3) 화물유의 온도 측정 장치　화물유 탱크 내에 있는 화물유의 온도를 측정한다.

4) 화물유의 계통도의 압력 측정 장치　화물유가 이동 중인 계통도의 압력을 측정한다.

5) 넘침의 제어 장치　탱크 내의 화물유 액면을 감지해서 허용 액면 이상일 경우 경보를 울린다.

6) 고(high)/고고(high-high) 액면 경보 장치　넘침의 경보 장치와 동일한 역할을 한다.

[2] 화물유의 액면 측정 장치(cargo level gauging system)

(1) 화물유의 액면 측정 장치의 개요

이 장치는 화물유가 적재된 탱크의 깊이를 측정함에 의해, 필요한 정보를 얻어서 화물유의 적재량이나 탱크의 잔여 용량을 계측한다. 사용하는 탱크의 개폐 상태에 따라 개방형(open type), 제한형(restricted type)과 폐쇄형(closed type) 및 간접형(indirect type)으로 분류되고, 기계 작동 상태에 따라 부유형(float type)과 레이더형(radar type) 및 센서형(sensor type)으로 구분할 수 있다. 그런데 상기의 구별 방법들 중 장치의 사용시 탱크의 개폐 상태에 따른 구분은, 선급 규정의 요구를 만족시킬 수 있는가 없는가의 내용과 관련이 깊으므로, 이것에 관한 고찰은 필수적이다.

(2) 선급 규정에서 요구하는 탱크의 액면 계측 장치(level gauging system)

탱크의 개폐 상태는 화물유의 안전도에 따라서 매우 중요한 변수가 될 수 있다. 즉, 가연성 가스나 유독 가스(toxic gas)의 분출이 용이한 탱크에 개방형(open type)이 설치되었을 때, 액면(level) 측정 중 화재의 위험과 인체에 치명적인 손상을 주는 유독성으로, 선박에 심각한 손상을 입힐 수 있다.

따라서, 규정에서 요구하는 액면 측정 장치는 다음과 같이 대별할 수 있다.

1) 개방형(open type)　탱크 위의 개구를 사용해서 액면을 측정하는 방법으로서, 가연성 가스나 유독성 가스의 배출이 없는 화물유의 탱크에만 사용할 수가 있는데, 이 방법의 예는 얼리지용 개구(ullage opening)나 수면계용 창구(gauge hatch) 등이 있다.

2) 제한형(restricted type)　사용 중 제한된 양의 화물유의 기체나 액체의 방출이 허용

되는 화물유용으로서, 탱크를 관통한 장비가 사용되지 않을 때에는 완전히 잠구어 놓을 수가 있는데, 그 종류에는 회전용관(rotary tube), 고정용관(fixed tube)과 슬립관(slip tube) 및 측심관(sounding pipe) 등이 있다.

3) 폐쇄형(closed type) 탱크를 관통한 장비가 완전하게 대기로부터 봉인이 된 것으로서, 사이트 글라스(sight glass)와 압력 셀(pressure cell) 및 부유식(float-type)과 전자식(electronic)이나 자기 프로브형(magnetic probe type) 등이 여기에 속한다.

4) 간접형(indirect type) 탱크를 관통시키지 않는 장비로서, 간접적인 측정법을 사용해서 화물유의 총량을 측정하는 방법인데, 화물유의 가중형(weighting)과 관의 유량계형 등이 여기에 속한다. 그리고 선급 규정에 의하면, 이것은 상기 방법들 중 화물유의 특성에 따라 선택될 수가 있는데, 최소 등급(minimum grade)은 선급의 규칙상에 명시가 되어 있다(IBC 기준의 화물유의 리스트와 선급 규칙의 화물유 리스트 참조).

반면에, 일반적으로 폐쇄형 측정 기기가 탱크상에 직접적으로 설치되어 있지 않으면, 탱크에 가능한 접근을 시켜 차단 밸브를 설치해야 하고, 불활성 가스 탱크들은 폐쇄형이 요구되고 있으며, 실제적으로 탱커에서 사용을 할 수 있는 형은 폐쇄형으로서, 현재까지도 모든 탱커에 사용되고 있다.

(3) 기계작용에 의한 형의 구분

폐쇄형 액면 측정기에는 i) 레이더형 액면 측정 장치, ii) 부유형 액면 측정 장치, iii) 센서형 액면 측정 장치와 같은 종류가 있다.

1) 레이더형 액면 측정 장치

① 구성도 : 이 장치는 그림 5·90과 같이 TX와 TCM 및 PU로 구성되고, 이들 장비들은 액면의 측정과 전기 신호로의 변환 및 컴퓨터 프로세싱(computer processing)에 의한 보정(compensation)의 기능을 수행함은 물론 기타 장비들은 출력을 읽을 수 있는 장

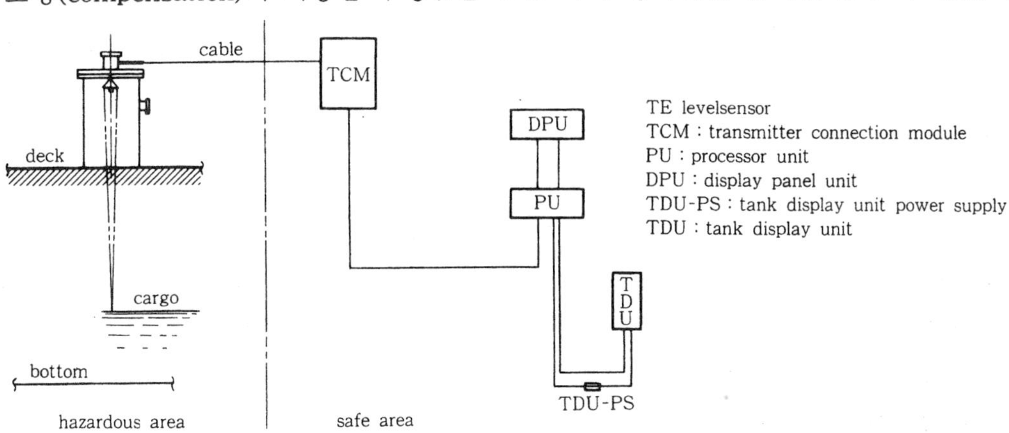

그림 5·90

비들인데, DPU · TDU · 컬러 모니터(color monitor)와 국부적인 읽기 유닛(local read out unit) 및 이동식 읽기 유닛(portable read out unit) 등으로 구성된다. 이들은 건조 시방서에 따라 선택을 해서 구매할 수 있다.

이 때 제작사에서 DPU는 필수적으로 제작을 하지만, 그 밖의 읽기 유닛은 조선소의 요구에 따라 공급된다.

② 레이더형 탱크의 액면 측정 장치의 설계시의 주의 사항 : 이 장치의 설계시에는 다음과 같은 사항에 유의해야만 한다.

a) 송신기 상자(transmitter box)와 액면 센서(level sensor)의 공급 범위를 확인한다.

b) 액면 센서(level sensor)와 연결되는 케이블 보호용 유연성 호스(flexible hose)의 제작자를 확인한다.

c) 케이블의 연결 방향과 탱크의 클리닝 창구의 방향 배치시, 파도에 의해 손상을 입지 않도록 주의해야 한다(제작자의 추천을 확인함).

d) 레이더의 빔(radar beam)의 진행 방향에서 진행을 간섭할 수 있는 물체가 없어야 한다(통로용 사다리와 관 및 선각 부재 등).

e) 진행시에 간섭 물체를 피할 수 없는 경우에는, 제작자의 추천에 따라 반사판(reflection plate)을 설치한다.

f) 컴퓨터 프로그램을 위한 참고 자료의 송부시, 참고 액면의 값에 주의해야만 한다.

g) 위험 구역(hazardous area)에 설치된 모든 전기 장비는 고유의 안전형(intrinsically safe type : EXI cert.형)이 사용되어야 하고, 이와 관련된 모든 장비는 제작자가 공급할 수 있도록 조치를 취해야만 한다.

h) 넘침의 제어(overflow control)는 액면의 경보(level alarm)와 관련된 사항이 있으면, 이 기준서의 넘침의 제어 부문에 따라 검사를 해야 한다.

2) 부유형 액면 측정 장치　이 장치는 화물유의 액면을 안내선(guide wire)이나 안내용 바(guide bar)를 따라 움직이는 부구(float ball)로서 측정하는 방법인데, 와이어식 부유형(wire float type)과 자기식 부유형(magnetic float type)이 있다.

① 와이어식 부유형의 구성 : 이 형은 그림 5 · 91과 같이 스프링이나 공기의 균형으로 부유물이 유면 위에 머물 때에 액면을 측정하는 방법인데, 대표적인 제작사로는 NAKAKITA(Japan)와 TOKYO KEISO(Japan) 등이 있다.

② 자기식 부유형 : 이 형은 자기식 바와 부구의 접촉 지점에서 발생되는 시그널(signal)을 이용해서 액면을 측정하는 방법인데, 대표적인 제작사로는 GEMS와 TOKYO KEISO가 있다.

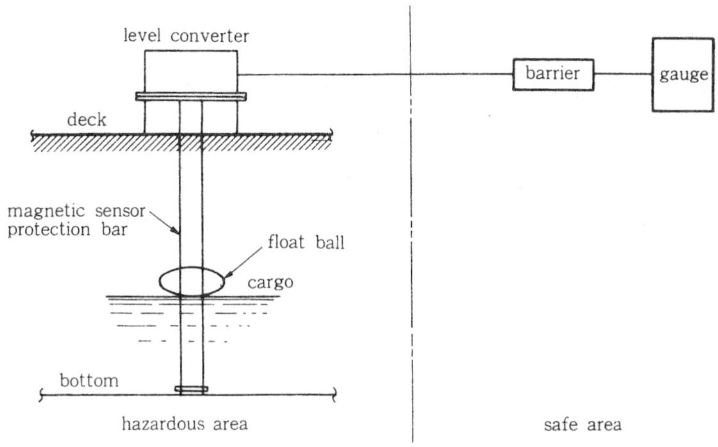

그림 5·91

③ 센서형 액면 측정 장치 : 이 형은 탱크 내에 액면용 센서를 설치해서 액면을 측정하는 방법으로서, 주로 탱크의 압력에 의한 전기적인 시그널에 의해 액면을 측정한다. 이 장치에는 Skapenord 사의 화물유 감시 장치와 Metritape 사의 센싱 테이프(sensing tape) 등이 있다. 센서형에서는 센서가 열에 매우 약하므로, 가열 코일이나 기타 열원으로부터 격리가 되어야 하는 것은 필수적인데, 이 때 제작사에서는 최소한 500 mm인 거리를 떨어지게 하는 것을 요구하고 있다.

[3] 화물유의 온도 측정 장치(cargo temperature gauging system)

이 장치는 화학 제품 탱커에 대한 선급의 요구에 의해 필수적으로 설치되어야 하지만, 유조선에서는 이 사실은 강제 규정이 아니다. 반면에, 폐쇄형 액면 측정 장치가 설치되는 탱크는 온도용 센서를 추가로 설치하여 간단히 온도를 측정하기 때문에, 대부분의 탱커에서는 선주의 요구에 따라 온도 측정 장치가 설치되고 있다. 온도의 측정은 통상 탱크 내에 설치가 된 2개 내지 3개의 온도용 센서로 이루어지는데, 보통은 탱크의 액면 측정기와 연결된 시그널을 사용한다.

따라서, 화물유의 온도 측정을 위한 방법에서 제작사의 선택은 필요치 않고, 액면 측정 장치의 구매시 온도 측정 장치의 유무만을 표기해야만 한다. 설치상의 주의 사항은 온도 센서의 근접한 곳에 가열 코일을 설치해서는 안 된다.

[4] 넘침의 제어 장치

이 장치는 탱크 내에 화물유의 적재시 넘침을 방지하기 위해 설치되는 것으로서, i) 고고(high-high)나 고(high) 액면의 경보 장치를 준비하는 방법과 ii) 액면의 경보 장치와 화물유의 적재 계통도상에 설치된 신속 폐쇄 밸브(quick-closing valve)의 원격 운전이 가능하도록 하는 방법이 있다. 이들 장치는 선급 규정에서 요구되는 것으로서, 화학 제품유 탱커의 화물창에 설치되는 독립적인 장치도 허락된다. 그리고 이들 장치가 설치된 탱크는 선급의 일반적인 요구들 중 "넘침이 고려되지 않은 탱크의 공기용 통기 계통도의 크기가 주입 계통도의 크기의 1.25배 되어야 한다"는 내용에 적용받지 않지만, 화물유 탱크의 적재시 배출되는 공기의 마찰 손실을 고려해서 통기 계통도의 크기가 결정된다. 이 장치의 설치는 화물의 종류에 따라 적용되는 요구 사항이 선급 규정에 의해 정해지는데, 그 내용은 다음과 같다.

(1) 유조선에서의 넘침 제어 장치

유조선에서는 이 장치로 고액면 경보 장치를 설치해도 목적 달성이 가능하다. 그리고 유조선에 한해서 고액면 경보 장치가 탱크의 액면 측정 장치에 종속적으로 설치하는 것이 인정되는데, 이 때 장치의 고장에 대한 자동 감시가 가능하도록 준비되어야만 한다. 따라서, 유조선의 고액면 경보 장치가 탱크의 액면 측정 장치와 조합이 된 경우, 제작사를 결정하기 전에 선급으로부터 승인이 된 형인지를 확인해야만 한다.

(2) 화학 제품유 탱커의 넘침 제어 장치

화물유의 넘침의 제어는 액체의 종류에 따라 다른데, 이것은 선급 규정책의 화물유의 리스트 속에 명시되어 있다. 즉, F1과 F2로 구분이 되는 화학 제품유 탱커의 넘침 제어는 두 가지가 있다.

① F1형 : 고액면 경보 장치만 설치가 되는 경우

② F2형 : 고액면 경보 장치와 화물유의 적재 계통도에 원격 운전이 가능한 신속 폐쇄 밸브를 설치하는 방법

그리고 F1형이나 F2형은 공히 독립형 고액면 경보 장치로 요구되는데, 선급이 승인한 형을 사용해야 한다. 또, F2형에 설치가 되는 밸브의 작동 시간은 다음 식과 같은 요구 사항을 만족해야만 한다.

$$\text{작동 시간}: \frac{3600\,U}{LR}$$

여기서 U : 작동 액면에서 얼리지 용적(m^3),

LR : 선박과 육상의 설비들간에 일치되는 최대 적재율(m^3/h)

경보 장치의 위치(alarm level)에 관해서 선주의 특별한 요구가 있을 경우에는 선주의 요구에 따르고, 특별한 요구가 없는 경우에는 고액면 경보 장치가 탱크의 용적의 95%, 그리고 고고 액면 경보 장치는 탱크 용적의 98% 되는 곳에 설치하는 것이 보통이다.

[5] 이동식 화물유의 감시 장치

(1) 개 요

이것은 탱크 위에 설치된 제한형 측심의 포스트를 통해, 화물유 탱크 내의 액면 측정, 기름/물의 접촉면의 탐지, 화물유의 샘플링(sampling) 및 수동 디핑(dipping)과 가스의 샘플링에 대한 온도 측정 등을 수행할 수 있는 장치들을 일컫는다. 이 장치들을 설치해야만 하는 규정은 유조선과 화학 제품유 탱커에서도 많은 차이가 있다. 유조선인 경우, IMO의 카우와 관련이 된 개선 시방서에는 탱크의 수동 디핑이 수증기의 방출을 차단할 수 있는 수증기용 제어 밸브를 갖는 장치에서만 가능하고, 그 밖의 다른 세 위치로부터 측정도 가능해야 한다는 요구와, 선급 규정에서 기름과 물의 접촉면에 대한 탐지기 설치를 요구함에 따라 이것을 설치해야 한다. 그리고 화학 제품유에서는 탱커의 슬롭 탱크의 기름과 물의 접촉면에 대한 탐지 장비가 설치되어야만 한다. 따라서, 유조선은 전화물유 탱크와 슬롭 탱크에 이 장치의 포스트(post)를 설치하는데, 화학 제품유 탱커에서는 슬롭에만 이 장치의 포스트를 설치한다.

(2) 이동식 화물유의 감시 장치의 구성

1) 갑판상의 프로비전(provision) 이동식 감시 장치를 사용하기 위해서는 화물류 탱크의 갑판상에 포스트가 설치되어야 한다. 그리고 포스트의 종류에는 그림 5·92와 같이 크게 두 가지로 구분이 되는데, 하나는 수증기용 제어 밸브를 갖는 포스트이고, 다른 하나는 수증기용 제어 밸브없이 폐쇄 캡(cap)을 갖고 있는 포스트이다. 통상, 이들 포스트는 규정의 요구에 따라 각 탱크당 수증기용 제어 밸브가 있는 1개의 포스트와 폐쇄 캡을 갖는 2개의 포스트로 구성된다.

규정상에는 수증기용 제어 밸브를 갖는 한 지점과 다른 세 지점을 요구하고 있는데, 정상적인 통로용 창구를 한 지점으로 간주하면서 추가로 2지점에 폐쇄 캡형 포스트가 설치된다. 그리고 그림 5·92에는 이들의 형상을 표시하고 있다.

그림에서 알 수 있는 바와 같이 견고한 디핑(dipping) 포스트는 이동식 탱크의 클리닝

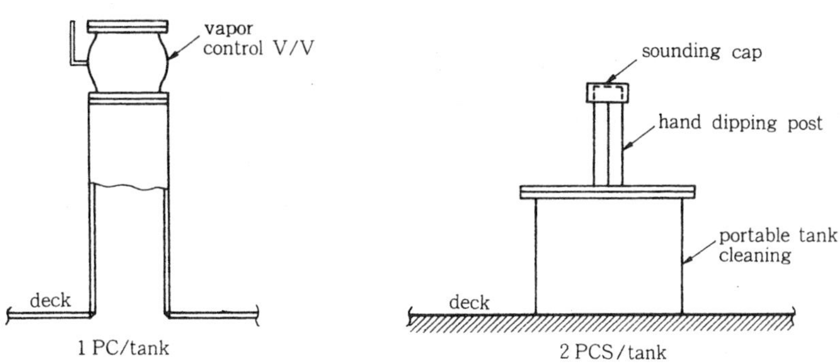

그림 5·92

의 창구 덮개상에 설치를 하는데, 이런 경우에는 다음과 같은 이점이 있다.

① 창구 덮개상에 설치가 되므로, 갑판상에 구멍(hole)에 대한 시공을 할 필요가 없으면서 포스트에 대한 용접 작업의 조건이 양호하다.

② 창구의 설치시, 갑판으로부터 선저까지에는 깨끗한 구역이 확보되어 있으므로, 장치를 사용할 때 방해를 받지 않는다.

③ 창구의 주위는 보수용 구역이 충분하게 확보되기 때문에, 추후 주갑판상에서의 측정이 용이하다.

2) 이동식 화물유의 감시를 위한 기본 장치　현재 이 장치를 공급하고 있는 제작사로는 MMC, Tank System, Bestobell Mobrey와 SANYO KIKAY 및 RIEKEN KEIKI 등이 있는데, 주로 MMC(Japan)와 Tank System(Swiss)의 제품들이 사용되고 있다. 그래서 MMC의 장치를 기준으로 해서 이 장치를 소개하면, 제작사의 공급 항목들은 다음과 같다.

① 측정형(gauging type) : 1포스트

② 수증기용 제어 밸브 : 탱크의 수와 같음

③ 측정 부속 장치(attachment) : 1포스트

④ 가스 샘플링 부속 장치 : 1포스트

⑤ 샘플링과 수동 디핑 테이프 : 1포스트

⑥ 샘플링 부속 장치

⑦ 담당자(sampler)

⑧ 이동용 케이스(case)/배터리/예비품(spare part)/공구(tool) 등

⑨ 기타

(3) 얼리지(ullage)의 기존의 값의 결정 방법

탱크상에 얼리지를 측정할 수 있는 장치는 화물유 액면 측정 창치와 이동식 감시 장치 등이 있는데, 위치에 따라서는 갑판의 캠버도 고려해야만 하기 때문에, 어떤 탱크의 얼리지의 값을 하나로 통일시키기는 매우 어렵다. 그리고 운항 중의 트림/경사(heel)도 커다란 변수로 작용하기 때문에 통일시킨다고 해도 거의 의미가 없다.

따라서, 현재 종합 설계실(기본 설계팀)에서 얼리지표(ullage table)를 액면 측정 장치의 측정 결과에 준하고, 그리고 수증기용 제어 밸브가 있는 얼리지 포스트(ullage post)도 기준으로 택해서 표를 만들기 때문에, 두 장치를 연관시켜 설치시에 통일을 기하지 않아도 된다.

하지만, 얼리지 포스트의 값에 관해서는 신경을 쓰지 않으면서, 현장의 작업이 용이한 쪽으로 설계를 하면 된다.

[6] 기타의 감시 장치

앞에서 서술한 장치들은 탱커에서 보통 사용이 되는 감시 장치인데, 이 밖에도 다음과 같은 감시 장치가 선박에 추가되는 경우도 가끔 있다.

① 불활성 가스의 압력 측정 장치

② 화물유의 배출 압력 측정 장치

③ 가스 탐지 장치

④ 화물창의 기름 유출 경보 장치

상기의 ②는 화물유 장치의 보호를 위해 설치되는 장치로서, 이 장치와 화물유 펌프를 접촉시켜 펌프를 자동 장치가 될 수 있게 하기도 한다(chemical tanker). 그리고 ③과 ④의 장치는 화학 제품유 탱커에 관련되는 선급의 특별한 요구로서, 화학 제품유의 화물유 리스트를 검토한 후, 요구가 되는 화물유를 싣는 장소에 ③과 ④의 장치를 한다.

5.2.12 위생장치(Sanitary system)

[1] 거주구 급배수관 장치

이 장치는 선박의 제관 장치들 중 거주구 내에서 승조원들의 일상 생활에 필요한 청수, 온수와 음용수의 급수 및 이들의 배수 등과 관련이 되는 각종 부속 설비와 장비를 위한 배관 장치를 말한다.

선상 승조원들의 최소한의 위생과 안전 생활을 위해서는 ILO의 선상 승조원의 거주에 관한 협약(Convention Concerning Crew Accommodation on Board Ship) No. 92와 132인 요구 내용을 만족해야 하면서, 해당 선적국의 정부 기관에서 요구하고 있는 위생과 안전 및 제반 시설 기준을 충족해야 하기 때문에, 거주구 내의 위생 설비와 급배수 장치는 승조원의 수를 고려해서 설계를 해야만 한다.

이 절에서는 일반적으로 건조 시방서의 "거주 설비"편에 기술이 된 위생, 갤리(galley), 세탁실(laundary) 및 선드리(sundry)의 구역 등, 급배수에 필요한 배관 설비(plumbing fixture)의 재질, 종류, 규격, 연결 방법, 표면 처리, 검사 종류, 사용 압력, 밸브형 및 약어 등을 확인한다. 그리고 그러한 배관 관계의 종류는 다음과 같다.

① 청수 관계(管系)

② 온수 관계

③ 잡용수 관계

④ 오수 관계

⑤ 선내의 배수 관계

⑥ 선외의 배수 관계

표 5·30 잡용 청수로서 급수를 하는 곳

거실, 사무실	세 탁 기
변소, 배선실	세탁기, 샤워, 양식 욕조, 소변기*, 대변기*수세기, 마루씻음*
조리실, 배선실	sink, hot press, 설거지대*, 마루씻음*
세 탁 실	세탁기, 세탁조, 마루씻음*
식량 냉장고 부근	식량 냉장고, 마루씻음*
거실 주변 폭로부	소제용*
욕 실	화식 욕조, 일식 더운 물용 탕조, 샤워, 주방
조타실 전면	창 세정용

(1) 잡용 청수 관계

음용수를 제외한 생활 용수로 사용이 되는 물이 청수인데, 이것은 생활 용수에서는 없어서는 안 되지만, 선박인 경우에는 기관부에 해수의 증류 장치가 없을 경우, 표 5·30 과 같이 별표가 있는 부분은 해수로 대치하는 경우도 있다. 또한, 급수 방식은 i) 압력 탱크 방식, ii) 정압 순환 방식, iii) 중력 탱크 방식 등이 있다.

1) 압력 탱크 방식(hydrophore tank system) 기관실 내에 청수 압력 탱크를 설치하여 그 탱크 내의 상부 공기압을 항상 일정한 수압으로 유지하면서 급수가 되도록 하는 방식인데, 이것은 선박에서 가장 많이 적용하는 방식으로서 그 계통도는 그림 5·93 과 같다.

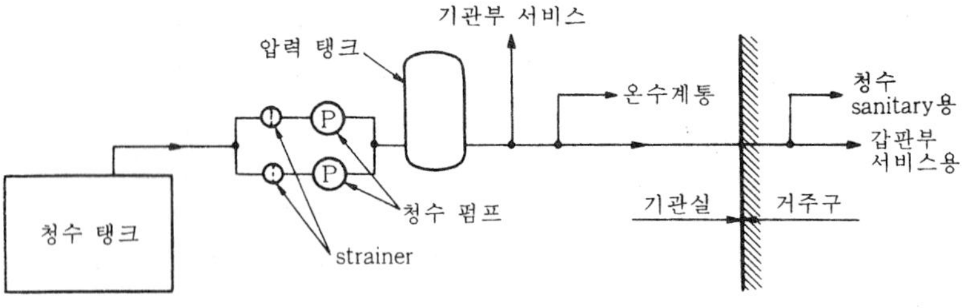

그림 5·93 압력 탱크식 청수 급수 방식

2) 정압 순환 방식(constant running system) 항상 펌프를 일정한 회전수로 돌려 급수 계통의 압력을 일정하게 유지하면서, 중간에 압력 조정 밸브를 설치해서 잔여 청수를 다시 돌려 보내는 방식인데, 계통도는 그림 5·94 와 같다.

3) 중력 탱크 방식(gravity tank system) 중력 탱크를 최상부 갑판에 설치해서 그 높이에 따른 압력으로 선실 내의 여러 곳에 물을 공급하는 방식이다. 즉, 중력 탱크의 수위가 떨어지면 플로트 스위치(float switch)가 작동해서 기관실 내의 청수 펌프가 작동하여 일정 수위까지 유지되는데, 그 계통도는 그림 5·95 와 같다.

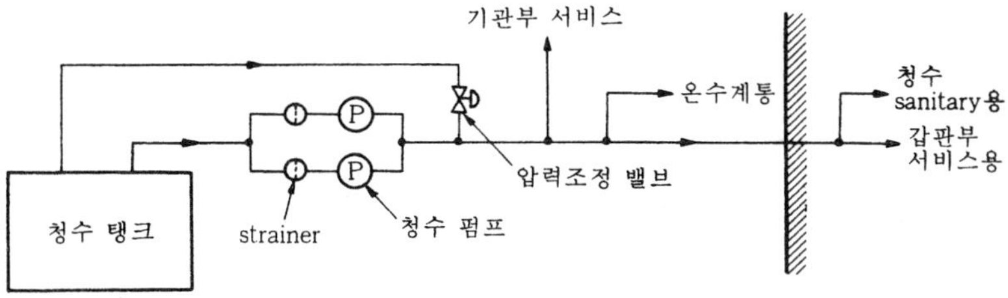

그림 5·94 constant running 식 청수 급수 방식

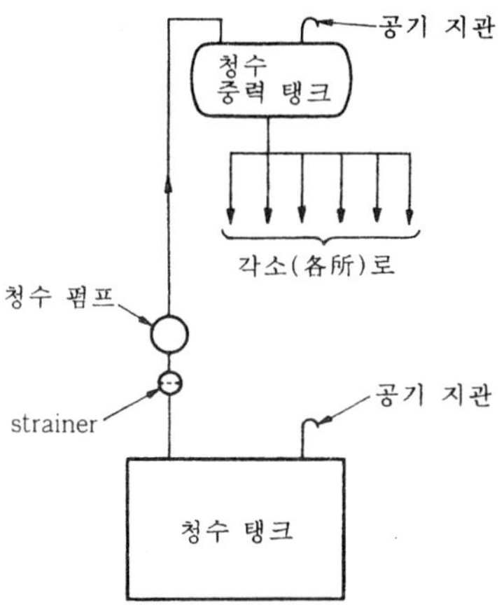

그림 5·95 중력식 청수 급수 방식

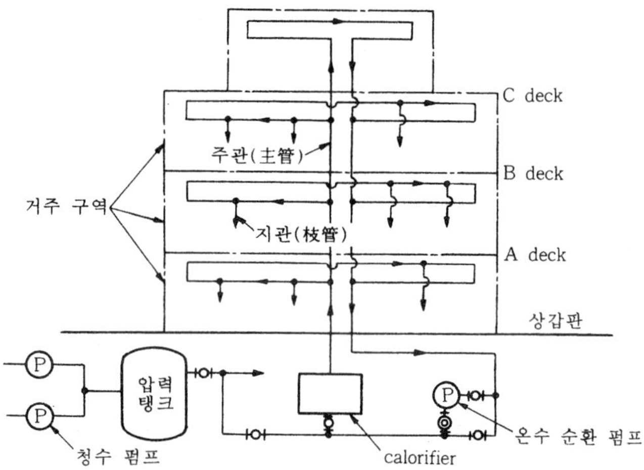

그림 5·96 온수 청수관 계통도

(2) 온수의 급수 방법

선박에서 가장 많이 사용되고 있는 압력 탱크 방식에서는 10℃ 내외의 청수를 가열기(calorifier)에 통과시켜 60~70℃ 정도의 온수로 만들어 이를 필요한 곳에 급수하고, 나머지 온수는 순환 펌프에 의해 공급과 순환이 일정하게 유지되도록 하는 장치이다. 그리고 일반적으로 승조원이 30~40명인 일반 상선 등에서는 그림 5·96과 같은 계통도를 통해 가열기가 시간당 2 m^3의 물을 데울 수 있다. 또, 순환 펌프의 용량은 2 $m^3/hr \times 8$ m 정도가 적당한데, 순환 펌프를 설치하는 이유는 주관에 머물러 있는 물이 식는 것을 방지하기 위한 것이다.

(3) 음용수의 급수 방식

음용수 관계통은 음료수 전용 탱크로부터 급수를 하는 방식과 일반 청수 탱크로부터 급수하는 방식이 있다. 어느 경우이든간에 이것은 살균 장치를 통해 급수되어야 하는데, 살균 장치(sterilizer)에는 염소식과 자외선식이 있다. 일반적으로 선박에서는 급수시에 강력한 자외선을 쬐어서 살균을 하기 때문에 자외선식을 선호하는데, 이 방식은 간편하기는 하지만 자외선 조도의 저하나 유리관의 오손 때문에 살균 효과가 떨어지는 경향이 있다.

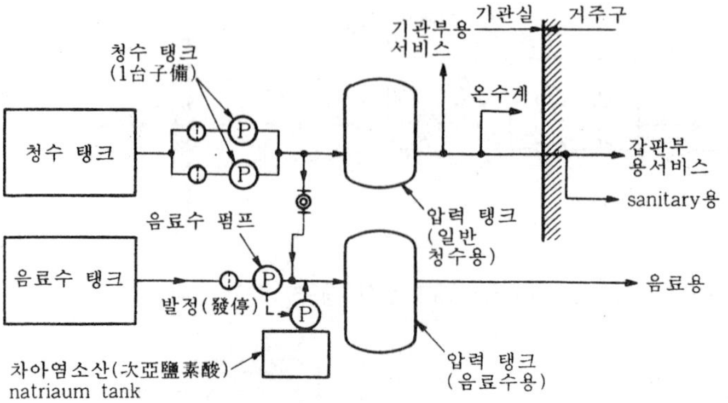

그림 5·97 음용수 관계통의 한 예

그리고 염소 살균식은 펌프가 작동하면 자동적으로 관 내에 차아염소산 나트륨액을 주입하면서, 관내 또는 탱크 내에서 잘 섞은 다음 급수하는 방식인데, 그 계통도의 한 예를 그림 5·97에 표시해 두었다.

(4) 청수와 온수 및 음용수의 공급 장소

이것에 관해서는 표 5·31을 참조하기 바란다.

표 5·31

장 소	청수 공급처 및 급수 기구	온수 급수 기구	음용수 급수 기구
living/office	세면기	세면기	drinking water fountain
toilet space	세면기*, 소변기*, 대변기*, 샤워, 욕조, 바닥 세척*	세면기, 샤워, 욕조	
galley space	sink, disposer, 보온기, 바닥 세척	sink, dish washer	water cooler, soup sink, boiler etc.
laundary space	washing tub, 세탁기, 바닥 세척*	washing tub, 세탁기	
cold chamber 부근	dry prove, store/cold cham. lobby		
bath room	욕조, 샤워, 탕조*, 세탁장/세탁대	욕조, 샤워, 탕조, 세탁장/세탁대	
W/H front	window washing		
D/H 주위 노출부	life boat washing, deck washing		

(5) 배관 장치의 설계 기준

청수관, 온수관과 음용수관의 설계 기준은 다음과 같은데, 오수관과 거주구외 배수관

등은 [2]에서 자세히 설명한다.

1) 청수관의 설계 기준:

① 제어 밸브의 설계 기준은 관계통도가 배치되는 갑판에 이것을 설치하는데, 작동이 쉬운 곳에 배치를 하면서 JIS F 7301 인 글로브 밸브(glove valve)를 사용한다.

② 주관의 크기의 결정 기준은 공급 기구의 급수 부하와 유속 및 유량 등의 제반 계수로서 결정된다.

③ 전장(電裝) 장비가 설치되는 장소에는 가능한 한 청수 배관의 통과를 피해야 한다.

④ 각 기구에 공급을 하는 관배치는 가능한 한 최단 거리로 한다.

⑤ 일반적으로 상갑판과 단정 갑판 및 항해 갑판 주위에는 갑판 세정 호스 연결용 탭(tap)을 설치하면서, 실내에는 동파 방지용 정지 밸브를 설치한다.

⑥ 조타실의 윈도의 세정(wheel house window washing)은 분무 노즐(spray nozzle)을 배치하면서, 25A 인 호스 연결용 밸브(hose connection valve)를 조타실 내부의 라이닝 깊이(lining depth)에 설치하는데, 관 내부의 잔수를 제거하기 위해서는 드레인관에 정지 밸브를 설치한다.

⑦ 탱커인 경우, 구명정의 세정용으로 25A 호스 연결용 밸브를 설치한다.

2) 온수관의 설계 기준

① 제어용 밸브 설계 기준은 관계통도가 배치되는 갑판상의 공급관과 리턴 관(return pipe)에서 작동이 용이한 곳에 배치하고, JIS 7301 의 글로브 밸브를 사용한다.

② 주관의 크기의 결정 기준은 온수 공급 기구의 급수 부하와 유속 및 유량 등의 제반 계수에 의해 결정된다.

③ 전장 장비가 설치되는 장소에는 가능한 한 온수용 배관의 통과를 피해야 한다.

④ 각 기구에 공급하는 지관은 가능한 한 주관으로부터 5 m 이내에 배치한다.

⑤ 온수용 배관에는 수온을 일정하게 유지하기 위한 보온을 고려해서 설계한다.

⑥ 온수관이 같은 높이로 길게 배치될 경우에는, 온도에 의한 팽창과 수축에 따라 누수될 위험이 있으므로, 신축 이음을 30 m마다 설치해야 한다.

⑦ 노출이 된 온수 공급관은 열상의 방지를 위해 크리스털 비닐관(cristal vinyl tube)으로 마무리되게 설계한다.

3) 음용수관의 설계 기준

① 제어용 밸브 설계 기준은 관의 계통도가 배치된 갑판에만 이것을 설치하는데, 주로 상갑판에는 1 개를 설치하면서 JIS F 7301 인 글로브 밸브를 사용한다.

② 주관의 크기의 결정 기준은 청수 공급 기구의 급수 부하와 유속 및 유량 등의 제반

계수에 의해서 결정된다.

③ 전장 장비가 설치되는 장소에는 가능한 한 음용수 배관이 통과하는 것을 피한다.

④ 각 기구에 공급된 지관은 가능한 한 주관으로부터 최단 거리로 배치한다.

(6) 급수량의 산정 기준

건조선이 적용을 받는 각국의 규정에 의해서 급수량이 산정되어야 한다. 일반 화물선에서의 1일 급수 시간의 기준은 10~12 시간으로 정하고 있지만, 여객선인 경우는 이 기준과 관계없이 별도의 급수량과 1일 급수 시간 등을 산정해야 한다. 그런데 각 규정에서 승무원 1인당 1일 청수 소비량(liter)은 표 5·32 와 표 5·33 과 같다.

표 5·32 rule에 따른 청수 소비량/1일/승무원 1인

용 도	DOT(영국)	US public health	WHO*	비 고
음 용 수	4.5	30.3	26	
청수, 온수	45.5	83.3	94	
합 계	50.0	113.6	120	

〔주〕 *표시는 세계 보건 기구의 "guide to ship sanitation" 1967 년

표 5·33 WHO 의 1일 1인당 소비량

항 목		최소 1일 1인당 소요량(liter)		
		음용, 조리 계통	위생용수 계통	음용, 위생 복합 계통
음 용 수	선원/여객	3/		3/
조리용수	조리/세척용	3/		3/
	식기/세척용	20/		20/
위생용수	목욕용/세탁용/세면기용		64/4/20	64/4/20
조리실/pantry/식당 청소용		6/		6/
합 계		32	88	120

1) 승무원 수에 의한 급수량의 산정

$$Q_d = N \cdot q$$

$$Q_h = Q_d / t$$

$$Q_{h1} = 2Q_h$$

$$Q_{h2} = 3Q_h / 60$$

여기서 Q_h: 1일 급수량(l/일),

N : 승무원 수,

q : 1일 1인당 급수량(l/일/인),

Q_h : 매시 평균 급수량(l/hr),

t : 1일 급수 시간(hr/일),

Q_{h1} : 매시 최대 급수량(l/hr),

Q_{h2} : 순시 최대 급수량(l/min)

그리고 매시의 최대 급수량은 피크 부하(peak load)일 때의 연속 사용량으로서, 압력 탱크와 급수 펌프 용량의 산정 기준이 된다. 또, 수시 최대 급수량은 피크 부하일 때 단속적으로 발생된다.

2) 기구의 수에 의한 산정 　기구의 수는 다음 식으로 구해진다.

$$Q_h = K(C_1 \times q_1 \times t_1 + C_2 \times q_2 \times t_2 + \cdots\cdots C_n \times q_n \times t_n)$$

여기서 K : 동시 사용률(%) …… 선박에서는 일반적으로 30% 정도,

C_1, C_2, C_n : 기구의 개수,

t_1, t_2, t_n: 각 기구별의 사용 횟수(time/hr),

q_1, q_2, q_n: 기구 1회당의 사용량(l/time)

그리고 급수량의 산정은 승무원에 의한 산정값과 기구에 의한 산정값들 중 큰 쪽을 택하면서, 다른 설비품에서 필요로 하는 수량이 발생하면 시간당 수량으로 가산한다.

[2] 오수(sewage) 장치

종래의 재래식 변기는 물의 소모(12~15l/flush)가 많고 비교적 관의 지름(100~150 A)이 크며, 경사에 의한 중력식 배수(gravity drain)로 오수를 이송하는 데 비해, 진공 화장실 장치(vacuum toilet system)는 워터 이젝터(water ejector)나 진공 펌프(vacuum pump)를 이용하여 관의 계통도에 진공을 형성시키거나 유지(0.4~0.6 kg/cm^2)하여, 집합 탱크(collecting tank)로 강제 흡입시켜서 저장하는 선박의 하수 처리 장치이다.

진공 장치는 IMO(Marpol 73/78 ANNEX IV)와 USCG(CFR 33-1159)에서 규정하고 있는 MSD(marine sanitation device) 제 3 번형(MSD Ⅲ-TYPE : molding tank system)으로서, 해상 오염의 규제 해역(육지로부터 12해리 이내 수역)에서는 오수를 배출하지 않으면서 탱크에 저장하였다가 공해상이나 육상으로 배출하는 거치 탱크〔holding tank(no certificate) system〕인데, 선박에서 발생하는 하수(변기, 소변기, 병원실 구역)를 처리하고 있다.

(1) 진공 오수 장치의 구성과 원리

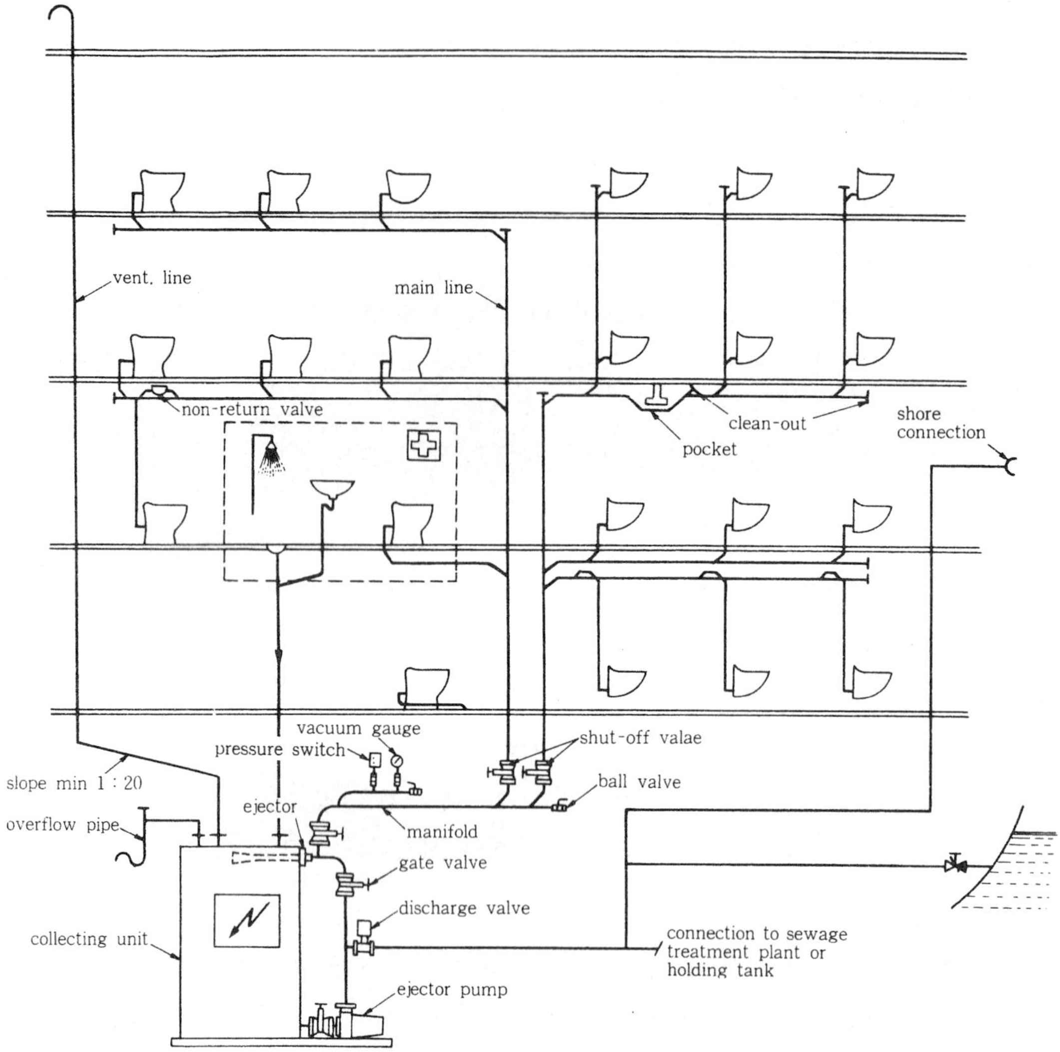

그림 5·98

1) 이젝터 장치　이것은 일반적으로 원심형 오수 배출 펌프에 의해 집합 탱크의 오수가 이젝터를 통해 재순환되기 때문에, 변기와 이젝터 사이에 연결이 된 배관 내로 공기를 흡입하면서 진공을 형성하거나 유지(0.4~0.6 kg/cm²)하는 것을 압력계로 조정하는 장치이다. 그리고 변기와 연결이 된 공기식 누름단추(pneumatic type push button)에 의해서 변기 내의 오수를 물(1-24)과 함께 공기(60 l)로 인해 형성된 진공에 의해, 배관 내부에 흡입되면서 집합 탱크로 전달하여 저장된다.

그런데 탱크에 저장이 된 하수는 고액면과 저액면용 스위치에 의해 자동이나 수동으

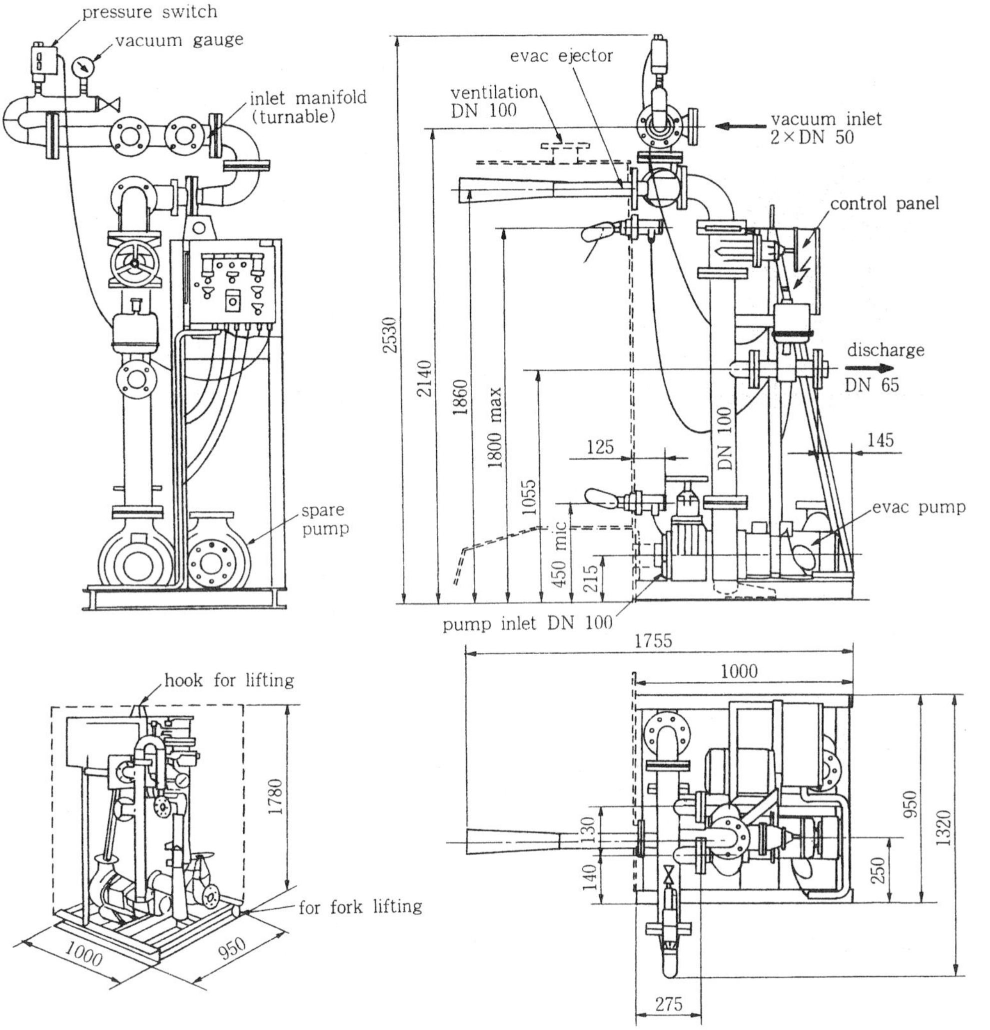

그림 5 · 99

로 배출을 할 수 있음과 동시에, 진공을 형성할 수 있는 장치이다.

① 일반 배치도 : 이 장치의 계통도는 그림 5 · 98 과 같다.

② 진공 유닛 : 그림 5 · 99 에는 이 장치에 관한 치수와 도면을 표시해 두었다.

③ 진공 화장실(toilet) : 그림 5 · 100 에는 이것에 관한 치수와 도면을 표시해 두었다.

④ 집합 탱크와 진공 유닛의 구성도 : 그림 5 · 101 과 그림 5 · 102 와 같은 집합 유닛은 펌프와 이젝터의 작동에 의해 배관 내에 진공을 만들면서 오수를 탱크에 저장하고, 저장된 오수는 바다로 배출시키든지 오수 처리 장비나 다른 저장 탱크로 보내게 되는데, 그 장치의 구성은 다음과 같다.

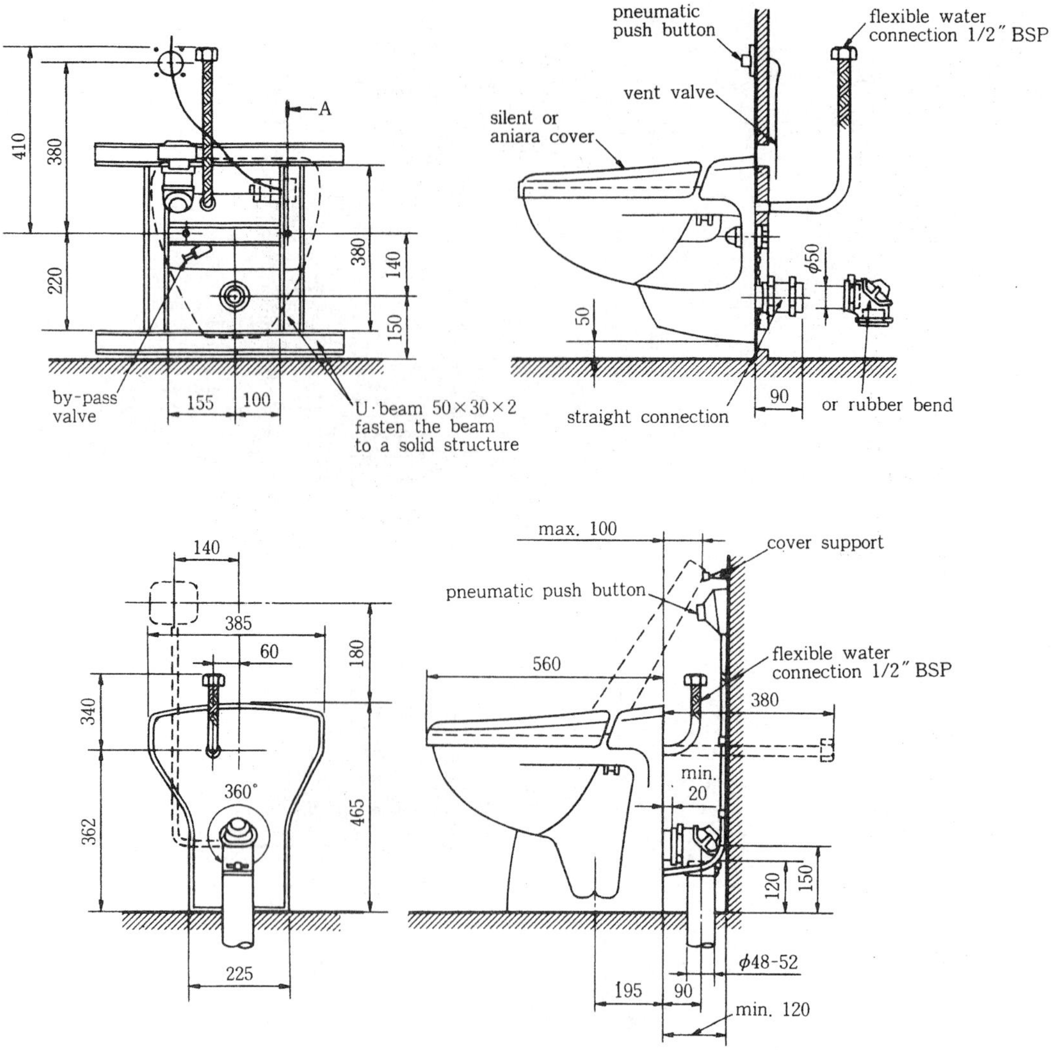

그림 5·100

a) 대기압 탱크(①)

b) 이젝터(②)

c) 배출 펌프(③)

d) 진공 스위치(④)

e) 진공계(⑤)

f) 오수 흐름 주관(⑥)

g) 자동식이나 수동식인 배출 펌프(⑦)

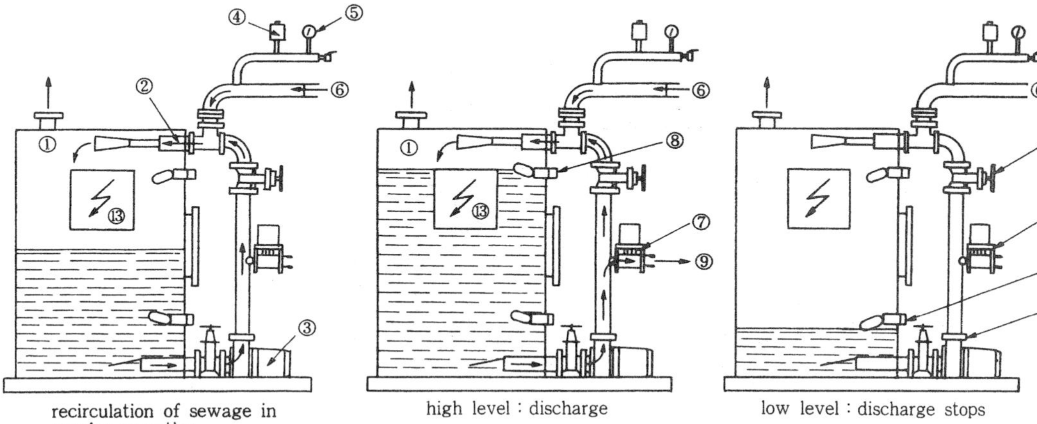

그림 5·101

h) 고액면용 스위치(⑧)

i) 오수 배출 계통도(⑨)

j) 저액면용 스위치(⑩)

k) 차단 밸브(⑪)

l) 차단 밸브(⑫)

m) 제어 장비(⑬)

(2) 설계기준

1) 일반사항

① 변기에서 연결이 되는 배수관의 크기는 40A 이다.

② 50A 인 관에 약 25 개의 변기를 연결할 수 있다.

③ 오수의 주계통도의 그루핑(grouping)은 거주 구역으로부터 집합 탱크까지의 좌현(port side)과 우현(starboard side)의 2 개 계통도로 구분하고, 그리고 각 주계통도에 정지 밸브를 부착하면서 장치를 정지시키지 않고도 좌현, 우현들 중 어느 한쪽 주계통도의 밸브만 잠그어도 점검과 수리를 할 수 있다.

④ 진공으로 배출이 되므로 약 4.5 m까지는 역상 배출이 가능한데, 기본적으로 배수가 흐르는 방향으로 관계통도의 경사가 유지되도록 해야만 한다.

⑤ 병실의 배수구(scupper)와 세면기(wash basin) 및 샤워관(shower tube)으로부터 배출되는 오수는, 독립된 1 개의 주계통도로 구성하면서 중력식 배수로서 오수 집합 탱크로 배출이 되게 한다.

2) 관과 의장　　이것에 관한 재료와 크기에 관해서는 다음에서 설명한다.

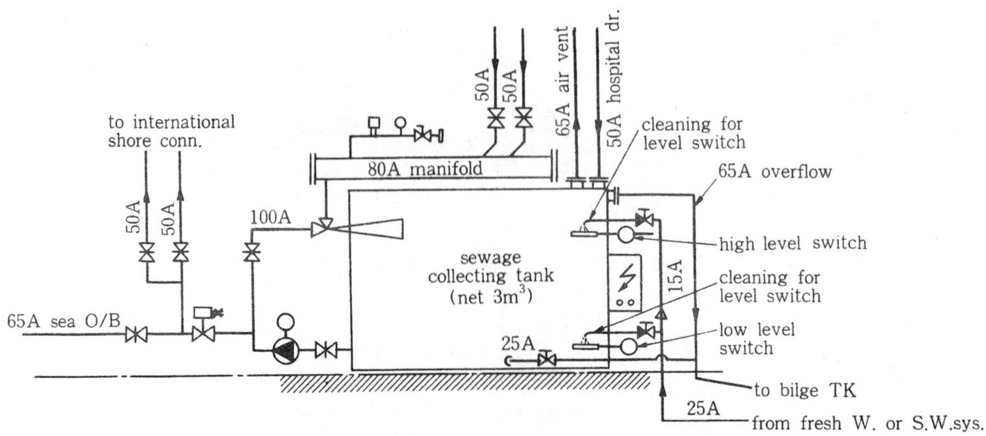

(a) 1대인 이젝터와 1대인 펌프의 한 예

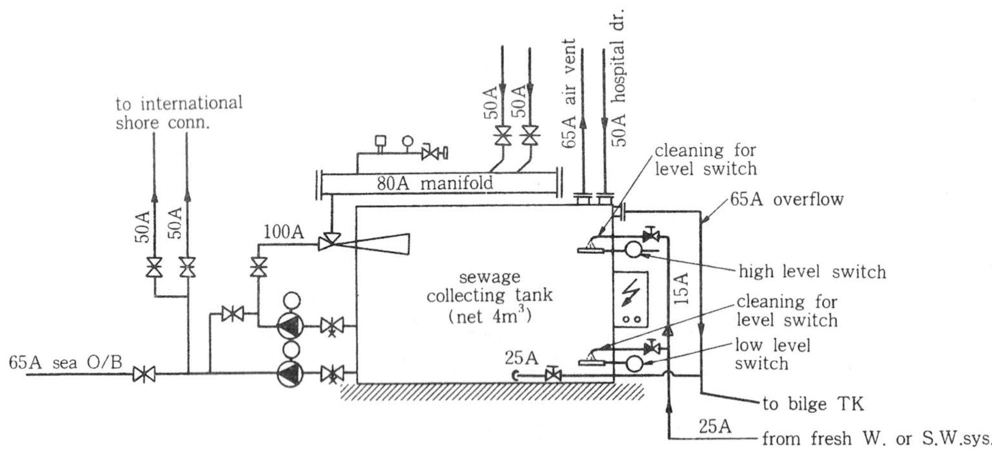

(b) 1대인 이젝터와 2대인 펌프의 한 예

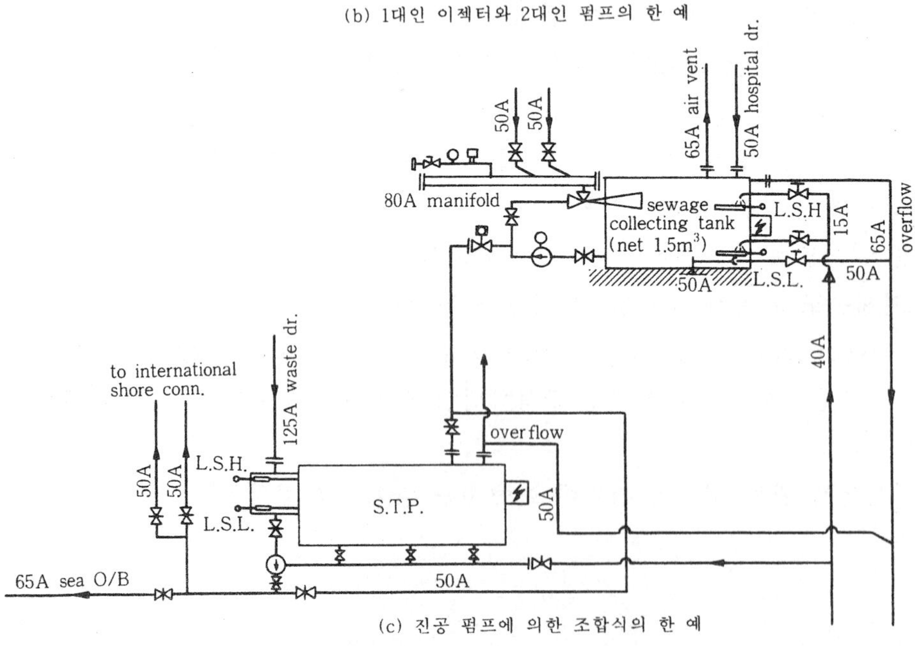

(c) 진공 펌프에 의한 조합식의 한 예

그림 5·102

① 재료 : 이것들의 재료에 관해서는 표 5 · 34 (a)에 표시해 두었다.

② 크기 : 이것들의 크기에 관해서는 표 5 · 34 (b)에 표시해 두었다.

표 5 · 34

(a) material

구 분 \ 자재	P.V.C	steel	remark
적 용	거주구내	· 거주구내 · engine RM.내 혹은 열원이 있는 장소	· P.V.C: polyvinyl chloride
min. pressure rating	10 kg/cm²	5 kg/cm²	
연결방법	sleeve/flange welding	sleeve/flange welding	

(b) size

vacuum toilet 의 수	connection DIA.(N. D)	P.V.C (O.D)	steel (O.D)	remark
3	40	50	48.3	O.D: outside diameter N.D: nominal diameter
25	50	63	60.3	
100	65	75	76.1	

a) 클리닝 플러그(cleaning pulg)의 설치 기준

1. 최대 25 m 간격을 두고서 이것을 설치한다.
2. 수평 배관보다 낮은 곡직 부분에 설치한다.
3. 주관의 끝단 부분에 설치한다.
4. 수평 배관이 90도 곡관으로 되는 부분에 설치한다.
5. P.V.C 배관에는 역류 때문에 누수가 생기지 않도록 피팅이음 부분에 주의해서 설치한다.

3) 관의 지지 장치(clamps)

① P.V.C 관에 플라스틱이나 강제 클램프(clamp)를 사용할 때는, 관과 클램프 사이에 고무나 동등한 재질인 끼워넣는 라이너(insert liner)를 사용해야만 한다.

② P.V.C 관의 지지 장치는 클램프 내에서 관이 움직일 수 있어야 한다.

P.V.C 관의 경우 약 1.0 m 간격으로 설치하는데, 계통도의 곡간 부분, 최저 부분과 지관의 부분 및 장비와 연결이 되는 부분에 설치를 한다.

③ 강관일 경우에는 각 조선소의 표준 관례(practice)에 따른다.

(3) 집합 탱크의 용량 결정법

다음과 같은 요인들은 배관의 크기와 저장 탱크 및 펌프의 시방을 결정하는데 중요한 사항들이다.

① 승선 인원수(사용자)

② 1인 1일 변기의 사용 횟수

③ 선내에 설치되는 변기 총수량(기관실 변기 포함)

④ 선박의 종류(여객선, 화물선, 군함 등)

⑤ 선박의 항로

⑥ 저장 탱크의 오수를 버리고 재저장할 수 있는 시간(14일을 표준으로 한다)

참고 오수 저장 탱크의 위치는 초기의 기관실의 장비 배치도를 작성할 때 펌프의 양정을 고려하면서, 가능한 한 기관실의 첫 번째 플랫폼(157 platform)에 설치토록 하고, 그리고 기관실 내의 변기도 같은 위치에 설치하는 것이 보다 효율적이다.

1) 플러싱 도수(flushing frequency)

① ND=6회, 즉 1일(24시간) 1인이 변기의 세척수 밸브를 사용하는 표준 횟수는 6회로 한다.

참고 짧은 거리를 항해하는(1시간 이내) 선박인 경우에는 변기 사용 횟수를 승선 인원수의 2/3만을 고려한다.

2) 탱크 크기의 결정의 예 승선 인원수가 30명이고 저장 일수(기간)가 14일이라고 가정하면, 탱크의 크기는 다음과 같다.

$$30 \times 6 \times (1.2+0.3) \times 14 \fallingdotseq 3.8\,\text{m}^3$$

따라서, 승선 인원수 30명이 14일 동안 배출을 하는 오수의 양은 3.8 m^3이므로, 탱크의 순용적(저액면용 스위치에서 고액면 스위치까지)은 3.8 m^3이고, 그리고 탱크의 바닥에서 저액면 스위치까지 남게 되는 양과 고액면 스위치에서 탱크 넘침의 액면까지의 여유값을 고려해서 탱크 크기를 결정하면 된다. 그러나 가능한 탱크의 전체 높이가 2 m를 넘지 않도록 해야만 한다.

(4) 탱크의 급배수 장치

1) 탱크의 급수 장치

① 탱크의 내부나 액면용 스위치에 오수가 침전되기 때문에, 청소를 하기 위해 해수관이나 청수관을 설치한다.

② 이젝터를 작동하는데에 필요한 탱크 내의 최소한의 액면을 유지할 목적으로도 사

용할 수 있다.

③ 급수관과 밸브의 크기는 15~25A 정도가 적당하다.

2) 탱크의 배수 장치 집합 탱크의 오수를 자동이나 수동으로 비울 수 있는 방법으로는, 배출 펌프들을 이용하여 다음과 같은 방식을 행한다.

① 바다로 직접 배출(sea directly overboard)

② 하수 처리 장비로 이송(sewage treatment plant)

③ 다른 저장 탱크로 이송(other receiving plant or storage tank)

④ 탱크 내부를 완전히 비우거나 배출 펌프가 고장이 날 경우를 대비해서, 탱크의 바닥 부분에 배수관과 조절 밸브(25 A 또는 40 A)를 설치해야만 한다. 이 배수관은 탱크의 넘침 계통도를 통해서 빌지 탱크(bilge tank)로 연결하는 것이 일반적이다.

⑤ 완전 조립이 된 펌프는, 부착이 된 모터(motor with pump) 1대를 예비용으로서 운전용 펌프 옆에 장착한다.

(5) 위생용 도기(sanitary ware)와 금속 제품(hardware)

이것은 통상 도기(china)와 CR-플레이드 황동 선구(CR-flayed brass fitting)로 구성되는 배관 설비(plumbing fixture)를 말하는데, 선원들의 위생 처리를 하는 장소에 설치되고, 그리고 화장실 구역과 오락실 구역(catering space) 등인 장소에도 적용된다. 또, 선원들의 세면 도구들과 함께 사용되기도 한다.

위생용 도기 이것은 선내에 설치가 되는 위생 기구들로서, 통상 세면기, 대변기, 소변기와 욕조 및 샤워 등을 의미한다.

위생용 금속 제품 이것은 통상 위생용 도기류와 함께 설치되는데, 재떨이(ashtray), 종이걸이(paper holder), 화장실 캐비닛(toilet cabinet), 거울(mirror), 비누 그릇(soap dish), 수건용 훅(tower hook), 수건걸이(tower bar), 손잡이(storm rail), 옷걸이(coat hook)와 컵(cup) 및 브러시 몰더(brush molder) 등을 말한다.

1) 위생용 도기의 사양:

① 대변기(water closet):

a) 재질:

1. 본체 …… 흰색 비트리어스 도기(white vitreous ware)

2. 선구 …… 크롬 도금된 황동

b) 종류:

1. 진공형 …… · 유럽식

· 아시아식

2. 재래형 …… · 유럽식

· 아시아식

c) 형상 :

1. 개인 화장실 …… · 벽받이형(wall mounting type)

2. 공중 화장실 …… · 갑판 받이형(deck mounting type)

참고 선주의 요구에 따라 아시아형을 사용할 수도 있다.

d) 속구(accessory) :

1. 플러싱 밸브(재래형)

2. 누름 단추(진공형)

3. 진공 물통 브레이크

4. 정지 밸브

② 세면기(wash basin) :

a) 재질 :

1. 본체 …… · 흰색 비트리어스 도기

· 인공 대리석 카운터(counter)

2. 선구 …… · 크롬 도금이 된 황동 제품과 부속물

b) 규격 : 530 mm×430 mm(용량 8 a)를 기준으로 하면서 설치 공간에 따라 적절한 크기로 선택한다.

c) 수도꼭지의 형과 크기(faucets) :

1. 형 …… · 단순 액면형(권고 시방)

· 자동 폐쇄형

· 수동으로 끌어 올리는 형

2. 크기 …… 4″ 또는 8″(선택 사용)

d) 선구 :

1. 체인(chain)이나 튀는 드레인(drain)을 갖춘 고무 플러그(plug)

2. S-성형 배수 트랩(drainage trap)

③ 샤워(shower) :

a) 재질 :

1. 혼합 밸브 …… 크롬 도금이 된 황동

2. 샤워 헤드 …… 플라스틱

3. 유연성 호스 …… 크롬 도금이 된 스프링 금속이나 고무

b) 형상 : 온수나 냉수용 혼합 밸브는 열평형 모양(thermostatic type)을 원칙으로 하

면서, 샤워 헤드의 설치 방법에 따라 다음과 같이 행한다.

1. 유연성 호스용 : 이것은 혼합 밸브와 헤드를 유연성 호스로 연결하여 사용하는 형이다.

2. 고정형 : 이것은 혼합 밸브와 헤드를 관으로 고정시켜 사용하는 형이다.

3. 고정 활동형 : 이것은 혼합 밸브와 헤드는 유연성 호스로 연결하지만 고정관에 헤드를 설치해서 헤드의 높낮이를 조절할 수 있는 형이다.

④ 욕조(bathtub) :

a) 재질 :

1. 본체 : F.R.P를 사용하는 것을 원칙으로 한다.

2. 열평형 하이킹(hiking) 밸브 : 크롬 도금이 된 황동

3. 샤워 헤드 : 플라스틱

4. 유연성 호스 : 크롬 도금이 된 스프링 금속이나 고무

b) 규격 : $1500(L) \times 700(W) \times 435(H)$

⑤ 소변기(urinal) :

a) 재질 :

1. 본체 …… 비트리어스 도기나 SUS

2. 플러시 밸브 …… 크롬 도금이 된 황동

3. 트랩(trap) …… 크롬 도금이 된 황동

b) 규격 : $360(W) \times 270(D) \times 470(H)$

c) 구성 : 이것은 본체와 엘보 플랜지를 갖춘 플러시 밸브(flush valve) 및 배수관(waste pipe) 등으로 구성된다.

2) 위생용 금속 제품의 종류 :

① 재떨이

② 거울과 고착구(fastener)

③ 손잡이

④ 수건걸이

⑤ 옷걸이

⑥ 종이걸이

⑦ 화장실 캐비닛

⑧ 비누 그릇

⑨ 수건용 훅

표 5 · 35

item \ toilet	private & hospital T/S	public T/S	remark
water closet	1	1	
wash basin	1	1	
shower	1	–	
toilet cabinet	1	(1)	
mirror	1	1	
storm(grab) rail	1	1	
ash tray	1	1	
towel rail(bar)	1	1	
paper holder	1	1	
soap dish	1	1	
cup & tooth brush holder	toilet cabinet 이 없는 경우		
coat hook	2	2	
기 타	샤워 장치가 있는 욕조는 병원 화장실에만 1개 설치한 것을 원칙으로 한다.		

〔주〕 1) 상기 구역 및 장비류 외에도 선주의 요구에 따라 추가로 설치할 수 있다.
2) 욕조 및 소변기의 설치 장소와 수량은 선주 요구나 특수 법규에서의 요구시 추가로 설치한다.

⑩ 컵과 칫솔걸이(tooth brush holder)

a) 설치 구역과 기준 : 이것에 관해서는 표 5 · 35 에 표시해 두었다.

b) 규정과 규칙

1. IMO(MARPOL 73/78 ANNEX IV)
2. USCG CFR 33-1, 159
3. ILLC, 1966

5.3 기관과 전기 의장

5.3.1 기관의장

기관 의장은 선박의 추진에 필요한 추진 기관을 포함하여 여러 가지의 기기와 장비류들을 포함하면서, 이것들을 선박의 일부 공간인 기관실에 집중적으로 설치하는데, 선박의 종류에 따라 차이는 있다. 그런데 군함이나 원자력 동력선과 같은 특수 목적을 위한 선박 외에는 대부분의 선박에서는 후부에 기관실이 배치된다.

기관실에 설치되는 제반 기기는 선박의 크기와 화물의 종류 및 추진 기관의 종류에 따라 상당히 달라지므로, 여기서는 주로 내연 기관을 주추진 원동기로 사용하는 선박을 기준으로 해서, 기관실에 설치되는 장비에 관해 기술하고자 한다. 보통, 기관실 장비는 크게 주기와 보기로 분류하는데, 주기는 주추진 원동기만을 의미하고, 보기는 주추진 기관을 제외한 전장비를 의미하지만, 주기의 운전을 위한 보조 기기와 발전 장비 및 배전 장비도 여기에 포함된다.

[1] 기관실의 주요 장비에 관한 소개

여기서는 대형 내연 기관을 주기관으로 사용하는 상선의 장비에 관한 리스트(list) 정도를 소개하고자 하는데, 더 상세한 내용은 현장에 임하여 학습할 필요가 있다.

(1) 주추진 기관(main engine)

이것은 선박의 추진 동력을 발생시키는 원동기인데, 고유가 시대인 현재로서는 선박에서 100°F에서의 redwood No. 16,000~7000 sec 정도인 저질유를 연료로 사용하는 대형 2행정 저속 기관을 사용하고 있다. 제작사로는 B&W와 SULZER 등이 있는데, 국내에서도 한국 중공업, 현대 엔진 및 삼성 엔진에서 라이선스로 이것을 생산하고 있다. 또, 이 장비의 기관 형식과 단면은 그림 5·103에 표시해 두었다.

일반적으로 2행정 기관은 4행정 기관에 비해서 출력은 80% 정도이지만, 1회당 2배인 폭발 행정 때문에 같은 시간 내에서 전체적인 출력은 4행정 기관에 비해 대단히 크다. 이와 같은 이유로 인해 여러 가지의 어려움도 많지만, 선박에서는 2행정 기관이 선호의 대상이 되고 있다. 그리고 이것은 제한된 기관실의 용적에 잘 적용되는데, 여기에는 실린더의 배열에 의해 수직이나 V형 배열인 2종류가 있기 때문이다.

그리고 주기관의 형식은 고정 피치 프로펠러에 직결이 된 수직 2행정 단동형으로서, 역전이 가능하면서 일정 압력으로 과급이 된 크로스 헤드식(cross head style) 디젤 엔진이고, 이것의 단면도를 그림 5·103에 표시해 두었다.

(2) 발전기용 원동기(auxiliary engine)

이것은 선내에 사용이 되는 모든 전기의 주전원인 발전기를 구동하는 장비이다. 통상 선내에는 3대가 설치되는데, 필요에 따라서는 1대, 2대 또는 3대를 동시에 운전하는 경우도 있다. 그런데 동시 운전을 할 경우 병렬 운전(parallel running)이 가능해야만 한다. 그리고 사용하는 연료는 중유와 저질유를 혼합한 블렌딩 연료(blending oil)나 저질 중유를 그대로 사용한다. 이 밖에도 비상용 선내 전원으로서 비상 발전기가 국제 안전 조약의 규정에 따라 기관실로부터 격리가 된 장소에 설치되어야만 한다. 대체적으로 발

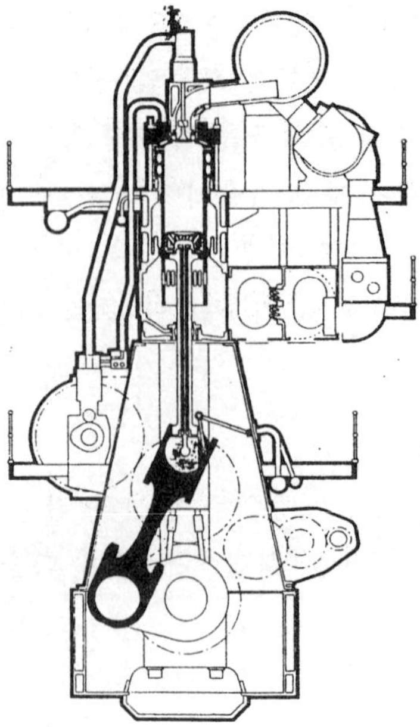

그림 5·103 SULZER RTM 84 M 의 cross section

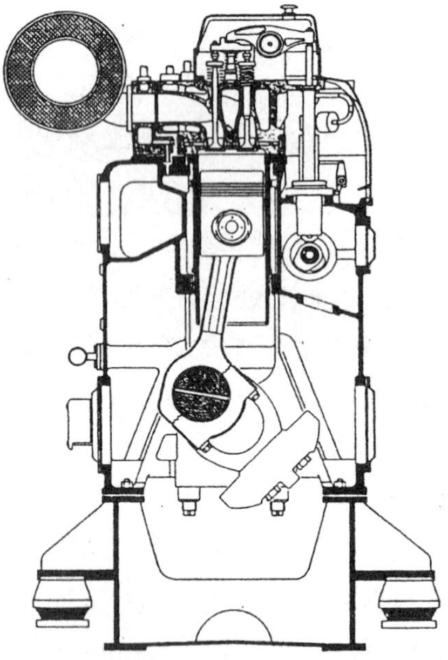

그림 5·104 auxiliary engine(MAN B&W)의 cross section

전기용 원동기는 4 행정 기관이 대부분인데, 실린더의 배치는 수직 일렬이나 V 형으로 되어 있다.

제작사로는 독일의 CATERPILE-MAK와 MAN 및 B&W 사가 있고, 핀란드의 WARTSILA-VASA 사와 일본의 YANMAR DIESEL ENGINE 사 등이 있다. 그리고 이 기관의 형식은 수직 단동 4 행정으로 직접적으로 분사하면서 냉각수가 필요한 트렁크 피스톤(trunk piston)인 과급형(turbo-charged style) 디젤이고, 그 단면도는 그림 5·104에 표시해 두었다.

(3) 보일러(boiler)

이것은 선내의 난방과 취사 및 각종 가열 장치에 소요되는 증기를 발생시키는(유조선에서 화물유 펌프와 물 밸러스트 펌프가 주기 구동에 의함) 장치로서, 주로 압력이 7 kg/cm^2 이면서 온도가 169℃ 정도인 비교적 저압인 증기를 생산한다. 부속 장치로는 저질 중유를 연료로 사용하는 연소 장치, 급수를 여과시켜서 보일러로 보내는 급수 장치와 배기 가스 보일러에 보일러 물을 순환시키는 물순환 장치 및 연소용 공기 공급 장치 등이 있다. 그리고 전반적인 자동 운전을 위해서는 자동 연소 장치와 자동 급수 조절 장치 외에도 각종 안전 장치가 필요하다. 이것의 형식들 중에는 연직형 수관 보일러 또는 배

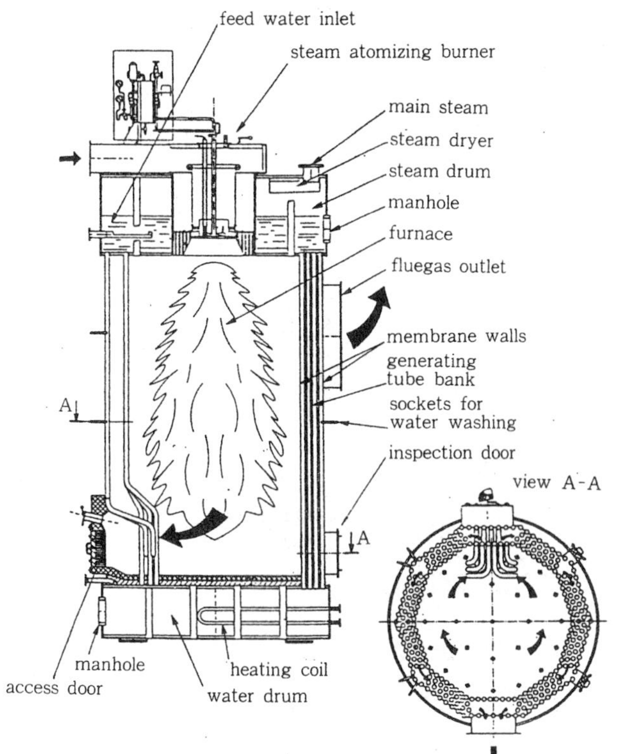

그림 5·105 AALBORG marine boiler(AQ 18)의 cross section

기 가스용 보일러와 조합을 시킨 콤퍼지트(composite) 보일러가 있는데, 이 장비의 단면도를 그림 5·105에 표시해 두었다.

(4) 배기 보일러(exhaust gas bolier : economizer)

이것은 연료 절감의 목적으로부터 주기관의 배기 가스를 이용해서 증기를 발생시키는 장치(배기 가스의 온도가 약 250℃ 정도)로서, 보일러 내의 보일러용 물을 순환 펌프로 이코노마이저(economizer)를 통해 순환을 시키면 배기 가스로 가열을 해서 증기를 발생시킨다. 그러나 주기관이 운전 중일 때만 사용이 가능하기 때문에, 항해 중에만 운전이 된다.

이코노마이저는 가스의 온도에 따라 가열 표면적이 유동적이기 때문에, 이코노마이저의 최적인 경제적 가중값을 얻을 수 있도록 증기의 증발량(steam evaporation quantity)의 결정에 신중을 기해야만 한다. 또한, 최근에는 주기의 연료 소모량을 감소시키는 경향을 감안해서, 이코노마이저의 용량에 전량을 의존해 왔던 종전의 관례에서 탈피를 해야 하고, 부족분은 보조 보일러로 가동을 해서 충당하는 장치로 전환이 되고 있다. 그리

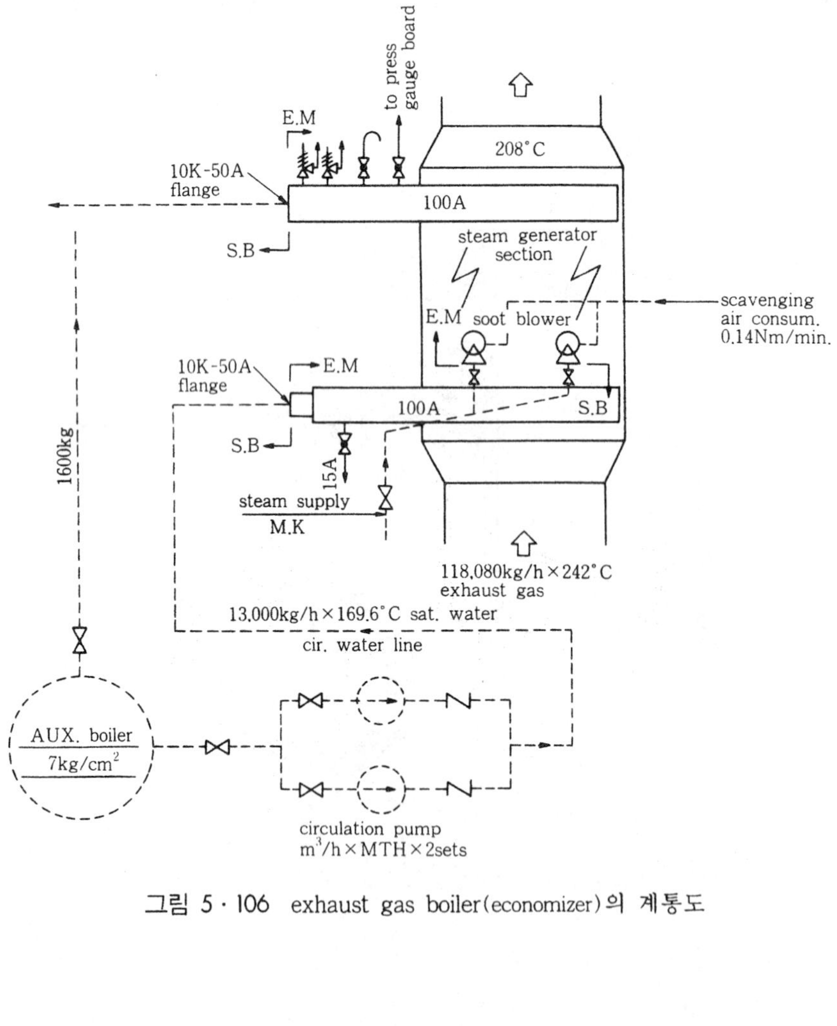

그림 5·106 exhaust gas boiler(economizer)의 계통도

고 그 계통도는 그림 5·106에 표시해 두었다.

(5) 공기 압축기(air compressor)

대형선에서 압축 공기는 주기와 발전기의 엔진 시동에 필수 불가결한 것으로서, 각종 자동 제어 장치, 원격 조정 장치, 액면 계측 장치, 경보 장치, 기적, 현문(gangway)과 구명정 대빗용 공기 모터(air motor) 등을 작동시키는데에 사용되면서, 장비의 정비시 소제용으로 사용이 된다. 주기와 발전기의 시동에는 30 kg/cm^2 인 고압 공기가 사용되므로, 2대 이상인 왕복동 공기 압축기로서 이 양을 생산해서 시동용 공기조에 저장하고, 필요시에는 이것을 사용한다. 그리고 그 이 외에 사용이 되는 공기압은 7 kg/cm^2 정도까지 감압을 시키면서 사용한다. 그런데 경우에 따라서는 저압용 공기 압축기를 설치해서 사용하므로, 대용량인 공기 압축기의 운전 시간을 줄이면서 연료를 절감시키기도 한다.

1) 주공기 압축기(main air compressor) 이것은 일반적으로 주기관과 발전기용 원동기의 시동용으로서 고압인 압축 공기를 생산하는데, 냉각 방법에 따라서는 공랭식(air cooled)과 수냉식(water cooled type)이 있고, 작동 장치에 따라서는 왕복형과 스크루식이 있는데, 일반적으로 그림 5·107과 같은 2단 수냉식 왕복형이 사용된다.

2) 서비스용 공기 압축기(service air compressor) 이것은 저압인 압축 공기를 생산해서

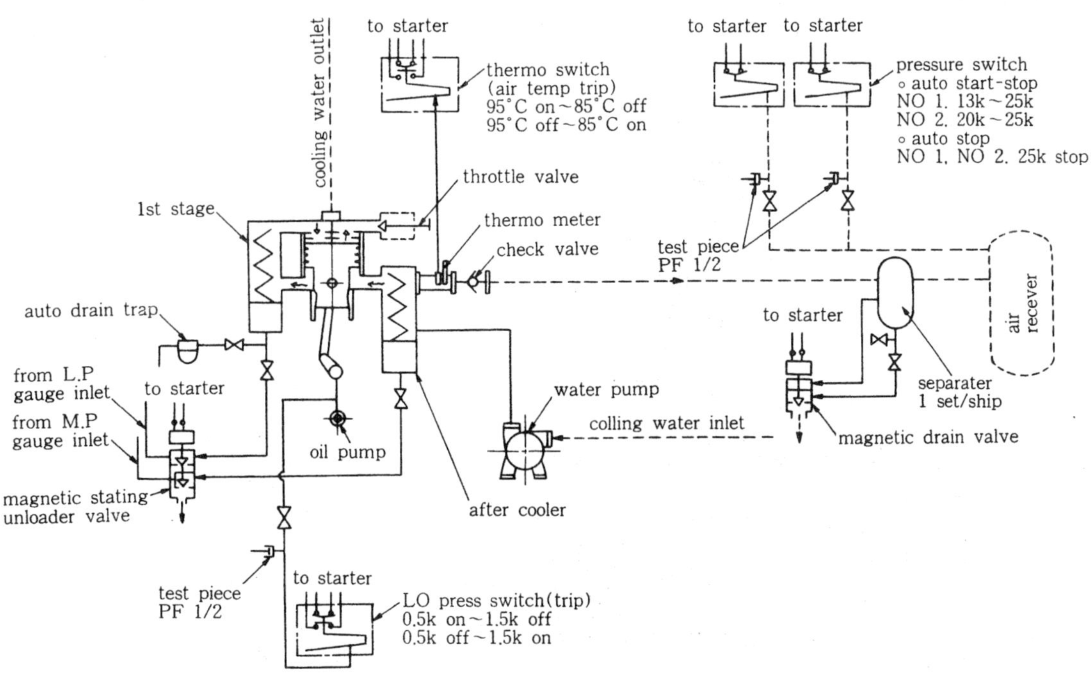

그림 5·107 2단 왕복동형 공기 압축기(수냉식)

기관실이나 갑판상의 공기식 장비(pneumatic equipment)의 서비스용 공기를 공급한다. 일반적으로는 피스톤의 작동에 의한 모터식(motor driven piston type)이 사용되지만, 때로는 스크루식이 사용되기도 한다.

3) 제어용 공기 압축기(control air compressor)　이것은 저압인 압축 공기를 생산해서 공기 제어 장비에 제어용 공기를 공급하는데, 때에 따라서는 서비스용 공기 압축기가 이것을 겸하는 경우도 있다.

4) 비상용 공기 압축기(emergency air compressor)　이것은 비상 발전기의 기동 방법에 따라 차이가 있지만, "dead ship condition"에서 주기, 보기의 시동을 가능토록 해야만 한다. 일반적으로 비상 발전기가 압축 공기에 의해 구동이 된 경우, 수동 시동식 디젤 기관(hand starting diesel engine)의 구동에 공기 압축기 1대가 사용되는데, 그 용량은 비상 공기조(air reservoir)를 규정 압력으로 30분 이내에 충전할 수 있어야 한다.

(6) 제어 공기 건조기(control air dryer)

선박의 여러 가지 정밀 장치들 중에는 압축 공기를 제어 매체로 이용하는 경우가 많이 있는데, 그 예가 흘수계(draft indicator), 탱크의 액면계(tank level indicator)와 주기의 원격 조정 장치 및 기름 청정기의 제어 장치 등이다. 이러한 장치는 정밀한 구조로 되어 있기 때문에, 압축 공기 중에 이물질이나 수분이 섞여 있어서는 안 된다. 따라서, 공기 압축기로 생산이 된 압축 공기에는 먼지와 유분 및 수분 등이 포함되어 있으면서 압축

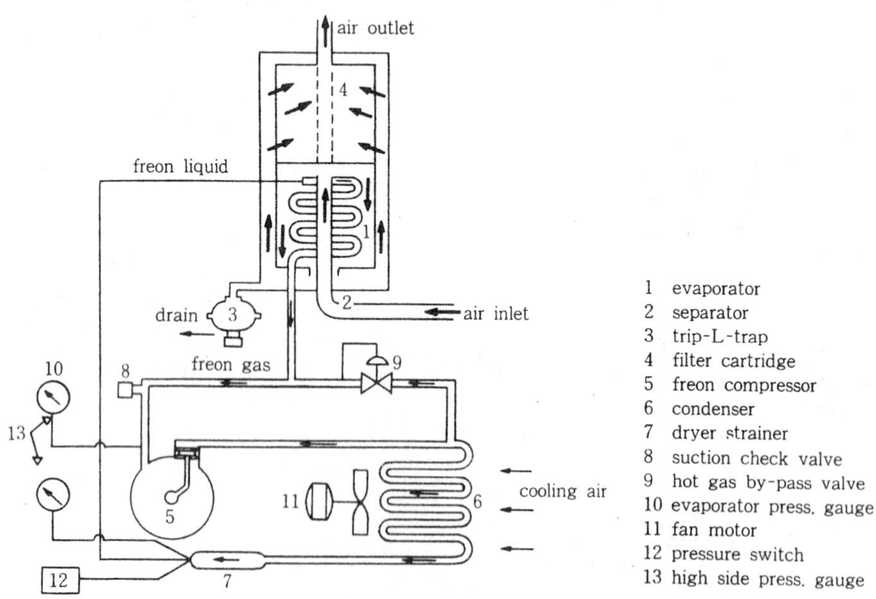

그림 5·108 refrigerated air dryer의 계통도의 한 예

과정에서도 혼입된 윤활유까지 존재하게 된다. 그래서 이것들을 제거하기 위해서는 제어용 공기 건조기(control air dryer)가 사용된다.

제어용 공기 건조기의 원리는 그림 5·108 과 같이 제어용 공기의 온도를 낮추어 제어용 공기 중에 포함이 된 수분과 유분 등을 응축시켜서 배제를 한 후, 다시 가열을 해서 상온으로 유지시키는 방법과 제어용 공기를 실리카 겔(silica gel) 속으로 통과시키면서 수분과 유분 등을 제거함과 동시에 먼지를 여과하는 방법이 있다.

(7) 기름 청정기(oil purifier)

내연 기관이나 보일러에 사용되는 연료유나 윤활유에는 수분이나 고형분과 같은 불순물이 섞여 있어서, 기관 운전의 효율을 저하시키면서 마모와 부식을 가속화시킨다. 이와 같은 불순물을 제거하는데에는 그림 5·109 와 같은 기름 청정기가 사용되는데, 이것은 순수 윤활유나 연료유 또는 불순물의 비중차를 고속 원심력으로서 확대시켜 불순물을 분리해내는 장치로서, 정유 장치들 중에서 중추적 역할을 하는 매우 유효한 장비이다. 기름 청정기의 종류에는 원통형과 분리형이 있는데, 이것들은 모터에 연결되어 6000/8000 RPM으로 회전하면 회전 원통의 내부에 원추형인 여러 장의 판을 설치하게 될 때, 오손된 기름을 엷은 층으로 분할을 시키게 되고 분리 효과가 4000/5000 배로 증대된다.

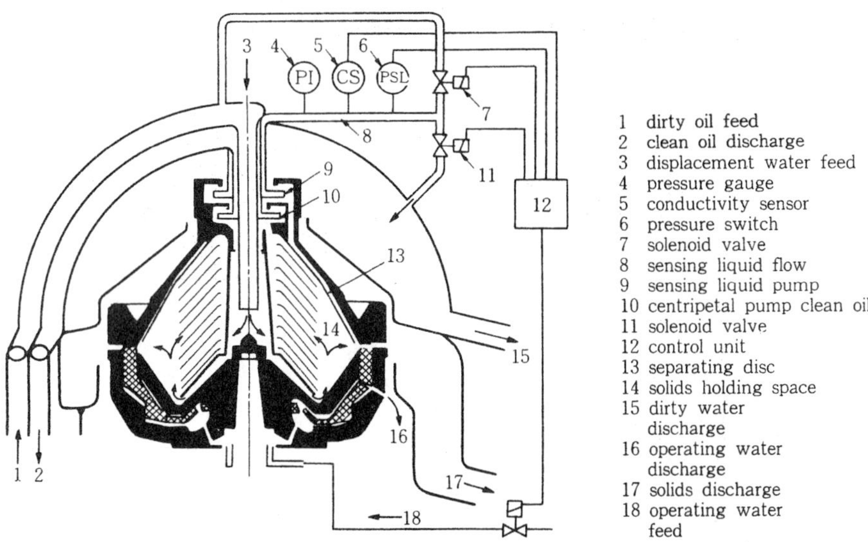

그림 5·109 oil purifier(bowl cross-section)의 한 예

(8) 조수기(fresh water generator)

선박의 운항에서 승조원의 일용 식수는 물론, 보일러 급수 등으로 인해 청수가 반드시 필요하다. 어떤 종류의 선박이든간에 청수 저장용 탱크는 있지만, 이와 같이 필요한 양

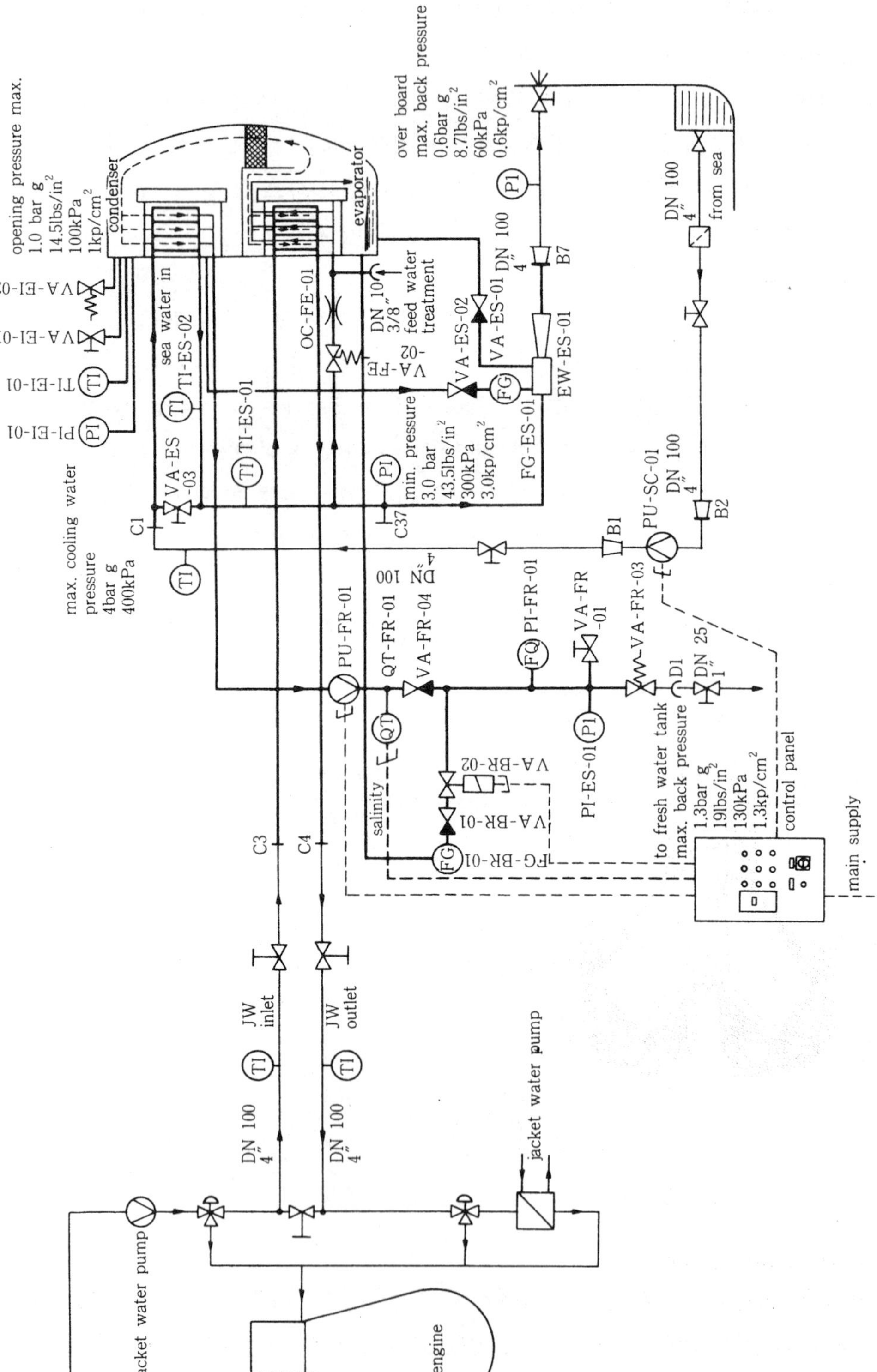

그림 5·110 조수기의 PI-도표

을 충족시킬 정도는 아니다. 따라서, 해수를 증발시켜서 재응축시킴에 의해 순수한 청수를 생산하는 조수기가 설치되어야 한다.

조수 장치에는 그림 5·110 과 같이 발생 증기의 압력에 따라 대기압 이상인 것이 고압형이고, 대기압 이하인 것이 저압형인데, 고압형은 스케일 부착이 적어서 대용량에 적합하지만, 주기관의 냉각수의 폐열을 이용하는 경우에는 저압형을 사용한다. 즉, 주기관을 냉각하면서 생기는 70~80℃ 정도인 냉각수로서 해수를 가열해서 700 mmHg 정도인 진공을 유지하면, 해수는 비등해서 수증기가 발생한다. 그리고 이것을 재응축하면 순수한 청수가 얻어져서 청수의 저장 탱크에 저장된다. 조수기의 형식에는 열회수식(heat recovery type)과 열삼투식(reverse osmosis type)이 있다.

조수기에서 생성된 청수는 음용수로 부적합하므로, 살균기와 경수화 장치를 통과시켜서 자연수와 같은 음료수로 변환시키는 과정이 필요하다.

1) 살균기(sterilizer) 조수기로 생산이 된 청수는 저온(70~80℃)이기 때문에, 해수 중에 포함된 바이러스나 박테리아 등의 미생물이 함유되어 있어 식수로 적합하지가 않다. 따라서, 이들을 살균하기 위해서 사용되는 장치가 살균기인데, 살균 방법에 따라 자외선식과 은이온식 및 염소 주입식 등이 있다. 그리고 이들의 각 특성에 관해서는 표 5·36 에 표시해 두었다.

표 5·36 각 살균기의 특성

type	U.V type	silver ion type	염소 주입식
size	medium	small	large
유지 관리	간단, 매일 확인 월 1 회 P/P 소제	간단, 매일 확인 월 1 회 전극 소제	비교적 복잡, 매일 잔류 염소량 측정, 보충
처리 용량(m^3/h)	0.2~10	0.64~6.3	0.75 이상
수 질	맛, 냄새가 없고 KMn 0.43 mg/l 이하	맛, 냄새가 없고 25~27 mg/m^3 이하 무부식성	잔류 염소 0.1 ppm 이하
부품 교환	lamp 수명 3000~7000 시간	전극 수명, F.W 처리량 4000 m^3	염소 주입 pump는 일반 펌프와 동일
사 용	연 속	연 속	단 속
살균 효과	살균 효과 확인이 힘들음 잔류 효과가 없음	살균 효과 확인이 힘들음 잔류 효과가 없음	살균 효과가 가능 잔류 효과가 있음

2) 경수화 장치(rehardening filter) 조수기에서 생성된 청수는 증류수이기 때문에, 음용수로는 부적합하다. 그리고 청수가 조수기 내에서 과냉각 응축이 되면서 공기 중의 탄산 가스를 흡수해서 산성화가 된다. 또, 이 장치는 이런 청수가 수산화 이온(OH)을 발

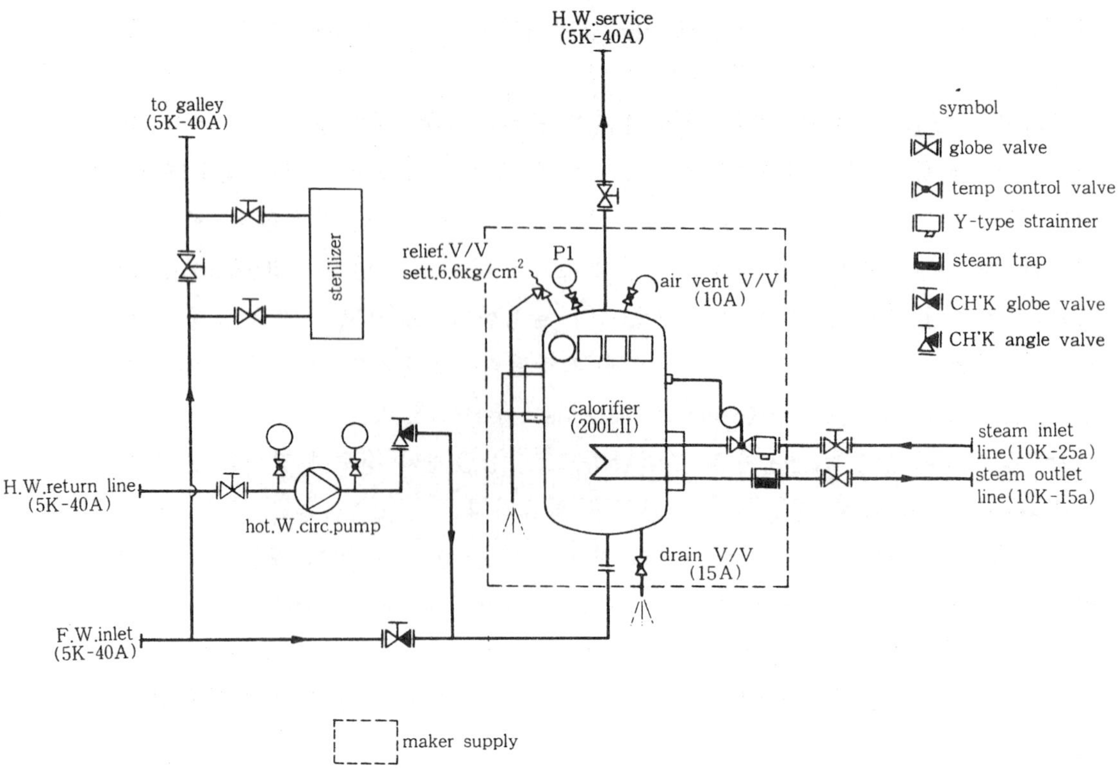

그림 5·111 hot water calorifier Pl-diagram

생시키는 화합물에 통과시키면, PH 값이 상승되면서 약알칼리수가 되고, 여기에 칼슘과 마그네슘 등이 녹아 들어가면서 경수화가 되어 자연수와 같은 음용수로 변환시킨다.

(9) 온수 가열기(hot water calorifier)

이것은 그림 5·111 과 같이 선내에 필요한 온수를 공급하기 위해 청수를 가열하는 장치로서, 주로 증기나 전기를 이용하는데 증기와 전기를 혼용하는 경우도 있다. 선내의 온수용 배관은 순환식으로 구성해서 청수를 순환시키면서 온수의 온도(약 70~80℃)를 유지하고, 항시 선내의 어느 곳에서라도 콕(cock)를 열면 즉시 온수가 나오도록 해야 한다.

(10) 소각기(incinerator)

이것은 그림 5·112 와 같이 선상에서 발생하는 생활 폐기물이나 연료유와 윤활유의 폐유 및 기관실의 빌지로부터 분류가 된 기름 등을 선내에서 소각하는 장치이다. 세계 각국에서는 해양 오염 방지를 위해서 여러 가지의 규정을 만들어서 시행하고 있는데, 이러한 규정에 의하면, 소각기를 설치해서 각종 선내의 폐기물을 중유로 소각하게 되어 있다.

(11) 유수 분리기(oily bilge separator)

기관실 내에는 각종 기기의 운전시에 발생하는 드레인이 기관실 상판의 하부에 고이

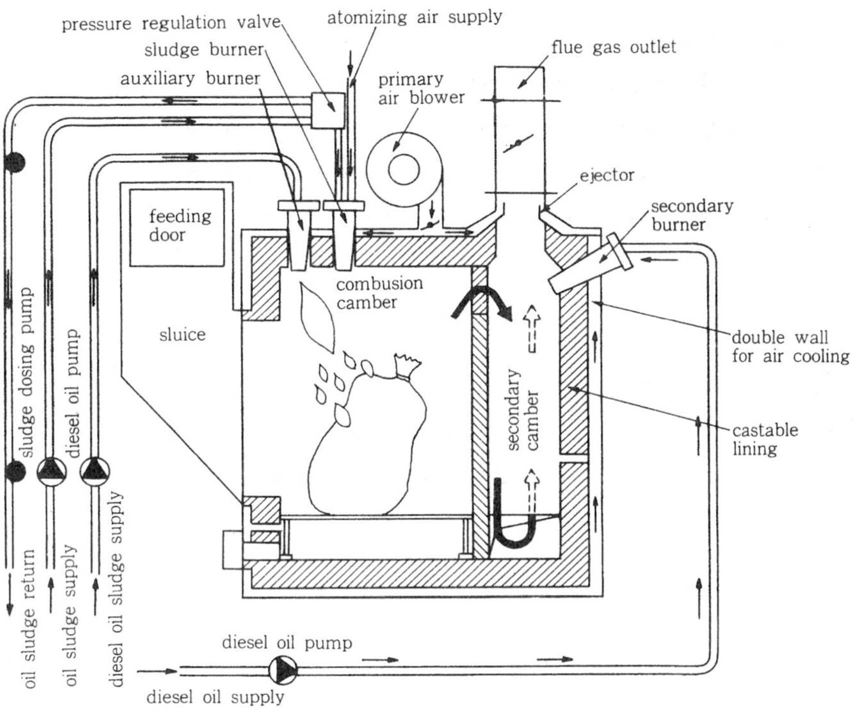

그림 5·112 waste oil incinerator 의 계통도

게 되는데, 이것이 빌지(bilge)이다. 이러한 것은 빌지 펌프로서 바다로 퍼내게 되는데, 이 때 빌지에 포함된 유분이 해양을 오염시키지 않도록 유수 분리기로 분리한 빌지를 배출해야만 한다. 이와 같이 분리된 기름은 소각기에 보내져서 처리되거나 육상의 바지(barge)에 이송되어 처리하게 된다. 유수 분리기에 대한 IMO 규정은 다음과 같다.

1) 특별한 해역 내에서는 유조선과 유조선 이외의 총톤수가 400 톤 이상인 선박으로부터 기름이나 유성인 혼합물은 해양으로 배출이 금지된다. 남극 해역에 관해서는 어떠한 선박으로부터도 기름이나 유성 혼합물이 해양으로 배출되는 것은 금지된다.

2) 다음의 조건이 모두 충족될 때에는 처리가 된 구역으로부터의 빌지수(오수)의 배출에는, 상기 규정의 적용을 받지 않는다.

① 빌지수가 화물유 펌프실의 빌지로부터 발생이 된 것이 아니어야 함

② 빌지수가 화물유의 잔유물과 혼합이 되지 않아야 함

③ 선박이 항해 중이어야 함

④ 유출액 중의 유분이 희석되지 않으면서 100 만분의 15 이하인 것이어야 함

⑤ 선박이 오수(bilge water) 분리기를 작동시킬 경우이어야 함

⑥ 오수 분리기는 유출액 중의 유분이 100 만분의 15 를 넘는 경우, 자동적으로 배출을

정지시킬 수 있는 배출 정지 장치가 설치되어야 함

(12) 기름의 점도 조절 장치(viscosity controller)

디젤 기관의 경제적인 운전을 위해서는 연료의 연소율이 좋아야 하는데, 이를 위해서는 연료의 점도가 낮은 기름을 사용하면 좋지만, 점도가 낮은 연료는 가격이 비싸기 때문에 저급유를 쓸 수밖에 없다. 따라서, 이를 보상하기 위한, 즉 점성(viscosity)을 조절

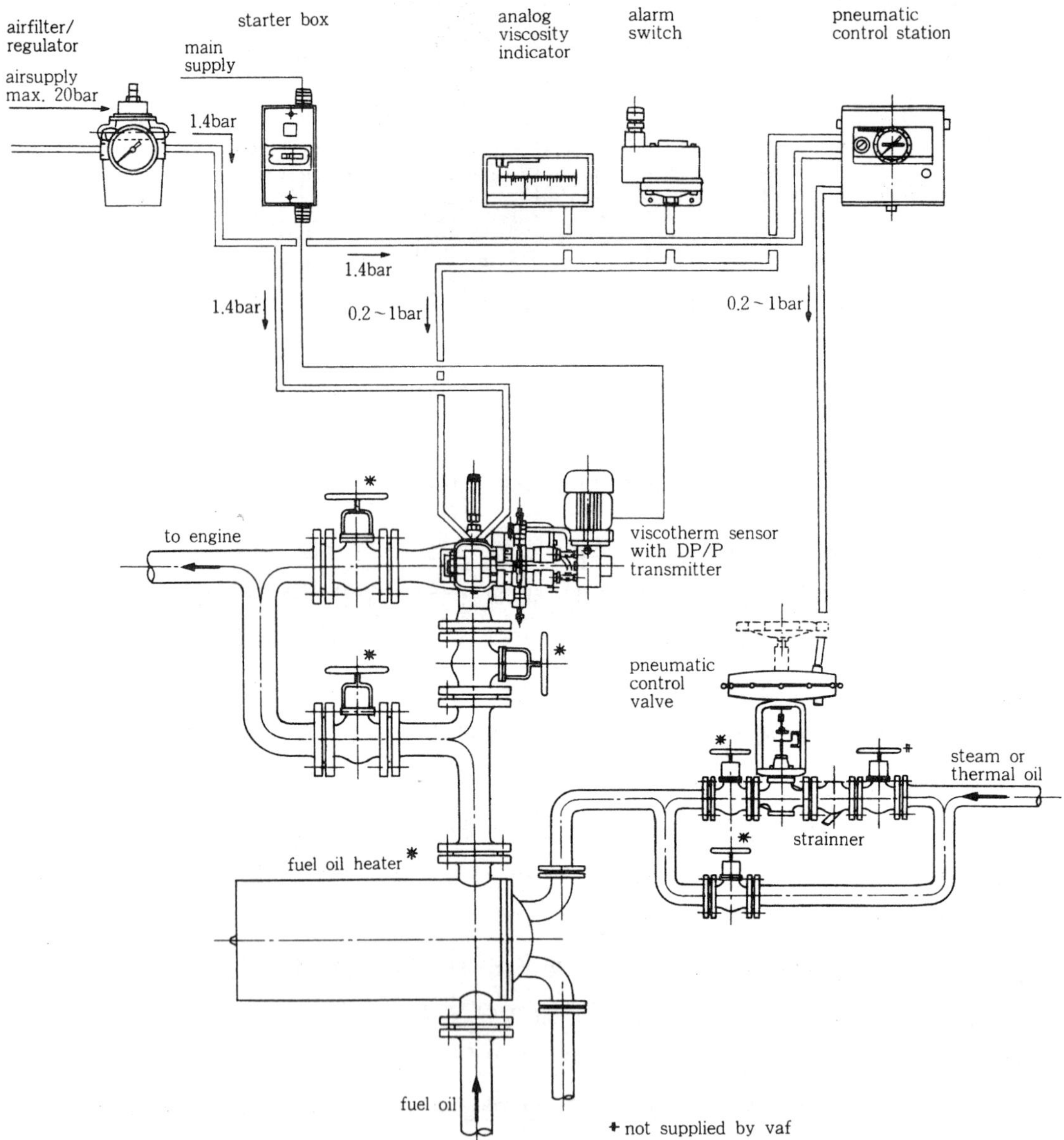

그림 5·113 viscosity controller의 계통도의 한 예

하기 위해서는 그림 5·113과 같은 기름의 점도 조절 장치를 선내에 설치하게 된다.

(13) 해양 생물과 부식의 방지 장치(anti-fouling and anti-corrosion system)

선박의 냉각 장치를 구성하고 있는 기기나 배관에서 해수가 유입되는 곳과, 해수 흡입구(sea-chest)에 해수로 인한 해양 생성물 때문에 기기나 관로가 막혀서 기기의 내부에 큰 손상은 물론, 원활한 유체에 흐름을 방해하게 한다. 그리고 이것은 해수의 수용액 중에서 이온화 경향이 강한 금속이 포함되어 선체 표면에 부착이 되면, 양극이 작용을 함으로써 선체의 부식을 방지하는 역할을 하는 장치인데, 그 대표적인 것으로는 MGPS(marine growth preventing system)와 방오 장치(anti-fouling system)가 있다.

1) MGPS 선박의 해수 흡입구와 기기 및 관로는 해양 생물이 고착되면서 기기 내부에 손상을 입히거나 관로에 충전이 되어 장치의 기능을 저하시킨다. 그리고 생물로는 미생물(micro-organisms), 연체 동물(shells)과 점액 동물(slime) 및 해물(seaweed) 등이 있다. 그래서 이러한 해양 생물이 선체에 고착하는 것을 방지하기 위한 장치가 해양 생물 생성 방지 장치(marine growth preventing system)이다.

일반적으로 해수에는 15,000~20,000 ppm인 염소가 이온 상태로 존재하는데, 이를 전기 분해하면 다음과 같은 화학 반응을 일으킨다.

$$2\,NaCl+2\,H_2O \longrightarrow H_2+Cl_2+2\,NaOH\text{(해수 수용액)}$$

양극(anode) : $2\,Cl^- \longrightarrow Cl_2+2e$(염소 가스 발생)

음극(cathode) : $2\,Na^++2\,H_2O+2e \longrightarrow 2\,NaOH+H_2$(가성 소다와 수소 가스의 발생)

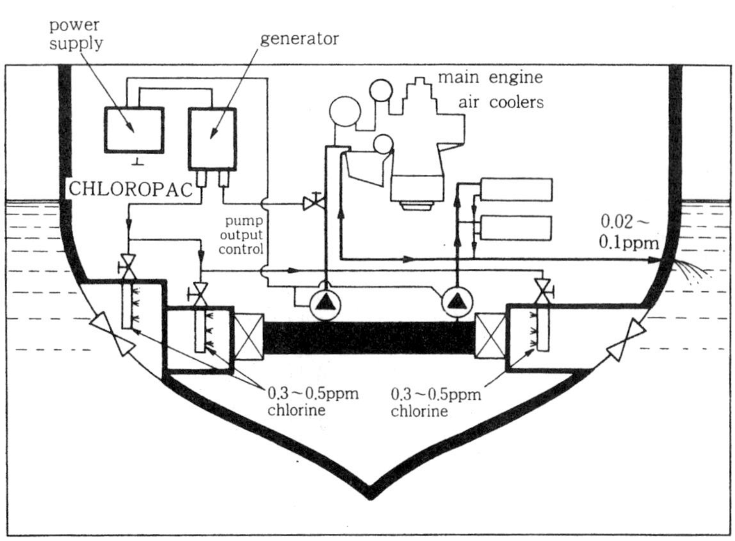

그림 5·114 MGPS의 원리도(CHLOROPAC)

생성물 Cl_2 와 NaOH 는 2차적으로 다음과 같이 작용하게 된다.

$$2NaOH + Cl_2 \longrightarrow NaClO + NaCl + H_2O$$(차아염소산 소다의 생성)

여기서 차아염소산 소다는 수용액 중에서 차아염소산 이온으로 존재하면서, 염소 이온보다 수십배의 살균력을 갖는다. 그리고 NaClO 의 일부는 다시 물과 반응해서 차아염소산염(hypochlorites, HClO)을 생성하는데, 이것은 NaClO 보다 수십배, 즉 염소보다 수백배의 살균력을 갖는다.

$$NaClO + H_2O \longrightarrow HClO + NaOH$$(차아염소산의 생성)

이것이 그림 5·114 와 같이 해양 생물의 생성을 억제하는 MGPS 의 원리이다.

2) 방호 장치 이것은 그림 5·115 와 같이 바닷물의 공급 부위에서 해양 자생물의 생성 방지와 금속의 부식 방지를 위해서 개발이 된 제품으로서, 해양 자생물의 생성 방지용 구리 전극봉(MG)과 부식 방지용 알루미늄 전극봉(TC) 1조로 구성되는데, 해수 흡입구에 주해수 여과기(sea chest main salt water strainer)가 설치된다. 그리고 전극봉의

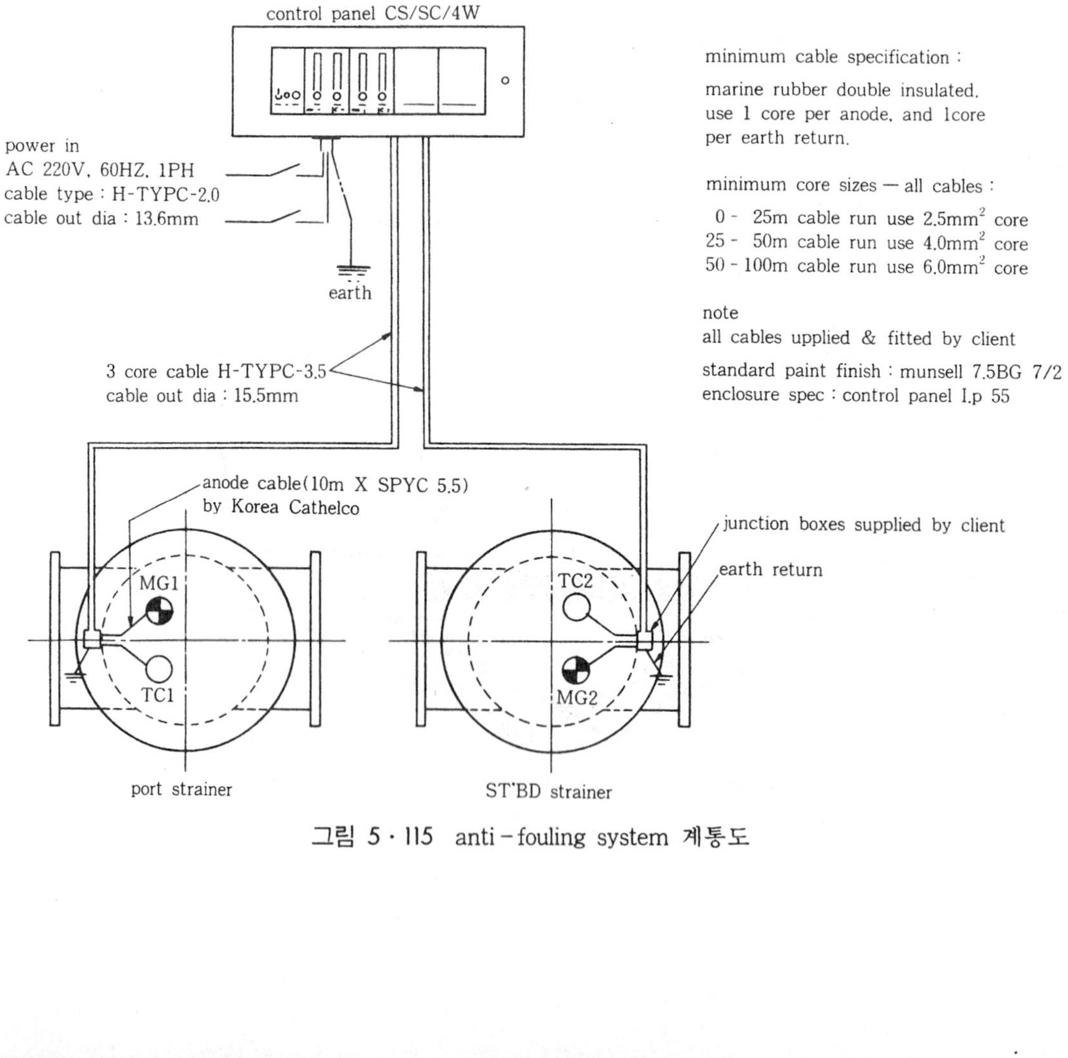

그림 5·115 anti-fouling system 계통도

특징은 다음과 같다.

① 구리 전극봉(MG) : 이것은 구리로 제조된다. 그런데 구리 입자는 전극봉에서 녹으면서 해수에서 활동 중인 자생물의 유충을 죽이는데, 반복적인 구리 입자의 공급은 어떠한 해양 자생물의 출현과 서식을 방지해 준다.

② 알루미늄 전극봉(TC) : 이것은 알루미늄으로 제조가 되는데, 금속관(steel pipe)에 희생 양극으로 작용하면서 수산화 알루미늄막을 형성해 부식 방지와 동시, 해양 자생물의 유충이 금속 표면에 착생하지 못하도록 한다.

(14) 각종 펌프류

표 5·37 기관실 각종 펌프류

펌프 형식	펌프 이름	펌프의 용도
gear/screw pump	H.F.O booster/supply/camshaft L.O pump	main engine 보조용, engine maker의 추천에 따른다.
	F.O transfer pump	M/E MCR에서 8시간 소모량을 1시간내 이송 가능, 이송압 3~5 kg/cm^2
	D.O transfer pump	1~10 m^3/h, 3~5 kg/cm^2
	L.O. transfer pump	2~10 m^3/h, 2.5~3.5 kg/cm^2
	cylider L.O transfer P/P	0.2~3 m^3/h×10~20 MTH, 또는 수동 P/P
	S/T L.O pump	0.2~0.6 m^3/h×25~30 MTH, 또는 수동 P/P
	sludge pump	dirty oil, sludge 이송용, 최소 2.0 m^3/h
centrifugal pump	M/E C.S.W pump	2~3대 설치, 1대는 stand-by임. bilge 및 ballast와 보기용으로 연계 가능
	aux.C.S.W pump	1대 설치. bilge, fire, M/E C.S.W. P/P가 이 pump의 stand-by 역할을 함
	low temp. C.F.W pump	2~3대. 1대 stand-by, low temp. C.F.W circuit의 F.W 순환용
	M/E jacket C.F.W pump	2대 중 1대 stand-by, 낮은 위치에 설치
	M/E piston C.F.W pump	2대 중 1대 stand-by, 용량은 기관형 기준
	feed water pump	boiler feed용, 스팀 증발량의 1.2~1.5
	boiler W. circulating P/P	2대 설치 auto-stand-by, 증발량의 5~9배
	condensate water pump	cargo P/P turbine 가동시 vacuum cond.의 복수 이송용, 2대 중 1대 stand-by임
	hot W. circulating P/P	0.5 kg/cm^2, 온수 이송용, calorifier와 동일
	air cond. refrigerator C.S.W pump	용량에 따라 결정함

기관실에 설치된 각종 기기, 갑판과 선실 및 각종 탱크 등의 필요를 충족시킬 수 있는 연료유, 윤활유, 청수·해수와 냉각수 및 소화용수 등의 액체를 이송과 공급 및 배출을 할 목적으로 설치되는데, 그 종류로는 기어/스크루 펌프(gear/screw pump)와 원심 펌프(centrifugal pump)가 있다. 그리고 표 5·37 에는 기관실용 펌프들의 특성을 표시해 두었다.

(15) 2중 연료 기관과 NO_x 제거 장치

LNG 선과 같이 대량의 LNG 를 운반하는 선박인 경우, 중유와 기화를 하는 가스는 대개 추진용 증기 터빈을 위한 보일러의 연료로 사용된다. 따라서, 최근 MAN-B&W 사는 중유 대신 LNG 를 고압(약 250바)으로 분사하는 MC-GI 형 기관을 개발하였다.

특히, 각국에서는 저속 디젤 기관의 배기 가스를 규제할 움직임이 있는데, 그 예로서는 미국이 한국의 현대 중공업에서 건조한 35,000 D/W급인 '핫 코일' 운반선 4 척에 대해 규제를 적용한 것이다. 이들 선박은 MAN-B&W 사가 개발한 NO_x 제거 장치를 세계 최

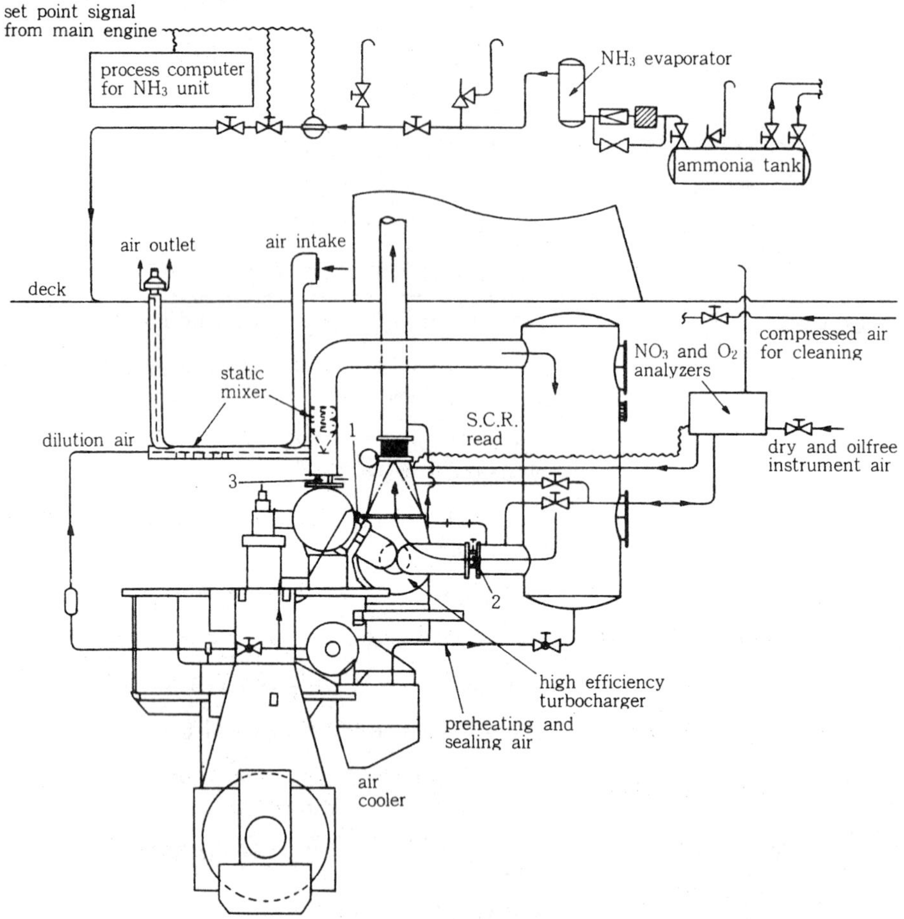

그림 5·116 MC engine with SCR 와 NO_x control system

초로 장착한 선박이다.

그림 5·116 에서 SCR(selective catalyst reactor)는 기관과는 별개로 분리가 되어 있다. 최근 SULZER 사에서도 유사한 장치를 개발하였는데, 문제점은 SCR 가 너무 고가란 점이다. 그리고 NO_x의 제거 원리는 다음과 같은 식으로 이루어지고, 이것의 계통도는 그림 5·116 에 표시해 두었다.

$$4\,NO+4\,NH_3+O_2 \longrightarrow 4\,N_2+6\,H_2O$$

$$2\,NO_2+4\,NH_3+O_2 \longrightarrow 3\,N_2+6\,H_2O$$

(16) 기타 기관실의 관련 기기

기관실이나 기관실 밖의 구역에는 기관실의 각종 기기의 정비와 보수를 위한 기기류, 환기를 위한 시설, 각종 펌프류, 필터, 여과기, 열교환기, 각종 계측 기구와 각종 탱크류 및 다음과 같은 기기들이 설치된다.

① 기관실용 크레인

② 각종 급기나 환기용 팬(fan)

③ 용접기(가스와 전기 용접기)

④ 공작 기계(선반, 드릴링 머신, 그라인더, 작업대와 기타)

[2] 기관실의 배관 계통도의 일반

기관실 내부와 그 밖의 장소에 설치되는 기기 또는 탱크들을 연결하는 배관들은 그 기능에 따라 분류되는데, 관련 기기 또는 관자재와 더불어 그 종류를 대별하면 다음과 같다.

① 연료 장치(F.O system)

② 윤활유 장치(L.O system)

③ 냉각수 장치(cooling water system)

④ 압축 공기 장치(compressed air system)

⑤ 온수와 냉수 장치(hot and cold water system)

⑥ 공기 벤트와 측심 장치(air vent and sounding system)

⑦ 증기 장치(steam system)

⑧ 빌지 장치(bilge system)

위에서 언급된 배관 장치는 각종 기기가 최적의 기능을 발휘할 수 있게끔 설계되는데, 선급이나 국제 법규에 맞도록 설계되어야 한다. 이들 배관을 갑판 배관에 관해 **기관실 배관**이라 하는데, 조선소에 따라서는 갑판 배관까지도 기관실 배관과 함께 취급하는 경우도 있다.

5.3.2 전기의장

전기 의장의 설계는 일반 배치도, 기관실 배치도 및 시방서 등을 기초로 해서 동력 장치, 항해 장치, 통신 장치, 계측 경보 장치와 무선 장치 및 조명 장치 등 각각의 계통도를 작성하면서, 이들 계통도에 의해 선박에 대한 전반의 주전선로의 포설 장소를 결정해서 각 전기 장치의 배치도를 작성한다. 그 후에 이 도면을 기점으로 하여 전기 장치의 전기 용량과 전선의 포설 길이에 따른 전압 강하 등을 고려하면서, 전선의 규격과 배전 보호 방법 등의 요소를 결정한다. 그리고 동력 배선은 주배전반이나 분전반으로서 전선의 길이가 가장 짧아지도록 해야 한다.

① 선박의 송전/배전 체계
② 선박의 제어 체계
③ 선박의 항해/통신 체계
④ 선박의 조명 체계
⑤ 선박의 화재 탐지/경보 체계

[1] 송전/배전 체계

(1) 전력 계통의 개요

전원인 동력 장치는 발전기, 배전반, 변압기와 축전기 및 선외 급전반으로 구성되는 전원 장치와, 보기용 전동기, 시동 장치, 하역 장치, 갑판 보기, 주방 기기, 전열 장치와 동력 분전반 및 접속상 등의 전기 기구로 구성되는 동력 장치를 총칭한다.

선박의 주전원인 발전기는 디젤 기관과 터빈 등의 추진 기관으로 구동되는데, 선내의 부하에 충분한 전력을 공급할 수 있는 용량을 가져야만 한다. 그리고 선급 규정에 의하면, 비상 급전이 가능토록 발전기를 2 대 이상 설치해야만 한다. 일반적으로 A/C 발전기가 설치되는데, 그 용량은 수백 KVA 로부터 수천백 KVA 이면서 AC 450V이고 3 상이며, 60 Hz인 것이 채택된다. 그리고 회로 전압은 동력에서 440 V를 사용하는데, 그 밖에도 110 V나 220 V를 사용한다. 또, 비상 조명이나 그 밖의 목적에는 DC 24V가 사용된다. 조명 시설을 위해서는 440V인 건식 변압기를 사용해서 전압을 낮추는데, 비상 조명과 전화 장치 및 경보 장치 등을 위해서는 배터리가 준비되어야 한다.

최근에 선급과 선종에 따라 주전원이 고장나더라도 비상 조타가 가능하도록 비상용 발전기와 비상 배전반을 설치하는데, 컨테이너선과 RO/RO 선 및 대형 도선(ferry) 등에서는 특유한 부하에 대응을 하기 위해 보조 급전반을 설치하는 경우도 있다.

주요 동력 장치로는 각종 펌프류, 공기 압축기, 통풍기, 조타기와 계선기 및 하역 기계 등의 보기를 구동하는 전동기, 시동기와 전열 장치 및 주방 기기 등이 있다. 급전 방식은 주배전반이나 비상 배전반에서 직접적이거나 중간에 분전반을 거쳐 전기를 공급한다. 이 때 이들 분전반은 보통 동력 장치에 포함된다.

(2) 선박 전원의 설비 계획

선박의 전원 설비는 상용 전원 장치, 급배전 장치와 비상용 전원 장치 및 급전 장치로 구성되는데, 전원 설비의 계획은 그림 5·117 과 같다.

(3) 전력 부하의 조사표와 단선 계통도

1) 전력 부하의 조사표　　이것은 선박의 운항 조건에 따라 변한다. 즉, 항해시(at seagoing)와 입항시, 출항시(at port in/out) 및 정박시(at harbour) 상태에서는 상시의 사용 부하와 간헐적인 사용 부하가 각각 어느 정도 소요되는가를 파악해 놓은 도표이다.

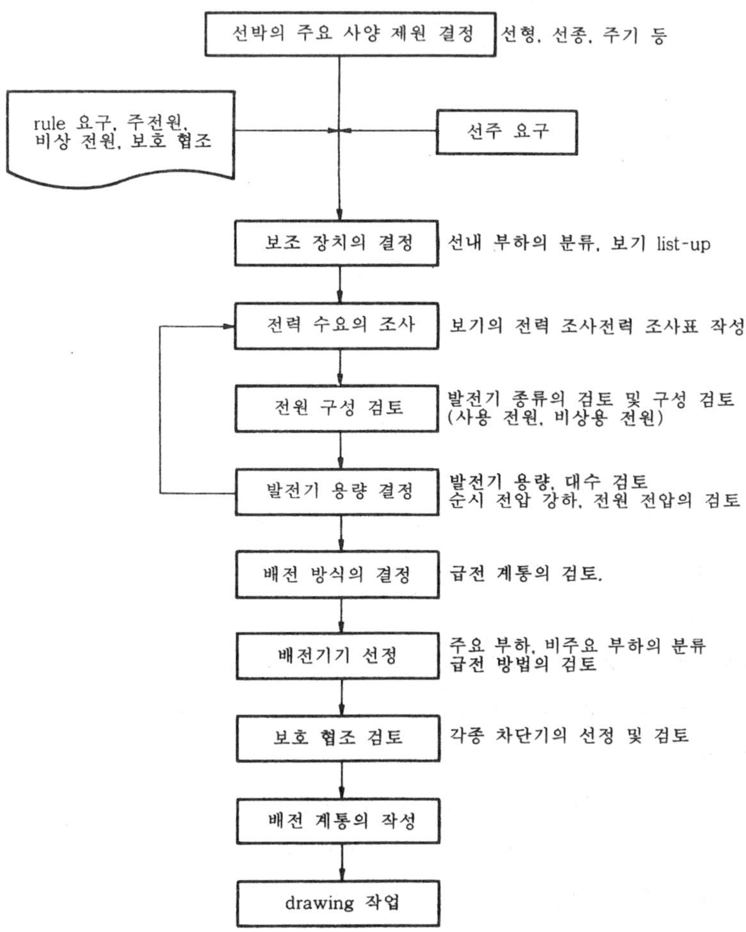

그림 5·117 선박 전원 설비 계획 flow chart

일반적으로 디젤 발전기의 용량은 이 전력 부하표를 근거로 해서 결정한다. 또, 비상 발전기의 용량은 비상 배전반으로 연결이 된 부하들 중 제일 용량이 큰 부하로서, 시동시의 전압 강하가 15%를 넘지 않는 범위 내에서 용량을 결정하는 방법과 모든 부하를 고려해서 결정하는 방법으로 결정되는데, 주로 전자에 의한 방법으로 결정을 하는 예가 많다.

2) 단선(單線) 계통도(one line diagram)　이것은 설계자가 실제로 설계를 하기 전에 꼭 필요하거나, 중요한 장비들과 각 구역에 위치한 모든 부하(load)들을 확인하면서 부하 평행 배분(load balance)과 초기 설계의 기본 개념을 정립하기 위해 작성되는 도면이다.

최근에는 배선도(wiring diagram of power system)로 이것을 대체해서 선주나 선급의 승인을 얻은 경우가 많지만, 경험이 적은 설계자는 단선 계통도를 작성해서 기본 개념을 정립하게 된다. 이 도면에는 부하명(load consumer), 부하 용량(connected load ; 전력량=kW, 전류=ampere), 전선의 종류, 도체의 크기, 차단기의 차단 용량 및 트립(trip)의 차 등이 기입되어야 한다.

(4) 필수외 장비와 주요 장비

필수 장비는 선박의 추진과 조타를 위해서 반드시 계속적으로 동작시켜야만 하는 장비들을 말하고, 주요 장비는 선박의 주기능, 즉 전력 생성, 추진/조타, 화재의 탐지와 소화, 폐수 배출, 밸러스팅/화물유 펌핑, 계선(anchoring)/계류(mooring)를 유지하기 위해 필요한 장비를 말하는데 그것들은 다음과 같다.

1) 필수 장비(essential equipment):

① 조타 장치(steering gear)

② 연료 공급 펌프(fuel oil supply pump)

③ 윤활유 펌프(lubricating oil pump)

④ 주기용/보기용 냉각수 펌프(cooling water pumps for main/aux. engine)

⑤ 점화 전환 장치(lighting converters)

⑥ 변압기(transformer)

⑦ 발전기(generator for supplying such equipment)

2) 주요 장비(important equipment):

① 양묘기(windlass)

② 연료유 이송 펌프(fuel oil transfer pumps)

③ 시동용 공기 압축기(starting air compressors)

④ 빌지/밸러스트 펌프(bilge/ballast pumps)

⑤ 소방 펌프(fire pumps)

⑥ 화물유 펌프(cargo oil pumps)

⑦ 주기/보일러실용 통풍팬(ventilation fan for engine/boiler rooms)

⑧ 불활성 가스용 팬(inert gas fans)

⑨ 변압기/발전기(transformers/generators for supplying such equipment)

3) 부하 설비 필수 부하명(essential consumer)들은 주배전반으로부터 전원을 공급받도록 해야만 하고, 주요 부하명들은 주배전반이나 보조 분전반(sub-distribution board)으로부터 전원의 공급을 받는데, 필수적이거나 주요한 목적으로 취급되어서 주배전반으로부터 서로 다른 전원을 공급받는 장치들은 패널(panel) 내부에 난연성 차단벽을 설치해야만 한다. 그리고 부하 설비는 다음과 같다.

① 집합 시동기반(group starter panel)

② 기기 근처 집합 시동기반(local group starter panel)

③ AC 440V 배전반(AC 440V feed panel)

④ AC 220V 배전반(AC 220V feed panel)

⑤ 분전반(distribution board)

⑥ 원격 시동 장치(remote push button)

[2] 제어/자동화 장치

공업계에서 말하는 제어란 "어떤 목적에 적합한 대상으로 되어 있는 것에 필요한 조작을 가하는 것"이라고 정의를 한다. 일반적으로 제어는 컴퓨터를 이용한 생산 공정의 자동화(factory automation)와 사무 자동화(office automation) 및 항공기의 자동 조정 장치 등과 같이, 고도 제어로부터 TV 와 같은 on/off 에 의한 수동 제어와 주기/보기의 제어 등에도 널리 쓰인다. 그리고 제어 방식에는 순위식(sequence) 제어와 되먹임식(feedback) 제어가 있다.

특히, 선박에 있어서의 자동화란 수동 조작인 제어계보다는 자동 제어를 의미하는데, 기계적/전기적 구성을 단독이나 복합의 형태로서도 택할 수 있다. 이 항에서는 항해/통신을 제외한 일반적인 선박 자동화를 다루고자 한다. 제 2 차 세계 대전 이후, 전쟁 중에 개발이 된 제어 기술이 대폭 민간 산업에 전용되면서 자동화는 급속한 발전을 하게 되었다. 1970년대에 기관실 무인화 장치가 선박 건조에 도입되었고, 1980년대에는 운항비의 절감을 위한 컴퓨터 제어 장치가 선박에 도입되었다. 선박의 주요 제어(자동화를 포함) 장치와 경보 장치는 다음과 같다.

(1) 선박의 주요 제어(자동화 포함) 장치와 경보 장치

1) 제어 기기와 자동화 기기:

① 자동 조타 장치(auto pilot)

② 전자동 항법 장치(total navigation system)와 기타 항해/통신 장비

③ 주기 제어 장치(M/E control system)

④ 보기 제어 장치(auxiliary engine control system)

⑤ 폐열기 터빈 발전기(economizer turbo generator)

⑥ 보기 자동 운전 장치와 전력 운영 장치(power management system)

⑦ 밸러스트 제어(ballast control)

⑧ 온도 제어(temperature control)

⑨ 보일러 제어(boiler control system)

⑩ 기름 청정기 제어(purifier control system)

⑪ 공기 압축기(air compressor control)

⑫ 냉동기 제어(refrigerating plant control)

⑬ 공기 조화기(air conditioning plant control)

⑭ 보조 펌프와 기기(auxiliary pump, machineries)

2) 경보 장치 :

① 경보/감시 장치(alarm/monitering system)

② 주기용 경보 장치(E/R alarm system)

③ 당직자용 경보 장치(watch-man alarm system)

④ W/H 당직자용 경보 장치(W/H watch man alarm system)

⑤ CO_2 해상 경보 장치(CO_2 release alarm system)

(2) 선박의 제어/자동화 기기용 센서

계측계와 제어계 및 조절계에서는 센서(검출부 혹은 sensing element) 역할을 이용해서 제어와 자동화를 시키고 있는데, 그것의 기본 요소를 나타내면 그림 5·118 과 같다.

계측계와 제어계 및 조절계의 기본 요소는 검출부, 변환부, 전송부, 지시부, 제어계(조절계, 조작부)와 조작단 및 기록부 등으로 구성된다. 여기서 센서는 제어 대상(process)의 온도, 압력, 액체면의 높낮이와 유량 및 성분 등, 제어 대상의 물리량과 화학량을 검출하는 부위인데, 그 종류는 다음과 같다.

① 온도용 센서(temperature sensor)

② 압력용 센서(pressure sensor)

③ 액면용 센서(liquid level sensor)

④ 유량용 센서(flow sensor)

⑤ 기타(others)

(3) 보일러의 제어 장치

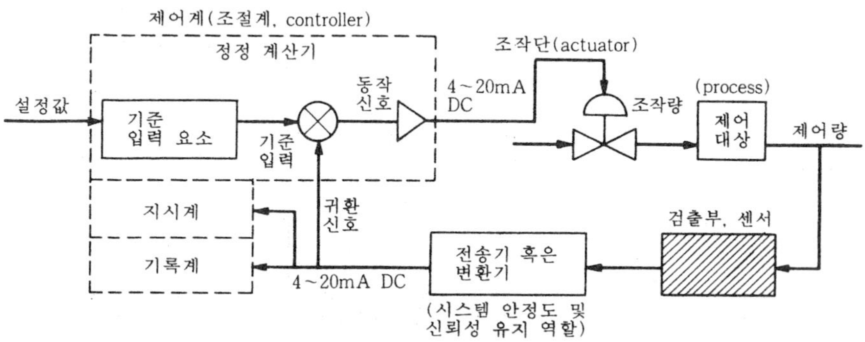

용어설명 :

- 설정값(set point) : 희망 제어량의 값, 희망의 값, 목표의 값 등
- 기준 입력 장치(input element) : 설정값을 제어할 수 있는 신호로 변환시키는 장치
- 기준 입력(reference input) : 설정값에 비례하는 제어가 가능한 입력 요소
- 정정 계산기(오차 검출부, error detector) : 제어량과 설정값을 비교한 오차 계산
- 오차(error) : 설정값-제어량
- 동작 신호(actuating signal) : 제어계를 동작시키는 입력과 기준 입력-귀환 신호로 정의함
- 조작단(actuator) : 최종 제어 요소, 출력 신호에 대응하는 제어량과 제어 조작량의 변화 장치
- 조작량 : process 나 제어 대상에 직접 작용하는 양
- 검출부(measuring element), 센서(sensing element) : 제어량을 측정하는 장치
- 전송기, 변환기 : 시스템 안정도와 신뢰성 유지를 위해 검출부로부터 감지된 미소 신호를 4~20 mA DC 나 기타 제어계와 호환성 있는 신호로 변환시키는 장치

그림 5·118 자동 제어계 원리의 블록 선도

주추진 장치와 보조 추진 장치 등에 각종 제어계가 있는데 여기서는 생략하고(제작사에서 제시하는 시방을 참조할 것), 보일러의 제어계를 살펴보기로 한다. 그 제어계는 그림 5·119 와 같이 다음과 같다.

① 과열 증기 온도 제어(super heated steam temperature control : SHSTC)

② 자동 연소 제어(automatic combustion control : ACC)

③ 급수 조정/제어(feed water regulator)

④ 자동 안전 트립(automatic safety trip)

(4) 기관실의 경보 장치

이것은 기관실(machinery space)에 설치되는 각종 기기류의 운전과 작동 상태를 한곳에서 집중적으로 감시하면서, 적절한 운전과 효과적인 업무를 수행하기 위한 장치이다. 또한, 건조 시방서나 규정이 요구하는 센싱 위치(sensing point)에 대한 정확한 정보가 감시될 수 있도록, 컴퓨터에 의한 원용(遠用) 경보/감시/제어 장치가 사용되는데, 장치의 제작사에서 장치를 제작하기 전에 이 정보를 통보하여 하드웨어/소프트웨어(hardware/software)를 준비하도록 한다. 그리고 장치의 구조는 그림 5·120 과 같다.

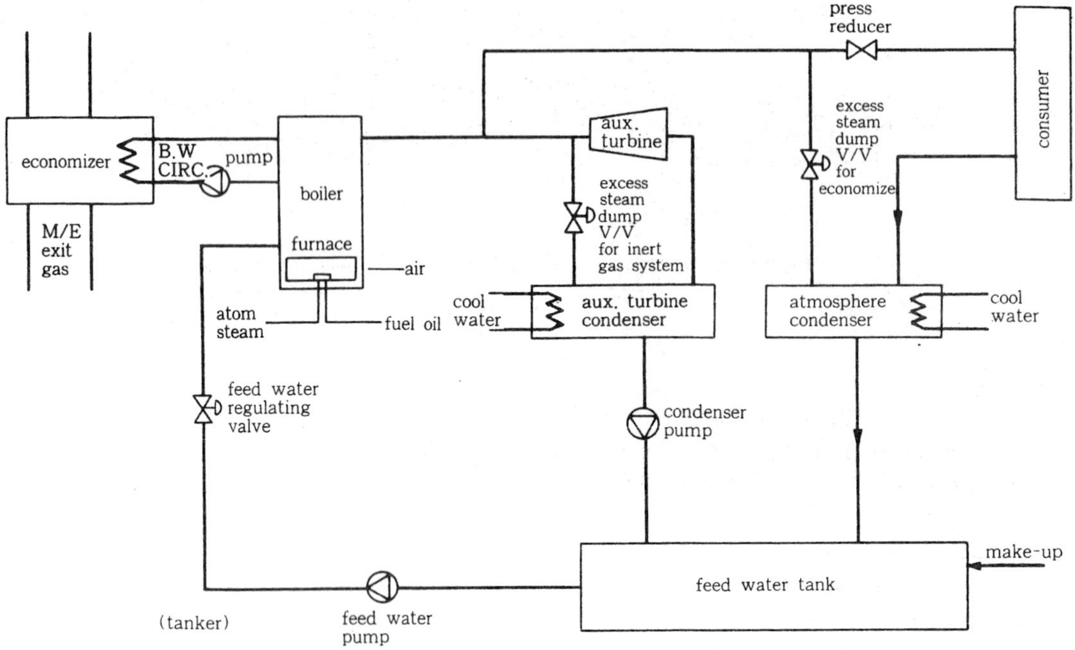

그림 5·119 boiler piping diagram과 제어계

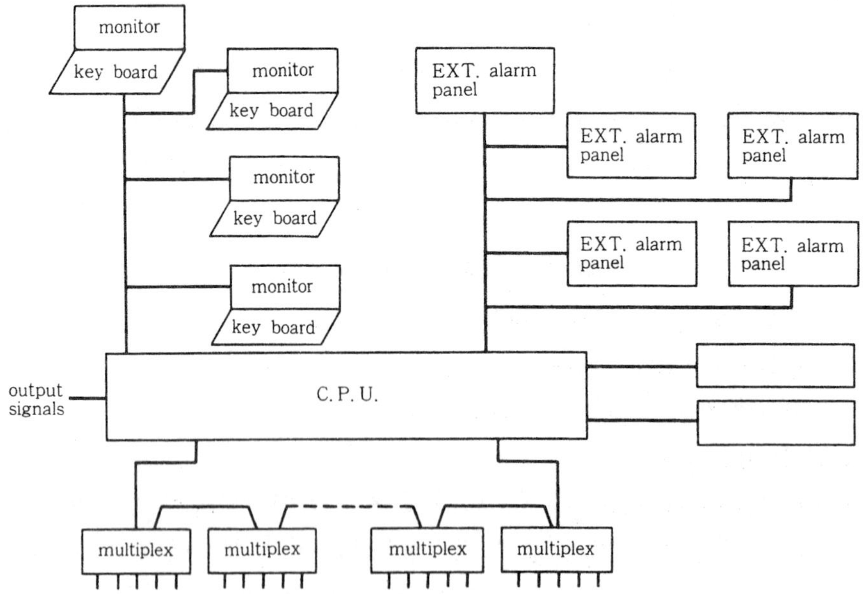

그림 5·120 system configuration diagram

[3] 선박 항해/통신 장치

이것은 선박의 안전 항해와 필요한 통신을 위한 장비로서, 과거에는 주로 선박의 위치

를 파악하는 주목표를 가지고 있었지만, 현재에는 그 기능이 다양화되어 정확한 위치는 물론, 진로 주위의 장애물이나 기상 정보와 자동 조타 및 수심 측정 등의 정보를 동시에 접할 수 있으면서, 전자동 항법 시스템도 사용이 된다. 통신 설비도 또한 선외는 물론 선내의 통신도, 각종 텔레그래프나 전성관 방식이 아닌 동시 대화식으로 변화되었다. 항해/통신 장비의 내역에 관해서는 다음과 같은데, 이 항에서는 전자동 항법 제어 장치(total navigation control system)와 GMDSS에 관해 중점적으로 논하고자 한다.

① 레이더(radar)와 알파(ARPA)

② 선위(船位) 고정 장비(position fixing equipment)

③ 방향 탐지기(direction finder)

④ 기상 전송기(weather facsimile)

⑤ 자이로컴퍼스(gyrocompass)

⑥ 자동 조타 장치(auto pilot)

⑦ 자기 컴퍼스(magnetic compass)

⑧ 선속계(ship speed log)

⑨ 음향 측심기(echo sounder)

⑩ 크로노미터(chronometer)

⑪ 선내의 유선 전화 장치

⑫ 선내의 지령과 상호 음성 교신 장치

⑬ 선내의 의무실과 냉동고 경보 장치

⑭ 타각 지시기(rudder angle indicator)

⑮ 안테나 복시 커플러(antenna multi coupler)

⑯ 전자동 항법 장치(total navigation system)

⑰ 지구국 규모의 해난 구조 안정 장치(global maritime distress and safety system ; GMDSS)

그리고 최근에 사용되고 있는 선위 측정 장치는 표 5·38과 같다.

(1) 전자동 항법 조종 장치(total navigation control system)

해상 수송 물량의 증가는 선박의 대형화와 고속화를 초래하였다. 그 결과로 주요 항로, 특히 항만 부근에서의 해상 교통량이 폭증하였다. 이로 인해, 해난 사고의 증가와 함께 해양 오염도의 비중도 더욱 커지게 되었다. 이에 대처하기 위해서 각국에서는 데이터 브리지(data bridge)와 자동 제어 브리지(automatic control bridge) 및 전자동 항법 조종(total navigation control) 등의 도입으로, 인간 공학과 시스템 공학적인 입장에서

표 5·38 선위 측정 장치 일람표

항목 \ 시스템	천 측	LORAM-C	LORAN-C	DECCA	OMEGA	NNSS
사용 해역	전역(기상 조건의 제한)	북반구(공간파)에서 사용되는 기장면, LORAN국으로부터 1200 mile내(지표파)	북반구의 약 3분의 1	chain 중심에서 200 mile 내	전역(인도양 제외)	전역(전일성)
측정 간격	청명한 날씨	수 시	수 시	수 시	수 시	약 90분 간격
발신 주파수	–	100 KHz	1.8~20 MHz	70~130 KHz	10~14 KHz	150 MHz 400 MHz
측정 방식	–	pulse 간격 위상차	pulse 간격	위 상 차	위 상 차	Doppler shift
accuracy	2 miles(최적 조건)	16~200 m(지표파), 10~17 m(공간파)	0.5~1 NM (지표파), 3~6NM(공간파)	0.5~4 NM	2~4 miles	0.016 NM(dual ch.), 0.05~0.25 NM(single channel)
기 타	sextant observation of sun, moon & stars	pulsed hyperbolic radio system		CW hyperbolic radio system	CW hyperbolic radio system	600 NM 상공의 극궤도 항해 위성, 150 MHz(VHF) 400 MHz(UHF)

항법을 재조명하면서 자동화 항법을 위한 새로운 선교(bridge)의 형태를 모색하게 되었는데, 그 기능들을 대별하면 다음과 같다.

① 선위 결정 장치
② 항해 계획 장치
③ 자동 조선(操船) 장치
④ 충돌 예방 장치
⑤ 항법 계산 장치
⑥ 종합 표시 장치
⑦ 일지 작성 장치

이상과 같이 표준적인 기능 외에도 선박의 특성에 따라 부수가 되는 기능들, 즉 주기/보기의 운전 상태의 점검과 이상 경보 기능, 본선과의 교신의 보존/표시 기능, 조난 신호 수신의 경보 기능, 각 탱크의 측심/기록의 유지 기능과 적하시/양하시의 선체 응력 계산/위험 경보의 기능 및 냉동 컨테이너에서 각각의 이상을 감시하는 기능(냉동 컨테이너선) 등이 있다.

전자동 항법 장치의 개발 목적은 대형 해난 사고의 위험을 줄이는데서 출발했는데, 해기사의 업무 능률 향상에도 크게 기여를 하였다. 그러나 재고를 해야 할 점은 이 장치의 협력 원천인 각종 탐지 장치의 신뢰도이다. 현재 신뢰성을 얻고 있는 NNSS(navy navigation satellite system) 항법도 고속인 항공기에 적합하지만, 장시간에 걸친 오차의 누적이 이루어지는 선박에서는 미흡하다. 이러한 취약점을 보완하기 위해서는 NAVSTAR(navigation system with time and ranging) 방식의 개발을 서두루고 있다. 이것을 이용하면, 15 m 내외의 정밀도로 선위의 측정이 가능해질 것이다.

(2) 지구국 규모의 해난 구조의 안전 장치(global maritime distress and safety system : GMDSS)

해상 조난과 안전에 관한 요구는 SOLAS 1974 와 규정에 따라 국제 무선 통신 연합(ITU)의 국제 조난 주파수를 계속 청취할 수 있어야만 하고, 최소 통달 거리(100~150 miles) 이상인 송신 능력이 있는 설비를 설치해야만 한다. 이것은 구조를 가장 가까이 있는 다른 선박에 의존해야 함을 의미한다. 이를 보완하기 위해서 국제 해상 기구(IMO)에서는 1974 년부터 SOLAS 보다 포괄적으로 대처할 수 있는 GMDSS 를 확대해서 적용시키는데에 노력을 기울인 결과, 1988 년 IMO 는 이것을 정식으로 채택하면서 1992 년부터 단계적으로 모든 선박에 강제로 적용시키고 있다. GMDSS 규정에 따라 이것이 무선실(radio room)이 아니라, 조타실(wheel house)에 설치됨으로서, 항해사들에 의해 송신, 수신의 업무를 수행하게 되었다.

[4] 선박 조명 장치(lighting system)

조명에 관한 설계는 주어진 장소의 사용 목적에 가장 알맞은 빛의 환경과 작업을 하는 데에 적합하도록 빛의 질과 양 및 방향을 고려하면서, 광원과 기구의 종류, 크기 및 위치 등의 조명 시설을 결정하는 것이다. 이러한 조명 설비의 설계는 다른 전기 기기의 설계와 같이 여러 가지의 수식이 중요한 것이 아니라, 생리와 심리 및 심미적인 견지로부터의 고려도 충분히 가해져야만 하는데, 이것은 건축 구조와 의장에 따라 좌우됨을 명심해야 한다.

조명의 중요한 두 가지 목적은 i) 동작과 작업으로 인해서 직접 물체를 보는 것이 필요하지만, 물체가 명확히 보이면서 또한 사람이 물체를 봐도 피로를 느낄 수 없는 효과를 내어야만 한다. ii) 사람의 심리를 움직이게 하는 기분이나 분위기를 그 때의 생활 행동에 알맞도록 하는 것이다.

좋은 조명의 조건으로는 이상의 두 가지 목적을 고려해야 하지만, 이들이 꼭 일치될 수는 없다. 그래서 조명 시설의 실제 조건으로서는 이와 같이 적당한 조도, 휘도 분포,

눈부심, 그림자, 분광 분포, 기분, 조명 기구의 위치와 의장 및 경제와 보수 등이므로, 이를 잘 고려해서 설계 작업시에 충분히 반영시켜야만 한다.

(1) 항해등과 신호 용구에 대한 해설

선박에 설치가 되는 등화와 신호 용구는 선박의 선형에 따라 여러 종류가 있다. 그리고 항해등과 신호등의 중요성은 선박이 해상 교통 수단으로서 상호간의 충돌을 사전에 예방하면서 안전을 확보하는데에 큰 역할을 한다. 또, 등화는 주로 야간에 사용이 되면서, 주간일지라도 강우와 안개 및 연기 등에 의해 제한이 된 장소에서 사용되어야 하는데, 특히 항해 규정을 잘 이해하면서 정확하게 파악해 이들을 설치해야만 한다. 그러므로 필요한 제규정은 다음과 같다.

1) 규정과 규칙

① 해상 충돌 예방 규칙(international regulations for preventing collisions at sea 1972 and amendments)

② Suez canal's navigation regulation(Egypt, January 1986)

③ Panama canal commission rule(January 8, 1979)

④ international convention for safety of life at sea(SOLAS, 1972)

⑤ 해당 정부의 규정과 선급 규정의 요구 사항의 검토

2) 항해등과 신호 용구의 분류 : 이것에 관해서는 표 5·39 에 표시해 두었다.

(2) 조난 신호(distress signal)

다음 각호의 신호는 그 전부 또는 일부를 사용하거나 표시하는 경우, 조난 사실과 구조의 필요함을 나타낸다.

① 약 1분간의 간격으로 행하는 1회의 발포나 기타의 폭발에 의한 신호

② 무중 신호 기구에 의한 연속된 음향 신호

③ 단시간의 간격으로 1회에 1개씩 발사되면서 별 모양의 붉은 불꽃을 발하는 로켓이나 유탄에 의한 신호

④ 무선 전신과 기타의 신호 방법에 의한 모르스 부호에 의한 SOS의 신호

⑤ 무선 전화에 의한 "메이 데이"라는 말의 신호

⑥ 국제 기류 신호에 의한 NC의 조난 신호

⑦ 방형기로서 그것의 위쪽이나 아래쪽에 징(gong) 또는 이와 유사한 것을 1개 붙여서 이루어지는 신호

⑧ 선상에서의 화염(타르 통과 기름통 등의 연소로 생기는 신호)

⑨ 낙하산에 달린 적색의 꽃불 로켓이나 적색 수중 불꽃에 의한 신호

⑩ 오렌지색 연기를 발하는 발연 신호

표 5·39

종 류		용 도	색깔 및 각도	적 용 규 칙
masthead light(fore & aft)		야간 항해시	백색(225도)	COLREG. 72
side light		상 동	좌현 : 홍색(112.5도) 우현 : 녹색(112.5도)	상 동
stern light		상 동	백색(135도)	상 동
anchor light (fore & aft)		야간 정박시	백색(all round)	상 동
towing light		예 인 시	황색(135도)	상 동
not under command light		조종 부자유선	홍 색	상 동
manuevering		조종 신호등	백색 morse(360도)	상 동
flashing light		수상 활공선에만 사용	황색 섬광	상 동
steering light		Panama 운하 통과시	청 색	Panama canal commission rule
기타 signal light		Suez 운하 및 각국 항만 통과시	홍색, 백색, 녹색	Suez canal regulation
whistle		음향 신호시		COLREG. 72
bell		상 동		상 동
gong buoy		상 동		상 동
형상물	구 형	주간 항해시	흑 색	상 동
	원 추 형	상 동	상 동	상 동
	원 통 형	상 동	상 동	상 동
	능 형	상 동	상 동	상 동

⑪ 좌우로 벌린 팔을 천천히 반복하여 올렸다내렸다 하는 신호

⑫ 무선 전신에 의한 경보 신호

⑬ 무선 전화에 의한 경보 신호

⑭ 비상용 위치의 지시용 무선 표지(radio beacon)에 의해 발생하는 신호

[5] 선박의 화재 탐지와 경보 장치

화재에 관한 한 육상이나 선박에 관계없이 조기 발견과 진화가 대형 화재로의 진행을 막는데에 무엇보다 중요하다. 선박은 육상과 달라 다른 곳으로부터의 지원이 어려운데, 전혀 지원이 되지 않는 경우도 허다하다. 따라서, 방화 설비가 충분해야 하고, 그리고 조기 감지 장치는 물론 전선원에게 화재 발생 상황을 알려 주는 경보 장치가 필요하다.

화재 감지와 경보 장치에 대한 각종 법규나 규칙은 SOLAS를 토대로 해서 각국의 정부가 요구하는 규칙들이 있다. 그리고 기관실 무인화에 관한 규정의 적용을 받는 선박에서는, 화재 발생의 위험성이 큰 기관실과 펌프실 등은 원칙적으로 무인화되어 있으면서 항해 중이거나 야간에 제어실(control room)에 당직자만 있거나, 또 자기 방에서 대기를 하는 정도이므로, 화재의 조기 발견과 경보 장치는 효과적으로 구성되어야만 한다.

(1) 화재 감지 장치의 종류

일반적으로 화재 감지 장치의 감지기 종류에는 다음의 네 가지로 대별할 수 있는데, 각 감지기는 재래형(conventional type)과 지시형(addressable type)으로 구분된다.

① 이온화식 연기 탐지기(ionization type smoke detector) : 연기에 의한 감지

② 열식 탐지기(thermal type detector) : 온도에 의한 감지

③ 화염 탐지기(flame detector) : 연소 불꽃의 자외선이나 적외선 파장에 의한 감지

④ 수동 호출 방위(manual call point) : 화재 발견자에 의한 경보

(2) 장치의 구성

회로를 구성하는데는 다음과 같은 사항을 고래해야만 한다.

① 수동으로 작동하는 호출 방위를 포함하여 화재 탐지 장치(fire detection system)와 경보 장치(alarm system)는 즉시 동작을 할 수 있어야 하는데, 이 장치에 필요한 전원 공급과 전기 회로에 고장 조건이 발생할 경우, 주패널에 화재의 시그널과 구분이 되도록 별도의 청각/시각(audible/ visible) 경보 장치가 준비되어야 한다.

② 탐지기나 수동식 눌림 단추는 여러 개의 부분으로 그룹이 지어져야만 하는데, 탐지기나 눌림 단추가 동작을 하면 주패널과 부패널에서 청각과 시각 경보 장치가 울려져야 한다. 만일, 이 초기 경보의 시그널이 2분 이내에 주패널로부터 수동 인지가 안 될 경우, 화재 경보 장치(청각용)와 선원 거주구, 각종 서비스 구역 제어 장소 및 기관실에서 자동으로 울려야만 한다.

③ 각각의 주패널과 부패널에는 각 탐지기의 루프(loop)가 커버하는 구역과 부분 위치 등이 명확하게 표시되어야 한다.

④ 전원은 주전원과 비상 전원으로 구성되어야만 하는데, 주전원의 고장시에는 비상 전원으로 즉시 대체가 되는 장치를 구비해야만 한다.

제 6 장

안전설비, 방화 및 소방설비

6.1 개 요

선박의 안전 설비는 매우 포괄적이다. 그들 중 구명 설비는 해난 사고 발생시 승객과 승무원 등 인명의 안전을 위한 장비인 구명정, 구명 기구, 각종 신호 장치 및 구명정의 진수 장비 등과 같은 모든 설비를 포함하는데, 이것들은 긴급 구명 작업에 대비해서 신속하고 정확하게 작동될 수 있도록 항상 준비가 되어 있어야 한다. 구명 설비는 장기간 동안 보관을 하더라도 구명 작업을 위한 모든 조건을 만족함과 동시에 해상의 각종 악조건들을 잘 견디어 낼 수 있어야 하므로, 각국의 선급이나 정부 기관은 인명의 안전을 확보하기 위한 구명 설비에 관해 엄격한 규제를 적용시키고 있다.

그리고 선박에는 선종, 구획 및 예상되는 화재의 종류 등에 따라 보다 효과적인 소화 설비의 설치를 필요로 하게 되는데, 이러한 소화 설비에는 다양한 종류가 있지만, 같은 종류라 할지라도 제품에 따라 각각의 특성을 갖기 때문에 소화 설비의 선택에 관해서 세심한 주의를 할 필요가 있다.

일반적으로 소규모 화재인 경우에는 이동식 소화기를 사용하고, 좀더 확대된 화재에는 고정식인 소화 장치를 사용하지만, 화재가 더욱 커지면 분사식 소화 장치가 사용된다. 그리고 거주 구역, 화물창, 기관실 및 그 밖의 모든 장소에는 보통 분사식인 소화 장치가 배치된다.

선박이 항해 중이거나 하역 중에 화재가 발생하면, 육상의 화재와는 비교가 되지 않을 정도로 큰 피해를 가져오게 되는데, 특히 승무원과 여객들의 인명에 대한 안전이 대단히 중요하므로, 방화 구조에 관한 국제 규칙은 엄격하게 규정을 적용하고 있다.

선박의 화물창 내에는 화물로 인해 가스가 발생하고, 빌지와 오물 등으로 인해 비위생적일 뿐만 아니라 때로는 위험을 동반할 수도 있는 반면에, 기관실은 여러 가지 종류의 기계와 기관의 운전 때문에, 실내의 온도와 습도가 상승하게 되면서 유독한 배기 가스와 가연성 가스 등의 누출로 발생되는, 항상 폭발 등의 위험이 상존하고 있다.

한편, 통풍은 저장 물품이나 화물에 손상이 생기지 않게 하면서, 승무원의 건강 유지와 작업 능률의 향상을 위해서 필요한데, 특히 선박은 육상의 건축물과는 달리 구조물의 대부분이 수밀이나 기밀 장치에 의해 구성되어 있기 때문에, 선박의 내부에는 신선한 공기의 공급을 필요로 한다. 특히, 승무원이나 여객의 선실은 선박의 다른 부분보다도 통풍을 한층 더 완전하게 시키는 것이 필요한데, 이와 같은 목적을 달성하기 위해서 설치가 되는 것이 통풍 장치이다.

또한, 공기 조화는 실내 공기의 온도와 습도를 생리적으로 쾌적하게 유지함과 동시에 진애(塵埃)나 박테리아, 취기(臭氣) 및 유독 가스를 제거하면서 사람이나 물품에 관해 최적인 환경을 제공해야 한다.

이 장에서는 상기에서 언급한 각종 설비 및 해상 인명 안전 협약(SOLAS) 규정에 명시된 관련 규칙과 조항 등을 요약해서 기술하였다.

6.2 선내의 교통 장치

6.2.1 갑판 사다리

갑판 사다리에는 강제(鋼製)와 목제(木製)의 두 종류가 있다. 강제 사다리는 상갑판 이상에 위치한 각 선루 갑판, 선교루 갑판 또는 갑판실에 이르는 파랑과 비바람에 폭로되어 있는 개소에 사용되는데, 파랑과 비바람에 폭로되지 않는 장소인 조타기실 주변, 조리실과 식료고 및 냉장고 등과 같이 중량물을 가지고 올라 간다든지, 더럽혀지기가 쉬운 개소에서도 강제 사다리를 사용하는 수가 있다.

실외의 상부 갑판과 실내 사다리는 보통 목제인 것이 사용되는데, 사다리의 폭은 소형선에서는 500~600 mm이고 대형선에서는 650~750 mm 정도이다.

연해(沿海) 이상인 항행 구역에서 항해를 하는 선박의 여객실의 출입구용 사다리는 여객 정원이 50명 미만일 때는 폭이 600 mm 이상인 것을 1개를, 50명 이상 100명 미만일 때는 폭이 1000 mm 이상인 것을 1조 또는 600 mm인 것을 2개를, 100명 이상일 때는 1명당 10 mm의 비율에 의해 전체의 폭이 되게끔 한, 폭에 달하게 하여 폭이 600 mm 이상인 사다리를 비치하게 규정되어 있다.

사다리의 경사 각도, 즉 수평선과 사다리가 이루는 각도는 실내용은 55도를, 실외용은 60도를 표준으로 해서 60도를 넘는 것은 가능한 한 피하고 있다.

강제 사다리는 튼튼해야 하는데, 특히 상갑판의 노천부(露天部)에 배치되는 것은 파랑의 충격에 견딜 수 있어야 한다. 또, 하역이 빈번한 개소(個所)에 설치되거나 목재 등을 갑판 적재(甲板積載)를 하는 경우에는 사다리를 떼어낼 수 있도록 해야 한다. 강제 사다리의 측판(側板)으로는 평강(平鋼), 산형강(山形鋼), 구산형강(球山形鋼), 구형강(溝形鋼) 및 구판(球板)이 사용되는데, 계단의 간격은 갑판간의 높이에 따라 220~250 mm로 등분시킨다.

보통 계단은 두께가 4.5 mm인 바닥판용 강판이나 바둑 무늬 강판의 전후단을 꺾어 구부려서 용접붙임으로 설치한다. 난간은 두께가 25.4 mm나 31.75 mm로서 아연 도금(亞鉛鍍金)을 한 가스관으로 설치하는데, 상단에서의 부착 방법과 형상은 부착의 편의에 따라 적절하게 결정해야 한다.

목제 사다리의 형상, 크기 및 경사 등은 강제 사다리와는 큰 차이가 없지만, 여객선에서는 특히 경사를 완만하게 하면서 디딤판의 간격을 어느 정도 조밀하게 하는 것이 바람직하다.

국제 만재 흘수선 협약(國際滿載吃水線協約, 1966)에 기초를 두고서 각국 정부가 갑판상의 교통에 관해 규정하고 있는 내용을 보면 표 6·1에 표시된 바와 같고, 통로에 관한 상세한 내용은 표 6·2에 표시된 바와 같다. 또, 국제 만재 흘수선 협약에서는 선박의 갑판상이나 갑판하에 통로가 없는 경우, 수직으로 33 cm가 넘지 않는 간격으로 배치가 된 가드 레일(guard rail)이나 라이프 라인(life line)을 갑판 화물의 양측에서 화물창보다 적어도 1 m 높이까지 한정해서 설치하게 되어 있다.

또한, NSC(Norwegian Ship Control Legislation)(1973)에서는 다음과 같은 규정을 요구하고 있다.

① 높이가 1.5 m 이상으로 승강시킬 필요가 있는 개소에서는 반드시 사다리를 설치할 것.

② 사다리의 폭은 350~500 mm이고, 스텝(step)과 벽과의 간격은 150 mm 이상으로 하며, 스텝의 간격은 250~350 mm로 하고, 스텝 재료는 17 mm인 각봉을 사용할 것.

③ 사다리의 높이가 갑판상에서 6 m를 넘는 경우, 갑판상의 6 m인 위치로부터 상방에 걸쳐서 3 m의 간격으로 등대기를 설치할 것.

④ 선교(bridge)나 선교윙(bridge wing)과 상갑판, 그리고 제 1 층째의 선미루 갑판간(船尾樓甲板間)에서는 폭로부(暴露部)에다 1조의 고정 사다리를 설치할 것.

표 6·1 갑판상의 교통에 관한 규칙

선박의 종류	선 적	건현 규정	장 비 요 령	난간의 요목 조수	기둥의 간격	고정	떼어내기
A형 선박	한 국	—	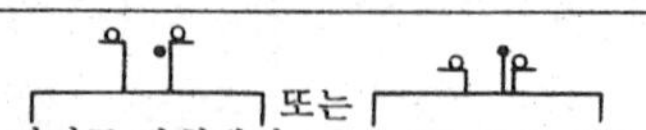 또는 / 파이프 받침대의 높이가 1[m]이하의 경우 / 파이프 받침대의 높이가 1[m]이상의 경우	1	약 3 m	○	○
	영 국	—	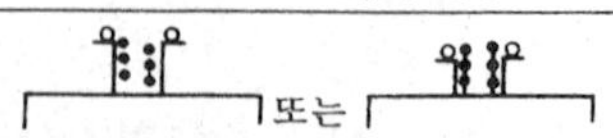 또는	3	1.5 m 이하	○	×
	리베리아	3 m 초과	한국선과 같음	1	약 10 m	○	○
		3 m 이하	영국선과 같음	3	3 m 이하	○	×
	그 리 스	—	영국선과 같음	3	3 m 이하	○	×
	노르웨이	3 m 이상	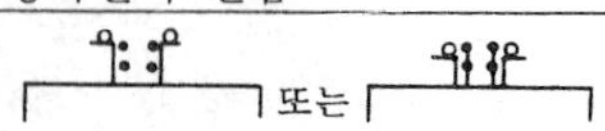 또는	2	1.83 m 이하	○	×
		3 m 미만	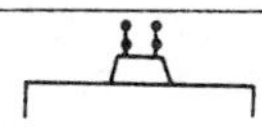				
건현을 감한 B형 선박	한 국	—	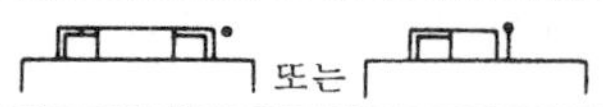 또는	1	3 m 이하	○	○
	영 국	—	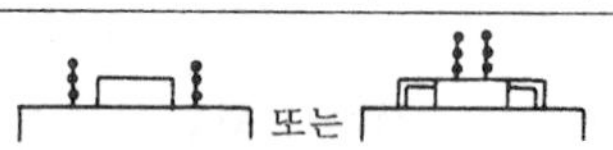 또는	3	1.5 m	○	○
	리베리아	3 m 초과	한국선과 같음	1	약 10 m	○	○
		3 m 이하	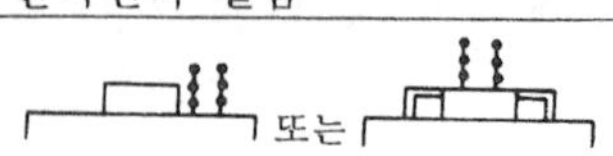 또는	3	3 m 이하		
	그 리 스	—	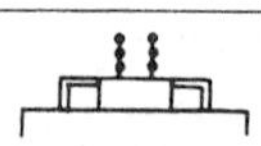	3	3 m 이하	○	○
		0.6 m 이상	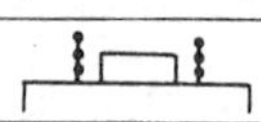				
	노르웨이	3 m 미만	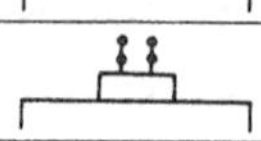	2	1.83 m 이하	○	○
		3 m 이상 5 m 미만	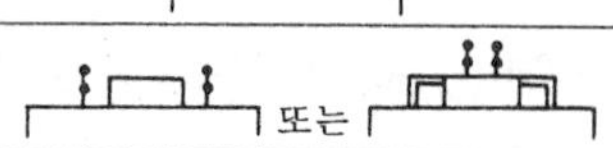 또는				
		5 m 이상	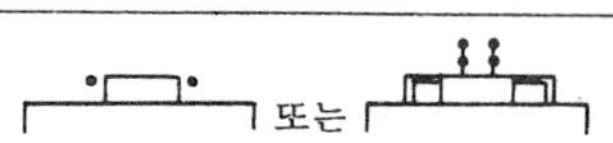 또는	1 또는 2			
B형 선박	한 국	—	건현을 감한 B형 선박과 같음				
	영 국	—	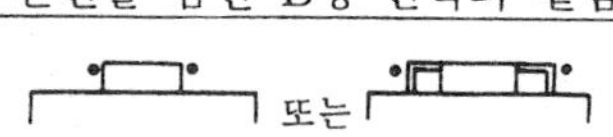 또는	1	1.5 m	○	○
	리베리아 그 리 스	—		1	약 10 m	○	○
	노르웨이	5 m 미만	건현을 감한 B 형 선박의 건현 3 m 이상 5 m 미만의 것과 같음.				
		5 m 이상	건현을 감한 B 형 선박의 건현 5 m 이상의 것과 같음.				

〔주〕 1. 표 중에 표시하는 창구 덮개의 형식은 사이드 롤링 및 엔드 롤링을 대상으로 한다.

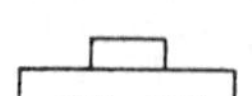
엔드 롤링

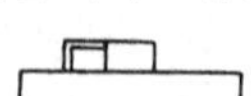
한쪽 열리기 사이드 롤링

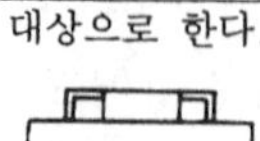
양쪽 열리기 사이드 롤링

2. 영국 국적인 선박에 대해서는 다음과 같은 규정이 있다.
   ① 통로의 길이 90 m마다에 출입구를 설치한다.
   ② 통로의 전길이가 70 m를 넘을 경우는 45 m 이내에 피난 장소를 설정한다.
   ③ 갱웨이(gangway)를 장비하는 경우는 그 바닥면에 미끄럼 방지를 설정한다.

표 6·2 보로 상세(步路詳細)

적 용	갱웨이 및 워크웨이		라이프 라인	
조 수	3	2	1	
높이 및 간격 (mm)	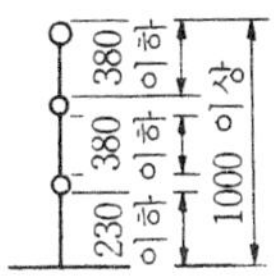	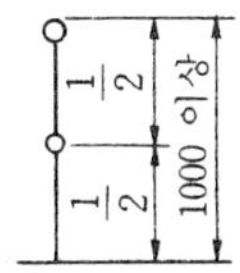	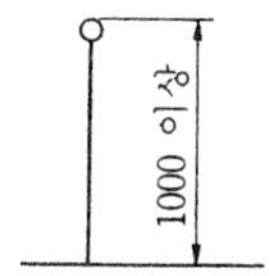	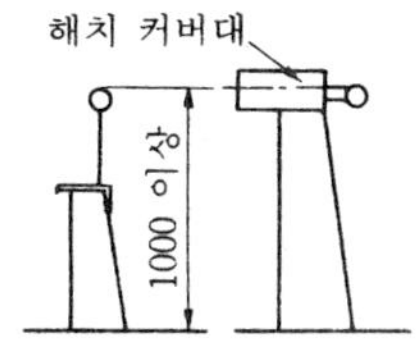
보로의 너비 (mm)	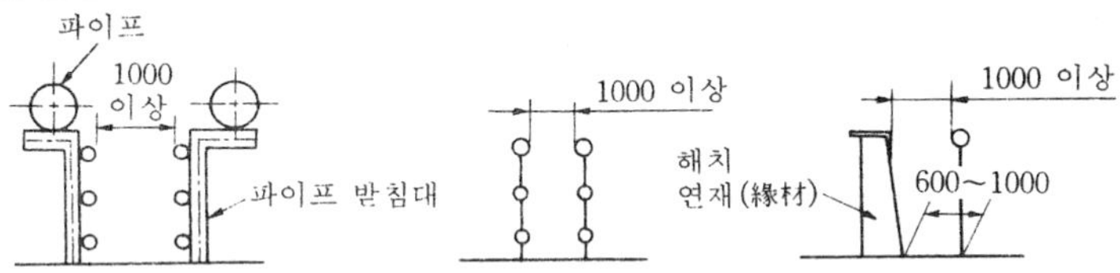			

〔주〕 1. 갱웨이란 갑판의 선체 중심선상 부근에 선루 갑판과 동일하거나 유사한 개소의 보로인데, 선미 선루로부터 중앙부나 선수 선루로의 교통을 위하여 항구적인 조치에 의해 설치된 통로를 말한다.

2. 워크웨이(walkway)란 창구 덮개상이거나 상갑판상에 설치하는 통로로서, 그 통로의 양쪽에다 난간을 설치한 것을 말한다.
3. 구명줄이란, 단적으로 편현에만 1 렬 또는 양현에 각 1 렬붙임의 강삭(鋼索)이거나 섬유삭을 선미루의 전부로부터 선수부 부근에 연속적으로 설치함에 의해, 황천시의 보행을 돕는 것을 말한다.
4. 난간을 강삭으로 하는 경우 리베리아 정부에서는 최소 9.6 mm(3/8 in)로 규정하고 있다.
5. 우리 나라 선박인 경우 난간은 18 mm 정도인 마삭, 합성 섬유삭 또는 강삭으로 한다.
6. 취외식(取外式)인 난간은 1 개의 길이가 10 m 이하가 되게 적절하게 분할하는 것이 바람직하다. 또, 그것의 일단에는 반드시 턴버클(turnbuckle)(강삭인 경우) 또는 래니어드(lanyard)(섬유삭의 경우)를 설치하여 난간이 확실히 처질 수 있도록 할 것.
7. 영국선과 노르웨이선에서는 취외식 난간은 섬유삭으로 하지 않고 강삭으로 한다.

강제 사다리에 관해서는 한국 공업 규격에서 그것의 규격에 관해 제정이 되어 있다.

6.2.2 창내(艙內)의 사다리

[1] 경사 사다리

기관실, 펌프실 및 유조선 등의 기름 탱크 내를 승강할 때는 비교적 긴 강제인 경사 사다리를 사용한다. 창내의 경사 사다리로는 갑판 사다리와 비교하여 교통의 빈번도가 낮으므로, 그것의 폭은 보통 550 mm 정도로 정해져 있다.

경사 각도는 내부 구조에 따라 좌우되기 때문에 보통의 갑판 사다리보다도 급한 반면에, 계단의 높이는 250~350 mm 정도로 정하면서 양측으로부터 연속된 난간을 설치한다.

사용 개소에 따라 사다리가 길어지므로, 도중에 디딤대를 설치한다든지 동요의 멈춤용 및 처짐의 멈춤용인 지지봉이나 쇠붙이 등을 설치하는 경우도 있다.

그런데 최근에는 선박이 초대형화가 됨에 따라, 기관실 구역과 거주구 구역에는 승강용인 엘리베이터(elevator)가 설치되고 있다.

[2] 수직 사다리 및 발걸개

선창(船艙), 체인 로커, 선내(船內)의 제창고(諸倉庫), 탱크, 마스트, 데릭 포스트 등을 승강할 때는 강제 수직 사다리를 사용한다. 선창내에 설치된 사다리는 하역에 의해 손상을 받는 일이 가장 심하므로 견고하게 설치해야만 한다. 그리고 마스트, 데릭 포스트, 탱크 및 체인 로커 등을 승강할 경우, 사다리 대신에 발걸개를 설치한 경우가 있는데, 그것의 형상과 크기는 KS(Korean Industrial Standard : 한국 공업 규격)에 정해져 있다.

6.2.3 선측 사다리

그림 6·1~6·2와 같은 선측 사다리의 설비 개소(設備個所)는 주로 거주구 주변인데, 하역 장치와 보트 장치 등의 작업에 지장을 주지 않으면서 격납시키는데에 편리하고, 그리고 파랑에 폭로되지 않는 그러한 위치를 선택하는 것이 필요한 반면에, 오물관 등의 배출구를 그 부근에 설치하지 않도록 주의를 요한다.

선측 사다리는 양현에다 설치하지만, 유조선에서는 편현에만 설치하는 한편, 데릭 등에 의해 양현에서도 사용할 수 있게 한 경우가 많다.

객선에서는 디딤판의 경사가 없는 것이 바람직하므로, 슬라이드식(slide style)이나 자동 수평식(self-levelling style)을 채용하고 있다. 슬라이드식은 하부의 선측 사다리를 상부의 선측 사다리상에 활동(滑動)케 해서 경사각을 바꾸는 일없이 흘수에 관해 적합한 식인데 비해, 자동 수평식은 선측 사다리의 경사는 불문하고 디딤판을 항상 수평으로 유지할 수 있게 계단과 상부 디딤대와의 사이를 링크시킨 식이다.

선측 사다리의 경사는 수선에 대해 55도인 것을 표준으로 하면서 원칙적으로는 경사를 밸러스트 상태에서 취하지만, 공선 상태(空船狀態)의 흘수면으로부터 선측 사다리 하부 디딤대까지의 높이를 1 m 이하인 값으로 하면서 그것의 전체 길이를 결정하게 된다. 그것의 길이는 약 6000 mm 이상으로 하는데, 공창(空艙)과 만재시의 흘수의 차가 2500 mm 이상인 경우에는 2개로 해서 접는 식으로 하는 경우도 있다. 폭은 일반적으로 레일간인 경우는 600 mm 이상으로 하면서 스텝의 유효폭이 500 mm 이상인 범위로 정해져 있다. 사용 재료로는 견재(堅材)나 강판을 사용하는데 때로는 연금속을 사용하기도 한다. 알루미늄 합금제인 선측 사다리는 강제의 것의 중량의 약 60% 정도가 된다.

강도는 디딤판의 2단을 건너면서 75 kg인 사람이 1명씩 서 있는 것으로 해서, 이러한 전체 중량이 균등하게 작용한다는 가정하에 그 중량을 충분히 견딜 수 있어야 하고, 또

런치(launch)를 옆으로 대었을 경우의 충격에도 견딜 수 있어야만 한다. 그리고 안전율은 쇠붙이가 5배를, 목부(木部)는 8배로 계산한다.

또, 판의 간격은 측판재에 따라 350 mm 이하로 정하고 있다. 선측 사다리의 옆 가장자리에는 1.5 m 이하인 간격으로 지주를 설치하는데, 그 높이는 최소인 사용 각도에서는 1 m 이상으로 한다. 여기에 24 mm 정도의 마로프(麻 rope; 캔버스로 싸서 손으로 잡기가 좋게 한 것)를 2단으로 둘러싸서 승강시의 난간으로 사용하는데, 상부의 디딤대 주위에는 금속제인 지주를 설치해야만 한다.

하부의 디딤대는 선측 사다리의 경사에 관계없이 항상 수평이 되게 조절할 수 있도록 하는데, 런치로부터 바꿔서 탈 때 위험이 없도록 하는 것이 바람직하다. 또, 자동 수평식에서는 그러한 링크 장치와 연결하는 경우도 있다.

화물을 올리고 내리는데는 대빗(davit)과 요크(yoke) 등을 사용하면서, 목제 활차(木製滑車)를 통해 인력이나 부근에 있는 적당한 기계력에 의해 행해진다. 또한, 선측 사다리용 윈치가 설치되어 하역 등에 의한 흘수 변화에 따라 수동식 에어 모터(air motor)나 이동식 모터(portable motor) 등으로서 경사를 조정하는 경우도 있다. 그리고 올리고 내리는 경우, 선측 사다리가 동요해서 선체와 충돌하더라도 손상을 입지 않도록, 선측 사다리를 선체의 측면에 설치된 롤러를 통해 외판면을 따라 원활하게 오르고 내리도록 한다.

항해 중 선측 사다리가 불필요한 경우에는 갑판상에 끌어 올려서 선측의 불워크에 맞

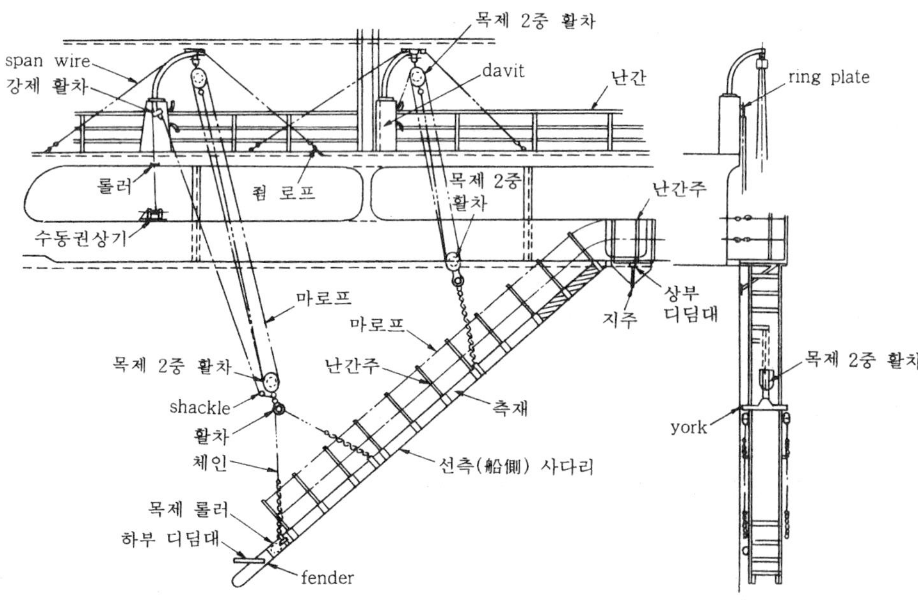

그림 6·1 선측 사다리(1)

그림 6·2 선측 사다리(2)

춰 격납시킨다.

6.2.4 안벽(岸壁) 사다리

안벽 사다리는 착안시(着眼時)에 본선과 안벽과의 교통에 사용되는 통로용 판으로서, 목제·강제 또는 경합금제로 제작되고, 그리고 떼어내기식인 난간도 설치되기도 한다. 이 사다리에는 일체형과 분할식의 2종류가 있는데, 폭은 600 mm 정도이고, 길이는 6 m, 7.5 m, 10 m, 12.5 m 및 15 m 정도이며, 통로용판에는 적당한 미끄럼 멈추개가 설치된다.

항해 중에는 이것을 방해가 되지 않는 장소에 격납을 하지만, 가능한 한 설치가 용이하면서 경량인 사다리가 바람직한데, 알루미늄 합금제 안벽 사다리인 경우는 강제인 사다리의 중량의 약 75% 정도이다.

안벽 사다리에 관해서는 KS V 2622와 KS V 2623에 규격이 정해져 있다.

6.2.5 도선사용(導船士用) 사다리와 불워크 사다리

도선사용 사다리에는 주로 줄사다리가 사용되지만, 줄사다리는 현외의 승강용과 구명정용 등으로도 사용이 된다. 도선사용과 구명정용 사다리 등은 일상용으로도 설치되지만, 일반적으로는 필요에 따라 설치하기도 한다.

도선사용 사다리는 KS V 2625에서 그것의 규격을 정하고 있다. 그러나 줄사다리는 노천에다 일상적으로 설치하는 외에도, 용도에 따라서는 옆줄용인 와이어 로프와 계단용인 봉강을 사용한다든지 해서 그 크기를 바꾸는 경우도 있다. 또, 상단을 섀클이나 훅(hook)붙임에 의한 2점 매달기식으로 하면서, 하단을 스위블에 의한 1점 고정식으로 해서 래니어드(lanyard)시키는 경우도 있다. 그리고 특히, 도선사용의 사다리는 그것의 비틀림을 방지하기 위해 적당한 간격으로 횡봉을 넣는다.

불워크의 사다리에 관해서는 미국의 safety and health regulation for long shoring(1959)에서 규정을 하고 있는데, 통로의 상단이 불워크의 상면에 걸쳐져 있거나 그것과 동일한 높이를 갖는 경우에는 불워크와 갑판간에다 높이가 약 33 in(838.2 mm)인 난간을 적어도 1개 이상 비치하고, 적절한 안전책을 고려해서 견고한 디딤판을 설치하게 되어 있다. 또, 파나마 운하의 항해 규칙(1968)에는 도선사용 사다리로부터 선내로의 승강구에 대해, 갑판으로부터 불워크의 정부(頂部)까지의 높이가 2 ft(609.6 mm)를 넘는 경우에는 디딤판이나 다른 설비를 배치해야 한다.

6.2.6 선박에서 왕복용 교통 설비에 관한 ILO 규칙

ILO의 code of practice. safety and health in dock work(1958)에서는 왕복용 교통설비에 관해서 다음과 같이 규정하고 있다.

① 폭은 22 in(558.8 mm) 이상으로서, 그 양측에다 1개의 중간봉을 갖춘 높이 3 ft(914.4 mm)인 난간을 설치하면서, 견고한 재질로 제작된 사다리를 설치할 것

② 난간주의 간격은 6 ft 6 in(1981.2 mm)를 넘지 않을 것

③ 사다리는 위험을 수반하는 경사각을 갖게 하지 말 것

6.3 구 명 설 비

6.3.1 구명 설비에 관한 규칙

선박의 구명 설비에 관해 국제간에 현재 발효 중인 법규는 해상에 있어서의 인명의 안전을 위한 국제 협약(1960)으로서, 우리 나라의 선박 안전법도 이 법규를 기초로 해서 제정되어 있다. 그러나 우리 나라의 모든 선박은 선박 안전법의 선박 구명 설비 규정에 준해서 구명 설비를 배치해야만 한다.

선박 구명 설비 규정에서는 선박이 종사하는 해역과 종류에 따라 4종으로 분류하여,

각 선박에 대해 배치해야 할 구명 기구의 수량과 적재 방법이 정해져 있다. 이 절에서 구명 기구라고 칭하는 것들은 구명정, 단정, 구명 뗏목, 구명 부기, 구명 부이, 구명 동의, 구명삭 발사기 및 구명 뗏목 지원정 등의 8종인데, 이것들 외에도 구명정에 비치하는 시 앵커(sea anchor), 낙하산붙이 신호(parachute signal), 신호 홍염(信號紅炎), 발연부 신호(發煙浮信號), 일광 신호경(日光信號鏡) 및 수동 펌프 등에 관해서도 선박 구명 설비 규정에서 요건을 정하고 있다.

각국의 정부에 의한 구명 설비에 대한 국제법들은 해상 인명 안전 협약(1960)을 기초로 해서 제정이 되어 있다.

다음의 내용은 SOLAS에서 규정하고 있는 구명 설비에 관한 일반 요건이다.

① 적당한 공작법과 재료에 의하여 제작되어야 하고,

② −30∼+65℃인 기온 범위 내에서 보관을 했을 경우 손상이 되지 않으며,

③ −1∼+30℃인 해수 온도 범위 내에서도 작동을 할 수 있어야 하고,

④ 적용될 수 있는 부위가 부패와 부식에 잘 견디면서 해수, 기름 및 녹균류(綠筠類)에 의해 과도한 영향을 받지 않도록 해야 하며,

⑤ 일광에 노출이 되어도 열화(劣化) 현상이 발생되어서는 안 되고,

⑥ 탐지시에 도움을 줄 수 있는 부분이 모두 잘 보일 수 있게 색깔로 표시되어야 하며,

⑦ 탐지할 때 도움을 주기 위한 경우나 기구를 권고함에 따라 역반사용 물질을 부착해야만 하고,

⑧ 만일, 그것들이 악천후인 해상에서 사용될 경우에도 만족스럽게 작동될 수 있어야 한다.

6.3.2 구 명 정

구명 설비에서 보트로서는 구명정이나 용적이 1.4 m^3 이상인 보통정, 전마선 및 기타의 거룻배 등이 있다. 구명정은 내부에 부체만을 갖추면서 고정현쫃에 갑판이 없는 정인데, 길이가 7.3 m 이상(해운 관청이 부득이한 경우에 인정을 한 정의 길이는 4.9 m 이상)이면서 인원과 의장품을 만재했을 경우에는 정의 중량이 20,300 kg을 초과해서는 안 된다. 그리고 법규상 구명정의 종류에는 노(oar)가 붙은 구명정, 만재 상태로 평수에서 전진 속력이 6노트 이상인 제1급 정과 4노트인 제2급 정으로 분류가 되고, 그리고 발동기가 붙은 구명정과 인력으로 기계적인 추진 장치를 비치하여 상기 조건으로 전진시켰을 때, 속력이 3노트 이상인 수동 프로펠러가 붙은 구명정 등도 있다.

[1] 구명정의 모든 치수

그림 6·3~6·4와 같은 의구명정은 어떠한 파력에 대해서도 강도가 충분한 구조로서, 해상에서는 복원성을 적절하게 갖추고서 승조원과 의장품을 만재했을 때에도 건현이 충분함과 동시에, 구명 동의를 입은 승조원이 추진 장치를 운전하는데에 방해를 받지 않고도 착석을 할 수 있는 형상으로서 최적인 치수를 갖는 것이 필요하다. 구명정의 주요 치수로부터 길이(L)란 외판의 외측에서 정수재의 외면과 정미재의 외면과의 교점간의 거리(선미가 방형인 경우는 선미 횡판의 외면까지)이고, 폭(B)이란 정체에서 가장 넓은 쪽의 외판의 외면간의 거리이며, 깊이(D)란 길이의 중앙에서 용골(keel) 외판의 내면에서부터 현단까지의 수직 거리에서 최고인 높이이다.

그림 6·3 완전 밀폐형 구명정

그림 6·4 자유 낙하식 구명정

[2] 구명정의 정원과 용적

구명정의 정원은 그 용적 $V(\mathrm{m}^3)$를 $0.283\,\mathrm{m}^3$로 나눈 최대 정수로 정하는데, 이 최대 정수가 좌석의 설비에 상당하는 인원보다 많을 때는 구명 동의를 착용한 총원이 착석을 했을 경우, 추진 장치를 운전하는데에 지장이 없을 때까지의 인원으로 정한다. 좌석의 넓이는 MOT에서는 $0.209\,\mathrm{m}^2$ ($324\ in^2$)로 하는 한편, USCG에서는 그림 6·5와 같은 크기로 규정하면서, 이것을 도상 배치로 결정을 한다든가 실제로 착석 시험을 통해서 결정을 하는데, 구명정의 용적 $V(\mathrm{m}^3)$는 다음 식과 같이 심프슨(Simpson) 법칙으로 구하면 된다.

$$V = \frac{1}{12} \times l(4A + 2B + 4C)$$

여기서 l : 정수재에서 외판 내면으로부터 정미재의 외판 내면까지의 거리(m),

A, B, C : l의 한 끝단에서부터 순차적으로 $l/4$, $l/2$, $3l/4$인 개소에서의 정체의 횡단 면적(m^2)인데, 다음과 같은 식으로 구한다.

$$\frac{1}{12} \times h(a+4b+2c+4d+e)$$

여기서 h : 외판 내면에서 용골로부터 현단까지 측정한 횡단면의 깊이(m),

a, e : h의 양단에서 외판의 내면으로부터 내면까지의 폭(m),

b, c, d : h의 한 끝단에서부터 순차적으로 $l/4$, $l/2$, $3l/4$인 개소에서의 외판의 내면 사이의 폭(m)

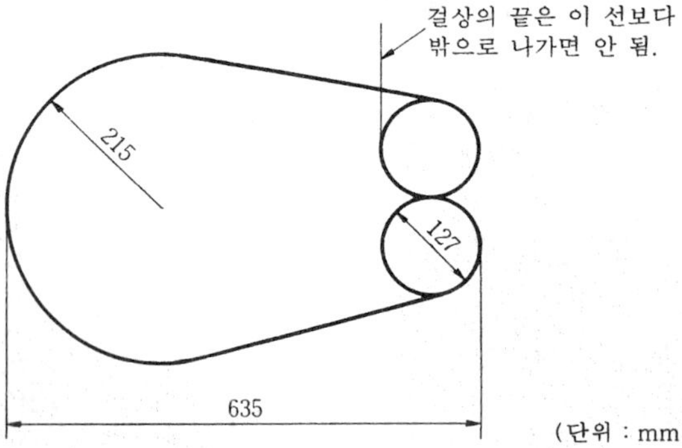

그림 6·5 USCG의 좌석의 넓이

다만, A와 B를 산정한 값에 맞추는데 현호의 높이가 $0.01L$을 초과한 경우로, h의 값이 중앙 횡단면 내측의 최대폭의 45%에다 $0.01L$을 가한 값을 초과했을 때는 그 초과 부분에 대한 면적은 어떤 값이 되든간에 산입시킬 수 없고, 또 B를 산정함에 있어서도 h의 값이 내측 치수의 최대폭의 45%를 초과했을 때는, 그 초과 부분에 상당하는 면적을 산입시킬 수 없다. 그리고 깊이가 122 cm를 넘는 구명정에서는 소정의 방법으로 계산된 정원에 122 cm와 D(cm)와의 비를 곱해서 구한 인원까지 합해서 정원을 감소시켜야 한다.

정원이 60명을 초과하는 경우에는 반드시 수동 프로펠러가 붙은 구명정이나 발동기가 붙은 구명정을 사용해야 한다. 수동 프로펠러가 붙은 구명정과 발동기가 붙은 구명정의 용적은 식으로 계산된 용적으로부터 전자는 추진 장치가 점하는 용적을, 그리고 후자는 발동기와 더불어서 탐조등과 무선 설비 및 그들의 부속품이 있을 경우에 이들이 점하는 용적을 빼야만 하는데, 관계 공무원이 인정을 하는 경우에는 다음 식과 같은 약식으로도 구할 수 있다.

$$V = 0.6L \cdot B \cdot D (D > 0.45\,B \text{인 경우는 } D = 0.45B\text{로 한다})$$

SOLAS의 구명정의 수용 능력에 관한 규정은

① 구명정은 150명을 초과하게 수용을 하는 것을 허용해서는 안 된다.

② 구명정에 수용되게 허용된 사람의 수는 다음의 내용들 중 작은 값과 같아야 한다.

구명 동의를 입고서 평균 무게가 75 kg인 사람의 수가 추진 장치나 구명정의 어떠한 설비를 작동시키는데에 방해가 되지 않으면서 정상적인 위치에 앉혀져야 한다. 그리고 그림 6·6에 의해 좌석 배열을 하는데에 제공되는 공간의 수와 그 형상이 발을 얹을 수 있는 곳에 다리를 두는데에 충분한 공간이 있고, 상부와 하부의 좌석 사이의 수직 거리가 350 mm 이상이 되면, 그림과 같이 겹쳐질 수 있다.

③ 각 좌석의 위치는 구명정에서 분명하게 표시되어야 한다.

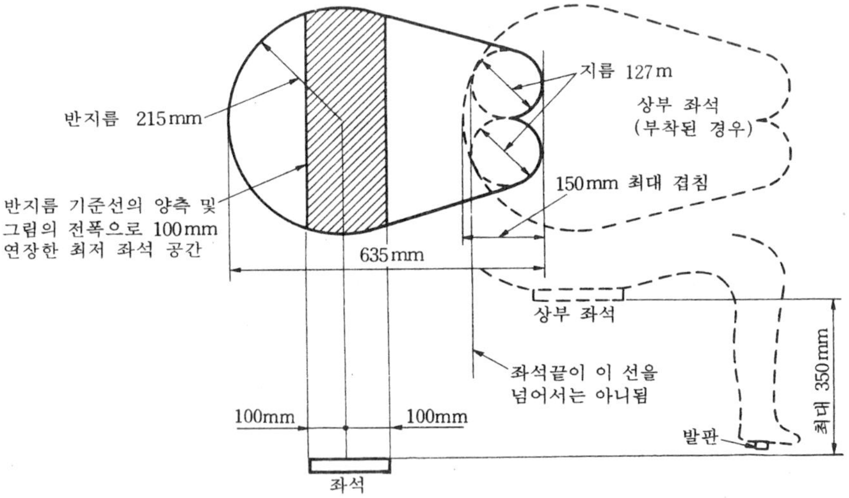

그림 6·6 구명정의 수용 능력(SOLAS)

[3] 구명정의 구조

구명정은 일반적으로 용골을 설치한 후에, 여기에 늑골(frame)을 좌우로 배치하면서 외판을 덧붙인 구조물이다. 그런데 이것은 늑골에 빌지 종통재(bilge stringer)와 조정석의 받침재 및 현측재를 견고하게 설치하고, 그리고 좌현, 우현의 여러 개의 조정석의 받침 목재가 양현에 고착됨과 동시에, 그 위에다 바른 좌석판을 배치하면서 양현의 형상을 고정시킨 구조 양식인데, 거의 모두가 목재로 건조되고 있다. 그러나 최근에는 강재나 경금속재로 건조된 구명정이 사용되면서, 합성 수지재인 구명정이 개발이 되어 사용이 되고 있다.

또, 목제정에는 고착정뿐만 아니라 여러 종류의 접착재를 이용한 접착정이 많이 사용되고 있는데, 하중 시험 등에서는 접착정쪽이 고착정보다도 휨현상이 적게 발생하는 좋은 결과를 얻었다. 그리고 금속제 정에는 리벳(rivet)으로 고착시킨 정과 용접으로 고착을 시킨 정이 있는데, 외판을 까는 방법에는 목제정과 금속제 정을 불문하고 클링커식(clinker style)이나 경사식 등이 있다. 이와 같은 구조와 각부의 치수는 목재나 금속제인 늑골이 배치된 점에 관해서는 JIS 나 MOT 에서, 그리고 금속제인 늑골이 없는 정에 관해서는 USCG 에서 규정을 하고 있다.

[4] 구명정의 내부 부체

구명정은 그 사명상 어떠한 경우라도 충분한 부력이 필요한데, 그 부력은 내부의 부체에 의해 유지가 된다. 이 때문에 내부 부체의 용적, 사용 재료와 구조의 치수 및 시험검사 등은 반드시 구명 기구 시험에서 정한 규정을 준수해야 한다. 내부 부체의 총용적은 목제인 구명정인 경우 정의 용적의 1/10 이상을 필요로 하는 반면에, 수동 추진 장치, 발동기와 탐조등 및 무선 장치 등이 설치된 정에서는 이것들의 중량을 지탱할 수 있는 충분한 용적을 유지해야 한다. 더욱이, 금속제 구명정에서는 정체의 중량을 유지하기 위해서 충분한 용적을 가져야 한다.

또, 정원이 100 명 이상인 구명정의 부체 용적은 관계 공무원이 적당하다고 인정하는 바에 따라 증가시켜야 하지만, 그 증가량은 정원이 130 명 이상인 경우에는 구명정 용적의 1.5%로 하는데, 이 범위 내에 있는 것은 보간법(interpolation method)으로 계산해서 정해야 한다.

내부 부체는 악천후하에서도 충분한 복원성을 확보하도록 현측의 좌석판 밑에다 나란하게 배치해야 한다. 그러나 그렇게 배치를 할 수가 없는 경우에는 일부를 부득이하게 정수미에다 배치를 시키는 것도 허용이 되는데, 정의 저부에만 이것을 나란하게 배치시켜서는 안 된다. 대형인 정이나 금속제 정에서는 발동기붙임에 의해 정의 용적 비율에 비해 부체 용적이 큰 경우에는 소요 부체를 배치시키는 것이 어렵게 되므로, 설계 초기에 그것의 배치에 대해 충분한 주의를 할 필요가 있다.

내부 부체는 금속제인 수밀 공기 상자를 견고하게 격납시키면서 격자 등에 의해 보호를 받아야 한다 단지, MOT 와 USCG 에서는 금속제인 정의 구조 일부에다 짜넣은 붙박이형(built-in style) 공기 상자를 사용하는 것도 인정을 하고 있다.

[5] 구명정용 발동기

제 1 급 발동기가 붙은 구명정의 발동기는 압축 점화식인 디젤 기관으로서, 신뢰성이 강하면서 한기 중이라도 용이하게 시동을 걸 수 있고, 10 도인 종경사에서도 작동이 되며, 냉각수 펌프로 급수를 할 필요가 없기 때문에 강재나 방화성 재료로 된 케이싱(casing) 내에 설치를 해야 한다. 또, 기름이 누유가 되어 정내에서 확대되지 않게 기름받이(특히, 목제정인 경우는)를 설치해야 하고, 그리고 케이싱은 완전한 수밀식이어야 한다.

제2급 발동기가 붙은 구명정의 발동기는 압축 점화식이나 전기 점화식인 기관인데, 이 기관도 제1급 구명정의 기관에 대한 내용과 같은 성질을 가져야 하지만, 특히, 전기 점화식 기관을 배치하는 경우에는 자석 발전기(magneto)와 캬뷰레터(caburetor) 및 공기 흡입구를 가능한 한 높게 설치하면서, 기관 전체를 수밀 케이싱 내에다 설치하는 것이 바람직하다. 그러나 그렇게 설치하는 것이 불가능한 경우에는 자석 발전기 외에 플러그(flug)나 기타 전기 점화 용품이 해수 침입으로 인해서 기능이 방해받지 않게끔 보호가 되어야만 한다.

이들 기관들의 출력은 물론, 정을 규정 속력으로 항주하는데는 충분해야 하겠지만, 개략적인 소요 마력은 각각 9m와 8m 및 7.3m인 정에서는 22HP와 18HP 및 12HP로서 6노트를, 또는 10HP와 8HP 및 6HP로서 4노트를 낼 수가 있어야 한다. 발동기의 예비품에 관해서는 MOT에서 규정하고 있다. 또, 연료량은 규정 속력으로서 24시간 동안에 연속 운전을 하는데에 충분할 정도로 준비해야 한다.

[6] 수동 추진 장치

이 장치는 운전하기가 용이함과 동시에, 급속하게 시동을 걸 수가 있으면서 운전이 서툰 사람도 체격에 관계없이 정이 침수되었다고 하더라도 운전을 할 수 있어야 한다. 이 기구의 각부에는 프로펠러가 고정되어 있어서, 각 핸들에다 90kg인 인장력을 작용시킨다 해도 아무 이상이 생기지 않을 정도의 강도를 필요로 하고 있다. 또, 치차는 기름 배스(bath)에 넣어 두는 것을 원칙으로 하는데, 전진·후진과 중립 상태인 세 가지 경우를 갖추는 클러치로서, 만재인 정을 평수 300m인 거리 3노트(USCG에서는 1000ft간을 3노트로, MOT에서는 1/4 마일을 3.5노트) 이상으로 항주시킬 수 있어야 한다. 그 밖에도 페달(pedal)을 밟아서 프로펠러를 회전시키는 추진 장치도 있다.

[7] 구명정의 의장품

구명정의 의장품은 그 구명정을 비치하는 선박의 종류에 의해, 각각 선박 안전법과 선박 설비 규정 및 구명 기구 시험 규정에 그것의 기준이 법정 비품으로 정해져 있다. SOLAS 규정에서 의장품은 퇴선 절차에 방해를 주지 않는 방법에 의해 보관이 되어야 하면서, 가능한 한 부피가 작거나 무게가 가벼워야 하고, 그리고 적합하면서 간단한 형태로 포장이 되어 있어야 하는데, 다음과 같은 내용들이 여기에 포함된다.

① 노(oar) : 잔잔한 해면에서 항주할 수 있게끔 충분한 부양성을 갖추면서, 노받이 핀(thole pin) 및 클러치나 그것과 동등한 장치가 각각의 노에 비치되어야만 하고, 노받이 핀이나 클러치는 끈이나 체인으로 구명정에 부착시켜야 한다.

② 2개의 보트 훅(boat hook)

③ 부양성이 있는 베일러(bailer)와 양동이 2개

④ 생존 안내서(manual)

⑤ 비너클(binnacle): 이것은 야광이나 적당한 조명 수단을 사용하면서 효과적인 컴퍼스(compass)를 갖추는 가대(架臺)인데, 전폐형 구명정에서는 이것을 조타 위치에 영구적으로 배치해야 한다. 그리고 기타의 구명정에서는 이것을 적당한 관련 장치와 함께 설치를 해야 한다.

⑥ 닻줄: 충격 저지용 닻줄과, 물에 젖었을 경우 손에 단단하게 잡히는 버팀줄을 갖춘, 적당한 크기인 해착용 시 앵커(sea anchor) 닻줄, 그리고 버팀줄의 강도는 어떤 해상 상태에서도 충분하여야 한다.

⑦ 페인터(painter): 구명정에는 탑재 위치로부터 항해 중인 경하 상태의 수선까지의 거리의 2배 이상에 해당되는 길이나, 15 m 중에서 효과적으로 더 큰 길이인 페인터 2개를 설치하는데, 이탈 장치에 부착된 페인터는 구명정의 전단에다 설치해야 하고, 다른 하나는 사용할 준비가 된 구명정의 정수나 그것에 가까운 곳에 단단하게 설치해야 한다.

⑧ 손도끼: 구명정의 양단에 각 1개씩 배치한다.

⑨ 수밀 용기: 이것은 구명정 정원의 1인당 3l 의 청수를 넣을 수 있는 용기인데, 이 중에서도 1인당 청수 1l만은 2일 내로 똑같은 양을 생산할 수 있는 해수의 탈염 장치에 의해 대체될 수 있다.

⑩ 국자: 끈이 달린 녹이 슬지 않는 국자

⑪ 컵: 녹이 슬지 않는 눈금이 있는 컵 1개

⑫ 식량: 이것은 구명정의 정원 1인당 10,000 kJ 이상의 열량을 낼 수 있는 양으로서, 수밀 용기에 격납된 기밀 용기에 보관해야 한다.

⑬ 낙하산붙이 신호 4개와 신호 홍염 6개 및 발연부 신호 2개

⑭ 모르스 신호(morse signal)에 적합한 수밀 전기등 1개와 수밀 용기에 보관된 예비 전지 1조 및 예비 전구 1개

⑮ 1개의 일광 신호용 거울 및 선박과 항공기로의 신호용 거울의 사용 지침서

⑯ 방수 카드로 되어 있거나 수밀 용기에 수납되어 있는 구명 신호 설명서의 사본 1부

⑰ 호각이나 이와 동등의 음향 신호기 1개

⑱ 사용 후 단단하게 닫아둘 수 있는 응급 치료 기구 1조

⑲ 1인당의 배멀미약 6회분과 위생 봉투 1개

⑳ 구명정에 끈으로 매어단 잭나이프 1개

㉑ 깡통따개 3개

㉒ 30 m 이상인 부양용 줄에 달린 부양용 구조 고리 2개

㉓ 수동 펌프 1개

㉔ 낚시 도구 1조

㉕ 기관 및 그것의 부속품들에 간단한 수리용인 도구들

㉖ 기름에 의한 화재를 진화시킬 수 있는 휴대용 소화 설비

㉗ 180 m인 거리에서 18 m인 폭으로 밝은 색을 갖춘 물체를 야간에 총 6시간, 또는 계속해서 3시간 이상을 효과적으로 조명할 수 있는 탐조등 1개

㉘ 구명정의 생존용 레이더 트랜스폰더(transponder)가 비치되지 않은 경우, 필요한 효과적인 레이더 반사기

㉙ 구명정 정원의 10%인 2명보다도 더 많은 수의 사람에게 제공할 보온복

[8] 구명정의 도장

목제 구명정인 경우는 양질인 연한 페인트로 내부를 적어도 2회 정도로, 그리고 외부를 3회 정도로 도장을 한다. 역재(dead wood)나 호그형(hog style) 피스처럼 설치를 한 후에도 접근할 수 없는 부분에는, 보존 방부제인 크레오소트(creosote)나 기타 방부제를 미리 도장하고, 또 맞춤 부분의 면에 관해서도 앞에서와 같이 똑같은 처리를 해두어야 한다. 그리고 목부(木部)에 해당되는 부분은 특히 도장을 정성들여서 하고, 용골과 외판의 이음매 부분은 침수가 되지 않게끔 창연(bismuth)으로 도장을 해야 하는데, 포틀랜드 시멘트(Portland cement)를 사용해서는 안 된다.

경합금제 구명정인 경우에는 도장할 면을 충분히 깨끗하게 한 후에, 에치 프라이머 페인트(etch primer paint)로서 도장을 하는데, 이것은 아연 크롬산염(zinc chromate) 계통이지만 이런 도장에는 연계통의 것을 사용해서는 안 된다. 경합금제 구명정을 도장할 경우, 예를 들면 정체의 내부, 외부에다 와시 프라이머(wash primer)를 1회 도장한 후에 징크 크로우미트 프라이머를 2회 도장하면서, 프탈산(phthal acid) 수지 에나멜(enamel)을 2회(외부는 백색, 내부와 노천부는 오렌지색) 도장한다. 그리고 목부인 조정석과 현측 좌석 및 판도는 와니스(varnish)를 2회 도장한 후에, 고무(rubber) 계통인 백색 페인트를 그 위에 도장하면서, 발판(footing)과 하부 좌석을 회색 페인트로 도장을

해야 한다. 또, 공기 상자의 표면은 펄펄 끓인 아마인유나 와니스를 칠한다.

[9] 구명정의 표시

설비 규정에서는 구명정에다 명료한 내구적인 문자로서, 형식 승인 번호, 제조 번호, 주요 치수, 정원, 만재 상태의 중량, 제조 연월일 및 제조자의 성명이나 명칭을 표시하게끔 규정되어 있지만, MOT 에서는 주요 치수, 정원, 검사 마크(mark), 검사관의 머리 글자(initial) 및 검사 연월일을 정수재나 섀시 트랙(châssis track)에 각인을 하게 규정하면서, 정을 싣는 선박의 명칭도 페인트로 정수부에 쓸 것을 요구하고 있다. 그리고 USCG 에서는 구명정의 번호와 용적 및 정원을 각각 높이가 3″(7.62 mm)나 1 1/2″(3.81 mm)인 문자로 정수의 양현에다 표시하는데, 2개 이상인 조정석상에는 높이가 3″인 문자로서 정원수를 각인해서 페인트로 표시할 것을 요구하고 있다.

또한 구명정의 번호는 구명정을 선박의 양현에다 실을 경우에 우현쪽은 홀수로, 좌현쪽은 짝수로 표시해서 각각의 선박의 선수쪽에서부터 빠른 번호를 붙인다. 또, 포갤 수 있는(nested) 보트를 사용하는 경우에는 No. 1 아래의 구명정은 No. 1A처럼 A 자와 B 자를 붙여서 표시를 하고 있다.

[10] 배 치

구명정의 탑재 위치는 가능한 한 거주구에 가까워야 한다. 예를 들면, 제 3 종선의 거주구는 선박의 i) 중앙부이든지 선미부이든지 어느 쪽인가에 배치되는 경우와 ii) 중앙부와 선미부의 양쪽에 배치되어 있는 경우에는 각각의 경우에 따라 정해진 수만큼의 구명정을 요구하고 있다. 구명정은 어느 현에 대하여 15 도로 횡경사짐과 동시에, 전후로 10 도인 트림 상태일지라도 안전하게 강하될 수 있어야만 하는데, 특히 선미에다 탑재를 한 구명정은 본선의 프로펠러와 접촉할 위험이 따르므로, 어떤 규칙에서는 정을 수면상에 강하시킬 경우, 구명정의 후단이 구명정의 길이의 1.5 배 이상인 거리에 배치된 본선의 프로펠러보다 전방에 둘 것을 요구하고 있다.

이런 경우, 본선의 상태는 특별한 명기가 되어 있지 않으면, 등흘수(even keel) 상태임과 동시에 횡경사가 없는 상태라고 보아도 된다. 구명정이나 구명 뗏목이 조난시 사용될 경우에는 횡경사측과는 반대쪽에 배치된 것을 사용하는 것을 원칙으로 하는데, 그 이유로는 전복시의 위험함을 피하기 위함이다. 즉, 선박이 좌현측으로 경사가 진 경우, 우현측의 구명정을 사용한다. 따라서, 경사가 진 상태에서 구명정을 띄울 경우에는 하층갑판의 불워크의 개구로 인해서 선체가 끌려가거나 끌리지 않게끔 하기 위해 이 부분에다 가드(guard)를 설치한다든지, 강하시 본선 내로부터 흘러 나오는 배수가 구명정에 들어가지 않게끔 하기 위해 외현부의 배수구의 위치를 반드시 고려할 필요가 있다. 그리고 구명정을 같은 현측에만 2척 이상을 평행하게 배치했을 경우, 구명정에서의 문제로는 구명정을 수리할 때, 프로펠러의 축을 빼어 돌릴 수 있게 하는데는 최소한 약 2.5~3.0 m 정도가 필요하다는 사실이다.

[11] 구명정의 제반 시험

구명정을 완성시킨 후의 시험으로는 일반적으로 다음과 같은 것이 있다.

(1) 강도시험

1인당 75 kg인 비율로 계산된 정원의 전중량과 의장품의 전중량이 구명정의 전체 중량에 포함된 총중량의 125%에 상당하는 하중을 정미쪽에다 적당하게 배치한다는 가정하에, 이것을 정의 슬링(sling)으로 매달았을 때 정체에 파손이나 기타의 이상이 발견되지 않으면서, 용골에서의 휨이 1/400 이하로 됨과 동시에, L 과 B 및 D에 대해서는 영구한 휨이 발생하게 되면 안 된다.

(2) 착좌시험

만재 상태에서 인원이 배치되면 착좌시켜서 노와 수동 추진 장치나 발동기를 운전하는데에 지장이 없음을 확인하는 시험으로서, 배치가 된 인원은 구명 동의를 착용한 성인으로 생각한다.

(3) 건현시험

의장품과 정원을 싣지 않은 경하 상태와 이들을 실은 만재 상태에 관해서, 정의 현호의 최저점으로부터 건현이 측정된다. 만재 상태로부터의 건현은 길이 L 의 60%나 깊이 D 의 44% 이상이 되어야 한다.

(4) 안정성 시험

의장품과 정원을 실은 착좌 시험 상태로부터 정의 중심선에서 한쪽의 현측에 착좌시킨 사람은 정에서 내리고, 다른 사람은 그대로 움직이지 않은 상태인 경우(정원의 반 이상은 정에 잔류함) 현호의 최저점에서 건현이 측정되는데, 이 때 측정값이 $0.1D$보다 작아서는 안 된다.

(5) 항주시험

전의장품을 싣고서 구명 동의를 착용한 정원 전부가 착좌된 상태에서, 노가 붙어 있는 구명정에서는 노에 의한 항주나 범주를 할 때에 발동기가 붙은 구명정과 수동 프로펠러가 붙은 구명정들처럼 각 추진 장치를 운전하는데에 지장이 있겠는가를, 그리고 후자에서는 규정된 속력을 그렇지 않는가를 검사하면서, 이 때의 연료의 소비가 어떤가를 측정한다. 또, 이들 시험 외에도 재료의 양부를 검사하는 재료 검사와 재료 검사에서 합격된 재료들이 사용될 장소에 사용되고 있는가 없는가를 검사하는 사용 재료에 대한 확인 검사 등의 검사와, 의장품에 대한 각종의 규정 검사가 행해져야 한다. 그런데 USCG 에서는 이 밖에도 침수 시험도 행하면서 공기 상자의 부력량에 대한 검사도 한다.

6.3.3 단정의 대빗

단정의 대빗이란 그림 6·7과 같이 암(arm)의 작동으로 단정을 선내의 격납 위치로부터 선외로 진출시키는 장치를 말하는데, 그 형식에는 표 6·3과 같이 그 작동 원리에 따라 회전형(radial form)과 러핑형(luffing form) 및 중력형(gravity form)의 세 종류가 있다.

표 6·3 단정 대빗의 형식

	회 전 형	러 핑 형	중 력 형
대빗(davit)의 이동 방법	대빗 축주위에 회전	현측선에 평행한 축주위의 회전	
이 동 력	인력 또는 기계력에 의한 작동		윈치 제동기(winch brake)의 늦춤에 의해 중력만으로 작동

회전형 대빗은 보트를 수직이나 이에 가까운 축바퀴 주위로 회전시키는데, 그러한 운동은 가이(guy) 또는 웜 치차(worm gear)를 사용해서 행하는 경우들이 많고, 현재로는 거의 모두가 인력에 의한 가이를 사용하고 있다. 러핑형은 선체 횡단면 내에서 보트를 회전시키거나 이동시키는 설비로서, 그 이동력은 앞에서 기술한 바와 같이 인력에 의한다.

중력형 대빗은 선체의 횡단면에서 보트를 회전시키거나 이동시키는 장치로서 그 이동력은 중력에 의하는데, 즉 보트의 윈치 제동기를 늦추게 되면 저절로 현외로 보트를 진출시키는 형이다. 계속해서 국제 항해에 종사하는 선박들 중 길이가 46 m를 초과하는 선박(500 GT 미만으로서 여객선이 아닌 것은 여기에서 제한을 하지 않음)의 대빗은 러핑형이나 중력형을 택해야 하지만, 보트를 진출시키는 상태에서는 공기 상자를 포함한 정체 중량, 기관, 법정 부속품을 포함한 의장품과 조삭 및 활차 등을 합한 중량, 즉 하강 하중이 4064 kg을 초과하는 경우 중력식 대빗만을 사용해야만 한다.

또, 근해 이상인 해역을 항해하면서 국제 항해에 종사를 하는 대형선(제 1 종선은 전부, 갑판에 여객을 승선시키는 제 4 종선, 5000 GT 이상인 제 5 종선)의 보트의 승강 장치는 선박이 어떤 쪽으로 경사가 15 도 정도 되더라도, 만재 상태인 보트를 안전하게 하강시킬 수 있는 강도를 갖는, 매어다는 줄과 구명줄의 길이는 최소 흘수에서 상기와 같이 수면에 닿을 수 있는 충분한 길이로 해야 한다. 그리고 보트 대빗의 장력줄로는 2 조(비상 보트는 4 조)인 구명줄을 비치하고, 비상 보트 이외에 보트의 매어다는 줄로는 와이어 로프를 사용하는데, 보트 윈치에 의해 작동이 된다.

러핑 대빗에는 여러 가지 형식들이 있는데, 어떤 것이든간에 핸들을 회전시키면 치차 스테이(gear stay)를 연장시키거나 여기에 끼워져 있는 세차(precession)를 이동시킴에 의해 대빗으로 보트를 진출시키는 방법으로서, 제각각의 특징들을 갖고 있는 반면에 정의 양단에 설치해서 정을 끌어앉히는 형도 있고, 선박의 종경사와 현호에 관해 고려를 한다면, 후자인 쪽이 훨씬 우수한 것으로 여겨진다. 그리고 중력형 대빗은 롤러를 궤도(track way)에 따라 굴러가게 함으로서 정을 선외로 진출시키는 설비인데, 롤러와 지렛대(lever)를 조합시킨 형과 지렛대만을 조합시킨 형 및 대빗을 접으면서 정을 선외로 진출시키는 형 등 여러 가지의 형식들이 있다.

이 중력형 대빗에서 롤러가 궤도를 구르는 형식에는 궤도의 경사를 25도(MOT에서는 30도) 이상으로 한 형식도 있는 반면에, 또 다른 형식으로는 선박이 20도(동일하게 25도)로 경사졌을 경우, 대빗으로 하여금 정을 선내의 격납 위치로부터 선외로 진출되게 설계하는 것도 필요하다. 이런 경우 일본의 선박국 내규에는 마찰 계수와 기타 저항을 무시해도 지장은 없다고 하지만, MOT에서는 실제 25도로 경사시켜 시험할 것을 요구하고 있다.

그림 6·7 보트 대빗

6.3.4 보트 대빗의 부속품

[1] 보트 폴(boat fall)과 활차

대형선용 보트 폴에는 주로 와이어 로프를 사용하므로, 보트 윈치로서 이것을 취급해야 한다. 보트 폴용 와이어 로프의 종류에는 특별한 규정이 없지만, USCG에서는 6×19인 마심이 든 와이어 로프를 표준화시켰는데, 일반적으로는 6×19인 로프가 너무 견고하기 때문에, 6×24인 로프나 6×37인 로프를 사용하고 있다. 이런 와이어 로프에 관한 강제 활차의 크기는 홈의 바닥으로부터 척측된 와이어 로프의 지름의 12배 이상인 지름을 갖추어야 하고, 보트 윈치 드럼의 지름은 로프 지름의 16배 이상이 되어야 한다.

또, 드럼에 로프를 효율적으로 감아들이기 위해서는 유도 강제 활차와 드럼의 관계로부터 플리트 앵글(fleet angle ; 유도 강제 활차로부터 드럼의 중심선에 내린 수선과 유도 강제 활차로부터 드럼의 어느 한쪽의 단에서 끌로프에 의해 만들어진 선과 이루는 각도를 말한다)은 홈이 붙여진 드럼인 경우 8도 이하가 되게 하고, 홈이 없는 드럼인 경우에는 4도 이하가 되게끔 충분한 간격을 두고서 설치를 한다(MOT에서는 7도 이상으로 하고 있다).

와이어 로프나 활차의 강도는 힘이 걸리는 부분에 주철과 같은 취성 재료를 피하면서, 모두가 최대 사용 하중에 관한 안전율을 6배 이상으로 해야 하고, 활차와 훅은 사용 하중의 2.5배인 하중으로서 하중 시험을 행해야 한다. 또, 와이어 로프의 아이 스플라이스(eye splice)의 부분에 관해서도 안전율이 5 이상인 하중을 샘플(sample)로 해서 시험을 하도록 MOT에서는 요구하고 있다.

그리고 와이어 로프로는 아연 도금을 한 로프가 사용되는데, 이것은 바람이나 비에 항상 노출이 되면서 매우 쉽게 녹이 슬므로, 언제든지 와이어 그리스(grease)를 도포해야 하는 반면에, 보수에 관해서도 주의를 해야 한다. 그런데, 보트 윈치를 설치하지 않는 경우에는 손으로도 조작하기가 쉬운 마닐라 로프나 이것과 유사한 섬유 로프를 사용하면서, 격납용 릴(reel), 상자와 승강용 비트(bitt) 및 볼러드(bollard)를 설치해야 한다. 섬유 로프로서 보트 대빗에 의해 2척 이상의 보트를 승강시킬 경우에 보트 폴을 사용할 때는, 각 정마다 제각각의 보트 폴을 설치해 놓아야 한다. 그리고 회전형의 보트 대빗인 경우에는 주로 섬유 로프를 사용하는데, 이런 경우에는 로프의 안전율을 4 이상으로 택하는 것을 원칙으로 하고 있다.

[2] 보트걸이 훅(lifting hook) 및 방정 장치

구명정의 보트걸이 훅으로는 고정식인 것과 방정 장치가 있는데, 그것들은 연강이나 단강을 사용해서 단조를 한 후에, 어닐링(annealing)을 해서 제작이 된다. 고정식은 JIS와 MOT에서 규정이 정해져 있지만, 이 식에서 1조인 보트 대빗으로 정을 승강시키도록 설치가 된 경우에는 보트걸이 훅을 정의 중앙으로 향하게끔 하고, 데릭으로서 정을 승강시키기 위해 슬링에다 정을 매다는 경우에는 훅을 외측으로 돌리든지 링에 의해서

벗겨지지 않도록 해야 한다. 또, 전자인 경우로서 보트를 수평으로 매달 경우, 보트 폴과 보트걸이 훅은 동일 수직선 내에 있도록 하기 위해 보트 폴과 보트걸이 훅의 간격을 같게 함과 동시에, 용골과 직각으로 보트걸이 훅을 설치하면서 전자나 후자라 할 것 없이 다같이 보트걸이 훅에 회전을 방지시키는 계획을 세워야 한다.

보트걸이 훅의 강도는 안전율이 6 이상인 재료를 사용하면서, 사용 하중의 2.5배인 하중에 의한 하중 시험을 할 경우, 영구적인 휨이나 손상이 생겨서는 안 된다. 그리고 방정 장치로는 고정식 보트걸이 훅으로 파고가 높은 해면에 보트를 승강시키기 위해 보트 폴로부터 이탈시킨다는 것은 쉬운 작업이 아니다. 그러나 지금까지 이러한 문제를 해결하기 위해 고안이 된 것이 스튜워드식(Steward style), 로빈슨식(Robinson style), 밀스식(Mils style) 및 삼릉의 형식들이 있다. 이것들 어느 것이든간에 조타수가 조작을 하도록 선미에 가까운 장소에 설치해서 핸들을 회전시키면, 회전축이나 로프로서 정의 양단의 보트 폴을 동시에 개방하여 이탈을 시키도록 되어 있다.

그리고 이들 장치들 중에는 정이 수상에 떠 있는 경우에만 해방시킬 수가 있는 형식과 정이 물에 뜰 경우는 물론, 그 이전에라도 해방을 시킬 수가 있는 형식도 있는데, MOT에서는 후자의 것은 인정을 하지 않고 있다. 다만, 전자의 경우일지라도 적당한 장력이 보트 폴에 잔류가 되더라도 정을 해방시킬 수가 있어야 한다. 그래서 방정 장치는 정의 양단에 설치된 보트 폴로부터 동시에 이탈을 시키는데, 만일, 고장이 났을 경우에는 손으로라도 보트 폴을 용이하게 풀 수가 있어야 한다.

강도에 관해서는 안전율을 6 이상으로 해서 설계를 하는데, 작동 부분은 내식성이 있는 금속재를 사용하면서 주유를 고려함과 동시에, 전도축이나 로프를 적당하게 보호함으로서 장치의 작동을 확실하게 함과 더불어, 승무원에 위험이 미치지 않게끔 해야 한다. 그러므로 시동용 핸들은 보트의 승강시에 간단하게 방정을 할 수 있게 핀(pin)으로 소정의 위치를 유지함과 동시에, 이것을 사용할 때는 용이하게 동작을 시킬 수 있게 해두면서 적색 도장을 해야 하는 점 등에 주의가 필요하다.

6.3.5 부속장치

[1] 승정 사다리

여객선이나 500 GT 이상인 여객선이 아닌 선박에는 각조의 보트 대빗에 1개 이상인 승정 사다리가 필요하다. 이 사다리로는 줄사다리를 사용하는데, 그 길이가 반대측으로 15도 경사진 경우라도 최소인 항해 흘수까지 이를 수 있을 정도로 충분해야 한다. 줄은 편측으로 16 mϕ 이상인 마닐라 로프 2개를 사용하면서 디딤판은 45 cm × 10 cm × 2 cm

정도인 단단한 목재로 제작을 하는데, 그 간격은 30cm 이하로 해야 한다.

[2] 조명장치

승정 사다리를 필요로 하는 상기와 같은 선박에는 구명정의 진출 작업과 승강 작업들 중 승강 장치와 구명정들의 안전한 작업을 위한 조명 장치들을 필요로 하지만, 경우에 따라서는 비상용 전원이나 축전지를 사용해서 조명을 하는 경우도 있다.

[3] 퇴선용 경보 장치

상기와 같은 선박들에서는 퇴선시 이런 사실을 알리기 위한 경보 장치를 필요로 하는데, 기적과 같이 모든 장소에서도 들을 수가 있을 경우에는, 이것을 본장치로 사용을 한다 해도 지장은 없지만, 일반적으로 이런 경우에는 신호종(bell)과 버저(buzzer) 및 확성기를 사용하는 것이 바람직하다. 그러나 특별히 여객선에서는 확성기를 경보 장치로 사용하고 있다.

[4] 배수의 침입 방지용 장치

주기관과는 별도로 해서 운전을 할 수 있는 펌프의 배수구는 보통 구명정의 강하 위치의 근처에 설치가 되므로, 이 배수가 구명정에 침입할 염려가 있을 경우에는 배수의 사출 방향을 변경시켜 외판을 따라 흐르게 한다든지, 기관실 윗벽의 외부로부터 배수구를 폐쇄시키든지 하면서 펌프를 정지시키기 위한 원격 제어 장치를 설치해야 한다.

[5] 와이어 밧줄(wire span)과 구명줄

1조인 보트 대빗의 정부간에는 와이어 밧줄을 쳐서, 이 와이어 밧줄로부터 구명줄을 늘어 뜨린다. 와이어 밧줄로는 지름이 20 mm 정도로서 아연 도금을 한 와이어 로프를 사용하고, 그리고 구명줄은 지름이 20~40 mm 정도인 마닐라 로프로 사용하여 보트 대빗의 정부로부터 30 cm 이상 떨어진 위치에 설치를 한다. 그것들의 수는 보통 보트에서 2줄 이상으로 하면서 비상 보트에는 4줄 이상으로 하고, 선박의 반대측으로 15도 경사가 진다 하더라도 최소인 항해 흘수에 달할 수 있는 충분한 길이로 한다. 더구나, 구명줄에서는 30 cm 전후로 한 혹을 만들어 두어서 정을 강하시키는데에 편리하도록 한 것도 있다.

[6] 미끄럼판이나 보호봉

불워크(bulwark)와 갑판간의 개구부를 경유해서 만재인 구명정을 승강시킬 때는, 선박이 경사진 경우에 정이 이 개구부로 들어가면서 불워크로 인해 정이 파손된다든지, 갑판에 있는 승무원들에게 상처를 입히지 않도록 방어봉이나 미끄럼판을 비치해야만 한다. 또, 보트의 승강 위치의 근처에 있는 큰 유리창에는 상기와 같은 사실을 고려할 때,

여기에 보호봉을 설치할 필요가 있다.

[7] 노출 빔(skate)

보트 갑판에서 항해 최고 흘수선까지의 높이가 4.6 m를 초과하는 선박에서는 반대측으로 15 도로 경사진다 하더라도 보트를 쉽게 진수시킬 수 있어야 하는데, 이런 이유로 인해 노출빔을 2조로 하거나 기타를 적절한 위치에 설치해 두어야 한다. 노출빔은 보통 목제인 라이너(liner)를 강판으로 연결하고 이것을 보트의 선측에다 설치해서 보트를 선측을 경유해서 강하시킬 때, 이 노출빔은 선측이나 미끄럼판을 미끄러지지만, 보트는 선측을 직접 미끄러지지 않도록 설계를 해야 하고, 또 진수가 된 후에는 이것을 떼어낼 수가 있어야 한다. 그리고 목제인 무장정에서는 보트 길이의 중앙의 약 1/3 L 간의 이음매에 관해서 오컴(oakum)으로 설치해야 한다.

[8] 기 타

보트를 격납시킬 때 보트 대빗상이나 갑판상에 보트의 형에다 짜맞춘 보트 초크(boat choke)를 설치해서 보트의 앞뒤를 지지하게 되는데, 보트 초크의 간격이 길 경우에는 장기간에 걸친 보트의 자중으로 인하여 중앙부가 휘어지면서 누수의 염려가 생기기 때문에, 중간에 용골 받침대를 설치함으로써 보트의 휨을 방지하는 것을 고려할 필요가 있다. 그리고 보트 장치용 릴(reel)과 갑판끝 롤러(deck end roller) 등은 각국의 선급에 규정이 되어 있다.

6.3.6 팽창식 구명 뗏목(Inflatable life raft)

이것은 그림 6·8과 같이 나일론 등과 같은 합성 섬유로 된 포지를 고무로 가공해서 뗏목 모양으로 제작한 것인데, 내부에는 탄산 가스나 질소 가스(한랭지용)를 압입시켜서 긴급시에 팽창시키면 뗏목으로 형성되는 형식이다. 항시, 이것은 접어 개어져서 캡슐형인 컨테이너 내에 수용시켜 갑판실 주변인 현측 부근에 고정이 되는데, 긴급시 컨테이너와 함께 선상으로부터 외해로 투하가 되면, 수면으로 낙하시켰을 때의 충격으로 인해서 컨테이너가 분산이 되면서 내부에 장착된 탄산 가스 봄베(Bombe)의 가스가 방출되면서 구명 뗏목형으로 불룩하게 팽창되어 소정의 형상을 이룬다.

한편, 팽창식 구명 뗏목 컨테이너는 긴급시 해상에 투하시킬 시간이 없더라도, 선박과 더불어 가라앉게 되면서 일정 이상인 수압이 걸리게 되면, 자동적으로 이것이 본선으로부터 떨어져 나가서 부상하게 된다.

구명 뗏목의 종류에는 갑종과 을종이 있는데, 갑종은 국제 항로에 종사하는 선박에 탑재를 시키면서 천막은 자동 전개식(가스 압력에 따른 팽창식이 많다)을 사용하는 한편,

을종도 국제 항로에 종사하는 선박에 탑재를 시키면서 천막은 수동 전개식을 사용하고 있다. 그런데 탄산 가스를 사용하는 경우는 가스가 방출될 때, 드라이 아이스(dry ice)의 분말이 생기면서 정전기가 발생할 우려가 있기 때문에, 이런 정전기가 뗏목에 축척이 되면 불꽃 방전이 생기는 위험이 발생하지 않도록, 국내선의 탱커용에서는 특히 제전재로 제작할 것을 요구하고 있다.

그림 6·8 팽창식 구명 뗏목

6.3.7 기타 구명 기구

[1] 구명 부환(life buoys)

① SOLAS에서 규정된 시방의 요건에 적합한 부환은

a) 이것은 선박의 양현과 실행이 가능한 한 선박의 현측에 이르는 모든 개구 갑판에서도 쉽게 이용할 수 있도록 분산시켜 두어야 하는데, 그것들 중 적어도 하나는 선미 부근에 배치되어야 한다.

b) 이것은 신속히 떼내어 던질 수가 있도록 보관하는데, 어떤 방법을 사용하든간에 영구히 고박시켜서는 안 된다.

② 선박의 각 현에 적어도 1개 이상으로 배치가 된 그림 6·9와 같은 구명 부환은, 경하 상태의 최대 흘수선상에서 보관 위치까지의 높이의 2배 이상이나, 30 m들 중 큰 쪽의 길이와 같은 부양성을 갖는 구명줄이 배치되어 있어야 한다.

③ 구명 부환의 전체수의 반 이상은 자기 점화등을 갖추어야만 하는데, 이들 중 2개는 자기 발연 신호를 갖추면서 항해 선교로부터 신속하게 이탈을 시킬 수가 있어야 한

다. 그리고 자기 점화등을 갖춘 구명 부환 및 자기 발연등과 자기 발연 신호를 갖춘 구명 부환은 선박의 양현에 균등하게 배치되어야 하는데, ②에서 요구한 조건에 적합한 구명줄을 배치한 구명 부환은 안 된다.

④ 각 구명 부환에는 그 선박의 선명과 선적항을 로마식 알파벳인 고형 문자로 표시해야만 한다.

부환의 시방은

① 바깥 지름이 200 mm 이하이고 안지름은 400 mm 이상이어야 하며,

② 근본적으로 부양성을 갖는 물질로 제작되어야만 한다. 즉, 등심초(燈心草), 코르크 부스러기, 입상(粒狀) 코르크나 기타 산립상(散粒狀) 물질들로 채워넣은 구명 부환이나 팽창시킬 수 있는 공기실에 의해 부력을 얻는 재료로 제작된 것은 안 된다.

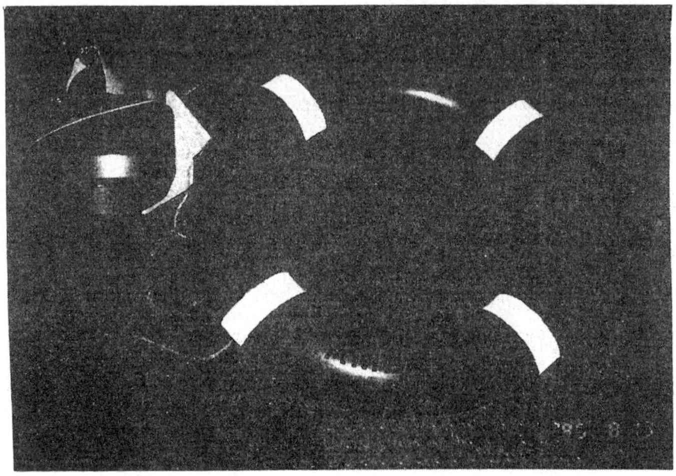

그림 6·9 구명부환

③ 14.5 kg 이상인 철편(鐵片)을 담수 중에서 24 시간 지탱할 수 있어야 한다.

④ 2.5 kg 이상인 무게를 가져야 한다.

⑤ 2 초간 화염에 완전히 휩싸인 후에도 불타거나 계속 용해가 되어서는 안 된다.

⑥ 최대 경하 항해에서 수선으로부터 탑재가 된 곳까지의 높이나 30 m들 중 더 높은 곳으로부터 수면으로 투하가 되었을 때, 구명 부환이나 그것의 부속물의 작동 능력에 손상을 입히지 않도록 제작이 되어야 한다.

⑦ 만약, 자기 발연부 신호 및 자기 점화등에 설치가 된 순간 이탈 장치를 작동시키려면, 충분한 무게나 4 kg들 중 큰 쪽의 무게를 가져야만 한다.

⑧ 지름이 9.5 mm 이상이면서 부환 본체 바깥 지름의 4 배 이상인 길이를 갖는 손잡이

의 줄이 배치되어야 하는데, 이 줄은 4개로서 똑같은 크기인 고리를 형성시켜 부환의 원주에 같은 거리인 4곳에다 배치해야 한다.

[2] 구명 동의(life jackets)

(1) 구명동의

① 그림 6·10과 같은 구명 동의는 승선 인원 모두에게 제공될 수 있도록 비치해야 하는데, 추가로

a) 적어도 여객 정원의 10%에 상당하는 어린이용 구명 동의나 각 어린이당 1개씩 구명 동의를 제공할 수 있도록 하는 수들 중 큰 쪽의 수만큼 비치해야 한다.

b) 당직 요원과 멀리 떨어진 생존정에서도 이용할 수 있을 정도로 충분한 수의 구명 동의를 비치해야 한다.

② 구명 동의는 쉽게 접근할 수 있는 곳에 보관되어야만 하고, 그 위치도 명확히 표시가 되어 있어야 한다. 그리고 선박에서 특수 설비로 비치된 구명 동의가 접근이 어려운 곳에 보관되어 있을 때는, 구명 동의의 수를 증가시키는 것과 같은 방법으로 주무 관청이 인정할 수 있는 대체 수단이 필요하다.

(2) 구명 동의로서 갖추어야 할 일반 조건

① 구명 동의는 2초 동안 화염에 휩싸인 후 불에 타 녹아서는 안 된다.

② 구명 동의는 다음과 같이,

a) 착용 시범을 본 후에, 도움이 없이도 1분 이내에 정확하게 착용할 수 있어야 한다.

b) 뒤집어서 착용하거나 한쪽 방향으로도 착용할 수 있는데, 가능한 한 착용이 잘못되게 제작되어서는 안 된다.

그림 6·10 팽창식 구명 동의

c) 착용하기에 편리해야 한다.

d) 착용자가 최소한 4.5 m의 높이로부터 수면으로 뛰어들더라도, 부상을 당하거나 구명 동의가 벗겨져서 손상을 입지 않게 제작되어야 한다.

③ 구명 동의는 잔잔한 수면에서 다음에 게기(揭記)하는 부력과 복원성을 가져야 한다.

a) 탈진이 되었거나 의식이 불명한 사람은, 그 몸을 수직 방향에서 후방으로 20 도 이상 또는 50 도 이하로 기울어진 상태로부터 입이 수면상 120 mm 이상인 높이로 유지될 수 있어야 한다.

b) 물 속에서 의식이 불명인 사람의 몸을 5 초 이내에 어떤 상태로 있든간에, 수면상에 그 사람의 입이 나올 수 있게끔 상태를 바꿀 수 있어야 한다.

④ 구명 동의는 청수에서 24 시간 동안 잠긴 후에도 부력이 5 % 이상 감소되어서는 안 된다.

⑤ 구명 동의는 착용한 사람이 짧은 거리를 헤엄치거나 생존정에 승선할 수 있어야 한다.

⑥ 각 구명 동의 호각은 끈으로 확실하게 배치되어 있어야 한다.

[3] 방수복(immersion suits)

승인된 크기에 적합한 그림 6 · 11과 같은 방수복은 구조정 요원으로 지정된 모든 사람에게 제공이 되도록 비치되어야 한다. SOLAS 에서 규정이 된 방수복은 다음과 같다.

① 방수복은 방수 재료로 제작이 되어야만 한다.

a) 이것은 부속이 된 옷으로서, 만약 구명 동의에 덧붙여서 입을 경우, 구명 동의를 염두에 두면서 도움을 받지 않고도 2 분 이내에 끌어내어 입을 수가 있어야 한다.

b) 2 초 동안에 화염에 휩싸였을 때도 불에 타거나 녹지 않아야 한다.

c) 얼굴을 제외한 몸 전체를 덮을 수가 있어야 하는데, 영구적으로 부착이 된 장갑이 붙어 있지 않는 한, 양손으로도 덮을 수가 있어야 한다.

d) 방수복의 다리 부분은 공기를 최소화하거나 감소를 시킬 수 있는 장치로 되어 있어야 한다.

e) 4.5 m 이상인 높이에서 물 속으로 뛰어 내렸을 때, 물이 옷 속으로 지나치게 스며들지 않아야 한다.

② 구명 동의의 요건에 적합한 방수복은 구명 동의로서 인정될 수 있다.

③ 방수복을 입을 때나 구명 동의를 입은 채로 덧붙여서 입는다면

a) 수직 사다리를 최소한 5 m 오르내릴 수 있어야 하고,

b) 퇴선시에는 정상적인 임무를 수행할 수 있어야 하며,

c) 4.5 m 이상인 높이에서 물 속으로 뛰어들 때, 방수복에 손상이 생기거나 벗겨지지 않으면서 부상을 당하지 않아야 하고,

d) 착용한 사람이 짧은 거리를 헤엄쳐서 구명정에 승선할 수 있어야 한다.

④ 부력체를 가졌거나 구명 동의가 없이 착용이 가능한 방수복은 적합한 표시등과 규정된 호각이 배치되어 있어야 한다.

⑤ 방수복을 구명 동의와 함께 착용하는 경우 방수복상에 구명 동의를 착용해야만 하는데, 이런 방수복을 착용하는 사람은 도움없이도 구명 동의를 입을 수 있어야 한다.

[4] 보온복(thermal protective aids)

SOLAS 에서 규정한 보온복은 다음과 같다.

① 보온복은 열전도율이 0.25 W/(m · K) 이하인 방수 재료로 만들어져야 하는데, 사람을 감쌌을 경우 착용자의 몸으로부터 대류와 증발 현상으로 인한 열손실을 감소시키도록 제작이 되어야 한다.

② 보온복은 다음과 같이,

a) 구명 동의를 착용한 사람의 얼굴을 제외하고 전신을 덮을 수가 있어야 하는데, 영구적으로 배치가 된 장갑이 붙어 있지 않는 한 양손으로 덮을 수가 있어야 한다.

b) 구명정이나 구조선에서 도움을 받지 않고도 끌어내어 쉽게 착용할 수가 있어야 한다.

c) 만약에 수영을 하는데에 지장이 있다면, 착용자가 2분 이내로 벗어 버릴 수가 있어야 한다.

그림 6·11 방 수 복

③ 보온복은 −30∼+20℃ 사이의 기온에서도 적절하게 기능을 발휘할 수가 있어야 한다.

6.4 소 방 설 비

선박에 설치되는 소방 설비에 관해서는 각국 모두가 해상에 있어서의 인명의 안전을 위한 국제 협약에 기준을 두면서, 안전법이나 선급 협회의 규칙을 통해 규정하고 있다. 그 내용에서는 어느 것이든 거의 비슷하지만 표현이나 설비 기준에 있어서는 약간의 차이가 있으므로, 각각의 적용 법규에 관해 검토를 해두는 것이 바람직하다.

6.4.1 화재 탐지기(Fire detector)

화재가 발생한 사실을 자동적으로 탐지해서 경보기에 신호를 보내는 장치가 화재 탐지 장치(혹은 화재 검지 장치라고도 한다)인데, 이것은 자동 화재 탐지기와 수동 경보기 및 그것들로부터의 신호를 수신해서 선내에다 화재 경보 신호종(bell)을 울리면서 등(lamp)을 점등시키는 수신 장치로 구성되어 있다.

자동 화재 탐지기에는

① 화재시 열을 받아들이는 방식(열식 화재 탐지기),

② 화재시 연기를 받아들이는 방식(연식 화재 탐지기)

의 두 종류가 있는데, 이것들은 다시 다음과 같이 분류가 된다.

① 열식 화재 탐지기

a) 차동식,

b) 정온식,

② 연식 화재 탐지기

a) 이온식,

b) 연관식(또는 광전관식)

이것들에 관해서는 다음에서 설명하기로 한다.

[1] 열식 화재 탐지기

이 형식은 주로 거실의 화재 탐지용으로 사용이 된다.

(1) 차 동 식

이것은 공기관 내의 공기로부터 화재가 발생하면, 온도의 급격한 상승으로 인해 팽창하여 탐지기 내의 다이어프램(diaphragm)을 작동시켜 전기의 접점을 막으면서 수신기에 경보 신호를 보내는 형식이다. 그러나 실내용 난방이나 사계절의 변화에 따른 기온 변화 때문에 일어날 수 있는 공기 팽창으로 인해, 이것이 작동이 되지 않도록 누전용 기구 (leak bulb)란 보정 장치를 배치해서, 온도의 급격한 상승시에만 작동이 되게끔 설치되어 있다. 즉, 이것은 온도 상승률이 일정한 값을 초과했을 때만 작동이 되도록 연구된 화재 탐지기이다.

그런데 차동식 화재 탐지기의 종류에는 가는 공기관(바깥 지름 2 mm ϕ, 안지름 1.4 mm ϕ 정도인 구리관)으로 실의 천장을 둘러싸고 있는 분포형과, 약 10 m 정도인 공기관을 제작하여 코일상으로 집합을 시킨 코일식 및 공기실과 다이어프램을 이용해서 전기 접점이란 기구를 조합시킨 형식 등이 있는데, 어느 것이든간에 구획의 천장에 적당한 개수로 배치되어 있다. 그림 6·12 에는 코일형 탐지기의 하면을 표시하였고, 그림 6·13 에는 공기 다이어프램형 탐지기의 측면과 단면을 표시해 두었다.

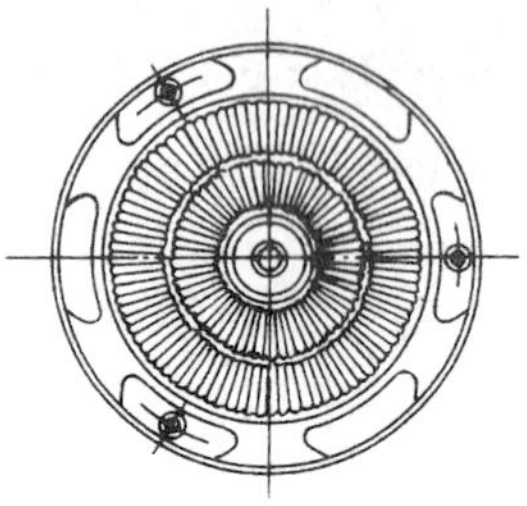

그림 6·12 코일형 화재 탐지기

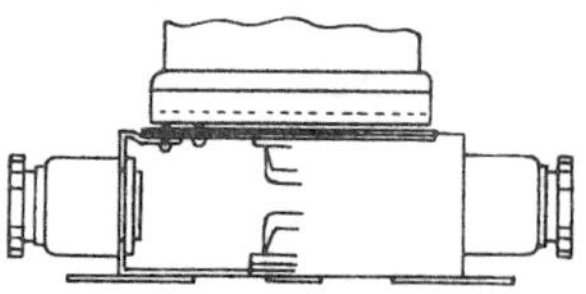

그림 6·13 공기 diaphragm형 화재 탐지기(좌측면, 우측면)

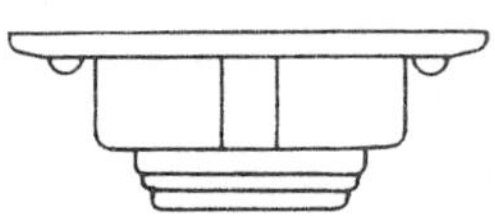

그림 6·14 정온식 화재 탐지기(측면)

(2) 정 온 식

이것은 화재로 인해 실내 온도가 상승하면서 어떤 일정 온도 이상이 되면, 화재 발생 신호(전기 신호)를 발하도록 한 형식인데, 이 형식도 천장에 적당한 개수로 배치되어 있다. 정온식 탐지기의 특징으로는 실내의 온도 변화가 격심해서 차동식을 사용할 수 없는 장소에 적합한 형식인데, 이는 반복해서 사용할 수 있음과 동시에 설정한 작동 온도를 자유롭게 택할 수가 있다는 장점이 있다.

[2] 연식 화재 탐지기

이 형식은 주로 기관실(이온식)이나 선창용(연관식) 화재 탐지기로 사용된다.

(1) 이온식(ion style) 탐지기

이온식 화재 탐지기는 검출부와 수신부로 구성이 되는데, 검출부의 탐지기는 내부 이온실과 외부 이온실로 나누어지면서, 양실에서는 내부의 기체가 이온화가 됨과 동시에 일정한 전압 분포 상태에 의해 평형을 유지하므로, 기체가 금망을 통해 외부 이온실로 들어가서 전압 분포가 불균형을 이루게 되면, 전기적으로 릴레이(relay)를 작동시키면서 화재 신호를 발하게 된다. 이런 형식의 화재 탐지기는 극히 미량인 연기가 들어가더라도 작동을 확실하게 할 만큼 상당히 민감한 형식인데, 역으로는 덜 민감해져야 한다.

예를 들어, 기관실의 공작실에서 용접기를 사용하는 정도에서도 작동을 할 경우도 신호를 발한다. 그래서 최근 자동화가 된 선박의 기관실에서는 거의 이런 형식을 채용하지 않는다.

(2) 연관식(또는 광전관식) 탐지기

이것은 화물선의 선창 내의 화재 탐지용으로서 옛날부터 사용되어 온 화재 탐지기인데, 각 선창으로부터 가는 파이프를 독립적으로 유도해서 조타실에 배치된 화재 탐지기에 연결시켜, 탐지기의 연기 흡입용 팬(fan)에 의해 항시 각 선창의 상부 공기를 흡입하게 되어 있다. 탐지기는 각 선창이나 구획의 계통마다 설치되어 있는 뾰족한 창을 통해서 각 계통의 파이프 라인들의 출구에 빛을 쬐면, 직접 눈으로도 볼 수 있게 함과 동시에, 광전관을 이용하면 어떤 연기가 흡인이 되었을 때는 자동적으로 경보를 발하도록 되어 있다.

또, 배기는 탐지기가 설치된 실내로 방출이 되면, 후각으로도 화재가 발생된 것을 알 수 있게 되어 있다. 이런 방식의 화재 탐지 장치는 하역 작업시 창내에 먼지가 자욱하게 낀 경우를 화재시의 연기라고 오인을 하여 경보기가 작동하는 경우도 있다.

이상에서 기술한 화재 탐지기는 앞으로 기술할 소화 장치와 조합을 시켜서 화재 발생의 탐지로부터 소화시킬 때까지를 자동적으로 작업을 행할 수 있는데, 진화성 가스가 방출이 될 때는 사람이 없다는 사실을 확실하게 확인해야만 한다는 것이 필요한 반면, 이로 인해 가스를 자동으로 방출시키는 것은 가능한 한 피해야 할 것이다.

6.4.2 소화장치

[1] 해수 소화 장치

이 장치는 기본적으로 그 형식에서는 육상의 그것과는 다를 바가 없지만, 살수에 관해서는 직접적으로 살수량과 호스의 격납 위치 및 소화전에 관해 규칙(rule)으로 규정을 하고 있으므로, 설치시에는 반드시 이런 규칙을 만족시켜야 한다.

당연히 선내와 폭로 갑판부에 소방관이 배치되면서 적절한 소방 펌프에 연결을 시키는 것도 필요하겠지만, 이런 문제에 대해서는 제 5 장 제관 장치에서 모든 것을 기술했으므로, 여기서는 단말구와 소방 방법에 관해서만 약술하는 것으로 제한을 한다. 그리고 이 절에서는 그 기준을 일본 해사 협회의 강선 규칙과 선박 안전법을 주로 예증하면서, 주요 국가의 규칙과 법규도 아울러 표로 표시해 두었기 때문에 참조하기 바란다.

표 6·4 소화 장치에 관한 법규와 규칙

국 명	법 규, 규 칙	발 효 원
일 본	선박 안전법 강선 규칙	일본 정부 일본 해사 협회
영 국	안전법(통칭 M.O.T) LLOYD 규칙(L.R)	영국 정부 Lloyd register of shipping
미 국	U.S. coast guard A.B.S. 규칙 New York underwriter 규칙	미국 정부 American bureau of shipping New York underwrighter

(1) 소방 호스에 의한 직접적인 살수

이 방법은 육상의 그것과 같이 강력한 봉 모양의 살수로서, 직접적으로 화재가 발생한 곳에 방수를 시켜 소화를 하는 방법인데, 선박에서는 이것을 가장 기본적인 소화 장치로 취급을 함으로 규칙에서도 어떤 개소에 화재가 발생되면, 이 장치를 2조 이상으로 배치시켜 강력하게 살수할 수 있도록 요구하고 있다. 그리고 소방 호스는 내면을 고무 제품으로 만들면서 외면은 합성 섬유로 둘러싸는데, 그 사이에 내압에 견딜 수 있는 재료로 수매를 적층시켜 제품화시킨 것이다. 소화전과 소방 호스 사이에는 이음매나 소방 호스와 같은 것으로서 접속을 시키는데, 소방 호스와 소화용 노즐(nozzle)의 접속 문제는 일본 선박에서 원 터치식(one touch style)을 사용하지만, 외국 선박에서는 ANSI, 영국·독일 및 노르웨이의 규격품을 사용한다.

(2) 스프링클러(sprinkler)에 의한 살수

스프링클러식인 소화 장치는 스프링클러 헤드라는 살수 장치를 화재가 발생할 염려가 있는 구획 내에 적절하게 배치해서 소방관과 접속시켜 두면서, 물탱크에는 항시 가압을 시킨 만수 상태를 유지해 두어야 한다. 그리고 스프링클러 헤드도 항시 폐쇄가 되어 있지만, 화재로 인해서 열을 받으면 어떤 일정 온도 이상이 될 때, 퓨즈 노즐(fuse nozzle)이 용해가 되면서 폐쇄가 풀려 자동적으로 살수할 수 있는 구조로 되어 있다. 그런데, 살수는 사방으로 물이 일양하게 비산하게끔 되어 있는데, 그 유효 범위는 통상 헤드 1개당 지름이 약 5 m 정도 살수하게 되어 있다.

(3) 물분무에 의한 소화

이것은 앞항의 스프링클러의 일종으로서, 물을 극히 미세한 분무상으로 만들어 방수를 일제히 시키면, 물방울에 의한 표면적이 매우 증가하면서 냉각이 되어 온도가 저하하게 되는 한편, 물방울이 수증기로 기화할 경우, 기화 잠열과 더불어 화재 발생 개소의 온도를 발화점이나 인화점 이하로 떨어뜨려 소화를 하게 된다. 분무에 의한 소화는 순간적으로 다량의 수증기를 생성시키면서 산소의 공급을 차단할 수 있으므로, 뒷항에서 기술할 수증기에 의한 소화 방식과 똑같은 작용을 함에 의해 소화 능력도 대단히 우수하다. 덧붙여서 물이 수증기로 변하면, 용적에서는 약 1650배 정도로 증가하게 된다.

물분무의 방식은 기름 화재 발생시는 일시적으로 기름면을 출현(emersion)시킴에 의해 기름의 증발을 억제하기 때문에, 기름 화재에 관해서도 효과적이다. 그러나 바람이 강한 경우에는 물방울들이 바람에 불려서 날아가 버리기 때문에, 기관실내 등과 같이 폐위된 구획에서는 사용이 가능하지만, 통풍이 좋은 구획에 관해서는 그다지 효과를 기대할 수가 없다.

한편, 이 장치도 분무 노즐을 미리 구획 내의 천장에 설치해 두고서 화재 발생과 동시에 일제히 분무를 해서 화재의 근원을 둘러싸면서 소화를 시키지만, 분무할 경우 다량의 정전기를 발생시킬 염려가 있기 때문에, 폭발성 가스가 발생될 것이라고 예상되는 구획에는 사용할 수가 없다.

(4) 비상용 소방 펌프

직접 호스 노즐로서 살수를 하든가, 스프링클러로서 해수 살수를 하든가, 그리고 분무 방식으로 소화를 하든간에 소화용 해수는 기관실의 해수 펌프와 해수관에 의해 취할 수 있게끔 배관이 된다. 만일, 기관실 내에서 화재가 났을 경우, 이 해수 펌프를 사용할 수 없기 때문에, 별도의 계통에 의한 펌프를 설치해 놓아야 한다. SOLAS에서는 그림 6·15와 같은 비상용 소방 펌프로 국제 항해에 종사를 하는 1000 GT 이상인 비여객선에 관해서는 선박의 크기에 따라 일정한 능력 이상인 독립된 비상용 소방 펌프를 설치하는 것을 의무화하고 있다.

전술을 한 바와 같은 이유로부터 고정된 비상용 소방 펌프는 기관실과 별도로 독립을 시키면서 강벽으로 둘러싸인 구획 내에 설치함과 동시에, 그것의 동력원도 기관실과는 별도인 동력원을 요구하고 있는데, 비상용 소방 펌프로는 그 선박에서 상정된 가장 낮은 흘수 상태에서도 양수를 할 수 있어야 한다. 그래서 대형선에서는 펌프의 설치 위치를 해수면보다 높게 설치하는 것을 예상한 경우, 통상 선미부에 강제로 된 깊은 웰(well) 구획을 구성시키면서 얕은 흘수에서도 충분히 양수할 수 있도록 낮은 위치에 설치하게 하여야 한다. 그런데 비상용 소방 펌프는 일반적으로 디젤 기관에 의해 구동이 되는 해수 펌프인데, 선박이 대형화가 되면 선미 구조상 디젤 기관을 충분히 낮은 개소에 설치하는 것이 불가능할 경우가 생기므로, 그림 6·16에 표시한 바와 같이 디젤 기관에 유압 펌프와 주소방 펌프를 직결시키면서 상부(A)의 위치에 설치를 하는 한편, 별도로 얕은 흘수에서도 양수가 가능한 (B) 위치에 유압 모터를 직결시킨 양수용 부스터(booster) 펌프를 설치하고 있다.

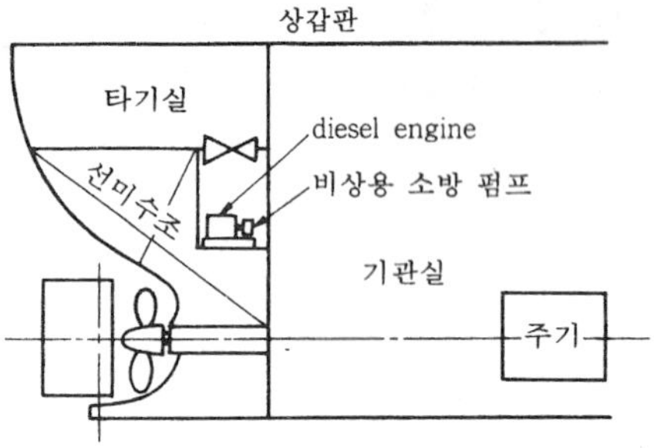

그림 6·15 비상용 소방 펌프의 설치 위치(통상인 경우)

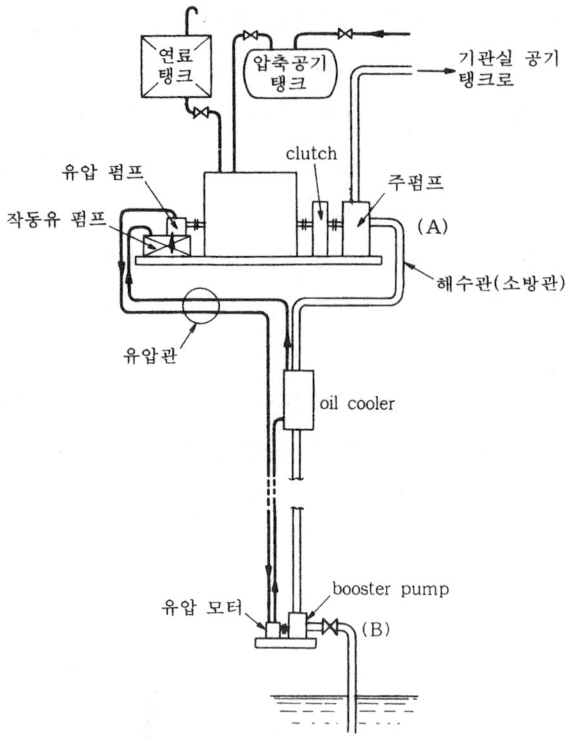

그림 6·16 비상용 소방 펌프의 설치 위치(얕은 흘수시 흡수 양정이 부족할 때)

이렇게 해서 디젤 기관이 구동되면, 먼저 유압을 발생케 되면서 (B)인 위치의 유압 모터가 구동되어 부스터 펌프는 양수를 개시하게 되는 반면에, (A)인 위치의 주펌프는 해수를 보내면서 소정의 압력으로 가압을 시켜 보내게 된다. 그러나 어떤 경우일지라도 구동원이 디젤 기관인 경우에는 시동용 압축 공기가 필요한데, 이것은 기관실 내의 공기 탱크(air tank)에서 공급을 받아서 항시 소형 공기 탱크 내에 저장시켜 놓음에 의해, 만일의 경우에도 그것을 즉시 사용할 수 있도록 되어 있다. 또, 구동원이 모터일 경우는 별도로 기관실 외에 비상용 발전기를 설치해서, 기관실 내에 화재가 발생할 때 그 곳으로부터 전원 공급을 받게 된다.

[2] 증기 소화 장치

이것은 앞에서 기술한 분무 대신에 직접적으로 생증기를 분사시키면, 그것의 팽창에 의해 공기를 차단함과 동시에 단열 팽창 때문에 온도가 강하되어, 물방울이 되면서 물입자의 냉각 효과를 통해 소화시키는 방식이다. 증기 소화 장치는 필요한 양만큼의 증기를 얻을 수 있으면 비교적 손쉬운 소화 장치이므로 오래 전부터 많이 사용해 왔었지만, 뒷항에서 기술될 가스 소화 장치나 포말 소화 장치들이 발달됨에 따라 영향을 받게 되어 현재에는 거의 사용되지 않고 있다.

그 이유로는 증기가 분사될 때 생기는 미세한 물방울은 대전된 채로 공중에서 부유하게 되면서, 다량의 정전기를 머금은 구름을 발생시키기 때문에 탱커 등과 같이 폭발성이 있는 분위기 내에서 스파크(spark)로 발화되어 폭발할 염려가 있으므로 사용하는 것을 금지하고 있다. 그리고 화물선인 경우에는 일반적으로 주기가 디젤 기관이므로 화물창의 소화를 하기 위한 증기량을 얻는데는 어려운 점이 많아서 사용할 수 없다. 또, 현재 규정에서는 이것이 정규 소화 장치로 인정을 받지 못하므로 주의가 필요하다.

탱커의 화물 유조에 대한 소화에 관해서는 상기와 같은 정전기 발생 때문에, 각 선급 협회에서도 생증기를 분사하는 것을 금지하고 있지만, 탱크의 용적이 작아서 분사시 압력이 낮아지면, 실제로 큰 위험이 없다는 이유로부터 선급 협회의 선급(class)을 취득하지 못한 내항용 탱커인 경우에 장치가 간편하다는 점으로부터, 일부에서는 이 방법을 의연하게 이용하고 있다.

[3] 가스(gas) 소화 장치

이것은 탄산 가스 등과 같은 진화성 가스를 공기와 치환시키면서, 산소의 공급을 차단해서 소화를 시키는 장치이다. 가스 소화 장치에 이용되는 가스로는 비중이 공기보다 무거우면서 자극성이 없고, 격심한 냄새가 없으며, 그리고 인체에 직접적으로 해를 주지 않음과 동시에, 부전도체인 불활성 가스이어야 하고, 또 특별하게 큰 비용이 들지 않는 장치라면 쉽게 이것을 액화시켜 안전하게 저장할 수가 있는 가스로 하는 것이 바람직하다.

현재 일반적으로 사용하는 소화용 가스로는 탄산 가스가 있는데, 최근에는 이것 대신에 할로겐화(halogen 化) 탄화 수소의 일종을 사용하기도 한다. 탄산 가스인 경우, 액체가 가스상이 되면 약 400배로 퍼지게 되는 한편, 공기 중에 30~40%인 탄산 가스가 포함되면 물질이 연소할 수가 없기 때문에, 소화 유효 용적이 1000~1300배인 정도가 된다. 소화용 가스는 화학적으로 안정되어 있기 때문에, 금속과 전기 절연물 및 기름에 적용시키더라도 화학 변화를 일으키지 않아 기계적인 손상을 주지 않는 반면에, 침투성이 강해서 구석구석까지 골고루 미침에 의해 적하물에 손상을 주지 않는다는 특징이 있다.

그러나 가스 때문에 공기가 구축되면서 산소가 차단되어, 가스가 충만한 구획에서는 동물들이 질식될 수 있으므로, 가스를 방사할 때에는 안전하게 그 구획에 사람이 없다는 사실을 확인한 뒤에 방사해야만 한다. 즉, 가스 소화 장치는 소화해야 할 구획의 천장에 가스관을 적당한 간격으로 유도하여 방사구를 설치해 두면, 만일 화재가 발생했을 경우, 이들 방사구로부터 가스가 일제히 방출되면서 순간적으로 공기와의 치환을 통해 소화를 시키므로, 그 전에 미리 신호종이나 사이렌(siren)을 울려서 구획 내의 작업원들을 신속하게 피난시켜야만 한다.

이와 같이 가스는 소화에는 유효한 반면에 인체에는 상당한 위험을 초래하므로, 규정에서도 선창 내와 기관실 내로 사용 범위를 한정하는 것을 인정하면서 거주 구획에 적용시키는 것은 인정을 하지 않는다. 또, 탄산 가스인 경우에는 방사시 기압의 급격한 변화 때문에, 급랭이 되면서 방사구 근처가 드라이 아이스(dry ice) 분말이 형성되어 방사구를 떠날 때 다량의 정전기를 머금고, 공기 중으로 비산이 되면 스파크를 발생시키기도 하므로, 폭발성 기체가 충만되어 있는 구획에서는 이것을 사용하는 것은 가능한 한 피해야만 한다. 그래서 연관식 화재 탐지 장치는, 만일 화재가 발생이 되면 변환 밸브에 의해 연기 흡입관을 가스 방출관으로 겸용하게끔 구성이 되어 있다. 그리고 가스 소화 장치는 규정으로부터 요구되는 일정량 이상인 가스를 항상 선내에 저장시켜 놓을 필요가 있는데, 탄산 가스인 경우 현재에 실용되고 있는 가스 저장 방식에는 다음의 두 가지 방식이 있다.

(1) 고압식(축압식)

이 식은 30~50 kg을 단위로 한 액화 탄산 가스로 충전시킨 철제 봄베(Bombe ; 내압이 70~80 kg/cm^2)를 소요 가스량만큼 선내에 저장시켜 놓고, 각 봄베를 몇 개의 그룹(group)으로 나뉘어서 파이프로 연결하는데, 이들 그룹의 봄베들의 밸브를 와이어로 연결해 놓아, 한 와이어를 끌어당기면 각 봄베들이 일제히 개방이 되는 구조로 구성이 되어 있다. 그리고 연결 와이어를 끌어당기는 일은 직접적으로 전체 인원의 수에 의한 인력으로서 이것을 인장시켜도 되지만, 보다 용이하게 작동을 시키기 위해서는 우선 파일럿(pilot) 봄베를 개방시켜 가스압에 의해 실린더가 작동되면, 기타의 봄베들이 일제히 개방이 된다.

그림 6·17에는 고압식 CO_2 소화 장치의 작동 요령의 한 예를 표시해 두었는데, 여기에는 마스터(master) 실린더라는 CO_2 봄베나 공기 봄베 ⑭를 설치해서 마스터 컨트롤 밸브 ⑮를 손으로서 개방시키면, 파일럿 실린더 ③을 눌러서 파일럿 실린더(봄베) ①을 개방시키는 한편, 마스터 실린더 ⑭의 가스압에 의해서 릴리스(release) 밸브 ⑩을 개방시켜 파일럿 실린더 ①의 가스압을 주실린더(main cylinder) ④로 유도해서 소요 주실린더(봄베) ②를 개방한 다음에, 마스터 컨트롤 밸브 ⑮를 손으로 개방하면, 마스터 실린더의 가스압에 의해 주밸브 ⑧을 개방시켜 일제히 탄산 가스를 방출하는데, 파일럿 실린더 ①의 개방과 릴리스 밸브 ⑩의 개방은 수동으로서 직접 와이어 ⑤의 인장을 통해 작동하게끔 한 것이다.

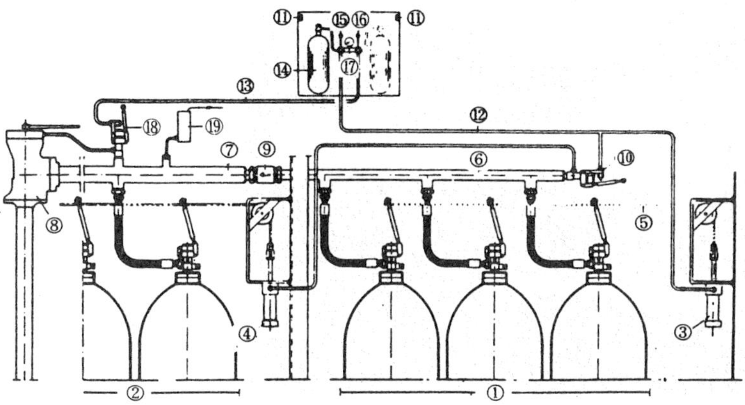

그림 6·17 고압식 CO_2 소화 장치의 작동 요령

그리고 액화 탄산 가스 봄베의 격납실은 통상 거주구의 창고 구획의 일부와 맞게끔 하는데, 실온에서는 온도가 올라가지 않게끔 통풍을 할 필요는 있는 반면에, 봄베는 본선의 중간 검사시 검량해서 규정량만큼 있는지 어떤가를 확인해야만 하므로, 측량 설비도 필요하다.

(2) 저압식(냉동식)

앞에서 기술한 고압식은 철제 용기에 액화 탄산 가스를 봉입해서 상온에서 가압 상태로 액상을 유지하게끔 한 것이기 때문에, 용기로는 상온에서도 액화 탄산 가스의 압력에 충분히 견딜 수가 있는 구조이어야만 한다. 따라서, 자연히 용기의 부피가 커지면, 봄베의 개수도 많아지면서 장치 전체의 중량도 무거워져서 그것의 취급과 격납 공간으로 인해 불리해진다. 이것에 비해 저압식은 그림 6·18 과 같은 냉각 방식으로서 저장 압력을 내림과 동시에, 1개의 용기에 다량의 액화 탄산 가스를 저장하게 한 것이다.

즉, 액화 탄산 가스의 격납 용기는 완전히 방열이 됨에 의해 전용 냉동기를 설치해서 항시 약 −18℃ 정도를 유지함과 동시에, 용기의 내압을 약 20 kg/cm^2(gauge 압력)로 유지하도록 냉동기를 작동시킨다. 그런데 이 식은 앞에서 기술한 고압식에 비해 탄산 가스의 소요량이 많은 경우 중량적으로나 공간적으로 유리하지만, 전용 냉각 장치를 필요로 하기 때문에 장치가 약간 복잡해지는 결점도 있는데, 고압식과 같이 거주구 후부의 창고 부근에 설치하는 것이 일반적이다.

[4] 배기에 의한 소화 장치

이것은 가스 소화 장치의 일종으로서, 1978 년에 SOLAS 에서는 2만 DWT 이상인 탱커의 화물유 탱크부에 관한 방화와 방폭 장치로 설치하는 것을 의무화시킴에 따라 특별

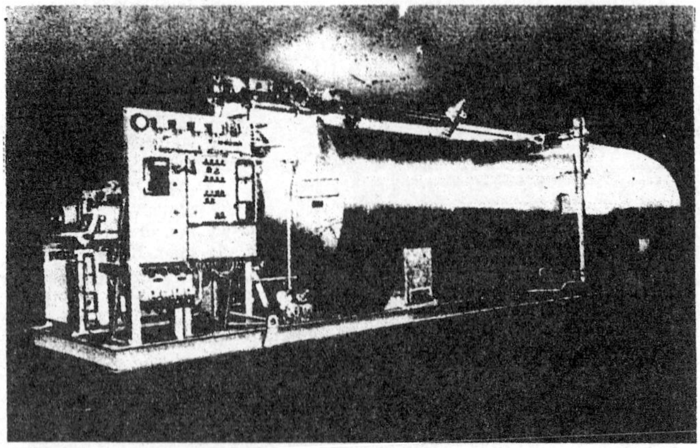

그림 6·18 저압식 CO_2 소화 장치의 가스 탱크

히 별도 항목으로서 인정을 받았는데, 아래에서는 이것에 관해 설명하기로 한다. 그리고 불활성 가스(inert gas)는 통상 연료의 연소 기체를 말하는데, 여기에는 두 가지가 있다.

① 보일러의 배기 기체를 이용하는 방법 : C 중유 등과 같은 저질유의 연소 기체로서, 보통 탱커나 기름 겸용선에서 일반적으로 사용을 하는 것은 이런 종류의 것이다.

② 전용 불활성 가스의 발생 장치에 의한 방법 : 경유 등과 같은 상질유의 연소 기체로서 LNG 선과 같이 특히 클린(clean)한 불활성 가스를 요구하는 경우에 사용된다. 본래, 배기는 소화 장치용 가스로 적용했는데, 최근에 탱커에서는 이것을 일보 전진시켜서 항상 기름 탱크의 상부 공간에 가스를 채워, 주로 방화와 방폭용을 주로하고 소화를 종(縱)으로 하여 사용을 하고 있는 실정이다.

공기는 용적비로 약 21%인 산소를 함유하는데 있어, 연소를 잘 조종하려면 보일러의 배기 중의 산소 함유량을 용적비의 4% 이하로 한정시킬 수 있고, 전용 불활성 가스의 발생 장치를 사용하면 용적비로서 1%대로 한정하는 것이 가능해진다. 예를 들면, 연료 조성에 의해 중량 %로서, C=85.71%, H=10.25%, S=3.5%, N=0.15%, O=0.39%인 것이 공기와 연료비를 1 : 1로 해서 연소시켰을 때, 생성될 배기 조성의 이론값을 용적 %로서 표시하면 표 6·5와 같게 된다.

한편, 산소의 함유량이 10% 이하인 경우에는 연속해서 연소가 되지 않기 때문에, 산

표 6·5 배기 조성의 이론(%)

	CO_2	SO_2	O_2	N_2	H_2O
%(VOL)	13.1	0.2	1.8	74.4	10.5

소 함유량을 더욱더 저하시키면 어떤 비율에서는 원유 가스와 혼합을 시켜도 폭발을 하지 않는데, 이것은 연소 기체가 불활성 가스가 되어 방화나 방폭 장치용으로 사용되었기 때문이다. 그리고 디젤 엔진의 배기 중의 산소 함유량이 10%를 초과하게 되면 그것을 불활성 가스로 사용할 수가 없으므로, 오히려 디젤 선박에서는 보조 보일러의 연소 배기를 사용한다. 현재 각 선급 협회에서 요구하고 있는 불활성 가스들 중 산소 함유량의 상한값은 설계 목표값의 5%(VOL) 이하로 하고 있는데, 실제로는 4%(VOL) 이하로 하면서 운전되고 있다.

불활성 가스는 산소 함유량이 적기 때문에 화물유 탱크에 투입한 경우에도 구조 부재의 산화를 억제함에 의해 방식상 유리하지만, 특히, 보일러의 배기인 불활성 가스에서는 연소유가 C중유 등과 같은 조악류(粗惡類)이기 때문에, SO_2의 함유량이 많아져서 그것을 그대로 사용하면, SO_2가 물과 반응을 하여 H_2SO_4가 되면서 탱크의 구조 부재를 오히려 부식시키게 된다. 그리고 이 때 당연히 다량의 그을음도 포함이 되므로, 화물유 탱크 내에 투입하기 전에 기체를 상온 부근까지 냉각시킴과 동시에 세정을 하면, 이들의 불순물을 가능한 한 제거할 수 있는데, 이 경우 사용된 세정관이 스크러버(scrubber)이다.

최근 스크러버의 세정 능력이 좋아져서 불활성 가스로 인한 탱크의 구조 부재에 관한 유산에 의한 부식이 당초부터 심려할 정도가 아니지만, 불활성 가스 관계의 밸브 시트(sheet) 패킹이나 불활성 가스의 송풍기(후술함)의 임펠러(impeller) 등과 같은 의장품에 관해 부분적인 부식 사고가 발생하고 있다. 불활성 가스는 공기보다 약간 무겁고(비중량에서 공기는 약 1.29 kg/m^3, 불활성 가스는 약 1.37 kg/m^3, 프로판은 약 1.87 kg/m^{3}이다), 프로판을 주성분으로 하는 원유 가스보다 가볍기 때문에, 화물유 탱크 내에 충만을 시키면, 탱크 내로부터 공기를 완전하게 구축할 수 있다.

탱커인 경우에는 탱크 내의 불활성 가스압이 600~700 mmAq 정도를 유지하도록 계획해서 원심식 송풍기로 이것을 압송시키는데, 탱커에서는 항해 중 화물류 탱크를 밀폐하기 때문에 한 번 탱크 내에 불활성 가스를 봉입시키면 그 이후로는 특별히 송풍기를 작동시킬 필요가 없지만, 탱크 내의 가스압이 300 mmAq 정도로 저하가 될 경우에는 가끔 공기를 보내어 가압을 시키는 정도로 하면 된다. 그러나 양하 중에는 감소가 된 탱크 내의 화물유의 용적에 대한 상당량 만큼의 가스를 보충할 필요가 있기 때문에 연속해서 작동을 시켜야 하는데, 이 때 압송을 시킨 가스량에 의해서 수행이 되지만 여유가 지나치면 송풍기가 과부하(overload)로 운전을 하게 되므로, 남은 가스를 바이패스함에 의해 순환을 시킨다.

송풍기의 용량은 화물유 펌프에 의해 결정이 되는데, 최대 양하 능력의 25% 정도까지 증가를 시킨다. 이런 경우의 25% 증가란 의미는 양하 작업의 초기 단계로부터 화물유 탱크 내의 액위가 충분히 높아질 때 펌프 흡입측을 가압시키면서 정격값보다 많은 화물유를 양하하기 때문에, 이 때의 여유를 사용하자는 것이다. 이와 같이 한다면 어떤 때라도 화물유 탱크의 상부 공간이 부압이 되지 않도록 계획을 하는데, 불활성 가스관은 보기에 의해 화물유 탱크와 보일러를 잇는 관계이기 때문에, 만일 원유 가스를 역류시키면 매우 위험해진다. 따라서, 어떤 규정에서는 화물유 탱크와 송풍기와의 중간에 물봉쇄(water seal box)를 설치하여 가스가 역류하기 시작하면, 자동적으로 물을 봉입하는 구조가 되게끔 요구를 하고 있다.

불활성 가스는 상기와 같이 산소의 함유량이 극단적으로 작아지면서, 불활성 가스가 충만된 탱크 내에 사람이 들어가면 질식사를 하기 때문에, 탱크 내에 들어갈 때는 충분히 환기를 시켜 산소 농도를 조절해서 O_2가 적어도 20%(VOL) 이상임을 확인해야만 한다. 그리고 불활성 가스가 적용이 되면, 방화와 방폭상에는 유효한 반면에, 탱크 내에 가스에 의해 가압이 되어 있기 때문에 눈구멍(peep hole) 등을 통해 상갑판에서 개구부를 열게 되면, 그 곳으로부터 불활성 가스가 불어치게 된다. 그리고 예로 든 불활성 가스 송풍기를 멈춘다고 하더라도 탱크 내에 연기가 끼면 탱크의 저부를 볼 수 없기 때문에, 양하가 완료된 즈음에서는 잔류(stripping)의 상황이나 잔류유의 상태 및 탱크 내의 세정시의 상황을 상갑판으로부터 직시할 수가 없는 등과 같은, 작업상 여러 가지의 지장을 초래하게 된다.

또, 가스의 냉각수나 세정수로는 일반적으로 산성을 띠면서 그을음을 포함하므로, 그대로 이것을 현외로 투기하게 되면 해면을 오손시키는 원인이 된다. 그래서 냉각수나 세정수를 그대로 현외로 투기할 수 없으므로, 가성 소다(soda)로 중화를 시키면서 물을 순환시키는데에 사용이 되는 밀폐(closed) 사이클이 고안되어 있다.

[5] 포말 소화 장치

이것은 해수와 포말 원액의 혼합체에 공기를 혼입시키면서 발포케 하여, 화재가 발생한 개소를 두꺼운 거품층으로 덮어서 공기를 차단함에 의해 산소의 공급을 끊음과 동시에, 거품에 의한 냉각 효과로 소화시키는 장치이다. 또한, 이것은 일반적인 화재에서는 상당한 효과가 있는데에 비해, 특별히 기름으로 인한 화재에만 적용이 되고 있기 때문에, 기관실의 소화용이나 탱커의 화물유 펌프실과 화물유 탱크부의 상갑판에 관한 소화용으로 사용이 되고 있다.

시판이 되고 있는 포말 소화 장치의 종류에는 저배율(6~10배)로 발포(發泡)를 시킨 것과 고배율(600~1000배)로 발포를 시킨 것이 있는데, 고배율인 것은 사용된 역사가 짧기 때문에 선박에서는 일반적으로 저배율인 것을 많이 사용하고 있다. 특히, 거품이 지나치게 가벼우면 화재시에 발생하는 공기류(바람)로 인해서 이것이 불어 날리기 때문에, 이 장치를 사용할 수 없는 경우가 생김에 의해 폭로부의 소화용으로는 이것이 적합하지 않음을 알 수 있다.

거품의 원액은 동물성 단백질의 가수 분해물을 주성분으로 해서 여기에다 안정제와 방부제를 첨가시킨 것으로서, 프로포셔너(proportioner)라는 해수와 원액의 혼합기에 의해서 해수와 일정 비율(3~6%)로 혼합을 시키면서 배관을 이동하는 도중에 완전하게 혼합액으로 된다. 이 혼합액은 노즐로부터 방출이 될 때에는 공기를 흡인하면서 공기 거품을 형성시켜 방사를 하게 된다. 그리고 해수와 거품 원액을 혼합시키는 방법에는 몇 가지가 있는데, 대표적인 몇 종류에 관해 다음에서 기술하기로 한다.

(1) 프레셔 프로포셔닝법(pressure proportioning method)

이것은 펌프로서 가압 해수의 일부를 원액 탱크 내에서 내압을 일정하게 유지하면서 압입을 시키는 한편, 프로포셔닝의 이덕터(eductor)의 효과에 의해 흡입을 해서 일정 비율로 혼합을 시키는 방식인데, 혼합액이 노즐로부터 방출이 될 때에는 공기를 포함한 거품을 형성하게 된다.

(2) 프레셔 사이드 프로포셔닝법(pressure side proportioning method)

이 방법은 별도로 설치가 된 원액 펌프로 규정된 거품의 원액을 송수관 내에 압입을 시키면서 관내에서 해수와 혼합을 시키는 방식인데, 혼합액의 농도 조종을 하는 방법은 급수압을 받는 다이어프램(diaphragm) 밸브에 의하기 때문에 자동적으로 행해지고 있다.

(3) 라인 프로포셔닝법(line proportioning method)

이것은 송수관으로 통하는 도중에 프로포셔너(proportioner)를 설치해서, 그것이 이덕터(eductor)의 흡인 작용에 의해 원액을 흡인해서 해수와 혼합을 시키는 방법으로서, (1)의 방법의 간이형이다.

일반적으로 상기와 같은 프레셔 프로포셔닝법이 해수와 혼합시키는 방법으로 이용이 되는데, 이 방식에서는 일단 장치가 작동되면 그 원액 탱크의 거품의 원액 전부를 사용해야만 하기 때문에, 연습용과 같은 장치 확인용으로 사용할 경우를 대비해서 100l 정도인 소형 원액 탱크를 별도로 설치할 필요가 있다. 또, 거품을 살포하는 방법에는 i) 미리 고정된 배관에 고정시킨 단말로부터 일정 방향으로 살포하는 방법(기관실이나 보일러실의 마루면 등에 적용을 함), ii) 주관을 고정 배관으로 해놓으면서 이동식 호스와 노즐을 주배관의 적당한 개소에 접속시켜서 화점(火點)에 가깝게 하여 직접적으로 살포를 하는 방법(기관실 내의 국부용), iii) 탱커 상갑판의 소화용일 경우, 적당한 위치에 설치가 된 터릿(turret) 노즐(모니터 노즐이라고도 한다)로부터 살포하는 방법 등이 있다.

[6] 분말 소화 장치(dry chemical)

이것은 중탄산 나트륨(natrium)과 중탄산 칼륨(kalium) 및 인산 암모늄(ammonium) 등의 분말을 고압인 질소 가스와 혼합(약제 : 질소 가스=1kg : 50 l)시켜서 화재가 발생한 개소에 내뿜어 산소의 공급을 차단하면서 소화를 하는 방식이다. 따라서, 이것은 인화성 액체나 가스의 소화용으로 사용이 되는 반면에, 전기적으로 절연성이 강하다는 것을 이용해서 변압기(transformer)나 유입(油入) 차단기 등과 같은 전기 관계에 의한 화재의 소화용으로도 적용시키고 있기 때문에, 이것을 드라이 케미컬이라고 칭해서, 선박에서는 기관실의 기름 화재의 소화용과 무선실의 소화용으로서 빈번히 사용되고 있다.

분말 소화 장치는 분말 소화제를 격납시킬 용기와 소화제를 휘저어 섞으면서 방사시키기 위한 압력 가스(통상, 질소 가스)의 충전기를 조합해서 구성이 되는데, 여기에는 고정식과 이동식인 두 가지의 형식들이 있다. 고정식은 앞에서 기술한 탄산 가스 소화 장치와 같이, 미리 이것을 고정시키면서 배관을 해두었기 때문에, 방출구(분사 헤드라고도 한다)의 위치도 고정되어 있는데 비해, 이동식은 보통 호스 감개(hose reel)로 감은 호스를 화재 현장의 가까이에 유도해서 호스의 선단에 배치된 분사 헤드로 분사를 시키는 것이다. 통상 선박에 사용이 되고 있는 것은 후자인데 다른 소화 장치와 비교해 보면, 분말 소화 장치의 특징은

① 오손이 적다는 것,

② 전기 절연성이 크다는 것,

③ 약제가 안정되어 장기 보존이 가능하다는 것,

④ 냉한지에라도 동결이 되지 않음과 동시에, 작동에 임해서는 다른 동력을 필요로 하지 않는다는 것

등을 들 수 있지만, 셀룰로이드(celluloid)나 질화물 등과 같이 자기 연소성이 있는 것이나 나트륨 등과 같은 활성 금속에는 이 방식이 적합하지 않다.

[7] 운반식 소화기

운반식 소화기의 종류와 소화시킬 수 있는 화재에 관해서는 표 6·6에 표시를 해두었는데, 소화기의 수에 관해서는 안전법에서 규정하고 있다. 한 예로서, 선박 설비 규정에 따른 총톤수 1000톤 이상인 비여객선에 대해서의 이것의 설치 기준에 관해서는 표 6·7에 표시해 두었다(선박 검사시의 주의 사항에서 발췌를 함).

표 6·6 운반식 소화기의 종류 및 특성

소화기의 종류	소화할 수 있는 화염			독의 유무
	보통 화재	유류 화재	전기 화재	
포말 소화기	가	가	부	무
탄산 가스 소화기	부	가	가	무
사염화탄소 소화기	부	가	가	유
일염화 일취화 methane 소화기	부	가	가	무
분말 소화기	부	가	가	무

표 6·7 총톤수 1000 톤 이상인 비여객선에 대한 운반식 소화기의 종류

장 소	소화기의 종류 및 수
통 로	길이 50 m 또는 매단수에 보통 화재용 1 개
무 선 실	입구 부근에 전기 화재용 1 개
조 리 실	예상되는 화재에 따라 유류 화재 또는 전기 화재용 1 개
도료고 및 등구고	외부 입구 부근에 유류 화재용 1 개
수화물실과 저장품실 등을 항시 접근할 수 있는 곳	입구 부근에 보통 화재용 1 개
carpenter shop 등	외부 입구 부근에 보통 화재용 1개

6.4.3 가연성(可燃性) 가스 검지(檢知) 장치

이것은 직접적으로 화재의 탐지나 소화 설비와는 관계가 없는 반면에, 일반적인 규정상 이것을 강제로 설치케 하지는 않는데, 화재나 폭발에 관한 예방적인 대책으로서, 특히 탱커 등과 같이 가연성 가스가 발생하기 쉬운 선박에서는 거주구 내에서 화기를 취급해야만 하는 장소에 종종 이것을 설치한다. 그리고 최근에는 이것을 탱커 상갑판의 가스 농도의 검출용으로 이용이 되면서, 검출기를 상갑판상의 적당한 개소에 이것을 설치해서 가스 농도를 항시 감시하는데, 선내에 설치한 패널상에다 가스들의 농도를 원격적으로 표시하면서 그것의 분포 상태를 나타내는 시스템(gas detection system)도 개발 중에 있다.

이 장치는 검출부와 경보부로 구성이 되는데, 검출부는 가스 체류로 인해 위험성이 있다고 예상이 되는 부근에 설치되면서, 경보부와는 전선 케이블에 의해 접속이 되고 있다. 검출부는 그 부근의 가스 농도가 폭발의 하한계(low explosion limit, 약해서 LEL)의 1/3 인치 정도 이상이 되면 경보 신호를 발하도록 되어 있으므로, 검출부는 대상 가스가 공기보다 가볍다든가 무겁다든가에 따라 구획 내의 상면에 설치되든가 하부에 설치되든가가 결정된다. 그래서 가연성 가스 검지 장치의 검출부는 브리지(bridge) 회로에 삽입이 된 전기 회로로서, 항상 일정 압력을 가해 열선 필라멘트를 가열해 놓아

야 한다.

가령, 가연성 가스가 이 필라멘트와 접속이 되면, 연소가 발생되어 필라멘트의 저항이 변화를 일으키면서 브리지 회로가 불균형 상태를 이루게 되므로, 이런 변화가 전기적으로 경보 신호로 바뀌어 발신토록 구성되어 있다.

6.5 통풍 및 공기 조화 장치

6.5.1 통풍장치

통풍(ventilation)이란 실이나 선창을 환기시켜 온도, 습도의 적절한 조절과 유독 가스의 배출을 신선한 공기로 치환시키는 것으로서, 그 장소의 용도와 목적에 따라 통풍 방식도 결정된다. 통풍 방식에는 대별하여 자연 통풍 방식(natural ventilation)과 기계(또는 기동) 통풍 방식(mechanical ventilation)이 있는데, 자연 통풍 방식은 실내, 실외의 공기를 압력차와 온도차에 따라 실벽의 틈 사이와 출입구 및 통풍구(통)를 통해 교체시키는 반면에, 기계 통풍 방식은 통풍기(ventilating fan) 실(또는 선창) 내의 공기를 강제적으로 환기시키는 방법이다. 어떤 방식이든간에 급기(supply ventilation)와 배기(exhaust ventilation)의 두 계통이 존재하는데, 각각 자연 통풍으로 하든지 기계 통풍으로 하든지에 따라 여러 가지 방법으로 조합시킬 수도 있지만, 화물창의 통풍 장치로는 방습 장치(cargo dehumidify system)를 채용하는 경우도 있는데, 이것은 그림 6 · 19와 같이 실리카 겔(silica gel; 고체)이나 염화 리튬(lithium; 액체나 석면 등에다 흠뻑 적셔

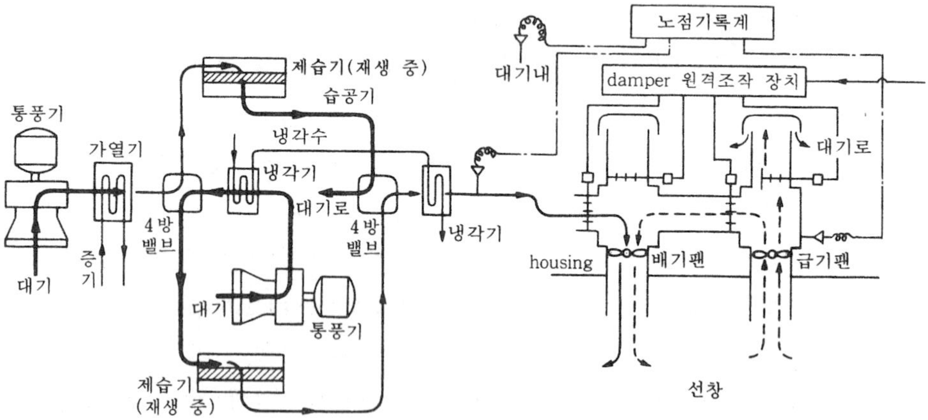

그림 6 · 19 고체 흡착식(실리카 겔 사용) 선창 제습 장치의 한 예
(조선 설계 편람에 의해서)

서 사용한다)에 의해 공기 중의 수분을 흡수해서 건조시킨 공기를 화물창 내로 보내어 창내의 노점을 조절하는 것으로, 기계 통풍용으로 사용하기도 한다. 그리고 흡수된 실리카 겔이나 염화 리튬을 별도로 가열 공기에 노출시킨다든지 직접적으로 가열을 하면 흡수된 수분이 쉽게 방출되기 때문에, 이와 같은 조작을 반복시킨다면 연속적으로 제습을 시킬 수 있다.

[1] 통풍기의 종류

그림 6·20에는 선박에서 이용하는 통풍기의 종류와 개략적인 형상을 나타내었다.

(1) 축류형(axial flow type)

대 별	상 세 형 식		형 상
축류형(軸流型)	유동(有胴)	전동기 내장식	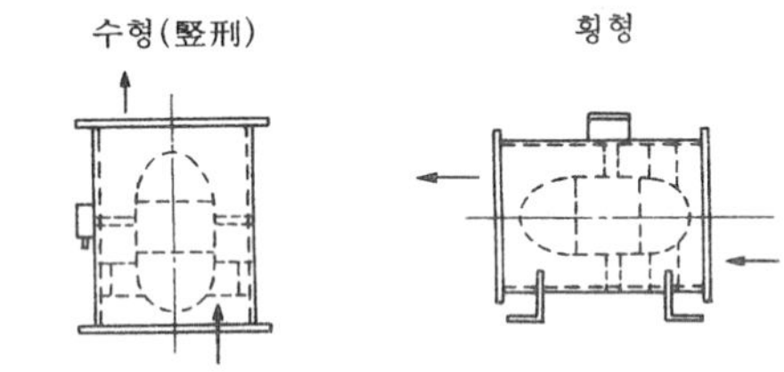
		전동기 내장식	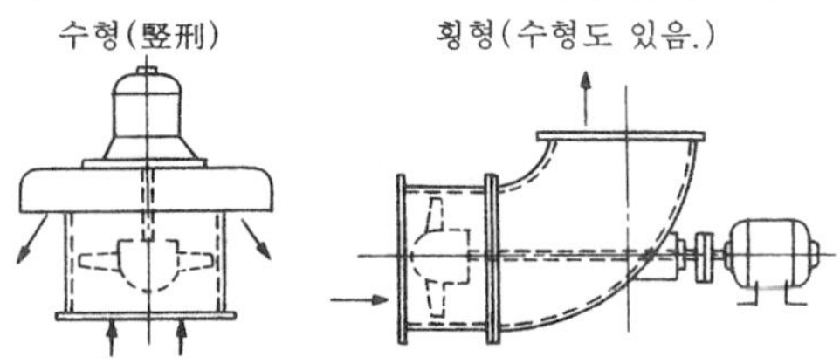
	무동(無胴)	유압형 환기 fan	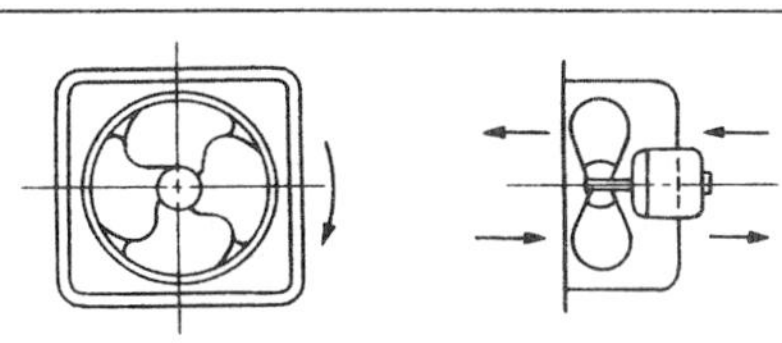
		무압형 환기 fan	
과동형(過動型)	전동기 외장식(sirocco)		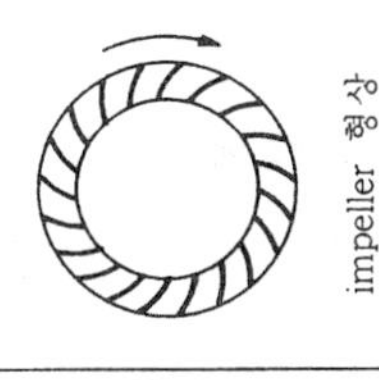 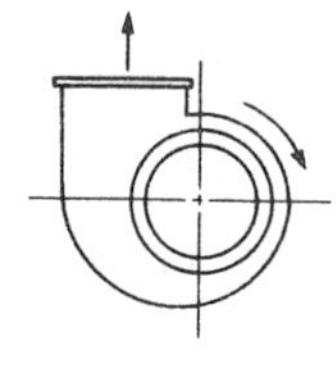
	전동기 직결 turbo식		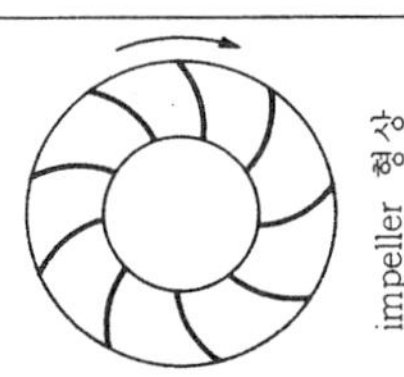 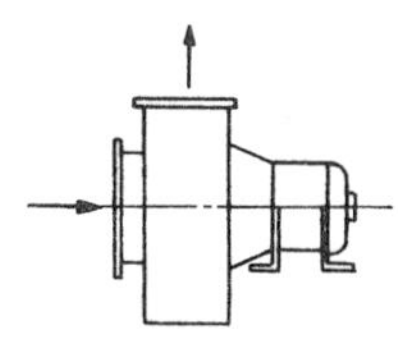

그림 6·20 통풍기의 종류와 형상

이 형식은 프로펠러를 직접 덕트계에 내장시킨 것으로서, 구동축을 공기류와 평행이 되도록 구성시킨 것인데, 여기에는 전동기를 내장시킨 형식과 덕트의 밖에다 설치한 형식이 있다. 내장형에는 모터에 유선형 덮개를 설치해서 공기류에 의한 저항 증가를 방지하고 있다. 그리고 축류형에는 소위 환기선(換氣扇)이란 것을 직접 벽에 설치해서 흡기용, 배기용으로 10~100 mmAq인 정압을 사용하는데, 30~40 mmAq인 저풍압인 것이 대풍량용에 적용되고 있다. 또, 이것은 덕트의 도중이나 통풍통 내에 짜넣을 수가 있기 때문에 설치 공간을 절약함과 동시에, 저풍압에서는 와동형(渦動型)보다 효과가 높은 대신에 가격이 약간 비싸다.

그리고 전동기 내장형은 오염된 기체 또는 고온이면서 부식성이 있는 가스를 환기시킬 경우, 기체를 전동기 주변으로 직접 통과를 시켜야만 하므로, 이러한 개소에는 이것이 적합하지 않다. 그런데 그것의 특성은 풍량을 증가시킬수록 마력과 풍압이 감소하는 데에 비해, 역으로 풍량을 감소시키면 이들이 증가한다. 따라서, 댐퍼(damper)를 닫은 채로 계속 운전을 하게 되면, 전동기에는 과부하(overload)가 걸릴 염려가 있다.

(2) 와동형(또는 원심형) 다익식(centrifugal multi-vane type)

이 형식은 구동 모터가 케이싱 밖에 있어서 설치할 공간과 효율적인 면에서는 축류식보다 불리한데, 터보식(turbo type)보다 소형으로 제작할 수가 있다는 특징은 있다. 또한, 이것은 15~150 mmAq 정도인 저압용에도 적용시킬 수 있으면서 다른 송풍기에 비해 가격이 매우 싼데, 그림 6·20 과 같은 특성에 의해 풍량이 많아지면 과부하가 걸릴 염려가 있지만, 역으로 풍량이 작은 범위 내에서는 마력도 작아지게 된다.

(3) 와동형(또는 원심형) 터보식(centrifugal turbo type)

이것은 각종 통풍기들 중에서도 가장 대형인 것으로서, 100~1000 mmAq 정도로 높은 정풍압과 대풍량이 요구하는 경우에 적용되고 있는데, 풍량을 증가시키더라도 축마력은 거의 일정하거나 변하더라도 약간 감소하는 경향이 있지만, 풍량 변화에 따르는 정압의 변화는 매우 작다. 와동형에서는 익근(翼根)의 형상이나 구조에 의해 여러 가지의 특성을 갖는 통풍기들이 있는 반면에, 터보식에는 익근을 흡입구의 근처에서부터 회전 방향으로 경사를 시키면서, 출구의 근처에서 회전과 역방향으로 경사시켜 S자형을 이룬 제한 부하형(limit load type) 송풍기도 있다.

[2] 통풍로와 쇠붙이

(1) 통풍로(duct)

통풍에는 그 단면이 그림 6·21와 같이 구형(矩形)인 것과 그림 6·22와 같이 원형인 것의 두 종류가 있는데, 이것들을 **구형 덕트**(duct)와 **원형 덕트**라고 일컫는다. 원형 덕트

그림 6·21 구형 덕트

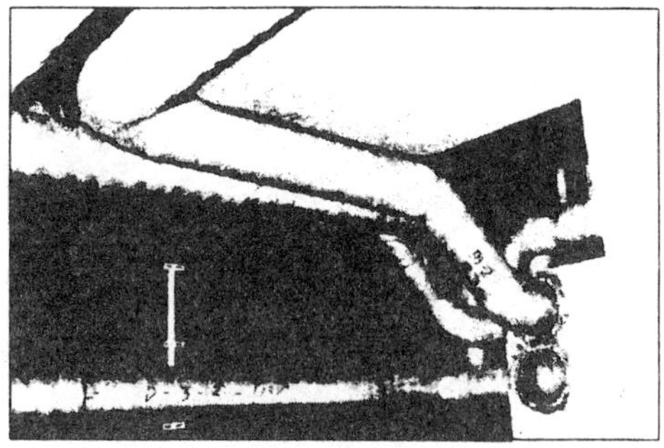

그림 6·22 원형 덕트

는 내압에 강하기 때문에 고압식인 경우에 많이 사용되고 있다. 그리고 보통 덕트는 갑판하의 빔(beam)의 바로 아래에 방진상 적당한 간격으로 배치를 해서 밴드(band)로 눌리어 빔을 지지케 하는데, 거주구에서는 천장의 내장재를 통과시키면서 취출구만 실내에 배치하게 되어 있다.

표 6·8 에는 박용 거형 덕트의 시방서와 그것의 적용 기준을 표시해 두었다. 그리고 구형 덕트의 구조에는 그림 6·23 과 같이 황로(黃爐) 접음과 용접으로 제작한 방식이

표 6·8 구형 덕트의 시방서와 적용

두께(mm)	재 료	도 장	적 용 덕 트
0.6	아연 도금 강판	아연 도금	덕트 내에 설치된 air guide 등 상세한 공작을 요할 것
0.8	〃	〃	폭 500 mm 이상인 덕트
2.3	〃	〃	폭 500 mm 이상인 덕트 펌프실 및 화물창내 덕트
3.2	일반 구조용 압연강판	가공 후 녹방지용 페인트 2회 도장	폭 750 mm 이상인 덕트 펌프실 및 화물창 내의 덕트 벽관통부 덕트
4.5	〃	〃	기관실 윗벽 관통부 덕트
6.0	〃	〃	갑판 관통부 덕트

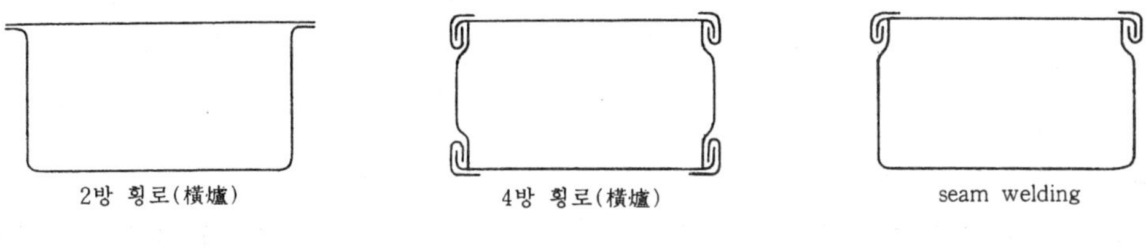

그림 6·23 황로 접음과 seam 용접에 의한 duct의 단면

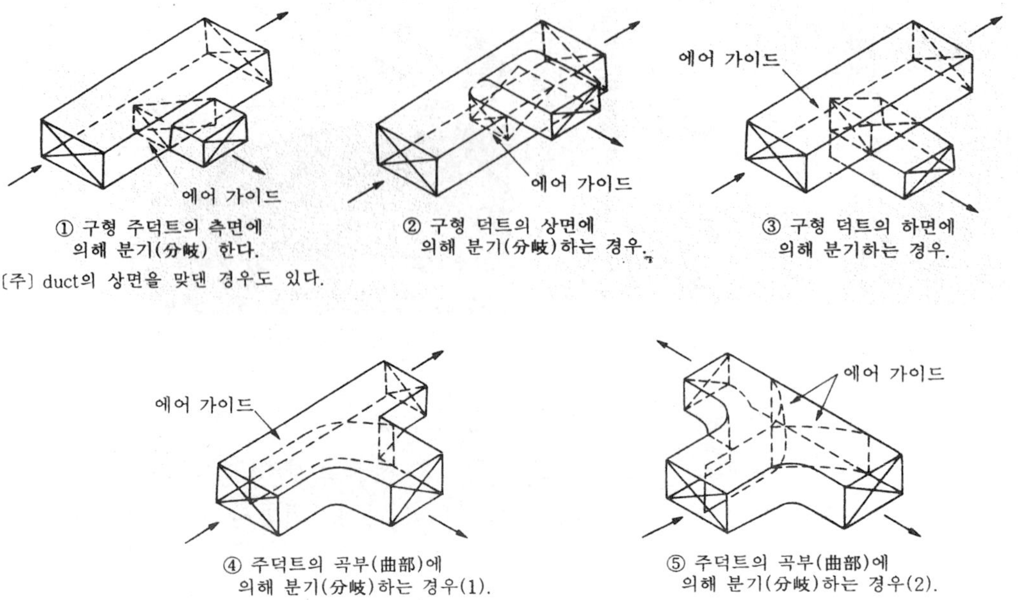

① 구형 주덕트의 측면에 의해 분기(分岐) 한다.
〔주〕 duct의 상면을 맞댄 경우도 있다.

② 구형 덕트의 상면에 의해 분기(分岐)하는 경우.

③ 구형 덕트의 하면에 의해 분기하는 경우.

④ 주덕트의 곡부(曲部)에 의해 분기(分岐)하는 경우(1).

⑤ 주덕트의 곡부(曲部)에 의해 분기(分岐)하는 경우(2).

그림 6·24 구형 덕트의 분기 요령

있는데, 판 두께가 1mm 이하인 얇은 판은 용접을 할 수 없으므로, 황로 접음식 구조로 하고, 그 이상인 판은 가능한 한 용접(seam 용접) 구조로 한다. 그런데 구형 덕트는 황로 접음, 표리당금과 태핑 스크루(tapping screw) 및 점(spot) 용접 등의 조합에 의해 접합을 시켜서 지상 조립 단계에서 설치가 되겠지만, 별도로 분해하는 것이 필요한 개소에서는 플랜지(flange) 이음매로 설치한다.

또, 급기용 덕트의 분기(分岐) 방법은 그림 6·24 에 표시한 바와 같은 요령으로서, 주덕트의 내부에 에어 가이드(air guide)를 삽입해 놓은 것이 반드시 필요하지만, 배기용으로는 공기 흐름 자체가 서로 간섭이 없으면 일반적으로 에어 가이드는 필요없다. 일반적인 기계 통풍에서는 주로 소음 때문에 저압식용 구형 덕트가 많이 이용되었지만. 다음 장에서 기술할 공기 조화 장치용인 취출식 쇠붙이의 소음 방지에 대한 연구로부터 좋은 결과로 인해, 최근에는 고압식을 많이 사용하게 되었다.

그 이유로는 고압식용 덕트의 지름이 작아 덕팅(ducting)을 하는 것이 보다 쉬우면서, 이것을 협소한 천장의 내장재를 통해 거실로 향하도록 설치해야만 하기 때문이다. 이로 인해서 덕트는 원형 덕트를 많이 채용하게 되는데, 이런 경우의 원형 덕트는 얇은 강판의 스트립(strip)을 스파이럴(spiral)로 감은 것(규격품이 시판이 되고는 있다)으로서, 덕트를 분기시키는 것은 관에서처럼 엘보(elbow)나 Y 피스(piece)와 T 피스 등의 피스류의 설치와 같게 취급을 한다. 그리고 연결 순서는 그림 6·25 의 개략도와 같이 소켓(socket)에 이것을 끼워 넣으

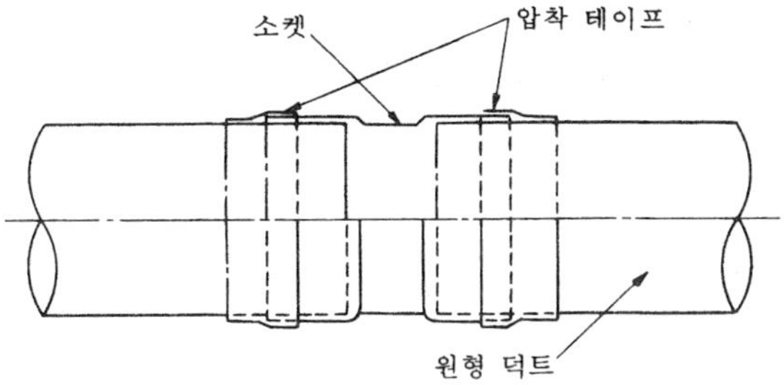

그림 6·25 원형 덕트의 접합

면서, 양단은 폭이 넓은 압착 테이프로서 말아 기밀이 되게 해야 한다.

(2) 쇠 붙 이

통풍 장치는 어떤 장소에서 공기를 흡입해서 그것을 외부로 불어내는 일련의 계통이므로, 흡입구와 취출구에 특수한 쇠붙이가 설치된다. 그리고 외현에 설치되는 급배기용 쇠붙이로는 그림 6·26과 같이 옛날부터 사용이 되어 왔던 담뱃대형 통풍통(cowl head ventilator)과 버섯형 통풍통(mushroom ventilator)이 있다. 그런데 담뱃대형 통풍통은 일반적으로 볼 때 자연 통풍용으로서, 두부의 쇠붙이의 방향 변화에 따른 급기용, 배기용으로 사용을 해왔던 반면에, 버섯형 통풍통은 두부 쇠붙이의 주변으로부터 부는 바람에 따라 내부의 공기를 빨아들이는 기구이기 때문에, 자연 통풍인 경우 배기의 전용으로 사용되고 있다.

그러나 기계 통풍으로는 내장이 된 통풍기는 강력하므로, 급기·배기를 어떤 방향으로도 사용할 수가 있다. 한편, 쇠붙이가 어느 것이든지 원통형이기 때문에, 현외 출입구에 금망(金網)을 설치함에 의해 이물질을 빨아들이거나 처넣음을 방지하기 때문에, 펌프

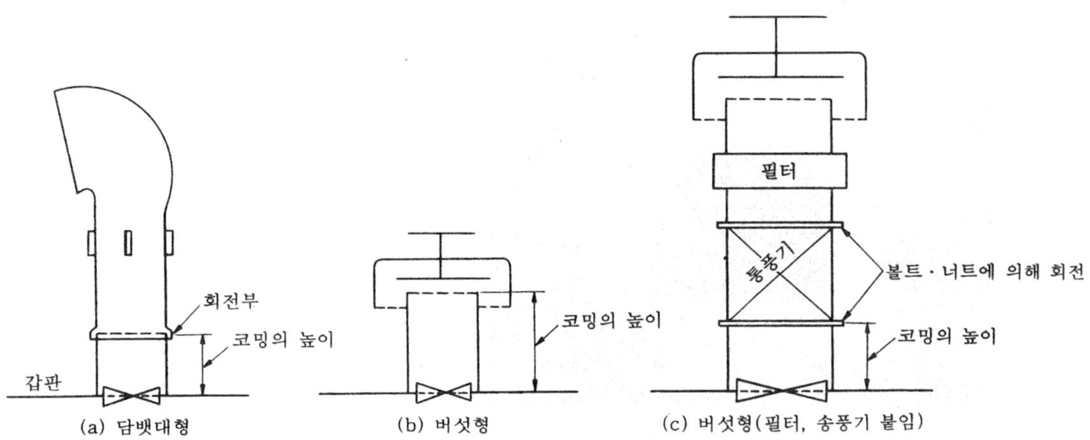

그림 6·26 담뱃대형 통풍통과 원형 통풍통

실용이나 방화용으로도 겸용하고 있다. 그리고 갑판상에서 개구부까지의 높이인 코밍높이(coaming height)는 그림 6·26에 표시된 바와 같이 정의가 되는데, 이것은 선내로의 침수와 직접적인 관계가 있기 때문에 국제 만재 흘수선 조약에서는 이것에 관해 규정을 하고 있다.

한편, 담뱃대형 통풍통의 기구는 매우 간단하지만, 바람 방향에 맞게끔 항상 회전을 시켜야만 한다는 번잡스러움이 있는데, 이런 통풍통은 외현에 설치되기 때문에 시간이 경과하면, 녹이 슬면서 즉각 회전을 시키기가 어렵다는 점과, 비나 파랑의 비말이 들어오기가 쉽다는 점 및 두부 쇠붙이의 구조가 복잡하여 많은 수작업으로 제작되면서 안전하지 못하다는 점 등의 결점이 있다. 또, 최근 항양선에서는 기동 통풍식을 대폭적으로 채용하게 되면서 자연 통풍식은 일부 배기용으로만 사용하기 때문에, 종래의 자연 통풍식인 담뱃대형 통풍통은 최근의 신조선에서는 거의 사용을 하지 않는다. 그러나 담뱃대형 통풍통과 같은 형상은 통풍기의 소음을 방사(放射)할 수 있을 정도의 방향성이 있다는 이점 때문에 최근에 통풍기에 의한 외현부에서의 소음 방지라는 견지로부터 이것을 다시 사용하게 되면서, 공작상보다 간이화가 된 형상을 거주구와 반대 방향으로 고정시켜, 기계 통풍식의 급배기용으로 많이 사용되고 있다.

또한, 버섯형 통풍통은 바람 방향에 의해 방향을 변화시킬 필요가 없는데, 비나 파랑의 비말을 빨아들이는 것이 담뱃대형보다 개선이 되면서 갑판에 고정시킬 수 있다는 장점 때문에, 일반적으로 이것이 널리 사용되고 있다.

기계 통풍식에는 통풍기를 통풍통 내부에 설치하는 경우와 선내 덕트에 의해 적당한 위치에 설치하는 경우가 있는데, 외현부에 설치가 될 경우에는 축류식 통풍기를 사용하고〔그림 6·26(c)〕, 산적 화물선에서 먼지(dust)가 많이 발생하는 경우에는 급배기 통풍기에 양식 거르개(filter)를 설치하기도 한다〔그림 6·26(c)〕. 그런데, 거대선인 경우 기

그림 6·27 기관실용 대형 통풍구

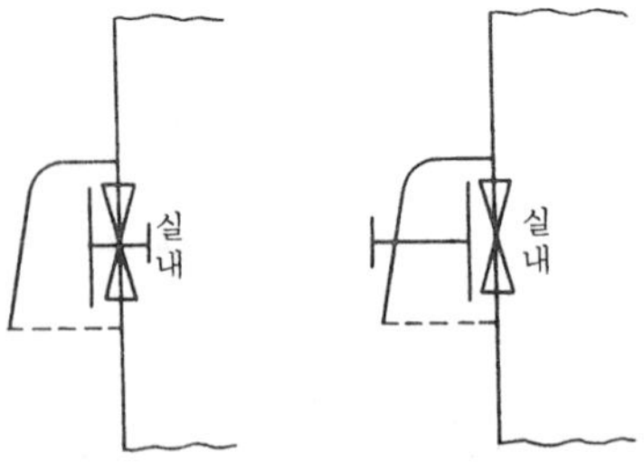

그림 6·28 벽에 붙은 통풍통

관실의 통풍량이 많아서 종래의 형식에 의한 통풍량은 지나치게 많아, 배치를 하기가 곤란해서 경우별(case by case)로 급기구, 배기구가 그 장소에 맞추어 배치되고 있는데, 그림 6·27은 그것의 한 예이다. 그 밖의 자연 통풍식의 배기용인 벽붙임 통풍통은 그림 6·28과 같이 화장실이나 욕실의 벽에 설치하면서 방수 덮개를 붙인 것으로서, 실내에서 조작하는 것과 외현에서 조작하는 것이 있는데, 실내의 급기용, 배기용 쇠붙이는 일반적인 육상 사무실(office)이나 호텔(hotel)에서 사용하고 있는 형식과 특별히 큰 차가 없지만, 그것들 중 직접 천장에 설치하는 덕트형 취출구는 그림 6·32와 같은 아네모스형(Anemos style)과 그림 6·29와 같은 펑커 루브르형(Punkah Luvre style)이 일반적이다.

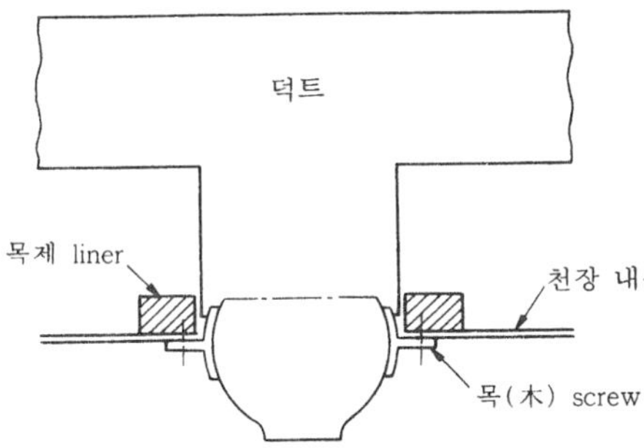

그림 6·29 펑커 루브르

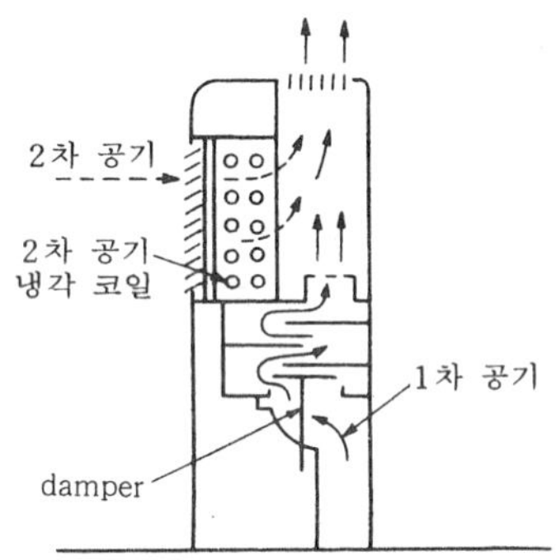

그림 6·30 웨더마스트

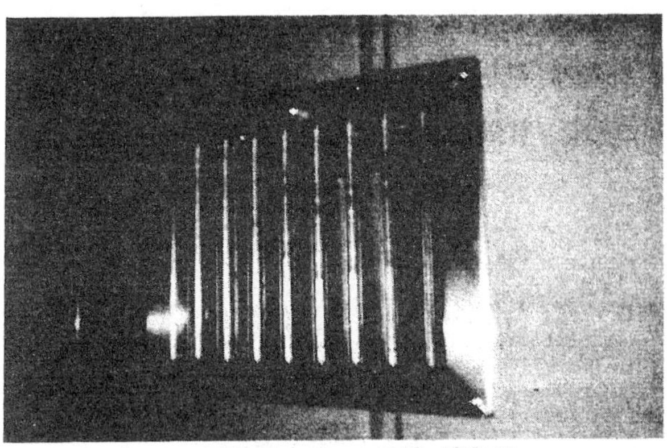

그림 6·31 grill형 취출구

특히, 펑커 루브르형은 선박 자체용으로서 옛날부터 사용되어 왔는데, 선수의 방향을 변화시킴에 의해 바람 방향을 임의로 택할 수 있는 반면에, 직접 다량의 바람에 의해 선체를 쐬일 수 있다는 특징 때문에 냉방 장치가 없는 선박에서는 하기의 선풍기의 대용으로 납량시킬 수 있으므로, 귀중한 것들 중의 하나가 되고 있다.

최근 선박에는 냉난방 장치가 보급되면서 취출용 쇠붙이에서도 건축용과는 큰 차이가

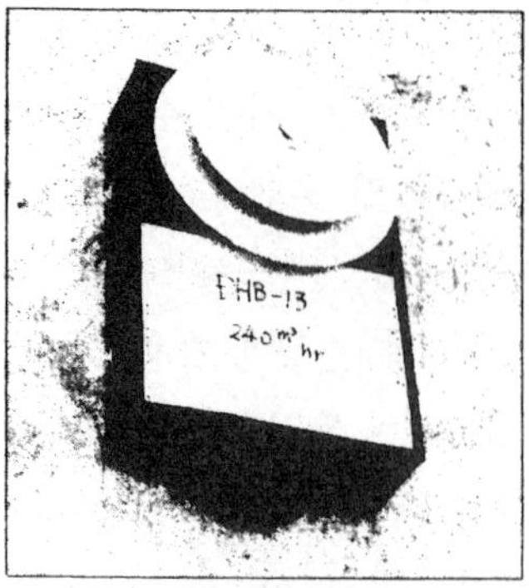

그림 6·32 아네모스형 취출구

그림 6·33 pan형 취출구

없어지면서, 천장 부근으로부터 횡방향으로 취출시키는 형이나 상상(床上)으로부터 상방향으로 취출시키는 형 등 여러 가지 형식들이 소개되고 있다. 고급인 제품으로는 고속으로 1차 공기를 취출하면서, 그러한 취출 흐름을 유도해서 실내의 2차 공기를 기내로 빨아들여 기내에 설치된 공기 냉각 코일(coil)로 냉각시키는 형식도 있는데, 이런 형식에는 캐리어사(Career 社)가 개발한 그림 6·30과 같은 웨더마스트(weathermast) 등이 있다. 그런데 이것은 난방시에 냉각 코일에 온수를 통과시키면서 개별적인 댐퍼에 의해 1차 공기의 풍량을 조절할 수 있기 때문에, 실내의 온도 조건이 임의로 설정될 수도 있다.

그리고 그림 6·31~6·33에는 현재 일반 항양선에서 사용되고 있는 에어컨시의 실내의 취출용 쇠붙이들의 예들을 표시해 두었는데, 어느 것이든 원형 덕트에 접속시키면 광체(筐體) 내의 풍속을 약하게 하면서 소음을 감소시켜 실내로 취출할 수가 있게 되어 있지만, 덕트와 광체의 본체는 천장의 내장재에 격납이 되므로, 실내에는 취출구만 나타나게 된다.

[3] 화물창의 통풍

화물창의 통풍은 그림 6·34와 같이 창내의 공기로서 화물 보존에 적당한 상태로 유

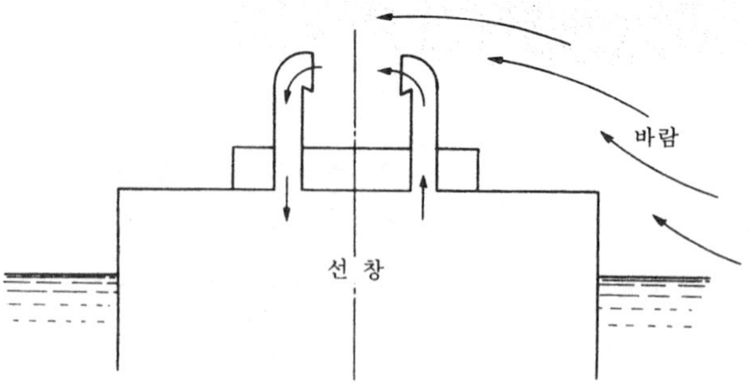

그림 6·34 버섯형 통풍통과 풍향

지를 하면서 탑재 화물들이 다음과 같은 각종의 손상(damage)을 받지 않도록 하기 위해 행해진다.

① 선체나 화물 자체가 온도 변화로 인해 선창 내에서 발한 손상(sweat damage)

② 창내의 공기 온도와 습도 변화에 의한 화물의 변질, 부패, 부식, 발아, 곰팡이 붙음 및 용해

③ 생과물(生果物)과 동물들의 호흡 작용시의 산소가 불충분함에 의한 질식, 부패, 변질 및 열화(劣化)

④ 화물의 자연 발열에 의한 변질 및 발화

⑤ 고온 다습에 의한 금속 화물과 선체에 녹이 스는 것

⑥ 취기(臭氣)에 의한 화물의 오손

⑦ 위험 가스의 발생에 따른 화재, 폭발, 질식 및 중독

(1) 일반 화물선의 화물창의 통풍

일반 화물선에는 선박의 종류와 항로에 따라 자연 통풍식, 기계 통풍식과 제습 통풍식 및 그것들의 조합식들 중에서 채용이 되고 있는데, 전용 화물창에 관해서는 화물의 함수량, 숙성도, 수분 발생량, 위험 가스 발생량, 산소 호흡량, 화물의 발열량, 기상, 항로에 대한 고유의 특수 조건의 유무 및 기타 등의 개개에 관하여 선주가 요구하는 자료에 기초를 두고 통풍 조건이 설정되어야 한다.

특히, 도선(ferry boat), 자동차 운반선(car carrier) 및 롤온/롤오프(roll-on/roll-off)선 등과 같이 창내에 자동차를 싣는 선박에서는, 자동차의 배기 가스의 환기나 가솔린에 의한 휘발성 가스의 환기를 위해서는 반드시 15~20회/hr 정도로 통풍이 되어야 한다. 이런 경우에는 통상 배기용 통풍기가 급기용, 배기용을 겸하지만, 하역 중에는 전부가 배기용이 되어 20회/hr 정도로 배기를 하는 반면에, 항해 중에는 급기용과 배기용으로 구분을 해서 약 10회/hr 정도로 통풍을 하기도 한다. 그러나 일반 화물선들 중 특히 화물의 종류에 대해 제한을 받지 않는 경우에는, 선창의 기계 통풍에 의해 2~5회/hr 정도로 환기시키는 것을 고려해야 한다.

① 급기, 배기가 자연 통풍식인 경우 : 최근 신조된 항양선에서는 급기, 배기가 자연 통풍식인 경우가 매우 감소되었지만, 이런 경우에는 급기용, 배기용으로 담뱃대형인 통풍 쇠붙이를 사용해도 된다. 그 이유는 풍향에 따라 풍상측을 배기로, 그리고 풍하측을 급기로 사용하면, 파랑의 비말의 영향을 작게 받기 때문이다. 그래서 한 선창당 적어도 2개의 담뱃대형인 통풍 쇠붙이를 설치하면 되지만, 일반적으로 급기와 배기의 통풍통들을 2개씩 설치해서 선창내의 공기의 흐름을 선내로부터 선수 방향으로 향하도록 하면 환기 효율이 좋아지는 반면에, 배기용 통풍통도 창 내외의 공기의 밀도차를 최대한으로

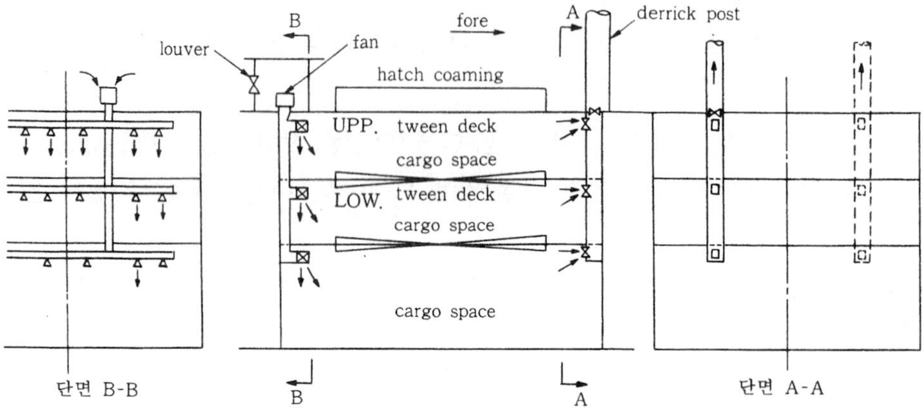

그림 6 · 35 기계 배기, 자연 배기인 경우의 선창내 덕트

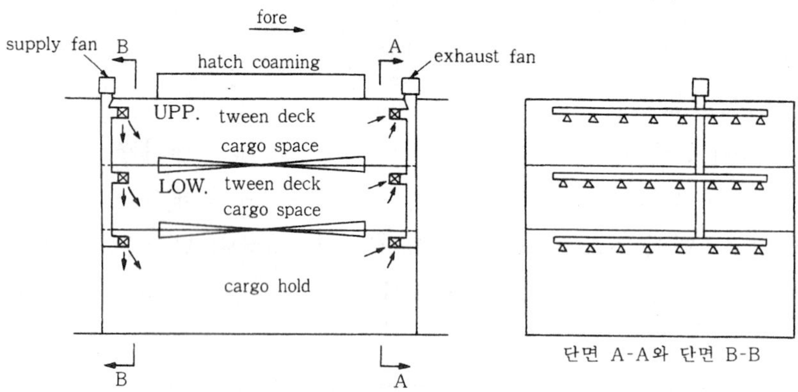

그림 6 · 36 급배기 공용 기계 통풍인 경우의 덕트의 배치
(창내 덕트를 선박의 횡방향으로 하는 경우)

활용할 수가 있도록 가능한 한 높게 설치하는 것이 바람직하므로, 데릭 포스트를 배기 통풍통으로 이용한다면 매우 효율적일 것이다.

② 기계 통풍식에 의한 경우 :

a) 기계적인 급기와 자연적인 배기인 경우 : 그림 6 · 35 와 같이 창내의 급기용 덕트는 선박의 횡방향으로 통하게 하고, 배기용은 데릭 포스트를 이용해서 배출한다.

b) 급기용, 배기용 기계 통풍식인 경우 : 이 형식에는 그림 6 · 36 과 그림 6 · 37 과 같은 두 가지가 있다. 일반적으로 그림 6 · 36과 같은 방식은 덕트의 길이가 짧아진다는 이점은 있지만, 통풍의 효과에서는 후자인 쪽이 훨씬 좋다. 그리고 창내의 방습 장치를 설치할 때는 급기용, 배기용 통풍기를 서로 가까이 설치하는 쪽이 효과적이므로, 통풍기실은 선창의 전부, 후부의 어딘가에 배치해야 하는데, 이런 경우에는 그림 6 · 37 과 같이 덕트를 배치하면 된다.

선창 내를 기계 통풍식으로 하는 경우 주덕트가 가능하지만, 격벽이나 방요재를 이용

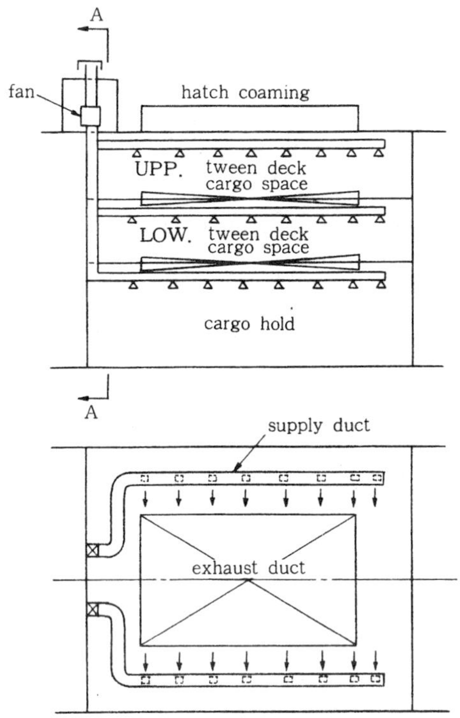

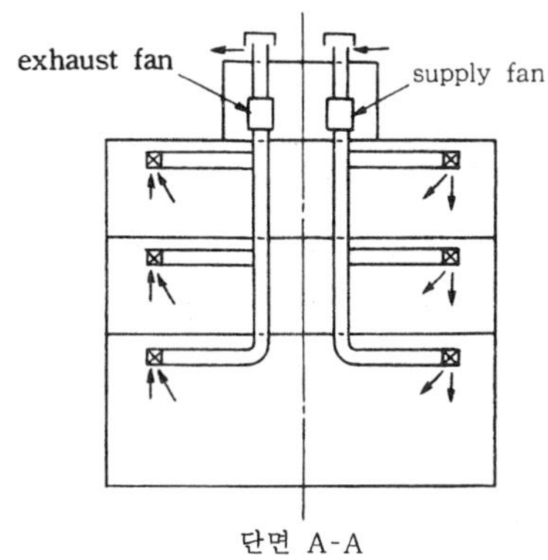

그림 6·37 급배기 공용 기계 통풍인 경우의 덕트 배치 (창내 덕트를 선박의 횡방향으로 하는 경우)

할 때는 항상 주의를 해서 덕트가 창내로 내뻗는 것을 방지해야 하는데, 이 경우 적하에 의한 손상을 피할 수가 있음과 동시에 재료나 공작면에서도 상당히 이득이 된다. 보통 이러한 경우에는 덕트로 이용이 된 선각의 구조 부재에 관해 페인트에 의한 보수(maintenance)를 할 수가 없으므로, 덕트에서 한쪽 방향은 분해식으로 하든지, 타르 에폭시(tar-epoxy) 등과 같은 특수 도장을 하든지 등에 관해 철저하게 고려할 필요가 있다. 또, 분기 덕트(branch duct)는 창내에서 가능한 한 높은 쪽의 모서리부를 통하게 함으로서 적하를 시키는데에 방해가 되지 않도록 해야 한다. 그리고 분기 덕트로는 각 계통마다 풍량 조절용인 댐퍼(damper)를 설치하면서 각부의 풍량을 거의 일정하도록 조절하는데, 화물과 화물유의 겸용인 통풍 덕트는 창내를 관통하는 방법에 의해 분해될 수가 있게 하면서, 화물유의 탑재시는 덕트를 떼내어 유밀 덮개로서 보이지 않게끔 해야 한다.

일반적으로 최하층에 있는 선창의 용적(容積)에서는 그 위의 갑판간의 화물의 공간 용적에 비해 1.5~2.5배 정도로 커짐에 따라 통풍량을 거의 같게 분배시키면 된다. 그 이유로는 상층부는 외기의 온도 영향을 받기가 쉬운 반면에, 하층부는 수중에 위치한 부분이 많이 차지하므로 온도차의 영향을 그다지 받지 않는다는 점과, 가스나 습기를 포함한 공기는 상방부에 모이기 쉽다는 점 및 창내의 용적이 크더라도 적하 후의 공간이 선창과 갑판간의 화물 공간과도 그다지 큰 차가 없다는 점 등 때문이다.

선창내로 화재가 발생했을 경우에는 당연히 즉시 통풍을 정지시켜야 한다. 그리고 통풍통은 마치 연돌과 같은 역할을 하기 때문에 어떤 곳에서라도 용이하게 이것을 획득하면서 조작을 할 수 있는 댐퍼를 통풍통 내의 선창 개구부 근처에 설치해 놓아야 한다.

(2) 벌크 화물선과 광석 운반선의 화물창의 통풍

벌크 화물선에서는 그래브(grab) 등과 같은 대형 육상용 기계 설비를 이용하여 하역을 하기 때문에, 통풍통이 높게 내뻗으면 하역하는데도 방해가 된다. 또, 창구 덮개를 폐쇄시킨 상태에서 산적이 된 선창내로 사람이 들어가는 일이 드물어서 일반적으로 여기에는 자연 통풍만 설치해도 되므로 버섯형 통풍통을 설치하는데, 그 두부는 창구 덮개의 격납시에는 가능한 한 그 기준(level) 이상으로는 내뻗지 않게끔 해야만 한다. 다만, 출창용, 입창용 컴패니언(companion)을 설치할 경우에는 이것을 컴패니언의 두부에 설치해야 한다.

가령, 선주가 특별히 기계 통풍을 요구하는 경우에는 일반 화물선과 같이 선미측을 급기부로 하면서 선수측을 배기부로 한다. 그런데 벌크 화물선에서는 상기와 같은 창내의 통풍이 일반 화물선만큼 강하게 요구되지 않는데, 적하물이 철광석일 경우에는 특별히 산소가 창내에서 결핍될 수 있는 점에 관해서는 주의를 해야 한다. 그 이유는 수송 중에 철광석으로부터 산화가 진전이 됨에 따라 창내의 공기의 산소 함유량이 떨어지면 위험한 상태에 이르기 때문에, 원칙적으로 창구 덮개를 열어 환기를 충분하게 하면서 산소 함유량이 20%(VOL) 이상이 되었는가를 확인한 후 승조원이 창내로 들어가야만 하는데, 통상 광석 운반선인 경우에는 화물창용 통풍 장치를 특별히 설치하지는 않는다.

따라서, 철광석을 싣는 경우에는 상기와 같이 산소가 결핍된 공기에 대해 주의를 하면서 덮개를 열어 공기를 충분하게 환기시킨 후, 승조원이 창내로 들어가야 한다.

(3) 컨테이너선의 화물창의 통풍

컨테이너선에서 창내의 통풍은 일반 화물선의 그것에 기준해서 통상 기계 급기식과 자연 배기식으로 하고 있는데, 통풍 트렁크(trunk)는 셀 가이드(cell guide)와 내각(inner hull)간에 설치하는 경우가 많지만, 컨테이너선은 일반 화물선과 달라 화물 자체가 2차 용기 내에 수납이 되어 있기 때문에, 갑판적의 컨테이너에 의해서 직사 일광에 의한 영향도 적게 받는다. 따라서, 창내의 상태는 발한(sweat)과 온도 변화에 의한 영향이 일반 화물선보다 양호하므로, 창내의 통풍은 취기를 배제하는 정도로서 가능해진다. 통풍의 환기 횟수는 일반 잡화용 컨테이너선은 컨테이너의 용적을 뺀 남은 공간에 관해서만 3~5회/hr 정도로 행하고 있다.

(4) 화물선과 산적 화물선의 파이프 덕트(pipe duct)에 의한 통풍

화물선이나 벌크 화물선에서 파이프 덕트나 덕트 킬(duct keel)을 갖춘 선박에서는 이

런 구획에 대해 통풍을 시키는 것을 고려할 필요가 있으므로, 통상 5회/hr 정도로 통풍을 하는 것을 가능하도록 하고 있다. 그러나 항상 이런 구획은 승조원의 출입이 제한을 받지 않기 때문에, 그림 6·38과 같이 승조원이 들어가기 직전에는 반드시 후부 트렁크의 출입구용 해치를 열고서 운반식인 급기용 통풍기를 설치하는 한편, 전부 트렁크의 출입구용 해치를 배기구용으로 열어 도시가 된 화살표 방향으로 환기를 시키게끔 한 예도 있다. 그리고 화물창 상부에 파이프 덕트가 설치되었을 경우에는, 파이프 덕트 자체만을 화물창용 급기 덕트로 겸용하면서 통풍을 하는 경우도 있다.

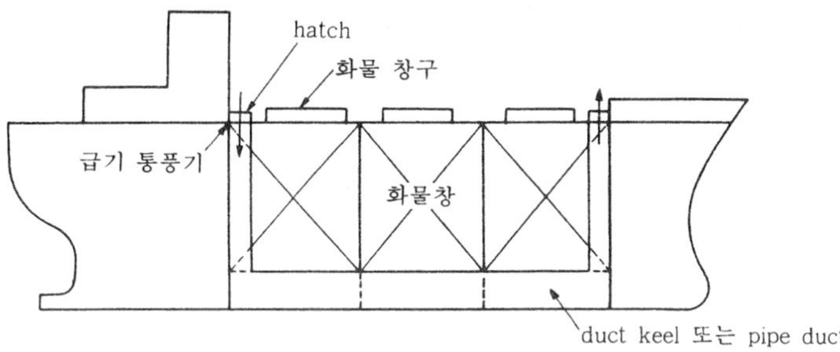

그림 6·38 duct keel 또는 pipe duct인 통풍의 한 예

[4] 탱커의 펌프실의 통풍

탱커의 펌프실의 통풍은 일반적으로 기계 배기식과 자연 급기식으로 하는데, 통풍기는 일반적으로 모터의 외장형인 축류식이나 원심식으로 하는 반면에, 모터는 기관실 내에 설치하면서 구동축의 격벽에 패킹 누르개(gland packing)를 설치해서 봉인(seal)이 잘 되게끔 한다. 그리고 배기용인 흡기 덕트는 가능한 한 아래쪽까지 이끌어, 적어도 펌프실의 저부 격자(grating)의 하부까지 이르도록 할 필요가 있다.

그 이유는 펌프실 내에서는 원유 가스 등과 같은 폭발성 휘발 가스가 충만되기 쉬움과 동시에, 일반적으로 이들 가스는 공기보다 무거우므로, 저부 부근에 체류되기가 쉽기 때문이다. 배기는 가능한 한 상갑판의 거주구로부터 좀 떨어진 위치에 포스트를 설치해서 대기 중으로 방출을 시키고, 급기는 펌프실의 엔트런스(entrance)의 정부에 버섯형 통풍통을 설치함과 동시에, 사용 중에 엔트런스의 양현에 설치된 출입구를 개방하면서 급기용으로도 겸용을 하고 있다.

[5] 거주구의 통풍

거주구의 통풍에도 자연 통풍식과 기계 통풍식이 혼용되고 있는데, 기계 통풍식은 그림 6·39와 같이 송풍기의 정압이나 주덕트 내의 풍속에 따라, i) 저압식(low pressure type) 또는 저속식(low velocity type), ii) 중압식(medium pressure type) 또는 중속식

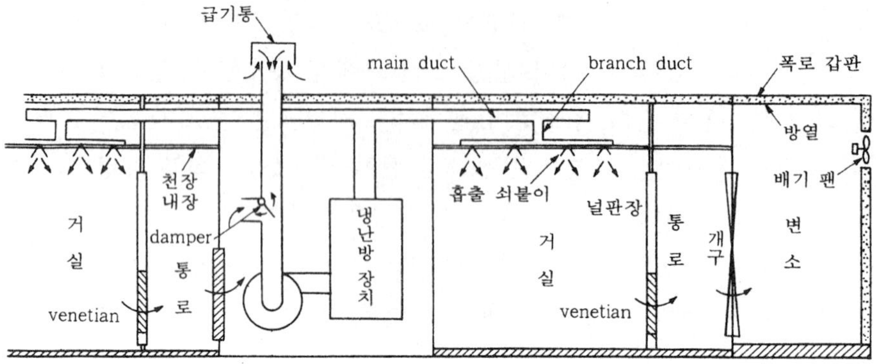

그림 6·39 기계 통풍 계통

	정압(mmAq)	주덕트 풍속(m/s)
저압식 ··············	30~100	6~15
중압식 ··············	100~200	15~20
고압식 ··············	200 이상	20 이상

(medium velocity type), iii) 고압식(high pressure type) 또는 고속식(high velocity type)으로 구분이 된다.

이것들의 분류는 명확한 범위로서 정의를 하기가 어렵지만 일반적으로 상기와 같이 구별하는데, 표 6·9 에는 이것들의 특징에 관해 표시해 두었고, 그림 6·39 에는 거주구의 기계 장치의 계통을 도시해 두었다. 그런데 그림에 예시한 바와 같이 덕트를 통해 보내지는 급기(supply air)는 가능한 한 거실 내로 골고루 미치도록 취출하고, 거실 출입구의 베니션 셔터(Venetian shutter)로부터 통로를 통해 배기를 하는데, 이 때의 공기가 순환 공기(return air)이다.

즉, 냉방, 난방 중에 배기(exhaust air)의 일부가 재흡입이 되면서, 신선한 공기(fresh water)의 일부가 외기와 혼합이 되어 재순환을 하게 된다. 그리고 잔여 배기는 화장실이나 주방으로 보내져서 냄새를 포함한 공기와 더불어 선외로 배출이 된다. 또, 냉방·난방을 요하지 않는 중간 계절에는 냉방·난방 장치의 난방기(heater)나 냉각기(cooler)를 작동시키지 않더라도 100%인 신선한 공기가 보내지면, 배기 순환용 댐퍼가 폐쇄된다.

그러나 덕트는 거실의 천장 내장재에 수납이 되면서 천장에는 취출용 쇠붙이만에 의해 개구가 되어 있기 때문에, 소음을 막기 위해 공기실(air chamber) 등과 같은 소음기를 설치한다든지, 덕트 내면에 흡음판을 붙인다든지 하는 경우도 있는 한편, 다른 실에서는 취출구를 조절해서 공기의 취출량을 가감시킨다고 하더라도 인접실의 급기량의 대폭적인 변화에 영향을 주지 않도록 할 필요가 있다.

표 6·9 통풍 장치의 종류와 특징

<table>
<tr><th colspan="2">종 류</th><th colspan="2">장 점</th><th colspan="2">단 점</th><th>적 용 개 소</th></tr>
<tr><td colspan="2">자연통풍</td><td colspan="2">① 장치가 간단하고 값이 싸다.
② 고장의 염려가 거의 없다.</td><td colspan="2">① 환기 횟수가 많아서 바람직하지 못하다.
② 부분적으로 공기가 괼 염려가 있어 통풍 효과가 나쁘다.
③ 통기량의 다점 분배가 곤란하다.</td><td>작업실, 조리실, 위생실, 통로, 기기실(gyro room 조타기실 등), 창고 등의 기계 통풍의 보조 수단으로서 적용되거나 제실로부터의 배기 수단으로 병용한다.</td></tr>
<tr><td rowspan="2">기계통풍</td><td>저압식</td><td rowspan="2">① 임의로 환기 횟수를 얻는다.
② 통풍 효과가 이상적으로 될 수 없다.
③ 통기량의 다점 배분이 가능하다.</td><td>① 고압식보다 소음 발생이 적다.</td><td rowspan="2">① 자연 통풍에 비해 값이 비싸다.
② 통풍기의 고장 염려가 있다.
③ 일반적으로 소음이 커서 문제가 되고 있다.</td><td>① 고압식에 비해 도설 duct가 커서 장치 전체의 가격에 영향을 준다.</td><td rowspan="2">거실이나 전거주구의 주통풍 장치로서 적용하는데 도료고, 전지실 등과 같은 가스 발생의 염려가 있는 실은 별도의 계통으로 하지만, 일반적으로 자연 통풍만으로 한다.</td></tr>
<tr><td>고압식</td><td>① 저압식에 비해 도설duct가 작아지고 duct 도설비가 싸다.
② duct가 작으므로 duct 도설 space가 작아서 설계, 공사상 유리하다.</td><td>① 저압식에 비해 소음이 커서 소음 대책에 비용이 든다.</td></tr>
</table>

(1) 거주구의 통풍 장치에 관해 계획상의 주의

거주구의 통풍 장치에 대한 계획에 있어서 다음과 같은 모든 점에 관해서는 주의를 해야 할 것이다.

1) 배치와 장치의 전반 :

① 급기와 배기는 단락(short circuit)이 되지 않도록 급기구와 배기구에 관한 상대 위치를 항상 고려해 두어야 한다. 즉, 실내의 급기는 가능한 한 실내로 이것이 골고루 미치게끔 고려하는 것도 물론이지만, 외기의 도입구와 배기구의 상대 위치도 빈번하게 문제가 되고 있다. 특히, 브리지(bridge)의 후단이나 엔진 케이싱(engine casing)의 주변은 항주시 공기 포켓(air pocket)이 생기면서 공기가 체류하기가 쉬운 문제가 발생하므로, 배기구가 이런 위치에 있다면 배기는 영원히 체류하게 된다(실제에서는 기관실에 배기구를 설치하는 경향이 있음). 그리고 연돌이 낮을 경우에는 연기가 말려 들어오기 때

문에 이 위치에 급기구를 설치한다면 연기에 의한 손상을 입게 되므로, 이와 같은 위치에는 급기구가 설치될 수 없는 반면에, 전지실의 배기 가스나 화장실과 주방 등과 같은 색다른 냄새가 채워지는 배기의 출구와 급기의 입구에 관해서도 주의를 해야 한다.

② 공조(空調) 구획이나 기계 통풍로로 병용하는 자연 통풍통 내로부터 통과하는 풍속은 최소한 3~7 m/sec의 범위 내로 하는데, 그 표준값은 5 m/sec로 계획이 되어야 한다.

③ 기계 통풍 계통은 대상인 실(室)의 종류에 따라 다음과 같은 그룹(group)으로 분류해야 한다.

a) A 그룹 : 일반 제실〔공조에서 대역 제어(zone control)를 행할 때는 더욱이 각각의 대역으로 분류를 한다〕

b) B 그룹 : 조리실(주방, 배선실)과 양식 창고

c) C 그룹 : 위생용 제실(세탁실, 건조실, 세면소, 변소, 욕실 등), 로커류〔locker 類 ; 방수복 로커(oil skin locker)〕 및 점퍼 로커(jumper locker) 등

d) D 그룹 : 기기실〔자이로컴퍼스실(gyrocompass room)〕, 미그 용접실(MIG welding room), 동력 장치실(power unit room), 조타기실, 냉동기실, 비상용 소방 펌프실, 포말 탱크실(foam tank room) 등

④ 조리실의 통풍은 연기나 취기가 조리실의 외부로 새지 않도록 배기량을 급기량의 2배 이상으로 해야만 하는데, 급기는 작업원에게 서늘한 바람에 관한 느낌을 주기 위해 직접적으로 조리하는 사람을 통하여 바람이 새나가도록 해야 한다. 특히, 오일 레인지(oil range)가 사용될 때는 전기 레인지보다 조리실 내로 새는 열량이 많기 때문에, 배기 통풍에 의한 환기 횟수를 50% 상승시켜야 한다.

⑤ 일반 전기 설비를 갖춘 실에서는 회전 기계에 관해 실온 50℃까지, 그리고 기타인 경우에는 40℃ 이하가 되게끔 통풍을 해야 한다.

⑥ 박용 CO_2 봄베(Bombe)의 안전 밸브의 제한값이 180 kg/cm^2(약 62℃)로 설정이 되어 있기 때문에 실제로는 큰 문제가 없지만, 규정상 안전 측면에서 살펴보면, 어떤 규정에서는 이 값을 낮게 규정하고 있으므로(예를 들면, JG는 최고 55℃, NN은 40℃ 등), 적용할 규정에 따라 기계 통풍을 고려할 필요가 있다.

⑦ 배터리(battery)는 고온에서 수명이 짧으면서 저온에서 용량이 저하되기 때문에, 가능한 한 상온을 유지하도록 통풍에 관해 유의를 해야 한다.

⑧ 비상용 소방 펌프가 시동될 때 가능한 한 전지 시동인 경우에는, 최저 온도가 약 5℃, 그리고 공기 시동인 경우에는 0℃이기 때문에 실온에서는 이 온도보다 낮아서는 안 된다.

2) 통풍기 :

① 통풍기의 구동 모터의 축(축류는 제외한다)은 원칙적으로 선체 중심과 평행하게 설치해야 한다. 그 이유는 선체 운동에서 피칭(pitching)보다 롤링(rolling)쪽이 경사각이 크기 때문에, 코마(coma)의 선회 운동(gyration)에 의한 축의 베어링(bearing)이 한쪽으로 마모되는 것을 피하기 위함이다.

② 통풍기의 설치 장소는 보수와 점검이 용이한 위치이어야 하는데, 특히 축류 통풍기인 경우에는 덮개의 개폐 방향에 관해 유의를 해야 한다(축류인 경우는 통풍기를 덕트의 도중에 설치하는데, 그 이유는 덕트 자체가 실의 모서리부를 통과하는 경향이 있기 때문이다).

③ 통풍기와 덕트간은 캔버스(canvas)로 연결시키면 현장에서의 덕트에 관한 접합을 용이하게 함과 동시에, 통풍기의 고체 소음이 덕트에 전해져서 전체로 옮겨가는 것을 방지해야 한다. 또, 통풍기가 소음이 크기 때문에, 주방의 캐노피(canopy : 천개) 바로 위에다 배치를 하는 것을 피해야 한다.

④ 환기선은 정압이 낮기 때문에 벽에 붙여 직접적으로 실외로 배기를 할 때만 사용하지만, 덕트에서 좀 떨어진 곳에서 배기를 유도하는 경우에는 사용해서는 안 되는 반면에, 폭로부의 앞벽(front wall)에 이것을 설치하는 것도 금지한다.

3) 덕트계(ducting) :

① 직각 밴드(band)와 덕트를 설치할 경우 단면적을 급격하게 변화시키는 것은 피해야 하지만, 부득이한 경우에는 덕트 내에 적당한 유도용 날개(induction vane)를 설치해야 한다.

② 탱크류의 윗벽은 통풍 트렁크의 일부이므로 겸용을 해서는 안 되는데, 특히, 연료탱크나 밸러스트 탱크에서는 절대로 이것을 사용해서는 안 된다.

③ 병실과 병실용 화장실 및 타구획들이 동일한 통풍 계통일 경우, 병실용 분기 덕트에는 체크 플러그(non-return plug)를 설치해서 병실의 배기를 단독으로 처리하여 선의 외부로 배출시키도록 해야 한다.

④ 화장실(병실용 제외), 욕실과 주방, 배선실 및 양식 창고가 동일한 계통일 경우에는, 화장실과 욕실의 분기 덕트에만 체크 플러그를 설치해야 한다.

⑤ 병실의 천장에는 주덕트가 통과하지 않도록 설치해야 한다.

⑥ 국제적인 항해에 종사하는 여객선일 경우나 탱커일 경우에는, 방화 구조상 통풍·덕트에 관해 여러 가지의 제약이 따르기 때문에, 방화 구조 규정이나 SOLAS 1974(미발효중이지만 탱커의 경우는 현재에도 사실상 요구되고 있다)에 대해 주의를 기울여야 한다.

4) 쇠붙이의 선정 :

① 물방울이나 습기를 싫어하는 전기 기기의 바로 위에는 자연 통풍통을 배치하면 안 된다.

② 벽에 붙이는 자연 통풍통은 브리지의 전단(bridge front)를 피하면서, 갑판상에서 조작이 가능한 높이를 갖는 위치에 설치해야 한다.

③ 배터리실(battery room)과 같이 공기보다 가벼운 가스(예를 들면, 수소)를 발생시키는 구획에서는, 급기구는 하부에 배치하고 그리고 배기구는 천장 근처에 배치해야 한다.

④ CO_2나 프로판 가스(propane gas) 등과 같이 공기보다 무거운 가스를 사용하거나 격납이 된 구획으로부터 배기시키기 위해서는, 상상(床上) 500 mm 이하에다 배기구를 배치해야 한다.

⑤ 열을 발생시키는 기기가 있을 경우에는 배기구를 발열 기기의 바로 위에 설치해야 하는데, 특히 레인지처럼 그것의 위쪽에 차양(hood)을 설치하면, 그 효과가 매우 크다는 것을 알 수 있다.

6.5.2 공기조화

선박에서 공기 조화는 육상의 그것보다 기상의 변화가 심하기 때문에, 온도·습도에서 조정의 범위와 감도가 매우 양호해야만 함을 알 수 있다.

[1] 냉방, 난방 설계 조건

외기의 조건을 결정하는데는 표 6·10 과 같이 그 항로의 최고와 최저의 온도, 습도를 구해야 한다. 즉, 하계의 온대에서는 건구 95°F와 습구 78°F이고, 아열대는 각각 95°F와 80°F이며, 열대에서는 95°F와 82°F인 반면에, 동계에서는 항로가 한랭 구역일 경우에는 0°F이고, 온대 구역일 경우에는 20°F 인 것을 설계상의 조건으로 한다.

[2] 주위의 온도 조건

표 6·11과 같이 실내의 온도와 습도는 실내 공기가 쾌감인 상태가 되도록 정해야만 하므로, 편안함의 체크 도표(comfort chart)에 따르면 일반적으로 온도는 76~80°F이고, 습도는 45~50 %로 한다. 하계의 냉방시에는 외기보다 10°F 이상인 온도차가 발생하면 위생상 좋지 않으므로, 습도를 내리면서 공기를 조화시켜야 한다.

즉, 공기 조화는 실내로 보낸 제습 냉기나 급습 난기가 그것의 일부를 환기하여 조화기에 회수시키면, 여기에서 이것을 조화와 정화로서 재순환시킴에 의해 경제적으로 운용하는 일반적인 방법이다. 그런데 환기를 위한 외기의 양은 공기 조화일 경우 MOT(Ministry of Transportation)에 의하면 1 인당 최소 10 ft^3/min 이지만, 외기 조건이

표 6 · 10 냉방, 난방의 설계 조건

장치	외기 조건		실내 조건		해수 온도 (℃)	적 용 항 로
	온도 (℃)	상대 습도 (%)	온도 (℃)	상대 습도 (%)		
냉방	35	70	30	50	32*a)	Persia만, 인도, 동남 아시아
	32		20			열 대 해 역
	30		26			일 반 해 역
냉방	35	H	27	(H−27)	32	Persia만에 정기적으로 취항하는 선박
	32				30*a)	인도, Pakistan, 벵갈만 및 열대(북위 10°~남위 10°) 지방에 정기적으로 취항하는 선박
	30					일 반 해 역
난방	−20	−	20	−	−	북 미
	−10					유럽, 북해도
	0					일 반 해 역

〔주〕 1. 냉방일 때는 15 ft³(0.42 m³)/min/명인 신선한 공기를 공급할 것(DOT 1953).
2. 난방일 때에 15 ft³(0.42 m³)/min/명인 외기를 채입한 경우, 외기 온도는 30 °F(−1.1℃)에서 실온 67 °F (19.5℃)로 유지할 것(DOT 1953).
3. 페르시아만을 항행하는 선박의 병실은 외기 조건을 90°F(32.2℃)와 78 % R. H(상대 습도)로, 그리고 실내를 84°F(28.9℃)와 50 % R. H로 유지할 것(DOT 1961).
4. 난방일 때의 실내 온도는 20℃ 이상으로 하면서 온도 분포차는 5℃ 이내로 할 것(NSC 1973).
5. 구주 항로 이외의 항역에서 운용되는 선박은 냉방일 경우 외기 조건을 35℃와 70% R. H로, 그리고 실내를 29 ℃와 50 % R. H로 유지할 것. 다만, 신선한 공기는 50 % 이상으로 한다. 또한, 기기의 외기 조건은 28℃와 80 % R. H 에서도, 그리고 실내 조건을 24℃와 50 % R. H에서도 충분한 능력을 갖는 반면에, 신선한 공기량은 어떤 경우라도 소정의 값 이상으로 한다(NSC, 1973).
6. 난방일 경우의 실내 온도는 70°F(21℃) 이상으로 할 것(USCG 1972).
*a) 하계의 냉각 때의 해수 온도는 32℃로 하지만, KS V 0512, 1967 에 의해 선박용 열교환기의 계획상의 해수 온도에 대한 기준에 의해서는, 근해 구역에 관해 30℃로, 그리고 연안 구역에 관해서는 28℃로 하여도 된다.

양호할 경우에는 환기를 적게 하면서 가능한 한 외기를 도입해야 한다.

[3] 선박의 공기 조화 장치

선박에는 작은 실(小室)들이 많고, 그리고 천장의 높이는 2단 침대 등 때문에 실내에서 공기의 유동이 매우 곤란하므로, 특히 이런 문제에 관해서는 주의를 요한다. 공기의 유동은 주로 다음과 같은 방법으로 실시가 된다.

① 측벽붙이인 그릴(grill)이나 디퓨저(diffuser)

② 벽붙이인 상향 인덕션 유닛(induction unit)

③ 천장붙이인 그릴 디퓨저 천장의 퍼포레이션(perforation)

표 6·11 주위의 온도 조건

(a) 상당 외기 온도

<table>
<tr><th colspan="2">장 소</th><th>냉방할 때(℃)</th><th>난방할 때(℃)</th></tr>
<tr><td colspan="2">폭로갑판</td><td>외기 온도 +25</td><td rowspan="5">외기온도</td></tr>
<tr><td rowspan="2">차양갑판</td><td>awning에 의함</td><td>외기 온도 +7</td></tr>
<tr><td>구조체에 의함</td><td>외기 온도 +2</td></tr>
<tr><td colspan="2">폭로강벽</td><td>외기 온도 +15</td></tr>
<tr><td colspan="2">차양강벽</td><td>외기 온도 +2</td></tr>
</table>

(b) 인접 구획 온도

<table>
<tr><th colspan="3">장 소</th><th>냉방할 때(℃)</th><th>난방할 때(℃)</th></tr>
<tr><td rowspan="3">거주 구내 통로</td><td rowspan="2">return air가 통과한다.</td><td>engine casing에 접하지 않는다.</td><td>실내 온도 +2</td><td>실내 온도−(6~8)</td></tr>
<tr><td>engine casing에 접한다.</td><td>실내 온도 +3</td><td>실내 온도−(6~8)</td></tr>
<tr><td colspan="2">return air가 통과하지 않는다.</td><td>외기 온도</td><td>0~10</td></tr>
<tr><td colspan="3">spot 냉난방 구획</td><td>외기 온도 −2</td><td>10~15</td></tr>
<tr><td colspan="3">세면소, 변소, 목욕실, 세탁실, 배전실, locker실 등의 제실</td><td>외기 온도</td><td>0~10</td></tr>
<tr><td colspan="3">조 리 실</td><td>외기 온도 +5</td><td>3~10</td></tr>
<tr><td colspan="3">보 기 실</td><td>42</td><td>3~10</td></tr>
<tr><td rowspan="2">기관실</td><td colspan="2">디 젤 선</td><td>45</td><td>10~15</td></tr>
<tr><td colspan="2">터 빈 선</td><td>50</td><td>10~15</td></tr>
<tr><td rowspan="2">보일러실</td><td colspan="2">디 젤 선</td><td>50</td><td>−</td></tr>
<tr><td colspan="2">터 빈 선</td><td>55</td><td>−</td></tr>
<tr><td colspan="3">가열되는 연료유 탱크</td><td>55</td><td>0~10</td></tr>
</table>

〔주〕 난방할 때의 낮은 값은 외기 온도가 −20 ℃인 때를, 그리고 높은 값은 외기 온도가 0 ℃인 때를 표시한다.

선박에서 공기 조화는 다음과 같은 방법으로 행해진다.

① 그림 6·40에 표시된 것은 큰 공실(公室) 등에 사용되는 가장 간단한 방법이다.

② 그림 6·41에 표시된 것은 각 실(室)에 재가열기를 설치한 것으로서, 냉각한 공기는 각 실로 송풍이 되어 실내의 온도가 실내에 설치된 재가열기를 통과하는 온수의 자동적인 제어로 인해 공기가 조화된다. 동계에는 조화기 내의 냉각기 대신에 예열기를 사용해서 예열이 된 공기를 각 실로 송풍시키면서 다시금 재가열기에 의해 소요의 온도로 맞춘다.

③ 그림 6·42와 같은 방법은 소실용(小室用)으로서 조화기는 외기만을 취입할 때 냉기(난기)를 각 실로 송풍하는데, 각 실에는 유도 유닛(induction unit)을 설치해서 그 노

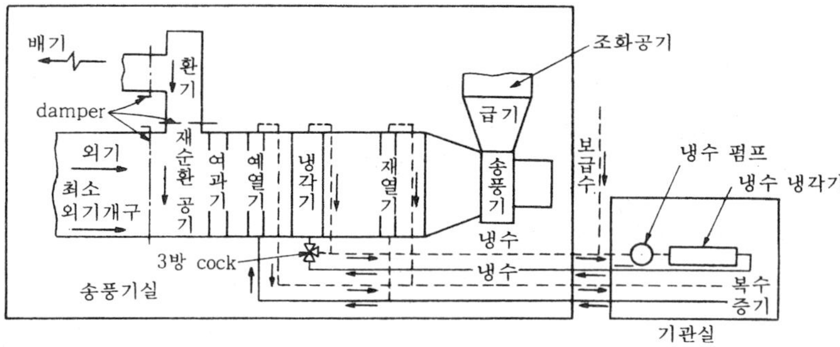

그림 6·40 공기 조화 장치(1)

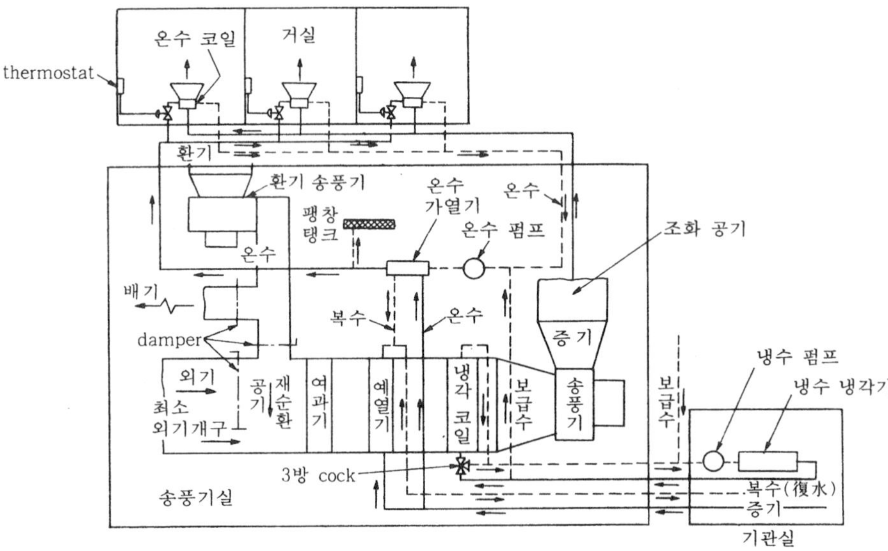

그림 6·41 공기 조화 장치(2)

즐로부터 외기를 취출하여 실내로 유동 공기를 일정하게 유도하게 한다. 이 유도 유닛에 도입된 실내 공기는 냉각(난방) 코일에 의해 조화를 이루면서, 조화기로부터의 신선한 냉기(난기)와 혼합이 되어 상방으로 배출됨에 의해 실내를 유동케 한다. 그러나 이 방법은 환기를 하지 않아도 되므로, 환기용 트렁크는 불필요하게 된다.

④ 그림 6·43 은 위의 ②와 ③을 조합한 것으로서 각 실에는 유도 유닛과 재가열기가 설치되는데, 이 방법은 조화기에 의해 비교적 저온인 공기를 만들기 때문에 풍량이 적어도 된다.

상기와 같이 ③과 ④는 주로 고압 송풍기로 사용이 되는데, 소경(小徑)인 트렁크에 의해 송풍이 되는 형식이다. 공기 조화 장치는 기상의 변화에 따라 수동이나 자동으로 조작을 급속하게 할 수 있지만, 원격 제어에 의해 쉽게 제어할 수 있는 형식도 필요하다.

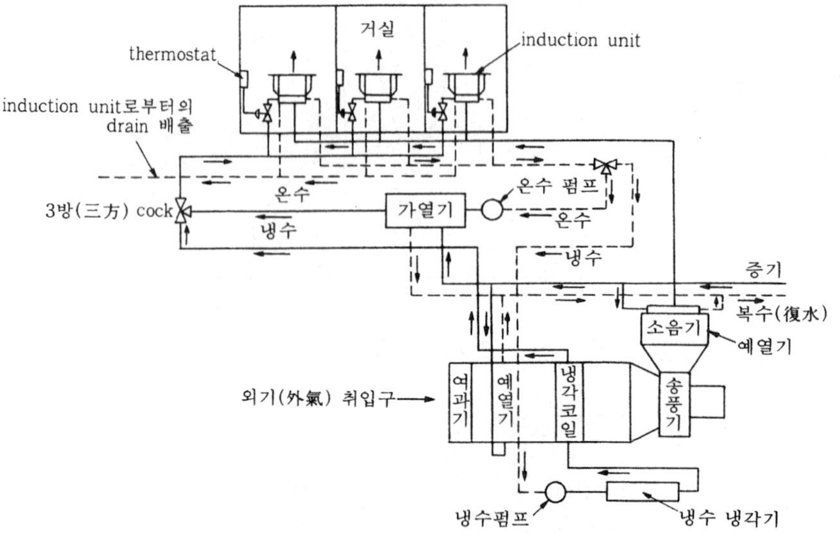

그림 6·42 공기 조화 장치(3)

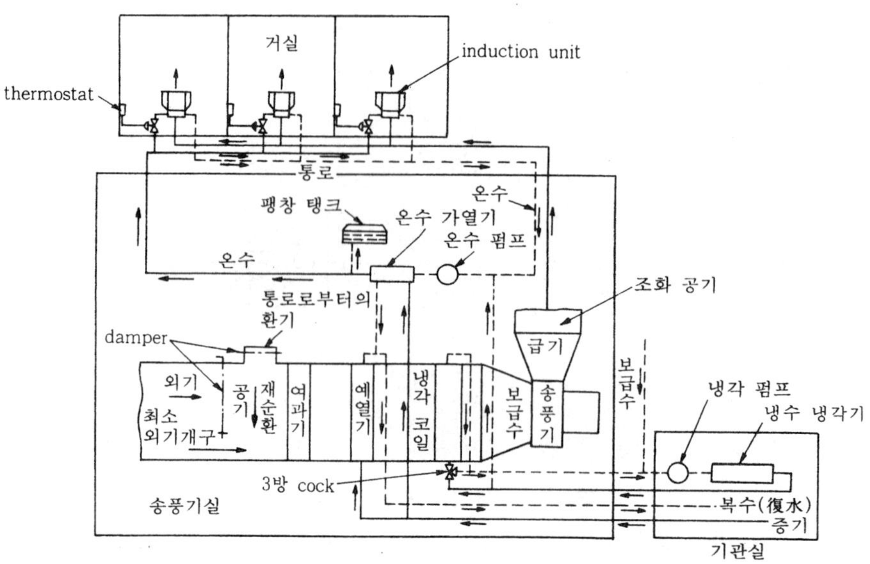

그림 6·43 공기 조화 장치(4)

그리고 그것의 설치 위치는 용도에 따라 통로나 기타의 특정 장소로 정해도 된다.

이상의 각 장치들 이외에도 소형 냉동기를 상자 내에 수납시킨 공기 조화 장치가 있지만, 이것은 특정한 실(室)의 공기 조화용으로 사용이 된다.

6.6 방 화 구 조

6.6.1 방화 구조에 관한 규칙

선박의 방화 구조에 관한 규정은 1914년도의 SOLAS 협약에 의해서 여객선에 관해 규제를 한 바가 있다. 연이어서 체결이 된 1929년도의 협약에서는 부분적인 개정이 이루어졌는데, 제2차 세계 대전으로 인해서 일시 이런 사업들이 중단되었지만, 전후인 1948년도의 협약에서는 여객선의 방화 구조에 관한 규정이 상세히 결정됨과 동시에, 방화 재료에 관한 요건도 새롭게 명문화가 되었다. 이 협약은 1960년도에 다시 개정되면서 1965년도에 발효가 된 이래로, 현재에 이르고 있는 실정이다.

그런데 1960년의 협약에 관한 방화 구조와 화재 예방 수단에 관한 규정 내용을 요약하면 다음과 같다.

[1] 여 객 선

방화 구조의 기본 방침은

① 거주 구역을 방화로 인해 다른 장소로부터 격리시킬 것,

② 여하한 불이라도 그 발생 장소를 탐지하여 소멸시키면서, 그 장소로부터 퍼져 나가지 않게 할 것,

③ 탈출시킬 설비들을 보호할 것

이라는 세 가지인데, 이렇게 하려면

① 선박의 주된 구조가 불연성을 갖기 위해서는 선체, 선루, 격벽, 갑판 및 갑판실 등은 강철이나 그것과 동등한 재료로써 제작을 하지만, 선루는 그 내부의 보호 방식에 의해(제2와 제3의 방식) 알루미늄 합금재로 만드는 것도 허용이 된다.

② 선박의 내부는 적당한 방화 구획으로 구분시킨다. 즉 선체, 선루 및 갑판실은 A급 격벽으로 길이가 40 m를 넘지 않는 주된 수직 구획으로 구분하면서, 거주 구역을 기관 구역과 화물 구역으로부터 격리시키는 격벽과, 수직 통로를 구분하는 격벽은 모두 A급으로 한다.

③ 이와 같이 구분이 된 각 구획 내에서의 화재는 발생 초기에 제압을 하는데, 특히 거주 구역과 사용 장소에 관해서는 다음과 같은 각 보호 방식들 중 어느 것인가를 취해야 한다.

a) 거주 구역과 사용 장소 내의 모든 내부의 칸막이벽은 B급 칸막이로 하는데, 내부

의 화재 탐지 장치나 자동 살수 장치는 필요없다.

b) 화재가 발생할 염려가 있는 모든 장소에는 화재 탐지 장치와 살수 장치를 설치하는데, 내부의 칸막이벽만은 제한을 하지 않는다.

c) 각 실의 중요성과 크기 및 성질에 따라 A급과 B급 칸막이(일반적으로는 120 m^2 이하로부터 최대 150 m^2로 하지만, 다만 공실을 여기에서는 제외한다)로 구분하지만, 추가해서 화재의 발생이 예상되는 장소에는 자동 탐지 장치를 설치하면서, 가연성 문제로 인화성이 높은 재료와 부속품을 사용하는 것을 제한하는 반면, 살수 장치는 요구되지 않는다.

d) 구분이 된 방화 구획에 관해서는 격벽이나 칸막이벽의 방열성, 제개구(諸開口)의 폐쇄실의 내장, 갑판 피복, 도장, 계단의 보호, 제어실의 보호 및 통풍 장치의 정지 등, 방화 문제에 필요한 사항이 상세한 요건으로 제시되어 있다. 그러나 정원이 36명 미만인 여객선에 관해서는 요구가 약간 완화되어 있으므로, 거주 구역과 기관실 등은 원칙적으로 탈출로만은 필요하다는 사실이 요구되고 있다.

[2] 화 물 선

여기서는 4000톤 이상인 화물선을 대상으로 하는데, 그 내용은 여객선의 규정과 비교해 보면 매우 간단하다. 즉, 인명 안전이라는 점에서는 다수의 승객을 갖는 여객선과, 선내의 사정에 밝은 소수인의 승조원만을 갖는 화물선에서 방화 구조의 중요성에 관해 차이가 있는 것은 부득이한 사실이다.

화물선에 관한 사고 방식은 선체의 주된 구조의 불연성과 거주 구역 내의 탈출로 보호에 중점을 두면서, 여기에 화재 발생의 위험이 매우 큰 장소와의 격리, 소화상 필요한 일반 사항 및 거주구와 기관실의 탈출로 확보 등을 규정에 포함시키고 있다. 이러한 것들을 규정하고 있는 규칙(제54규칙, 제68규칙 및 제69규칙)의 구성을 살펴보면 다음과 같다.

제54규칙인 4000톤 이상의 화물선:

① 선체 구조의 재료

② 거주구 내의 통로 격벽

③ 기관실, 화물창과 거주구와의 경계의 갑판 피복

④ 내부 계단과 승용 엘리베이터의 트렁크의 재료

⑤ 도장

⑥ 이유관(移油管)과 선외의 배출관 및 기타의 재료

⑦ 전열기

⑧ 이연성(易燃性) 필름의 사용 금지

⑨ 통풍기의 정지

제 68 규칙인 탈출 설비 :

① 화물선 :

1) 거주구 등의 계단 사다리

2) 기관실의 탈출 설비

제 69 규칙인 기계 정지와 연료 흡인관의 차단 :

① 통풍용 송풍기의 정지와 제개구의 폐쇄

② 송풍기, 이유(移油) 펌프 및 분연(噴燃) 펌프의 정지

③ 이유관의 차단

(1) 방화 성능의 정의

방화 구조를 정의할 경우, 방화 성능에 관한 각종의 내용을 명백하게 할 필요가 생기는데, 1929년도의 협약에서는 방화 격벽(fire-proof bulkhead)으로 되어 있던 것을 815 ℃의 불에 1시간 동안 견딜 수 있는 내화 격벽(fire-resisting bulkhead)으로 개정이 된 것과 같이 불충분하지만, 격벽의 방화 성능에 관한 요건이 명백해지도록 노력을 해왔다.

그 후 1948 년도의 협약에서는 구조에 관해 대폭적으로 개정이 됨과 동시에, 방화 성능에 관한 정의도 상세하게 되면서, 불연성 재료에 관한 표준 화재 시험에서의 A 급과 B 급인 칸막이 등의 내용이 명백해진 반면에, 1960 년도의 협약에서는 이 1948 년도의 협약을 답습(踏襲)하는 것으로 되었는데, 그들 중 대표적인 것으로는

① 표준 화재 시험에서의 표본의 크기가 면적이 4.65 m^2이면서 높이가 2.44 m 이상으로 규정을 하는 반면에, 적어도 1개의 조인트는 포함시키도록 되었다.

② B 급인 칸막이의 뒷면의 최고 온도(조인트를 포함)가 225℃ 이하이어야만 한다는 요건이 추가되었다.

③ 「화재의 확산이 늦다」와 같은 판정은 시험을 통해 결정했지만, 시험 방법에 관한 자체의 규정은 각국 정부가 결정하도록 맡겨졌다.

그래서 방화 성능의 요건이 이와 같이 점차로 명확해지고는 있지만, 상세한 내용에 관해서는 아직도 불충분한 점이 많은데 이것들을 협약상으로 명문화시키는 것이 타당한지 어떤지를 별개의 문제로 하더라도, 현재까지는 이러한 문제에 관해 실시를 하는데는 상당한 혼란이 발생하고 있기 때문에, 통일이 된 규칙에 대한 해석을 하는데에 협력을 하고 있다.

1960 년도의 회의에서도 이런 사실이 인정되어, 부속 D 항의 권고(勸告)에 의해 A 급인 칸막이와 B 급인 칸막이, 그리고 갑판 피복 및 화재 확대 성능에 관한 시험 방법을 통일하기 위해서, 각국이 자국에서 채용을 하고 있는 시험 방법을 IMCO 에 송부해 줄 것을

권고하고 있다.

우리 나라의 선박의 방화 구조는 1960 년도의 해상 인명 안전 협약에 기초를 해서 규정이 설정되어 있다.

현행 협약에는 선박의 구조와 설비에 관해 안전 요건을 모두 포함시키고 있지만, 1965 년도에 발효한 이래 오늘에 이르기까지 해상에서의 인명 안전과 선박 운항에 관한 능률 향상에 크게 공헌을 해왔다.

최근에는 기술의 발전과 해상 교통량의 비약적인 증가로 인해 규칙의 개정을 요구하게 됨에 따라, 1966 년도부터 1973 년도에 걸쳐 현행 협약의 부속 규칙을 일부 개정하기에 이르렀다. 그러나 이러한 개선 조치들이 각 체약국의 정부의 국내 사정 등으로 인해서 효력 발생의 요건이 만족되지 못했으므로 발효가 되지 않은 채로 현재에 이르게 되었다. 그러나 우선적으로 그 규정의 발효가 빛을 보기 위해서는 국가적인 노력이 필요한데, 1974 년도의 IMCO 총회와 1974 년도의 해상 인명 안전 협약에서도 이러한 규정에 의해 채택이 되었지만, 역시 발효를 보지 못한 상태에 이르렀다.

그리고 다시금 1978 년 2 월의 IMCO 회의에서는 1973 년도의 해양 오염 방지 협약과 더불어 의정서로 채택을 해서 1979 년 9 월을 발효 목표일로 정했는데, 현재 발효를 기다리고 있는 단계에 있다. 방화 구조에 관해서는 위에서 언급한 개정 사항들 중 일부는 이미 시행을 하고 있는 나라도 있으므로, 여기서는 1974 년도의 협약 내용을 기준으로 요약을 해서 기술하기로 한다.

6.6.2 화물선과 36명 이하의 여객을 운송하는 여객선의 방화 구조

국제 항해에 종사하는 총촌수 4000 톤 이상인 일반 화물선과 36 명 이하의 여객을 운송하는 여객선에서는, SOLAS(1974)에서 기준으로 하고 있는 방화 구조가 요구된다.

[1] 표준 화재 시험과 각급 칸막이

표 6 · 12 와 같이 시험편의 크기는 4.65 m^2 이상이면서 높이가 2.44 m로 하는데, 최소 1개소에는 조인트가 설치되어야 한다.

[2] 총톤수 4000 톤 이상인 일반 화물선

거주 장소의 방화 구조에 관해서는 주무 관청과 선급 협약의 규칙을 비교해 보면 표 6 · 13 과 같다.

[3] 총톤수 500 톤 이상인 탱커(tanker) 및 조합식 캐리어(combination carrier)

국제 항해에 종사하는 총톤수 500 톤 이상인 탱커와 조합식 캐리어의 거주 장소의 방화 구조에 관해서는, SOLAS(1974)에 기준하는 표 6 · 14 와 같은 방화 구조가 요구된다.

표 6·12 표준 화재 시험과 각급 칸막이

표준화재 시험	시간(min)	0	5	10	15	30	60	재 료
	노(爐) 내의 온도(℃)		t_0[*1]+538	t_0+704		t_0+843	t_0+927	
A급 칸막이 (격벽 및 갑판)	방 열 값	A-0	-	-	A-15	A-30	A-60	강(鋼)을 동등[*2]하게 하면서 또 적당하게 보강한다. 방열값을 통과하는 방열을 시행한다.
	이면 온도(℃)	평균≤t_0+139, 최고≤t_0+180						
	보 전 성	연(煙)과 염(炎)의 통과를 30분간 저지할 것						
B급 칸막이	방 열 값	B-0	-	-	B-15	B-30[*3]	-	승인된 불연재로 한다.[*3]
	이면 온도(℃)	평균≤t_0+139, 최고≤t_0+225						
	보 전 성	염의 통과를 30분간 저지할 것						
C급 칸막이	방열값과 보전성은 규정하지 않음							승인된 불연재로 한다.
불연재 (不燃材)	750℃로 가열이 되어도 타지 않고, 인화성 증기를 발생하지 않을 것							

〔주〕 *1) t_0는 초기 온도를 표시한다.

*2) 방열된 알루미늄은 강(鋼)과 동등한 재료로 간주가 된다. 다만, 방열시에는 제약을 받는다.

*3) 36명 이하의 여객을 운송하는 여객선 이외에는 난연재(難燃材)를 사용해야 된다. 다만, 그 경우의 방열값은 B-30으로 해야 함.

6.6.3 여객선의 방화 구조

36명을 넘는 여객을 탑재하는 여객선의 거주 장소와 사용 장소의 보호 방식은 SOLAS(1974)의 규정을 기준하면 대략 다음과 같다.

[1] 주수직 구역

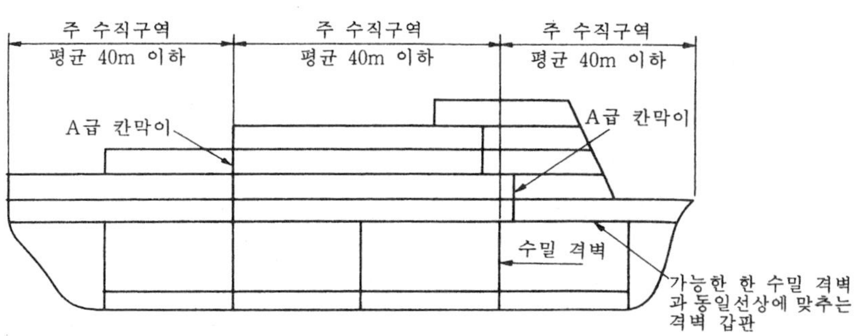

그림 6·44 주수직 구역

표 6·13 총톤수 4000 톤 이상인 일반 화물선의 거주 장소의 방화 구조

항목 / 주관청 또는 선급협회	통로 격벽	실내 칸막이벽	강벽내장	기관 및 보일러실 위벽 통로측 내장	통로 천장 내장 / 실내 천장 내장	통로 격벽붙이 선실 문	갑판피복	계단 및 계단 윗벽	기 타
SOLAS (1974)	강이나 B급 패널	—	—	—	— —	B급 패널과 동등의 보전성이 있는 것	기관 장소와 화물적부 장소의 정부를 형성하는 것은 용이하게 점화하지 않는 형식의 것	폭로 갑판 하방의 내부 계단은 강이나 다른 적당한 재료로 함.	1. 선원용 승강 기트렁크는 강 또는 동등으로 해야 함. 2. 주방, 도료고, 등구고 및 갑판장 창고의 격벽이 거주 장소와 비상용 발전기실에 접하는 경우는 강 또는 동등으로 해야 함. 3. 니트로셀룰로오스나 기타의 고도의 인화성의 것을 기제로 한 paint, varnish 및 유사의 조합품(調合品)을 사용해서는 안 됨.
선박 방화 구조 규정(1973)	강이 나는 B급 패널	—	—	-	— —	〃	〃		
KR (1973)	강이나 B-0 패널 갑판에서 갑판까지 깔아 채운다. 통로 천장 내장의 불연성 B-0와 동등하면 천장에서 끝내도 됨.	—	—	방연을 시공하거나 충분한 공소(空所)를 설치하면 가연성으로 됨. 다만, 장선은 난연재로 한다.	제한없음. 6㎜ asvestos board는 불연성 B-0와 동등으로 인정됨.[1)] —	판 두께 1.2mm 이상인 강제 flush 또는 B-0 패널과 동일 재료, 동일 두께 이상의 것. 목제 문틀은 난연처리로 하고, 문닫기 LAP은 10mm로 함	〃		
DOT (1965) No.1104	강이나 불연성 B급 패널. 다만, 화기의 염려가 없는 개소와 출구에서 20ft 이내는 난연성 B 패널도 됨.	—	—	—[2)]	[2)] —	통로 격벽과 동등. 다만, 개구를 설치하는 경우는 가능한 한 문의 하부에 설치할 것.	〃	거주구 내의 계단은 강 또는 동등으로 해야 함.	
LR(1973) F1001-5	강이나 B급 패널	—	—	—[3)]	[3)] —	B급 패널과 동등의 보전성이 있는 것.	〃	SOLAS(1974)와 같음.	
USCG(1973) chap. 1 subchap 1 part 92	강이나 불연성 B급 패널	강이나 불연성 B급 패널	장선을 포함하여 불연재	장선을 포함하여 불연재	장선을 포함하여 불연재 〃	강이나 불연성 B급 패널	승인된 것. 그러나 3/8″ 이하의 위의 도장은 승인외라도 됨.	계단은 강으로 하고 강이나 B급 패널로 둘러쌀 것	

AB(1973) sec. 1	강이나 B급 패널.	—	—	—*3)	—*3) —	B급 패널과 동등의 보전성이 있는 것	"	SOLAS(1974)와 같음.	
SFD(1964) No.187 sec. 4	B급 패널	—	—	—	불연재 —	B급 패널.	기관, 보일러실 및 화물선에 면하는 갑판 위의 것은 승인된것으로, 용이하게 점화하지 않는 것일 것.	계단의 골조는 강으로 하고, 상부 구조 이하는 강이나 불연재로써 둘러쌀 것. 상부 구조 내와 승정 갑판으로의 계단은 B급 패널로써 둘러쌀 것.	
NV(1974) cap part B (F class의 경우)	불연성 B급 패널	불연성 B급 패널	불연성 B급 패널. 다만 두께는 감소시켜도 됨.	불연성 B급 패널.	장선을 포함하여 불연재 불연재 두께 13 mm	불연성 B급 패널. 문단개 20 mm	"	계단의 골조는 강으로 하고, 강벽으로 둘러 쌀 것. 위벽 내장은 불연재로 함.	1. 통로는 25 m마다 자동 폐쇄 B급인 문으로 구획할 것 2. 거주구는 인접하는 기관실, 보일러실과 펌프실의 격벽 및 갑판을 A-60으로 방열할 것.
USSR(1965) part Ⅶ	강이나 불연성 B급 패널	표면재는 난연재	표면재는 난연재	표면재는 난연재, 방열재는 불연재	표면재는 난연재 "	통로, 격벽과 동등, 다만, 벤틸레이션(ventilation)을 설치하는 경우 벤틸레이션은 불연성으로 하면서, 문의 하부에 설치할 것.	불연성 또는 난연성	계단은 강 또는 동등으로 함. 3 deck 이상에 접속하는 경우는 강벽으로 둘러쌀 것	1. 니트로셀룰로오스나 기타의 고도의 인화성을 갖춘 것을 기제로 한 페인트, varnish 및 유사의 조합품을 사용하여서는 안 됨. 2. curtain, screen, blind, 카펫 등은 난연재나 난연 처리재로 함. 3. 가연성의 플라스틱은 USSR의 승인품으로 함

〔주〕 1. NV 선급에서 F급이 아닌 경우 노르웨이 선적선은 SFD에 의하는데, 노르웨이 이외의 선적선은 SOLAS(1974)나 선적국의 규칙에 의한다.
2. B와 C급인 패널 및 불연재에 대해서는 표 6·12를 참조할 것.
3. 방화 구조 칸막이벽을 관, duct 및 전선 등이 관통하는 부분의 구조는 KR의 방화 구조 관계 내규(1968), 또는 JSDS−15인 거주구 방화 구조의 설계 기준(1972)에 의함.

*1) 장선과 목재인 문틀은 난연 처리를 한 목재(KS 규격 난연 3급)로 한다.
*2) 통로의 강벽 내장 및 천장 내장은 특기 사항이 없는데, 출구로부터 20ft 이원(以遠)을 불연재로 하는 편이 좋다.
*3) 특기 사항은 없지만, 기관 및 보일러실 윗벽의 통로측 내장은 난연재로, 통로 천장 내장은 난연재로 하는 편이 좋다. 장선은 난연 처리재로서 해도 된다.

표 6·14 총톤수 500 톤 이상인 탱커 및 조합식 캐리어의 거주 장소의 방화 구조*[1]

항목 주관청 또는 선급협회	통로격벽	실내 칸막이벽	강벽내장	기관 및 보일러실 윗벽, 통로측 내장	통로 천장 내장 실내 천장 내장	통로 격벽 붙이 선실문	갑판 피복	계단과 계단 윗벽	기타
SOLAS (1974) SFD	A 또는 불연성의 B급 패널로서 갑판에서 갑판까지 깔아 채운다. 연속하는 B급 천장 내장이나 벽 내장이 격벽에 깔려져 있으면 격벽은 연속하는 천장 내장이나 벽 내장의 장소까지도 된다. 통로 계단부와 제어실의 격벽, 벽 내장 및 천장 내장은 두께가 1.5 mm를 넘지 않는 가연성 화장재이면 사용해도 된다.	불연성 재료	장선을 포함하여 불연성 재료. 거주 구역을 지지하는 장출(張出) 갑판을 포함해서. 거주 구역과 업무 구역을 둘러싼 상부 구조와 갑판실의 외벽들 중 화물유 탱크에 면하는 장소는 전벽면과 전면에서 3m 후방까지 A-60으로 방열할 것. 이들의 상부 구조와 갑판실의 측면의 방열은 주관청이 필요로 간주하는 높이까지 A-60으로 방열할 것. 격벽, 벽내장 및 천장 내장은 두께가 2 mm를 넘지 않는 가연성 화장재이면 사용하여도 된다.	A-60인 격벽 기관실내의 방열재의 표면은 기름(油) 또는 기름(油)의 증기 통과를 저지할 수 있는 것일 것	장선을 포함한 불연성 재료	통로벽과 동등. 다만, 루버를 설치하는 경우는 문의 하부에 설치해도 된다.*[2]	기관, 보일러, 화유(貨油) 펌프실 및 이들의 트렁크를 포함하여 거주 구역과 업무 구역의 갑판은 A-60으로 한다	계단을 강으로 하고, 1층만을 관통하고 있는 계단은 적어도 1 갑판만 A나 B급 칸막이로써 둘러쌀 것.*[3] 또 2층 이상의 갑판을 관통하는 계단은 A급 칸막이로 둘러쌀것.*[4] 위벽 내장은 불연성 재료로 한다. 계단실의 문은 강제의 자동 폐쇄식으로 하고 개방보지(開放保持) hook을 설치해도 된다.	1. 거주 구역, 업무 구역 및 제어실과 화유(貨油) 펌프실(펌프실 통로를 포함)을 칸막이로 하는 보통의 격벽도 A-60으로 할 것. 2. 주갑판의 제1층에는 문을 설치하지 말 것. 다만, 하역 제어실, 식료고 및 창고 등과 같은 거주 구역과 업무 구역으로의 통로를 갖지 않는 장소는 제외함. 만약 문을 설치한다면, 그 구획의 격벽은 A-60으로 방열할 것. 기기용의 취외식 볼트휨의 뚜껑은 방열로 된 격벽에 설치하여도 됨.*[5] 3. 화유 탱크에 면한 격벽의 현창은 고정식으로 할 것. 조타실의 창은 개폐식이라도 됨. 4. 주갑판의 제1층에 설치되는 현창은 강이나 동등 재료의 안뚜껑을 설치할 것. 5. 위의 2,3,4의 요구는 상부 구조와 갑판실의 전단에서 5m의 범위 내에도 적용된다.*[6] 6. 냉장고 이외에 사용하는 방열재는 불연성 재료로 할 것. 7. 실내의 노출된 표면에 사용되는 페인트, varnish 및 기타 다듬질재는 주관청의 판단하에 과도의 화재의 위험성을 갖는 것은 안 됨. 또, 대량의 연(煙)이나 기타의 유독물을 생기게 하는 것이어서는 안 됨.

〔주〕 SFD의 경우는 다음에 의한다.

*[1] new ship은 선박의 크기에 관계없이 요구된다.

*[2] 루버의 개구(開口)와 문하부(門下部)의 틈새의 합계 면적은 $0.05\,m^2$를 넘지 않을 것.

*[3] 적어도 갑판의 한쪽에는 A급이나 B급의 자동 폐쇄식 문을 설치할 것.

*[4] 각 갑판에 자동 폐쇄식 문을 설치할 것.

*[5] 취외식 볼트휨의 뚜껑은 선박이 가스 프리(gas free) 때만 취외할 수 있다고 표시를 할 것.

*[6] ship length ≥ 100 m의 선박에 적용된다.

평균 40 m 이하인 거리에 있는 A급인 칸막이로서 구분을 하는데, 가능한 한 수밀 격벽과 동일선상에다 칸막이의 위치를 맞추어서 구분이 된 구역이 그림 6·44와 같은 주수직 구역이다.

[2] 각 인접 구역 사이의 칸막이(격벽 및 갑판)의 방열값

여기서 주수직 구역이나 수평 구역을 형성하는 격벽, 주수직 구역이나 수평 구역을 형성하지 않는 격벽, 주수직 구역의 계단부(階段部)나 수평 구역을 형성하는 갑판 및 주수직 구역의 계단부, 또는 수평 구역을 형성하지 않는 갑판의 각 방열값들은 규정에서 표시를 하는 바와 같다.

[3] 가연재의 사용 제한

(1) 거주구 내의 내장(內裝) 장선(長線)〔근태(根太)〕

여기서 천장 내장재와 방열재는 모두 불연재로 하는데, 가연성 합판은 두께 2 mm 이하(다만, 통로의 계단 윗벽에서는 1.5 mm 이하)로 제한해서 적용한다.

(2) 가연성 표면깔기

이것은 돌림테, 장식 및 합판의 총용적을 2.5 mm×(벽 및 천장의 면적) 이하로 제한해서 허용하는데, 자동 살수 장치가 있는 경우에는 다시금 C급 칸막이용 가연성 장선류도 허용된다.

제 7 장

조타 장치와 항해 장치

7.1 개 요

선박에 의한 해상 물류의 증가로 해상 교통 통제가 더욱 필요하게 되었다. 이로 인해 해상 사고가 증가하였고, 해난 사고의 원인으로는 조선(操船)과 항해 기술의 부족, 해도의 불확실성 및 기상 정보의 결여 등으로 인한 좌초와 침몰 등이 그 대부분을 차지하게 되자 항해 장치 기술의 중요성이 대두되었고, 항해 장비에 관한 기술 개발이 확산되었다.

이 장에서는 조선소에서 많이 적용되는 「SOLAS」와 「해상 충돌 예방법」 등에서 요구하는 주요 규정을 기초로 하여 조타 장치와 항해 장치에 관해 기술하기로 한다.

7.2 항 해 장 치

7.2.1 나침의(Compass)

선박의 항해 계기들 중 가장 기본적인 것은 선상에서 방위를 지시하는 컴퍼스로서 자기 컴퍼스(magnetic compass)와 자이로컴퍼스(gyrocompass)의 두 종류가 있다.

[1] 자기 컴퍼스(magnetic compass)

자기 컴퍼스의 원리는 등산시 휴대를 하는 자석과 같은데, 그림 7·1과 같은 컴퍼스 볼(compass bowl) 내의 자침은 지구 자기가 표시한 방위를 컴퍼스의 눈금으로서 상세하게 읽을 수 있게 되어 있다. 그리고 선내에서는 주위가 모두 강재로 구성되어 있어 지구 자장으로 인해 오차가 생기므로, 선박이 완성된 시점에서 자기 컴퍼스의 설치 위치로부터 방위를 수정해 놓을 필요가 있다. 통상적으로 이런 수정은 해상 시운전시에 행해지는데, 이것이 컴퍼스의 자차(自差) 수정이다. 자기 컴퍼스는 다음과 같은 점들을 고려하여 설치 위치를 정하는 것이 필요하다.

① 컴퍼스 근처에는 강제 회전체나 이동 전등(직류) 등과 같이 자계에 영향을 주는 이동물이 없을 것

② 수직 방향의 강제물은 컴퍼스 근처에 설치를 피하고, 연돌과 마스트 등은 적어도 7 m 정도로, 그리고 지주 등은 2~3 m 정도로 떨어지게 설치할 것

③ 컴퍼스로부터 3 m 이내에 있는 강제물은 가능한 한 선박의 중심선에 대해 대칭시켜 배치할 것

④ 전벽(前壁) 등과 같이 컴퍼스 근처에서 자기로 영향을 미치는 큰 강제 구조물의 근처에는 DC 모터나 DC 인버터(inverter)를 설치하지 말 것

그림 7·1 자기 컴퍼스의 볼

자기 컴퍼스는 지자기(地磁氣)의 영향이나 주위 자성체에 의한 오차가 생기기 쉬운 결점 때문에, 현재 법규상 이것을 설치할 경우 강재로 제작을 해야 하고, 설치 대수도 정해져 있다. 선박에서는 방위 확인〔방위(bearing)을 취하는 것이라 함〕을 쉽게 하기 위해 통상 조타실의 정부 갑판에 반드시 컴퍼스를 설치하는데〔그 때문에 이 갑판을 나침 선교 갑판(compass deck)이라 한다〕, 이런 경우에는 하방의 조타실에서 조타하면서 컴퍼스의 지침을 바로 이해할 수 있게 반사경이 붙은 자기 컴퍼스인 반영식 자기 컴퍼스(reflector type magnetic compass)를 사용한다.

[2] 자이로컴퍼스(gyrocompass)

주로, 대형선에서는 자이로컴퍼스가 방위 계기의 주류를 이루고 있다. 자이로컴퍼스

의 원리는 그림 7·2와 같이 3개의 축으로 구성되어, 자유도를 갖는 고속 회전 코마(coma: gyroscope)가 i) 방향 유지성을 가질 것, ii) 회전축에 연직력이 가해지면 각각의 방향으로 선회하는 힘이 작용한다는 것〔이런 선회 운동을 **세차 운동**(precession)이라 한다〕의 두 가지 특성을 이용한 것이다. 세차 운동에서 회전 벡터(vector)는 토크 벡터에 일치하는 방향으로 생겨, 강도에는 비례하면서 자이로의 회전 운동량에 반비례하기 때문에 자이로의 회전이 빠르고, 또 자이로의 관성 능률이 크게 되어 외력의 영향을 적게 받는다.

자이로는 최초에 배치(set)된 방위로 향하도록 되어 있는데, 즉 예를 들어 자이로의 로터(rotor)의 케이스에 액체를 넣은 안정기를 설치하면, 지구가 자전함에 따라 자이로 자체가 일정 방향을 유지한 상태로 되기 때문에, 상대적으로 액체가 이동하게 될 때 중력 작용으로 자이로의 회전축에 힘이 가해져서 세차 운동으로 회전하고, 북쪽을 가리키면서 정지한다. 만약, 자이로를 지구 적도에 놓으면, 최초의 축을 수평으로 함과 동시에 지북단(指北端)이 동쪽으로 향할 경우, 상기와 같이 지구 자전에 의해 순차적으로 북쪽을 가리키는 과정을 통해 남극쪽에서 표시를 한 것이 된다.

이런 경사에 따라 안정기 내의 유체가 동쪽에서 서쪽으로 흐르면, 이것이 중력 작용을 받아 자이로에 토크를 주게 된다. 이 토크에 의해 자이로는 세차 운동을 일으켜서 지북단이 북쪽으로 움직인다. 자이로컴퍼스는 자이로 본체를 넣은 마스터 컴퍼스(master compass)와 본체의 지시만을 전기적으로 원격 표시를 하는 리피터 컴퍼스(repeater compass)로 구성이 된다. 마스터 컴퍼스는 통상 거주구의 일각(一角)에 설치된 자이로실(gyro room)에 설치를 하는데, 리피터 컴퍼스는 조타실의 현측(wing)과 도저(dozer)의 일부에 각 1개씩 설치하여, 나침 갑판을 통해 자동 조종 장치와 진로 기록기(course

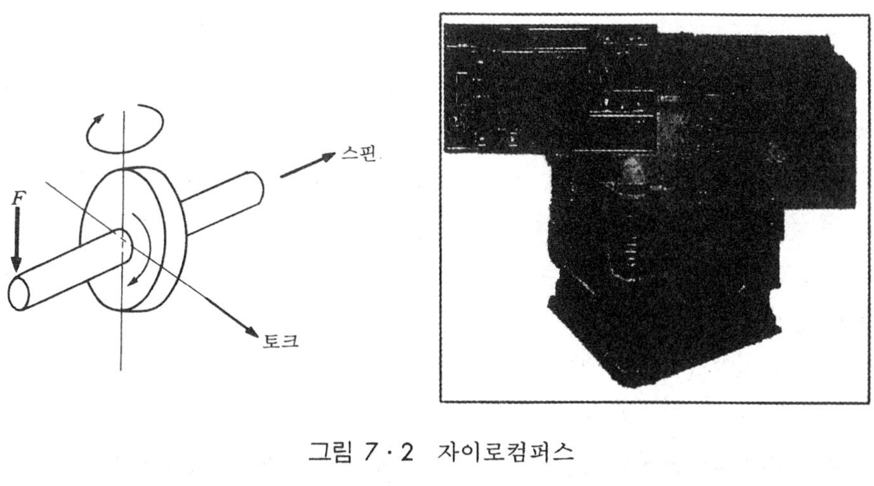

그림 7·2 자이로컴퍼스

recorder) 및 레이더(radar)에 연결시켜 자선의 방위를 지시하는 데에 사용된다. 자이로실은 열이 약간 발생하므로, 배기용 장치를 설치할 필요가 있으면서 성질상 갑판부 사관이 이것을 취급하며, 일반적으로 조타실이나 갑판부 사관의 거실에 가깝게, 그리고 가능한 한 선박의 중심선 부근에다 설치한다.

(1) 자이로컴퍼스의 오차

1) 속도 오차 자이로컴퍼스에는 선박 소재지의 위도와 침로에 따른 오차(북쪽으로부터의 편차)가 생기는데, 이 오차는 자이로컴퍼스의 형식과 구조에 관계없이 이론적으로 표시되는 것이므로 수정될 수 있다. 마스터 컴퍼스에는 이 때문에 속도 오차의 수정 장치가 있어, 선박의 속도가 위도를 조정하여 침로 오차를 수정하게 된다. 속도 오차는 다음 식으로 표시가 된다.

$$\delta = \frac{V\cos C}{R\Omega\cos\psi}$$

여기서 V = 선박의 속도,
C = 침로,
R = 지구의 반지름,
Ω = 지구의 자전 각속도,
ψ = 위도

2) 위도 오차 스페리식(Sperry style) 자이로컴퍼스에도 위도 오차가 생기지만, 이 장치에는 감쇠 장치를 설치해 두었기 때문에 위도의 탄젠트(tangent)에 비례해서 생기는 오차를 미리 계산하여 마스터 컴퍼스상에 배치된 수정 장치로 오차를 수정할 수 있다. 속도 오차와 위도 오차의 수정은 속도와 위도의 변화에 따라 수정을 할 필요가 없고, 속도가 3 kt이고 위도가 3도인 변화에 대해 수정이 가능해야 한다.

3) 가속도 오차 선박이 큰 각도로 변침을 하는 때 속도를 변경하는 경우에는, 자이로컴퍼스에 가속도가 발생하여서 다소의 오차가 생기게 된다. 이것이 **가속도 오차**이다. 스페리식 자이로컴퍼스에서는 가속도가 가해지면 수은의 이동 때문에 오차가 생긴다. 즉, 위도가 34 도인 부근에서 선박이 남북향인 침로를 15 kt로 항해 중에 180 도로 변침을 한 경우, 가속도 오차는 0.8 도 정도가 되므로, 위도가 높아질수록 오차는 더 커진다.

(2) 자이로컴퍼스의 성능

스페리식(Sperry style)과 북신(北辰) 플레드식(Plath style) 및 브라운식(Brown style) 자이로 컴퍼스의 성능은 다음과 같다.

1) 스페리식 자이로컴퍼스의 성능 ① 자이로용 전원 : AC 50V와 3ψ 및 210 Hz, ② 자

이로 회전수: 약 6000 rpm, ③ 시동으로부터 정상 상태에 달할 때까지의 시간: 4시간, ④ 자이로 감쇠 계수: 30%, ⑤ 리피터 모터의 회전: 1회전시 2도와 1스텝시 1/6도, ⑥ 발전기의 회전: 1회전시 4도, ⑦ 추종 속도: 1선회시 1″, ⑧ 정도: ±0.2도, ⑨ 동요에 대한 자유도: 횡요 약 ±30도와 종요 약 ±20도.

2) 북신 플레드식 자이로컴퍼스의 성능 ① 자이로용 전원: AC 12V와 3ϕ 및 333 Hz, ② 자이로 회전수: 약 2000 rpm, ③ 시동으로부터 정상 상태에 달할 때까지의 시간: 4시간, ④ 자이로 감쇠 계수: 30%, ⑤ 리피터 모터의 회전: 세리신(sericin)의 1회전시 1도, ⑥ 추종 속도: 1선회시 40″, ⑦ 정도: ±0.1도.

3) 브라운식 자이로컴퍼스의 성능 ① 자이로용 전원: AC 70V와 3ϕ 및 266 Hz, ② 자이로 회전수: 약 14,000 rpm, ③ 시동으로부터 정상 상태에 달할 때까지의 시간: 4시간, ④ 자이로 감쇠 계수: 30%, ⑤ 리피터 모터의 회전: 1회전시 0.75도와 1스텝 1/6도, ⑥ 발전기의 회전: 1회전시 2.5도, ⑦ 추종 속도: 1선회시 15″, ⑧ 정도: ±0.3도, ⑨ 동요에 대한 자유도 : 횡요 약 ±45도와 종요 약 ±45도.

7.2.2 선속 지시기

[1] 전자 로그(electromagnetic log)

전자 로그는 자계(磁界) 중에서 운동하는 도체에 그 속력에 비례하는 기전력이 생긴다는 패러데이(Faraday)의 전자 유도 법칙을 이용한 것이다. 자계의 방향과 기전력의 방향을 서로 같게 하여 직각 관계에 놓을 때, 트랜스듀서(transducer)를 선저에 돌출시켜 선속에 비례하는 기전력을 측정하게 된다. 기전력은

$$E = d \cdot B \cdot V \times 10^{-8} \text{ (volt)}$$

여기서 d : 전자간의 거리(cm), B : 자속밀도(Gauss), V : 선속(cm/sec)로 표시가 되는데, 해수의 전도도나 온도의 영향을 받지 않는다.

[2] 도플러 로그(Doppler log)

일반적으로 어떤 물체로부터 발사된 음파나 전파가 다른 물체에 반사되어 되돌아올 경우, 물체 사이에 상대 속도가 있다면 발사 주파수와 수신 주파수 사이에는 주파수의 차이가 생기는데, 물체가 멀어질 경우 수신 주파수는 발사 주파수에 비해 낮아지는 반면에 가까워질 경우에는 높아진다. 이러한 현상이 **도플러 효과**로서, 대수의 측정 장치에 이 원리를 적용한 것이 **도플러 로그**이고, 대지의 속도 장치에 적용된 것이 **도플러 소나**(Doppler sonar)이다.

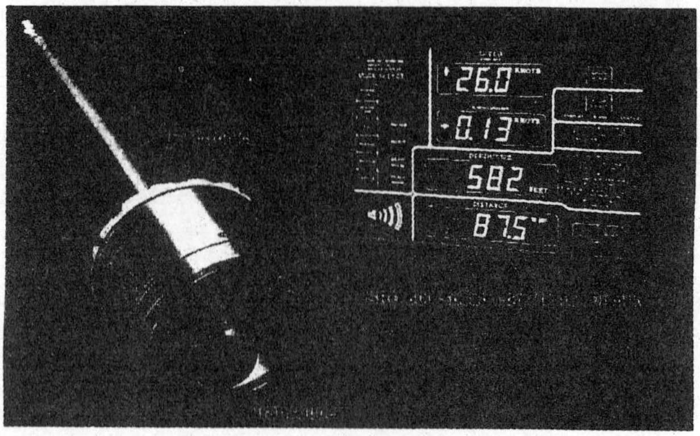

그림 7·3 도플러 소나

측정 원리는 그림 7·3과 같이 송파기, 수파기가 선저를 향하여 초음파를 발사하면, 송파기, 수파기는 해저면이나 일정 깊이의 수괴(water mass; plankton etc.)로부터 반사파를 받고, 여기서 음파가 발사되어 해저면이나 수괴에 도달할 때까지는 송파기, 수파기가 운동체인 역할을 한다. 반사파가 되돌아올 때는 송파기, 수파기가 정지체인 역할을 하면서 해저면이나 수괴가 운동체가 된다. 즉, 송파기, 수파기로부터 발사된 음파가 반사되어 되돌아올 때는 $2\times\Delta f$인 주파수 편차를 갖고서, 속력 $V=\frac{2\times\Delta f}{K}$인 항정은 $D=\int V\cdot dt$인 원리로서 구하게 된다. 해저면에서는 반사파를 이용하여 대지 속도를 측정하는데, 수괴에 의한 반사파가 대수 속도가 된다. 일반적으로 150 m까지는 대지 속도가 되고 그리고 그 후로부터 대수 속도가 계측이 된다.

도플러 로그의 센서(sensor)를 설치할 때에는 다음과 같은 사항에 주의해야만 한다.

① 감지기(sensor)는 건조 수선(construction water line : CWL)과 평행하게 설치해야만 한다. 불가피할 경우에는 양(+)의 각(positive angle)이 허용된다.

② 능동적인 소음의 근원(active noise source)이 있는 곳은 회피해야만 한다[주기(main engine), 발전기(generator), 펌프(pump), 기타].

③ 선수파(bow wave)에 의한 거품의 영향을 받지 않는 선수쪽으로 설치해야만 한다. 거품에 의해 전파가 산란되면서 송신·수신에 영향을 주게 된다.

7.2.3 레이더와 ARPA

[1] 개 요

우리가 메아리로부터 경험을 할 수 있는 것처럼, 전파는 목표 물체(특히, 금속체에 대해서 강하다)에 이르러서는 반사가 되어 되돌아오는 성질과, 탐조등으로부터 광속을 얻을 수 있는 것처럼 다발(bunch)에 의해 일정 방향으로 직진시킬 수도 있으면서 일정 속도로 진행시킬 수 있는 성질을 갖고 있다. 특히, 이것은 음파와는 달라 대기 중의 온도나 기압에 의해 속도가 변하는 성질이 없기 때문에, 천후(weather)에 좌우되지 않으면서 2.9777×10^{10} cm/sec 인 속도로 공기 중을 진행하게 된다. 따라서, 1 μs (microsecond : 1 μs는 백만분의 1초)간에 전파는 약 300 m를 진행하므로, 결국 150 m 거리를 왕복 운동하는 시간이 1 μs이다.

레이더(RADAR)란 'Radio Detection And Ranging'의 머리 글자를 사용한 것으로서, 위에서 기술한 전파의 성질을 이용하여 물표(surface)를 탐지하면서 그 방향과 거리를 계측하는 계기인데, 선박용으로 주로 사용되고 있는 것은 파장에 의해 분류하면 표 7·1과 같이 S-BAND와 X-BAND가 있다.

표 7·1 파장에 의한 레이더의 분류

BAND	파장(cm)	탐지 거리	거리와 방위 분해능
S	10	원 거 리	낮 음
C	5	S와 X의 중간 정도	S와 X의 중간 정도
X	3	근 거 리	높 음
Q	0.9	단 거 리	극히 높음

[2] 구성과 이론

선박용 레이더는 일반적으로 공중선, 송신기·수신기, 지시기 및 전원 장치로 구성된 3유닛(unit) 방식과 송신기·수신기를 공중선에 포함시킨 2유닛 방식이 있다.

(1) 안테나(antenna)

송신기에서 보내어진 전파를 공중으로 쏴 물체에서 반사되어 되돌아오는 전파를 받아들여 전기적 신호로 바꾸는 장치이다.

(2) 송신기·수신기

마그네트론(magnetron)이라는 진공관에 수천 볼트의 고압을 가하면, 마그네트론의 내부에서는 전자를 고속으로 회전시켜서 발생이 된 마이크로파(microwave)를 안테나로 보내는 역할을 하는데, 이것이 **송신기**인 반면에 물체로부터 반사가 된 미약한 전파를 증폭시켜서 지시기 내부의 신호 처리기로 보내는 역할을 하는 것이 **수신기**이다.

(3) 지시기와 전원 장치

지시기는 보통 PPI(Plan Position Indicator) 검사기인 원형 진공관에 화면 표시를 하는데, 이 진공관의 안쪽에는 형광 물질을 칠해 놓았기 때문에 물체가 있는 위치에 발사

된 전자가 충돌하면, 약한 황광색을 내면서 수초 동안 지속이 되어 화면상에서 관측할 수 있게 된다. 최근, 이런 방법으로는 물체로부터 반사되어 온 아날로그(analog) 신호를 디지털(digital) 신호로 바꾸면서 TV 감시 장치용 음극선 관(CRT : cathode ray tube)에 영상을 표시하는 래스터 스캔(raster scan) 방식이 개발되어 보편화되고 있는 추세이다.

(4) 영상 표시 방식

① RM 레이더는 Relative Motion RADAR(상대 운동 표시)의 약자로서 모선을 중심으로 주위의 물체가 움직이고 있다는 것을 표시하는 방식이다.

② TM 레이더는 True Motion RADAR(참운동 표시)의 약자로서 모선이 이동하는 거리와 방향만큼 화면상에 움직임이 표시되는데, 고정 물체에 관해서는 항상 일정한 위치에 표시되게 하는 방식이다. 이 때 선박의 이동에 따른 거리와 방위 신호는 선속계(speed log)와 자이로컴퍼스(gyro compass)로부터 자료를 얻는다. 이 레이더는 상대 선박 등 움직이는 물체의 속도와 방위를 산출하는데 유용하게 사용된다.

(5) 기능과 레이더의 기본 특성

1) 거리 분해능 이것은 송신 펄스폭인 Z와 표시기상의 점(spot)의 크기로서 정하게 된다. 전파는 1(μs)에 150Z(m)를 왕복하기 때문에 송신 펄스폭이 Z(μs) 이면, 전파는 Z(μs) 사이에 150Z(m)를 왕복하는 것이 된다. 예로서, 전파의 진행 방향에 150 m 떨어진 2개의 물체가 있을 경우, 펄스폭이 1인 전파를 복사하면, 물체 1로부터 반사가 끝나자 곧이어 물체 2로부터의 반사파가 겹쳐져 식별할 수 없게 된다. 그래서 거리 R가 150 m 이상 떨어진 물체라야만 식별이 가능하므로, 펄스폭이 Z(μs)일 경우 분해능 R는 150Z(m)가 된다.

2) 방위 분해능과 방위 확대 효과 수평빔(water level beam)의 폭을 A라 하면, 그 중심선 C와 D에서 송신빔은 물체를 포착하기 시작하면서 그 영상은 표시기상에 C에서 D까지 표시가 된다. 그런데 실제의 폭인 B의 물체는 표시기상에서는 폭 E와 같이 수평빔의 폭의 1/2 만큼 확대가 되어 표시되는데, 이러한 현상을 **방위 확대 효과**라고 한다. 일반적으로 선박용 레이더에서는 수평빔의 폭을 2~5도 정도로 취하고 있다.

3) 최소 탐지 거리 근접하는 물체를 표시기상에 표시 가능한 최소 거리를 말하는데, 이 거리 R는 펄스폭 Z에 의해 $R=150\times Z$(m)로 결정된다. 즉, 펄스폭이 짧을수록, 그리고 반사 전파의 수직빔의 폭이 클수록 가까운 물체의 탐지가 용이해진다. 그러나 펄스폭을 너무 짧게 하거나 수직빔의 폭을 너무 크게 하면, 전파의 세력이 급격히 약해지면서 최대 탐지 거리가 짧아지게 된다. 일반적으로 선박용 레이더는 이들을 적절히 만족하게끔 수직빔의 폭을 15~25도 정도 넓게 취하고 있다.

4) 최대 탐지 거리 레이더 자체의 탐지 능력이 아무리 크더라도 레이더는 지구가 둥글기 때문에 제한된 탐지 거리를 갖는데, 이 거리는 안테나의 높이와 물표의 높이에 따라 $R_{max} = 2.2 \times (\sqrt{A} \times \sqrt{B})$〔N.M〕〔$A$: 안테나의 높이(m), B : 물표의 높이(m)〕이다.

(6) ARPA(자동 레이더 플로팅 보조 장치)

ARPA란 'Automatic RADAR Plotting Aid'의 약자로서 SOLAS의 규정에 의해 10.000톤 이상인 선박에는 의무적으로 설치하도록 되어 있는데, 해상에서의 충돌 방지를 위하여 사용된다. 레이더에 의해 포착된 물표를 자동이나 수동으로 추적하여 그 자료(data ; 물표의 속력, 진행 방향, 자선으로부터의 거리, 방위, CPA, TCPA)를 연속적으로 신속하게 계산해서 표시함으로서, 사전에 충돌을 방지할 수 있도록 하는 장치이다.

(7) 설 치

1) 주사기 유닛(scanner unit) 주사기의 선위(position) 선택시 다음의 사항들이 고려되어야 한다.

① 선수 방향 5~355 도 사이의 구역에서는 환영(shadow) 현상이 없어야만 한다. 즉, 3~355 도 사이의 구역에는 주사기의 수직빔보다 높은 장애물(obstacle)이 없도록 한다. 구조적으로 중심선상에는 높은 장애물(예 : mast, crane etc.)이 존재하기 때문에, 이것을 피할 수 없을 경우 레이더 주사기가 벗어나기도 한다.

② 주사기와 연돌(funnel) 등과 같은 장애물간의 수직 방향의 높이의 차는 수평 거리의 1/20 이상이 되어야만 한다.

③ 주사기 주위의 구조물들은 가능한 한 둥근 형으로 만들어져야 하는데, 사각형의 단면적이나 직각으로 교차하는 구조물들은 가능한 한 배제를 해서 2중상 중의 희미한 효과(ghost effect)를 줄여야 한다.

④ 연돌 근처와 같이, 배기 가스(exhaust gas)가 발생하는 근처에 설치하는 것을 피하는 것이 좋다.

⑤ 특히, ARPA 시스템의 2중상 중의 희미한 효과는 경보를 수반하게 되므로, 사관(officer)으로 하여금 항해에 많은 지장을 초래해서 혼란을 유발시키기 때문에, 2중상 중의 희미한 효과를 최소로 줄이는 방법으로 주사기의 위치를 선정해야 한다.

2) 케이블(cable), 도파관 및 동축 케이블

① 대전력용 케이블(high power cable)은 다른 케이블과 분리하여 설치되어야 한다.

② 모든 케이블은 무전실(radio room)을 통과해서는 안 된다. 무전실에는 강한 전자계가 존재하므로, EMI 현상을 야기시킬 수 있다.

③ 도파관은 최단 거리로 설치하여 손실(loss)을 줄여야만 한다.

7.2.4 선위 측정 시스템

[1] GPS(Global Positioning System)

GPS는 1985년에 미국방성에서 자국의 군사 목적을 위하여 개발한 것으로서, 지구상 어디에서나 기후에 구애받지 않으면서 표준 좌표계에서의 위치, 속도 및 시간 측정을 가능하게 해주는 인공 위성을 이용한 첨단 항법 체계라고 정의하고 있다. GPS를 개발한 초기의 목적은 위의 정의에서 알 수 있듯이 군사적으로 이용하는 것이었는데, 미국회에서는 GPS에 관한 민간 사용의 허가 범위를 확대하게 되면서 널리 보급되어, 지난 10년 동안 GPS를 이용한 기술은 괄목할 만한 성장을 이룩하였다. 여러 민간 단체들 중 무엇보다 GPS의 정밀도를 향상시키는 데 기여한 기관은 국제 GPS 관측망으로, 한국은 1995년 9월에 천문대가 이 기관에 정식으로 등록이 되면서부터 본격적으로 전세계의 GPS에 관한 기술 개발의 대열에 참여하게 되었다.

(1) GPS의 세 가지 영역

1) 우주 부문(space segment) 그림 7·4와 같이 모두 24개의 위성으로 구성이 되고 이들 중 21개가 항법에 사용되는데, 3개의 위성은 예비용으로 배치가 된다. 모든 위성은 고도 20,200 km 상공에서 12시간을 주기로 하여 지구 주위를 돌고 있지만, 궤도면은 지구의 적도면과 55도인 각도를 이루고 있다. 그들 중 6개의 궤도는 60도씩 떨어져 있고, 한 궤도면에는 4개의 위성이 위치하게 된다.

이와 같이 GPS 위성을 지구 궤도상에 배치하는 것은, 지구상의 어느 지점에서도 동

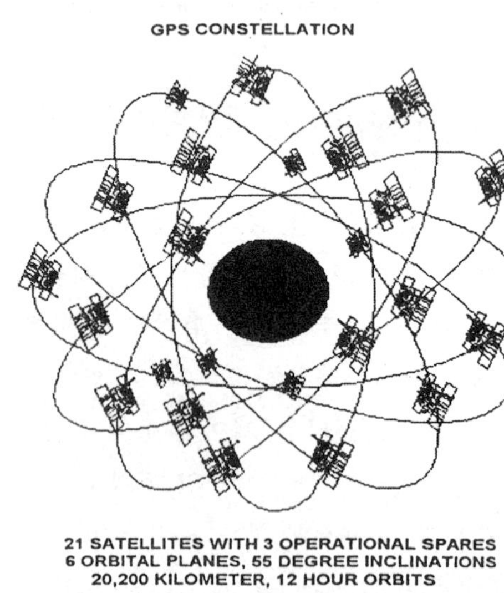

그림 7·4 인공 위성의 배열

시에 5개에서 최대 8개까지의 위성을 볼 수 있게 하기 위함이다. 현재의 GPS 위성들은 미국의 Rockwell사에서 제작이 되고 있는데, 가격은 위성 한 대당 약 4천만 달러이다. 위성을 궤도에 진입시키는 데 드는 발사 비용은 위성 한 대 가격의 약 1/4인 1천만 달러로서, 지금까지 GPS 체계를 유지하는데에 미국방성에서 투자한 금액은 100억 달러 이상이다. 그리고 각 위성은 무게가 900 kg 정도로서 태양 전지판을 완전히 펼쳤을 경우, 폭이 약 5 m로서 그림 7·5와 같다.

2) 관제 부문(control segment)　그림 7·6과 같은 하나의 주관제국(MCS: master control station)과 무인으로 운영이 되고 있는 5개의 부관제국(monitor station)으로 구성이 된다. 주관제국은 미국 콜로라도 스프링의 팰콘 공군기지에 위치해 있고, 부관제국들은 전세계에 나뉘어져 배치되어 있다. 이들 관제국 이외에도 적도면을 따라 일정한 간격으로 위치하고 있는 3개의 지상 안테나를 운영하고 있는데, 유사시에는 주관제국을

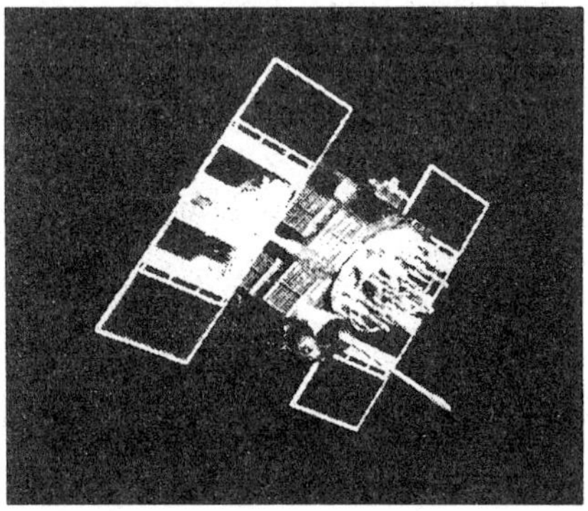

그림 7·5 인공위성

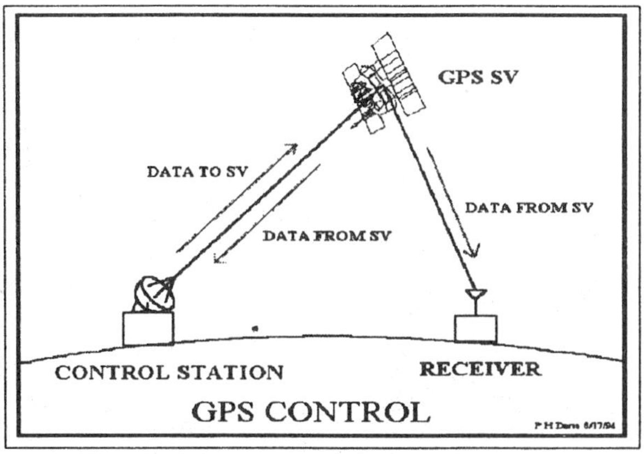

그림 7·6 GPS의 관제

대신할 수 있는 2개의 예비용 주관제국이 있다. 하나는 캘리포니아의 서니 베일에, 다른 하나는 메릴랜드의 락빌에 두고 있다.

무인으로 운영되는 부관제국들은 주어진 시간에 관측할 수 있는 모든 GPS의 위성의 신호를 추적하여, 신호를 저장한 다음 주관제국으로 전송하게 되는데 이 통신 시설이 DSCS(Defense Satellite Communication System)이다.

여러 부관제국에서 보내온 자료들이 주관제국에서 방송 궤도력(broadcast ephemerides)과 위성에 있는 원자 시계 오차(clock-bias)를 추정하는 데 사용되면서, 결과를 주기적으로 GPS 위성으로 전송을 하게 된다.

3) 사용자 부문(user segment) GPS 수신기와 사용자 단체로 구성이 되어 있다. GPS 수신기는 위성으로부터 수신 신호를 처리해서 수신기의 위치와 속도 및 시간을 계산하는 경우, 4개 이상인 위성들을 동시에 관측해야 한다. 그 이유는 3차원 좌표와 시간이 합쳐지면서 4개의 미지수를 결정해야 하기 때문이다. 그리고 GPS 수신기는 현재의 항해, 위치 측량과 시간 보정 등 다양한 분야에 이용되고 있다.

(2) GPS의 기본 원리

GPS가 어떠한 원리로 작동이 되는가를 이해한다는 것은 개념적으로 매우 중요하다. 근본적으로 GPS는 삼각 측량법의 원리를 사용하고 있는데, 전형적인 삼각 측량법에서 알려지지 않은 지점의 위치는 그 점을 제외한 두 각의 크기와 그 사이의 변의 길이를 측정함으로써 결정이 된다. GPS는 그림 7·7과 같이 알고 싶은 점을 사이에 둔 두 변의 길이를 측정함으로써 미지의 점의 위치를 결정하게 된다. 인공 위성으로부터 수신기까지의 거리는 각 위성에서 발생시키는 신호 부호의 발생 시점과 수신 시점의 시간의 차이를 측정한 다음, 여기에 전파의 속도, 즉 빛의 속도를 곱하면 구해진다.

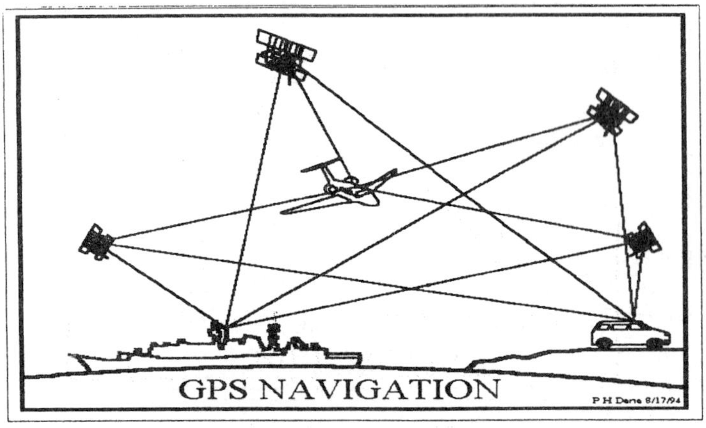

그림 7·7 GPS에 의한 항법

거리=빛의 속도×경과 시간(빛의 속도 ; 30 만km/sec)

실제로 위성의 위치를 통해 수신기의 위치를 결정하기 위해서는 이 거리에 대한 자료 이외에도 위성의 정확한 위치를 알아야만 하는데, 이 위성의 위치를 계산하는데는 GPS 위성으로부터 전송되는 궤도력이 사용된다.

(3) GPS 의 신호

각 위성에서는 두 가지의 다른 주파수인 신호를 동시에 발생하게 되는데, 이들은 L1 인 반송파라는 1.57542 GHz 주파수와 L2 인 반송파라는 1.2276 GHz 주파수인 신호들로 구성이 되어 있다. 이러한 반송파에 중첩이 되는 정보는 PRN(Pseudo-Random Noise) 부호와 항법 메시지(navigation message)로 이루어진다. PRN 부호는 각 위성마다 유일한 값을 갖고 있으면서 서로 다른 2진 부호로서 매우 길고 복잡하기 때문에, 신호 자체만으로는 어떤 의미를 나타내는지 파악할 수 없다.

사실상 PRN 부호는 어떤 정보를 담고 있는 것이 아니라, 그것이 의미하는 바와 같이 (random noise) 어떤 규칙을 통해 구성이 되는 불규칙한 2 진 수열로서, 위성까지의 거리를 측정하는 데에 사용된다. 두 종류인 부호들이 구별되면서 C/A(coarse acquisition) 부호는 민간 신호로서 특별히 허락받지 않은 개인이나 단체에서도 이용할 수 있지만, P 부호(precise code)는 신호에 대한 암호화가 되어 있기 때문에 이용을 하려면 허가를 받아야 한다.

(4) GPS 의 역사

1950 년대 후반과 1960 년대 초기에 미해군은 위성에 기초를 둔 트랜싯(transit) 시스템과 티메이션(timation) 시스템인 두 종류의 측량과 항해용 체계를 마련하였다. 이들 체제들이 1964년부터 가동되기 시작해서 1969 년에 일반에 공개되었지만, 측량과 항해용 체계에 대해 한 형식으로만 자리를 잡았을 뿐 실행에 옮기지는 못했다. 그러나 시스템 621 B에 관한 계획을 미공군에서 착수하게 되면서 1973 년에 미국방 차관이 해군에서 계획했었던 티메이션과 시스템 621 B가 통합을 한 DNSS(Defense Navigation Satellite System)가 출현하게 된 후에, 이것이 Navstar(Navigation System with Timing And Ranging) GPS로 발전되었다. 그래서 위성 항법에 관한 개념을 검증하기 위한 1 단계가 1970 년대에 착수가 되면서 최초로 위성이 제작되어, 여러 종류의 실험이 행해진 후, 1977 년 6 월에 기능을 수행할 수 있는 Navstar 위성이 발사되어 NTS-2(Navigation Technology Satellite 2)라고 불리워졌다.

NTS-2는 단지 7 개월 동안만 운영이 되었지만, 위성에 근거를 둔 항해 이론의 타당성이 입증되어, 1978 년 2 월에 Block I 위성이 발사되었다. 그 후, 1979 년에 2 단계로 전체

규모의 설계와 검증이 행해지면서 9개의 Block I 위성들이 이후 6년 동안 추가로 발사되었다. 3단계로는 1985년 말에 2세대의 형식인 Block II 위성이 제작되기 시작하였다. GPS 신호에 관한 민간 수신은 1983년 소련에 의한 KAL-007기의 격추 사건을 계기로 해서, 1984년에 레이건 대통령이 공식적으로 이들 사용을 허용한다고 선언하였다.

(5) GPS의 정밀도

GPS에 의해 제공되는 측량과 항법의 정밀도는 사용하는 신호와 자료 처리 방법에 따라 천차만별이지만, 신호 부호를 이용할 경우, 그림 7·8과 같이 C/A 코드와 P 코드들 중 어느 것을 사용하느냐에 따라 다음과 같이 두 가지로 구별된다.

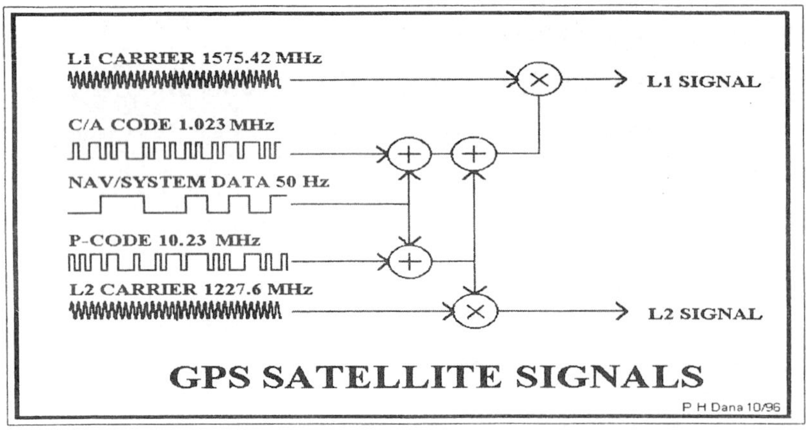

그림 7·8 GPS 위성 신호

1) Standard Positioning System(SPS) 민간 이용자들은 SPS를 제한없이 무료로 수신할 수 있는데, 대부분의 수신기는 SPS의 신호를 받을 수 있지만, SPS의 정밀도는 미국방성이 정책적으로 제한하며 수평 100 m, 수직 150 m 및 시간 167×10^{-19}초(nanosecond)인 95% 정밀도 내의 오차를 내는 정도를 갖는다.

2) Precise Positioning System(PPS) 암호 해독 장치 사용을 허가받은 사용자용으로, 특별히 고안된 수신기만이 PPS를 수신할 수 있다. 미군과 연합군, 일부 미국 정부 기관 및 기타 미정부로부터 택해진 민간 사용자들이 그 대상인데, PPS를 사용할 경우 정밀도는 수평 22 m, 27.7 m 및 시간 100×10^{-19}초인 정도이다.

(6) DGPS

C/A 코드 하나만을 사용했을 경우, 10~30 m 이상의 정밀도를 갖고서 위치를 결정한다는 것은 현실적으로 불가능하다. 이 이유는 수신기가 결정하게 되는 위성까지의 거리에 관한 자료들이 여러 가지의 오차 요인에 의해 복합적으로 영향을 미치기 때문이다.

특히, 미국방성이 고의로 민간 GPS 이용의 정밀도를 저하시키기 위한 SA(selective availability)가 시행 중일 경우에는 정밀도가 이보다 더 떨어져서, 단독 작동을 시킨 수신기 자체가 계산을 한 위치에 관해 정보가 맞는지 틀렸는지를 판단할 수 있는 방법은 없다.

만약, 어떤 제 2 의 장치가 수신기 근처에 존재하면서 현재 수신을 받는 자료가 얼마만큼 빗나간 양이라는 것을 수신기에게 알려줄 수 있다면, 위치 결정의 오차를 극소화시킬 수가 있는데, 바로 이러한 방법이 Differential GPS 또는 DGPS 라는 기술이다.

(7) DGPS 가 필요한 이유

GPS 는 현재까지 개발된 전파에 기초를 둔 항법 체계들 중 가장 정확한 정보를 제공하기 때문에, 실제로 많은 응용 분야는 현재와 같은 기본적인 GPS만으로도 충분한 정밀도를 제공하기는 하지만, 좀더 향상이 된 정확도를 갖춘 체계를 마련하기 위해서 Differential GPS인 방법이 고안되었다. DGPS 체계는 기본 GPS에서 발생되는 여러 가지의 오차 요인을 제거함으로써 움직이는 물체에 대해 수 m, 그리고 정지하고 있는 대상은 1 m 이내의 정확도를 갖는다. 기본 GPS 에 비해 괄목할 만한 정도의 정밀도를 제공하는 DGPS 는 선박이나 비행기의 항법에 사용될 뿐만 아니라, 자동차와 정밀성이 요구되는 분야에 응용이 되고 있다.

(8) 작동원리

DGPS는 그림 7·9 와 같이 2 개의 GPS 수신기를 필요로 하는데, 한 수신기는 정지해 있는(stationary) 반면에 다른 하나는 이동(moving)을 하면서 위치를 측정한다. 정지한 수신기는 바로 DGPS의 개념에서 핵심이 되므로, 실제 위성을 이용해서 측정을 한 측정값과 이미 정밀하게 측정이 된 실제값과의 차이를 계산한다.

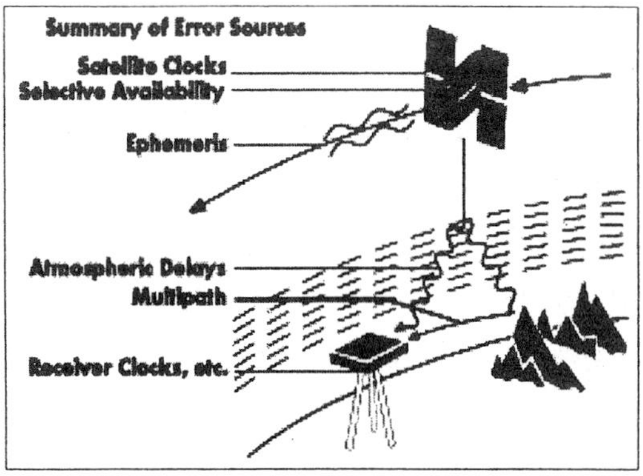

그림 7·9 GPS의 작동 원리

(9) 오차의 발생

GPS 수신기는 4개 이상인 위성으로부터 시각 정보를 담은 신호를 수신하여 위치 측정에 이용한다. 신호가 위성으로부터 수신기까지 다다르는 동안에 발생하는 여러 가지의 오차 때문에 정확도가 떨어지게 되고, 각 위성의 신호도 오차를 포함하므로, 이들을 이용하여 계산한 위치 정보도 오차를 수반하기 마련이다.

(10) 동일한 오차 조건

인공 위성은 지표면으로부터 상당히 먼 거리에 위치하기 때문에, 지표상에서 선박이 이동하는 거리는 상대적으로 짧다. 그림 7·10 에서와 같이, 두 수신기가 수백 km 이내의 거리에 있다면, 위성의 신호는 거의 같은 경로를 통해 수신기까지 도달하게 되면서 동일한 오차를 수반하게 된다. 결국, 2개의 수신기는 똑같은 조건하에 놓이게 된다.

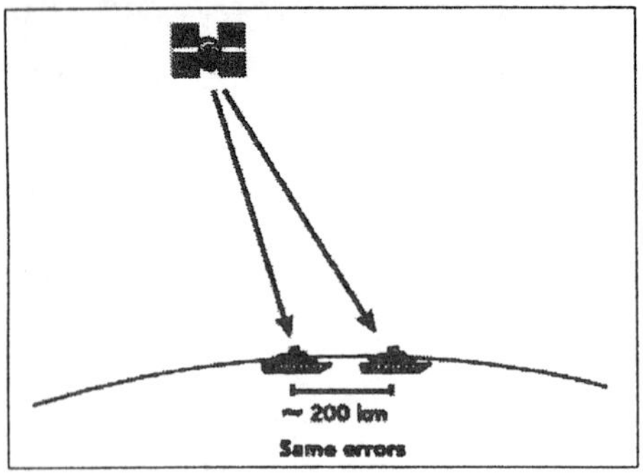

그림 7·10

(11) 기준점에서의 오차 측정

만약, 자신의 정확한 위치를 알고 있는 수신기를 갖고, 위성으로부터 계산이 된 값과 비교하면서 오차를 계산하여 다른 수신기에 전달할 수만 있다면, 신호의 경로에 의해 수반되는 오차를 제거할 수 있게 된다. 이러한 오차들의 상쇄 효과는 비단 신호 경로에 의해 비롯되는 오차뿐만 아니라, 미국방성이 정밀도의 저하를 위해 고의로 실시하는 SA까지도 극복할 수 있게 된다.

(12) 기준점에서 오차 측정의 원리

일반적으로 그림 7·11 과 같이, 위치가 정확하게 알려진 지점에 기준 수신기가 배치되면서 움직이는 수신기와 동일하게 위성 신호를 받으면, 일반 수신기와는 다른 방식으로 계산—역으로 방정식을 거슬러 올라가는—을 수행하게 된다. 즉, 위성의 신호로부터 위치를 계산하는 대신에, 이미 정확하게 알려진 그 지점의 위치를 이용하여 신호값을 추정해서 이것을 수신한 신호의 값과 비교한다. 바로 이와 같은 차이가 보정값인데, 기준 수신기로부터 움직이는 수신기에 전송하면, 이 보정값을 이용해서 자체 위치값을 수정하

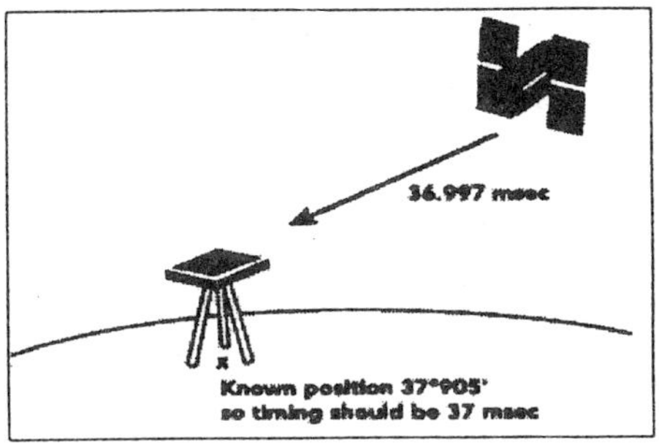

그림 7 · 11

게 된다.

(13) 기준점을 이용할 수 있는 모든 위성에 대한 보정값의 계산

이동 중인 수신기가 위치를 계산하는데에 어떤 위성을 사용할지는 기준국에서 알 수가 없으므로, 기준 수신기는 가능한 한 모든 위성 신호를 받으면서 각 위성의 보정값을 계산하여 이들 값들을 표준 형식으로 전환시킨 다음, 이동 중인 수신기에 전송을 한다.

(14) 후처리(post processing) DGPS

DGPS의 모든 응용 분야에서는 실시간으로 정밀하게 위치 측정을 행하는 것은 아니다. 이를테면, 새로 건설이 된 도로가 지도에 삽입될 때는 먼저 관측이 행해지는데, 이때 저장이 된 측량 자료들을 후처리로 하면서 위치를 계산하는 경우도 있다. 이동하는 수신기는 위성 신호의 수신 자료와 시간만을 저장하면서, 동시에 기준국은 보정값들을 계산해서 저장을 하는데, 측량이 종료가 된 후 자료는 보정값을 이용해서 그림 7 · 12 와 같이 후처리를 시키면, 정밀한 위치에 대한 정보를 얻을 수 있다. 이럴 경우, 기준 수신기와 이동 수신기간에 전파를 이용한 연결(radio link)이 필요하지 않는 반면에, 근처에서 직접적으로 보정값을 받을 수 있는 기지국이 없어도 위치 정보 획득이 가능하다.. 현재에는 인터넷을 이용한 보정값에 대한 전송 방법이 활발하게 연구되고 있다.

1) 인버티드(inverted) DGPS 버스 회사를 운영하고 있는 곳에서 매순간마다 그 회사 소속의 버스들의 위치를 비교적 정확하게 알고 싶은 경우, 가장 쉬운 방법은 각 버스마

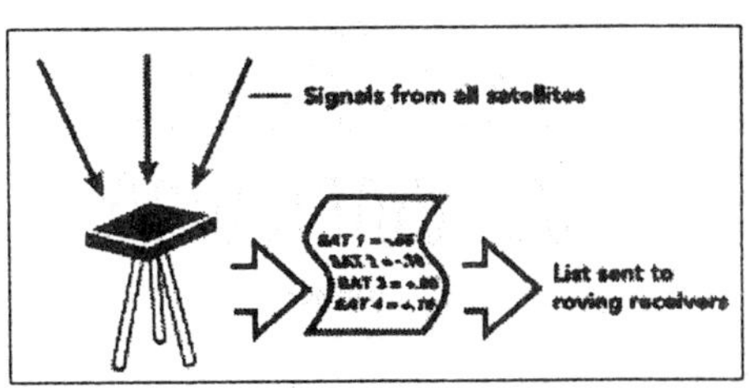

그림 7 · 12

다 DGPS 수신기를 장착하여 매순간에 자신의 정확한 위치 정보를 관리국에 전송하면 된다. 그러나 DGPS를 사용할 수 있는 수신기의 단가가 매우 비싸기 때문에 전차량에 설치하는데는 많은 비용이 소요되므로, 저렴한 방법으로 이런 체계를 가능하게 하기 위해 고안된 방법이 인버티드 DGPS이다.

각 차량에는 일반적인 형식의 GPS 수신기를 장착해서 매순간에 각 차량이 자신의 위치에 관한 정보를 관리국에 전송하게 된다. 관리국에서는 DGPS에서 기준이 되는 수신기가 설치되어 있으면, 각 버스로부터 전송이 된 위치 자료를 보정하면서 보정된 각 버스들의 정확한 위치 정보를 지도에 표시하게 된다. 이런 체계를 구축하는데는 차량의 수만큼의 일반적인 형식의 수신기, 차량에서 관리국까지의 전송 시스템과 1대의 기준 수신기 및 보정값의 계산용 컴퓨터들이 필요하므로, 모든 차량에 DGPS 수신기를 장착하는 것보다는 훨씬 저렴해진다.

측지 분야에서도 사람들은 수년 전부터 GPS를 이용해서 위치를 측정해 왔다. 즉, 한 점의 위치를 mm 정밀도로서 상대 측지를 할 수 있다. 그 이유는 간섭계(interferometry)의 원리를 GPS 에 적용했기 때문이지만, DGPS에서와 같이 여러 수신기를 사용하는 경우, 일반 사용자들이 사용하는 것과는 달리 고가인 수신 장비를 이용해서 장시간 동안의 측량이 요구된다. 그리고 측지가(land surveger)들이 사용하는 이러한 기술들은 일반 사용자들이 구현하기에는 다소 무리가 가는 전문적인 문제이겠지만, 현재는 보통 GPS 수신기에도 이러한 기술들이 서서히 적용되고 있다.

2) 반송파 위상 GPS(carrier-phase)　이와 같은 GPS의 응용 분야는 일반인들이 사용하는 부호 위상식(code-phase style)인 GPS보다 정밀도가 매우 높은 반면에, 장시간의 측정이 필요하면서 특별한 소프트웨어가 필요하다는 단점이 있다.

3) 부호 위상과 반송파 위상의 비교　부호 위상이나 반송파 위상은 그림 7·13 과 그림 7·14 와 같이 타이밍(timing) 측정을 하기 위해 사용하는 신호 용어인데, 반송파 위상의 파장이 짧아서 위치의 정밀한 측정이 가능하기 때문에, 일반적인 GPS 수신기가 의사 랜덤 부호(pseudo random code)를 발생시키면, 이것을 수신한 위성 신호와 비교함으로

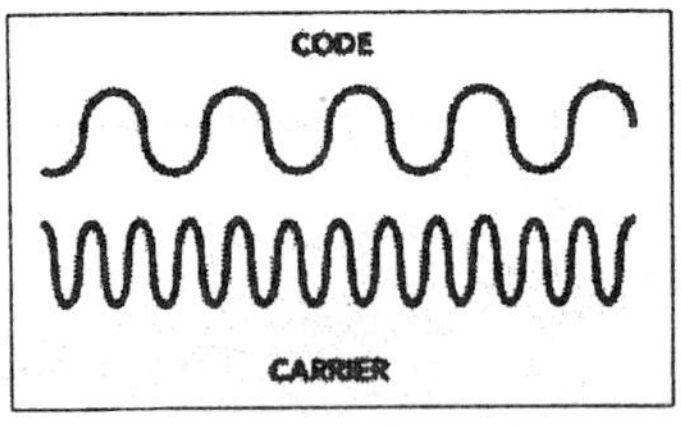

그림 7·13

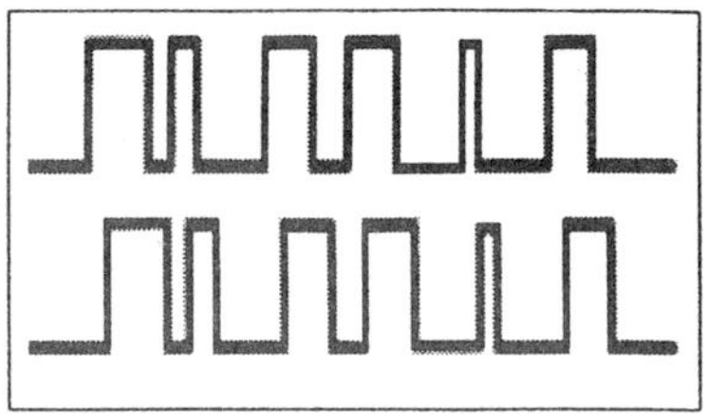

그림 7 · 14

써 전달 시간을 측정하게 한다.

그리고 위성으로부터 받은 신호를 이동시키면, 수신기 신호와 겹쳐지는가를 측정하여 신호가 전달되는 시간을 계산할 수 있게 된다. 그러나 의사 랜덤 부호의 분해능(resolution)이 약 1/1000 초이기 때문에, 이것을 거리로 환산할 경우 약 300 m인 오차를 유발시킨다. 실제로 성능이 좋은 수신기들은 이보다 좀더 작은 오차로서 의사 거리(pseudo-range)를 계산하면, 약 3~6 m인 오차 범위를 갖는다. 그래서 측지 학자들은 이런 문제점을 의사 랜덤 부호 대신에, 반송파의 위상으로 측정하여 해결을 하였다.

그림 7 · 15 와 같이 반송파의 진동수는 부호보다 높기 때문에(파장이 짧기 때문에) 의사 거리를 정확히 측정할 수 있도록 도와 준다. 실제로 의사 부호 코드는 1 MHz 인 신호인 반면에, 반송파는 GHz로서 그것의 1000 배인 조밀한 단위이어서 빛의 속도(300,000 km/s)를 이용해서 반송파의 파장을 계산하면 약 20 cm 정도이지만, 만약 수신기가 한 파장의 1 %까지를 감지할 수 있다면, 의사 거리의 정밀도는 3~4 mm 까지 높일 수 있다.

반송파를 이용하는 방법으로는 위성과 수신기간에 존재하는 반송파의 파장의 개수를 알아야 한다. 반송파에서는 모든 파장의 파형이 고르기 때문에 파장의 개수를 세기가 까다롭지만, 의사 랜덤 코드는 각 비트가 불규칙해서 쉽게 수신기가 신호의 어느 부분을 감지하고 있는지를 판단할 수 있으므로, 반송파의 신호 개수를 세는 경우에 의사 랜덤 코드를 사용하기도 한다. 만약, 수신기가 의사 랜덤 코드를 사용해서 1 m 까지를 결정할

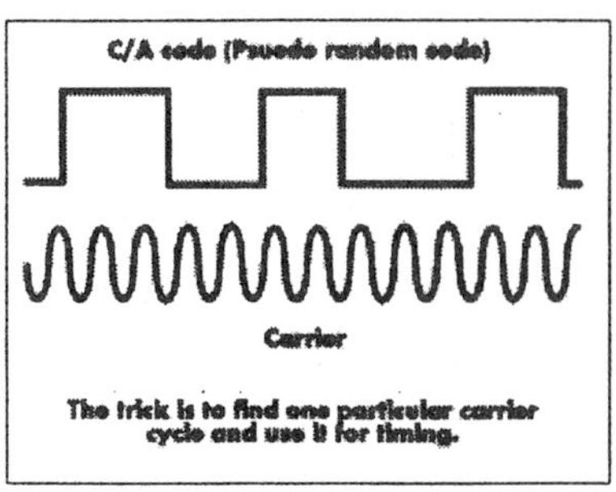

그림 7 · 15

수 있다는 것은, 1m 안에서 반송파의 파장이 몇 개가 존재하기 때문이다. 이처럼, 처음 몇 개의 반송파 안에 존재하는 위상의 개수를 결정하는 것이 모정수 결정(ambiguity resolution)인데, 수신기 안에 들어가는 소프트웨어의 발달에 따라 이러한 작업이 매우 손쉬워지고 있다.

7.2.5 음향 측심기(Echo sounder)

[1] 개 요

수심을 측정하는 것을 **측심의**라고 하는데, 오래 전부터 수용 측연구(hand lead)가 사용되어 왔다. 그러나 수용 측연은 줄의 길이를 이용한 수심 측정기이므로, 줄이 수직이 되지 않으면 정확한 수심을 측정할 수 없다. 이러한 결점을 보완하여 Kelvin식 측심의와 전동 측심의가 출현했지만, 현재는 음향 측심기가 널리 사용되고 있다.

[2] 수용 측연구(hand lead)

수용 측연구는 가장 단순한 측심구로서, 물의 깊이에 따라 경측연과 중측연의 2종류가 사용되고 있다.

(1) 경측연은 납으로 된 육각형인 추 모양을 하고 있는데, 상부에는 측심줄(leadline)을 묶기 위한 쇠고리가 있고, 하부에는 움푹 패인 구멍(hole)이 있어서 여기에 동물의 기름을 발라두면, 이것을 통해 해저의 물질의 종류를 알 수 있게 되어 있다. 측연(lead)의 무게는 측심하는 장소와 선형에 따라 보통 3kg, 5kg, 6kg 및 7kg 의 4종류가 사용되고 있지만, 길이에 따라서는 30m, 50m, 60m 및 80m들이 가장 많이 사용되고 있다. 측심줄의 움직임은 해저면의 굴곡 상태를 표시하는 반면에, 측연 바닥의 구멍의 기름에 붙어 나오는 물질은 해저면의 물질들의 상태를 나타낸다.

(2) 중측연은 해저 200m까지인 심해를 측심할 때 사용되는 것으로서, 13kg의 측연에 150~250m인 측심줄을 붙여서 사용하고 있다.

[3] 음향 측심기

음파의 수중 전파 속도는 엄밀하게 염분, 온도 및 깊이 등에 따라 다소 차이가 있는데, 통상 1500m/sec이므로 선저의 송파기로부터 해저를 향해 음파를 발사해서 그 음파가 해저로부터 반사되어 되돌아온 전파를 수파기에서 수신하기까지 걸린 시간을 측정하면, 다음과 같은 식으로 선저에서 해저까지의 거리가 구해진다.

$$D_s = 1500 \times t/2\ (\mathrm{m})\ \ (t : \mathrm{time})$$

$$D_w = (1500 \times t/2) + d\ (\mathrm{m})$$

음파가 해수층을 전파할 때는 확산이 되거나 해수와 미생물 등에 흡수되기도 하는 등의 감쇠가 생기지만, 이 감쇠는 동일한 음파에서도 장소에 따라 차이가 있어서 주파수가 높아질수록 감쇠가 커지므로, 심해 측정을 목적으로 하는 음향 측심기는 주파수가 낮은 음파를 사용하게 된다. 전파 도중에 기포가 발생하면, 음파는 사방으로 반사하게 되어 감쇠 현상이 현저해진다. 음파가 해저에 도달하면 그 일부는 반사가 되면서 나머지는 흡수가 되는 한편, 해저면의 상태에 따라 반사의 정도가 달라지므로, 기록지에 표시된 색의 정도에 의해서도 해저의 대략적인 상태를 알 수 있다.

음파의 지향성에서 가청 음파는 사방으로 확산되는 데에 비해 초음파는 어느 일정한 방향으로만 전파시킬 수 있는데, 주파수가 높아질수록 지향 특성이 예민해지면서 그 특성이 작동하는 방향에 의해 결정이 되어 음압의 반감각으로 표시되므로, 측심용은 10~30도이면서 어탐용은 30~80도 정도이다.

(1) 음파 발생 방법

1) 압전기 현상에 의한 방식 　수정(crystal)의 압전기 현상을 이용해서 초음파를 발생시켜 되돌아온 초음파를 전기 신호로 바꾸는 방식으로서 현재는 사용되지 않는다.

2) 자왜(magnetostrictive) 현상에 의한 방식 　철, 니켈, 코발트나 이들의 합금은 자장을 변화시키면 비틀림 현상이 생기는데, 철은 늘어나는 대신에 니켈은 줄어들게 되지만, 반대로 자장 중에서 어떤 금속에 비틀림 현상을 발생시키면 자화 상태는 변화하게 된다. 이와 같은 현상이 **자왜 현상**인데, 이것을 이용해서 진동 정류를 초음파로 변화시키게 되면, 초음파를 신호 전류로 변화시킬 수 있다. 자왜 현상을 일으키는 금속들 중에서 음향 측심에 적합한 것으로는 순수한 니켈과 페라이트(ferrite) 등으로서, 비교적 작은 주파수인 초음파를 발생시킬 때 사용이 된다.

3) 전왜(total distortion) 현상에 의한 방식 　이 방식은 압전기 현상과 비슷한데 티탄바륨(titanium barium)의 자기 등에 전기 변화를 주면 비틀림 현상이 생기고, 또 반대로 비틀림을 주면 전기 변위가 발생하는데, 이런 현상이 **전왜 현상**으로서 주파수가 높은 초음파를 발생시키는 데에 사용이 된다.

7.2.6 전자동 항법 시스템(Total navigation system)

세계 경제 규모가 나날이 확대됨에 따라 해상 수송에 의존하는 물량의 증가는 선박의 대형화와 고속화를 초래하면서 항만 부근에서의 해상 교통량이 폭증하여 해난 사고율의 증가와 해양 오염도의 비중이 한층 더 커지게 되었다. 이러한 변화에 대처하기 위해 세계 각국에서는 그림 7·16과 같은 데이터 브리지(data bridge), 자동 제어 브리지 (au-

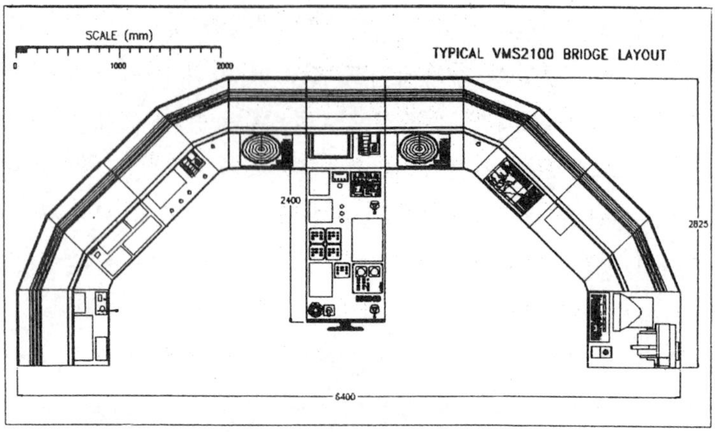

그림 7·16 함교의 한 예

tomatic control bridge) 및 전자동 항법 제어 시스템(total navigation control system) 등의 도입으로 인간 공학과 시스템 공학적 입장에서 항법을 재조명하면서 자동 항법을 위한 새로운 선교의 형태가 모색되고 있는데, 그 기능을 대별하면 다음과 같다.

[1] 선위 결정 시스템

이것은 본선의 침로와 속도 정보에 기인한 추정 위치와 각종 항법 장치에 의한 선위 및 오차의 한계를 계산하면서 종합을 해서, 정확한 위치와 오차의 한계를 계산해내는 시스템이다.

[2] 항해 계획 시스템

이것은 예상되는 항로의 해도 정보와 변화가 된 항로상에서의 침로 유지를 자기 테이프나 컴퓨터 하드 디스크상에 기록하면서 이들을 입력, 출력시키는 시스템이다.

[3] 자동 조선 시스템

항해 계획 시스템에서 준비가 된 설정 항로를 따라 선박을 운항시키는 시스템인데, 재래의 자동 조타 장치(auto-pilot)와 같이 단순한 침로 유지에만 그치는 것이 아니라, 본선의 위치도 확인한다. 본선이 설정 항로를 이탈하게 되면, 계획된 항로로 되돌릴 수 있게 타각을 최적으로 제어를 하는 기능도 가지고 있다. 물론, 여기에서 최적 타각 제어란 조류의 영향과 적하 상태의 변화 때문에 생기는 선체 운동 특성의 변화를 고려한다는 것을 뜻한다.

[4] 충돌 예방 시스템

레이더에서 수집된 정보를 토대로 항해 중의 충돌 사고를 방지하는 데 필요한 정보를 항해사에게 정확히 전달하는 시스템인데, 현재 사용이 되고 있는 레이더의 성능적인 제약을 고려하면, 마지막의 판단은 항해사에게 일임되고 있다.

[5] 항법 계산 시스템

항해 중에 발생되는 항로 변경이나 항로 확인 계산을 하는 시스템인데, 다른 시스템은 온라인(on-line)에 의한 처리 방법이지만 이 시스템은 항해사의 요구에 따라 주로 처리가 된다.

[6] 종합 디스플레이 시스템

흔히, 대형 CRT로서 본선 주위의 해도 정보, 항로 정보, 본선 위치, 변침점, 풍동 위험이 있는 물표 및 그 움직임을 종합적으로 분석하여 항해사에게 알려 주는 시스템이다. 항해사는 이런 자료를 통해 항해에 필요한 제반 정보를 손쉽게 획득할 수 있을 뿐만 아니라, 이들 종합 정보들로부터 개별 정보도 확인할 수 있다.

[7] 일지 작성 시스템

정해진 시각이나 필요시에 보통 기록(hard copy)을 이용해서 각종 정보를 일지로 작성하여 보존하는 시스템이다.

이상과 같이 예시가 된 표준적인 기능 이외에도, 선박의 특성에 따라 요구되는 여러 가지의 부수적인 기능들, 예를 들면 주기관과 보조 기관의 운전 상태 점검과 이상 경보 기능, 본선이 교신한 텔렉스(telex) 철의 보존과 표시 기능, 조난 신호 수신시의 경보 기능, 각 탱크의 자동 측심과 기록 유지 기능, 적하와 양하시의 선체 응력 계산 및 위험 경보 기능, 냉동 컨테이너 운반선의 각 컨테이너에 의한 이상 감시 기능 등이 추가될 수도 있다. 이러한 전자동 항법 시스템의 개발이 증가되고 있는 대형 해난 사고의 위험을 줄이기 위한 대책으로서 시작이 되었지만, 해기사의 업무 능률 향상에 크게 기여함에 의해서 선박 운항 요원들에 관한 감원의 가능성도 보여 주고 있다.

여기서 재고하지 않을 수 없는 것은 이러한 전자동 항법 시스템의 입력의 원천이 되는 탐지 장치의 신뢰성인데, 특히 충돌 예방에 대한 정보의 근거가 되는 레이더와 선위 측정 장치의 신뢰성의 여부이다. 근래에 들어 마이크로컴퓨터의 중앙 처리 장치(micro processor)의 발달에 힘입어 레이더의 래스터 스캔(raster-scan) 방식이 도입되면서 그것의 신뢰도가 향상되고, 선위 측정 시스템도 (D)GPS 자동 조종 장치(navigator)의 등장으로 전자동 항법 시스템이 더욱 각광을 받게 되었다.

7.3 선등과 신호 기구

7.3.1 개 요

해상 교통이 복잡해지고 선박 상호간의 충돌로 인한 해난 사고가 급증함에 따라, 해상 교통에 대한 통제의 필요성이 대두되어 국제적인 통일법의 필요성도 느껴지게 되었다. 1972년에 IMO(International Maritime Organization)에서는 '국제 해상 충돌 예방 규칙(International Regulations for Preventing Collision at Sea)'을 제정해서 시행하게 되면서, 국내에서도 '해상 교통 안전법' 등을 제정하여 시행하고 있다.

7.3.2 선 등

선등은 주로 야간 항해시 본선의 진행 방향과 항해 상태 등을 다른 선박에게 알려 줌으로서, 선박 상호간의 충돌을 예방하기 위해 사용이 되고 있다. 다음에서는 일반적으로 상선에 마련되어야 할 선등에 관하여 '국제 해상 충돌 예방 규칙'을 중심으로 알아보기로 한다.

[1] 마스트 전조등(mast 前照燈)

마스트 전조등은 전부등과 후부등의 2조로 구성이 되는데 선박 중심선상에서 가장 높은 곳, 즉 주로 마스트상에 설치를 해서 야간 항해 중 현등과의 위치 관계에 의해 선박의 진행 방향을 알 수 있게 하는 백색등이다. 길이가 50 m 미만인 선박에서는 후부의 등을 설치할 의무는 없다. 20 m 이상인 선박에서 전부 마스트의 전조등은 선체상(최상층 전통 갑판) 6 m 이상인 높이에 설치해야 하지만, 선폭이 6 m 이상일 경우 선폭보다 높은 위치에 설치를 하는 반면에, 12 m 이상일 경우에는 이러한 제한 조건이 필요없게 된다.

후부 마스트의 전조등은 전부 마스트의 전조등보다 최소한 4.5 m 이상인 높이에 설치해야만 하는데, 마스트 전조등의 상호간의 수평 거리는 표 7·2와 같이 선체 길이의 1/2 이상이 되어야 하지만, 100 m 이상이 될 필요는 없다. 또한, 전부 마스트의 전조등은 선수로부터 선체 길이의 1/4 이하가 되는 거리에 설치해야만 하며, 통상적인 트림(trim) 상태에서 선수의 전방으로부터 1000 m인 수면에서의 후부 마스트의 전조등은 전부의 등보다 높게 분리되게 보여져야 한다.

야간 항해자의 환혹(幻惑) 작용을 방지하기 위해서는 선등으로부터의 직사광이 바로 갑판상에 투사되지 않도록 설치해야만 하는데, 특히 마스트의 전조등은 이런 점을 고려해서 받침대의 크기를 적당하게 조절하면서 조사 각도를 조정할 필요가 있다. 마스트 전

표 7·2 등화의 인지 거리(단위 : 해리)

	50 m 이상 선박	12~50 m 선박	12 m 이하 선박
마스트 전조등	6	5(20 m미만 : 3)	2
현 등	3	2	1
선 미 등	3	2	2
예 인 등	3	2	2
백색, 홍색, 황색 전조등	3	2	2

조등의 사광 범위는 225 도까지 갖도록 하며, 선수의 정면에서 각기 횡방향의 정면으로부터 뒤쪽으로 22.5 도까지 비출 수 있게 설치해야만 한다.

[2] 현등(side light)

현등은 선박의 양현에 설치되어서 다른 선박이 본선의 좌우를 구별할 수 있도록 설치된 등으로서, 우현에는 녹색등을 그리고 좌현에는 홍색등을 설치한다. 현등은 마스트의 전조등과 함께 본선의 진행 방향을 나타내는 중요한 등화로서, 전부 마스트의 전조등의 높이의 3/4보다 높지 않게 설치가 되어야 하는데, 길이가 20 m 이상인 동력선(power driven vessel)에서 현등은 전부 마스트의 전조등보다 앞쪽에 설치되어서는 안 되며, 선박 현측이나 현측 부근에 설치해 두어야 한다. 현등의 사광 범위는 112.5 도로 횡방향의 정면으로부터 뒤로 22.5 도까지 비출 수 있어야 하는데, 우현등이 좌현측에서, 좌현등이 우현측에서 보이지 않게 격판을 사용해서 사광 범위를 제한한다. 이와 같이 현등을 설치하면 암흑대가 생기기 때문에, 격판을 사용하더라도 수선의 정면을 넘어 1~3 도 정도로 비추어서 암흑대가 생기지 않도록 해야 한다.

[3] 선미등(stern light)

선미등은 선미에 설치되어서 야간 항해 중 본선의 전후를 식별하게 할 때 선박의 진행 방향을 알리는 백색등이다. 사광 범위는 135 도로서 선미의 정면으로부터 각기 67.5 도를 비출 수 있게 설치해야 한다.

[4] 정박등(anchor light)

정박등은 선박이 정박 중에 게시하는 백색등인데, 50 m 이상인 선박에서는 전부등과 후부등의 2조로서 구성이 된다. 2 조의 정박등을 설치할 경우, 전부의 정박등은 선체상 6 m 이상인 높이에 설치를 해야만 하는 한편, 후부의 정박등은 전부등보다 4.5 m 이하에 설치해야 하며, 사광 범위는 360 도이다.

[5] 운전 부자유선을 위한 등(not under command light)

기관이나 조타기의 고장 등에 의한 예외적인 사정으로, 규칙이 요구하는대로 조종이 불가능해져서 다른 선박의 진로를 피할 수 없는 운전 부자유한 선이 상대 선박에게 본선의 상태를 알리기 위한 등인데, 2조의 홍등으로서 구성된다. 2조의 홍등은 동일 수직선상에 설치가 되면서 길이가 20 m 이상인 선박에서는 2 m 이상의 수직인 간격을 두면서 설치한다. 2조의 등들 중 아래쪽의 등은 선체상 4 m 이상인 높이에 설치를 하고 사광 범위를 360도로 하는데, 사광 범위가 360도인 전주등(all-round light)은 실제로 360도 전체를 비출 수 없으므로, 구조물 등 때문에 6도를 넘는 차광 범위가 생기지 않도록 해야 한다.

[6] 조종 신호등(maneuvering light)

조종 신호등은 가시권 내에서 상대 선박에 본선의 진로와 변침을 미리 알려줌으로서, 상대 선박이 본선의 진로를 예상할 수 있도록 하는 백색인 섬광 등화인데, 마스트 등이 있는 종수직면에 설치하면서 전부 마스트 등의 수직 상방 2 m 이상, 그리고 후부 마스트 등과는 2m 이상인 이와 같은 규정은 간격을 수직 방향으로 두고서 설치해야만 한다. 이 밖에도 예인선, 범선, 어선 및 도선 등에 관해 제정이 되어 시행되고 있지만, 세계 각국에서도 별도의 규정으로 요구되는 등화 표시가 있다. 잘 알려진 것으로서는 파나마 운하를 통과할 경우에 사용되는 조종등(steering light), 그리고 수에즈 운하에서 본선의 조종 상태를 알려 주는 데 사용되는 수에즈 운하 신호등(Suez canal signal light) 등이 있다.

7.3.3 기타 신호 용구

선등을 제외한 기타 신호 용구에 관해서는 또한 '국제 해상 충돌 예방 규칙'이 그 사용법과 제원에 관해 상세하게 규정을 하고 있다.

[1] 형상물(shapes)

흑색인 구형, 원추형, 원통형 및 능형의 네 가지 형상물들이 단독이나 조합을 해서 사용하여, 주로 주간에 본선의 상태 등을 다른 선박에 알리기 위해 사용이 되는데, 이들은 1.5 m 이상인 간격을 두면서 설치를 해야만 한다. 구형은 지름이 0.6 m 이상이어야 하고, 원추형은 밑면 지름이 0.6 m 이상이 되면서 높이는 지름과 같게 한다. 한편, 원통형은 지름이 0.6 m 이상이면서 높이는 지름의 2배 이상 되어야 하고, 능형은 위의 원추형의 밑면을 맞대어서 만드는데, 형상물의 게시 방법은 법규로 제정이 되어 있다.

[2] 음향 신호 용구

음향 신호 용구로는 기적, 호종 및 징(동라) 등이 있는데, 항해 중 본선이 취할 동작을 상대 선박에게 알리면서 상대 선박의 동작을 본선에 알릴 필요가 있을 때와, 경우에 따라서는 상대 선박에게 협조 동작을 요청하거나 의문을 표시할 때 주로 사용이 된다. 12 m 이상인 선박에는 기적과 호종을 갖추어야 하지만, 100 m 이상인 선박에서는 기적, 호종 및 징을 갖추어야만 한다.

(1) 기적(whistle)

최근 여러 종류의 음향 신호 기구가 개발되어 있는데, 규칙에서 요구하는 음향 신호가 발생될 수 있으면 모두 기적으로 인정을 하면서 단성(short blast)과 장성(prolonged blast)인 취명(吹鳴)을 조합해서 신호를 발하게 된다. 신호음의 기본 주파수는 표 7·3과 같이 70~700 Hz 범위 내에 있어야만 한다. 가청 거리는 200 m 이상인 선박에서는 2해리(nautical mile), 75~200 m인 선박은 1.5해리, 20~75 m인 선박은 1해리, 그리고 20 m 미만인 선박은 0.5해리 정도가 되어야만 한다.

만약, 복수의 기적이 100 m 이상인 거리를 두면서 설치되었을 경우에는 동시에 울리지 않도록 배치해야 하고, 복수의 기적이 100 m 이내인 거리에 설치되었을 경우 2개의 기적이 동시에 울려야 하며, 2개의 기적의 주파수는 10 Hz 이상인 차이가 생겨야만 한다. 한편, 안개 등으로 인한 제한 시계 내에서는 다른 선박이 본선의 존재와 상태를 알리는 음향 신호를 취명할 수 있어야 한다.

표 7·3 기본 주파수의 범위

선박의 길이	주파수 범위
200 m 이상	70~200 Hz
75~200 m	130~350 Hz
75 m 미만	250~700 Hz

(2) 신호종(bell)과 징(gong)

신호종과 징은 잘 녹슬지 않는 재료로서 선명한 음조를 낼 수 있게 제작되어야 한다. 길이가 20 m 이상인 선박에서는 신호종이 밑면 지름의 300 mm 이상 되어야 하고, 길이 12~20 m인 선박은 신호종이 밑면 지름의 200 mm 이상이 되도록 제작해야 한다. 가능한 한 일정한 타력이 확보되게 동력 타종 장치를 설치할 것을 권고하고 있지만, 수동으로도 타종이 가능해야 한다. 타종의 질량은 호종 질량의 3% 이상이어야만 한다.

신호종은 시보용이나 경보용으로 사용이 되는데 통상 시보용으로는 선교루 부근에 현수를 해서 배치하고, 경보용으로는 될 수 있는대로 음향 방해물이 없는 장소에 설치한다. 길이가 100 m 이상인 선박에는 음조와 음성이 호종과 혼동되지 않도록 징 1개를 갖추는데, 선박이 안개 속에 있을 경우 전부에서는 호종을 울리고, 후부에서는 징을 울리도록 규정되어 있다.

[3] 발광(flare) 및 발연(smoke) 신호 용구

(1) 화전(火箭)과 유탄(榴彈)

이것들은 선박이 조난을 당하여 구조를 요청할 때 약 1분 간격으로 한 발씩 쏘아 올리는 적색인 성화로서 고공에서 폭발이 되는 것도 있는데, 선박에서는 규정에 정한 만큼의 개수를 반드시 구비해야만 하지만, 신호용 포 등을 구비한 선박에서는 이것으로 그것을 대치할 수 있다. 화전과 유탄은 다같이 내부에 성화약과 발양(發揚) 화약을 충전해서 방습으로 포장을 한 것인데, 도화선을 이용해서 로켓식으로 쏘아 올리는 것이 **화전**이고, 뇌관식 점화 장치를 이용해서 총 등으로 쏘아 올리는 것이 **유탄**이다.

(2) 신호 청염(靑炎) 및 홍염(紅炎)

야간이나 위험한 상태를 조우해서 본선으로부터 구조를 요청할 때나 도선사를 초청했을 때에는 신호 청염이 이용되고, 그리고 구명정의 조난 신호로는 신호 홍염이 사용된다. 그러나 이것들은 발염제가 다르지만, 발화 후 3분 이상을 연속적으로 발염을 시키면서 120촉 이상인 청염이나 홍염을 발하도록 되어 있다.

(3) 낙하산식 신호

선박의 조난 신호로 사용이 된 것으로서 통상 본선용인 로켓식과 총을 이용해서 쏘아 올리는 구명정용이 있는데, 구조를 요청하기 위해서 쏘아 올리면 적색인 염화를 발하게 되면서 낙하 속도는 낙하산(parachute)에 의해서 조종하게 되어 있다.

[4] 기류(flag)

(1) 국기(national flag)

이것은 선박이 소속하는 국가를 표시하는 기류이다.

(2) 국제 신호기(international code flag)

선박이나 육안의 신호로 사용되는 국제적인 신호기로서, 알파벳(alphabet)인 26문자를 표시한 문자기인 26매, 0에서 9까지의 숫자기 10매와 대표기 3매 및 회답기 1매 등, 총 40매가 한 조로 구성되어 있다. 문자기는 A와 B가 연미기(燕尾旗)인 외에는 방형기인데 반해, 숫자기와 회답기는 장기(長旗)로 하면서 대표기는 삼각기로 하고, 그것들의 크기에는 대, 중, 소인 세 가지가 있다.

7.4 통신장비

7.4.1 GMDSS 장비

[1] GMDSS의 기본 개념

GMDSS(Global Maritime Distress and Safety System)의 기본 개념은 조난 통신이 부근 항해 중인 선박뿐만 아니라, 육상의 수색 구조 기관에 전달이 되면서 신속하게 수색과 구조 활동을 긴급하게 지원할 수 있게 하는 것이다. 그림 7·17과 같이 선박이 조난을 당했을 때 수색과 구조 기관이 최소의 지연 시간에 의해 합동 수색과 구조 활동을 할 수 있도록 육상의 기관과 부근 항해 중인 선박에 선박이 조난을 당한 사실을 신속하게 전파하도록 하는 것이다.

선박의 해난 발생 후의 수색과 구조는 해상에서의 안전이 손상이 된 경우가 되겠지만, 한편으로 이러한 사태에 관한 사전 방지에 대한 안전 대책도 또한 중요한 일이라고 할 수 있다. 따라서, GMDSS에서는 조난 통신 이외에도 긴급한 안전 통신과 항해 경보 및 기상 정보 등을 포함해서 해상에서 필요한 안전 정보를 조난선에 보내는 것도 고려가 되고 있다. 모든 선박은 어디를 항해하더라도 그 선박 자신의 안전과 같은 해역을 항해하는 타선박의 안전에 관해 필요하다고 생각되는 통신의 기능에 관해 그 목적을 달성할 수 있어야 한다. 이러한 GMDSS라는 새로운 제도의 도입은 INMARSAT라는 해사 통신 위성의 개발에 기인해서 중파나 단파에 관한 제약도 해결될 뿐 아니라, 텔렉스·팩시밀리 및 고속 데이터 통신이 가능하게 되면서 통신 범위가 확대됨에 따라, 극히 안정된 신

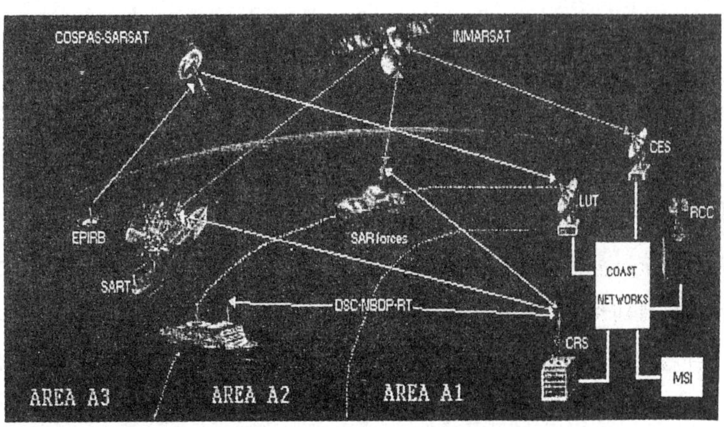

그림 7·17 시스템 개념도

호의 수신과 자동화가 가능해져서 획기적인 통신의 질적 개선이 이루어지게 된 것 때문이라고 말을 해도 과언은 아닐 것이다.

이 밖에도 COSPAS-SARSAT와 같은 위성을 이용한 조난 구조 체계도 확립이 되었는데, NBDP(Narrow Band Direction Printing) 및 DSC(Digital Select Call)와 같은 새로운 기술이 등장하면서 선박의 중요 통신인 조난 통신, 안전 통신과 수색 및 구조 통신이 자동 측위에 의해 원활히 행해질 수 있게 되었다.

[2] GMDSS의 도입 배경

해상에서의 조난 구조는 예로부터 그 중요성이 인정되어 왔지만, 1912년에 타이타닉호가 빙산과 충돌하면서 1490명의 희생자가 발생한 사건이 계기가 되어 해상에서의 인명의 안전에 관해 국제적으로 반드시 고려가 되어야 한다는 분위기가 고조됨에 따라, 국제 인명 안전 회의가 열려서 1915년에 최초로 SOLAS 조약(International Convention for Safety of Life at Sea : 해상에서의 인명의 안전을 위한 국제 조약)을 제정하게 되었다. 제2차 세계 대전 이후인 1948년에는 국제 연합의 하부 기관인 IMCO(International Maritime Consultive Organization : 정부간 해사 협의 기관)를 설치하기 위한 조약안이 채택되어, 1958년에 IMCO 조약이 발효되었고, 그리고 IMCO는 1983년에 IMO (International Maritime Organization: 국제 해사 기관)로 이름을 바꾸어서 오늘에 이르게 되었다. 이 기간 중 IMCO와 IMO는 SOLAS와 같이 충돌 예방법의 개정, 해양 오염 방지 조약의 채택, STCW 조약 등 놀랄 만한 활동을 하면서, 세계의 해양 질서 유지와 항해의 안전에 기여해 왔다.

1968년에 IMCO는 영국에서 해난 구조를 위해 수색과 구조 태세를 재평가해야 한다는 취지로부터 수색과 구조용 지침을 선박의 안전을 위해 작성해야 한다고 제안을 하였고, 1970년에는 상선 수색과 구조 편람이 작성되어 각국에 배포되었다. 그 다음해인 1971년 9월에 IMCO의 제24회 해상 안전 위원회에서는 해상 수색과 구조에 관한 국제 조약 제정에 관한 방침이 결정되면서 1973년 5월 이래로 1977년 5월까지 5회에 걸친 회의가 개최되어 수색과 구조에 관한 초안이 검토되었다. 1974년 4월에 이 조약의 채택 회의가 함부르크에서 개최되어 ·참가한 51개국이 심의를 한 끝에 SAR 조약(International Convention on Maritime Search and Rescue; 1979년 해상에 있어서의 수색 및 구조에 관한 국제 조약)이 채택되었다. 이 조약은 51개국이 체결국으로 된 날로부터 12개월이 경과를 하게 되면 효력이 발생되는 것으로 결정이 되었는데, 1984년 6월 24일까지 가입한 프랑스, 영국, 미국, 아르헨티나, 칠레, 노르웨이, 서독, 캐나다, 네덜란드, 브라질, 스웨덴, 알제리, 발바도스, 오스트레일리아 및 덴마크 등 15개국이 체결국이 되면서, 1985년 6월 22일에 이 조약이 발효된 것이다.

우리 나라는 1985년 6월 10일에 IMO에 가입서를 제출하여 19번째로 체약국이 되면서, 조약 체약국의 일원으로서 이 조약에 정해진 의무를 수행함과 동시에, 선박은 이 조약으로 인해 혜택을 받을 수 있게 되었다. 1979년에 SAR 조약의 채택 회의에서도 SAR-Plan을 효과적으로 수행하기 위해서는 조난과 안전을 위한 통신망의 확립과 정비가 필요하다고 인식이 되면서 IMO에 대해 FGMDSS(Future Global Maritime Distress and Safety System: 미래의 전세계의 해상 조난 안전 시스템)의 개발을 요청할 것을 결의하였다. IMO는 이 결의를 받아들이면서 미래에 전세계적인 해상에 있어서의 조난 및 안전 통신 제도에 관해 무선 통신 위원회(COM)를 중심으로 준비를 할 것과, 통신 기능과 대상 선박, 통신 장치 및 운용 조건 등에 관해 상세한 검토와 심의가 계속되어 왔다. 그래서 현재는 이 시스템을 미래의 시스템이 아니라는 인식으로부터 FGMDSS보다 GMDSS라고 일컬어진다.

[3] 현제도의 문제점

해상에서의 통신 수단은 오랫동안 전통적인 모르스(morse) 통신이 모체를 이루어 왔지만, 전파 통신 기술의 발전에 힘입어서 디지털 통신과 협대역 직접 인쇄 전신(Narrow Band Direct Printing: NBDP) 및 위성 통신 등이 선박에 도입되면서 해상 무선 통신 시스템에 큰 변화를 가져오게 되었고, 현재의 조난과 안전 제도에 관해 근본적인 재검토에 관한 발단의 계기가 되었다.

(1) 조난과 안전 통신

조난과 안전 통신에 대해서는 1981년 4월 30일까지 무선 전신의 조난 주파수인 500 KHz나 무선 전화의 조난 주파수인 2182 KHz들 중 한 전파를 청취하는 체제가 되었는데, 그 후 모든 선박에 2182 KHz인 전파를 청취하는 것이 의무화되었다. 그리고 근거리 통신 수단인 VHF 형은 무선 전화가 보급되면서 모든 선박에 대해 156.8 MHz인 주파수 청취가 의무화되어 2182 KHz와 156.8 MHz인 주파수를 모든 선박에 공용하게 되었다. 그러나 현행 시스템은 선박들의 상호간의 구조를 원칙으로 하고 있기 때문에 대양 항해 중 조난 등의 긴급 사태가 발생했을 경우, 부근에 선박이 존재할 때 구조가 가능하겠지만, 그렇지 않을 경우에는 조난 통신이 제기능을 발휘하지 못할 우려도 있다.

(2) 일반통신

단파대에서 지상파는 거리의 증감에 따라 급속히 감쇠하겠지만, 공간파는 전리층과 대지나 해면을 반복 반사를 하면서 원거리까지 도달할 수 있기 때문에, 국제간의 통신, 방송 및 선박 통신 등에 사용되었고, 선박에 무선국을 설치해서 무선 전신에 의한 원거리 통신도 행하게 되었다. 이 통신 방식은 몇 가지의 결점이 있기 때문에 이러한 결점을 보완하면서 새로운 통신 제도를 채택하게 되었다. 단파 통신의 문제점은 다음과 같다.

첫째, 단파대는 특히 전리층의 영향 때문에 계절, 시간 및 선박의 위치 등에 따라 통신이 가능한 시간이 제한을 받을 때가 많으므로, 위치에 따라서는 교신 불능 때문에 통신 시간이 지연된다.

둘째, 전리층의 변화, 계절의 변화 및 태양의 활동 등 자연 현상 때문에 전파의 특성이 변하되므로, 일정 시간에 안정된 통신의 품질 확보가 곤란하면서 신뢰성의 결여, 정보 전달의 지연, 전송 품질의 불량, 데이터 전송의 불가능, 일반 가입자에 의한 자동 호출 불가능 및 팩시밀리의 전송 같은 근대적인 통신에 부적절하다.

셋째, 사회의 발전과 인간의 욕구 등으로 인한 필연적인 현상 때문에 공통 채널을 사용하는 무선 통신은, 통신량의 증가에 수반되어 해역별 특정 시간대에 통신이 폭주해서 연락 설정에 시간이 많이 걸리므로, 통신사의 업무가 가중하게 되었다. 특히, SSB형 무선 전화인 경우에는 QRY(통신 순위)를 결정한 후 많은 대기 시간이 필요하다.

넷째, 무선 전화에 의한 주요 통신에서 취급은 간단하지만 언어의 상이 때문에 불편이 많다.

이상과 같은 문제점을 보완하기 위해서는 ITU와 SOLAS 협약에 따라 항해의 안정을 확보하기 위한 침묵 시간과 청취 의무 시간 등을 마련하면서, 해안국과 해상 이동국으로 하여금 조난과 안전 주파수인 중파 500 KHz, 중단파 2182 KHz 및 초단파 156.8 MHz(CH 16)를 충실히 청취하게 함으로써 중요 통신을 효과적으로 확보하고 있다.

[4] GMDSS의 필요성

현재 해상의 조난과 안전 제도는 1974 년의 SOLAS 조약을 염두에 두면서 기본적으로 선박의 종류, 크기 및 항해 구역 등에 따르지만, 항해 중에는 국제 전기 통신 조약(ITU)에 의한 무선 통신 규칙으로서 의무화가 된 국제 조난 주파수를 청취할 것과, 규정이 된 최소 통달 거리 이상으로 송신이 가능한 무선 설비를 갖추도록 하는 원칙은 정립이 되어 있다.

정해진 무선 설비의 최소 통달 거리는 100~150 해리이기 때문에 조난의 구조가 부근에 항해 중인 선박에 의해서만 행해지므로, 현행 제도가 일률적으로 '선박대 선박'에 의해서만 운용을 하는 것을 의미하게 됨을 뜻한다.

[5] GMDSS의 기능

(1) 시스템의 주요 기능

새로운 GMDSS에서의 조난 경보는 조난 선박의 부근에 있는 선박이나 RCC에 조난 사고를 신속하고 정확하게 통보를 하면 RCC는 해안 지구국이나 해안 무선국을 경유하면서 수신이 된 조난 경보를 SAR 구조대와 조난 해역 부근의 선박에 중계를 하게 되는데, 이 때의 조난 경보는 세 가지의 통신 방식인 '선박대 해안', '선박대 선박', '해안대 선박'으로 수행할 수 있도록 통신 제도가 마련되어 있다.

조난 경보는 통상 수동으로 작동이 되지만, 선박이 침몰했을 경우에는 자동으로 자유부유형 위성인 EPIRB가 작동이 된다. 그리고 RCC가 조난 사고의 부근에다 조난 경보를 중계할 때는 선박 지구국과 위성 통신으로 행하든지, 다른 적합한 주파수인 VHF와 MF/HF대의 통신을 사용하게 된다. 그리고 조난 해역인 특정 구역에 있는 선박들에게 경보가 수신되도록 한 구역 호출(area call)도 사용하는 반면에, 이 경보를 수신한 선박은 즉시 해당 RCC와 교신을 하면서 지원 활동을 통제해야만 한다. 조난 현장에서의 구조 통신은 통상적으로 조난과 안전 통신으로 지정된 MF와 VHF 주파수대에 의해 무선전화와 무선 텔렉스가 행해져야 한다.

(2) GMDSS의 통신 기능

대상 선박은 표 7·4와 같이 다음의 기능을 갖추도록 고려가 되어야만 한다.

① 구조를 요구하기 위한 조난 통보(alerting)의 송수신

② RCC(구조 조정 본부), 구조선, 부근 항해 선박, 상호간 행하는 SAR 조정을 위한 통신 : 수색과 구조에 관한 조정 통신

③ 조난 현장에서의 구조 작업용 통신 : 현장 통신

④ 구조선이 조난선이나 생존선에 도달하기 위하여 조난선과 생존선이 발하는 위치표시에 관한 신호의 수신

⑤ 항해 경보와 기상 경보 등의 송수신

⑥ 그 밖에 충돌 방지 등을 위한 선박간에 행하는 선교대 선교의 통신 등

(3) 조난통보

조난 통보란 구조를 하는 단체와 협조를 해서 구조를 하는 단위로서, 조난의 사실을 신속하고도 유효하게 통보를 하는 행위이다. 조난 통보는 RCC나 근처의 다른 선박이 조난 통보를 받은 경우, RCC는 각종의 수색과 구조 기관 및 조난 현장 등은 물론이고, 조난의 종류와 구조 활동에 사용될 수 있는 유용한 정보까지도 포함이 된다. 통신 설비는 선박대 육상국, 선박대 선박 및 육상국대 선박이란 세 가지의 방향에 대해 전해역으로 조난 통보가 확보되게 고려하고 있다. 따라서, 조난 통보의 성공 확률이 높아지면서 통달 시간도 한층 더 짧아질 것이 기대되기 때문에, 구조에 대한 대응도 빨라져서 구조의 성공 가능성도 증가하게 될 것이다.

선박대 선박의 조난 통보는 약 100해리 이내에서만 유효하기 때문에 100해리 이내에

표 7·4 조난과 구조 통신의 종류와 특성

통신의 종류	통 신 구 간	통 신 수 단	문 제 점
조 난 통 신	조난선 : 선박 육상국	VHF(CH 116) 무선 전화 MF(500 KHz) 무선 전신 (auto alarm) MF(2182 KHz) 무선 전화 (auto alarm)	무선 경보는 500 KHz 무선 전신일 경우이다. 수동 청각 수신이다. 유자격자가 필요하다. 무선 전신은 1600 톤 미만인 선박에는 탑재의 의무가 없다. 무선 전화는 1600 톤 이상인 선박과 1600 톤 미만인 선박에서는 청취 의무가 통일되어 있지 않다. 최소 통달 거리가 100~150 마일이기 때문에 부근을 항해하는 선박이나 부근의 육상국 외에는 통보할 수 없는 경우가 있다.
수 색 구 조 조 정 통 신	구조 조정 본부 : 구조선 부근 항해선	VHF/MF 무선 전신 전화	
현 장 통 신	조난선 : 구조선 부근 항해선		
일 반 통 신	선박 : 선박 육상국		HF의 통달 거리는 세계 전해역이지만, 시간대에 따라 fading 때문에 불안정하게 연결이 된다는 확증이 없다.
homing 신호	조난선 : 구조선 부근 항해선	구명정용 EPIRB	homing 신호의 방위 error 때문에 위치가 부정확하여 수색에 시간이 걸린다.
선교대 선교 통신	선박 : 선박	주로, VHF 무선전화	통신 범위의 제한을 받는다.
해 상 안 전 정 보 통 신			청취 의무가 없다.

다른 선박이 없을 경우, 조난에 관한 원조는 통상 위성 통신이나 HF 통신 양자를 조합한 것을 이용하게 되면, 육상국으로부터의 원조보다 수배의 효율을 얻게 된다. A3 구역과 A4 구역을 항해하는 선박은 MF 인 2187.5 KHz의 DSC로부터 선박대 선박의 통보와 INMARSAT, HF 통신, 위성 EPIRB(Emergency Position Indicating Radio Beacon : 비상 위치 지시용 무선 표지)나 기타 적절한 방법에 의해 선박대 육상국의 경로를 통해 통보하게 된다. A2 구역을 항해하는 선박은 선박대 선박 그리고 선박대 육상국에 조난 통보를 2187.5 KHz의 DSC로 송신을 하는 데 비해, A1 구역을 항해하는 선박은 선박대 선박과 선박대 육상국간의 통보를 156.525 MHz인 VHF CH 70으로 하게 된다.

조난 통보는 선박이 침몰하게 되면 자유 부유형 위성 EPIRB가 자동적으로 작동하는 이외에 보통 수동에 의한 작동을 통해 송신이 되면서 또 조난 통보를 수신했다는 확인에 관한 통지도 전부 수동에 의해 행해진다. 이런 경우에는 넓은 해역의 전체 선박들에게 통보를 하지 않으므로 현장 근처의 선박에만 통보를 가능하게 하는 특정 해역 그룹 호출(EGC : Enhanced Group Calling)이 사용된다. 그러므로 호출 해역에 있는 선박이 중계된 조난 통보를 수신했을 때는, 원조 협력이 될 수 있도록 그 구조의 조정 본부와의 통신이 항상 가능하도록 해두어야 한다.

[6] GMDSS의 통신 시스템

GMDSS의 통신 시스템은 그림 7·18 과 같이 위성계와 지상계로 구분이 된다. 지상계의 통신은 사용 주파수의 특성에 따라 원거리, 중거리 및 단거리 통신으로 분류가 되고, 위성계 통신은 '선박대 해안'과 '해안대 선박'간에 이용되지만, 정지 위상을 이용한 INMASAT 위상 시스템은 선박 지구국이나 위성 EPIRB를 통해 선박으로부터의 경보 수단을 제공하면서 무선 텔렉스와 무선 전화를 사용하는 양방향의 통신도 할 수 있다. 지상계의 통신에서는 주파수대를 이용하면서 조난 경보와 안전 호출을 행하는데, DSC는 841.5 KHz, 2187.525 MHz(CH 70)에 의한 2182 KHz와 156.8 MHz인 무선 전화와 2174.5 KHz에 의한 무선 텔렉스 및 518 KHz인 NAVTEX에 의한 항해와 기상 경보 등을 제공하게 된다.

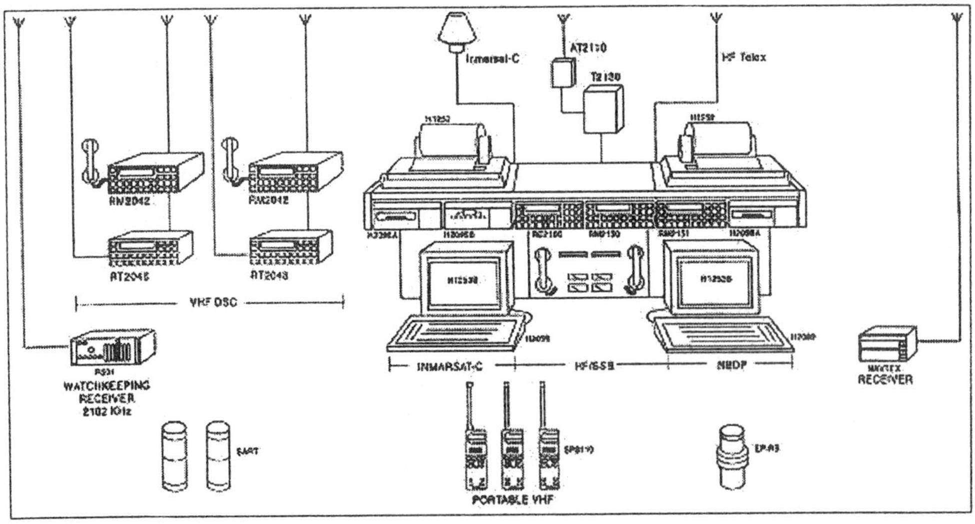

그림 7·18 GMDSS의 통신 시스템의 한 예

(1) 지상통신

지상 통신은 중파(MF), 단파(HF) 및 초단파(VHF) 등을 이용하는 통신인데, 다음과 같은 장치가 이용된다.

① 중파 무선 전화

② 단파 무선 전화
③ VHF 무선 전화
④ 디지털 선택 호출(DSC)
⑤ NAVTEX receiver
⑥ radar transponder(SART)

지상 통신에 이용되는 주파수는 표 7·5와 같이 지정이 되어 있다.

1) 원거리 통신 지상 통신의 거리들 중 원거리 통신에 이용이 되는 전파는 단파로서 선박대 육상과, 육상대 선박의 양방향 통신에 사용된다. 단파로 지정이 된 주파수는 4, 6, 8, 12 및 16 MHz대의 5개 주파수대인데, 그들 중 DSC는 조난 통보와 안전 호출용인 기본 시스템으로 되어 있다. HF대인 원거리 통신에서는 전파의 전달이 불안정한 경우가 많기 때문에 조난선의 위치와 통보를 보내는 지리적인 구역과 그 때의 전파의 상황 등을 고려하면서 가장 적당한 주파수를 선택해야만 하는데, 원거리 통신용 장치로는 상술한 DSC와 NBDP 및 전화 등이다.

2) 중거리 통신 중거리 통신에는 2 MHz대가 사용되는데, 선박대 육상과 육상대 선박

표 7·5 통신용 주파수대의 특성

	디지털 선택 호출	직접 인쇄 전신	인쇄 무선 전화
MF	2187.5 KHz	490 KHz 518 KHz 2174.5 KHz	2182 KHz
HF	4027.5 KHz	4177.5 KHz 4209.5 KHz 4210 KHz	4125 KHz
	6312 KHz	6288 KHz 6314 KHz	6215 KHz
	8414.5 KHz	8376.5 KHz 8416.5 KHz **	8291 KHz
	12,577 KHz	12,520 KHz 12,579 KHz **	12,290 KHz
	16,804.5 KHz	16,695 KHz 16,806.5 KHz ** 19,680.5 KHz ** 22,376 KHz ** 26,100.5 KHz **	16420 KHz
VHF	156.525(CH 70) MHz		156.3(CH 6) MHz 156.8(CH 16) MHz 156.650(CH 13) MHz

** : 해사 안전 정보(MSI)의 방송용

의 통신에서는 2187.5 KHz가 수색과 구조 협력 활동 및 현장 통신 등의 무선 전화를 통해 조난 안전 통신에 이용된다. NBDP에 의한 조난과 안전 통신에는 2174 KHz가 사용되고 육상대 선박의 통신에는 500 KHz가 사용되며, 그 부근에서는 518 KHz가 NAVTEX용으로 해안국용에서 사용되고 있다.

3) 근거리 통신 근거리 통신에는 오로지 VHF가 사용되는데 CH 70인 156.525 MHz가 수색과 구조 협력 활동 및 현장 통신 등의 조난 안전 통신을 위한 전화용으로 사용되지만, 이들 중에는 선위 통보와 기상 통보 및 항해와 기상 경보 등에 관한 것도 포함된다.

(2) 위성통신

해상의 안전을 개선하기 위해 위성 통신을 이용한다는 것은 GMDSS의 도입과 신뢰성 있는 통신망의 확립과 더불어 매우 중요한 일이다. 위성에는 정지 위성인 INMARSAT와 극궤도 위성인 COSPAS-SARSAT의 두 종류가 있는데, 위성용 EPIRB를 이용해서 선박으로부터의 조난 통보를 송신하면서 무선 전화와 무선 telex를 이용해 양방향의 통신도 할 수 있다. 무선 telex를 이용해서 해상 안전 정보를 선박쪽으로 방송을 하는 것은, INMARSAT 시스템에서도 할 수 있게끔 계획되어 있다. 또한, COSPAS-SARSAT 시스템은 극궤도 위성을 이용한 것인데, 106 NHz로 송신하는 EPIRB로부터 조난 통보를 수신해서 COSPAS-SARSAT의 지구국의 상공에 왔을 때 그 데이터를 송신하도록 되어 있지만, 위성이 이동함에 의해 발생이 되는 도플러 효과로 인해 EPIRB의 위치를 결정할 수 있는 것이 특징이다.

[7] 항해 구역과 탑재 설비

GMDSS에서 무선 통신 시스템은 지리적 조건과 서비스의 내용 등과 관련되어 있으므로, 임의적으로 탑재 설비를 결정하지 않는 면도 있지만, 선박에 탑재된 장치는 원칙적으로 그 선박의 항해 구역에 따라 결정이 된다. 그 항해 구역은 다음과 같이 네 가지의 구역으로 나뉘어진다.

① A1 구역 : 육상에 있는 VHF 해안국에 통달되는 범위(20~30 해리)

② A2 구역 : A1 구역을 제외한 중파(MF) 해안국에 통달되는 범위(150해리 정도)

③ A3 구역 : A1, A2를 제외한 정지형 통신 위성에 통달되는 범위

④ A4 구역 : A1, A2 및 A3 구역 이외의 구역

이와 같은 해역 설정에 의해 GMDSS에 문제가 발생한다. 선박에 탑재되는 장치는 원칙적으로 그 선박의 항해 구역에 따라, 즉 그 선박이 통신하는 해안국을 기점으로 한 항해 거리에 대응하는 무선 통신의 통달 거리에 의해 정해진다. GMDSS에서는 디지털 선택 호출, 무선 전화 및 협대역 직접 인쇄 전신(무선 텔렉스)이 사용되는데, 모르스 부호

에 의한 무선 전신은 여기에서 사용되지 않는다. 해상에서의 조난 통신 시스템은 상기 장비들을 이용한 자동화가 가능하기 때문에, 그 설비와 운용이 달라지면서 기존 설비와 GMDSS의 무선 설비를 간단하게 비교할 때 표 7·5와 같다.

표 7·5와 같이 자동 경보기(auto alarm)와 감시 수신기(watch receiver)에 대응한 DSC 장비가 설치되면서 기존의 전신 시스템으로부터는 GMDSS 시스템에서 사라져서 무선 전화 시스템만이 사용되고 있는데, 조난 위치에 관한 표시 장비(VHF EPIRB와 위성용 EPIRB)가 출현하면서 선박의 조난을 대비하기 위해 반드시 이와 같은 장비를 설치하게 되었다.

[8] 대상 선박과 도입 계획

항해 구역에 따른 통신을 확보하기 위해 A1 구역에서 A4 구역까지 항해하는 선박은 제각기의 적절한 설비를 갖추어야 한다. 탑재 요건을 결정하는 것은 SOLAS 조약이지만, SOLAS 조약의 제 4 장의 탑재 요건을 결정하기 위한 일반적인 원칙은 다음과 같다. 즉, 모든 선박은 항해 구역에 따라

① A1~A4 등 중 최소한 어떤 한 방식은 설치되어야 한다.

② 각 선박은 적어도 2개의 독립된 조난 통보 기능을 수행하기 위해 무선 설비를 탑재해야만 한다.

③ 위에서 말한 것 이외에도 선박에 설치되는 하나의 장치는 하나 이상인 기능을 수행할 수 있거나, 하나 이상인 무선 통신 설비가 종합된 것이라도 가능하다.

④ 선박에 탑재되는 장치는 조작이 간단하면서 보수 작업이 필요없도록 설계가 되어야 한다.

⑤ 생존선에는 VHF인 무선 전화로 현장의 통신 기능을 수행할 수 있는 장치를 설치해야 한다.

SOLAS 조약에서 무선 설비에 대한 규정에는 휴대용 VHF인 양방향 무선 전화와 레이더 트랜스폰더인 장비 설치를 의무화하는 것을 규정하고 있다. 제 4 장에서는 GMDSS를 포함한 무선 통신 설비의 전반에 관해 규정하고, 제 7 장의 규칙은 모든 선박에 탑재하는 무선 설비를, 그리고 제 8 장의 규칙으로부터 제 11 장 규칙까지는 GMDSS에서 정한 A1 해역으로부터 A4 해역까지 항해를 행하는 선박에 관해 탑재 요건을 결정해 두었다.

제 5 장은 SART에 대응하는 레이더의 장비와 무선 전화용 조난 주파수로 자동 유도(homing)를 하기 위한 무선 설비를 설치하도록 권장하고 있다. 이들 각 장에서는 장비의 도입 기간과 경과 조치 기간도 포함하고 있는데, 이 준비 기간들 중 신시스템, 구 시스템을 병행해서 사용하지만, 단계적으로는 새로운 시스템으로 변경을 하게 된다. 최종

적으로 1999년 2월 1일부터는 전면 새로운 시스템이 적용되는데, 선박 설비의 탑재 요건은 표 7·6과 같다.

표 7·6 통신 장비의 탑재 요건

통신 장치 (항해 구역)			A1	A2	A3 (주1)	A3/A4 (주2)
VHF 설비	DSC TX, RX 무선전화 TX, RX, DSC 청취 RX	조난 안전 통신+일반 통신 일정 선박의 설치 면제(주 3)	◎	◎	◎	◎
MF 설비	〃	조난 안전 통신+일반 통신		◎	◎	
MF/HF 설비	〃	〃				◎
INMARSAT 선박 지구구	표준형 A/B 또는 표준 C형	〃			◎	
NAVTEX 수신기	NBDP 방송의 자동수신	NAVTEX 서비스의 제공 해역을 항해할 때	◎	◎	◎	◎
MSI 수신기	INMARSAT EGC 수신기	NAVTEX 서비스의 제공 해역외의 해역을 항해할 때 면제 규정이 있다(주 4).	◎	◎	◎	◎
위성 EPIRB	COSPAS-SARSAT 시스템의 것	406 MHz 자유 부유-통상 조선 장소에서의 조작	◎ (주 5) (주 6)	◎ (주 5) (주 6)	◎ (주 5) (주 6)	◎ (주 5) (주 6)
	INMARSAT 시스템의 것	1.6 GHz 자유 부유-통상 조선 장소에서의 조작				
VHF EPIRB	DSC+레이더 트랜스폰더	통상 조선 장소에서의 조작	◎ (주 7)			
레이더 트랜스폰더	선박용 9 GHz	생존선의 것을 이에 충당할 수 있다.	◎	◎	◎	◎
레이더 트랜스폰더	생존선용 9 GHz	각 현에 1대	◎	◎	◎	◎
VHF 휴대용 설비	무선 전화 TX/RX	CH 16+1파 3장치	◎	◎	◎	◎

* 1997년 2월 1일까지는 무선 전화의 조난 주파수용 청취 수신기와 무선 전화의 경보 신호 발생 장치를 설치해야 한다 (TX : 송신기, RX : 수신기, MSI : 해상 안전 정보).

(주 1) INMARSAT 선박 지구국을 설치한 경우

(주 2) MF/HF를 설치한 경우

(주 3) 오로지 A1 해역 이외의 해역을 항해하는 선박으로서, 1995년 2월 1일 이전에 건조된 선박은 DSC 설비의 설치를 면제함

(주 4) HF의 MSI 방송의 설치 해역을 항해하는 선박이 수신 설비를 설치한 경우

(주 5) COSPAS-SARSAT 또는 INMARSAT의 어느 한쪽을 설치한 경우

(주 6) COSPAS-SARSAT를 설치한 경우

(주 7) 위성 EPIRB의 대체에 의해 비치가 된 경우에 한함

[9] GMDSS의 시행 일정

GMDSS의 시행은 잠정적으로 1991년 8월 1일부터 시작하기로 정해져 있다. 이 시스템을 조기에 시행할 것을 주장하는 선진국과 실시를 하는데에 경비 부담을 느끼는 개발국과의 의견 대립이 되었지만, 해상 안전 위원회에서는 각국이 이 문제에 관해 단계적으로 실시하는 것을 수용함으로써 합의에 이르렀다.

① 설비를 탑재할 대상 선박은 특이한 경우를 제외하고는 국제 항해에 종사하는 여객선과 총톤수 300 G/T 이상인 화물선인데, 설비의 도입일에 관해서는 특이한 경우만을 제외한다.

② 1995년 2월 1일 전에 건조된 선박은 주무 관청이 정하는 규정에 따라 1992년 2월 1일부터 1999년 2월 1일까지 GMDSS에 관한 관련 설비를 탑재해야 한다.

③ 1995년 2월 1일 이후에 건조된 선박은 GMDSS에 관한 관련 설비를 건조시에 탑재해야 한다. 그런데 GMDSS의 도입 일정을 보면, 1995년 2월 1일 이전에 건조된 선박은 주무 관청의 재량에 따라 1992년 2월 1일로부터 1999년 2월 1일까지의 기간 동안 GMDSS의 모든 적용 조건을 시행하든지, 74 SOLAS 협약의 모든 적용 조건을 시행해야만 하는 한편, 1995년 2월 1일 이후에 건조된 선박은 GMDSS의 모든 적용 요건을 시행해야 한다. 또한, 1999년 2월 1일 이후에 건조가 된 모든 선박은 GMDSS의 모든 적용 요건을 시행해야만 하기 때문에, 1999년 2월 1일 이후의 선박의 건조 연도에는 관계없이 모든 선박에 이 새로운 시스템을 반드시 설치해야 한다.

[10] GMDSS 설비의 시스템

(1) COSPAS-SARSAT

이것은 121.5 MHz나 406 MHz인 주파수로 송신하는 그림 7·19와 같은 전자 탐지 장치

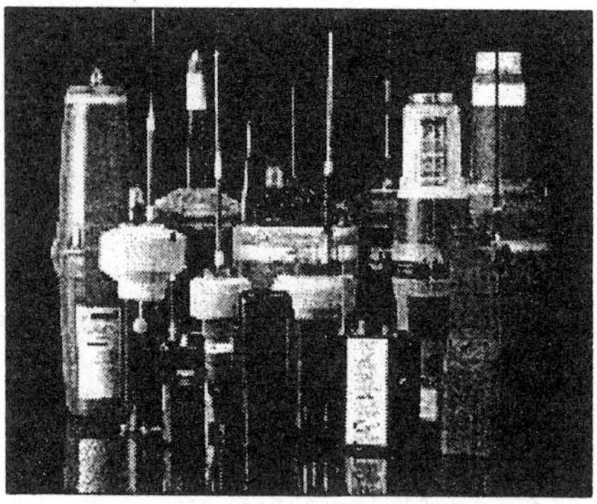

그림 7·19 beacon

(beacon)로서, 조난의 위치를 파악하는 위성의 지원을 통한 수색과 구조를 하는 시스템이다. 이 시스템은 해상, 항공 및 육상에서 조난이 발생했을 경우 수색과 구조 작업을 하는데에 도움을 주기 위해 조난 발생 위치를 파악해서 알린다. 즉, EPIRB의 작동은 선박이 침몰했을 때 수압에 의해서 동작을 하는 잠금 장치가 풀려지면서, EPIRB가 물 위로 올라와 조난 신호를 발사하도록 되어 있다.

EPIRB가 조난 신호를 송신하게 되면, 그림 7·21과 같은 COSPAS-SARSAT인 극궤도 위성이 그림 7·20과 같이 이를 중계하여 LUT(Local User Terminals)로 보내면서, 신호를 처리하여 전자 탐지 장치의 위치를 결정하게 된다. 선박의 조난 위치를 결정하는 방법에는 도플러 효과가 사용되는데, 최적의 도플러 효과를 얻기 위해서는 극지방의 저궤도 위성을 이용하게 된다. COSPAS 위성은 약 1000 km 상공에 위치하고 있는 반면에, SARSAT 위성은 약 850 km 상공에 위치하고 있다.

그림 7·20 조난 신호의 전달 과정

한편, 121.5 MHz로 작동하는 EPIRB는 이미 선박이나 항공기에 탑재되어 광범위하게 사용되고 있어서, 비행기로 고공에서도 조난 신호의 송신을 검출할 수 있지만, GMDSS에서는 121.5 MHz인 조난 신호를 강제적으로 적용시키지는 않는다. 대부분의 위성 EPIRB는 위성용 주파수인 406 MHz 외에 121.5 MHz인 주파수를 공유하는 쌍주파수 전파 탐지 장치(dual-frequency beacon)를 권유하고 있다.

(2) 해사 위성 통신 시스템(INMARSAT system)

해사 위성 통신 시스템은 단파 통신인 해안국에 해당하는 위성 통신의 전용 해안국(해안 지구국 : CES)과 선박에 장치가 되는 해사 위성 통신 장비(선박 지구국 : SES) 및 단파 통신의 전리층에 해당하는 통신 위성으로 구성된다.

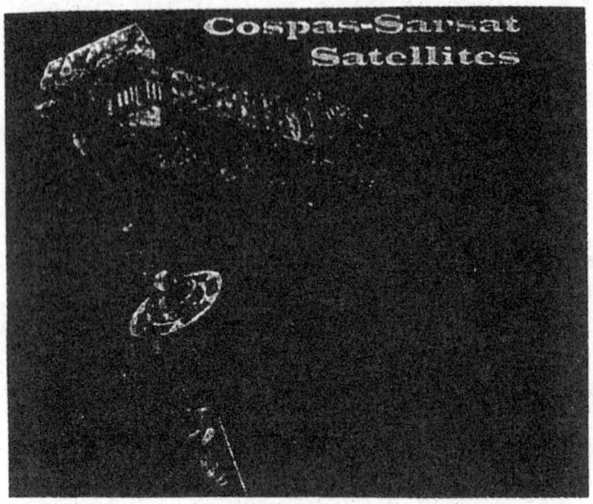

그림 7·21 COSPAS-SARSAT 위성

1) 해안 지구국(CES : Coast Earth Station)　INMARSAT 회원국이 이 곳을 설치해서 소유를 하면서 운용을 하는데, 위성을 통한 선박의 지구국으로부터의 통신 요청(request)을 처리해서 국내와 국제의 전화나 텔렉스의 회선망에다 연결을 해주는 역할을 한다. 현재 운용 중인 해안 지구국들은 13개의 회원국에 걸쳐 19개국이 있다.

2) 선박 지구국(SES : Ship Earth Station)　선주가 이 곳을 설치하여 소유주가 되면서 선임된 운용자에 의해 운용이 된다. SES의 장비는 반드시 INMARSAT사의 형식에 의해 승인이 된 제품으로서, 1981년 이전에는 MARISAT가 형식을 승인한 제품도 인정되었다. 현재 전세계의 선박에 설치된 SES 장비는 13개의 제작사에 의한 54개의 기종이 있다.

3) 위성(Satellite)　국제적인 이용을 목적으로 설치된 것으로서, INMARSAT를 통해 소요가 결정되면 제공이 되는데, 지상으로부터는 통제 기능을 갖추면서 선박과 육상간을 연결해 주게 된다.

4) 회선망 조정국(NCS : Network Coodination Station)　각 해역의 CES들 중 하나가 NCS로 지정되면, 이것은 시스템의 운용의 일부를 통제하면서 해당 해역 내의 각 CES와 SES에 대해 이용 통신로의 할당도 적절하게 통제를 한다.

5) 운용 조정국(OCC : Operating Control Center)　INMARSAT의 전시스템의 운용을 통합해서 조정을 하는 곳으로서 영국 런던에 위치해 있다. 그리고 OCC는 INMARSAT 시스템의 전체에 관한 제어에 대해 책임을 지면서, 하루 24시간을 운용할 정도로 광범위한 영역에서 활동 전개를 하는 한편, 선주에 의해 운용이 되고 있는 SES의 권한(commissioning)을 조정하면서, 적도 상공의 36,000 km인 궤도에 그림 7·22와 같은 4개의 위성, 즉 AOR-E(Atlantic Ocean Region-East), AOR-W(Atlantic Ocean Region-West), IOR (Indian Ocean Region) 및 POR(Pacific Ocean Region)를 배치하여 전세계를 담당하고 있다.

그림 7·22 운용 조종국의 활동 영역

해사 위성 통신에서는 전리층의 영향을 받지 않는 마이크로파를 사용하기 때문에, 선박과 위성 사이에는 L-Band로 작동시키는 반면, RR(국제 무선 통신 규칙)에서는 다음과 같은 주파수를 할당하고 있다.

① 선박발 위성향 : 1626.5~1645.5 MHz인 주파수대로서 19.0 MHz인 대역폭을 갖는다.

② 위성발 선박향 : 1535~1544 MHz인 주파수대로서 9.0 MHz인 대역폭을 갖는다.

상기의 주파수대는 선박의 일반 업무 등을 요청하는 경우 사용이 되는 주파수이지만, 특수한 경우를 위해서 할당이 되는 주파수대도 있다(조난과 안전을 위함).

① 선박발 위성향 : 1645.5~1646.5 MHz

② 위성발 선박향 : 1544~1545 MHz

또한, CES와 위성들간에는 C-Band가 사용되는데, 다음과 같은 주파수들이 할당되어 있다.

① 육상발 위성향 : 6417.5~6425.0 MHz

② 위성발 육상향 : 4192.5~4200.0 MHz

상기에서는 각각 7.5 MHz인 대역폭으로 되면서, SES로부터는 L-Band로 주파수를 변환시키는 반면에, CES에서는 C-Band에 의해 SES로 가는 신호가 위성을 통해 자동적으로 주파수를 변환시키게 된다.

6) INMARSAT-A SES 이 시스템은 크게 두 부분으로 구성되는데, 하나는 지름이 약 0.85~1.2 m인 접시 안테나와 보호용 레이돔(radome)을 가진 ADE(Above Deck Equipment)이고, 다른 하나는 안테나의 제어와 송신, 수신을 위한 CU(Control Unit), 전화

(telephone) 및 텔렉스(telex)를 포함한 BDE(Below Deck Equipment)이다.

BDE를 구성하는 주요한 유닛(unit)들의 기능은 우선 VDU(Visual Display Unit)와 키보드(keyboard)를 갖춘 초소형 컴퓨터(microcomputer)로서는 쉽게 텔렉스 메시지(telex message)를 준비하면서, 스크린으로 직접 송신과 편집 및 구성을 할 수 있는 반면에 메시지를 저장할 수도 있다. 송신기, 수신기와 안테나(antenna)를 제어하기 위해서는 안테나 조종 유닛(antenna control unit), 하드 카피 프린터(hard copy printer)와 팩시밀리(facsimile) 및 조난 경보 부저 등이 사용된다.

INMARSAT의 단말기는 복수의 ID를 가질 수 있는데, 이것은 하나의 회선을 이용하면서 각기의 다른 번호를 사용하는 것을 의미한다. 또한, 15,000개 이상인 선박 지구국에는 자동 다이얼-업(dial-up)을 한 2선식인 전화 통신이 제공되고 있다. INMARSAT의 음성급의 회선은 팩시밀리와 데이터 전송에 대해 9600 bps인 속도로 사용이 되는데, 이것은 변복조 장치(modem)를 이용할 때 PC에 의한 데이터 통신용으로 사용한다면 효율적인 통신의 이점, 즉 통신 비용의 절감과 안정성 및 신뢰성을 얻는다.

현재로는 아날로그 방식으로 사용이 되는 INMARSAT-A SES의 용량이 거의 포화 상태이기 때문에, 새로운 디지털 방식인 INMARSAT-B SES가 사용되고 있다. 그러나 디지털 방식에 의하면 2개 이상인 ID를 가질 수 있기 때문에, 선박의 여러 곳에서 이것을 사용하는 것이 가능하게 되었다. 또한, 전송 속도가 9.6 Kbps인 팩시밀리와 16 Kbps인 데이터 통신의 속도로도 가능해지면서, 요금면에서도 INMARSAT-A SES보다 유리하게 되었다. 그런데 디지털 방식에는 INMARSAT-B SES 외에도 텔렉스의 기능만을 제외시킨 INMARSAT-M SES도 있다.

7) INMARSAT-C SES 양방향의 메시지 통신용으로 설계가 된 소형이면서 경량인 INMAR- SAT system이다. INMARSAT-C란 소형 선박에 INMARSAT 시스템의 설비를 실질적으로 해결할 수 있는 장비이기 때문에 무선 전화 통신이 통용될 수 없지만, 국제 텔렉스-테렉스의 망, 전자 우편 서비스 및 컴퓨터 데이터 베이스를 구축할 수는 있다. 그런데 이것은 가격이 저렴하면서 선박에서 장비의 2중화를 요구하는 GMDSS의 사항을 만족시키기 때문에 많은 선주들이 이것을 선호하고 있지만, 텔렉스만을 이용하기 때문에 비영어권에서는 다소 불편한 점이 많은데, 위치와 데이터에 관한 보고, EGC 기능을 이용한 기상 예보, 전자 해도 교정 및 데이터 수집과 배포 등에도 사용이 되고 있다.

8) EGC(Enhanced Group Call) 수신기 INMARSAT EGC의 서비스에 관한 정보를 수신하기 위한 장비인데, 해사 안전 정보인 MSI 방송과 상업적인 INMARSAT 선대

메시지 및 뉴스의 계속적인 관찰을 자동적으로 처리할 수 있게 설계가 되어 있다. 이 수신기는 INMARSAT-A/B/C SES에 추가시킬 수도 있는 반면에, 자체의 안테나를 갖추어서 독립적으로 사용할 수 있다. 그래서 국제 NAVTEX 방송 구역 이외의 항해 구역에 종사하는 모든 선박에 설치할 것을 GMDSS에서는 요구하고 있다.

(3) L-BAND SATELLITE EPIRB

INMARSAT 시스템을 통해 운용이 되고 있는 L-BAND의 위성인 EPIRB(비상 위치 지시용 전파 탐지 장치)는 사용하는 주파수가 406 MHz이므로, A1, A2 및 A3 해역을 항해하는 선박의 경보 수단용으로 사용이 된다. 이러한 서비스는 1.6 GHz인 송신기를 갖춘 위성 EPIRB로부터의 조난 신호를 수신하면서 중계도 한다. 그래서 L-BAND EPIRB는 종전의 시스템이 갖추지 못한 네 가지의 중요한 기능을 제공함에 의해 조난선을 구조하는 기회를 개선했는데, 이것은 다음과 같다.

① INMARSAT로서 전세계를 담당함.

② INMARSAT-E를 경유하면, 대체로 2분 이내에서는 신속한 시간으로 경보를 발신함.

③ GPS와 병용하면서, 대체로 150 m 이내의 오차로서 정확한 위치를 측정함.

④ 처음 4 시간 동안은 현재의 위치를 주기적으로 발신하면서, 그 후에는 최소 48 시간 동안 4 시간마다 현재의 위치를 송신함.

(4) NAVTEX

그림 7 · 23 과 같은 NAVTEX는 SAR의 정보, 항해 정보, 기상 정보 및 긴급 정보를 선박에 알려 주는 국제적으로 자동화가 된 직접적인 인쇄 서비스용의 새로운 장비인데, NAVTEX 해안국에서 전송되는 이들 정보는 곧바로 각 선박에 전해진다. 선교에 설비가 된 NAVTEX 수신기는 선박이 필요로 하는 정보를 수신하면서 선택하면, NAVTEX 수신기에 수신된 것은 자동적으로 인쇄가 된다. NAVTEX는 IMO에 의해 채택된 범세계적인 항해 경보 서비스의 한 요소로서 GMDSS의 요구 사항들 중 하나인데, NAVTEX 해안국의 해역은 400해리로 제한이 되면서 정보는 영어로서 전송이 된다. 그래서 필요한 모든 정보는 각각의 전송으로부터 포착되어 있기 때문에, 각 국가들은 현재 연안 해역에서 운용이 되고 있는 선박에 대해 NAVTEX의 서비스를 준비하고 있다. 그러므로 각 NAVTEX의 해안국은 매 4 시간 내에 할당된 전송 시간이 10 정보이므로, 극히 중요한 정보에 관한 즉각적인 방송을 허락하기 위한 주파수는 반드시 남겨두어야 한다.

NAVTEX 전문은 CCIR의 권고 476-3으로부터 지정된 NBDP 전문으로서 에러(error) 수정 모드(mode)로 전송이 되는데, 수신으로부터 문자의 에러를 최소화하기 위

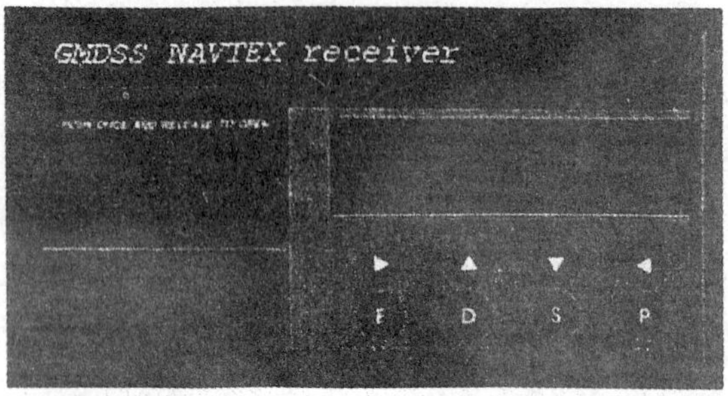

그림 7·23 NAVTEX 수신기

해서는 FEC-B 모드에 의한 전문의 각 문자가 2중으로 전송이 된다. DX의 위치로부터 지정 문자의 첫 전송은 28 ms 이후에 RX의 위치로부터 첫 문자가 전송되면서 4개의 다른 문자들의 전송이 계속되는 반면에, 전송이 된 문자는 다시 보내지게 된다. 한 문자의 전송을 위해 얼마간의 간격을 두면서 2중으로 전송함으로서, 수신기는 신호의 감도에 관한 빠른 변화에도 올바른 문자를 수신할 수 있다. 전송 속도는 100 bps인데, 문자가 2중으로 송신되기 때문에 실지 속도는 절반 정도밖에 되지 않지만, 한 문자는 7 bit로 구성이 되므로 1분당 3800 문자의 전송이 가능해져서, 무선 방송에서도 이러한 전문 신호가 중간 주파수인 518 KHz에 의한 ±85 Hz인 대역폭으로서, 주파수의 위상에 대한 변조방식으로 전송이 된다.

(5) SART(Search And Rescure Radar Transponder)

1) 배경 1993년 11월에 런던에서의 SOLAS 협약은 조난자를 발견하는데에 중요한 수단인 SART를 탑재할 것을 의무화시켰다.

2) 개요 SART는 9 GHz대의 레이더로서, 상대방에게 전파를 전송하면서 수신하는 가장 간단한 마이크로파의 송신기·수신기인데, 개정이 된 SOLAS 협약의 제 3 장에 의하면, 전세계에서 국제 항해에 종사하는 여객선과 총톤수가 500톤 이상인 화물선에는 각 현에 적어도 1대를 배치하고, 총톤수가 300~500톤인 화물선에는 적어도 1대의 트랜스폰더를 비치하게 되어 있다.

조난이 발생했을 경우, 자동이나 수동으로 작동이 된 SART는 수신 대기인 상태가 되면서, 선박의 9 GHz(X-BAND) 레이더나 항공기용 수색 레이더가 발사하는 펄스 신호를 수신하게 된다. 그리고 장치에 내장이 된 접근 모니터가 조난자에게 구조자의 접근을 알리면, 자동적으로 레이더의 전파에 의해 응답 전파를 발사한다. 그 후에 구조 선박의 레이더의 표시기(display)에 IMO가 정한 등간격으로 20점의 'SART 코드'가 나타나면, 수색측에서는 조난자의 방위와 거리를 알 수 있게 된다. 그래서 SART의 응답파는 레이더의 펄스파의 수신과 동시에, 9 GHz인 레이더의 주파수대의 진폭을 고속으로 소인을 하는 방식을 취하기 때문에, 9 GHz대를 사용하는 모든 선박의 레이더는 개조를 할 필요없이 그대로 사용할 수 있다.

3) 기술적이면서 운용적인 특성 SART는 수동이나 자동으로 작동을 시작하게 되는데, 다른 선박으로부터의 레이더 전파를 수신하게 되면 발진 회로가 트리거(trigger)되면서 응답 신호를 발신하게 된다. SART의 신호는 레이더의 영상상의 SART의 위치로부터 외측 방향으로 약 8마일에 걸쳐서 20개의 점으로 나타나기 때문에, SART의 위치를 용이하게 확인할 수 있다. 20개의 점인 신호가 레이더 표시기상에 나타나는 것은 9300 MHz로부터 9500MHz까지를 1 주기로 20회의 소인이 반복하게 되면, 수신 레이더의 주파수와 일치하면서 수신이 된 신호가 화면상에 20개의 점으로 표시가 된다. 20개의 점(dot)인 신호는 레이더와 SART가 원거리에 있는 경우이지만, 근거리에 있으면 레이더가 수신하는 SART의 신호가 강해지고, 더욱 접근하면 안테나의 사이드 로브(lob)나 백 로브에서도 수신을 할 수 있게 되어 있어서, 조난자가 가까운 거리에 도달해 있다는 것을 알 수 있다.

SART에는 동작을 확인하게 되는 발광 다이오드(diode)에 의해서 램프(lamp)가 켜짐과 동시에, 레이더의 전파를 받았을 때는 레이더의 반복 주파수에 의한 1 KHz 정도의 변조음이 들리도록 되어 있어, 조난자에게 구조선이 도착하고 있다는 사실을 알려 주는데, 가까이 올수록 단음의 주기가 빨라진다. 각 선박의 레이더의 변조 주파수는 조금씩 다르기 때문에, 음색도 다르게 들리면서 몇 척의 선박이 오고 있다는 사실도 알 수 있다.

4) 성능 기준:

① SART는 다음의 조건에 적합해야만 한다.

a) 비숙련자에도 용이하게 작동시킬 수 있을 것

b) 부주의로 잘못된 동작을 예방하기 위한 수단을 갖출 것

c) 정확한 운용을 표시하면서 레이더 트랜스폰더가 SART를 가동시키고 있다는 사실을 조난자에게 알리는 시각과 들을 수 있는 수단을 갖출 것

d) 수동의 작동과 정지를 시킬 수 있어야 하는데, 자동 작동의 장치도 여기에 포함시킬 것

e) 대기 상태의 표시기를 갖출 것

f) 20 m의 높이에서 수중에 낙하시켰을 때, 손상을 입지 않고 견딜 수 있을 것

g) 최소한 5분 동안 10 m의 수중에서도 방수될 수 있을 것

h) 잠수라는 특수한 상황에서 45℃인 열의 영향을 받을 때도 견딜 수가 있을 것

i) 구명정의 일부를 이루고 있지 않을 경우에는 부상이 될 수 있을 것

j) 부상형인 경우에는 밧줄로도 사용할 수 있으므로, 적당한 장소를 갖출 것

k) 해수나 기름에 의해서도 심하게 손상을 입지 않을 것

l) 햇빛에 장시간 노출이 되더라도 기능에 영향이 없을 것

m) 발견이 용이한 모든 부분에는 명백하게 볼 수 있을 정도의 황색/오렌지색으로 도장할 것

n) 구명정의 손상을 보호할 수 있게 외부를 부드럽게 할 것

② SART는 대기 상태에서 96시간을 운용하지만, 대기 시간 이후 1 KHz인 펄스 반복 주파수로 계속적으로 내부에 공급이 될 때는, 8 시간 동안 트랜스폰더를 발사할 수 있게 축전지 용량이 충분할 것

③ SART는 −20∼+55℃인 순환 온도에서 운용할 수 있게끔 설계되어야 하면서, −30∼+65℃의 온도 범위에서도 배치를 할 때 손상을 입지 않아야 한다.

④ 설치된 SART의 안테나의 높이는 해면상보다 적어도 1 m 이상일 것

⑤ 장치의 수직 안테나, 편파성 및 유체 특성은 심한 파랑 상태에서도 SART가 수색 레이더와 공진시킬 수 있어야 한다. 그리고 안테나의 편파성이 수평에서는 실제 무지향성이어서 수평 편파는 전송과 수신에도 이용이 된다.

⑥ SART는 적어도 5 해리까지인 거리에서는 항해용 레이더(공중선의 높이가 15 m인 것)로 공진을 시킬 때 정확하게 작동이 되어야 한다. 또한, SART가 30해리 이상인 거리에서는 적어도 10 kW인 첨두 전력으로서, 항공기용 레이더를 통해 3000피트인 높이로 공진을 시킬 것을 요구할 때 정확하게 작동을 해야만 한다.

⑦ 일반적인 요건외에도 다음 사항은 설비의 외부에 명확하게 표시해야만 한다.

ⓐ 간단한 조작상의 지시

ⓑ 사용하고 있는 1 차 전지의 유효 기간

(6) 디지털 호출(DSC)

GMDSS의 특징이 자동화와 디지털화의 도입인데, 기존의 무선 전신 시스템에서는 통신사가 모르스(morse) 통신을 해야만 하지만, 조난 경보를 청취하는 것도 원칙적으로 통신사가 직접 들어야만 한다. 그러나 GMDSS에서는 디지털(digital) 선택 호출(DSC), 협대역에서의 직접적인 인쇄(NBDP) 및 INMARSAT 설비에 따른 자동화 등에 기인된 디지털화를 시킨 통신이 행해지는데, 이 시스템은 HF/MF와 VHF인 주파수를 이용할 때 다음과 같이 활용되고 있다.

① 선박과 해안국의 호출

② 선박에서의 조난 통보에 관한 발신

③ 해안국이 조난 통보를 확실하게 수신했다는 것을 조난선에 알리는 수신에 관한 확인 통보

④ 선박이나 해안국으로부터의 조난 통보를 다른 선박과 해안국으로의 중계

그러나 이 시스템은 기술적으로 다음과 같은 특징을 갖추고 있다.

① 소리(tone) 대신에 디지털 부호를 사용하기 때문에, 다량의 정보에 관한 전송이 가능

② 10 단위인 오류 검출 신호(code)를 이용하는 동기 시스템을 이용

③ 동기 신호를 별도로 하는데, 각 신호는 시간적으로 분리를 하면서 단위마다 2회 송신

④ 조난 호출은 버튼을 누를 때 자동적으로 조난 메시지의 송출이 가능

⑤ 송신, 수신의 신호는 화면 표시나 프린터로 자동적으로 표시

1) 조난 호출 조난 호출과 중계 등의 호출 순위(sequence)와 호출 형식(format)의 예를 다음과 같이 표시하고 있는데, DSC의 조난 호출은 조난을 당한 선박으로부터 송신이 되므로, 필연적으로는 송신하는 곳이 선박이기 때문에 이용하는 무선 주파수의 전송 범위 내에서 모든 경우에 적용이 될 수 있는 장비를 갖춘 선박과 해안국이 수신하게 된다. 그래서 DSC의 조난 호출은 다음과 같은 의미로서 수신국의 표시 장치에 표시를 하게 되는데, 이들의 정보는 그러한 형식에 자동적으로 삽입을 시키거나 송신에 앞서서 운용자가 처리하지만, 삽입할 여유가 없을 경우에는 누락(default)이라는 글자가 자동으로 삽입된다.

① 조난 호출

dot printer	동기 sequency	호출 종별 (조난)	자국식별	조난의 종류	조난 위치 (경도, 위도)	시각	telecommend	sequency 종료	오류 check 문자

② 조난 중계

dot printer	동기 sequency	호출 종별 (조난)	상대국	우선 순위	자국 식별	조난 선박 식별	조난 종류	조난 위치	시각	telecommend	sequency 종료	오류 check 문자

③조난 확인

dot printer	동기 sequency	호출 종별 (조난)	우선 순위	조난 종류	자국 식별	조난 확인	조난 선박 식별	조난 위치	시각	telecommend	sequency 종료	오류 check 문자

2) 조난 확인 통신 DSC의 조난 확인 통신은 해안국이 DSC의 조난 통지를 수신했다는 것을 조난선과 다른 선박에 알리는 동시에, 이 확인 통신이 수색 구조 당국으로 통신이 되고 있다는 사실도 나타내게 되므로, 조난 확인 통신의 형식은 상기의 표로 나타내는데에 다음의 여섯 개의 정보를 포함하고 있다.

① 호출 종별(format specifier) : 전선박으로 적용이 된다(자동으로 삽입).

② 우선 순위(category) : 조난으로 한다(자동으로 삽입).

③ 자국 식별(self-identification) : 해상에서 이동체용인 9문자인데, 확인국의 송신국을 포함한다[단, 해안국은 5문자이다(자동으로 삽입)].

④ 원격 지령(tele-command) : 조난 확인(distress acknowledgement)이 들어 온다(자동으로 삽입).

⑤ 조난선 식별 부호(identification of ship in distress) : 조난선의 부호가 9개의 문자로 들어간다(조난 호출에서 자동적으로 이행이 되면서 입력된다).

3) 조난 중계 통신 그림 7·24와 같은 DSC에 의한 조난 중계 통신은 다음과 같이 2개의 상태로서 송신이 된다.

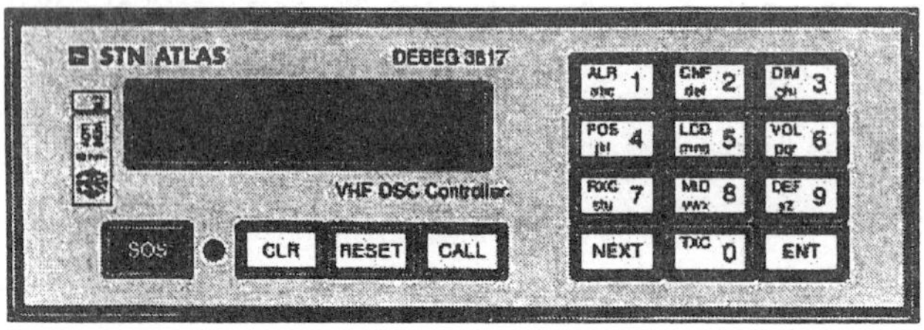

그림 7·24 DSC의 구조

① 해안국에서는 조난선 부근의 해역에 있는 선박에게 중계 통보를 하는데, 이와 같은 중계 통신은 통상 그 해역의 선박이 조난선으로부터 발신이 된 본래의 조난 통보를 수신하지 못했을 경우에만 송신이 된다. 예를 들면, DSC의 조난 통보는 그 부근에 있는 선박에 수신이 되지 않는 듯한 주파수로 송신이 된 경우라든가, 원래의 조난 통보가 DSC로 통보가 되지 않았던 경우 등이다.

② 선박국이 HF로 DSC의 조난 호출을 수신해서 그것의 5분이 경과되어도, 해안국으로부터 확인이 되지 않는 경우에는 그 선박으로부터 적당한 해안국에 중계 통보가 행해지게 된다.

4) DSC의 조난 호출의 반복과 확인 송신 DSC의 조난 호출 통신에 따라서 조난 통보의 확인 응답이 없는 경우에는, 그 조난선은 최초의 호출을 시작한 후로부터 3.5~4.5분이 지나면 재차 DSC의 조난 호출(별도의 조난 주파수가 좋다)을 반복하게 된다. 기다리는

그 시간은 조난 확인 통보의 응답을 기다리기 위한 시간이다. MF나 HF에서의 조난 호출을 수신한 해안국에서는 그 호출을 받고서 1분 이상을 지연시키면서, DSC의 조난 통보에 대한 확인의 응답을 반드시 해야한다.

5) DSC 호출 수신　모든 DSC의 조난 관련 통신은 각 호출 통신을 통해, 처음에는 200 bit인 100 보(2초간)에 변화하는 점의 패턴에 놓이게 되는데, 선박의 수신기가 주사 수신기로 대체(stand-by)되기 위해서이다. 주사 수신기는 많은 주파수를 주사하고 있기 때문에, 어느 주파수의 통신에도 수신할 수가 있다. 조난 호출이 2초간에 점의 패턴을 송출하고 있는 동안에는, 주사 수신기는 그 주파수를 찾으면서 수신하도록 되어 있지만, 해안국인 경우에는 1개 이상인 조난 호출이 있더라도 동시에 다른 주파수로서 수신할 수가 없기 때문에, 해안국에서는 사용이 되지 않는다.

(7) 양방향 무선 전화기(two-way radio telephone)

1988년의 SOLAS의 범세계적인 해상 조난 안전 시스템(GMDSS)의 채택으로 인해, 해상 안전에 관한 많은 첨단 장비가 개발되었는데, 이는 GMDSS의 강제적인 요구 사항들 중 하나이며 1995년 2월 1일 이후로 적용이 되고 있다. 이 장비는 쌍방향의 통신을 위한 일반 채널 외에도, 해난 사고시와 같은 비상 통신을 위한 16채널을 내장하고 있기 때문에, 선박대 선박, 생존선과 조난선 및 생존선과 구조 유닛과의 교신 등, 다양한 형태로서 이용이 된다. 해상이라는 특수한 환경에서만 사용이 되는 장비이기 때문에 제품의 견고성과 방수의 특성이 특별히 강조되지만, 국제 규정상 수심 1m인 물 속에서 5분간 담궈 둔 후에도 정상적으로 작동이 가능해야 한다.

이러한 선박용 양방향 무선 전화기는 모든 여객선과 총톤수가 500톤 이상인 모든 화물선에는 최소한 3대를 비치해야만 하는데, 톤수가 300톤 이상 500톤 미만인 모든 화물선에는 최

그림 7・25 양방향의 무선 전화기

소한 2대를 비치해야 한다. 그리고 이런 장치는 협약에서 채택이 된 성능 기준 이상이 되게끔 적합해야만 한다. 만약, 고정식인 쌍방향의 VHF 무선 전화 장치가 생존선에 비치되면, 그것은 협약에서 채택한 기준 성능 이상이 되어야만 사용을 하는데에 적합하게 된다.

생존선의 휴대용 쌍방향의 VHF인 무선 전화는 RR의 요구와 관련이 되어 CCIR의 권고와 결의인 A.569(14)에서 규정하는 제반 요건 외에도, 다음과 같은 성능 기준에도 적합해야 한다.

① 설비는 휴대형으로서 생존선들 상호, 생존선과 조난선 및 생존선과 구조 유닛간의 현장 통신에도 사용할 수가 있어야 한다. 또한 이 설비는 적당한 주파수로서 운용할 때에는 선상 통신에도 사용할 수 있다.

②) 설비는 적어도 다음과 같은 식으로 구성이 된다.

a) 일체형인 송신기/수신기(공중선 및 전지 포함)

b) 일체형인 제어기(프레스 토크/스위치 포함)

③ 설비는 다음의 요건을 충족해야만 한다.

a) 숙련자가 아닌 자도 조작할 수 있을 것

b) 장갑을 착용한 상태에서도 조작할 수 있을 것

c) 한 손으로 조작할 수 있을 것(채널의 선택은 제외)

d) 1m인 높이에서 딱딱한 표면에 낙하시켰을 때 견딜 수 있을 것

e) 적어도 5분 동안 1m의 수심에서는 수밀이 될 것

f) 투입 상태하에서는 온도의 충격으로 섭씨 45도인 조건에서도 수밀이 될 것

g) 해수나 기름으로 인해 영향을 받지 않을 것

h) 생존선에 손상을 줄 염려가 있는 날카로운 돌출물이 없을 것

i) 소형이고 경량일 것

j) 선박이나 생존선에서 일어날 것으로 예상이 되는 주위의 잡음 속에서도 운용할 수 있을 것

k) 사용자의 의복에 장착할 수 있을 것

l) 장시간 동안 햇빛에 노출되더라도, 그것의 열화에 견딜 수 있을 것

m) 잘 보이게끔 황색/오렌지색으로 도장하거나, 주위를 황색/오렌지색인 마크용 조각(strip)으로 마크할 것

④ 주파수 및 채널

a) 양방향 무선 전화는 주파수가 156.800 MHz(VHF 16 CH)이지만, 적어도 추가된 하나의 채널로 운용할 수가 있어야만 한다.

b) 모든 채널은 단일 주파수인 음성 통신용이어야만 한다.

⑤ 제어기 및 지시기 :

a) ON/OFF의 스위치는 무선 전화기가 스위치 ON으로 되어 있다는 것을 표시하는 가시 표시를 갖추어야 한다.

b) 수신기에는 음성 출력을 조정할 수 있는 수동식의 음량 조정기가 갖추어져 있어야 한다.

c) 스켈치〔squelch(mute)〕와 채널 선택 스위치가 갖추어져 있어야만 한다.

d) 채널 선택이 용이하면서, 채널은 명확하게 식별이 되어야만 한다.

e) 주위의 어떤 조명하에서도 16채널을 선정할 수 있어야만 한다.

⑥ 허용 가열 시간 : 설비는 스위치를 ON으로 한 후에 5초 이내에 정상적인 운용 상태가 되어야 한다.

⑦ 안전을 위한 예방 조치 : 설비는 공중선을 개방하거나, 단락시킴에 의한 손상을 받지 않아야 한다.

⑧ 송신기 출력 : 실효 복사 전력은 최저로 0.25 W 이하가 되어야 하는데, 1 W를 초과하는 경우에는 전력을 1 W 이하로 저감시키는 전력 저감 스위치가 필요하다. 그리고 이런 장치를 선상 통신에서 사용을 하는 경우, 출력이 1 W를 초과해서는 안 된다.

⑨ 공중선 : 이것은 수직 편파이면서 실현이 가능한 한 수평면에서는 무지향성을 가져야만 하지만, 그 운용 주파수로 신호를 효율적으로 복사하면서 수신을 하는데도 적절해야 한다.

⑩ 수신기의 출력 :

a) 음성 출력은 선박과 생존선에서 통상 예상이 되는, 주위의 잡음 속에 청취하는데에 충분한 것이어야 한다.

b) 송신 상태에서는 수신기의 출력은 묵음(mute)이 되어야 한다.

⑪ 환경 요건 : 설비는 −20∼+55℃인 온도 범위를 걸쳐서 작동이 되도록 설치가 되어야만 한다. 그리고 격납 상태인 경우 −30∼+65℃인 온도 범위에서 손상을 입지 않아야만 한다.

⑫) 전원 :

a) 전원은 설비에 내장되어 있어야 하는데, 추가로 설비가 외부의 전원을 사용해서 운용할 수 있도록 조치가 취해져 있어야만 한다.

b) 전원은 1:9의 비율로서, 최대 정격 출력을 사용하여 8시간을 운용하기 위한 충분한 용량을 갖추어야 한다. 이 비율은 6초간의 송신과 스켈치 개방 레벨 이상에서의 6초

간의 수신 및 스퀠치 개방 레벨 이하에서의 48초간의 수신을 의미한다.

c) 휴대용의 양방향 무선 전화기는 1차 전지와 2차 전지를 갖추면서, 적어도 2년간의 수명이 보장되어야만 한다.

⑬ Safety NET : 개정된 SOLAS 협약의 요건에 따른 항해 경보, 기상 경보, 기상 예보, 육상에서 선박으로의 조난 경보, 해도 교정(海圖校正) 데이터 및 기타 긴급한 정보 등을 항해자에게 제공하는 제도인데, 크기와 종류에 관계없이 모든 선박에서도 사용할 수 있다. INMARSAT의 EGC(Enhanced Group Call : 고기능 그룹 호출)의 업무들 중 하나인데, 특히 이것은 GMDSS의 일부로서 MSI(해상 안전 정보 방송)를 실행하기 위해 계획된 것이다. EGC 시스템은 일정 지역과 변동이 되고 있는 지역에 항해 중인 모든 선박과, 미리 정해진 선박의 그룹에게 통보해야 할 방송을 자동적이면서 세계적인 규모로서 제공을 하게 된다.

Safety NET는 구역, 지역, 지방 항해 경보, 기상 경보, 기상 예보, 해도 교정 업무 및 육상에서 선박으로의 조난 경보용 등의 방송에 관해 개정이 된 SOLAS 협약의 요건에 매우 적합하다. 이 제도는 정지 위성의 통신 범위(대략 75°N~75°S) 내에서 서비스를 제공할 수 있게 계획이 되어 있는데, A3 해역에서 운용하고 있는 선박에 대한 서비스를 제공하는 외에, 518 KHz인 주파수에 의해 NAVTEX로서 담당하기 어려운 연안 수역의 MSI 방송의 수단으로 사용된다.

이 장치는 주어진 지역에서만 호출을 할 수 있는 기능도 갖는데, 이 지역은 NAVAREA나 기상 예보 구역인 경우와 같이, 고정될 수가 있으면서 발신자가 특정 구역을 설정할 수도 있다. 각 해역에 있는 모든 선박에 보낼 필요가 없는 지역적인 폭풍 경보나 육상에서 선박으로의 조난 경보와 같은 통보용 송신에도 효과적이다. 세계 어떤 곳에서도 등록이 된 정보 제공자에 의해서도 발신할 수가 있으면서, INMARSAT-C인 해안 지구국을 경유해서 적절한 해역으로 방송할 수도 있다. 통보는 그 수신 순위, 즉 조난, 긴급, 안전 및 일반적인 구별에 따라 방송이 되지만, 선상에서의 Safety NET의 통보에 관한 수신은 형식에 관해 승인을 얻은 많은 설비에 의해서도 행해진다.

⑭) EGC 시스템의 일반적인 특징 : INMARSAT의 EGC 시스템은 INMARSAT-C 시스템의 일부로서 국제적인 NAVTEX 업무를 보완하는데, EGC 시스템은 두 가지 업무를 수행한다.

a) Safety NET : MSI의 방송을 위한 것

b) Fleet NET : 선단 관리와 선대에 대해 일반적인 공중 정보를 송신하기 위한 것

그러므로 세계의 거의 모든 항해 수역(水域)에서의 문제점들은 INMARSAT 시스템

의 운용 위성에 의해서 커버(cover)가 된다. 그리고 각 위성은 지정된 채널로서 EGC 통신을 방송하는데, INMARSAT 위성의 커버 범위 내를 항해하는 선박은 이 채널로서 모든 Safety NET 방송을 수신할 수 있다. EGC 채널은 EGC의 통보를 수신하는 소형인, 수신 전용의 선박 지구국에 의해서 신호를 모니터하게끔 활용을 하는데, 이 기능은 선박의 위치, 전리층의 상태 및 시간에 의한 영향을 받지 않는다. 또한, 통보는 지역의 앞이나 선박군의 앞으로 송신할 수도 있다.

1. 구역 호출은 16개소인 NAVAREA의 한 개소나 발신자가 선정한 임시 구역과 같이 고정된 구역 앞으로 송신할 수 있는데, 송신기가 하나 또는 둘 이상으로서 고정 구역에 세트(set)되어 있거나, 지리적인 위치로 임시 구역을 인지한 선박에 의해서 자동적으로 수신이 된다.

2. 그룹 호출은 수신기가 특정 통보와 결합이 된 고유의 그룹 식별 부호를 인지한 선박에 의해서 자동적으로 수신이 된다.

통보의 확실한 전달은 FEC(Forward Error Correction)의 기술에 의해 확보가 되는데, 해상 실험으로부터 일반적인 상태에서의 송신 링크는 대체로 틀림이 없기 때문에 수신기에서도 거의 틀림이 없다는 결과를 얻었다.

⑮ 국제 Safety NET 업무의 운용 : 여러 종류의 통보를 프린터할 때는 구분을 해서 선택하는 양식이 요구되는데, 구역 호출은 위성이 커버할 수 있는 해역에서 항해하는 모든 선박에 의해 수신이 된다. 이들 통보는 그것들 중 대부분이 일정 구역이나 지리적 위치를 인지하고 있는 수신기에 의해 프린터가 된다. 통보의 양식에는 선박의 수신기 내에 있는 마이크로프로세서를 통해 현재의 위치, 예정된 항로, 오퍼레이터(operator)에 의해 일정 구역과 관계가 있는 MSI 통보만을 프린터하는 화면도 포함되는데, 특별히 선박과 관련이 없는 통보는 MSI가 수신하지 않도록 한다.

각각의 통보에는 고유의 식별 부호를 갖고 있기 때문에, 이미 정확하게 수신이 된 통보의 프린터는 자동적으로 배제가 된다. 통보가 정확하게 수신이 되었을 때는 그 통보와 경합된 일련 번호 또는 해안국의 식별 부호가 기록되는데, 정보는 기록지에 저장을 시켜 같은 통보를 중복해서 프린터를 하지 않도록 되어 있다. 그리고 EGC 수신기는 최소한 250가지의 통보용 식별을 저장할 수 있는데, 수신이 된 통보에 관한 식별의 수가 저장 한도를 초과했을 때는 가장 오래된 통보부터 지워진다.

육상에서 선박으로의 조난 경보, 기상 및 항해 경보와 같은 일부 통보에 관한 수신은 강제적인데, 구역 내에 있는 선박은 이것을 배제할 수가 없다. 이들 통보는 업무 번호(C2)가 00, 04, 14, 24, 31, 34 및 44로서 식별이 된다. 그러므로 Safety NET의 통보는 모양이 원통이거나 구형으로서 임시로 설정이 되는 구역에도 보낼 수 있다. 하나의 원형 구역은 경도와 위도에 의해 선정이 된 위치로부터 반지름이 그려지고, 구형의 구역은 직사각형으로서 남서 끝의 위도와 경도에 의해 선정이 된 위치로부터 위도와 경도가 그려진다.

조난 중인 선박인 경우에는 구조선의 위치를 용이하게 찾을 수 있게끔 임시 지역을 설정할 필요가 있는데, 조난선의 위치와 반경에 따라 정해지는 원형 구역으로부터 육상에서 선박으로의 조난 경보를 보내 주는 것도 하나의 접근 방법으로, 부근에 있으면서 구조를 할 수 있는 위치에 있다고 추측이 되는 선박에 관해서만 조난 경보를 보낼 수 있다.

7.5 조타 장치와 키

7.5.1 조타 장치의 개요

조타 장치도 추진 장치와 더불어 선박을 운항하는 데 있어 없어서는 안 되는 중요한 장치이다.

조타 장치에 관해서는 선박 설비 규정, 강선 구조 규정 및 각국의 선급 협회의 규칙 등에서 이 장치에 관해 제한 조건을 제시하고 있다. 모든 선박에는 계획 연속 최대 출력으로 운항 중 28초 이내에 편현(片舷) 35도로부터 타현(他舷) 30도까지를 전타(轉舵)할 수 있는 주축에 의한 타장치를 반드시 설치해야만 한다. 다만, KR와 NK인 경우, 속장비(speed-length ratio)가 9를 넘는 비여객선에 관해서는 규정을 어느 정도로 완화하고 있다.

선박은 모두 주조타 장치에 고장을 일으키는 경우를 대비해서 보조 조타 장치를 비치해 두는 것이 반드시 필요한데, 규정에서 조타 장치에 관해 요구하고 있는 사항의 주된 내용을 열거하면 다음과 같다.

① 수동식 조타 장치를 상용하는 선박에서는 보조 조타 장치로 조타소 1조를 비치해야 한다.

② 동력식에 조타 장치를 상용하는 선박에서는 보조용으로 수동식이나 동력식 조타 장치를 비치한다.

③ 주조타 장치가 2중식 동력 장치와 연결 장치를 갖추어서, 그 각각이 소정의 능력을 발휘할 수 있을 때에 보조 조타 장치를 생략해도 무방하다. 이 보조 조타 장치는 KR, NK 및 ABS의 규정에 의하면, 계획 연속 최대 속력의 1/2 노트와 7 노트들 중 큰 속력으로 운항하면서도 60 초 이내에 편현 15도로부터 타현 15도까지 전타할 수 있을 정

도로 유효한 것이어야 한다.

동력 조타 장치를 요구하는 선박의 범위는 규정에 따라서 다소 다르지만, 주된 규정에서 요구하는 범위에 관해 예를 들면 표 7·7과 같다.

표 7·7 동력 조타 장치의 요구 범위

	주조타 장치	보조 조타 장치
선박 설비 규정 (1974)	길이 60 m를 넘는 선박	국제 항해에 종사하는 여객선으로서 조타 틸러(tiller)의 접합부에서 타두재의 지름이 228.6 mm를 넘는 것. 국제 항해에 종사하는 비여객선으로서, 틸러의 접합부에서 타두재의 지름이 355.6 mm를 넘는 것
KR (1977)	길이가 60 m를 넘는 선박 또는 규정에 의해 상부 타두재의 지름이 228.6 mm을 넘는 선박	규정에 의한 상부 타두재의 지름이 356.6 mm를 넘는 선박
ABS (1978)	길이가 76 m를 넘는 선박 또는 규정에 의한 상부 타두재의 지름이 228 mm을 넘는 선박	규정에 의한 상부 타두재의 지름이 356.6 mm를 넘는 선박
LR (1977)	여객선 및 총톤수 500톤 이상인 화물선	틸러의 접합부에서 타두재의 규정의 지름이 229 mm를 넘는 선박 속력을 10노트로 할 때의 틸러의 접합부에서 타두재의 규정의 지름이 254 mm 이상인 화물선
NV (1974)	길이 60 m 이상의 선박	틸러의 접합부에서 타두재의 규정의 지름이 230 mm를 넘는 선박

7.5.2 조타 장치(Steering gear)의 구성 요소

대형 선박일지라도 선교에 있는 조타실에서 타륜(steering wheel)을 돌리면, 조타 장치가 작동하면서 타(rudder)의 작용으로 선박이 좌우 방향을 바꾸는 것이 항해 성능상 절대로 필요하다. 일반적으로 조타 장치는 다음과 같은 요소로 구성이 된다.

[1] 관제 장치(controlling gear)

조타실로부터 타륜에 의해 타(rudder)를 움직이는 기계를 관제하는 기구이며, 기계식(mechanical type), 유압식(hydraulic type) 및 전기식(electric type) 등으로 대별이 되는데, 기계식은 주로 소형선에 사용이 되지만 대형선, 중형선에는 모두 유압식이나 전기식이 사용된다.

[2] 추구 장치(hunting or follow up gear)

타를 소요 각도까지 돌렸을 때, 타를 움직이는 기계를 정지시키면서 타를 그 위치에다 고정을 시키는 장치인데, 이는 기계식과 전기식이 있다.

[3] 원 동 기

조타를 하기 위해 동력을 발생시키는 장치로서 전타 기계(steering machine)라고도 한다. 그리고 원동기의 형식에는 증기 왕복동 기관(steam reciprocating engine type), 전동식(electrical motor type) 및 기동 유압 펌프식(steam hydraulic pump type) 등이 있지만, 소형선에서는 인력을 사용하기도 한다.

[4] 타장치(rudder gear) 또는 전도 장치(transmission gear)

원동기의 기계적인 에너지를 축, 치차, 체인 및 유압 등에 의해 동력을 타에 전달하는 장치이다. 그런데 이 장치는 타를 수류 또는 파도와 대항하면서 조종을 해서 선박에 선회 모멘트, 즉 회두력을 준다.

7.5.3 관제 장치(Controlling gear)

선교에서 인력으로서 타륜을 회전시키면, 이 회전력은 원동기로부터 관제 장치에 전달되는데, 이 장치에는 수동식 관제 장치와 전혀 인력을 필요로 하지 않는 자동식 관제 장치로 대별이 된다. 수동식에는 다시 기계식, 유압식 및 전기식으로 나뉠 수가 있다. 그리고 이런 관제 장치는 전장 설계시에 설계가 되는데, 주로 자동식 관제 장치가 일반 선박에 사용되고 있다.

[1] 기계식 관제장치

선교의 조타실 내의 타륜으로부터 선체 후부의 조타 기계의 관제봉까지로의 중간 전도축, 치차 및 베어링 등으로 구성이 되는 전달 장치인데, 기계적으로 관제 장치를 작동시킨다. 소형선에서는 주로 이것을 사용하는 반면에, 대형선에서는 이것을 예비용으로 사용하기도 한다.

[2] 유압식 관제 장치

작동 원리는 선교의 조타실에 있는 기동 실린더(telemotor starter 또는 transmitter)의 상부와 조타실(steering gear room) 내에 있는 수동 실린더(telemotor receiver)의 하부를 동관으로 연결시켜서, 기동 실린더의 운동에 의해 수동 실린더의 피스톤(piston)을 작동시키면, 피스톤 로드(piston rod)가 조타기의 관제 장치를 움직이게 한다.

[3] 전기식 관제 장치

선교와 조타실간을 두 가지 종류의 전선으로 연결시켜 전기 관제 장치와 자동 조타 관제 장치들 중, 어느 것으로도 조타 관제를 할 수 있는 복식 조타 장치(duplex pilot)이다. 그리고 텔레모터식(telemotor style)인 예비 장치가 전기식 관제 장치로도 사용이 되고 있다.

조타용 틸러를 직접적으로 구동하는 모터(motor)는 타에 작용하는 압력에 관해 충분한 기동 토크(torque)를 갖추어야 하므로, 직권인 특성을 갖는 모터가 사용된다. 그리고 이 장치에는 저항 제어 방식과 워드 레오나르드(Ward Leonard) 방식이 있다.

[4] 자동식 관제 장치

수동 관제 장치는 일정 침로를 유지하기 위해 계속해서 타륜을 조작할 필요가 있지만, 근년에는 선박의 소정 침로를 자동적으로 일정하게 하는 자동식 관제 장치인 소위 자동 조타 장치(auto-pilot)가 널리 사용되고 있다.

자동 조타 장치에는 자기 컴퍼스(magnetic compass)를 이용하는 것과 자이로컴퍼스(gyro compass)를 이용하는 것이 있는데 전자는 소형선과 중형선에서, 후자는 대형선에서 주로 사용한다.

7.5.4 추구장치

선교에 있는 타륜을 돌려서 타가 소정의 각도가 되었을 때 타륜을 정지시키면, 틸러·크로스헤드(crosshead) 및 램(ram) 등의 동작부에 연결이 된 링크(link) 장치식인 연락 기구가 움직여, 관제 장치의 위치를 중앙으로 돌려 보내서 정치시킨다. 증기 왕복동식인 경우는 증기의 공급을 차단해서 정지시키는 반면에, 유압 펌프식인 경우에는 펌프의 토출을 중지시켜 타를 그 위치에 정지시킨다.

7.5.5 원동기(Prime mover)

조타용 동력을 발생하는 장치로서 여러 가지 형식이 있지만, 주로 전동 유압 펌프식(electro hydraulic pump type)이 선박에 사용된다

[1] 전동 액압식(electro hydraulic pump type)

이 방법은 전동기를 이용하여 가변 토출 펌프를 작동시키면 그 액압으로 토크를 타에 전달한다. 전동기는 항상 운항 중에 펌프를 운전하게 되면 관제 장치에 의해 액체의 토출 방향과 유량을 변화시켜서 타를 제어하기 때문에, 현재 이 형식이 거의 모든 선박에 채용되고 있다.

[2] 원동기에 요구되는 기능

① 선박이 만재 상태에서 전속으로 항해 중에, 한쪽 하드 오버(hard over)에서 다른 쪽 하드 오버까지 28초 이내에 전타할 수 있는 용량을 갖출 것

② 동작이 긴밀하고 확실하면서 기계가 어떤 위치에 정지를 하고 있더라도 타륜만 조작을 하면 즉시 시동이 되고, 그리고 타가 필요한 각도까지 전타를 한 후에 즉시 정지시켜도 타각을 그대로 유지할 것

③ 황천시나 비상시를 대비해서 적당한 예비 장치를 설치할 것

7.5.6 타장치(Rudder gear)

이 장치에는 여러 가지 종류가 있지만, 주로 선박에 사용이 되고 있는 것은 유압식이다. 전도 장치에는 수동식과 전동식이 있는데 수동식은 주로 소형선에 사용이 되지만, 그 이외의 선박에서는 거의 대부분 전동 유압식이 사용된다. 이 방식은 가변 토출 펌프를 일정 속도로 모터로서 구동시켜 유압을 발생케 하고, 텔레모터 수동기는 유압 펌프를 관제하면서 유압 모터에 송유하면 타두재(rudder stock)가 회전하게 된다. 그리고 유압 모터의 종류에는 램형(ram type)과 회전익형(rotary vane type)이 있다.

[1] 램형(ram type)

그림 7·26과 같이 종래부터 널리 사용이 되어 왔던 것으로서, 램(piston)이 삽입이 된 유압 실린더를 4개씩 또는 2개씩 일직선상에다 배치를 하고, 이 램과 타두재에 연결이 된 크로스헤드를 핀이나 랩슨 슬라이드 슈(Rapson slide shoe)로서 접속을 시킨 것이다.

유압 펌프 실린더에 기름을 보내면서 램이 왕복시 운동을 하면, 타두재가 크로스헤드를 통해 회전 운동을 하게 된다.

램형은 틸러와 램을 결합시키는 방법에 따라 다음과 같이 그 종류가 다양하다.

그림 7·26 램형인 타장치

① 랩손 슬라이드형 :

a) 1램 2실린더형

b) 2램 4실린더형

② 트렁크 피스톤형(trunk piston type)

a) 1램형과 2램형

③ 특수형

(1) 랩손 슬라이드형(Rapson slide type)

이 형은 유압 펌프의 유압을 가장 유효하게 이용할 수 있기 때문에, 최근 거의 모든 선박에 사용된다. 특히, 2램 4실린더형은 타두재의 양측으로부터 토크에 의한 우력이 작용하므로, 타심재 베어링(rudder carrier)의 마찰 손실이 적어서 대형선, 중형선에서 이것을 많이 사용한다.

(2) 트렁크 피스톤형(trunk piston type)

이 형은 기구가 간단하면서 경량인데, 출력이란 점에서는 랩손 슬라이드형보다 뒤떨어진다. 특히, 조타실(steer 또는 gear room)이 좁은 소형선에서 사용한다.

(3) 특 수 형

2매인 타와 특수 타 등을 설치한 선박이나 포경 모선 등과 같이 선미부가 특히 좁은 배에서 사용한다.

[2] 회전익형(rotary vane type)

이 형은 그림 7·27과 같이 비교적 최근에 개발된 것으로서, 타두재에 고정익을 갖는 고정자(stator, 유압 실린더)와 회전익을 갖는 로터(rotor)를 설치해서 회전익과 고정익이 형성하고 있는 선형 압력실(유압 모터)에 유압 펌프로 기름을 보내면, 날개에 유압이 걸리면서 직접 타를 회전시킨다.

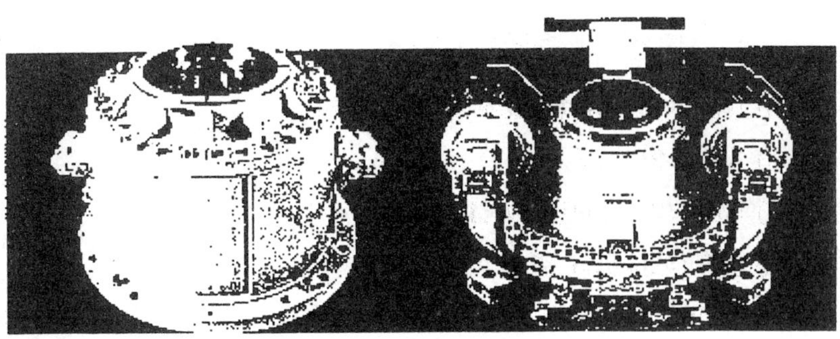

그림 7·27 회전익형 타장치

7.5.7 조타(Steering gear)의 능력(Capacity) 결정법

[1] 타의 토크(rudder torque)의 추정법

타의 토크는 타에 의해 발생이 된 타력(rudder force)과 타축 중심에서 그 작용점까지 거리의 곱으로 정의가 된다. 타력은 영각에 의해 발생이 되는 힘의 합력인 수직 방향의 성분인데, 그 때의 합력의 중심점은 작용점이 된다. 타 단독으로 수행이 된 실험을 통해, 수직 압력의 크기와 그 작용점의 위치에 대한 실험식이 많이 제안되어 있다.

(1) 타력(rudder force)의 계산식

① Beaufoy 식(m · kg · sec 단위)

$$F_n = 58.8AV^2 \sin\alpha$$

여기서 A : 타면적(m^2)

V : 유속(m/s)

α : 타각(deg.)

② Jöessel의 식(m · kg · sec 단위)

$$F_n = \frac{41.35\sin\alpha}{0.195 + 0.305\sin\alpha} \cdot A \cdot V^2$$

$$= f1(\alpha)AV^2 = 64.1AV^2 \text{〔} f1(\alpha) = 35\text{도일 때〕}$$

③ Froude 의 식(m · kg · sec 단위)

$$F_n = 89.25AV^2 \sin\alpha$$

④ 기타의 식

$$F_n = C \cdot A \cdot V^2 \cdot \alpha_0$$

여기서 C : 0.035 : 1축 1타(Baker & Bottomley)

C : 0.030 : 2축 1타

C : 0.041 : 2축 2타(R.W.L Gawn)

C : 0.037 : 2축 2타 후진

F_n: 타압(lbs), A= 면적(ft^2), V= 유속(ft/sec), α_0= 타각(deg.)

⑤ N.K와 K.R의 강선 규칙(최대 타압)

$$F_n = 17.8AV^2 \text{(kg · m · knot 단위)}$$

(2) 타압 중심의 위치 계산식

① Jöessel 식 : 그림 7·28 로부터

$$\frac{X}{B} = 0.195 + 0.305 \sin \alpha$$

예를 들어, α = 35도일 때는

$$\frac{X}{B} = 0.195 + 0.305 \times 0.5736 = 0.37$$

$$\therefore X = 0.37B$$

$$\overline{X} = X - a = 0.37B - a$$

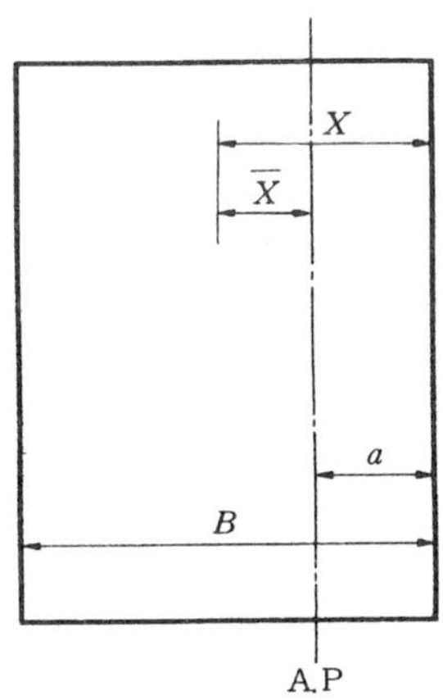

그림 7·28

(3) 타에 유입되는 속도

타의 토크에 대한 계산시 고려할 점은, 타가 단독으로 작동하는 것이 아니라는 것이다.

타에 유입이 되는 속도 타는 프로펠러(propeller) 후류 속에서 작동이 되므로, 타에 유입되는 속도 V는 전진 방향의 선체 반류와 후진 방향의 프로펠러 후류 및 전진 방향의 선속이 합쳐져서 타에 작용하게 된다.

문헌에 의하면, 타에 유입되는 속도는 표 7·8 과 같다.

[2] 조타 능력(steering gear capacity)에 관한 계산식

(1) 타의 토크(rudder torque)에 관한 계산식

타력은 여러 가지의 실험식들 중에서 Beaufoy의 식을 이용하면 다음과 같이 얻어진다. 즉, 그림 7·29 를 참조하여

표 7·8 타에 유입되는 속도

	설 계 편 람	이론 선박 공학
1축 1타	1.15 V	1.05~1.10 V
2축 2타	1.15 V	1.25 V
2축 2타	1.10 V	0.8 V

여기서 V: 선속

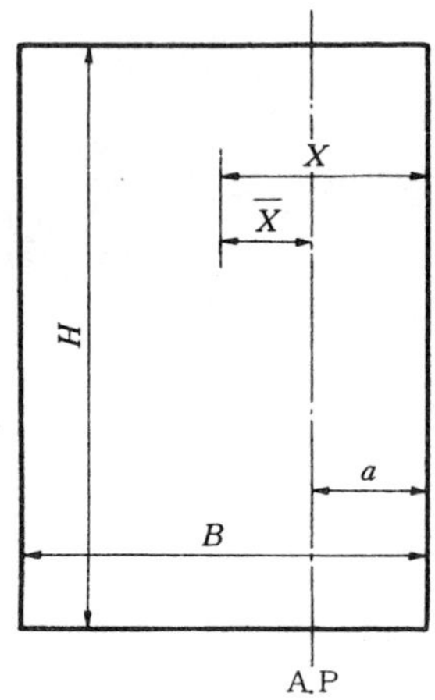

그림 7·29

$$P = 15.6 \times A \times V^2 \sin\alpha \times 10^{-3} (\text{ton})$$

여기서

$V' = V \times 1.15$,

α = 35도에서 최대 토크가 발생,

$$\therefore\ P = 15.6 \times A \times (1.15\ V)^2 \times 0.5735 \times 10^{-3}$$

$$= 11.84 A V^2 \times 10^{-3} \quad (7 \cdot 1)$$

여기서 P: 타력(ton),

V': 타에 유입되는 유체 속도(knots),

V: 선속(knots),

A: 타면적(m^2),

α : 타각

타압의 작용점은 Jöessel의 식을 이용하면,

$$\overline{X} = 0.37B - a \qquad (7 \cdot 2)$$

그러므로 타의 토크(t)는 식 (7 · 1)과 식 (7 · 2)로부터 다음과 같이 된다.

$$T = P \times \overline{X} = 11.84\,AV^2 \times 10^{-3} \times (0.37B - a) \qquad (\text{ton} \cdot \text{m})$$

그런데 각 규정에서 타력과 작용점에 관한 계산식이 있는 경우, 그 규정에 따라서 계산이 되어야 한다.

(2) 조타 능력(steering gear capacity)

조타 능력은 계산 양식을 이용해서 각 타의 면적에 대한 타의 토크 계산식을 정해서 계산을 한 후, 이들을 전부 합산하여 전체의 타력(total rudder force)을 구하거나, 각 규정에서 정한 계산식이 있을 때는 규정을 만족하는 타의 토크를 계산한다. 계산된 타의 토크에 40~60%의 여유(margin)를 주어서 조타 토크(steering gear torque)를 정한다. 그리고 기타의 조타 능력도 각 규정과 SOLAS 협약을 만족하도록 결정되어야 한다.

7.5.8 타(Rudder)

[1] 자동 조타 장치

(1) 개 요

자동 조타 장치란, 조타 장치를 움직이기 위한 여러 종류의 관련 장치들 중의 하나인데, 자동 조타 장치를 설명하기에 앞서서 조타 장치에 관하여 설명하기로 한다. 주기관에서 발생이 된 동력이 축에 전달되어 프로펠러를 회전시키면 선박이 추진력을 얻게 되는데에 비해, 조타 장치가 없으면 선박이 항해의 방향을 조절할 수 없다. 선박의 항해 방향을 일정하게 유지시키거나 바꾸는 역할을 하는 것이 **타**인데, 자동 조타 장치도 조타 장치의 형식에 따라 조금씩 달라진다.

램형(ram type)은 모터에 의해 유압 펌프에서 발생이 된 유압이 밸브 블록(valve block)을 거쳐 유압 실린더에 전달이 되면, 실린더와 연결이 된 램이 타두재에 토크를 발생시켜서 타를 작동케 하는 방식이고, 회전익형(rotary vane type)은 고정된 날개(vane)와 안쪽으로 타두재에 고정이 된 회전익으로 구성이 되어 있어서, 모터에 의한 유압 펌프에서 발생시킨 유압이 밸브 블록을 거쳐 회전익에 걸리면, 발생이 된 토크가 타두재에 전달되어 타를 작동시키는 방식이다.

(2) 관제 장치의 종류

이것의 형식에는 기계식, 유압식, 전기식 및 자동식이 있다.

1) 기계식 주로 소형선에 사용이 되는데, 선교의 조타실에서 조타 장치까지로의 동력

전달은 순수하게 기계적인 방법으로 행해지는 방식이다.

2) 유압식 선교의 조타실에 있는 기동 실린더(telemotor starter 또는 transmitter)의 상부와 조타실 내에 있는 수동 실린더(telemotor receiver)의 하부를 동관으로 연결시켜서 기동 실린더의 운동으로 수동 실린더의 피스톤이 작동하면서 피스톤 로드가 조타기의 관제 장치를 움직이는 방식이다.

3) 전기식 관제 장치 이것의 형식에는 추종 조타식(follow-up steering)과 비추종 조타식(non-follow-up steering)의 두 종류로 나눌 수 있다.

① 추종식 :

a) 수동식 : 수동 조타(steering wheel 사용)

b) 자동식 : 자동 조타, 자기 컴퍼스 조타(magnetic compass steering), 자이로 조타(gyro steering)

② 비추종식 : 틸러나 회전 스위치 제어〔level(tiller) 또는 rotary switch control)〕

(3) 전기식 조타 시스템(electric steering system)

1) 유압식 수동 조타(F.U hand steering) 원하는 타의 각도만큼 직접적으로 수동용 타륜(hand wheel)을 조작하여 조타하는 방식으로서, 수동용 타륜을 돌리면 연동으로 전위차계(poten- tiometer)가 동작한다. 전위차계의 중앙은 0 V인데 전압 명령 각도가 0도보다 크면, 그 크기만큼 비례하면서 전위차계의 전압이 변화하기 때문에, 그 방향에 따라 극성도 변화한다. 이 전위차계의 신호(signal)는 추종식 증폭기에 전달이 되면서 타각의 되먹임 유닛(rudder angle feedback unit)으로부터 전위차계의 신호와 비교를 하게 된다.

비교가 된 두 신호가 같지 않을 때는 그 차이로 인해 제어 상자(control box) 내의 릴레이(relay)가 작동되는데, 이 릴레이의 동작으로 유압식 펌프 유닛의 솔레노이드 밸브(solenoid valve)가 작동하면서 조타기를 움직이게 된다. 타가 명령이 된 각도로 움직이게 되면, 즉 두 전위차계의 신호의 값이 같아질 때 릴레이의 동작이 중지되면서 타는 수동식 타륜에 의해 명령된 각도로 조종이 된다.

2) 유압식 자동 조타(F.U auto steering) 대양 항해시 선박의 침로를 장시간 동안 일정한 방향으로 유지시키는데 사용이 되는데, 자이로 컴퍼스와 자기 컴퍼스로부터 조타하고자 하는 방위 신호를 받아서 자동으로 침로를 유지하는 방식이다.

① 자기 컴퍼스식 자동 조타(magnetic compass auto steering) : 조타에 필요한 방위 신호를 자기 컴퍼스로부터 받아서 자동 조타를 하는 형식으로서, 이 때의 자기 컴퍼스는 TMC 형(transmitting magnetic compass form)이어야만 하는데, 주로 중형선, 소형선에서는 이것을 사용하고 있다.

② 자이로컴퍼스식 자동 조타(gyrocompass auto steering) : 이 형식은 조타석상에 있는 컴퍼스 카드(compass card)를 조작하여 원하는 항로(course)를 설정하면, 이와 연동하여 항로 설정(set-course) 전위차계가 작동하면서 자동 조타가 이루어진다. 선박의 침로각(ship's heading angle)이 항로 설정과 일치할 때에는 전위차계가 0 V가 되면서 항로 설정의 표시기(set-course marker)도 방위기선과 일치하게 된다. 그러나 침로각이 항로 설정과 차이가 있을 때는 그 차이의 값만큼 비례하여 전위차계의 전압이 변화하는데, 그 변화값과 극성에 의해 자동 조타의 전자식 제어 유닛(auto pilot electronics control unit)은 릴레이를 작동시켜 솔레노이드 밸브를 작동시킨다.

제조자에 따라 제어 방식은 조금씩 다르나, 자동 조타 모드(auto pilot mode)에서는 악천후 등에 의한 타의 순간 변동이 무시가 되게끔(불감대의 폭을 선정), 선수요(yawing)와 기상 조건(weather condition) 등의 데이터를 적절하게 설정하는 장치가 부가되어 있다. 특히, 최근에는 적응적 자동 조타(adaptive auto pilot)라 해서, 선박의 제원과 특성 등을 미리 마이크로컴퓨터 회로에 입력시켜 놓으면, 항해 중에는 속도 신호(speed signal) 등을 받아 그때 그때의 상황에 의해 적절하게 타의 움직임을 제어하면서, 항정을 단축시키는 연료 절감형 자동 조타가 많이 사용되고 있다.

찾아보기

《ㄹ》

《ㅁ》

《ㅂ》

《ㅇ》

《ㅈ》

《ㅊ》

《ㅋ》

《ㅌ》

《ㅎ》